항공기
가스터빈엔진

노명수 지음

BM (주)도서출판 성안당

■ 도서 A/S 안내

머리말 ------------------------------ PREFACE

1930년대 초기에 항공기 왕복엔진은 급속도로 발전하는 단계였으나 설계 특성상 최고속도의 한계성을 극복할 수 없었다. 이에 가스터빈엔진을 항공기 추진에 사용할 것을 주장하는 논문들이 영국, 독일 등에서 발표됨에 따라 1940년대 초기에는 이른바 가스터빈엔진을 장착한 항공기가 실용화되어 비약적인 발전을 하게 됨으로써 오늘날은 경비행기를 제외한 거의 모든 전투기, 사업용 항공기, 상업용 항공기에 사용되기에 이르렀다.

최근에는 국내에서도 가스터빈엔진 정비와 조립단계를 넘어 가스터빈엔진의 자체 설계, 제작 개발에도 관심이 고조되고 있다.

이 책은 항공기 동력장치 중 가스터빈엔진편으로 미국 항공전문대학의 A&P(Airframe & Poqerplant) 과정에서 교재로 채택하고 있는 항공기 가스터빈엔진(Aircraft Gas Turbine Engine)을 토대로 하였으며 저자가 미국의 Northrop 대학에서 수학시 수집한 자료들과 여러 해 동안 강의해 왔던 내용을 참조하여 저술하였다.

이 책에서 다루어진 내용들은 국내에서 시행되는 교통안전공단 시행 항공 종사자 자격시험 중 항공 정비사와 항공 공장 정비사 면장 시험뿐만 아니라 항공기사, 항공기관정비기능사, 항공장비정비기능사 등의 자격시험을 대비하는 데 도움이 될 것이며 또한 미국의 FAA(Federal Aviation Administration)에서 시행하는 A&P 자격시험의 Powerplant 과목 중 필기 및 구두시험(oral test)을 대비하는 데도 유리하리라 믿는다.

내용 중 다소 미흡한 부분이 있으리라 생각되나 점차 수정·보완해 나가기로 하겠다.

끝으로 이 책이 항공 실무분야에 종사하는 분들께도 좋은 참고도서가 되길 기대하면서 이 책이 출간되기까지 적극적으로 협조해주신 성안당의 이종춘 회장님과 편집부 여러분께 깊이 감사를 드린다.

편저자 씀

차례

CONTENTS

CONTENTS

특별부록 항공산업기사 기출 문제

CHAPTER
01

터빈엔진의 발달사

터빈엔진의 발달사

제트엔진과 가스터빈엔진은 항공기 엔진을 설명하는 데 동일한 개념으로 사용되지만 엔진 설계가 전혀 다르므로 이 책에서는 이들 용어를 주의깊게 정의하였다.

제트엔진류(family)에는 로켓제트(rocketjet), 램제트(ramjet), 펄스제트(pulsejet) 및 가스터빈구동제트(gas turbine powered jet)가 포함된다.

가스터빈구동제트는 다시 다음의 형식(type)으로 분류된다.

① 터보제트(turbojet)

② 터보프로펠러(turbopropeller)

③ 터보샤프트(turboshaft)

④ 터보팬(turbofan)

이 4가지 형식의 엔진이 오늘날 항공기에서 가장 흔히 볼 수 있는 형식이며 각각의 방식과 목적에 따라 역사적으로 발전되어 왔다. 여기서는 우선, 역사적 발전에 대하여 논한 후에 항공기 추진에 사용된 가스터빈동력장치의 형식에 관하여 논하기로 한다.

Section 01 ─ 에로의 이알러파일(Hero's Aeolipile)

오늘날의 현대적인 터빈엔진은 수 세기 전에 발견된 반작용원리(reaction principle)에 근거를 두고 있으며 최초로 반작용원리를 이용하여 설명한 사람은 이집트의 수학자이자 철학자인 Hero이다.

그는 증기압력을 기계적 힘으로 전환시키는 장치인 이알러파일(aeolipile)을 창안하였다. 현재의 역사학자들은 이것이 기원전 100~200년 사이의 일이라고 한다.

이알러파일은 스케치한 설계자가 알려져 있지 않아서 실제 장치와는 전혀 다른 모습일 수도 있다.

폐쇄된 용기 내의 물을 가열하여 회전구(rotating sphere)에 장착된 마주보고 있는 두 개의 노즐에 증기를 나오게 하는 이알러파일을 통해서 Hero는 반작용의 원리를 성공적으로 보여줄 수 있었다. 그가 이알러파일(aeolipile)을 실제로 사용했는지의 여부는 명백하지 않다.

[그림 1-1] Hero's aeolipile

Section 02 — 중국의 로켓(Chinese Rocket)

　반작용원리를 응용한 것 중의 또 하나는 A.D. 1200년 초기의 로켓 개발에서 볼 수 있다. 중국인들은 목탄(charcoal), 유황(sulfur), 초석(saltpeter)의 혼합물인 흑색 분말을 이용하여 고체연료로켓을 완성할 수 있었으며 중국의 역대기에는 A.D. 1230년경 전투에서 군사무기로서 로켓을 사용하였다고 기록되어 있다.

[그림 1-2] Chinese rocket

Section 03 ── 브랑카의 터빈장치(Branca's Turbine Device)

최초의 가스터빈장치는 이탈리아의 기술자인 Giovanni Branca가 증기구동충동터빈(steam-driven impulse turbine)을 제작해냈을 때인 1629년에 실용화되었다.

Branca가 설계한 증기구동충동터빈은 터빈 또는 충동바퀴(impulse wheel)를 향하는 배기노즐 하나가 있는 물이 채워진 밀폐된 용기였다. 고체연료로 용기를 가열하여 생긴 증기는 충동바퀴로 향하게 되어 있어 바퀴가 회전되고 톱니바퀴의 감축기어장치를 구동시키는 데 사용되었다.

이 장치는 현재 영국 박물관에 전시되어 있는데 이것은 왕복엔진에 사용되는 현재의 터보과급기의 효시가 되었다.

[그림 1-3] Branca's turbine

Section 04 ── 뉴턴의 말 없는 마차(Horseless Carriage)

1687년 영국의 천문학자이자 물리학자인 뉴턴은 제트 추진의 원리를 인식하고 "모든 작용력은 반작용력과 크기가 동일하며 방향은 반대이다"라는 운동 제3법칙을 발표하였다. 이후에 영국의 과학자인 Gravensade는 뉴턴의 제3법칙에 근거한 증기동력운송기구(steam-powered vehicle)를 설계・생산했다.

Gravesade가 뉴턴의 스케치를 적용했는지는 역사적으로 명백하지 않지만 뉴턴의 원리에 입각하여 제트동력기구를 제작하는 데 영향을 받았다.

말 없는 마차는 4바퀴 달린 마차에 물로 채워진 구를 설치하고 이를 가열하여 증기를 내뿜는데, 이 뜨거운 열기가 뒤로 배기되면서 운송기구가 앞으로 추진되도록 되어 있다. 추진력이 이런 방식으로 생긴다는 것은 명백하지만 운송기구의 중량이 과다하고 출력이 부족할 것 또한 분명하여 이러한 운송기구가 성공적으로 작동했다는 기록은 없다.

[그림 1-4] Newton's horseless carriage

Section 05 → 모스 터보과급기(Moss Turbosupercharger)

1900년에 Sanford A. Moss 박사는 그의 공학박사학위를 위해 연구하던 중 가스터빈엔진에 관한 논문을 발표하였다. 그는 이것을 항공기에 응용개발한 최초의 가스터빈장치에 사용하였다.

1918년에 General Electric사의 한 기술자는 왕복엔진을 위한 가스터빈구동 터보과급기 생산을 감독하였다. 이 개발작업은 당시 유럽과 미국에서 진행 중이었던 산업용 가스터빈 실험에 필요한 경량, 고온, 고강도 재료의 개발을 유발시켰다.

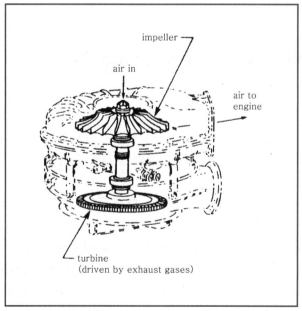

[그림 1-5] Turbosupercharger

Section 06 — 영국의 개발-프랭크 위틀경(Sir Frank Whittle)

Frank Whittle은 영국 왕립 공군사관학교 생도시절 가스터빈엔진을 항공기 추진에 사용할 것을 주장하는 논문을 썼다. 그는 지상설치형 터빈엔진의 산업적 이용이 진전되고 있는 것을 알고 엔진의 무게를 가볍게 할 수 있다면, 비행시 유입공기의 램효과(ram effect)로 인해 효과적인 항공기 동력장치가 될 만큼 충분한 동력을 제공할 것이라고 생각했다. 그는 1930년대에 그의 원 논문의 아이디어에 기초하여 최초의 터보제트항공기 엔진의 특허를 받았다. 그의 엔진은 터빈바퀴로 구동하는 Moss 박사의 것과 유사한 압축기 임펠러(compressor impeller)를 사용하였다.

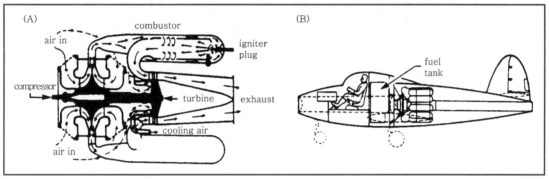

[그림 1-6A] Diagram of Whittle's reverse-flow combustion chamber
[그림 1-6B] The first British jet aircraft to fly, the Gloster E 28/39 experimental airplane

30년대 초반에 Whittle은 왕립 공군에서 정규장교로 봉직하면서 왕복엔진 항공기의 설계 기술자와 시험조종사(test pilot)를 맡았다. 왕복엔진은 그 당시 급속도로 발전하는 단계였고 Whittle은 "고도와 최고속도의 명백한 한계성"이라고 언급한 것에 대해 만족하지 못했었다.

1930년과 1935년 사이에 Whittle은 모든 지원 및 수입이 고갈되었음에도 불구하고 그의 엔진이 비행에는 적합하지만 사업으로서는 비실용적이라는 생각이 만연했기 때문에 터보제트엔진의 제작에 필요한 정부지원과 개별적인 투자를 충분히 얻어내지 못했다. 실망한 그는 특허를 갱신조차 하지 않고 아이디어를 제쳐놓았지만 1936년에 유럽의 군사증강과 정치불안으로 인해 그의 친구들이 개인회사를 설립하였고 그에게 시제품(proto type)엔진 개발을 시작하도록 독려하였다. 이러한 제안으로 그는 개인자금을 전적으로 지원받아 Power Jets, Ltd.를 설립하기에 이르렀다.

Power Jets사(社)에 의해 개발된 엔진은 순수한 반작용터보제트였다. 즉, 엔진의 총추력은 추진노즐에서 나오는 뜨거운 기체유출(hot gas stream)에 대한 반작용으로부터 나오는 것이었다. 그 엔진은 임펠러형식 압축기, 다수의 캔(can)연소실 및 일단(single stage) 터빈휠로 되어 있다.

오늘날 가스터빈엔진은 이 설계로부터 명칭을 따냈으며, 이 엔진은 가스의 흐름이 압축기 임펠러에 부착되어 있는 터빈휠을 구동시켜서 압축기 임펠러를 구동시킨다.

1937년에 Whittle의 시제품엔진(proto type engine)은 시험대에서 성공적으로 시운전을 한 최초의 항공용 가스터빈엔진이며 이 엔진은 시험대에서 약 3,000shp를 출력하였다(그 당시에 이와 유사한 엔진을 개발한 독일인은 Whittle의 발전단계에 미치지 못했다).

[그림 1-7] First experimental W-IX engine run, April 12, 1937.

Whittle은 1953년에 그의 저서「제트 개척자의 이야기(Jet-The story of pioner)」를 출판 했는데 그가 말하는 가장 커다란 장애요인은 연소실과 터빈부분에 필요한 고온에 견디는 고 강도금속을 구하는 것이었다.

Whittle은 3년 동안이나 시험을 되풀이하여 비행을 완전하게 할 수 있는 연소실을 처음으 로 제작하였다. 그것은 10개의 분리된 연소실이었다.

[그림 1-8] Whittle W-1 Turbojet engine

[그림 1-9] Gloster Meteor

1941년 5월, Whittle W-1은 Gloster 항공사에서 새롭게 준비한 Model E 28/39에 장착되었다. 그 항공기는 설계속도 400mph로 순조롭게 최초의 시험비행을 했다. 항공기의 가스터빈동력장치는 약 1,000lb의 추력을 발생시켰다고 전해진다.

이와 유사한 설계이지만 추력이 좀 더 나아진 W-2 엔진 개발이 즉시 착수되었으며 이 엔진은 1943년 Meteor라고 불리는 쌍발항공기에 동력장치로 사용되었다. Meteor 항공기는 제2차 세계대전의 유일한 제트 대 제트 대결에서 독일의 V-1 펄스제트 버즈폭탄(pulsejet buzz bomb)과 성공적으로 교전하였다.

Whittle은 엔진 생산에 종사하면서도 여러 가지 다른 엔진형식에 대한 실험연구를 했다. 1936년 그는 최초로 터보팬엔진의 특허를 냈고 가스터빈을 사용하여 프로펠러를 구동하는 제안을 발표했으며 축류압축기가 있는 기본적인 초음속비행엔진을 개발하였다. 그러나 그는 연구과제 진행에 대한 자금조달이나 정부지원을 받지 못했으며 나중에 Whittle이 가스터빈엔진의 적극적인 개발을 그만둔 후에 실용적인 엔진이 개발되었다.

[그림 1-10] The Whittle W 2/700 turbine engine

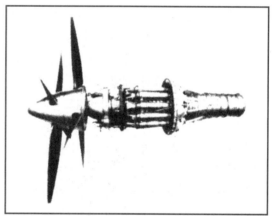

[그림 1-11] Armstrong-Siddeley turboprop based on early Whittle patent

1945년에 Frank Whittle은 가스터빈엔진의 잠재력에 대한 그의 심오한 이해를 나중에 보여주겠다고 기록했는데 그 내용은 다음과 같다.

"항공기의 가스터빈은 의심의 여지없이 정착될 것이다. 나는 수년 내에 그것이 경비행기를 제외한 모든 항공기에서 왕복엔진을 대체하게 되리라고 예상한다. 현재 사용하고 있는 것보다 훨씬 큰 고출력보다는 저출력용의 설계가 더 어렵기 때문에 경항공기에 대해서는 유보하기로 한다. 그러나 가스터빈이 경항공기분야에도 침투할 가능성이 있다."

"고속과 적정거리에서는 터보제트가 적합하지만 저속과 원거리에는 프로펠러를 구동하는 가스터빈이 사용될 것이다. 나는 개인적으로 적정속도에서 덕트가 있는 팬(ducted fan)을 구동하는 데 가스터빈을 사용하는 경우가 있다고 생각한다. 연료소모면에서 보면 강력하게 주장할 수는 없지만 터빈과 프로펠러의 결합(터보프롭)과 비교해 볼 때 소음이 적고 진동이 없다는 중요한 이점이 있다. 더욱이 민간항공기에 있어서 눈에 보이는 회전(whirling lumps)을 제거하는 것은 심리적으로 상당한 요소가 될 수 있다."

"가스터빈 고유의 속도가능성은 세계의 비행속도 기록(world's air speed record)에 따르면 600mph 이상으로 명백하게 나와 있다. 그보다 훨씬 더 높은 속도도 가까운 장래에 분명히 달성될 것이다. 동력장치에 속도제한은 없다. 사실 속도가 높으면 높을수록 효율성과 출력은 더 커진다. 그러므로 더 높은 속도의 달성여부는 터빈설계자보다는 항공기설계자에게 달려있다. 나는 항공역학적 발전으로 초음속달성이 가능하게 되는 데 그리 오래 기다리지 않아도 되리라고 생각한다."

"원거리가 고속도와 조화되려면 높은 고도비행이 필요하다. 그러므로 객실여압(pressure cabin)의 개발이 대단히 중요하다. 머지않아 가스터빈, 항공기, 객실여압의 개발과 더불어 무선 및 레이더항법 지원을 받아 약 40,000ft 고도에서 약 500mph 속도로 장거리운항을 하는 여객기를 보게 될 것이다."

"항공기 가스터빈의 발전은 설계자들의 관점에서 상당히 중요한 변화를 필요로 한다. 그래서 엔진과 항공기는 실상 서로 독자적으로 개발해 왔으나 가스터빈동력 항공기는 이러한 절차로 이루어지지 않는다. 터빈의 성능은 항공기 내의 장착에 매우 의존적이며 장착은 항공기 항력특성에 상당히 영향을 미친다. 동력장치와 항공기 구조는 서로 꼭 맞게 만들어져야 한다. 가스터빈에 필요한 개발시기가 짧기 때문에 이 절차는 따르기 쉬워야 하는데, 엔진의 성질상 어떠한 성공적인 기본설계라도 새로운 개발고충문제를 도입하지 않고도 상하조정이 가능하기 때문에 특히 더 그렇다. 이것은 대단히 중요한 특성이다."

"우리는 여전히 공학분야의 초기에 있으며 우리 앞에는 무한한 가능성이 있다. 왕복엔진으로 가능한 변화는 압축, 연소 및 팽창행정이 같은 기관 즉 실린더에서 일어난다는 사실로도 한계가 있다. 우리는 축류압축기, 원심식 압축기 또는 이들의 결합으로 압축행정을 수행할 수 있다. 연소실은 여러 형태 중에서 한 가지를 취할 수 있고 터빈에서는 많은 변화가 가능하다. 주구성품의 배열과 결합에도 다양한 방법이 있고 덕트가 있는 팬, 열교환기, 후기연소(after-burning) 및 다른 개발품을 사용해도 될 가능성이 있다."

"현재까지 항공기 가스터빈의 개발에 있어 두 가지 노선이 명백해졌는데 원심식 압축기와 축류식 압축기의 사용으로 구분할 수 있다. 나는 궁극적으로 어느 것이 우세하게 될지에 대해 질문을 받는다. 나의 견해는 둘 다 각각의 분야라는 것과 둘이 결합되는 여러 형태가 있을 거라는 것이다."

"대부분의 사람들은 터보제트가 연료소모율이 높다고 한다. 터보제트가 연료를 많이 사용하는 것은 사실이지만 그것은 많은 출력을 내기 때문이다. 사실 약 600mph 속도에서 추력마력에 대한 연료소모는 같은 속도에서의 피스톤엔진과 프로펠러 결합형에 대한 연료소모보다는 적다. 그러나 훨씬 낮은 속도에서 터보제트는 연료소모면에서는 전통적인 동력장치에 비해 불리하지만 가스터빈과 프로펠러 결합형은 그렇지 않다. 가스터빈이 사용되는 어떤 형태이든지 간에 동력장치의 중량이 매우 낮다는 것은 중요한 보상요인이 된다. 복합엔진, 즉 왕

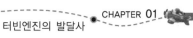
복엔진과 터빈의 결합형에서는 연료소모가 매우 낮은 것을 알 수 있다. 나도 그런 체제를 제안했음에도 불구하고 연료소모의 적음이 중량증가, 복잡성, 오랜 개발시간 및 장착의 어려움 등을 충분히 보상하는지의 여부는 의문스럽다."

Whittle은 그의 엔진만큼 가스터빈산업에서 개인적인 성공과 인정을 받지 못했다. 전쟁기간(1935~1945)에 정부는 그의 특허권에 대해 더 많은 통제를 가하여 많은 제조업자들에게 나누어주고 Whittle의 몫을 감소시켰다. 1948년에 공군준장(air commodore)으로 퇴역하기 전에 그는 더 이상 가스터빈엔진분야에서 일하지 않았다.

그의 퇴역 직후 정부의 몇몇 인사들은 그의 전쟁성과와 항공의 미래에 대한 기여도를 깨닫게 되었다. 그래서 그는 기사(knight)칭호를 받아 Frank Whittle경이 되었고 상금 100,000파운드를 받았다. 수년에 걸쳐 프랭크경은 사적인 산업고문으로 활발하게 활동했으며 가스터빈엔진영역에서 고문이자 저자로 활약했다.

Section 07 ─ 독일과 이탈리아의 개발

Whittle이 정부지원을 받고자 투쟁하고 있을 때인 1936년에 독일의 기술자인 Hans von Ohain은 정부에서 가스터빈 개발 자금을 무한정 받아냈다. von Ohain은 Heinkel사와 일하면서 1939년 8월, 역사상 최초로 제트추진비행을 한 단발엔진 He-178 항공기동력장치의 특허를 내고 설계하였다. Heinkel사(社)의 He-178은 원심식 터보제트엔진이고 거의 1,100lb의 추력을 낸다. von Ohain의 엔진은 완전히 독자적인 개발에 의해 생산되었다. 그는 최초의 원심식 압축기형 엔진을 생산한 Whittle의 초기 업적 중 어느 것도 사용하지 않았다고 역사에 나타나 있다. von Ohain은 후기에는 축류형 엔진을 설계하였는데 그것은 오늘날 모든 대형 가스터빈엔진의 표준이 되어 왔다.

제2차 세계대전 이후 von Ohain은 미공군의 과학자로 일하기 위해 미국으로 갔으며 뚜렷한 경력을 가지고 정부공무원을 퇴직한 후 대학교수가 되었다.

1942년에 독일사람들은 Junker사에서 제작한 축류형 터보제트엔진을 사용한 쌍발 Me-262 항공기를 생산하였다. BMW사도 후에 이 항공기에 맞는 유사한 엔진을 생산하는데 둘 다 이륙추진력이 약 2,000lb였고 최고 500mph 속도까지 추진할 수 있었다. 이 엔진의 고온부(연소실과 터빈)는 영국의 경쟁사에서 개발한 것만큼 고도로 개발되지 못하였다. 그래서 매 10~15시간 비행마다 분해검사를 하고 부품을 교체해야만 했다.

이탈리아의 Caproni사와 설계자인 Secundo Campini는 독일과 영국이 개발하는 동안에 제트항공기의 생산에 매우 열중하고 있었다. 그러나 그들은 Whittle이 처음 따낸 특허에서 설명한 대로 고온가스통로 내의 터빈휠로부터 압축기를 구동하지 않고 액체냉각왕복엔진으로 압축기를 구동하는 것을 주장하는 초기 실험자들의 방침에 따라 설계하였다. 그들의 항공기는 1939년 말에 최고 205mph 속도로 비행하였다. 압축기를 구동하는 피스톤 동력장치 엔진의 한계는 1929년 Whittle이 그의 논문에서 설명한 것과 같았다. 따라서 이 설계는 Caproni-Campini 제트항공기와 함께 사장되었다.

[그림 1-12] The German Heinkel He-178, flown on August 27, 1939, was the first jet aircraft filght.

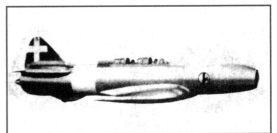

[그림 1-13] The first operational jet fighter was the Messerschmitt Me-262 Schwalbe(Swallow). It first flew on July 18, 1942. It was first introduced as a bomber Interceptor.

[그림 1-14] The Me-262 was powered by two Junkers Jumo 004 turbojet engines.

[그림 1-15] The Caproni-Campini "jet propelled" monoplane. It was powered by an Isotta Franschini radial piston engine, driving a ducted fan.

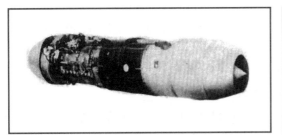

[그림 1-16] The Bell "Airacomet" was a twin turbojet fighter, powered by two Whittle-type G.E. gas turbines.

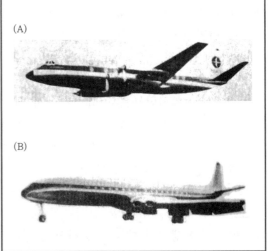

(A)

(B)

[그림 1-17A] Vickers Viscount
[그림 1-17B] De Havilland Comet

Section 08 ─ 미국의 초기 가스터빈 개발

General H.H. "Hap" Arnold는 영국에서 1941년 가스터빈항공기를 전략무기로 만든 진보에 감명을 받았다. 그는 Whittle 엔진을 조달하여 항공산업에서 신개념의 연구개발을 위한 GE사와 공군간의 계약을 맺게 하는 데 일익을 하였다.

1941년 10월 1일과 1942년 4월 2일 사이에 GE사는 실험실에서 재설계된 엔진을 시운전하였다.

GE사는 터보과급기 생산에 필요한 많은 고온금속을 개발했고 GE의 자회사들이 영국에서 Whittle의 연구를 지원해왔기 때문에 선정되었다. GE사가 최초의 미국 시제 터보제트 GE-I-16을 개발하였다.

뉴욕의 버팔로에 위치한 벨(Bell)항공사는 최초의 제트항공기 제작을 위해 선정되었다. 전쟁을 지원하기 위한 긴급성 때문에 GE의 엔진을 사용하는 항공기 설계에 Bell사는 매우 급속한 진전을 하게 되었다.

1942년 10월에 캘리포니아 Muroc Field에서 각기 1,650lb의 추력을 내는 GE사의 GE-I-16 엔진 두 개를 장착한 Bell XP-59가 시험비행을 하였다. "Airacomet"는 비행시간이 30분으로 제한되기 때문에 전투용으로는 사용되지 않았다. 그러나 P-80 항공기의 훈련용으로 매우 가치가 있었다.

비록 미국이 제2차 세계대전에서 제트항공기를 사용하지 않았지만 미래의 군사용, 상업용 및 산업용 가스터빈 개발에 Whittle과 GE사의 기초연구가 이용되었다.

[그림 1-18] The General Electric I-16(J-31-GE military designation) was successfully test run in April, 1942. It produced 1,650lb. of thrust at its rated 16,500rpm.

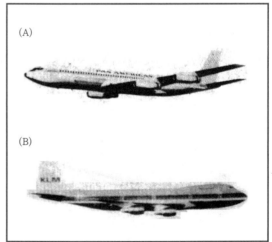

[그림 1-19A] An early Boeing 707
[그림 1-19B] Boeing 747

Section 09 ─ 상업용 항공기 개발

영국은 1948년에 최초의 터보프롭여객기, Vickers Viscount를 시험비행하였으며 이 항공기는 오늘날에도 여전히 운항되고 있다.

또한 영국은 1949년에 최초의 터보제트여객기, de Havilland Comet를 시험비행하였다. 1952년에 운항을 하게 된 이 4엔진여객기는 구조적인 피로균열로 인해 고고도에서 감압(decompression)을 초래하였다. Catastrophic 충돌사고는 그 당시 이런 기이한 현상 때문에 일어났고 1954년에 Comet는 광범위한 시험을 하기 위해 지상대기 되었다. 이 기간에 워싱턴 시애틀에 있는 보잉회사는 미국에 상업용 제트항공기분야를 개척하는 데 공헌하였다. 군사용으로 개발된 프랫 앤 휘트니(Pratt & Whitney)엔진을 이용하여 보잉회사는 항공산업에서 가장 주목할만한 모험사업 중 하나라고 알려진 사업에 그들 순자산의 1/4 가량을 투자하였다. 그 결과 세계적으로 유명한 보잉 707이 생산되었고 그것은 수년간 시험을 거친 후 1958년에 운항에 들어갔다. 오늘날 보잉회사는 현재 운항 중인 여객기 중에서 가장 큰 대형 여객기인 B-747뿐 아니라 많은 중형 모델을 생산하고 있다.

보잉회사는 GE사의 68,000lb의 추력을 가진 GE-4 터보제트엔진 4개가 장착되고 마하 2.8의 비행속도에 300명의 승객이 탑승할 수 있는 Boeing 2707로 미국에서 초음속여객기를 취항시키려고 노력하였다.

그러나 1971년에 환경론자의 압력을 받은 의회는 지원자금을 감축하기로 의결했다. 동시에 60,000ft 상공에서의 고고도비행은 오존층에 심각한 영향을 미칠 것이라고 생각되었다.

※ 오존은 지구를 둘러싸고 있는 유해적외선을 걸러주는 보호막이 된다.

프랑스와 공동협력관계에 있는 영국은 1976년에 콩코드(Concorde)라고 하는 초음속제트여객기 16대를 제조하여 취항시켰다. 이 항공기는 롤스로이스(Rolls-Royce Olympus)엔진을 장착하고 100명의 승객을 탑승시킬 수 있으며 음속의 2.2배의 속도로 비행할 수 있다.

[그림 1-20] The American SST design. Boeing 2707-300 | [그림 1-21] The British-French Concorde SST

분명치는 않지만 많은 연구가들은 콩코드와 군용기가 오존층에 부정적인 영향을 미친다고 주장하였다. 오늘날에도 고고도비행 항공기가 출현하게 됨에 따라 대기가 쉽게 파손된다고 느끼고 있다. 현행연구에 따르면 오존층파괴는 사실상 산업 및 농업공해로부터 일어난다고 지적되고 있다.

그러나 항공산업은 환경보호청(EPA)과 미연방항공국(FAA)에서 발행한 소음 및 배기공해에 관한 새롭고 좀 더 엄격하며, 규제에 맞는 방법을 추구해야 한다. 앞으로 발전된 항공산업기술이 이들 문제를 해결할 방법을 말해줄 수 있고 초음속항공에 일보 전진할 수 있을 것이다. 역사에 비추어보면 항공산업이 필요한 해결책을 찾을 수 있으리라고 확신한다.

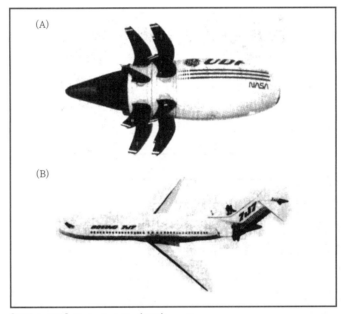

[그림 1-22A] Unducted Fan(UDF) engine
[그림 1-22B] UDF engine installed on the proposed Boeing 7J7 aircraft

Section 10 ─ 사업용 제트기(Business Jets)

최근에 사업용 제트기가 꽤 일반적인 용도로 이용되고 있다. Pratt & Whitney, G.E, Rolls Royce, Garrett, GM-Allison 및 Textron-Lycoming사들은 현재 사업용 항공기에 흔히 볼 수 있는 고정익 및 회전익항공기에 사용되는 가스터빈엔진을 대량생산하고 있다. 이 회사들은 모두 오늘날의 사업용 제트기를 위한 좀 더 믿을만한 동력장치를 생산하기 위해서 군사 및 상업용 엔진의 기술적 개발에 대해 일찍이 투자하였다. 사업용 제트기는 항공기 형태와 속도 때문에 급속하게 인기를 얻고 있다.

Section 11 **기타 개발**

민간항공기에서 가스터빈엔진 개발의 시초들은 다음과 같다.

① 상업용 터보프롭항공기의 최초 시험비행 : 1948년 영국의 Viscount

② 상업용 터보제트항공기의 최초 시험비행 : 1949년 영국의 Comet

③ 상업용 터보팬항공기의 최초 시험비행 : 1959년 영국의 VC-10

④ 상업용 초음속 터보제트항공기의 최초 시험비행

　㉠ 1968년 소련의 Tu-144

　㉡ 1969년 영국-프랑스 합작 콩코드(Concorde)

⑤ 상업용 프롭팬(propfan)항공기의 최초 시험비행 : 1986년 8월 20일 팬이 덕트되지 않은(Unducted Fan ; UDF) 엔진의 GE-36

민간항공 개발에 응용된 초기기술의 대부분은 정부자금지원을 받은 군사용 연구업적의 발전 때문이었다. 오늘날 전세계에 걸쳐 새로운 상업용 및 사업용 엔진의 연구개발은 거의 민간자금으로 이뤄지고 있다.

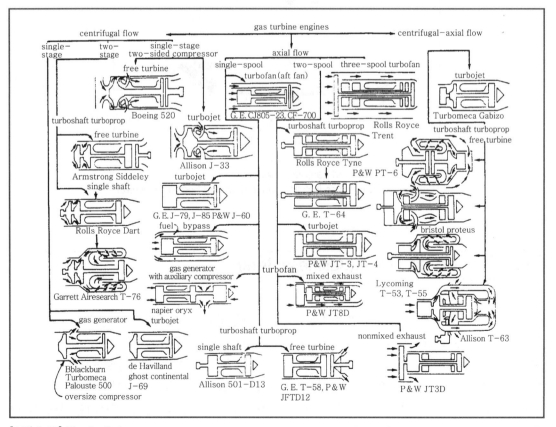

[그림 1-23] The family tree

○ 연습문제 ○

1. 역사적으로 볼 때 최초의 제트추진장치는 무엇인가?

   답 헤로의 이알러파일(BC 100~200)

2. 오늘날 제트엔진의 아버지라고 불리우며 제트추진엔진을 처음 특허낸 사람은 누구인가?

   답 프랭크 휘틀경

3. 최초로 순전히 제트추진력으로 비행한 항공기는?

   답 독일의 Heinkel사의 He-178

4. 미국 최초의 가스터빈동력을 사용한 상업용 항공기의 명칭은?

   답 보잉 707

5. 서구세계의 유일한 초음속여객기의 명칭은?

   답 콩코드(Concorde)

CHAPTER

02

제트추진 이론

CHAPTER

02

항·공·기·가·스·터·빈·엔·진

제트추진 이론

제트엔진의 4가지 형식(Four Types of Jet Engines)

제트추진은 가속된 공기나 가스 혹은 액체 등을 노즐을 통해 분사함으로써 얻어지는 반력으로 정의할 수 있다.

제트엔진은 일반적으로 로켓엔진(rocket engine), 램제트엔진(ramjet engine), 펄스제트엔진(pulsejet engine), 터빈엔진(turbine type jet engine)의 네 가지 형식으로 나뉘는데 이들은 모두 가스상태의 유체를 뒤로 내뿜음으로써 추진력을 얻어 앞으로 나아가는 방식을 취하고 있다.

1 로켓엔진(Rocket Engine)

로켓은 비공기흡입엔진(non-air breathing engine)이다. 비공기흡입엔진이란 로켓 추진 시 주위공기를 흡입하지 않고 엔진 자체 내에서 고체 혹은 액체의 산화제와 연료를 사용하는 것을 의미한다.

연소는 고체나 액체상태의 적은 부피가 큰 부피의 가스상태로 바뀌는 것이다. 연소로 인해 발생한 가스는 배기노즐을 통해 매우 빠른 속도로 빠져나가며 배기가스에 의해 로켓에 주어진 반력은 로켓을 매우 높은 초음속상태로 가속시킴으로써 지구의 대기권을 벗어날 수 있게 한다.

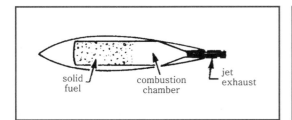

[그림 2-1] Soild fuel rocket

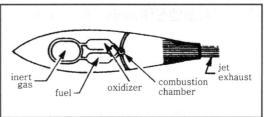

[그림 2-2] Liquid fuel rocket

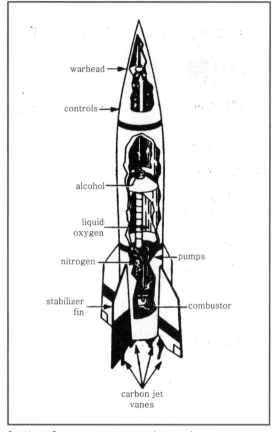

[그림 2-3] German V-2 rocket(mach 3)

[그림 2-4] Space shuttle and rocket booster

그림 2-3은 2차세계대전에서 독일이 사용한 V-2 로켓이다. 이것은 알코올혼합액을 연료로 하고 액체산소를 산화제로 사용하여 52,000lb의 추력을 내는 엔진을 사용함으로써 추진력을 얻는다.

그림 2-4의 우주왕복선(space shuttle)은 액체수소연료를 사용하여 각기 400,000lb의 추력을 내는 세 개의 주엔진을 장착하고 있으며 이륙시 고체연료 로켓 부스터와 함께 사용한다. 고체연료 부스터는 각기 약 3,000,000lb의 추력을 내며 이륙 후 분리된다.

■2 램제트엔진(Ramjet Engine)

Athodyd(aero-thermodynamic duct)나 램제트는 대기공기를 추진에 사용하는 형식의 엔진으로 가장 간단한 구조를 가지고 있다. 이는 공기를 흡입하여 공기의 속도를 정압(static pressure)으로 전환하도록 설계된 덕트와 기타 간단한 몇 개의 부품으로 구성된다.

연료로는 탄화수소계(hydrocarbon : C-O) 연료가 쓰이며 압축공기를 연소시키고 이를 팽창시킨다. 연소 결과, 연소가스가 매우 빠르게 엔진을 빠져나가면서 흡입공기와 배출가스의 속도차이가 추력을 발생시킨다.

램제트엔진은 근래에 군용 무인비행체에 많이 사용한다.[그림 2-5, 6 참조]

또한 램제트엔진을 미래의 극초음속비행체(mach No. 4.0 이상)의 엔진으로 응용하려 하는데 이 경우 터보제트엔진으로 기본적인 저속을 얻고 램제트엔진으로 전환하여 극초음속에 도달하는 형식을 갖게 된다. 실제로 이러한 새로운 형식의 엔진을 스크램제트(SCRAM jet)엔진이라 부르는데 그 이유는 이 엔진에서 연소를 위해 흡입된 공기가 연소기 내부를 초음속으로 흐르는 초음속연소현상이 생기기 때문이며 초음속연소 램제트엔진(Supersonic Combustion Ramjet ; SCRAM jet)을 줄여서 간단히 부르는 말이다.

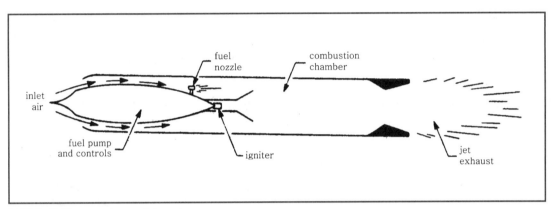

[그림 2-5] Diagram of a ramjet engine

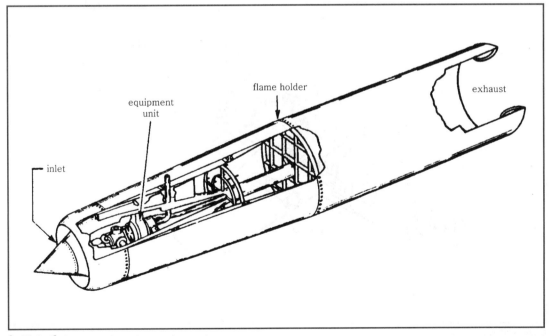

[그림 2-6] Cutaway view of a ramjet engine

❸ 펄스제트엔진(Pulsejet Engine)

펄스제트(pulsejet)의 경우는 램제트와 거의 유사하지만 공기흡입구에 공기흡입 플래퍼밸브(air inlet flapper valve)를 갖는 점이 다르다. 이 밸브들은 연소 중에 닫힘으로써 정추력(moderate static thrust)을 낼 수 있게 한다. 그렇지만 이는 자체추력으로 이륙하기에는 충분하지 않기 때문에 로켓 부스터 등이 추가로 필요하다.

펄스제트를 실제로 사용한 주요개발품은 2차대전 때 독일의 V-1 로켓으로 그치고 만다. V-1, "Buzz bomb"는 보조로켓을 장착한 펄스제트로 추진되며 약 400mph의 속도를 갖는다. 이 엔진은 자동으로 초당 약 40회 정도 열리고 닫히는 입구셔터(flapper valves)를 장착하고 있다. 연료(kerosene)가 흡입되어 연소되면 연소로 인한 압력으로 셔터가 닫히고, 연소공기가 빠져나가는 동안 흡입되는 공기의 램압력(ram pressure)으로 인해 셔터가 다시 열리게 된다. 이러한 간헐적 연소(intermittent combustion)는 일련의 급격한 역화현상(backfire)이나 충격력(pulse of force)을 일으켜 약 600lb의 전방추력을 발생시킨다. 시동 초기에는 전기적 점화기(electrical spark igniter)를 사용하며 점화 후에는 엔진 내부의 잔류연소열(internal residual heat)이 연속연소를 가능하게 해준다.[그림 2-8 참조]

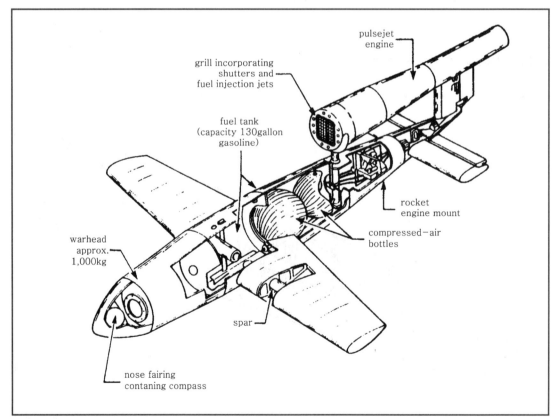

[그림 2-7] Pulsejet engine

펄스제트엔진의 개발은 낮은 성능 때문에 1940년대 후반경에 끝을 맺게 된다.

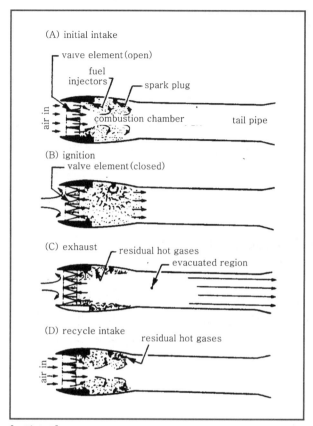

[그림 2-8] Pulsejet engine operating cycle

4 터빈엔진(Turbine Type Jet Engine)

터빈형식엔진, 즉 가스터빈엔진은 Whittle의 설계를 기초로 하는 일련의 엔진형태들, 즉 터보제트(turbojet), 터보프롭(turboprop), 터보샤프트(turboshaft), 터보팬(turbofan)에 붙여진 이름이다. 이 네 가지 형태의 가스터빈에 대해서는 이번 장 전체를 통해 자세히 논의하겠다.

Section 02 ── 동력장치의 선택(Powerplant Selection)

어떤 특정한 형식의 동력장치, 즉 엔진을 선택함에 있어서 주로 고려되는 사항은 순항속도 요구조건이나 비행기의 사용목적 등이다.

1 왕복엔진(Reciprocating Engine)과 터보축엔진(Turboshaft Engine)

최근 순항속도 250mph 이하의 경항공기 대부분은 왕복엔진을 사용하는데 이는 구입가격이 저렴하고 유지비 또한 적게 들기 때문이다. 한편, 대부분의 회전익항공기는 높은 추력중량비를 이유로 터보축엔진을 사용한다.

터보축엔진은 같은 힘을 내는 피스톤엔진에 비해 4~5배 정도 가벼우며 연료소비수준은 거의 비슷하다. General Electric CT7 터보축엔진의 경우는 1,725shp를 내는 반면 무게는 430lb로 4.4 : 1의 추력중량비를 갖는다. 이 놀라운 추력중량비는 터보프롭엔진을 능가하는 것으로 이는 터보프롭엔진이 덩치 큰 프로펠러 감속기어계통(reduction gearing system)을 갖고 있기 때문이다. 헬리콥터에서는 대부분의 감속이 동력전달장치(transmission)에서 일어나게 된다.

2 터보프롭엔진(Turboprop Engine)

250~450mph의 속도범위에서 터보프롭은 최고의 성능과 경제성을 갖는데, 이는 터보축엔진과 마찬가지로 추력중량비가 왕복엔진보다 높기 때문이다. 한 예로 Garrett사의 TPE 331 터보프롭의 경우 360lb의 무게로 1,040shp를 냄으로써 추력중량비가 2.8 : 1을 상회한다. 최고의 성능을 갖는 왕복식 프로펠러엔진은 이에 반해 추력중량비가 1 : 1이 조금 못된다. 그러나 터보프롭항공기는 피스톤엔진 항공기와 마찬가지로 고속비행시 항력증가로 인해 급격한 성능저하가 발생한다.

3 터보제트(Turbojet)와 터보팬(Turbofan)

450mph 이상의 속도에서는 터보팬이나 터보제트가 가장 널리 사용된다. 터보팬의 경우는 고아음속영역에서 가장 적절한 추진력을 낼 수 있기 때문에 상업용 및 사업용 제트기시장에서 새로이 널리 쓰이는 추세이다.

터보제트는 효율이 떨어지기 때문에 급속도로 터보팬으로 대체되고 있다. 근래에는 대형 군용기나 초음속 콩코드여객기의 엔진으로 아직 쓰이고 있지만 대부분의 초음속항공기에서는 터보팬엔진을 사용한다.

4 가스터빈엔진의 출력(Rating the Power Output of a Gasturbine Engine)

가스터빈엔진은 가스분사의 반력에 의해 추진력을 얻는다. 이 추진력은 파운드(lb) 단위로 표시되고 항공기의 경우 추진력은 1lb의 추력(thrust)형태로 나타낸다. 엔진의 추력은 제작사에서 결정하며 엔진 제작사에서는 엔진 추력을 특수한 시운전실(test cell)에서 정확하게 측정한다.

제트엔진이 파운드 단위의 추력으로 표시되고 일반적인 왕복엔진은 제동마력(brake horse power)의 형식으로 표시되기 때문에 이 두 엔진간의 직접적인 비교는 어렵다. 그러나 왕복엔진의 제동마력을 프로펠러에 의한 추력으로 전환할 수 있으므로 제트엔진의 추력과 왕복엔진의 프로펠러 추력에 의한 비교가 가능하다.

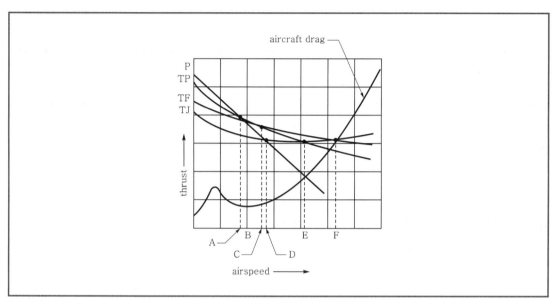

[그림 2-9] Comparison takeoff thrust to cruise thrust. Engine thrust vs. aircraft speed and drag

그림 2-9는 공기속도증가에 따른 4가지 형식의 엔진들의 추력변화를 나타낸다(이 그림은 어떤 특정엔진의 성능비교가 아니라 경향을 설명하기 위한 것임을 알아두어야 한다).

4가지 형식은 다음과 같다.

① 왕복-프로펠러(reciprocating-propeller)

② 터보프롭(turboprop)

③ 터보팬(turbofan)

④ 터보제트(turbojet)엔진

각 엔진에 대한 비교는 공기속도와 추력의 변화를 보여주는 성능곡선과 엔진형식에 따른 최고속도의 변화를 보여주는 항공기 항력곡선으로 구성되어 있다.

4가지 형식의 엔진을 추력을 근거로 비교해보면 확실히 알 수 있다. 점선 A의 왼쪽 영역에서는 왕복엔진(곡선 P)이 다른 세 형식에 비해 뛰어나고, 터보프롭엔진(곡선 TP)은 터보팬(곡선 TF)에 비해 점선 C 왼쪽 속도영역에서 우수하다. 터보팬엔진은 터보제트(곡선 TJ)에 비해 점선 F의 왼쪽 속도영역에서 우수하다. 점선 B의 우측 속도영역에서는 터보팬엔진이 기존의 엔진보다 우수하며 점선 C의 우측에서는 터보프롭엔진보다 우수하고 점선 D의 우측에서는 터보제트엔진이 왕복엔진보다 우수하며, 점선 E의 우측에서는 터보프롭보다, 점선 F의 우측에서는 터보팬보다 우수하다.

항공기 항력곡선과 추력곡선이 만나는 점은 항공기의 최대속도를 나타내는 점이다. 각 교차점에서 수직선을 그어보면 터보제트엔진을 장착한 항공기가 가장 높은 속도를 얻을 수 있다는 것을 알 수 있다. 또한 터보팬엔진을 장착한 항공기는 터보프롭이나 왕복엔진항공기에 비해 더 높은 최대속도를 얻을 수 있다.

5 대형과 소형 가스터빈엔진의 비교(Large vs. Small Gas Turbine Engine)

대형 엔진과 소형 엔진을 비교할 경우 대형 엔진은 그 크기비보다 실제로 더 큰 출력을 갖는다. 이는 가스터빈엔진의 출력이 엔진 직경의 제곱에 비례한다는 사실 때문이다. 한 예로, 48,000lb 추력엔진의 직경은 3,000lb 추력엔진의 직경에 비해 16배 크지 않고 단지 4배 클 뿐이다. 즉 3,000lb 추력엔진의 직경이 1ft라면 직경이 4ft인 엔진의 추력은 48,000lb(4의 제곱은 16이고 3,000의 16배는 48,000이므로)가 된다.

6 터빈과 피스톤(Turbine vs. Piston)

크기와 형식이 서로 다른 동력장치를 서로 비교할 경우 때때로 그 비교변수로 연료소모량을 비교한다. 그 이유는 대형 가스터빈엔진의 경우 일반적으로 많은 양의 연료를 소비하는 반면 왕복엔진은 그렇지 않은 것으로 알려져 있기 때문이다. 그러나 이것은 잘못 알려진 것이다. 그보다는 일정연료소모당 유상하중(payload)의 ton/mile 비나 passenger/mile로 연료소모량을 결정하는 것이 주어진 조건에서 어떤 동력장치가 더 효율적인가를 판단할 수 있다.

점보(jumbo)제트기의 경우 가장 큰 피스톤항공기보다 더 많은 유상하중을 운반할 수 있다. B-747에 피스톤엔진을 장착하고 동일한 성능을 얻으려면 아마도 연료소모량은 무척 많아질 것이다. 또한 이 연료소모의 증가는 엔진의 중량과 크기, 항력을 늘이고 프로펠러효율 또한 저하시키는 요인이 된다.

최근에 항공기용 왕복엔진은 저성능 경량 항공기에만 사용하고 있는데 이는 설계상의 한계 때문이다. 예를 들어 왕복엔진은 압축, 연소, 팽창과정이 실린더 한 곳에서 일어나지만 가스터빈은 각 과정이 각기 분리되어 있어 다양한 설계가 가능하기 때문에 여러 가지 성능과 적용이 가능하다. 왕복엔진이 더 이상 깊이 연구할 분야가 없어 보이는 반면 가스터빈엔진은 거의 한계가 없어 보인다.

지금까지 만들어진 가장 큰 피스톤엔진은 28개의 실린더를 갖는 4,000shp의 R-4360 엔진과 Boeing 747의 엔진인 JT9D를 비교하면 흥미있는 결과를 얻을 수 있다. 일반적으로 1shp가 2.5lb의 추력으로 변환되므로 R-4360의 프로펠러 정추력(propeller static thrust)은 약 10,000lb 정도이다(프로펠러 효율손실은 무시). Boeing 747이 현재 4개의 JT9D 엔진으로 얻고 있는 230,000lb의 정추력은 이러한 엔진이 23개가 필요하다.

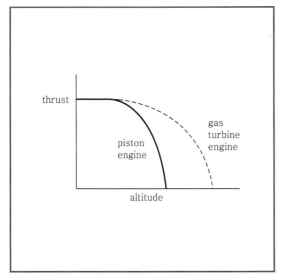

[그림 2-10] Thrust vs. altitude

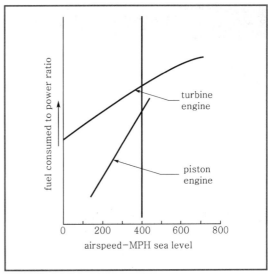

[그림 2-11] Fuel to airspeed comparison graph

왕복엔진에 비해 가스터빈엔진이 더 나은 점을 나열해보면 다음과 같다.

① 엔진 개발에 소요되는 시간이 현저히 줄어든다. 가스터빈엔진이 설계, 제작되어 실제 운용에 소요되는 시간은 피스톤엔진의 1/4에 불과하다.

② 생산이 더 단순하고 빠르다. 가스터빈엔진의 구성부품수는 피스톤엔진의 1/4에 불과하다.

③ 가스터빈엔진의 각 부품들은 각기 특정한 기능을 수행하므로 출력요구조건에 맞게 그 성능이 입증된 기존 엔진의 크기를 바꾸는(scaled up or down) 것이 가능하다.

④ 가스터빈엔진의 경우 출력이 간헐적이지 않고 연속적으로 얻어질 수 있다. 이로 인해 작동압력이 낮아질 수 있으므로 전체구조나 케이싱(casing), 덕트(duct) 등이 가볍고 쉽게 조립이 가능하다.

⑤ 거의 대부분의 구성부품이 회전구성품(rotating component)이기 때문에 가스터빈엔진은 진동이 거의 없다. 따라서 항공기 기체(airframe)의 무게를 절감할 수 있다.

⑥ 엔진 내에 왕복부가 없으므로 좀 더 높은 운용회전속도를 유지할 수 있다. 또한 이로 인해 전면면적이 줄고 기체 중 엔진이 차지하는 공간이 줄어들어서 추력무게비가 개선된다. 가스터빈제트엔진의 경우 그 무게가 피스톤엔진에 비해 1/4 정도이고 부품이 밀집되어 있어 차지하는 공간이 작아져, 항공기 전체구조의 무게를 크게 절감시킬 수 있다.

⑦ 가스터빈엔진은 해면고도(sea level)에서보다는 높은 고도에서 더욱 효과적이다. 따라서 고도에 따라 출력을 유지하기 위한 복잡한 과급기(supercharging)계통이 필요하지 않다.

⑧ 피스톤엔진에 비해서 가스터빈엔진은 더 빠른 속도에서 효과적으로 기능을 수행한다. 이는 배기속도와 공기유량이 늘어날수록 램압력(ram pressure)이 더 커지기 때문이다.

Section 03 — 터빈엔진형식(Turbine Engine Type)

가스터빈엔진은 추력발생 엔진(thrust producing engine)과 토크발생 엔진(torque producing engine)의 두 가지 형식으로 크게 나눌 수 있다.

또한 추력발생엔진의 경우는 터보제트엔진(turbojet engine)과 터보팬엔진(turbofan engine)으로 다시 나뉘고 토크발생엔진은 터보프롭엔진(turboprop engine)과 터보축엔진(turboshaft engine)으로 구분할 수 있다.

1 터보제트엔진(Turbojet Engine)

Frank Whittle경에 의해 최초로 특허출원된 터보제트엔진은 원심압축기와 애눌러연소기(annular combustor), 그리고 1단 터빈(single stage turbine)을 가지고 있었다.[그림 2-12B 참조]

오늘날에는 터보제트엔진의 설계에 있어 여러 가지 다양한 설계방법이 소개되었으나 아직도 기본 구성품은 압축기, 연소기 그리고 터빈이다.

터보제트엔진은 고온의 배기가스흐름으로 인한 반력을 그 추진력으로 삼고 있다. 공기는 흡입구(inlet)를 통해 엔진 내부로 유입되며 압축기(compressor)를 통해 압력이 높아진다. 연료는 연소기에서 공기와 혼합되며 연소에 의해 생성된 열에 의해 팽창되어 터빈휠(turbine wheel)을 돌려주게 된다. 또한 터빈은 압축기와 맞물려 압축기를 돌려주게 된다. 터빈을 돌리고 남은 에너지는 테일파이프(tail pipe)에서 가속되어 대기로 방출되며 추력(thrust)이라고 부르는 반력을 생성한다.

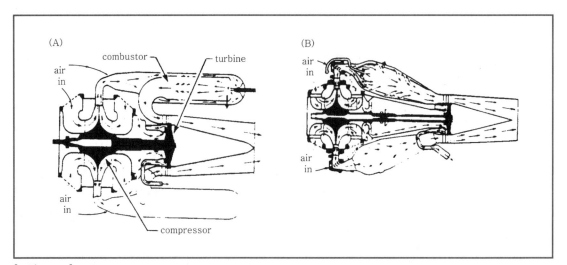

[그림 2-12A] Early Whittle trubojet with reverse-flow combustor
[그림 2-12B] Whittle turbojet with flow-through combustor

2 터보팬엔진(Turbofan Engine)

(1) 개요

터보팬엔진은 엄밀히 말해서 가스터빈엔진에 의해 구동되는 여러 개의 깃을 갖는 덕트로 싸인 프로펠러(ducted, multi-bladed propeller)엔진으로 볼 수 있다. 이 팬은 대략 2 : 1 정도의 압축비를 갖는다.

일반적으로 터보팬엔진은 20~40개의 고정피치깃(fixed pitch blade)을 갖고 있으며 터보제트와 터보프롭의 절충적인 성능을 갖도록 개발되었다. 즉, 덕트로 싸인 설계로 인해 터보팬엔진은 터보제트와 비슷한 순항속도를 가질 수 있으면서도 단거리 이착륙능력에 있어 터보프롭과 같은 성능을 유지할 수 있다.

터보프롭엔진의 프로펠러에 비해 팬의 지름이 훨씬 작지만 프로펠러보다 훨씬 더 많은 수의 깃을 가지고 있으며 자체의 수축형 배기노즐(convergent exhaust nozzle)을 통해 훨씬 빠른 속도로 공기를 가속시킬 수 있다.

팬을 장착하는 데는 몇 가지 방식이 있는데 이는 다음과 같다.

① 팬을 앞쪽의 저압압축기와 직접 연결하여 같은 속도로 회전하도록 장착하는 방법 [그림 2-13A 참조]

② 터보프롭과 비슷하게 팬과 압축기축을 감속기어장치로 연결하는 방법

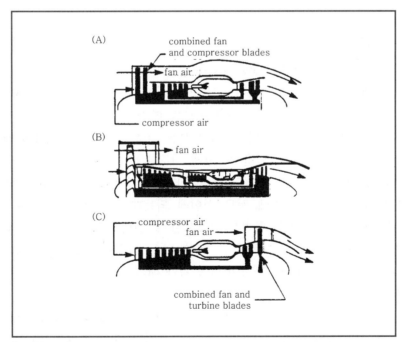

[그림 2-13A] Dual axial flow compressor, forward fan engine with mixed exhaust
[그림 2-13B] Triple-spool front fan engine with unmixed exhaust
[그림 2-13C] Turbofan engine with an aft-fan and unmixed exhaust

③ 팬을 압축기축과 분리되어 있는 독자적인 터빈과 연결하여 구동하는 방법[그림 2-13B 참조]

④ 팬을 터빈깃의 연장부에 위치하게 하는 방법[그림 2-13C 참조]

앞의 3가지 방법을 전방팬(forward fan)이라 하고 4번째 방법을 후방팬(Aft-fan)이라 한다. 후방팬방식은 근래에는 잘 쓰이지 않는데 팬이 압축기의 압축비 향상에 전혀 기여하지 않기 때문이다. 후방팬방식의 압축기는 전방팬형식의 압축기에 비해 이물질 흡입에 의한 심각한 손상을 입을 가능성이 크다. 그 이유는 전방팬방식의 경우에는 흡입된 이물질을 바깥쪽으로 몰리게 하여 팬배기구로 배기되기 때문에 손상이 팬에만 생기는 경향이 있기 때문이다.

비행기에 장착되는 터보팬엔진은 보통 세 가지로 나뉘는데, 저바이패스(low bypass), 중간바이패스(medium bypass), 고바이패스(high bypass)이다.

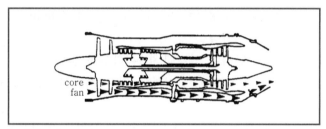

[그림 2-14] Fully ducted low and medium bypass turbofan design

(2) 저바이패스엔진

저바이패스엔진은 팬만을 지나는 공기유량과 압축기를 지나는 공기유량이 비슷한 경우를 가리키며 이때의 바이패스비는 약 1 : 1이다. 주의할 것은 바이패스비는 공기의 질유량비라는 것이다. 팬만을 지나는 공기가 덕트에 싸인 유로를 따라 엔진 전체를 지나는 엔진을 "Full fan duct"엔진이라 부른다. 이 경우 덕트의 끝부분은 수축형 노즐로 설계하여 배기속도를 높이고 바이패스공기에 의한 추력을 얻을 수 있게 해준다.

Fully ducted fan 엔진의 경우 그림 2-14에 나타나 있듯이 고온의 연소가스와 저온의 바이패스가스가 대기로 방출되기 전에 서로 섞이게 되는데 이로 인하여 짧은 덕트팬(short ducted turbofan)엔진에서 생기는 항력을 감소시킬 수 있다. 즉, 코어엔진(core engine) 외부를 지나는 공기는 덕트를 통해 흐를 때가 그렇지 않을 경우보다 표면마찰(skin friction)이 작다. Full duct 설계에서는 또한 고온고속의 공기가 배기덕트에서 팬을 지나온 공기와 뒤섞이며 희석되어 소음이 감소되는 효과가 있다.

터보팬엔진의 코어엔진에서는 터보제트와 동일한 방식으로 압축되고 연소되며 배기된다. Fully ducted 엔진의 경우 추력은 종류에 따라 다르지만 대략 8,000~10,000lb의 추력을 낸다.

※ 전투기는 초음속비행을 위해 작은 전면면적을 가져야 하므로 바이패스비가 1 : 1이 조금 안된다.

(3) 중간바이패스엔진

중간 정도의 바이패스비를 갖는 엔진의 경우는 2 : 1~3 : 1 정도의 바이패스비를 갖는데 이때 추력비는 바이패스비와 거의 유사하게 변화한다. 팬의 크기는 동급의 저바이패스엔진에 비해 직경이 약간 크며, 팬의 직경은 바이패스비와 팬추력 대 코어엔진 추력비 등을 고려하여 결정한다.

(4) 고바이패스엔진

고바이패스엔진(high bypass turbofan engine)의 바이패스비는 4 : 1 이상이며 공기를 더 많이 통과시키기 위해서는 직경이 더욱 커져야 한다. 그림 2-15의 Pratt & Whitney PW-4000 엔진은 점보제트여객기에 사용하기 위해 설계된 뛰어난 성능을 가진 최신의 대형 엔진이다.

고바이패스엔진은 여러 종류의 터보팬엔진들 중에서도 가장 낮은 연료소모량을 갖는다. PW-4000 엔진의 경우는 5 : 1의 바이패스비를 가지며 총추력의 80%를 팬에 의한 추력이 담당하며 나머지 20%가 코어엔진에 의한 추력이 된다. 추력비는 엔진들에 따라 모두 다르며 순항고도, 순항속도에서의 연료경제성과 장착되는 항공기의 추진효율 등을 고려하여 결정된다. 현재 사용되는 대부분의 고바이패스엔진들은 75~85% 정도의 공기를 바이패스공기(bypass air mass)로 사용한다.

고바이패스엔진 중의 극히 일부분은 Fully ducted 형식을 취하고 있다. 저바이패스엔진의 경우와 마찬가지로 추력과 저항력이라는 면에서 이점이 있다. 그러나 고바이패스엔진은 그 직경이 크기 때문에 Fully ducted 형식을 취하면 무게면에서 큰 약점이 있고 이는 아직 완전히 해결하지 못한 문제점으로 남아있다.

고바이패스엔진은 연료경제성이 매우 우수하기 때문에 중·장거리 여객기에 가장 많이 사용되고 있다. 연료경제성이 우수한 이유는 전체공기유량이 늘어난 반면 고온의 배기가스 소용돌이속도는 줄어들기 때문이다. 이러한 손실의 감소는 팬을 구동시키는 동력을 더 커지게 하는 결과를 가져옴으로써 추진효율과 열역학적 효율을 상당히 증가시킬 수 있다.

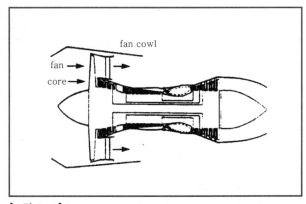

[그림 2-15] High bypass ratio turbofan

사실상, 오늘날 대부분의 항공사에서는 거의 모든 분야에 터보팬엔진을 쓰는 추세이며 터보제트엔진은 고성능 사업용, 상업용, 군용 제트기 등에서 조차도 그 위치를 상실하고 있다. 3장에서는 여러 엔진형식에 따른 각기 구조를 좀 더 다루게 될 것이다.

(5) 초고바이패스엔진(Ultra High Bypass Turbofan Engines-ducted)

터보팬엔진에서 또 하나의 새로운 발전인 가변피치(가변바이패스비) 모델이 형식승인을 위해 테스트 중이다. 이 모델은 현재 사용 중인 어떠한 터보팬엔진보다도 추력대비 연료소모가 작을 것으로 예상된다. 또한 터보프롭과도 성능을 견줄만한 것으로 예상되어 현재 터보프롭이 대부분을 차지하는 비행영역뿐 아니라 기존 터보프롭팬엔진으로는 불가능한 고아음속영역까지도 운용을 하게 될 것이다. 바이패스비 또한 고바이패스엔진과 프롭팬엔진의 중간 정도 수준이 될 것이다.

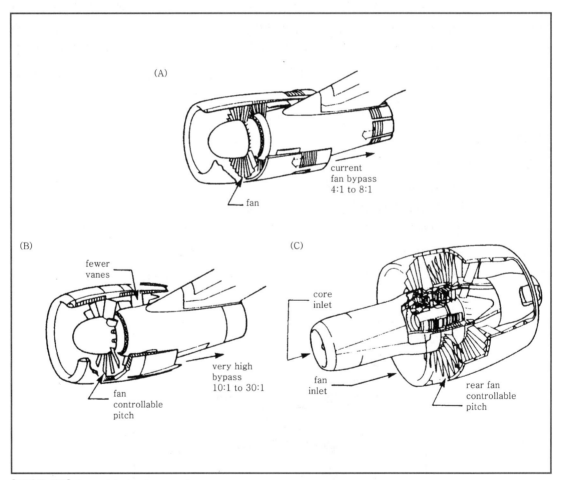

[그림 2-16A] Current technology engine
[그림 2-16B] Variable pitch front propfan engine
[그림 2-16C] Variable pitch rear propfan engine

3 터보프롭엔진(Turboprop Engine)

(1) 개요

터보프롭엔진의 설계는 터보축엔진과 거의 유사하다. 단지 터보프롭의 경우 감속기어장치가 터보프롭 흡입구(turboprop inlet)에 위치한다는 점이 서로 다르다. 터보프롭엔진은 가스터빈엔진에 프로펠러를 응용한 것이다.

프로펠러는 가스발생기축에 직접 연결(fixed turbine)되기도 하고 프리터빈축(free turbine)에 연결되기도 한다.[그림 2-17 참조]

고정터빈(fixed turbine)은 압축기와 감속기어장치 그리고 프로펠러구동축이 모두 단일축으로 연결되고, 프리터빈(free turbine)은 기어박스와 프로펠러축만 연결된다. 프리터빈방식의 경우 압축기 최적속도가 설계점(최고압축비점)에 고정되어 있어도 프리터빈은 자신의 최적설계속도(optimum design speed)로 상황에 따라 변할 수 있게 해준다.

프리터빈방식의 장점은 다음과 같다.

① 지상활주(taxing)와 같은 상태에서 프로펠러를 매우 낮은 rpm으로 유지할 수 있어서 소음의 감소와 블레이드 침식(erosion)방지의 효과가 있다.

② 엔진 시동이 다른 엔진에 비해 쉬우며 날씨가 추운 경우에는 다른 가스터빈엔진에 비해 특히 유리하다.

③ 프로펠러와 기어박스에서 발생하는 진동이 가스발생기 부분으로 직접 전달되지 않는다.

④ 로터제동장치(rotor brake)를 사용하면 엔진을 정지(shut down)하지 않고도 프로펠러를 정지시킬 수 있다.

단점은 왕복엔진과 같은 순간적인 동력발생이 어렵다는 것이다.

터보프롭엔진과 기본 가스터빈엔진의 가장 큰 차이점은 터보프롭엔진이 더 많은 터빈단(stage)을 가져야 한다는 것이다. 이 추가된 단들은 감속기어장치와 프로펠러를 구동하기 위한 동력을 발생하는 데 사용한다. 터보프롭엔진의 총추력은 프로펠러 추력과 배기가스에 의한 추력의 합으로 이루어지는데 배기가스에 의한 추력은 엔진의 종류에 따라 다르지만 대개 총추력의 5~25% 정도 수준이다.

배기가스에 의한 정확한 크기는 순항속도의 연료경제성의 함수로 볼 수 있다. 터보축엔진과 달리 터보프롭엔진은 고속으로 비행하고 램압축(ram compression)효과가 추진효율에 기여하기 때문에 일반적으로 배기가스에 의한 추력의 이용이 가능하다. 추진효율에 관해서는 뒤에서 자세하게 정의될 것이다.

터보프롭엔진의 외형적 크기는 비슷한 추력을 내는 터보제트엔진에 비해 2/3 수준인데 이는 추력을 내는 공기흐름의 양이 엔진의 중심부를 지나는 공기에 의해 결정되는 것이 아니라 프로펠러를 지나는 공기에 의해 결정되기 때문이다.

터보프롭의 연료소모량은 다른 엔진에 비해 다소 적다. 이 또한 터보프롭이 저속에서 추진효율이 좋기 때문이다.

(2) UHB 프롭팬(Ultra High Bypass Propfan)/UDF(Unducted Fan) 엔진

현재의 일부 엔진 설계자들 중에는 현재 프로펠러 공력기술의 발전추세로 볼 때 가까운 미래에는 새로운 형태의 터보프롭엔진의 사용이 크게 늘어날 것으로 보기도 한다. 이러한 발전에 의해 추진효율의 향상과 연료소모의 감소가 기대된다.

현재의 일반적인 프로펠러의 경우 압축비가 1.05 : 1 수준이 가능한 반면 프롭팬엔진의 경우 1.2 : 1의 압축비가 가능할 것이라고 예견되고 있다.

이중반전프로펠러(contra-rotating propeller)는 더욱 높은 압축비가 가능하고 그로 인해 곧 널리 쓰이게 될 것으로 보인다.[그림 2-17E 참조]

그 이유는 일반 프로펠러의 경우 프로펠러에 의해 주흐름에서 분리되는 소용돌이 흐름은 축류방향 에너지로 전환되지 못하고 손실을 초래하게 되는데 이중반전프로펠러의 경우 첫 번째 블레이드에서 발생한 소용돌이 흐름을 두 번째 블레이드의 회전(반대방향 회전)으로 상쇄시켜 축류방향 흐름(axial flow)과 좀 더 비슷하게 만들어 줄 수 있기 때문이다.

초고바이패스팬(UHB ; Ultra High Bypass Fan) 혹은 프롭팬(propfan)이라 불리는 엔진은 기존의 터보프롭과는 매우 다르게 생겼으며 6~10개의 후퇴각(swept back)을 갖는 곡면 블레이드(curved blade)형상의 큰 하중(highly loaded)에 견딜 수 있는 프로펠러로 구성되어 있다. 이러한 설계는 최근의 금속재료기술의 발달 및 경량 스테인리스강(light-stainless steel)과 복합소재(composite material)기술의 발달 등에 의해 가능해졌다. 기존의 프로펠러로 이와 같은 성능을 내려면 직경이 매우 커져야 하는데 이는 구조의 하중계수 조건과 프로펠러팁(propeller tip)에서의 소음발생 등으로 인해 금지되고 있다.

동력장치 자체로는 10,000~15,000hp급이 사용되리라 보는데 이는 현재 터보프롭엔진의 2~3배 크기이다. 이 새로운 엔진은 새로운 프로펠러 설계에 맞게 개발되어야 한다. 프로팬엔진은 승객을 150~200명 정도 태우고 현재 제트여객기와 비슷한 마하 0.8 정도의 순항속도를 가지는 항공기에 맞도록 동력을 내야 한다.

일부 설계자는 팬을 전방에 놓기도 하여 또 다른 설계자들은 팬을 뒤에 놓기도 한다[그림 2-17D, E 참조].

또 다른 설계로 프롭팬에 기존의 카울형 흡입구(cowl-type inlet)를 씌워 마하 0.9 정도의 속도를 내기도 하는데 이런 종류의 엔진을 "Ducted UHB"라고 부른다.

이러한 여러 종류의 UHB는 현재의 고바이패스엔진에 비해서 15~20% 이상의 연료절약효과가 있는 현용 가스터빈들 중에서도 가장 우수한 연료절약형 엔진이다.

연료절약성능이 우수한 이유는 추력을 내는 데 있어서 고온연소방출가스(hot combustion discharge gas)가 프로펠러축을 돌리는 내부의 기계적인 일을 수행하여 추력을 얻는 것이 테일파이프(tail pipe)를 통해 방출시켜 추력을 얻는 것보다 효과적이기 때문이며 오직 배기가스의 반력에 의해 추력을 얻는 엔진의 경우 고온의 가스가 대기 중으로 방출됨에 있어서 일부가 추력방향(축방향)이 아닌 회전반경방향(radial direction)으로 팽창하면서 손실이 발생하기 때문이다.

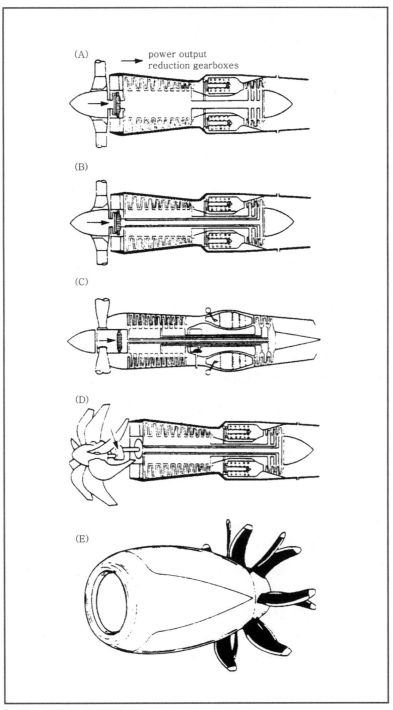

[그림 2-17A] Single axial flow compressor, direct drive turboprop
[그림 2-17B] Single axial flow compressor, free turbine drive turboprop
[그림 2-17C] Three-shaft turboprop with free-turbine drive to propeller
[그림 2-17D] Front propfan(proposed)
[그림 2-17E] Rear propfan counter-rotating blades

또한 프롭팬이 터보프롭과 마찬가지로 저속에서 상대적으로 추력이 높기 때문에 가변피치프로펠러(variable pitch propeller)를 함께 사용할 경우 순항고도까지 상승시간이 짧아질 수 있고 이것이 연료를 더욱 절약할 수 있는 요인이 된다.

프롭팬엔진에서 요구되는 높은 바이패스비(엔진 내부를 통과하는 공기의 양과 프로펠러를 지나 엔진 외부를 지나는 공기량의 비)는 30 : 1에서 100 : 1에 이르며 이는 현재 사용되는 프로펠러들보다 빠른 깃끝속도(tip speed)를 갖는 직경 12~15ft의 단일(single) 혹은 이중(dual)의 프롭팬용 프로펠러에 의해 가능하다.

항공기를 마하 0.8의 속도로 추진시키려면 프로펠러 깃끝은 짧은 순간이나마 초음속영역을 지나야 한다. 그리고 이륙시 깃끝속도는 아음속이지만 깃끝에서 유발되는 소음은 130~140dB 정도가 되는데 이는 터보팬에 비해 30~40dB 이상 높은 수치이다.

최근 프로펠러 개발의 추세는 지상과 승객들이 느끼는 소음의 감소와 연료소모를 30% 이상 줄이는 데 초점을 두고 있다.

400석 규모의 여객기의 경우에는 아직 UDF로의 전환이 고려되지 않고 있다. 그 이유는 추력요구치가 60,000lb에 이르는데 이는 25ft의 지름을 갖는 프롭팬에 의해서만 얻을 수 있는 수치이고 현재의 기술로는 실현이 어렵기 때문이다.

4 터보축엔진(Turboshaft Engine)

가스터빈엔진의 일종으로 생성된 힘을 축을 통해 프로펠러 이외의 다른 구성품을 작용시키는 엔진을 터보축엔진(turboshaft engine)이라고 부른다. 터보축엔진은 산업용으로도 널리 쓰이고 있지만 이 책에서는 항공기에 적용된 터보축엔진에 관해서만 다루겠다.

초기 터보축엔진의 동력출력축(power output shaft)은 가스발생기 터빈휠(gas generator turbine wheel)과 직접 연결되어 있었으나 오늘날에는 분리된 다른 터빈휠로 출력축이 구동된다. 이러한 새로운 디자인을 프리동력터빈(free power turbine)이라 한다.

그림 2-18은 출력축의 위치에 따른 두 가지 종류의 프리파워터빈을 보여주고 있다. 그림에서 알 수 있듯이 터보축엔진은 두 개의 주요 부분, 즉 가스발생기 부분(gas generator section)과 동력터빈 부분(power turbine section)으로 나누어 생각할 수 있다.

가스발생기의 기능은 동력터빈시스템을 구동하기 위한 에너지를 발생하는 것이다. 가스발생기 부분은 자체적으로 연소에너지의 2/3를 소모하고 나머지 1/3로 항공기 변속장치(aircraft transmission)를 구동하는 동력터빈을 구동한다.

변속장치는 사실상 감속비가 높은 감속기어박스(reduction gearbox)이다. 설계에 따라 때로는 터보축엔진도 고온배기가스에 의한 추력(전체추력의 약 10% 정도까지)을 내기도 한다. 이러한 설계에서 고려해야 할 점은 로터 자체추력만으로도 원하는 비행속도를 낼 수 있느냐 하는 점과 헬리콥터가 일정전방추력(constant forward thrust)상태에서 제자리비행(hovering)이 가능한가의 여부이다.

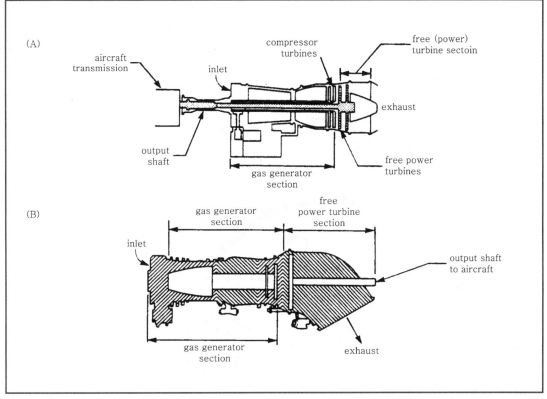

[그림 2-18A] General Electric T-64 turboshaft
[그림 2-18B] General Electric T-58 turboshaft

Section 04 물리학(Physics)

분사추진원리의 명확한 이해를 위해서는 물리학의 응용법칙을 이해하는 것이 필요하다. 이 법칙들은 질량이나 물질의 운동을 지배하는 물리적인 법칙들이다. 그러나 여기서 다루는 물리학은 가스터빈엔진 내의 가스와 터보기계의 물리적인 관계를 이해하는 데 필요한 기본 원리에 중점을 두었다.

가스질유량(mass flow)은 터빈을 통해 유용한 일(궁극적으로 추력)을 만드는 가스터빈엔진에서 압축되고 가속되는 대기 중의 공기를 말한다. 추력은 흐르는 가스의 순수한 반작용이나 터빈에 의해 구동되는 프로펠러팬으로부터 발생한다.

가스터빈엔진에 적용되는 가장 중요한 물리적 성질 중 몇 가지는 무게, 밀도, 온도, 압력, 질량이다. 이것들은 힘, 일, 가속도, 추력 그리고 어떤 유용한 성능인자들을 측정하는 공식들에 적용되어 유용하게 사용된다.

이 책에서는 이 성질들을 영국단위계로 표현하였다.

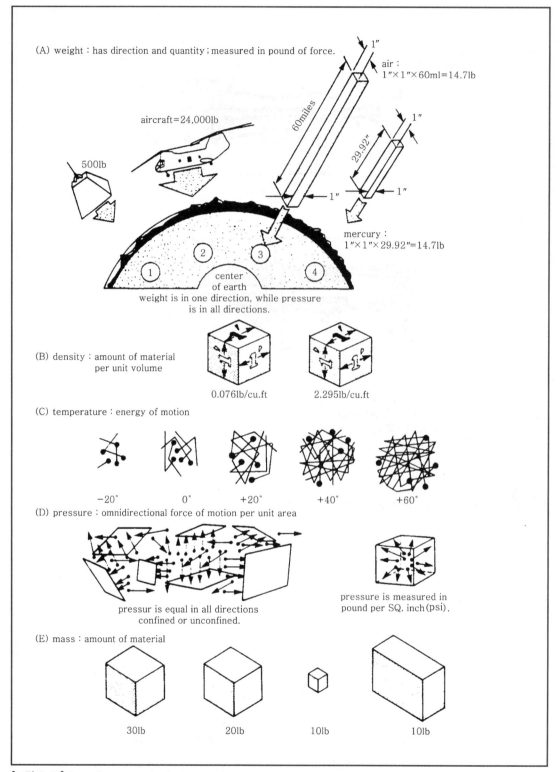

(A) weight : has direction and quantity ; measured in pound of force.

1″

air :
1″×1″×60ml=14.7lb

60miles

aircraft=24,000lb

29.92″

500lb

1″

1″

1″

mercury :
1″×1″×29.92″=14.7lb

① ② ③ ④

center
of earth
weight is in one direction, while pressure
is in all directions.

(B) density : amount of material
per unit volume

0.076lb/cu.ft   2.295lb/cu.ft

(C) temperature : energy of motion

−20°   0°   +20°   +40°   +60°

(D) pressure : omnidirectional force of motion per unit area

pressur is equal in all directions
confined or unconfined.

pressure is measured in
pound per SQ. inch(psi).

(E) mass : amount of material

30lb   20lb   10lb   10lb

[그림 2-19] Some important physical properties of matter

그림 2-19A에서 무게는 물질의 종류에 관계없이 지구 중심을 향하는 1차원(one-directional)으로 볼 수 있고 방향과 크기를 갖으며 힘의 파운드(pound of force)로 측정된다.

그림 2-19B는 단위부피당 물질의 양인 밀도를 설명하고 있고, 동일한 형태의 내용물을 가진 두 개의 상자(container)일지라도 내용물이 서로 밀착되어 쌓여있다면 다른 무게를 가질 것이다. 가스터빈엔진의 압축기는 이 원리를 이용하여 주어진 공간에 더 많은 공기의 분자들을 충전시킨다. 이것은 밀도와 추력을 발생시키는 공기흐름의 무게를 증가시키는 것이다. 예를 들면, 표준대기상태(standard day condition)에서 공기의 무게는 0.076475lb/ft^3이고 압축비가 30 : 1인 압축기를 갖는 엔진에서는 0.076475에 30을 곱한 2.295lb/ft^3이 될 것이다. 밀도의 단위는 $\text{lb} \times \text{sec}^2 \div \text{ft}^4$으로 표현되며 후반부에서 설명될 것이다.

그림 2-19C는 열에 의한 분자운동에너지로서의 온도를 설명하고 있다. 분자운동은 낮은 온도에서 느리고, 높은 온도에서 활발하다. 공기온도가 증가하면 밀도를 증가시키기 위하여 압축기 속도와 연료소모에 관계되는 더 많은 일이 필요하기 때문에 가스터빈엔진의 압축기에서는 이것이 문제가 된다.

그림 2-19D는 단위면적당 전방향 힘으로서의 압력을 나타낸다. 공기분자들은 상자(container)의 안쪽 벽에 매우 빠르게 되튀김으로써 압력이 안쪽의 모든 면에 작용하게 되는 것이다. 만일 압력계기를 막은 상자 안으로 끼워 넣으면, 정적인 값을 pound per square inch로 나타내줄 것이다.

그림 2-19E는 물체(body)가 가지는 물질(material)의 양으로 질량을 설명하고 있다. 이런 점에서 밀도의 설명과 유사하다. 가스터빈엔진에서 단위부피당의 공기가 조밀할수록 무게와 질량은 더 많아진다.

1 힘(Force)

힘은 일을 할 수 있는 능력으로 정의되며 작용방향으로 물체에 가속도를 발생시킨다.

$$F = P \times A$$

여기서, F : 힘(lb), P : 압력(lb/in²), A : 면적(in²)

> ◆예제
>
> 배기노즐의 입구의 압력은 6psi이고 면적은 300in²(square inch)이다. 작용하는 힘을 pound 단위로 계산하라.
>
> [풀이] $F = P \times A$
> $= 6 \times 300 = 1,800 \text{lb}$
> 여기서, $P = 6 \text{lb/in}^2$
> $A = 300 \text{in}^2$

여기서 언급된 힘은 대부분의 가스터빈엔진 설계에서 반동추력(reactive thrust)에 더하여지는 것이다. 이 "압축추력(pressure thrust)"은 이 장의 뒷부분에서 설명할 것이다.

■2 일(Work)

기계적 일은 물체에 작용하는 힘이 어떤 거리를 움직이게 할 때 발생한다. 일은 힘의 ↕방향 성분과 ↔ 방향 성분 거리와의 곱으로 나타낸다.

$$W = F \times D$$

여기서, W : 일(ft.lb)
F : 힘(lb)
D : 거리(ft)

> **●예제**
>
> 2,500lb의 엔진을 9ft 높이로 올리는 기구는 foot-pound로 얼마의 일을 하는가?
>
> [풀이] $W = F \times D$
> $= 2,500 \times 9 = 22,500 \, \text{ft.lb}$
>
> 여기서, $F = 2,500\text{lb}$
> $D = 9\text{ft}$

■3 동력(Power)

일의 정의에서는 시간이 언급되지 않았다. 동력은 시간당 일을 할 수 있는 능력이다.

$$P = \frac{F \times D}{t}$$

여기서, P : 동력(ft.lb/sec 혹은 ft.lb/min)
F : 힘(lb)
D : 거리(ft)
t : 시간(sec 혹은 min)

> **●예제**
>
> 2,500lb의 엔진을 2분 동안 9ft의 높이로 끌어올리는 데 필요한 동력은?
>
> [풀이] $P = \dfrac{F \times D}{t} = \dfrac{3,500 \times 6}{2} = 10,500 \, \text{ft.lb/min}$
>
> 여기서, $F = 2,500\text{lb}$
> $D = 9\text{ft}$
> $t = 2\text{min}$

4 마력(Horse Power)

　마력은 보편적이며 전력의 측정에 유용하다. 오래전 강한 말이 유용한 일을 할 수 있는 능력에 1.5를 곱했던 것을 1분에 33,000lb의 무게를 들어 올리는 것으로 영국 단위체계의 표준을 결정하였다. 만일 동력이 foot-pound/minute으로 표시된다면 그것을 33,000으로 나누면 마력으로 환산된다. 수학적으로 단위는 서로 상쇄되어 단지 숫자만으로 남는다는 것에 주의하라.

$$\text{HP} = \frac{P}{33,000}$$

● 예제

위에서 언급된 엔진을 끌어올리는 데 필요한 마력은 얼마인가?

[풀이] $\text{HP} = \dfrac{P}{33,000}$

$= \dfrac{11,250\,\text{ft.lb/min}}{33,000\,\text{ft.lb/min}}$

$= 0.34$(혹은 근사적으로 $\dfrac{1}{3}$hp)

여기서, $P = 11,250\,\text{ft.lb/min}$
1hp $= 33,000\,\text{ft.lb/min}$

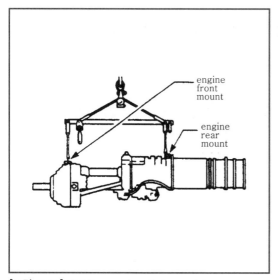

engine front mount

engine rear mount

[그림 2-20] Hoisting engine during maintenance

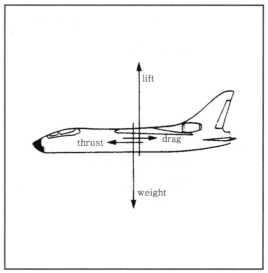

lift

thrust

drag

weight

[그림 2-21] Horse power is required to drive the engine. Force left over drives the aircraft

5 속도(Velocity)

속도는 속력과 같은 단위로 표현된다. 그러나 속도는 방향이 포함된다.

$$V = \frac{D}{t}$$

여기서, V : 속도(ft/sec)
D : 거리(ft, mile)
t : 시간(sec, min)

> **예제**
>
> 가스터빈엔진의 테일파이프(tail pipe)에서 가스가 0.003초에 5ft의 거리를 흐른다. 속도는 ft/sec로 얼마인가?
>
> [풀이] $V = \dfrac{D}{t}$
>
> $\quad = \dfrac{5}{0.003}$
>
> $\quad = 1,667 \text{ft/sec}$
>
> 여기서, $D = 5\text{ft}$
> $\qquad t = 0.003\text{sec}$

6 가속도(Acceleration)

물리학에서 가속도는 시간에 대한 속도의 변화로 정의된다. 움직이는 거리는 무시하고 단지 시간에 대한 속도의 증감만을 염두에 두자.

$$A = \frac{V_2 - V_1}{t}$$

여기서, A : 가속도(ft/sec^2)
V_2 : 마지막 속도(ft/sec)
V_1 : 처음 속도(ft/sec)
t : 시간(sec)

● 예제

1. 지구표면 근처의 진공상태에서 자유낙하하는 물체의 가속도를 계산하라. 끌어
   당기는 힘은 중력이며 1초 후의 속도는 32.2ft/sec가 된다는 것을 주지하라.

   [풀이] $A = \dfrac{V_2 - V_1}{t} = \dfrac{32.3\,\text{ft/sec} - 0\,\text{ft/sec}}{1\,\text{sec}} = 32.2\,\text{ft/sec}^2$

   여기서, $V_2 = 32.2\text{ft/sec}$
   $V_1 = 0\text{ft/sec}$
   $t = 1\text{sec}$

2. 2, 3, 4초 후의 가속도를 계산하라.

   [풀이] 2초 후 : $A = \left(\dfrac{64.4\,\text{ft}}{\text{sec}} - \dfrac{0\,\text{ft}}{\text{sec}}\right) \div \dfrac{2\,\text{sec}}{1} = 32.2\,\text{ft/sec}^2$

   3초 후 : $A = (96.6 - 0) \div 3 = 32.2\,\text{ft/sec}^2$

   4초 후 : $A = (128.8 - 0) \div 4 = 32.2\,\text{ft/sec}^2$

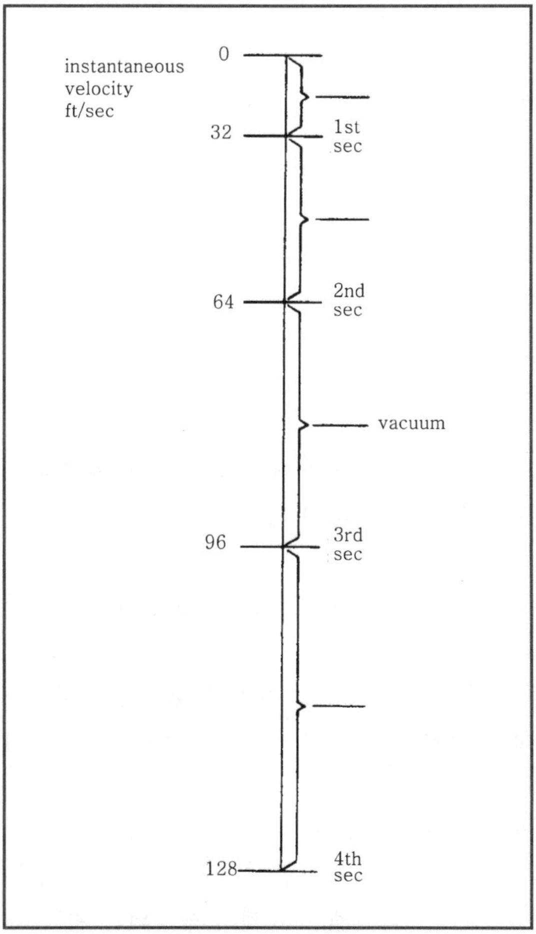

[그림 2-22] Effect of gravity on velocity

[그림 2-23] Galileo experiment with gravity

Section 05 — 위치에너지와 운동에너지(Potential and Kinetic Energy)

에너지는 유용한 일을 하는 데 사용된다. 가스터빈엔진에서 이것은 운동(motion)과 열(heat)을 발생시키는 것을 의미한다. 제트엔진의 추진력을 가장 잘 표현하는 두 가지의 에너지형태는 위치에너지(potential)와 운동에너지(kinetic)이다.

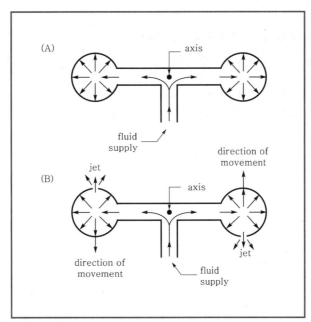

[그림 2-24A] Potential energy
[그림 2-24B] Kinetic energy

그림 2-24A는 압력이 살수기 상부(sprinkler head)의 모든 부분에서 같고 어떤 움직이는 동력도 없다는 것을 보여주고 있다. 같은 방식으로 위치(potential)나 저장(stored)에너지를 설명할 수 있다.

그림 2-24B는 운동에너지의 예를 보이고 있다. 열린 혹은 제트노즐은 각 살수기 상부에서 180°를 이루며 위치하고 있다.

유체를 일정하게 공급하면 유용한 조건이 만들어진다. 출구에서는 유체가 노즐을 빠져나가면서 압력이 감소된다. 이것은 출구의 반대편 내부 벽에 높은 압력을 형성시켜준다. 살수기의 상부는 이 힘으로 축을 중심으로 하여 돌게 된다.

위치에너지가 운동에너지로 전환됨으로써 형성된 회전은 분명 유체가 대기를 미는 힘에 의한 것이 아니라 장치 내 힘의 결과이다. 그러나, 만일 살수기가 노즐에 대기 역압력이 없는 진공상태에 놓인다면 회전은 더 빨라질 것이다. 후에 가스터빈엔진 내에서 형성되는 이와 유사한 추력에 대해 다룰 것이다.

Section 06 ─ 베르누이의 정리(Bernoulli's Theorem)

베르누이의 정리는 가스의 압력을 다룬다. 가스터빈엔진에서 압력은 열을 가하거나 제거함에 따라, 또는 가지고 있는 분자수를 변화시키거나 가스의 체적을 변화시킴에 따라 변할 수 있다. 체적을 변화시킨다는 생각은 터빈엔진 가스사이클의 이해에 매우 중요하다. 왜냐하면, 그것은 베르누이정리의 기본이 되기 때문이다.

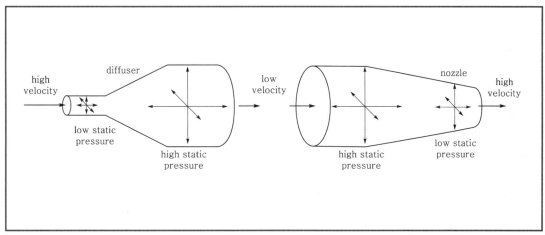

[그림 2-25] Ducts used to change static pressure to velocity

베르누이는 아음속흐름에서 공기가 비압축성 유체로 작용한다는 것을 발견하였다. 이 원리는 유체나 가스가 덕트를 통해 일정한 유량으로 공급된다면 압축에너지[pressure(potential) energy]와 속도에너지[velocity(kinetic) energy]의 합은 일정하다는 것을 말한다. 다시말해 압력이 증가하면 속도는 비례하여 감소하고, 압력이 감소하면 속도는 증가한다는 것이다. 이것은 속도가 압력에 반비례함을 나타낸다.

이해를 돕기 위해서 내부에너지(분자운동)와 운동에너지를 갖는 덕트를 통해 흐르는 공기를 고려하자. 이것은 또한 정압력에너지와 동압력에너지로도 간주할 수 있다. 공기가 직선덕트를 따라 흐르다가 확산형으로 바뀌면 축방향의 운동에너지는 공기가 밖으로 퍼져 나가기 때문에 감소하고 공기의 일정유량에서 전체에너지는 변하지 않음에 따라 위치에너지는 운동에너지 감소에 비례하여 증가한다.

공기분자들은 덕트 확산부의 계기 입구가 직선부분의 입구보다 훨씬 많다. 왜냐하면 입구에서 공기분자들이 튀고 팽창하는 데 더 많은 시간을 보낼 수 있기 때문이다. 계기에서 분자들의 힘을 pound per square inch의 단위인 압력으로 측정할 수 있다. 바꾸어 말하면, 덕트의 모양이 수축되어 있다면 일정유량의 공기흐름속도가 증가한다는 것이다. 즉, 공기의 운동에너지는 위치에너지가 감소함에 따라 이에 비례하여 증가했다고 말할 수 있다.

덕트 수축부의 계기 입구에서는 빠르게 흐르는 공기(air stream) 속에서부터 계기로 가는 길을 찾는 공기분자들의 위치에너지는 유효한 시간의 부족으로 더욱 감소될 것이며 이때 계기는 낮은 정압을 나타낼 것이다.

정압의 개념을 더 자세히 이해하기 위해 가스가 흐르거나 흐름의 운동에너지로부터 완전히 분리된 상태, 즉 흐르지 않고 있는 상태에서의 내부(molecular)에너지를 생각해보자.

계기 내부의 많은 양의 분자들이 매우 빠르게 반복적으로 내부의 벽을 튕겨 마치 그들이 정적으로 벽을 밀고 있는 것처럼 보일 때 정압이 형성된다.

전압(total pressure)은 정압과 램압력의 합이며 반대방향에서 흐름을 멈추게 하는 데 필요한 압력으로 자주 기술된다.

그림 2-26에서 pound/second의 유량은 덕트의 A, B, C 점에서 일정하다고 가정한다. B의 면적이 작기 때문에 흐르는 가스의 속도는 A에 비해 빨라진다. B에서의 정압은 비례적으로 A보다 작아질 것이다.

이 현상은 계기 입구에서 공기흐름속도가 증가함에 따라 더 적은 양의 공기분자가 덕트 B에 있을 수 밖에 없기 때문이다. C에서는 가스가 팽창하면서 속도가 줄기 때문에 더 높은 정압을 가진다. 덕트 A-B를 수축덕트라 하고 덕트 B-C를 팽창덕트라 한다.

또한 이 그림에서 정압은 덕트를 통해 일정하게 유지된다는 것을 보여준다. 특수하게 생긴 계측기를 사용하여 전압력의 정압과 램압력을 동시에 측정할 수 있으며 이 경우 전압력을 같은 지점에서의 정압과 비교할 수 있다.

※ 만일 속도와 밀도를 안다면 램압력과 전압력의 계산은 Appendix 8의 공식 14와 15를 사용하고 3장 "Ram Recovery"의 예제를 참조하라.

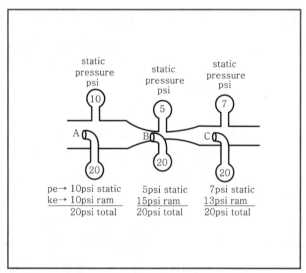

[그림 2-26] Application of Bernoulli's theorem

1 정압(Static Pressure) 측정

그림 2-27에서 보듯이 정압은 공기나 액체의 압력으로 덕트나 공기흐름에 90° 각도로 나타난다. 좀 더 명확히 하기 위해 공기가 화살표방향으로 덕트 안을 흐르고 있다고 가정하고, A에서 보여지는 것과 같이 U자형 수압계(water manometer)를 덕트에 설치한다. 이런 방식으로 덕트에 연결된 계기 튜브의 압력은 덕트 내 공기의 정압을 물의 높이차로 나타낸다.

만일 대기 중의 공기가 14.7lb/in²로 계기 튜브 오른쪽 끝에서 누르고 있지 않다면 물은 튜브 밖으로 밀려 나오게 될 것이다. 따라서, 수압계의 두 수면높이의 차이가 대기공기의 압력과 덕트 내의 공기운동 압력의 차이가 된다. 이 차이로 덕트 내의 정압을 측정하는 것이다.

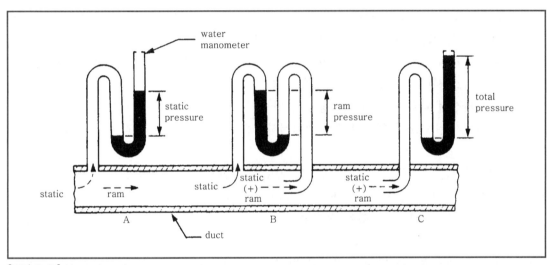

[그림 2-27] Messuring air pressures

2 전압력(Total Pressure) 측정

전압력은 공기흐름이 덕트의 단면에 수직으로 작용하는 힘이다. 이것을 측정하려면 수압계기를 C에서처럼 연결해야 한다. 계기 튜브는 덕트의 중앙에서 공기흐름을 수직으로 받도록 끝이 90° 꺾여있다.

수압계의 물기둥 높이는 A보다 높게 올라간다. 왜냐하면, 더 큰 압력이 물기둥에 작용하기 때문이다.

3 램압력(Ram Pressure) 측정

A에서는 정압만 측정하였고 C에서는 전압력만 측정하였다. 우리는 더 나아가서 공기의 속력을 결정하는 다른 힘을 측정할 수 있다. 이것을 램압력이라 한다. 램압력은 전압력에서 정압을 뺀 것과 같다.

B에서 수압계의 양 끝이 모두 덕트 내에 연결되어 있다는 것에 유의하라. 계기 B의 왼쪽 끝은 A의 왼쪽 끝과 같이 연결되어 있어 정압을 측정한다. B의 오른쪽 끝은 C의 왼쪽과 같이 연결하여 전압력을 측정한다.

B의 배치에서 좌측 계기 레그(leg)를 정압튜브라 하고 오른쪽 레그를 임팩트튜브라 한다. 따라서, 정압과 램, 두 힘이 물기둥에 작용하여 생긴 유체면의 높이차가 램압력을 나타낸다.

대기압력이 작용하지 않는 이와 같은 튜브를 사용할 때는 두 물기둥의 높이차가 램압력을 나타낸다는 점을 유의하라.

■4 엔진 내부의 압력과 속도

그림 2-28A의 A, B, C 지점에서 압력과 속도선도를 비교하면 베르누이 원리의 반비례관계를 알 수 있다. 즉, 속도가 줄어듦에 따라 압력이 증가한다.

C-D는 압축기에 의해 생긴 일의 영향으로 압력이 급격히 증가함을 나타낸다. 속도도 압축기와 외부케이스 사이 수축형태의 덕트에서 약간 증가한다.

D-D에서 확산형 디퓨저를 지나는 공기는 약간의 압력상승과 속도감소가 일어난다.

D-E 사이에서는 연소가 일어나고 브레이턴사이클에서 언급된 바와 같이 압력강하가 일어난다.

E-F에서 압력은 급격히 터빈휠을 돌리는 속도로 전환된다. 또한 여기서 압력과 속도는 로터와 스테이터 사이를 가스가 지나면서 안정되며 압력과 속도는 터빈휠을 지나면서 떨어진다. 여기서의 속도감소는 터빈휠이 접선방향으로 가스를 내몰아 가스의 축방향 속도를 잃게 하기 때문이다.

F-G에서 축방향 속도는 다시 증가하나 터빈노즐에서와 같이 크지는 않다. 초크(가스가 음속으로 움직이는 것)된 두 속도에서의 온도차이는 터빈노즐에서의 속도보다 배기속도가 더 작아지도록 하는데 이는 터빈노즐에서의 온도가 높아 이에 따라 음속이 커지기 때문이다.

마지막으로 압력강하는 노즐이 초크상태이면 주변(ambient)보다 약간 높고 초크상태가 아니면 주변과 같다.

※ 음속(M=1)은 마하 1로 가스가 흐른다는 것을 나타낸다.

내부온도선도[그림 2-29B 참조]는 지상작동 중에 A, B, C 지점에서 빠르게 흐르는 공기의 냉각효과로 온도가 약간 떨어지는 것을 말해준다.

C-D는 공기의 압축효과로 온도의 상승을 보여준다. 매우 큰 엔진에서 이 온도상승은 약 1,000°F에 이른다.

D-D는 압력상승으로 인한 약간의 온도상승을 나타내며 D-E는 연소실 온도가 최고에 달한 후 연소기 뒷부분에 찬 공기(cooling air)가 들어가 다시 온도가 떨어진다. 엔진의 유효흐름체적이 증가함에 따라 F-G에서 온도는 계속 떨어진다. 최종적으로 가스는 주변보다 매우 높은 온도로 엔진을 떠난다.

Section 07 ── 브레이턴사이클

19세기 말 보스턴의 공학자 조지 브레이턴은 연속연소사이클을 과학적으로 기술하였다. 브레이턴사이클은 가스터빈엔진의 열역학적 사이클이 되어왔다.

브레이턴사이클은 또한 정압사이클로 널리 알려져 있으며, 이는 가스터빈엔진의 압력은 체적이 증가하고 가스속도가 증가하는 연소부에서 상당히 일정하기 때문이다.

그림 2-29A의 압력-체적선도에 나타난 연속되는 4가지 작용은 흡입(intake), 압축(compression), 팽창(expansion), 배기(exhaust)이며 다음과 같이 설명된다.

① A-B : 흡입(suction)과 확산형 흐름방향 덕트의 증가된 체적으로 인해 대기압보다 낮은 압력으로 공기가 들어오는 것을 나타낸다.

② B-C : 공기압력이 다시 대기압으로 되고 체적이 감소하는 것을 나타낸다.

③ C-D : 체적이 감소함에 따라 압축이 일어나는 것을 나타낸다.

④ D-E : 연소부와 체적증가로 인하여 압력이 약간(약 3% 정도) 감소되는 것을 보여준다. 이 압력의 강하는 열을 가하는 연소의 결과로 생기며 조심스럽게 설계된 배기노즐에 의해 조절된다. 여기서 가스는 높은 압력에서 낮은 압력으로 흐르려 한다는 기본적인 가스법칙이 있음을 상기하라. 연소실에서의 압력강하는 압축기에서 연소실로의 가스흐름 방향을 확실하게 해주고 냉각공기가 공급되고 화염을 중심으로 모아줌으로써 금속(metal)을 보호한다.

⑤ E-F : 가스가 터빈부를 흐르면서 가속됨에 따라 속도증가로 생긴 압력강하를 보여준다.

⑥ F-G : 이 가속을 생기게 하는 체적증가를 나타낸다.

⑦ G : 가스압력이 대기압과 같아짐으로써 사이클이 끝나게 된다.

그림 2-28B는 2-28A와 같은 선도이지만 여기서는 2단 압축기 터보팬엔진의 압력, 온도, 속도를 자세히 보여주고 있다. 또한 이 그림에서는 팬바이패스 공기흐름(fan bypass airflow)의 속도선도도 포함하고 있는데 팬공기가 흡입공기 흐름과 떨어져 바이패스덕트를 통해 팽창하면서 값이 1.5~2배까지 증가한다.

속도곡선은 배기영역에서 빠르게 증가하는데 이는 바이패스공기가 코어(core)엔진 배기가스와 섞여 배기노즐로부터 팽창하기 때문이다.

설명을 위하여 여기서 다른 속도는 전형적인 가스터빈엔진에서와 같이 마하 1이나 그 이하를 다루었다. 초음속항공기의 흡입구에서와 같은 초음속의 속도는 3장에서 다룰 것이다.

가스터빈 내부사이클의 심도있는 탐구는 가스터빈엔진의 공력 설계와 열역학에 관한 분야의 서적을 참고하라.

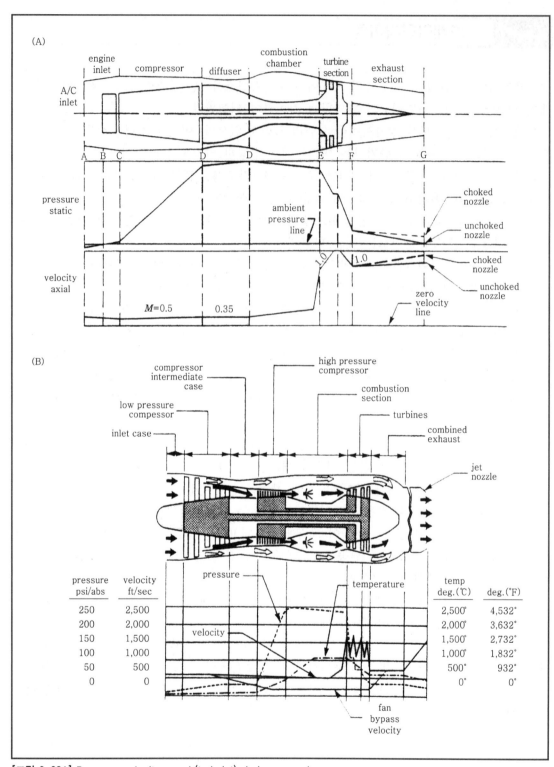

(A)

engine inlet / compressor / diffuser / combustion chamber / turbine section / exhaust section

A/C inlet

A B C   D   D   E   F   G

pressure static

ambient pressure line

choked nozzle

unchoked nozzle

velocity axial

1.0   1.0

choked nozzle

unchoked nozzle

M=0.5   0.35

zero velocity line

(B)

compressor intermediate case

high pressure compressor

low pressure compressor

combustion section

inlet case

turbines

combined exhaust

jet nozzle

pressure psi/abs	velocity ft/sec			temp deg.(℃)	deg.(℉)
250	2,500	pressure	temperature	2,500°	4,532°
200	2,000			2,000°	3,632°
150	1,500	velocity		1,500°	2,732°
100	1,000			1,000°	1,832°
50	500			500°	932°
0	0			0°	0°

fan bypass velocity

[그림 2-28A] Pressure, velocity, graph(turbojet) during ground run-up
[그림 2-28B] Pressure, velocity, temperature graph(turbofan) during ground run-up

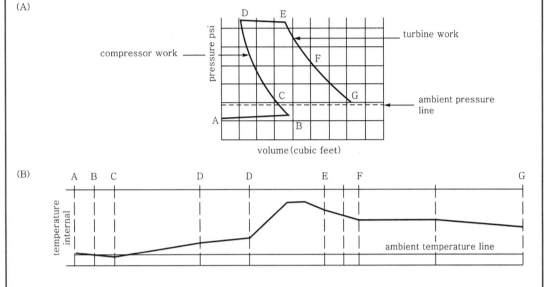

[그림 2-29A] Pressure-volume continuous combustion(Brayton cycle)
[그림 2-29B] Temperature graph

Section 08 → 뉴턴의 법칙과 가스터빈

1 뉴턴의 제1법칙

터보제트엔진의 작동원리 중 하나는 뉴턴의 제1운동법칙에 기초를 두고 있다.

"정지해 있는 물체는 계속 정지해 있으려 하고, 운동하고 있는 물체는 계속 운동하려고 한다."는 이 법칙은 질량을 가속시키기 위해서는 어떤 힘이 필요하다는 것을 말해준다. 그러므로, 어떤 엔진이 공기의 질량을 가속시키려면 항공기에 힘을 가해야 한다(운동 중인 물체는 운동상태로 있으려고 한다). 이런 면에서 프로펠러와 터보제트는 밀접한 관련이 있다. 프로펠러는 많은 양의 공기로 비교적 작은 가속에 의해 추력을 발생시키며, 터보제트와 터보팬은 비교적 적은 양의 공기로 보다 큰 가속에 의해 추력을 발생시킨다.

2 뉴턴의 제2법칙

(1) 개요

뉴턴(Newton)의 제2법칙은 힘이 질량과 가속도의 곱에 비례한다는 것이다.

$$F = m \times A$$

여기서, F : 힘(lb), m : 질량(lb/ft/sec²), A : 가속도(ft/sec²)

질량의 단위는 수학적으로 사용하기 어려우므로, 물체가 지구중력장에 있을 때 질량과 무게는 유사한 양이라고 생각하자. 1lb짜리 물체가 중력의 영향 아래 1lb의 힘을 받고 있다면 다음과 같은 식이 유도된다.

$F = m \times A$

$1\text{lb} = m \times 32.2\text{ft/sec}^2$

$m = \dfrac{1\text{lb}}{32.2\text{ft/sec}^2}$

$m = \dfrac{F}{A}$ or near the earth, $m = \dfrac{W}{g}$

여기서, $F = 1\text{lb}$
$\qquad A = 32.2\text{ft/sec}^2$

지구의 질량은 다른 모든 질량들을 지구를 향해 잡아당긴다. 이 사실은 엔진을 통과하는 공기에도 해당된다. 이것이 추력식의 공기중량유량이 g에 의해 나눠지는 이유이다. 다시 말해서, W를 g로 나눌 때, 식 $F = m \times A$에서 사용할 수 있는 "질량단위"를 얻는다.

공기의 중량을 사용하고 그것을 중력가속도로 나눔으로써 우리는 다음 식을 얻을 수 있다.

$$F = \frac{W}{g} \times A$$

여기서, F : 힘 또는 추력(lb), W : 공기의 중량
$\qquad A$: 공기의 가속도, g : 중력가속도

이제 우리는 A 대신 가속도 식의 성분을 사용함으로써 더 유용한 형태로 이 식을 확장시킬 수 있다.

$$F = \frac{W}{g} \times \frac{V_2 - V_1}{t}$$

여기서, F : 힘 또는 추력(lb)
$\qquad W$: 공기의 중량
$\qquad g$: 중력가속도
$\qquad t$: 시간
$\qquad \dfrac{V_2 - V_1}{t}$: 공기의 가속도

(2) 프로펠러와 배기추력의 비교

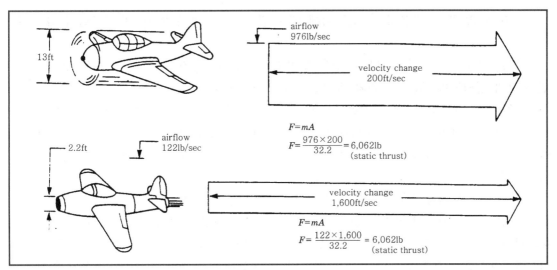

airflow
976lb/sec

velocity change
200ft/sec

$F=mA$
$F=\dfrac{976\times200}{32.2}=6{,}062\text{lb}$
(static thrust)

2.2ft

airflow
122lb/sec

velocity change
1,600ft/sec

$F=mA$
$F=\dfrac{122\times1{,}600}{32.2}=6{,}062\text{lb}$
(static thrust)

13ft

[그림 2-30] Comparison of propeller and jet thrust

그림 2-30을 참조하고 확장된 $F=m\times A$ 식을 사용함으로써 두 추진기관의 추력 사이에 수학적인 비교를 해보자. 여기서 우리는 프로펠러의 추력을 설명하는 데 베르누이의 원리보다 뉴턴의 제2법칙을 사용할 것이다.

$$F=\frac{W}{g}\times\frac{(V_2-V_1)}{t}$$

$$=\frac{976}{32.2}\times\frac{(200-0)}{1}=6{,}062\text{lb}$$

여기서, $W=976\text{lb}$
$V_2=200\text{ft/sec}$
$V_1=0$(지상작동)
$g=32.2\text{ft/sec}$
$t=1\text{sec}$

$$F=\frac{122}{32.2}\times\frac{(1{,}600-0)}{1}$$

여기서, $W=122\text{lb}$
$V_2=1{,}600\text{ft/sec}$
$V_1=0$(지상작동)
$g=32.2\text{ft/sec}$
$t=1\text{sec}$

추진기관이 다르면 공기유량과 유속은 서로 다르다. 엔진이 피스톤프로펠러, 터보프로펠러, 터보제트 또는 터보팬 중 어떤 형태든지 다른 m과 A 값을 갖고도 같은 추력을 낼 수 있다는 것을 알 수 있다.

3 뉴턴의 제3법칙

뉴턴의 제3법칙은 "작용하는 모든 힘에 대해 같은 크기, 반대방향의 반작용힘이 있다."는 것이다.

그림 2-31은 압축공기를 넣은 풍선을 보여주고 있는데, 공기가 빠져나오면 "작용힘"이 풍선 내부의 전방벽에 "같은 크기와 반대방향의 반작용힘"을 만든다.

"총상사(gun analogy)"에도 같은 법칙이 적용된다. 공기방출 또는 총을 떠나는 총알은 외부의 공기를 밀어내는 힘을 발휘함에 의한 반작용동력을 만들어내지 못한다. 오히려, 그들의 작용힘이 장치 내에서 반작용힘을 만든다. 사실, 공기나 총알이 우주의 로켓처럼 진공상태로 나간다면, 출구속도는 더 커질 것이고 결과적으로 추력도 커질 것이다.

터빈엔진 내에 작용힘을 만들기 위해 연속흐름사이클이 이용된다. 주위의 공기가 입구 확산부로 들어가고 여기서 공기의 압력, 속도, 온도는 변화한다. 그리고나서 공기는 압력 또는 위치에너지가 역학적으로 증가하는 압축기를 통과한다. 공기는 일정한 압력으로 연소기를 지나는데, 여기서 공기의 온도와 부피는 연료의 부가로 더욱 증가한다. 이때, 저장된 위치에너지는 운동에너지로 바뀐다.

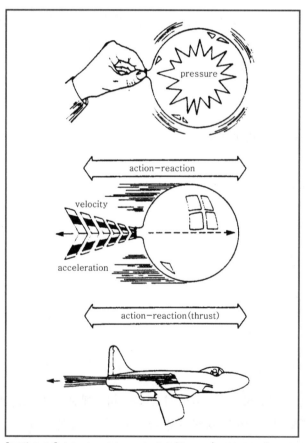

[그림 2-31] Jet propulsion principle(Newton's third law)

이 고온의 가스는 배기노즐을 통해 팽창하며 반작용추력을 주기 위해 필요한 작용힘을 만들어낸다.

"작용힘"에 대한 더 자세한 설명은 그림 2-32에 나타나 있다. 이 가스터빈엔진은 연속적인 연소기 또는 "1단위의 공기질유량"이 들어오고(in), "1단위의 공기질유량"이 나간다(out)는 원리에서 작동하고 있다.

출구로 나가려는 단위의 크기(부피)가 증가하기 때문에, 새로운 단위가 입구로 들어올 때 이것은 배기노즐을 떠나면서 크게 가속될 것이다.

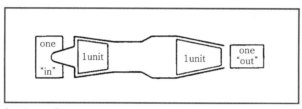

[그림 2-32] One in-one out theory

Section 09 → 추력과 축마력(shp) 계산

추력은 엔진마운트(mount)를 통해 항공기로 전달된다. 엔진 내에서 발생되는 추력의 모든 점들은 쉽게 동일시되지 않고, 엔진 내의 압력변화가 엔진의 길이를 따라, 즉 입구에서 배출구까지 힘을 발생시킨다. 가스터빈 터보제트의 작동에 관해 간단히 설명하면, 위치에너지를 증가시켜 운동에너지로 바꾸는 장치이다.

이 에너지의 일부는 터빈에서 일을 수행하고 나머지는 추력의 형태로 엔진을 빠져나간다. 이러한 작동은 뉴턴의 법칙에서 가장 간단히 설명될 수 있다. 뉴턴의 제3법칙은 추력이 어떻게 발생되는가를 나타내지만 수학적인 해설을 보여주지는 않는다. 그러나, 뉴턴의 제1, 2법칙은 제3법칙에서 언급된 반작용을 측정하기 위한 수식을 제공한다.

$F = m \times A$ 식은 윗절에서의 계산으로부터 추력을 계산하기 위한 마지막 유용한 형태까지 확장시킬 수 있다.

1 총추력

총추력(gross thrust, F_g)은 비행기가 정지해 있을 때 계산된다. 엔진 내에서 가스의 가속은 엔진으로 들어가는 1단위 공기와 배기노즐로 나오는 1단위 공기 사이의 속도 차이이다. 엔진을 통과하는 1초당 공기유량의 중량을 m_s 라 하면, 다음과 같이 계산할 수 있다.

$$F_g = \frac{m_s(V_2 - V_1)}{g}$$

여기서, F_g : 총추력(lb)

m_s : 공기유량의 중량(lb/sec)

V_2 : 1단위 공기의 나중속도(ft/sec)

V_1 : 1단위 공기의 처음속도, 항공기 속도(ft/sec)

g : 중력가속도(32.2ft/sec²)

1초당 파운드로 공기중량유량을 나타내면 다음과 같다.

입구 부피＝$\pi r^2(h)$

1cu.ft(공기)＝0.07647lb, 59°F일 때

공기중량유량(m_s)＝입구 부피×0.07647

$\qquad\qquad\qquad = \pi r^2(h)×0.07647$

여기서, π : 3.1416

r^2 : 입구 반지름의 제곱

h : 1초당 유속

> **● 예제**
>
> 1. 항공기 입구의 유효개방면적이 4ft²이고 유속이 400ft/sec이다. lb/sec로 공기중량유량은 얼마인가?
>
>   [풀이] $m_s = 4\text{ft}^2 × 400\text{ft/sec} × 0.07647\text{lb/ft}^3$
> $\qquad\quad = 122.35\text{lb/sec}$
>
> 2. 쌍발터보팬엔진을 장착한 사업용 제트기가 정지해 있다가 이륙준비를 하고 있다. 이륙시 각 엔진의 공기중량유량은 60lb/sec, 배기속도는 1,300ft/sec이다. 각 엔진에 의해 발생되는 총추력은 얼마인가?
>
>   [풀이] $F_g = \dfrac{60(1,300 - 0)}{32.2} = 2,422.4\text{lb}$
>
>   여기서, $m_s = 60\text{lb/sec}$, $V_2 = 1,300\text{ft/sec}$
> $\qquad\quad V_1 = 0\text{ft/sec}, \ g = 32.2\text{ft/sec}^2$

입구 내의 공기속도가 V_1이 아니라, 항공기 속도가 V_1이라는 것에 주의해야 한다. 입구 내에서의 공기속도는 실제로 부피＝$\pi r^2 h$ 식에서의 h이다. 이 식에서 πr^2은 입구의 유효흐름 면적을 나타내며 h는 입구에서의 유속을 나타낸다.

위의 예제에서 공기중량유량 60lb/sec는 다음과 같이 계산된다.

$$V = \pi r^2 (h)$$

$$m_s = \pi r^2 (h) \div 13.1$$

$$= 1,584(496) \div 13.1 = 60\,\text{lb/sec}$$

여기서, $\pi r^2 = 1,584\text{ft}^2$(흐름면적)

$\qquad h = 496\text{ft/sec}$

$\qquad 13.1 = \text{cu.ft/sec}$의 역

■2 진추력

항공기가 비행 중일 때 어떤 단위의 공기중량유량이 엔진 입구에서 초기모멘텀을 갖는다고 생각하자. 엔진을 지나는 유속변화는 엔진이 정지해 있을 때에 비해 훨씬 줄어들 것이다. 항공기 속도효과는 램(ram)항력 또는 입구모멘텀항력이라고 하며 다음과 같다.

$$F_n = F_g - F_d$$

여기서, F_n : 진추력

$\qquad F_g$: 총추력

$\qquad F_d$: 램항력

> ● 예제
>
> 총추력 예제에서와 같은 사업용 제트기가 이번엔 해면 근처에서 400mph(587fps)로 날고 있다. 만약 잠시동안 공기중량유량과 배기속도의 변화가 무시할 정도라고 생각한다면 진추력은 얼마인가?
>
> [풀이] $F_g = \dfrac{m_s(V_2)}{g}$
>
> $\qquad F_d = \dfrac{m_s(V_1)}{g}$
>
> $\qquad F_n = \dfrac{60(1,300)}{32.2} - \dfrac{60(587)}{32.2} = 1,328.6$
>
> [별해] F_n을 구하는 더 간단한 방법
>
> $\qquad F_n = 60\dfrac{(1,300-587)}{32.2} = 1,328.6$
>
> $\qquad$ 여기서, $F_n = 1,328.6$
>
> $\qquad\qquad m_s = 60\text{lb/sec}$
>
> $\qquad\qquad V_2 = 1,300\text{ft/sec}$
>
> $\qquad\qquad V_1 = 587\text{ft/sec}$
>
> $\qquad\qquad g = 32.2\text{ft/sec}^2$

3 노즐이 초크(choke)되었을 때 추력

대부분의 가스터빈엔진은 초크된 배기노즐, 또는 "제트노즐"[그림 2-33 참조]이라 불리는 장치가 설치되어 있다. 순항에서 이륙까지 배기덕트의 압력은 가스속도가 음속에 도달하는 힘으로 가스를 밀고 있다.

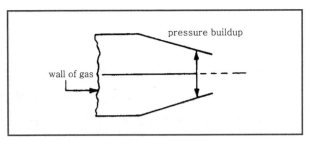

[그림 2-33] Wall of gas concept

노즐 출구(opening)에서 압력은 대기압력으로 돌아가는 것이 아니라 대기압력보다 높은 압력으로 머무른다. 배기노즐 출구를 지나는 이러한 압력은 $F = P \times A$, 즉 힘은 압력과 면적의 곱이라는 원리에 의해 부가적인 추력을 발생시킨다.

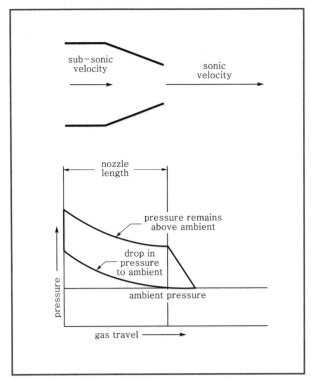

[그림 2-34] Choked-unchoked pressure curves

다시 베르누이의 원리로 돌아가서, 전압력은 정압과 유동에 의한 압력의 합이라는 것과 가스가 가속되면 정압은 줄어들 것이라는 사실을 상기하자.

만약 에너지가 가스를 가속시키기 위해 부가된다면 그것은 음속까지만 올릴 수 있다. 그래서 테일파이프(tail pipe)에서 에너지는 두 가지 종류가 있다는 것을 설명할 수 있다.

유동에너지(뒷쪽으로)와 내부압력으로부터의 에너지(모든 방향에서), 초킹(가스가 음속으로 흐르는)이 일어날 때, 압력은 전방면에 유동가스의 벽과 후방에 수축배기노즐 출구 사이의 테일파이프에서 증가하기 시작한다. 압력이 출구에서 대기압력보다 커짐에 따라 앞쪽으로 미는 힘이 발생된다.[그림 2-34 참조]

이 내용은 3장에서 반복될 것이다.

유동이 초크되지 않았을 때, 압력에너지는 속도증가에 비례해 줄어들기 때문에 가스의 유동에너지만이 추력을 발생시킨다.

예제

진추력 예제에서와 같은 항공기가 속도 550mph(807fps), m_s는 해면고도값의 50%, 배기속도 1,500fps, 배기노즐 압력 11.5psi, 배기노즐 면적 50in², 대기압력 5.5psi의 조건에서 비행할 때, 진추력은 얼마인가?

[풀이] $F_n = m_s \dfrac{(V_2 - V_1)}{g} + [A_j(P_j - P_{am})]$

여기서, A_j : 배기노즐 면적

P_j : 배기노즐에서의 절대압력

P_{am} : 대기압력

$F_n = 30 \dfrac{(1,500 - 807)}{32.2} + 50(11.5 - 5.5)$

$= 646 + 300 = 946\,lbs$

여기서, $M_s = 30lb/sec$

$g = 32.2ft/sec^2$

$V_1 = 807ft/sec$

$V_2 = 1,500ft/sec$

$A_j = 50in^2$

$P_j = 11.5psia$

$P_{am} = 5.5psia$

4 추력분포

(1) 개요

엔진의 추력은 엔진 내의 전방힘의 합에서 후방힘의 합을 빼면 된다. 압축기, 연소기, 배기콘(cone) 출구에서 전방힘을 발생시킨다. 터빈과 테일파이프 출구에서는 후방힘을 발생시킨다.

어떤 특정부의 출구에서 그 부의 입구에 존재하는 힘보다 더 많은 힘을 낼 때, 전방으로 미는 힘이 생긴다. 또 입구부(실제로 출구보다 앞서는 부)에서, 출구에 존재하는 것보다 더 많은 힘을 낼 때, 후방으로 미는 힘이 생긴다.

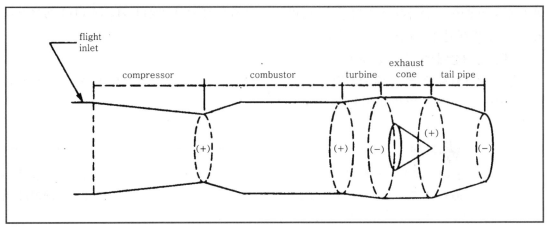

[그림 2-35] Thrust distribution

그림 2-35는 압축기부가 전방힘을 발생시키는 것을 보여준다. 이것은 압축기 배출구가 힘이 0인 압축기 입구보다 훨씬 더 많은 압력힘을 가지기 때문이다. 그러면 이 전방힘 또는 추력은 압축기 배출부에서의 내부가스 압력증가로 인해 블레이드, 베인(vane), 외부케이스(case) 상에 작용한다.

수학적으로 이것을 표현하면 다음과 같다.

$$F_g = (A \times P) + \frac{m_s \times V}{g} - I$$

여기서, F_g : 부총추력(section gross thrust)

    A : 면적(in²)

    P : 압력(psig)

    m_s : 공기중량유량(lb/sec)

    V : 속도(ft/sec)

    I : 초기압력힘(lb)

    $g = 32.2 \text{ft/sec}^2$

다음의 가설적인 예제는 엔진 내에서의 추력분포를 이해하는 데 도움이 될 것이다.

(2) 압축기 출구에서의 추력

여기서는 3,673lb의 진전방추력(net forward thrust)을 발생한다. 왜냐하면 압축기 출구에서 3,673lb의 추력을 내고 압축기 입구에서는 추력이 0이기 때문이다.

$$F_g = (60 \times 55) + \frac{30 \times 400}{32.2} - 0$$

$$= (3,300 + 373) - 0$$

$$= 3,673 \text{lb}$$

여기서, $A = 60\text{in}^2$

$P = 55\text{psig}$

$m_s = 30\text{lb/sec}$

$V = 400\text{ft/sec}$

$I = 0\text{lb(at compressor inlet)}$

$g = 32.2\text{ft/sec}^2$

위의 식과 초크된 노즐의 추력식이 유사하다는 것을 알 수 있다. 즉, 추력은 질량과 가속도의 곱에 면적과 압력의 곱을 더한 것으로 $F_g = (m \times A) + (A \times P)$이다. 여기서 식의 사용은 가능하다. 왜냐하면 제트노즐이 초크되었을 때와 마찬가지로 압력인자(factor)가 엔진 내에서 대기압력보다 높기 때문이다.

(3) 연소기 출구에서의 추력

연소기 입구에서의 힘은 압축기 출구에서의 힘과 같다.

$$F_g = (157 \times 53) + \frac{30 \times 1,055}{32.2} - 3,673$$

$$= (8,321 + 983) - 3,637$$

$$= 5,631 \text{lb(전방추력)}$$

여기서, $A = 157\text{in}^2$

$P = 53\text{psig}$

$m_s = 30\text{lb/sec}$

$V = 1,055\text{ft/sec}$

$I = 3,673\text{lb}$

$g = 32.2\text{ft/sec}^2$

연소기의 진전방추력은 연소기 출구에서 9,304lb의 추력을 내고 연소기 입구에서는 3,673lb의 추력을 냈으므로 5,631lb이다.

(4) 터빈 출구에서의 추력

터빈 입구에서의 힘은 연소기 출구에서의 힘과 같다.

$$F_g = (170 \times 11) + \frac{30 \times 605.7}{32.2} - 9,304$$

$$= (1,870 + 564.3) - 9,304$$

$$= -6,869.7\text{lb}(\text{후방추력})$$

여기서, $A = 170\text{in}^2$

$\quad\quad\quad P = 11\text{psig}$

$\quad\quad\quad m_s = 30\text{lb/sec}$

$\quad\quad\quad V = 605.7\text{ft/sec}$

$\quad\quad\quad I = 9,304\text{lb}$

$\quad\quad\quad g = 32.2\text{ft/sec}^2$

터빈의 진후방추력은 터빈 출구에서 2,434.3lb의 추력을 내고, 연소기 출구에서 9,304lb의 추력을 냈으므로, 6,869.7lb이다. 이것은 가스흐름의 방향이 축류에서 터빈블레이드(blade)의 회전방향으로 변화한 결과이다. 정상적으로 우리는 큰 속도의 증가로 인해 압력이 떨어진다(53에서 11로 떨어짐)고 생각한다. 그러나 가스가 한 각도에서 가속될 때 축류방향으로 속도를 바꾸기 위한 압력하강의 효과는 잃어버린다. 즉, 상당한 압력하강은 실제로 1,055fps에서 605.7fps로의 속도감소로 인한 결과이다.

(5) 배기콘(cone) 출구에서의 추력

배기콘 입구에서의 힘은 터빈 출구에서와 같다(2,434.4lb).

$$F_g = (202 \times 12) + \frac{30 \times 593.4}{32.2} - 2,434.3$$

$$= (2,424 + 552.8) - 2,434.3$$

$$= 542.5\text{lb}(\text{전방추력})$$

여기서, $A = 202\text{in}^2$

$\quad\quad\quad P = 12\text{psig}$

$\quad\quad\quad m_s = 30\text{lb/sec}$

$\quad\quad\quad V = 593.4\text{ft/sec}$

$\quad\quad\quad I = 2,434.3\text{lb}$

$\quad\quad\quad g = 32.2\text{ft/sec}^2$

여기서 진전방추력은 542.5lb이다. 왜냐하면 배기콘 출구는 안쪽면(tail pipe)과 결합되어 확산덕트를 형성하여 2,976.8lb의 추력을 발생하고, 배기콘 입구면적(터빈 출구와 같은)은 2,434.3lb의 추력을 내기 때문이다.

(6) 테일파이프(tail pipe)에서(초크된 상태의 제트노즐을 가진)의 추력

여기서 이 공식의 양(+)쪽의 값은 계산이 완전히 끝났을 때 엔진의 실제 진추력이 된다는 사실에 주목하라.

$$F_g = (105 \times 5) + \frac{30 \times 1{,}900}{32.2} - 2{,}976.8$$

$$= (525 + 1{,}770.2) - 2{,}976.8$$

$$= -681.6\,\text{lb}(후방추력)$$

여기서, $A = 105\text{in}^2$

$\quad\quad\quad P = 5\text{psig}$

$\quad\quad\quad m_s = 30\text{lb/sec}$

$\quad\quad\quad V = 1{,}900\text{ft/sec}$

$\quad\quad\quad I = 2{,}976.8\text{lb}$

$\quad\quad\quad g = 32.2\text{ft/sec}^2$

테일파이프에서의 후방추력은, 테일파이프가 압력의 대가로 속도를 발생시켜서 테일파이프 출구추력이 2,295.2lb가 되지만, 배기콘 출구에서(테일파이프 입구와 같은) 추력은 2,976.8lb 가 되기 때문에 −681.6lb가 된다. 여기서 진추력(−681.6)은 초크된 노즐의 추력(+525)이 아 니라는 것에 주목하라.

후방추력의 합은 7,551.3lb이며 결과적인 진추력 2,295.2lb는 다음과 같이 계산된다.

	F_g(전방)	F_g(후방)	
압축기	+3,673.0	−	
연소기	+5,631.0	−6,869.7	터빈
배기콘	+ 542.5	− 681.6	tail pipe
합	+9,846.5	−7,551.3	합

$$F_g(합력) = +힘과\ -힘의\ 합$$

$$= 9{,}846.5 - 7{,}551.3$$

$$= 2{,}295.2\text{lb}$$

추력분포식과 초크된 노즐의 추력식을 비교할 때, 문제의 엔진의 공기중량유량이 30lb/sec, V_2가 1,900ft/sec, V_1이 0ft/sec, 제트노즐에서의 압력이 대기압력보다 높은 5psig, 제트노 즐 면적이 105in²일 경우, 추력은 다음과 같다.

$$F_g = \frac{m_s(V_2 - V_1)}{g} + A_j(P_j - P_{am})$$

$$= \frac{30(1{,}900 - 0)}{32.2} + (105 \times 5)$$

$$= 2{,}295.2\text{lb}$$

5 팬엔진추력

팬엔진의 추력계산은 열유출(hot stream)노즐과 냉유출(cold stream)노즐의 추력을 각각
계산해서 더한다는 것만 제외하고, 터보제트의 경우와 같다.

> **● 예제**
>
> 사업용 제트기가 팬엔진을 장착하고, 팬노즐과 배기노즐 모두 초크되지 않은 상
> 태이다. 팬배출속도가 800fps, 배기속도가 1,000fps, 팬과 엔진을 통과하는 공
> 기중량유량이 60lb/sec일 때, 지상에서 발생되는 총추력은 얼마인가?
>
> $$[\text{풀이}] \ F_g(\text{core}) = \frac{60(1,000-0)}{32.2} + F_g(\text{fan}) = \frac{60(800-0)}{32.2}$$
>
> $$\text{총 } F_g = 1,863.4 + 1,490.7 = 3,354.1\text{lb}$$

위 예제에서 습도인자가 추력에 미치는 영향에 관한 언급은 없었다는 점에 주목하라.
NACA(National Advisory Comittee of Aeronautics) 표준대기상태는 59°F(15℃), 14.7psi
(29.92in Hg), 위도 40°에서 습도 0%이다.

그러나 엔진은 0% 습도에서 거의 작동하지 않는다. 추력계산에서 습도를 고려하지 않는
이유는 가스터빈엔진을 통과하는 공기유량의 65~75%가 연소혼합물을 냉각시키는 데 사용
되기 때문이다. 대기 중의 습기가 냉각과정이나 연소에 사용되는 나머지 25~35%의 공기중
량유량에 미치는 영향은 무시할 수 있다. 습도에 관련된 상태는 모든 가스터빈에 대해 동일
하다.

6 터보제트와 터보팬엔진에서의 추력마력(THP ; Thrust Horse Power)

터보제트, 터보팬과 같은 추력발생엔진은 매우 높은 비행속도에서 충분한 동력을 낼 수 있
다. 추력 대신의 측정수단으로 마력을 사용하여 같은 속도에서 항공기를 추진시키려고 할 때
얼마만큼의 마력이 필요한가를 결정하고 싶다면 그것은 가능하다. 또한 THP는 연료소비율에
관하여 가스터빈엔진 사이의 비교를 가능하게 한다.

7장에 콩코드 초음속항공기와 DC-10 아음속항공기 사이의 THP당 연료소비율을 비교해
놓은 예제가 주어져 있다.

가스터빈엔진 추력을 THP로 바꾸기 위해 다음과 같은 식이 적용된다.

$$\text{THP} = \frac{F_n \times \text{항공기 속도(mph)}}{375\text{mile} - \text{lb/hr}}$$

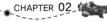

375mile-lb/hr 값은 다음의 기본 마력식에서 유도된 것이다.

$$1hp = 33,000ft.lb/min$$
$$33,000 \times 60 = 1,980,000ft.lb/hr$$
$$\frac{1,980,000}{5,280} = 375mile\text{-}lb/hr$$

항공기 속도가 ft/sec로 나타난다면 다음 식이 적용된다.

$$THP = \frac{F_n \times V_1}{550}$$

여기서, V_1 : 항공기 속도(ft/sec)

식이 지시하는대로, THP는 비행시에만 계산될 수 있으므로 추력에 관한 기호 F_n이 사용된다. 그 이유는 항공기가 정지해 있는 동안 추진시킬 수 있는 에너지가 없고 식에서 V_1(fps)이 0이 되기 때문이다. 여기서, 매우 높은 비행속도에서 가스터빈엔진의 THP는 상당히 크다는 것을 알 수 있다.

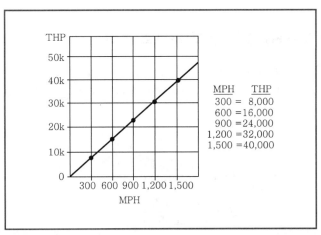

[그림 2-36] Thrust Horse Power vs. airspeed for Concorde engine

그림 2-36의 그래프는 콩코드엔진의 THP와 비행속도(V_1) 사이의 관계를 나타내고 있다. 이 항공기가 순항시 추력에서 그래프상에 표시된 모든 순항속도로 비행하는 것은 아니지만, 이 그래프는 주어진 추력에 대한 설계속도가 더 빨라짐을 나타내고 그에 상당하여 THP도 커짐을 나타낸다. 즉 375mph에서 1lb의 추력은 1lb의 마력과 같고 1,550mph에서 1lb의 추력은 4.1마력과 같다.

이것으로부터 터빈엔진의 개발은 높은 비행속도에서 추진기관이 효과적으로 역할을 수행하기 위해서 좀 더 빠른 비행기가 설계될 때까지 기다려야만 한다. 예를 들어 콩코드가 1,200mph로 속도가 제한되어 있다면, 엔진당 THP는 다음과 같다.

THP=10,000×1,200÷375=32,000

◆ 예제

가스터빈이 500mph에서 비행하는 동안 3,230lb의 진추력을 내고 있다면 발생되는 THP는 얼마인가?

[풀이] $\text{THP} = \dfrac{F_n - V_1}{375} = \dfrac{F_n - V_1}{550}$

$= \dfrac{3,230 \times 500}{375}$ 또는, $\text{THP} = \dfrac{3,230 \times 733.33}{550}$

$= 4,307$

여기서, $F_n = 3,230,\ V_1(\text{mph}) = 500,\ V_1(\text{fps}) = 733.33$

여기서 THP가 터보축엔진의 동력을 측정하는 수단이 아니라는 사실에 주목하라. 터보축엔진은 왕복엔진처럼 SHP(Shaft Horse Power)로 측정되며 동력계(dynamometer)장치를 사용하여 계산한다.

7 프로펠러(터보프롭) 또는 로터(터보축)추력

윗절의 THP 식에서 터보제트와 터보팬의 주어진 추력과 속도에 대하여 shp 값을 구할 수 있다. 이 식을 다르게 정리함으로써 직선수평비행에서 터보프롭이나 터보축엔진에 대한 진추력(F_n)을 구할 수 있다.

$$\text{THP} = \frac{F_n \times V_1}{375}$$

$$F_n = \frac{\text{THP} \times 375}{\text{mph}}$$

우리가 THP 대신 shp를 사용하고 프로펠러의 효율을 80%로 한다면,

$$F_p = \frac{\text{SHP} \times 375 \times 0.80}{\text{mph}}$$

예제

터보프롭엔진이 1,150shp를 내고 있다. 항공기가 445mph로 날고 있다면 프로펠러추력은 얼마인가?

[풀이] $F_p = \dfrac{1,150 \times 300}{445} = 775.3 \,\text{lb}$

터보프롭의 경우에 총추력이 필요하다면 열(hot), 배기추력(F_n)을 프로펠러추력(F_p)에 더해야 한다는 것에 주목하라. 또한, 정적상태에서의 프로펠러추력을 계산한다면(앞으로 나가지 않고 작동), 역인자(conversion factor) 2.5lb=1shp를 사용하여 1,150×2.5=2,875lb가 된다.

터보프롭의 추력은 만약 shp를 안다면, 그림 2-37을 사용해 계산할 수 있다. 터보프롭의 shp는 조종실계기에 의해 직접 지시되거나 조종실의 토크게이지로부터 식에 의해 계산될 수 있다. 이 토크시스템은 7장에 상세하게 서술되어 있다.

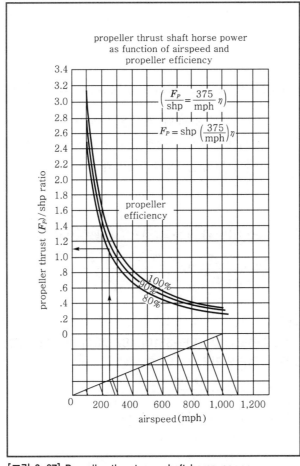

[그림 2-37] Propeller thrust per shaft horse power

그림에서 한 예를 들면, 275mph와 프로펠러효율 80%에서 F_p와 shp의 비는 1.1 : 1이다. 정적상태에서는 2.5 : 1이었음을 상기하라.

> **● 예제**
>
> 그래프에서 275mph에서 shp가 525이면, 프로펠러 추력은 얼마인가?
>
> [풀이] $F_p \div shp = 1.1$
>
> $F_p = shp \times 1.1 = 525 \times 1.1 = 578lb$

578lb의 추력은 다음 식에서 확인할 수 있다.

$$F_p = \frac{shp \times 375 \times 0.80}{mph} = \frac{525 \times 375 \times 0.80}{275}$$

$$= 573lb(578lb에 \ 거의 \ 근사함)$$

위의 터보프롭과 비슷한 크기의 터보팬을 비교해 보면, 터보팬 역시 해면에서 2,500~3,000lb의 추력범위를 갖는다는 것을 알 수 있다.

■8 등가축마력(Equivalent Shaft Horse Power, 터보프롭 지상작동)

대개 가스터빈 이론을 포함한 다른 유용한 계산은 터보프롭의 동력을 결정한다. 배기추력은 축마력(shp)으로 바꾸고 동력계로부터 얻어진 shp와 합해진다. 그 합은 등가축마력(ESHP)으로 알려져 있다. 정적상태에서 1shp는 거의 2.5lb의 추력과 같다.

식은 다음과 같다.

$$ESHP = shp(동력계) + hp(제트추력)$$

$$hp(제트추력) = \frac{제트추력(F_g)}{2.5}$$

> **● 예제**
>
> Garrett 터보프롭모델인 TPE-331이 187.5lb의 추력을 내고, 680shp가 측정되었다. ESHP는 얼마인가?
>
> [풀이] $hp(제트추력) = \frac{187.5}{2.5} = 75$
>
> $ESHP = shp + hp(제트추력) = 680 + 75 = 755$
>
> 여기서, 제트 추력 = 187.5
>
> 역인자 = 2.5

9 등가축마력(비행 중인 터보프롭)

ESHP는 변수 η_p(프로펠러효율)가 주어진다면, 비행시에도 계산될 수 있다. 추력마력이 터보제트나 터보팬의 비행시 유용한 동력으로써 축마력으로 표시된다면, shp에 η_p를 곱한 값은 비행시 터보프롭에서 이용되는 동력과 같다.

결과는 다음 식과 같다.

$$\text{THP}=F_n \times V_1 \div 550$$

$$\text{shp}=\text{THP}\div\eta_p$$

$$=\frac{F_n \times V_1}{550}\div\eta_p$$

여기서, F_n : 진추력

V_1 : 비행속도(fps)

550=동력과 마력의 비의 역

η_p : 프로펠러효율

$$\text{ESHP(정적)}=\text{shp(주어짐)}+\text{hp 제트추력}(F_g)$$

$$\text{ESHP(비행시)}=\text{shp(계기)}+\text{ESHP 제트추력}(F_n)$$

$$\text{ESHP(비행시)}=\text{shp}+\text{THP}\div\eta_p$$

$$\text{ESHP(비행시)}=\text{shp}+\frac{F_n \times V_1}{\eta_p \times 550}$$

예제

터보프롭항공기가 비행하고 있을 때 조종실 동력계기는 500shp를 나타내고 있다. 이때 항공기속도는 275mph(403fps), 배기추력은 200lb이고 프로펠러효율은 80%이다. 이 엔진의 ESHP는 얼마인가?

[풀이] $\text{ESHP}=\text{shp}+\text{THP}\div\eta_p$

$$=500+\frac{200 \times 403}{0.80 \times 550}$$

$$=500+183=683$$

500shp와 200lb의 추력일 때 같은 속도를 내기 위해선 683shp가 필요하다.

10 압축기를 구동시키기 위해 요구되는 마력

터빈은 유동가스로부터 동력을 뽑아내 압축기를 구동한다. 압축과정에서 그 동력은 압력상승을 위해 쓰인다. 압축과정에서 온도상승을 알고, 엔진의 공기중량유량(lb/sec)을 안다면, 그 온도상승을 발생시키는 데 요구되는 마력은 다음과 같이 계산된다.

$$\text{hp(압축기)}= T_r \times C_p \times m_s \times 778 \div 550$$

여기서, T_r : 온도상승(°F)

C_p =0.24Btu/lb(°F)

m_s : 공기중량유량(lb/sec)

778=Btu 대 ft.lb/Btu의 역

550=ft.lb/sec 대 hp의 역

일정압력에서의 비열 C_p 를 사용함으로써 공기의 Btu/lb가 결과로 나온다.

C_p 값 0.24는 1lb의 공기를 1°F 올리는 데 필요한 Btu 값이다. 물의 경우는 1°F 올리는 데 1.0Btu/lb가 필요하다.

1Btu에 778ft.lb의 일을 한다면, $T_r \times C_p \times m_s \times 778$ 의 결과는 공기를 가열하기 위해 요구되는 동력이 된다. 이 동력을 역인자 550ft.lb/sec로 나누면 hp가 주어진다.

> **• 예제**
>
> 4절의 추력분포 예제에서의 엔진이 입구온도 60°F, 압축기 배출온도 210°F, 공기 질유량 30lb/sec를 가진다면, 압축기를 구동하기 위해 필요한 마력은 얼마인가?
>
> [풀이] hp= $(T_r \times C_p \times m_s \times 778) \div 550$
>
> $$= \frac{210°F \times 0.24Btu/lb.°F \times 30lb/sec \times 778\,ft.lb/Btu}{550ft.lb/sec}$$
>
> $=210 \times 0.24 \times 30 \times 778 \div 550$
>
> $=2,138.8$ (hp extracted by the turbines to drive the compressor)

대형이고 힘이 있는 엔진에서 터빈에 의해 발생되는 마력은 매우 높다. 왜냐하면 공기질유량(m_s)과 온도상승(T_r) 모두 높은 압축부하로 인해 높기 때문이다.

> **• 예제**
>
> 콩코드비행기의 롤스로이스 올림퍼스(Rolls-Royce Olympus) 593 터보제트는 공기중량유량 415lb/sec과 압축에 의해 대기온도보다 900°F의 온도상승을 가진다. 터빈이 발생시키는 마력은 얼마인가?
>
> [풀이] hp(압축기)= $\dfrac{900 \times 0.24 \times 415 \times 778}{550} = 126,800$

이것은 단지 압축기를 구동하기 위해 필요한 동력을 나타낸다. 또한 이 엔진은 추력을 내기 위한 부가적인 동력을 발생시켜야 할 것이다.

> **●예제**
>
> Pratt & Whitney JT8D 쌍스풀 터보팬의 모델이 59°F에서 작동하고 다음과 같은 작동변수를 갖고 있다면, 압축기를 구동하기 위해 필요한 마력은 얼마인가?
>
> [풀이] 〈작동변수〉 Fan(m_s)=164lb/sec,　Fan 배출온도=214°F
>
> 　　　　　　　　N_1(m_s)=160lb/sec,　N_1 배출온도=380°F
>
> 　　　　　　　　N_2(m_s)=160lb/sec,　N_2 배출온도=820°F
>
> 　　hp(fan)=(214−59)×0.24×164×778÷550=8,630
>
> 　　hp(N_1)=(380−59)×0.24×160×778÷550=17,436
>
> 　　hp(N_2)=(820−380)×0.24×160×778÷550=23,900
>
> 　　총 hp=49,966(모두 3개의 압축기부에 의해 뽑아냄)

이들의 설명은 4장, JT8D 엔진성능 데이터에 나와 있다.

11 다른 중요한 마력

(1) 열역학적 마력

이 값은 동력계에서 측정되는 고정터빈형식인 터보프롭이나 터보축의 총유용마력을 나타낸다. 많은 엔진들은 그들의 열역학적 마력(full potential)을 사용하지 않는다. 항공기는 그러한 양의 동력을 요구하지 않기 때문이다. 이 경우 엔진은 더 낮은 최대마력으로 재등급되고, 새로운 정격(rated)동력이 이 엔진의 shp로 주어지게 된다.

(2) 등엔트로피 가스마력

이 값은 프리(free)터빈 형태의 터보프롭이나 터보축엔진의 가스발생기에서 나오는 배기가스에서의 총위치(potential)일을 나타낸다. 이때, 이 가스는 동력터빈으로 들어가 그것을 돌리기 위해 팽창하면서 일을 발생한다.

그런 엔진의 shp는 동력터빈효율의 퍼센트에 등엔트로피마력을 곱함으로써 얻어진다.

(3) 램(Ram)축마력

이 값은 이륙시 터보프롭엔진에서 유용한 총등가축마력을 나타낸다. 엔진 입구에서 램(ram)공기압축은 정적이륙등가 shp를 1~2% 증진시킨다.

12 비추력(Specific Thrust)

엔진으로 흡입되는 공기에 대한 진추력을 비추력이라 한다. 추력은 흡입공기의 중량유량에 비례하므로, 추력이 같은 경우 비추력이 클수록 기관의 전면면적은 작아진다.

터보제트기관의 비추력은 진추력을 흡입공기중량유량 m_s로 나누면 다음과 같이 된다.

$$F_s = \frac{V_j - V_a}{g}$$

13 추력중량비(Thrust Weight Ratio)

기관의 무게와 진추력과의 비를 추력중량비라 하며, 이를 F_w로 표시하면 다음과 같다.

$$F_w = \frac{F_p}{W}$$

여기서, W : 기관의 건조중량(dry weight)

추력중량비가 클수록 기관의 무게는 가볍다.

Section 10 — 가스터빈엔진 성능곡선(Gas Turbine Engine Performance Curves)

1 추진효율(Propulsive Efficiency)

그림 2-38의 곡선들은 비행속도에 따른 추진효율의 변화를 잘 나타내주고 있다.

터빈엔진과 왕복엔진간에는 중요한 차이점이 있다. 터빈엔진의 추력은 거의 일정한 반면 왕복엔진의 추력은 속도의 증가에 따라 급속히 떨어진다. 터빈엔진은 고속영역에서 램효과에 의한 흡입공기유량과 공기압력의 상승을 이용하기 때문에 왕복엔진보다 더 우수한 성능을 보인다.

추진효율은 외부동력장치의 효율이나 동력장치 내의 에너지가 실제 추진으로 바뀐 비율의 측정으로써 설명될 수 있다. 또한 추진효율은 엔진의 추진배기속도(propelling exhaust velocity : jet wake or propwake)와 비행속도의 비교로써 설명될 수도 있다. 이 비교그래프는 프로펠러 추진비행기가 처음 저속에서 더 좋은 효율을 가짐을 보여준다. 이는 가변피치(controllable pitch)프로펠러가 저속에서도 많은 공기유량을 이용할 수 있기 때문이다. 연료에너지가 배기속도를 증가시키는 데 더 많이 사용될수록 그림의 곡선은 최고점에 가까워진다. 이때 일은 비행속도의 증가형태로 나오게 된다.

그림의 곡선들은 다음과 같이 설명될 수 있다.

① 프로펠러비행기(피스톤엔진 혹은 터빈엔진에 의해 구동되는 비행기)는 효율이 85% 바로 윗 부분에서 정점을 이루고 그 다음, 효율이 떨어지게 된다. 연료를 더 소모할수

록 프로펠러의 후류속도는 증가하지만 비행속도의 증가는 여기에 비례하지 않기 때문이다. 비행속도가 약 375mph에 도달하면 추진효율이 줄어드는 것에 유의하라. 이것은 공기역학적인 항력과 프로펠러 끝(tip)의 충격파에 의한 실속 때문으로 500mph 정도에서는 추진효율이 65%까지 줄어든 것을 볼 수 있다.

② UHB 터보팬(Ultra-High Bypass turbofan)엔진의 곡선은 약 560mph(마하수 0.85)의 비행속도에서 정점을 이루고 그 다음 팬은 프로펠러와 마찬가지로 항력과 팁 속도(tip speed)에 의한 손실을 입게 된다.

만일 비행속도가 700mph에 도달하려면 배기속도를 더 늘려야 한다. 이땐 훨씬 많은 연료를 필요로 하기 때문에 비경제적인 운용을 할 수 밖에 없다.

③ 고바이패스터보팬(high bypass turbofan)엔진의 추진효율은 오늘날 크고 작은 비행기에서 UHB 엔진보다 약간 낮지만 최대효율의 비행속도는 거의 같다.

④ 저바이패스(low bypass) 혹은 중간바이패스(medium bypass) 터보팬엔진의 아음속비행기는 모두 500~600mph 영역에서 운용되고 있다. 이 속도영역에서 위의 엔진은 고바이패스엔진보다 더 낮은 효율을 갖는다는 것을 알 수 있다. 이런 이유로 많은 비행기를 저바이패스 또는 중간바이패스엔진에서 고바이패스엔진으로 급속히 대체하고 있다.

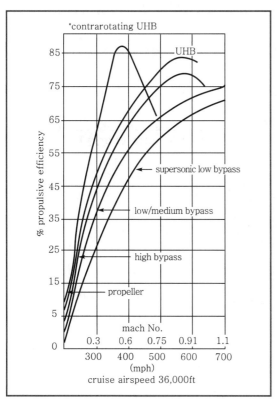

[그림 2-38] Propulsive officiency chart

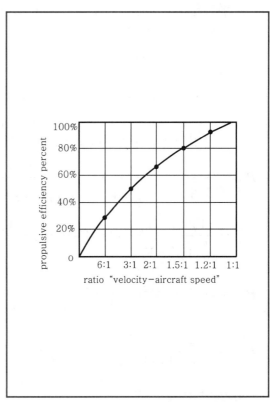

[그림 2-39] Comparison : Ratio exhaust velocity to aircraft speed vs. propulsive efficiency

⑤ 초음속의 저바이패스터보팬(low bypass turbofan)과 터보제트(turbojet)엔진은 2,000~3,000mph의 속도영역에서 이론적인 추진효율의 정점을 가진다. 이것은 이 엔진들의 좁고 적은 항력의 형상 덕택이다. 만일 여기서 비행속도를 더 내기 위해 연료를 추가하여 에너지를 가해주면 엔진 내부가 견딜 수 없는 온도까지 올라가게 된다.

그림 2-39는 단일배기를 갖는 엔진의 경우 다음과 같이 수학적으로 나타낼 수 있다.

$$P_{eff} = \frac{2}{1 + \dfrac{V_F}{V_I}}$$

여기서, P_{eff} : 추진효율, V_F : 배기속도(final), V_I : 비행속도(initial)

추진효율의 유도는 우리에게 친숙한 운동에너지의 식(KE=$1/2mV^2$)으로부터 얻어질 수 있다. 엔진의 프로펠러 또는 제트(jet)의 후류에 낭비되거나 잔류되는 많은 양의 에너지를 생각해 보자. 만일 우리가 낭비되는 에너지를 계산한다면 엔진의 가장 경제적인 운용조건을 찾아낼 수 있다. 또한 이 과정에서 가장 높은 추진효율도 구할 수 있다. 운동에너지의 식에서 "m"은 엔진을 통과하는 공기유량이고 "V"는 엔진 속을 이동하면서 변하는 공기질량(mass airflow)의 속도차이이다.

※ 이와 같은 내용이 "왜 터보팬엔진이 터보제트엔진을 대체하는가?"라는 제목 아래 이 장의 마지막 부분에서 더 언급될 것이다.

추진효율은 수학적으로 다음과 같이 정의된다.

$$P_{eff} = \frac{추진동력(thrust\ power)}{추진동력(thrust\ power) + 낭비된\ 운동에너지(wasted\ kinetic\ energy)}$$

$$P_{eff} = \frac{추력 \times V_I}{추력 \times V_I + \frac{1}{2}mV^2} = \frac{m(V_F - V_I)V_I}{m(V_F - V_I)V_I + \frac{m}{2}(V_F - V_I)^2}$$

$$P_{eff} = \frac{V_I(V_F - V_I)}{\frac{1}{2}(V_F^2 - V_I^2)} = (V_I V_F - V_I^2) + \frac{V_F^2 - V_I^2}{2}$$

$$P_{eff} = (V_I V_F - V_I^2) \times \frac{2}{(V_F^2 - V_I^2)} = \frac{2V_I V_F - 2V_I^2}{(V_F^2 - V_I^2)}$$

$$P_{eff} = \frac{2V_I(V_F - V_I)}{(V_F - V_I)(V_F + V_I)} = \frac{2V_I}{V_F + V_I}$$

$$P_{eff} = 2 + \frac{V_F + V_I}{V_I} = \frac{2}{\frac{V_F + V_I}{V_I}} = \frac{2}{\frac{V_F}{V_I} + \frac{V_I}{V_I}} = \frac{2}{1 + \frac{V_F}{V_I}}$$

● 예제

1. 그림 2-38의 그래프에서 프로펠러비행기는 375mph에서 약 87%의 추진효율을 보인다. 이때 프로펠러후류속도(prop wake : V_F)는 490mph임을 알 수 있는 식을 쓰시오.

[풀이] $P_{eff} = \dfrac{2}{1 + \dfrac{490}{375}} = \dfrac{2}{2.3} = 0.87 = 87\%$

2. 순항상태에서 터보팬엔진의 비행기가 혼합배기를 하며 작동하고 있다. 비행속도는 550mph(807fps)이고 혼합배기속도는 1,348fps이다. 이때 추진효율은 얼마인가?

[풀이] $P_{eff} = \dfrac{2}{1 + \dfrac{1,348}{807}} = \dfrac{2}{2.67} = 0.75 = 75\%$

예제 2번의 계산은 fps로 한 것이며, mph 단위로 해도 마찬가지이다.

● 예제

비행기가 이륙 중이다. 비행속도는 200mph(293.4fps)이고 배기속도는 1,650fps이다. 이때의 추진효율은 얼마인가?

[풀이] $P_{eff} = \dfrac{2}{1 + \dfrac{1,650}{293.4}} = \dfrac{2}{6.62} = 0.30 = 30\%$

위의 예제에서는 비행속도에 비해 높은 배기속도 때문에 낮은 효율이 나타남을 알 수 있다.

대부분의 고바이패스엔진의 경우에는 비혼합배기 터보팬엔진의 추진효율 식은 "운동에너지" 식에 기초를 두고 있다.

$$P_{eff} = \frac{m_1 V_1 (V_{2F} - V_1) + m_2 V_1 (V_{2j} - V_1)}{[m_1 V_1 (V_{2F} - V_1)] + [m_2 V_1 (V_{2j} - V_1)] + \frac{1}{2} m_1 [(V_{2F} - V_1)^2] + \frac{1}{2} m_2 [(V_{2j} - V_1)^2]}$$

여기서, m_1 : Mass airflow of the fan

m_2 : Mass airflow of the core engine

V_1 : Aircraft speed

V_{2F} : Exhaust velocity of the fan

V_{2j} : Exhaust velocity of the core engine

● 예제

한 고바이패스 터보팬엔진이 순항고도에서 532mph(780fps)의 비행속도를 가지고 있다. 팬의 배기속도는 995fps이고 코어(core)엔진의 배기속도는 1,450fps이다. 또, 팬의 질유량은 550lb/sec이고 코어엔진의 공기질유량은 110lb/sec이다. 추진효율은 얼마인가?

[풀이] $P_{eff}=\dfrac{550(780)(995-780)+110(780)(1,450-780)}{550(780)(995-780)+110(780)(1,450-780)+\frac{1}{2}(550)(995-780)^2+\frac{1}{2}(110)(1,450-780)^2}$

$=\dfrac{92.24+57.49}{92.24+57.49+12.71+24.69}\times10^6=\dfrac{149.73\text{million}}{187.13\text{million}}=0.80=80\%$

비행속도가 배기속도에 가까워질수록 더 높은 추진효율을 얻을 수 있다. 이상적인 추진효율(다시 말해 100% 효율)은 비행속도가 프로펠러후류 또는 배기속도와 같아질 때 나타난다.

이것은 물론 실제로는 불가능하다. 왜냐하면 질유량에 대한 모멘텀의 변화가 없어 반동추력(reactive thrust)을 낼 수 없기 때문이다.

2 열효율(Thermal Efficiency)

가스터빈성능의 중요한 요소 중 하나인 열효율은 주어진 연료에너지에 대해 얻어낸 순수일의 비율이다. 실제 비행기에서 열효율을 직접적으로 측정할 수는 없지만 계기판의 연료유량계를 이용해 계산해 낼 수 있다.

$$\text{열효율}=\dfrac{\text{엔진의 출력마력}}{\text{소모연료의 마력(hp) 환산값}}$$

● 예제

터보축(turbo shaft)엔진이 725축마력을 내고 있다. 이때 연료소모율은 300lb/hr이고 연료의 발열량은 18,730Btu/lb이다. 열효율은 얼마인가?

[풀이] 연료유량=300lb/hr÷60min/hr=5lb/min

연료의 발열량은 18,730Btu/lb이므로,

열량(heat value)=18,730Btu/lb×5lb/min=93,650Btu/min

1Btu=778ft.lb

연료의 마력환산값은

$\text{fuel hp}=\dfrac{\text{heat value(일률 혹은 분당일)}\times778}{33,000\text{ft.lb/min}}$

$=\dfrac{93,650\text{Btu/min}\times778\text{ft.lb/Btu}}{33,000\text{ft.lb/min}}=2,208\text{hp}$

$$열효율(\eta_{th}) = \frac{725hp\ engine}{2,208hp\ fuel} = 32.8\%$$

여기서 67.2%의 나머지 에너지는 손실된 것이다. 원인은 다음과 같다.

① 엔진회전부(rotor)의 마찰(약 17%)

② 대기 중으로 방출되는 배기열(약 50%)

> **● 예제**
>
> 한 터보팬엔진이 561mph의 비행속도에서 11,000lb의 진추력을 내고 있다. 이 엔진의 연료소모량은 시간당 5,600lb이며 이 연료의 18,730Btu/lb이다. 열효율은 얼마인가?
>
> [풀이] 연료유량은 5,600lb/hr÷60min/hr=93.3lb/min
>
> 열량(heat value)은
>
> 18,730Btu/lb×93.3lb/min=1,748,130Btu/min
>
> 연료의 마력 환산값은
>
> $$hp\ fuel = \frac{1,748,130Btu/min \times 778ft.lb/Btu}{33,000ft.lb/min}$$
>
> $$= 41,214hp$$
>
> 엔진출력의 마력환산값은
>
> hp engine=11,000×561÷375=16,456hp
>
> $$열효율(\eta_{th}) = \frac{16,456}{41,214} = 0.399 \cong 40\%$$

3 전효율(Overall Efficiency)

특정 비행기에 맞도록 가스터빈엔진의 정확한 설계를 취한다는 것은 수많은 타협과 절충의 과정이다. 이 과정에서 무게, 크기, 모양과 같은 물리적 특징은 부수적인 고려대상이다. 최종 엔진설계단계에서 알맞은 성능계수가 중요한 요소가 된다.

앞에서 다룬 추진효율개념은 엔진성능의 한 척도가 된다. 또 하나는 바로 앞절에서 다룬 열효율이다. 엔진설계자는 합쳐서 전효율이라 부르는 이 두 지수를 신중히 고려해야 한다. [그림 2-40 참조]

전효율=추진효율(%)×열효율(%)

> **● 예제**
>
> 앞의 예제에서 언급된 열효율 40%, 터보팬엔진의 추진효율이 80%일 때 전체효율은 얼마인가?
>
>   [풀이] 80%×40%＝32%

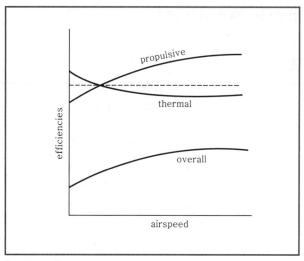

[그림 2-40] Efficiency curves

그림 2-40은 다음과 같이 설명될 수 있다.
  ① 추진효율은 비행속도가 배기속도치에 접근할수록 증가한다.
  ② 비행속도를 증가시키기 위해 연료를 추가시키면 열효율 감소를 초래한다.
  ③ 전체효율은 비행속도가 증가할수록 커진다. 추진효율의 증가가 열효율감소보다 더 크기 때문이다.

▮4 열효율곡선(Thermal Efficiency Curves)

열효율에 영향을 미치는 가장 중요한 세 가지 요소는 터빈 입구온도(TIT), 압축비 그리고 압축기와 터빈의 부품효율이다.

그림 2-41은 압축비가 달라짐에 따른 열효율 변화를 보여주고 있다. 그래프 중 이상사이클곡선은 압축기와 터빈효율이 100%이고 엔진 내의 난류흐름이 제거될 수 있다고 가정한 결과이다. 이 이상적인 곡선은 결국 약 70%에서 정점을 이룬다. 하지만 이것은 이론적인 수치일 뿐이다.

오늘날 실제 운용되는 비행기들이 실현할 수 있는 최상의 열효율은 순항고도에서 45~50% 범위이다. 그리고 이것은 압축비 30 : 1과 터빈 입구온도가 2,500~3,000°F의 매우 큰 엔진에서나 볼 수 있다.

그림 2-41의 그래프에서 가장 이상적인 경우는 3,000°F와 압축비가 32인 부분이다. 이것은 고압과 고온이 결합될 때 연소기와 터빈에너지 팽창이 가장 크기 때문이다.

높은 TIT는 높은 열효율의 지표가 되어왔고 앞으로도 그럴 것이다. 만일 어떤 엔진이 열에 강한 소재로 만들어졌다면 자연히 냉각에 필요한 공기량을 줄일 수 있다. 다시 말해 그만큼 압축기 크기를 줄일 수 있다는 것이고 이것은 터빈이 압축기를 돌리는 데 쓰는 에너지를 줄일 수 있다는 결과를 가져온다. 따라서 더 많은 가스에너지가 테일파이프를 지나므로 추력을 증가시키거나 이 에너지가 터빈에 연결된 팬 또는 프로펠러를 구동시키는 데 이용됨으로써 열효율을 더 높일 수 있다.

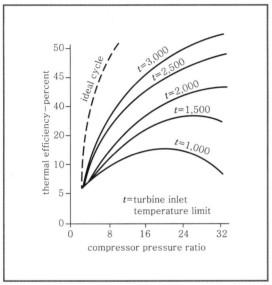

[그림 2-41] The effect of compression ratio on thermal efficiency

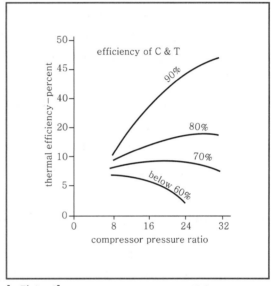

[그림 2-42] Turbine and compressor efficiency vs. thermal efficiency

모든 터빈엔진에서는 열에너지가 연소기에서 가스를 가속시킨다. 설계자는 냉각공기막을 이루게 함으로써 고온가스가 금속에 직접 닿지 않도록 한다. 그러나 터빈에서 이런 냉각은 쉽지 않다. 예전의 설계는 고온가스가 금속의 일부에 직접 닿기도 하고 터빈 입구온도를 낮추기 위해 더 많은 냉각공기를 사용해 왔다. 이것이 열효율을 낮추는 요인이었다.

그림의 곡선은 TIT를 1,000°F의 낮은 값에 제한시키면 높은 압축비의 장점도 잃는다는 것을 보여준다. 즉, 마력증가보다 연료소모증가가 더 빠르다.

가스터빈엔진의 압축기와 터빈이 가장 효율적인 에너지의 조건을 가지려면 압축기의 압축온도가 낮아야 한다. 연소기에서 온도상승을 더 크게 하여 공기를 많이 팽창(가속)시킬 수 있기 때문이다.

현재 대형 엔진의 압축기와 터빈효율은 약 85~89% 정도이다. 소형 엔진의 경우 효율이 그보다 약간 떨어진다. 대형 엔진만큼 고온·고압을 견딜 수 없기 때문이다. 또한 대형 엔진과 비교해 소형 엔진은 로터(rotor)블레이드 팁간격(tip clearance)이 블레이드와 길이비로 따졌을 때(가공·제작기술상) 더 클 수 밖에 없는데 이로 인해 공기의 팁누출(tip leakage)이 상대적으로 더 커져 효율이 떨어지게 된다.

그림 2-42에서 보여주듯이 80~90%의 압축기와 터빈효율의 곡선에서 압축비가 올라갈수록 열효율도 커진다.

다시 말해 이상적인 압축기효율(단열압축)은 최소의 온도상승으로 최대압축을 통해 얻어지며 이상적인 터빈은 최소의 연료소모로 최대의 일을 얻어낸다.

엔진가동 중 압축기와 터빈효율의 손실은 다음의 경우에 나타난다.

① 압축하는 동안 온도가 상승하면 연소기에서는 더 많은 에너지로 온도를 상승시켜야 공기팽창과 출력을 제대로 얻을 수 있다. 그러므로 만일 온도가 올라간 공기가 압축기에서 연소기로 들어올 때 연소기는 더 많은 열량(연료)으로 온도를 올려야 한다. 결국 전체열효율은 낮아지게 된다.

② 이상적인 터빈효율은 고속회전의 터빈이 가스흐름에서 최소의 에너지를 뽑아 최대의 일을 할 때 가능하다. 이것은 과거에 비해 최근에 훨씬 더 가능해졌다. 이는 새로운 제조방법과 허용오차의 감소에 의해 가능해진 더욱 가벼운 재질과 발전된 설계 덕택이다. 압축시 지나친 열의 발생이나, 압축기의 오염 또는 파손, 그리고 터빈 일부의 손상으로 지나친 연료소비 등은 그림 2-42의 60% 이하 효율을 초래하게 된다.

5 추력에 영향을 미치는 요소(Factors That Affect Thrust)

엔진 입구 공기의 밀도에 영향을 주어 엔진추력에까지 영향을 끼치는 요인으로는 주변온도, 고도, 비행속도와 엔진회전수(rpm) 등이 있다.

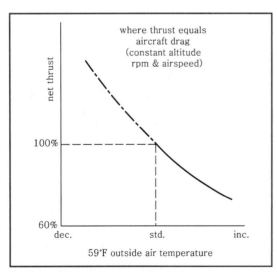

[그림 2-43] Effect of OAT on thrust output

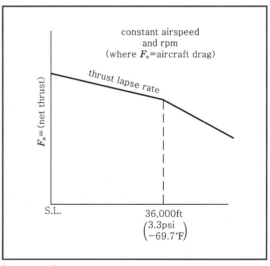

[그림 2-44] Effect of altitude on net thrust

그림 2-43은 고도, 회전수, 비행속도가 일정하다고 했을 때 엔진주변온도가 진추력에 어떻게 영향을 미치는지 보여주고 있다. 이 곡선은 지면상태(gross)의 추력에도 적용된다.

온도가 외부대기온도(outside air temperature) 이하로 떨어지면 진추력은 100% 이상으로 늘어난다. 이것은 긴급상황 등에 때때로 유용할 수도 있지만 엔진내부온도를 지나치게 상승시킬 위험이 있다. 이런 이유로 100% 정격출력 이상은 거의 사용되지 않는다.

엔진수명과 연료절약에 신경을 쓰는 조종사는 보통 비행기 운용에 필요한 최소의 동력을 쓴다. 그림에서 낮은 대기온도에 의한 추력증가는 다음 두 가지 요소에 원인이 있다.

① 압축기를 구동하기 위해 터빈이 뽑아내는 에너지는 공기의 온도에 따라 직접적으로 변한다. 찬 공기의 압축은 따뜻한 공기보다 더 쉽게 이뤄진다. 따라서, 남은 에너지가 공기흐름을 가속시켜 추력을 만들어 낸다.

② 찬 공기는 밀도가 더 높아 질유량을 증가시키고 따라서 추력을 높이게 된다. 고도가 높아짐에 따라 추력은 심하게 영향을 받으며 주어진 속도에서 유량의 부피는 일정하더라도 유량의 질량(질유량)은 감소하게 된다.

고도가 추력에 미치는 영향은 대기온도변화와 밀도압력(density pressure)의 변화로 알아볼 수 있다. 고도가 증가하면 압력과 온도는 감소하게 된다. 온도의 변화비율이 압력변화율보다 적기 때문에 고도가 높아짐에 따라 실제 밀도는 감소하게 된다.

그림 2-44에서 보듯이 비행기가 36,000ft 이하에서는 36,000ft 이상의 고도에서보다 추력감소율이 적다. 이것은 바로 앞에서 언급한 온도와 압력변화율이 결합되어 일어나는 현상이다.

36,000ft 이상 고도에서 대기압은 계속 떨어지지만 대기온도는 일정하다.[부록 7의 대기상대표 참조] 이런 대기현상 때문에 그림처럼 36,000ft 이상 고도의 추력감소율이 더 커지게 된다.

추력과 고도의 관계에 대해 고려해야 할 다른 한 가지는 해면고도보다 높은 활주로에서 이륙하는 경우이다.

그림 2-45에서 해면고도와 59°F의 조건에서 15,500lb의 추력을 내는 엔진을 볼 수 있다. 이것은 같은 온도라도 14,000ft의 고도로 올라가면 9,500lb로 줄어든다.

만일 조종사가 추력감소를 만회하기 위해 연료량을 늘린다면 엔진 내부의 온도는 15,500lb의 추력을 얻기 훨씬 전에 한계치 이상으로 올라갈 것이다. 그래프의 최대추력 15,500lb는 기온이 84°F(28.9℃)까지만 가능하다. 온도가 더 상승하면 그래프에서 그 기온에 상응하는 추력밖에 쓸 수 없다. 이 곡선은 그림 2-43의 곡선과 상응한다.

엔진출력을 일정하게 높은 수치로 증가시키면 비행기는 빨리 날고 추력은 그림 2-46처럼 영향을 받게 된다.

A 곡선은 엔진 입구에서의 램공기압력(ram air compression) 때문에 비행속도가 증가함에 따라 진추력도 증가하는 경향을 보여준다.

B 곡선은 반대로 엔진의 질유량 속도변화가 감소해 진추력이 줄어드는 경향을 보여준다.

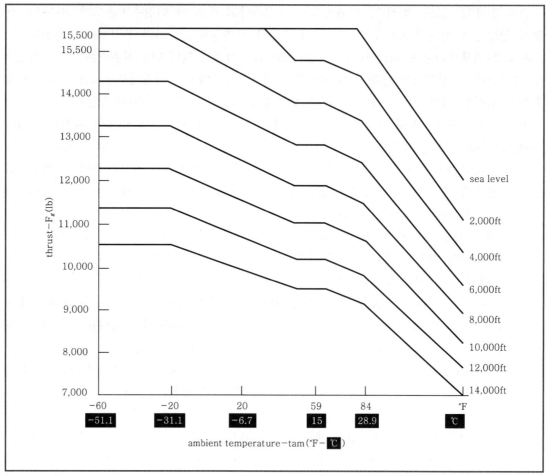

[그림 2-45] Effect of runway altitude on thrust

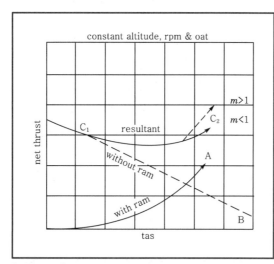

[그림 2-46] Effect of airspeed on net thrust

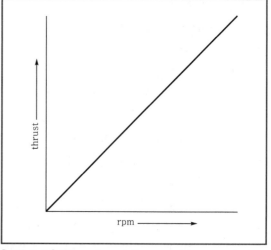

[그림 2-47] Effect of revolutions per minute on thrust

C 곡선은 A, B 곡선을 결합시킨 것으로 초기에 진추력이 감소하는 것을 볼 수 있다(C_1 점).

이것은 비행속도가 충분치 못해 램압축효과에 의한 추력이 만회되기도 전에 질유량 속도차이에 의한 추력성분이 먼저 감소하기 때문이다. 초기의 이런 추력감소상태는 비행기가 설계속도에 가까워질수록 자연히 회복된다. 실제 터보제트나 터보팬엔진에서 곡선 C가 회복하기 시작하는 점은 300~350mph의 속도에서, 완전히 회복하는 점은 500~600mph에서 이뤄진다. 엔진 입구의 램효과에 의한 추력증가율은 비행속도증가에 의한 추력감소성분보다 더 크기 때문에 이런 결과를 가져온다.

아음속순항속도로 설계된 비행기가 지상에서 상승할 때 고도의 방향으로 진추력의 감소를 경험하게 될 것이다. 그러나 높은 고도에서는 항력이 작아지기 때문에 추력감소가 비행기 순항성능에 그리 손해를 끼치지는 않는다.

초음속비행의 경우 램압축이 엔진흡입유량을 상당히 증가시키기 때문에 C_2 곡선에서 보듯이 급격히 위로 올라간다. 초음속으로 날아가는 어떤 비행기는 램압축에 의해 입구압축이 30 : 1까지 된다. 그래서 전진속도의 증가로 진추력을 높이는 결과를 낳는다.

그림 2-47은 엔진회전수(revolution per minute)가 추력에 미치는 영향을 일반적으로 보여주고 있다. 회전수가 증가하면 추력도 증가한다. 더 많은 유량의 흡입과 속도변화가 생기기 때문이다.

어떤 엔진들은 압축기 설계특성상 회전수와 추력과의 관계가 그림 2-48처럼 선형을 이룬다. 압축기 속도 20% 이상 영역에서 회전수의 증가에 비례해 이에 대응하는 비율로 추력의 변화가 있는 것을 볼 수 있다. 이런 관계는 단스풀(single-spool)축류압축기, 원심압축기, 축류-원심압축기 등을 가진 에너지에서 볼 수 있다. 또 많은 터보팬엔진의 팬 부분도 이런 경향을 보인다. 그러나 이중스풀(duel-spool)압축기의 엔진들은 다른 경향을 갖는다. 이런 비선형은 최상의 압축기효율과 압축비가 높은 회전수에서 나타나도록 설계해서 엔진작동시간의 대부분인 순항작동영역에 맞도록 했기 때문이다.

그림 2-49는 이런 비선형관계를 보여준다.

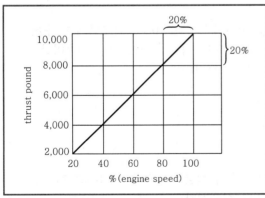

[그림 2-48] Revolutions per minute effect "when a linear relationship exists"

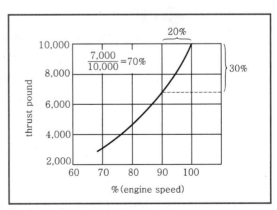

[그림 2-49] Revolutions per minute effect on thrust, dual-spool compressor

Section 11 → 터빈엔진의 회전수 제한(Revolution Per Minute Limits Imposed on Turbine Engines)

1 축류압축기

앞에서 논의된 바에 의하면 회전수를 높이면 높일수록 대기상태의 변화가 추력에 끼치는 영향을 줄일 수 있을 것이라는 생각이 들 것이다. 그러나 회전로터(rotor)의 팁 속도(tip speed)에 의해 회전수가 제한되기 때문에 실현하기 어렵다. 엔진 내의 회전하는 에어포일(airfoil)의 팁 속도는 충격파(shock wave)가 생기지 않도록 신중히 정해진다. 지금까지 압축기는 공기흐름이 아음속이 되도록 설계했고 전체압축기의 압축비에 각 단(stage)의 압축비는 훨씬 작다. 오늘날 팁(tip)에서의 흐름한계는 훨씬 높아졌다(낮은 초음속영역까지). 그러나 과다한 충격파에 의한 실속으로 부품효율의 손실을 막기 위한 기본적인 제약은 여전하다.

결국, rpm의 한계를 짓는 요인은 로터(rotor)의 직경이다. 이것은 작은 직경의 터빈엔진 작동영역을 보면 알 수 있는데 최대출력을 낼 때의 회전수는 매우 높아 약 50,000rpm 정도까지 올라간다. 반대로 큰 직경의 엔진은 회전수가 매우 낮다. 한 예로, 보잉 747의 팬은 최대출력일 때 3,000rpm밖에 안 된다.

팁 속도의 공식은 다음과 같다.

$$T_s = \pi \times 직경\,(\text{ft}) \times \text{rpm} \div 60$$
$$마하수(M) = T_s \div 국부음속(\text{local speed of sound, } C_s)$$

여기서, $\pi = 3.1416$

      60 : revolution per second로 환산

      $C_s = 49.022 \sqrt{°\text{R}}$

      $°\text{R} = °\text{F} + 460(온도)$

> ● 예제
>
> 1. 위의 식을 사용해서 압축기 첫 단(stage)의 팁 속도(ft/sec)와 마하수를 구하라 (압축기의 직경은 1.8ft이고 회전수와 온도는 각각 16,500rpm, 59°F이다).
>   [풀이] $T_s = 3.1416 \times 1.8 \times 16,500 \div 60 = 1,555.1\text{fps}$
>
> $$M = T_s / C_s = \frac{1,555.1}{1,116.8} = 1.39$$
>
>   여기서, $°\text{R} = 59° + 460 = 519°\text{R}$
> $$C_s = 49.022 \times \sqrt{519} = 1,116.8$$
>
> 2. 맨 끝단에서의 마하수를 계산하라(압축기 직경은 그대로 1.8ft이고 회전수도 16,500rpm이다. 단, 온도는 300°F로 상승했다).
>   [풀이] $T_s = 3.1416 \times 1.8 \times 16,500 \div 60 = 1,551.1$

$$M = 1,555.1 \div 1,351.4 = 1.15$$
$$여기서, \; °R = 300 + 460 = 760°R$$
$$C_s = 49.022\sqrt{760} = 1,351.4$$

여기서 이 엔진은 충격파에 의한 실속을 피하기 위해 뒷단이 앞단보다 더 팁 속도의 제약을 받는다는 것을 알 수 있다. 즉, 뒷단(rear stage)에서 충격실속이 더 잘 일어나기 쉽기 때문에 이 엔진 뒷단의 마하수는 1.15로 설계되었고, 앞단은 1.39까지 여유가 있다는 것을 알 수 있다. 또한, 공기흐름의 마하수는 온도가 좌우된다는 것도 명심해라.

> **● 예제**
>
> 2.5ft의 직경을 가진 터빈이 16,500rpm으로 회전하고 있다. 터빈가스온도가 1,400°R일 때 팁 속도(tip speed)를 구하여라.
> [풀이] 터빈 $T_s = 3.1416 \times 2.5 \times 16,500 \div 60 = 2,159.9$
> $$M = \frac{2,159.9}{1,834.2} = 1.18$$
> 여기서, $C_s = 49.022\sqrt{1,400} = 1,834.2$

2 원심압축기

원심압축기 역시 회전수에 한계를 가지고 있다. 원심압축기의 팁 속도는 보통 마하수 1.2~1.3의 범위를 가진다. 이때 생기는 약한 충격파를 압축기와 디퓨져(diffuser)로 조절해서 공기역학적인 손실이 없게 한다. 원심압축기에 대해서는 3장에서 자세히 다루게 된다.

3 음속(Speed of Sound)

음속이 압력에 상관없이 오직 온도의 변화에 따라 변한다는 것은 흥미 있는 일이다. 이 온도와 압력은 엔진 내에서 계속 변하는 기본 변수이기 때문이다. 공기에 일어나는 탄성과 밀도 변화에 따라 국부음속도 변하므로 공기온도는 마하수에 영향을 끼친다. 다음 식을 보자.

$$C_s = \sqrt{\frac{\text{elasticity}}{\text{density}}}$$

여기서, C_s : 국부음속
 elasticity : 공기의 탄성
 density : 공기의 밀도

온도가 상승하면 공기의 밀도는 떨어지고 탄성은 그대로 일정하게 남는다. 그러므로 윗 식에서 밀도의 감소는 음속을 증가시킨다는 것을 알 수 있다. 또한 압력이 상승하면 밀도와 탄성 둘 다 같은 비율로 올라간다. 그래서 C_s(음속)값을 계산해 보면 아무 변화도 없게 된다. 그러므로, 음속에 영향을 주는 기본 요소는 공기의 밀도와 탄성이다. 좀 더 자세히 알아보기 위해 압축하는 동안 압력과 온도가 둘 다 상승하는 상황을 생각해 보자.

공기온도의 상승은 국부음속을 증가시킨다고 했다. 수학적인 설명은 다음과 같다.

압축 전 공기의 탄성과 밀도가 각 16과 4였다면 국부음속은 다음과 같다.

$$C_s = \sqrt{\frac{16}{4}} = \sqrt{4} = 2.0$$

위의 공기온도가 두 배로 상승했다면 밀도는 반으로 줄어들 것이다. 그러나 탄성은 변하지 않는다.

$$C_s = \sqrt{\frac{16}{2}} = \sqrt{8} = 2.83$$

국부음속이 2.0에서 2.83으로 증가된 것을 알 수 있다. 여기서 이 수치들의 단위는 기본단위로 중요하지 않다. 단지 음속의 변화추이를 보이는 데 목적이 있다.

압축하는 동안의 압력변화는 음속을 변화시키지 못하며 수학적인 표현은 다음과 같다.

$$C_s = \sqrt{\frac{16}{4}} = \sqrt{4} = 2.0(압축 전의 국부음속)$$

만일 위의 공기가 압력이 두 배로 올라 밀도를 두 배로 증가시키고 탄성도 두 배로 증가시켰다면 국부음속은 다음과 같다.

$$C_s = \sqrt{\frac{32}{8}} = \sqrt{4} = 2.0$$

여기서 밀도가 두 배로 늘었지만 음속은 2.0으로 변하지 않고 고정되어 있음을 볼 수 있다. 즉, 가스터빈엔진에서 압력변화는 음속에 영향을 주지 못하고 오직 온도만이 영향을 준다는 것을 알 수 있다.

Section 12 — 터보팬(Turbofan)엔진이 터보제트(Turbojet)엔진을 대신하는 이유

대부분의 항공사들이 터보제트엔진을 터보팬엔진으로 교체했으며 지금은 사업용 제트기도 교체 중에 있다. 그 이유는 터보팬이 터보제트보다 30~40% 정도 연료를 절감하기 때문이다. 두 엔진이 같은 추력을 내고 있다면 터보팬엔진이 더 적은 연료를 쓴다. 자세한 설명은 다음과 같다.

　① 팬의 배기에 의해 낭비되는 운동에너지의 양이 더 적어 추진효율을 좋게 한다. 즉, 팬의 배기속도와 코어엔진의 배기속도의 평균치(V_2)가 비행속도(V_1)에 더 근접하기 때문이다.

② 터보제트에 비해 터보팬엔진은 대기에 그냥 낭비되는 운동에너지의 양이 적다. 다음 예제에서 확인해보자.

> **● 예제**
>
> 한 터빈엔진비행기에서 배기가스로 10(단위질량, mass units)을 방출하고 있고 (즉 322lb를 중력계수로 나눈 것) 배기가스의 속도는 1,000ft/sec이다. 운동에너지는 얼마인가?
>
> [풀이] $KE = \dfrac{1}{2} m V^2 = \dfrac{1}{2} \times 10 \times 1,000^2 = 5\text{million ft.lb}$(낭비된 에너지)
>
> 여기서, $m = 10\text{lb.sec}^2/\text{ft}$
> $V = 1,000\text{ft/sec}$

단위 확인을 해보자.

$$KE = \frac{1}{2} \times 10\,(\text{lb.sec}^2/\text{ft}) \times 1,000^2\,(\text{ft}^2/\text{sec}^2)$$

$$= 5\text{million ft.lb}$$

$F = mA$에서 두 배의 힘을 얻기 위해서 m이나 A 중 어느 한 가지를 두 배로 하면 된다. 그러나 에너지의 식에서는 다르다. 다음 예를 보자.

> **● 예제**
>
> 1. 위와 동일한 비행기에서 배기가스속도만 두 배가 되었다고 하면 운동에너지는 얼마인가?
>
> [풀이] $KE = \dfrac{1}{2} \times 10 \times 2,000^2 = 5 \times 2,000^2 = 20\text{milion ft.lb}$(낭비된 에너지)
>
> 여기서, $m = 10$
> $V = 2,000$
>
> 2. 예제 1의 비행기에서 배기속도는 그대로이고 질량만 두 배가 되었다면 운동에너지는 얼마인가?
>
> [풀이] $KE = \dfrac{1}{2} \times 20 \times 1,000^2 = 10\text{million ft.lb}$
>
> 여기서, $m = 20$
> $V = 1,000$

최소의 연료로 최대추력을 얻으려면 되도록 많은 공기유량으로 가속은 적게 시켜야 한다. 고바이패스 터보팬엔진은 예제 2의 경우로 표현될 수 있다. 이것은 또한 저속 영역의 비행기에 고속배기의 엔진은 비효율적이라는 것을 증명해 준다.

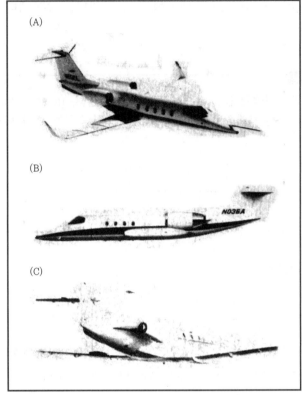

(A)

(B)

(C)

[그림 2-50A] Learjet 24/25 narrow inlet(turbojet)
[그림 2-50B] Learjet 35 wide inlets(turbofan)
[그림 2-50C] Cessna Citation showing dual turbofan exhaust

◎ 연습문제 ◎

1. 다음 네 가지 유형 중 가장 최근에 500mph급 사업용 제트기의 대부분에 장착되는 엔진은?
[Turbojet, Turboshaft, Turboprop, Turbofan]

답 터보팬(turbofan)

2. 헬리콥터에는 어떤 가스터빈엔진을 사용하는가?

답 터보축

3. Whittle에 의해 개발된 가스터빈엔진은 어떤 압축기를 사용하였는가?

답 원심식 임펠러

4. 터보축엔진과 설계상 가장 비슷한 엔진이름은?

답 터보프롭

5. Potential 에너지와 Kinetic 에너지 중 어느 것이 운동에 관계된 에너지인가?

답 Kinetic 에너지

6. 일, 힘, 일률, 마력, 속도, 가속도의 식들 중에 시간에 관계된 단위를 가진 식 세 개를 골라라.

답 마력, 속도, 가속도

7. "작용−반작용"의 법칙은 뉴턴의 몇 번째 법칙인가?

답 뉴턴의 제3법칙

8. 어떤 열역학적 사이클이 브레이턴사이클로 알려져 있나?

답 연속적인 연소사이클

9. 베르누이의 정리는 덕트(duct) 내를 흐르는 유체의 속도와 압력의 관계를 나타낸다. 이 관계는 비례인가 반비례인가?

답 반비례 관계

10. 비행기가 비행 중에 계산된 추력은 총추력(gross thrust)인가 진추력(net thrust)인가?

답 진추력

11. 초크(choke)된 노즐은 초음속흐름의 속도를 더하는가, 추력을 더하는가?

답 추력

12. 엔진 가동 중 추력에 영향을 미치는 중요한 요소 세 가지는?

답 대기온도, 고도, 공기속도(airspeed)

13. 터보프롭엔진은 추력마력(thrust horse power)과 등가축마력(equivalent shaft horse power) 중 어떤 마력으로 출력이 되는가?

답 등가축마력

14. 압축기블레이드의 어느 부분에 속도제한이 생기나? 또, 속도가 초과했을 때는 어떤 현상이 일어나는가?

답 팁(tip), 충격실속

15. 열효율은 부품효율과 터빈 입구온도와 무엇의 함수인가?

답 압축비

CHAPTER

03

터빈엔진 설계와 구조

터빈엔진 설계와 구조

항·공·기·가·스·터·빈·엔·진

가스터빈엔진의 설계특성은 다양하다. 서로 유사성은 없어 보이지만 같은 동력을 내는 엔진끼리 분류하는 것이 가장 일반적이다. 어떤 설계가 가장 좋은 것인가에 대한 해답은 다음과 같은 이유로부터 찾을 수 있다.

① 많은 세부설계는 독점된 정보이며 제작자에 의해 설명되지 않을 수 있다.

② 최상이 아닌 것처럼 보이는 많은 설계가 실제로 엔진과 그 엔진을 장착할 비행기에 최상이 된다. 넓은 범위의 고도와 동력에서 작동하기 위한 설계절충안이 일반적이다.

③ 많은 설계가 제작자의 경험에 의존하고, 새로운 엔진으로 바꾸기보다 이미 입증된 사실들로 설계하는 경우가 많다.

④ 우리가 아는 것은 제작자의 설계철학이며 제작자는 기술적인 면을 설명하는 것이 아니라 전반적인 성능에 관해 설명한다.

Section 01 ── 터빈엔진의 흡입덕트

1 작동원리

공기 입구나 흡입구 덕트는 엔진의 일부가 아니라, 기체의 일부로 간주된다. 그럼에도 불구하고, 이것을 엔진 스테이션(station) No.1으로 본다. 흡입구의 기능에 대한 이해와 엔진성능에 미치는 흡입구의 중요성은 가스터빈엔진의 설계와 구조에 대한 설명을 위해 필요한 부분이다.

터빈엔진 흡입구는 엔진에 실속이 발생되지 않게 하기 위하여 일정한 공기를 압축기에 공급해야 한다. 또한, 흡입구 덕트에서 발생되는 항력은 가능한 한 적어야 한다. 흐름의 불연속성은 적을지라도 심각한 효율손실뿐 아니라 설명할 수 없는 많은 엔진성능문제를 일으킬 수 있다. 그러므로, 흡입구 덕트가 최소의 난류로 공기를 유입하는 기능을 보유하려면, 가능한 한 신품과 같은 상태에 가깝게 유지되어야 한다.

흡입구에 수리가 필요하다면, 필수적으로 플러시패치(flush patch)를 이용하여 항력을 막도록 해야 한다. 또한 흡입구 덮개(cover)를 사용하면 먼지가 끼고 침식되는 것을 막을 수 있다.

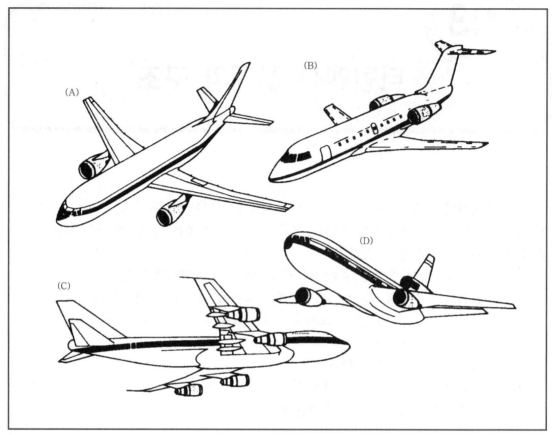

[그림 3-1] Some common engine inlet locations

▌2 아음속흡입구

사업용 제트기와 상업용 제트기에서 볼 수 있는 흡입구 덕트는 고정된 형태이고 확산형이다. 확산형 덕트는 그림 3-2에서 볼 수 있듯이, 앞에서 뒤로 갈수록 직경이 점차 커진다. 이 덕트는 흡입구 디퓨저라고도 불리는데 이것은 압력에 대한 흡입구의 영향 때문이다.

공기가 공기역학적인 윤곽의 흡입구로 대기압력에서 들어가면, 압축기에 도달할 때는 정압이 약간 증가한다. 보통, 공기는 덕트의 앞부분에서 확산(정압증가)되어 거의 일정한 압력으로 엔진 흡입구 페어링(fairing) 또는 흡입구 중간(center body)을 지난 뒤 압축기로 간다. 이런 식으로 엔진은 난류가 최소이고 보다 균일한 압력의 공기를 받게 된다.

항공기가 원하는 순항속도에 이르면 흡입구의 압력증가는 공기질유량을 더하게 된다. 여기서 압축기는 공기역학적 설계점에 도달하게 되고 최적압축과 최상의 경제연료상태에 이르며 흡입구, 압축기, 연소기, 터빈, 테일파이프(tail pipe)가 서로 조화(matching)되도록 설계된다.

손상, 오염 또는 대기상태 등의 어떤 이유에서든지 어느 한 부분이라도 조화가 안되면 엔

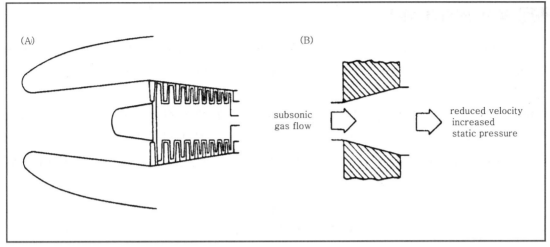

[그림 3-2A] Divergent subsonic inlet duct
[그림 3-2B] Divergent duct effect on airflow

진성능에 영향을 미칠 것이다. 터보팬 흡입구는 공기의 일부분만 엔진으로 배출하고 나머지는 팬으로 지나간다는 것만 제외하고 터보제트의 설계와 유사하다.

그림 3-3은 두 가지 일반적인 공기흐름배열을 보여준다. 하나는 저바이패스엔진과 중간 바이패스엔진에 사용되는 완전(full)덕트 설계이고, 다른 하나는 고바이패스터보팬의 짧은(short) 덕트 설계이다. 그림 3-3A에서 보듯이 긴(long) 덕트의 형상은 팬방출공기의 표면항력을 줄여서 추력을 높인다. 많은 구형의 고바이패스엔진은 이 항력감소 개념의 장점을 이용할 수 없는데 그 이유는 긴(long) 덕트의 넓은 직경으로 인한 무게 때문이다. 그러나 새로운 경량재료와 설계가 이러한 조건을 변화시키고 있다.

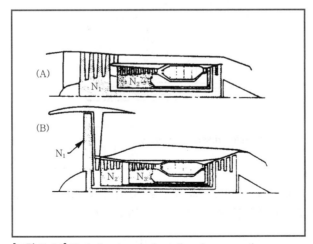

[그림 3-3A] Turbofan low and medium bypass ratio
[그림 3-3B] Turbofan high bypass ratio

3 램(Ram)압력 회복

가스터빈엔진이 지상에서 작동할 때, 고속의 공기흐름으로 인해 흡입구 내에 부압이 생긴다. 항공기가 앞으로 전진하면 램압력 회복이 일어나는데 이것은 흡입구 내부의 압력이 대기압력으로 돌아오는 점이다.

항공기 흡입구는 정지해 있는 동안 일반적으로 100%의 덕트 회복을 할 수 없다. 대기압력이 14.7psia라면 압축기 입구에서의 압력(P_s)은 14.7psia보다 약간 떨어질 것이다. 그러나 항공기가 이륙을 위해 지상에서 앞으로 나아가면, P_s는 14.7psia로 증가할 것이다. 이 경우는 일반적으로 항공기 속도가 마하 0.1~0.2일 때이다.

그림 3-4에서 항공기가 지상의 정적상태에서 비행상태로 가면서, 계기수치가 (-)에서 (+) 값으로 바뀐다는 것에 주목하라. 비행 중에 항공기 속도가 더 빨라지면 흡입구는 더 큰 램압축을 발생시킬 것이다. 엔진은 이 점을 이용해서 압축기의 압축비를 증가시키고 보다 적은 연료를 소비하여 더 많은 추력을 얻는다.

어떤 마하수에서 램압축비를 계산하는 공식은 다음과 같다.

$$\frac{P_t}{P_s} = \left[1 + \left(\frac{\gamma - 1}{2} M^2 \right) \right]^{\frac{\gamma}{\gamma - 1}}$$

여기서, $\gamma = 1.4$(비열비), M : 마하수, γ, 1, 2 : 상수, $\dfrac{P_t}{P_s} = \dfrac{P_{t2}}{P_{am}}$, $\dfrac{\gamma}{\gamma - 1} = \dfrac{C_p}{C_p - C_v}$

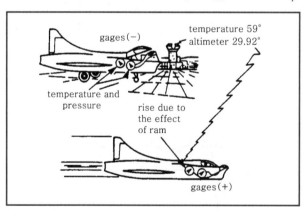

[그림 3-4] Ram pressure recovery

> **예제**
>
> 사업용 제트기가 마하 0.8의 속도로 고도 31,000ft에서 비행하고 있을 때, 엔진 흡입구 압력과 대기압력의 압력비는 얼마인가?
>
> [풀이] $\dfrac{P_t}{P_s} = \left[1 + \left(\dfrac{1.4 - 1}{2} \times 0.8^2 \right) \right]^{\frac{1.4}{1.4 - 1}} = [1 + (0.2 \times 0.64)]^{3.5} = 1.524$

앞의 예제에서 매우 속도가 빠른 항공기의 경우 많은 흡입구 램압축이 가능하다는 것을 알 수 있다. 초음속 콩코드항공기를 예로 들면, 정상순항속도 마하 2.2에서 10.7 : 1의 램압축을 할 수 있다.

P_t/P_s 식을 사용하는 이유는 P_t/P_s 식은 실제로 P_{t2}/P_{am} 을 나타내는데, 이것은 대기압력으로 나누어지는 전압력을 말하며 흡입구 압축비가 되기 때문이다.

이 식은 P_{t2} 가 P_{t1} 과 본질적으로 같기 때문에 적용이 된다. 여기서, P_{t1} 은 흡입구의 입구에서의 전압력이고 식에서는 P_t 로 주어진다.

공기가 100%의 효율을 가진 흡입구로 들어갈 때, 공기가 들어간 곳에서 전압력은 변하지 않는다. 변하는 것은 정압과 전압력의 램압력 성분이다. 다시 말해서, 공기가 흡입구 디퓨저를 지나갈 때 정압은 증가하고 램압력은 감소하지만 전압력은 같은 상태로 있다.

밀도(lb/ft³)와 속도(ft/sec)를 알고 있을 때 흡입구의 전압력은 다음과 같이 계산된다.

$$전압력(P_t) = 램압력(Q) + 정압력(P)$$
$$Q = \frac{1}{2}\rho V^2 (유동밀도,\ \text{flow density})$$

여기서, $Q = \frac{1}{2}\rho V^2$(유동밀도)

    ρ : lb/ft³/중력가속도
    V : ft/sec(흡입구에서)
    P : lb/in²(정압력)

◆ 예제

비행기가 550mile/hr(806ft/sec)의 속도로 순항하고 있다. 흡입구에서 정압은 5.0lb/in²이고, 표준고도도표[부록 7 참조]에서 밀도는 0.032lb/ft³이다.

1) 흡입구에서 전압력(P_t)은 얼마인가?
2) 흡입구 압축비(C_r)는 얼마인가?

[풀이] 1) $Q = \dfrac{1}{2}\rho V^2$

$$= \frac{1}{2}\frac{0.032\,\text{lb/ft}^3}{32.16\,\text{ft/sec}^2} \times \left[\frac{806\,\text{ft}^2}{\text{sec}}\right]$$

$$= 323.2\,\text{lb/ft}^2 = 2.24\,\text{lb/in}^2$$

$P_t = Q + P$

$$= 2.24 + 5$$

$$= 7.24\,\text{lb/in}^2$$

2) $C_r = (7.24 \div 5) : 1$

$$= 1.45 : 1(흡입구 압축비)$$

4 초음속흡입구

수축-확산형(고정 또는 가변형) 흡입덕트는 모든 초음속기에 필요하다. 예를 들어 SST는 항공기 속도에 관계없이, 엔진 입구에서 아음속으로 속도가 느려지는 입구형상을 가지고 있다. 회전하는 에어포일의 충격파축적을 없애려면 압축기로 아음속흐름이 들어가야 하며, 이것은 압축과정을 순조롭게 한다.

흡입구의 기하학적 모양을 바꾸기 위해 움직이는 제한장치(movable restrictor)가 다양한 비율로 수축-확산형 형태를 형성한다. C-D형 덕트는 초음속에서 아음속으로 감소시키는 데 필요하다. 여기서 꼭 기억해야 할 것은 아음속흐름비율(flow rate)에서 덕트의 공기흐름은 비압축성 액체처럼 작용하지만, 초음속흐름비율의 공기는 압축성이어서 충격파를 만든다.

그림 3-5에서와 같이, 고정된 형태(non-adjustable)의 C-D 덕트에서의 초음속공기흐름은 공기압축에 의해 느려지며 목부분(throat area)에서 충격파를 형성한다. 일단 마하 1로 낮아지면, 공기흐름은 아음속디퓨저 부분으로 들어가는데, 그 곳에서 엔진압축기로 들어가기 전에 속도는 더 줄어들고 압력은 증가한다. 마하 2 정도로 빠르게 설계된 일부 군용기는 이 형식의 흡입구를 사용한다.

작동유연성(operational flexibility) 즉, 고정된 흡입구가 왜 항상 알맞지만은 않는가에 관련된 몇 가지 이유가 있다. 좀 더 심도있게 알고 싶은 학생은 초음속흡입구의 정체압력효과에 대한 내용을 찾아보아라.

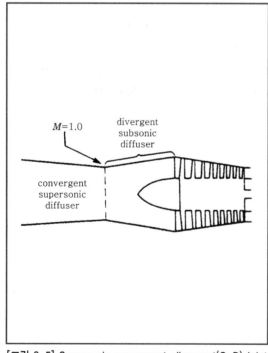

[그림 3-5] Supersonic convergent-divergent(C-D) inlet

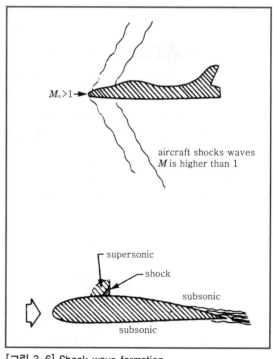

[그림 3-6] Shock wave formation

흡입구 충격파는 항공기 날개와 다른 에어포일에서 생기는 충격파와 유사하다. 충격파는 음파에너지나 압력의 축적으로 정의될 수 있는데, 이것은 물체로부터 떨어져 나가려는 파장이 계속해서 다가오는 공기흐름 때문에 한 지점에 머물러있게 되면서 발생한다. 충격파의 유용한 면은, 공기흐름이 고압력의 충격파 영역을 지나면서 속도가 낮아진다는 것이다.[그림 3-6 참조]

초음속디퓨저형 흡입구는 공기속도를 줄이는 충격파를 형성하고, 이륙에서 순항까지의 다양한 비행조건에 맞게 가변 C-D 모양을 만든다. 공기속도는 마지막 충격파의 뒤에서 거의 마하 0.8로 떨어지고, 다시 확산에 의해 마하 0.5가 된다.

그림 3-7A는 높은 순항충격파상태에서의 가변형 흡입구를 보여주고 있다. 또한 움직이는 스파이크(movable spike)가 전방위치에서 더 큰 C-D 효과를 만들어 냄을 보여준다.

그림 3-7B는 움직이는 쐐기형(movable wedge)으로, 수축, 확산과 유사한 기능을 하며 충격파를 만들어준다. 이것은 또한 스필밸브(spill valve)가 있어 고속에서 원치않는 램공기는 밖으로 버린다. 많은 고성능항공기는 순항속도에서 필요 이상의 공기흐름을 갖고 있다.

그림 3-7C는 또 다른 초음속흡입구로, 움직이는 플러그(movable plug)를 갖고 있다. 특히, 매우 높은 속도의 비행에서 흡입구는 램효과로 인해 너무 많은 공기를 받는다. 이 흡입구는 공기흐름이 엔진으로 들어가기 전에 아음속속도로 낮춰서 충격형성을 조절할 뿐만 아니라 흡입구로의 공기흐름을 제한한다.

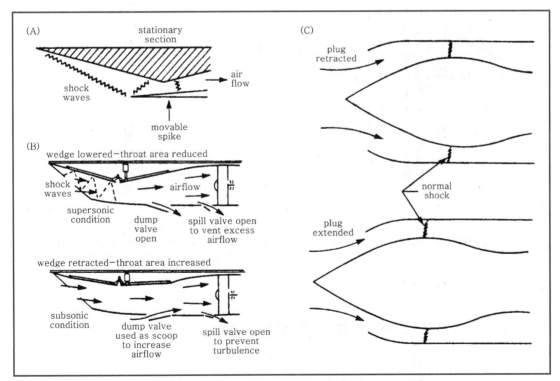

[그림 3-7A] Variable-geometry convergent-divergent supersonic inlet(movable spike)
[그림 3-7B] Variable throat area inlet
[그림 3-7C] Movable plug inlet

5 벨마우스(Bellmouth) 압축기 흡입구

벨마우스 흡입구는 수축형이고 헬리콥터나 터보프롭항공기에서 볼 수 있으며 흡입구에 아주 얇은 경계층과 낮은 압력손실을 제공한다. 이 흡입구는 큰 항력계수를 만들지만, 높은 공력효율에 의해 이 흡입구의 저속도항력이 상쇄된다. 또한, 보정을 위해 지상시험을 하는 엔진도 벨마우스를 사용하는데, 때때로 이물질흡입방지 스크린(anti-ingestion screen)이 함께 장착된다. 덕트손실도 벨마우스에서는 아주 작아서 거의 0으로 간주한다.

정격추력(rated thrust)을 위한 엔진트리밍(trimming)과 같은 엔진성능데이터는 벨마우스 압축기 흡입구를 사용해서 얻는다[그림 3-8 참조].

공력효율과 덕트손실은 그림 3-9에 나타나 있다. 둥근 앞전(leading edge)에서 공기흐름은 전체흡입구 단면을 통과하지만, 날카로운 모서리(edge) 오리피스의 유효직경은 크게 감소한다는 것에 주목하라.[그림 3-9B 참조]

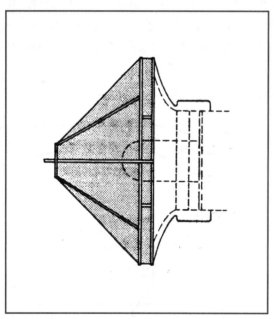

[그림 3-8] Bellmouth compressor inlet(with screen)

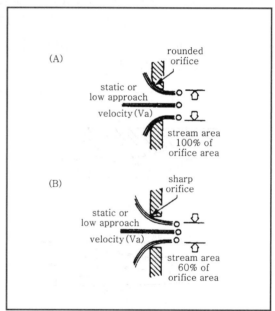

[그림 3-9A] Low velocity flow through round edge orifice
[그림 3-9B] Low velocity flow through sharp edge orifice

6 압축기 흡입구 스크린과 모래 및 얼음분리기

압축기 흡입구 스크린의 사용은 대개 회전익항공기, 터보프롭, 지상터빈설비에 제한되어 있다. 이것은 너트, 볼트, 돌 등과 같은 이물질에 대한 가스터빈의 흡입을 알고 있는 관찰자에게 특별하게 인식된다.

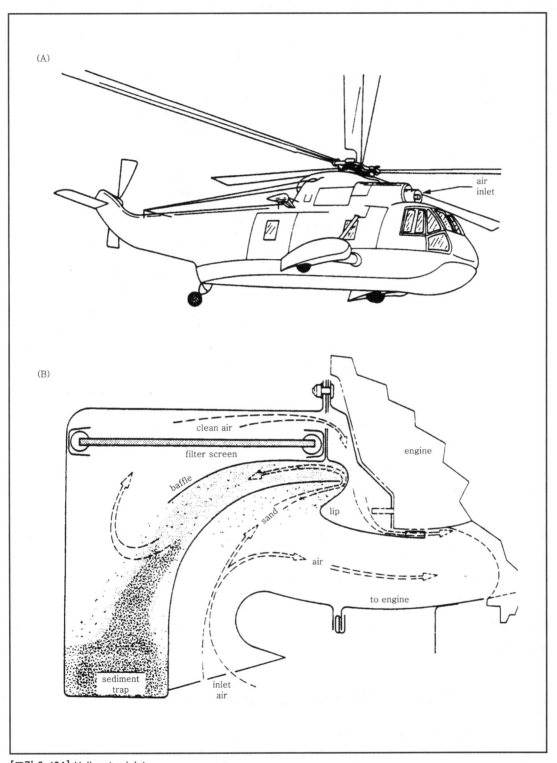

[그림 3-10A] Helicopter inlet
[그림 3-10B] Sand and ice separator(centrifugal)

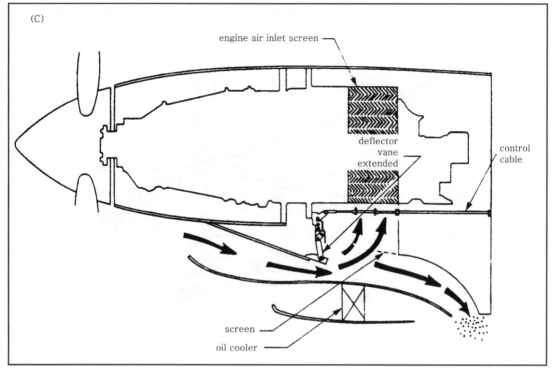

[그림 3-10C] Sand and ice separator(inertial)

　과거에는 스크린을 고아음속비행기 엔진에 설치하려 했으나, 얼음형성과 스크린 피로결함이 더 많은 정비문제를 유발하여 지금은 거의 쓰지 않고 있다. 외부의 이물질이 들어오는 것을 막기 위해 항공기에 스크린을 설치할 때는 흡입구 덕트나 엔진압축기 흡입구의 외부 또는 내부에 설치해야 한다.

　그림 3-10A와 B의 분리기는 종종 사용자의 판단에 따라 장탈착될 수 있다. 모래분리기에서 흡입부분은 모래입자와 다른 작은 파편들이 원심하중에 의해 참전트랩(sediment trap)으로 바로 보내지도록 한다.

　모래와 얼음분리기의 다른 예[그림 3-10C 참조]에서 움직이는 베인(movable vane)이 흡입구 공기흐름 안쪽으로 나와 있다. 이것이 엔진 흡입구 공기의 방향을 급전환시켜서 모래나 얼음입자가 그들의 보다 큰 운동량으로 인해 밑으로 빠져나가게 한다. 이 베인은 조종실에서 조종핸들로 작동된다.

7 엔진흡입구 와류분산기(Vortex Dissipator)

　일부 가스터빈엔진 흡입구는 지상과 비행 흡입구 사이에 와류를 형성한다. 이 와류가 만드는 흡입(suction)은 물, 모래, 작은 돌맹이, 너트, 볼트 등을 지상에서 끌어올릴만큼 강해서 이것이 곧바로 엔진으로 들어가면, 압축기 침식과 손상을 일으킨다.[그림 3-11 참조]

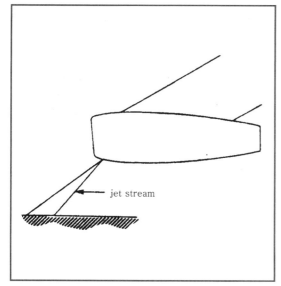

[그림 3-11] Vortex dissipator

[그림 3-12] Water vortex during test cell run up

이러한 문제는 날개의 포드(pod)에 장착된 엔진에서 자주 발생하는데, 이것은 많은 최신의 고바이패스터보팬에서 볼 수 있듯이 지상과 엔진 사이의 거리가 매우 가깝기 때문이다. 이 문제를 해결하기 위해 와류분산기(또는 blow away jet)를 설치한다.[그림 3-12 참조]

와류를 분산시키기 위해 압축기 방출공기의 작은 제트가 엔진카울(engine cowl)의 아래부분에 위치하여 흡입구 아래의 지면을 향해있다. 이 시스템은 일반적으로 랜딩기어 스위치에 의해 작동되는데, 이것은 엔진이 작동하고 중량이 주랜딩기어에 있을 때 엔진압축기 블리드 포트(bleed port)와 분산기 노즐 사이의 밸브를 연다.

Section 02 ─► 보기류부(Accessory Section)

엔진구동 외부기어박스가 보기류부의 주요장치이다. 연료펌프, 오일펌프, 연료조절장치, 시동기와 같은 보기장치는 엔진작동에 필수적이며 유압펌프와 발전기(generator) 같은 구성품은 주기어박스에 장착되어 있다.[그림 3-13A, B 참조]

기어박스는 종종 레디얼(radial)축에 의해 구동되는데, 이것은 주로터축에 의해 구동되는 베벨(bevel)기어와 맞물려 있다. 일부 장치에서는 보조기어박스가 주기어박스를 구동시키도록 되어있다. 이러한 배열을 통해 엔진 전체크기가 최소가 될 수 있도록 기어박스를 설치할 수 있다.[그림 3-14A 참조]

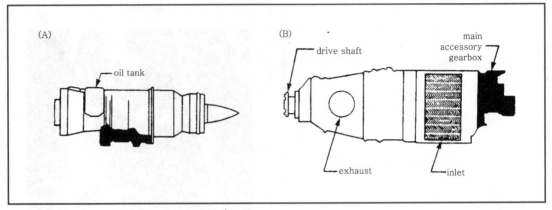

[그림 3-13A] Accessory gearbox location-6 o'clock position
[그림 3-13B] Accessory gearbox location-rear

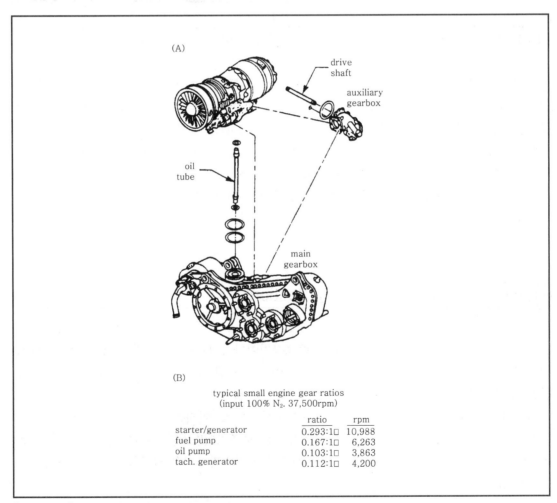

(B)

typical small engine gear ratios
(input 100% N₂. 37,500rpm)

	ratio	rpm
starter/generator	0.293:1□	10,988
fuel pump	0.167:1□	6,263
oil pump	0.103:1□	3,863
tach. generator	0.112:1□	4,200

[그림 3-14A] Main and auxiliary gearbox arrangement
[그림 3-14B] Typical small engine gear ratios

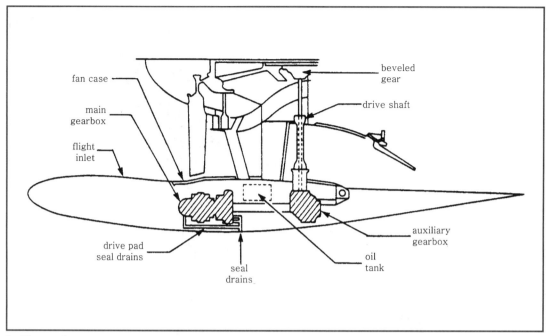

[그림 3-15A] Main accessory gearbox location

다른 주기어박스의 위치는 흡입구나 배기구의 위치에 따라 엔진의 앞이나 뒤에 있다. 이것은 특히 바람직한 설계인데 이유는 가장 좁은 엔진 직경과, 최소의 항력형상을 가질 수 있기 때문이다.[그림 3-13B 참조]

아주 드문 예로, 주기어박스가 압축기영역 내의 엔진 상부에 있는 경우가 있다. 각각의 보기류와 구성품 구동패드(pad)는 압축기 속도로부터 기어감속을 통해 필요한 속도를 얻도록 설계된다.[그림 3-14B, 3-15B 참조]

각각의 구동패드(drive pad)는 잠재적인 오일누출지점이다. 연료조절장치나 연료펌프로부터의 연료, 주오일펌프나 소기(scavenge)오일펌프로부터의 엔진오일, 유압펌프로부터의 유압오일 등이 구동축 실(seal)을 통해 기어박스에서 누출하게 된다.

실 드레인튜브(seal drain tube)시스템은 각각의 구동패드에 연결되어 있고 엔진카울링(cowling)의 바닥으로 보내진다. 누출은 일반적으로 적고, 드레인지점을 떠나 대기로 가면 거의 문제가 없다.[그림 3-15A 참조]

작동유 종류별로 허용누출비율이 제작사의 정비지침서에 있고, 일반적으로 1분당 5~20방울인데, 이는 누출근원이 어딘지에 달려있다.

많은 주기어박스의 2차적인 기능은 소기오일이 오일탱크로 돌아가기 전에 모이는 지점이라는 것이다. 이러한 배열은 많은 내부기어와 기어박스 내의 베어링에 스플래시(splash)형식의 윤활을 가능하게 한다. 주오일이 보기 기어박스에서 공급되는 것은 오늘날 잘 쓰이지 않고, 대신 분리된 오일탱크가 사용된다.

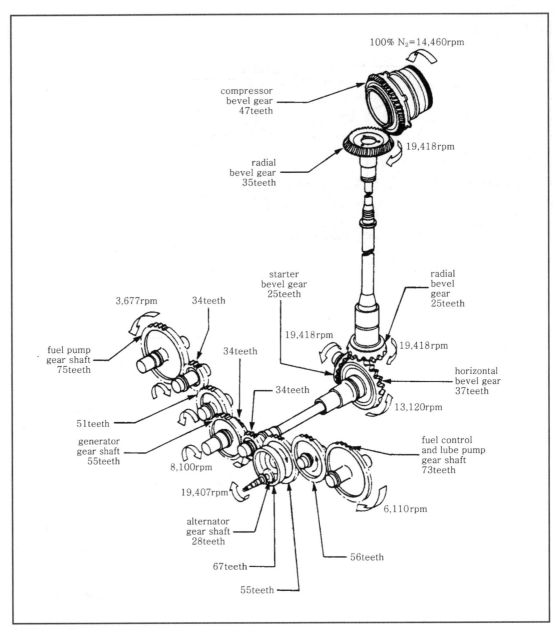

[그림 3-15B] Typical large engine gear train

Section 03 → 압축기부

압축기부는 압축기 로터를 가지고 있으며, 연소기에 필요한 공기를 충분히 보내는 일을 한다. 압축은 연소의 연료에너지와 압축기와 터빈의 기계적 일을 위치(potential)에너지로 바꾼다.

압축기는 작동유체의 가속도원리로 작동하는데, 그것은 운동에너지가 압력상승으로 바뀌는 확산에 의해서 일어난다. 압축기의 1차적 목적은 엔진 흡입구로 들어가는 공기덩어리(mass of air)의 압력을 증가시켜 디퓨저로 보내는 것이고 다시 적당한 속도, 온도, 압력에서 연소실로 보낸다.

이러한 요구조건과 관련된 문제들은 어떤 압축기가 400~500ft/sec의 속도로 공기흐름을 통과시키고 엔진 길이가 단지 몇 피트인 공간에서 20~30배의 정압상승을 할 수 있다는 사실로부터 해결될 수 있다.

초기의 압축기는 주어진 양의 일에 대해서 낮은 압축기효율로 인해 낮은 압력과 높은 온도에서 공기를 통과시켰다. 높은 속도와 압력에서 수백 개의 작은 에어포일을 지나는 층류흐름을 향상시키기 위하여, 압축기는 여러해 동안 최적효율을 이루기 위해 끊임없는 발전을 해왔으며 최근 이 효율은 85~90%까지 높아졌다.

2장에서 설명했듯이, 압축기효율은 최소의 온도상승으로 최대의 압축을 할 수 있어야 한다는 원리에 기초를 두고 있다. 층류흐름은 공기 중의 마찰유도열을 최소화시킨다.

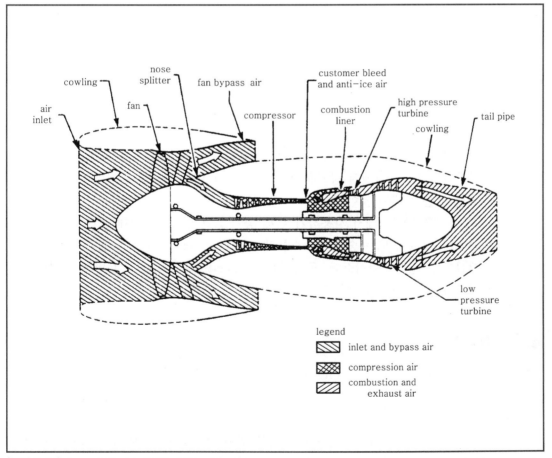

[그림 3-16] General Electric T-34 airflow diagram

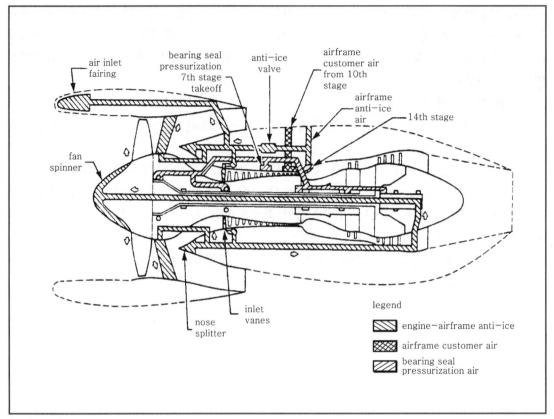

[그림 3-17] Engine bleed air distribution

 압축기부의 2차적 목적은 엔진 블리드공기를 이용해 고온 부분의 부품을 냉각시키고 베어링 실을 여압시키는 것과, 가열된 공기를 흡입구 방빙(anti-icing)을 위해 보내고 연료시스템 제빙을 위한 열을 보내는 것이다.

 다른 2차적 목적은 항공기에서 사용하기 위해 공기를 뽑아내는 것인데, 이를 승객 블리드공기(customer bleed air) 또는 승객 서비스공기(customer service air)라 한다. 이러한 공기는 항공기 객실여압, 공기조화시스템, 공압시동(pneumatic starting), 그 밖의 깨끗한 여압공기를 필요로 하는 부수적 기능에 흔히 사용된다.

1 원심압축기

 원심압축기는 방사상 방출흐름(radial out-flow)압축기로 불리기도 하며 오늘날까지 쓰이고 있는 가장 오래된 설계형태이다. 많은 소형 엔진과 보조가스터빈 동력장치의 대부분은 이형식을 사용하고 있다.

 원심압축기는 임펠러에서 축류방향으로 공기를 받아들여 회전속도로 인한 원심력에 의해 공기를 바깥쪽으로 가속시킨다. 그리고서 공기는 디퓨저로 불리는 확산형 덕트에서 팽창하는

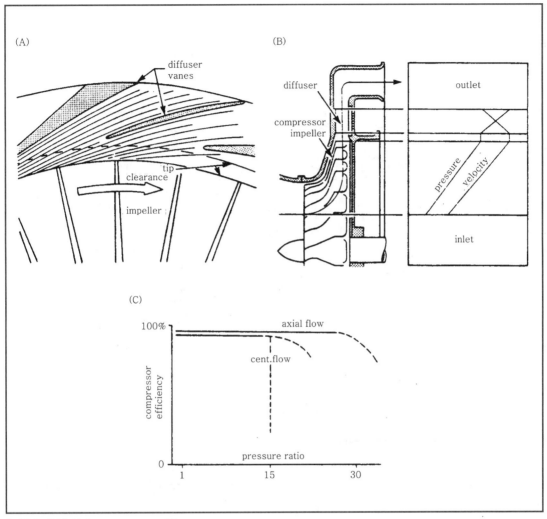

[그림 3-18A] Airflow at entry to diffuser
[그림 3-18B] Pressure and velocity changes through a centrifugal compressor
[그림 3-18C] Compressor pressure ratio vs. afficiency

데, 이것은 공기가 확산될 때 속도는 느려지고 정압은 상승한다는 베르누이의 원리에 따른 것이다.

원심압축기 어셈블리(assembly)는 기본적으로 임펠러 로터, 디퓨저와 매니폴드(manifold)로 구성되어 있다.[그림 3-18 참조]

임펠러는 보통 알루미늄합금이나 티타늄합금으로 만들고 단면 또는 양면으로 할 수 있다. [그림 3-19 참조]

디퓨저는 확산덕트에서 공기가 확산되면서 속도가 떨어지고 정압이 증가하도록 하며 압축기 매니폴드는 난류가 없는 상태의 공기를 연소실로 보내는 역할을 한다.

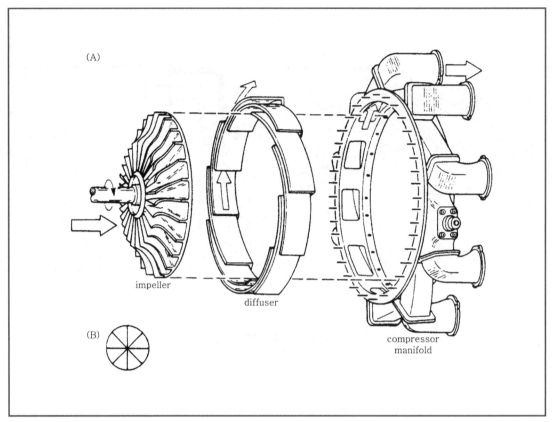

[그림 3-19A] Components of centrifugal flow compressor
[그림 3-19B] Spoke theory of accelerating air

그림 3-20A의 단면임펠러는 램효과가 크고, 난류공기흐름의 유입을 줄일 수 있다. 이런 이유로 인해 단면임펠러는 많은 항공기에 적합하다.

그림 3-20B의 1단 양면임펠러는 보다 좁은 엔진 직경과 높은 유량을 제공한다. 이런 이유로 과거에 많은 항공기 엔진에 사용되었다. 그러나 이 형태에서는 공기가 충진실(plenum chamber)로부터 원주방향 안쪽으로 회전해서 임펠러의 중앙으로 들어가기 때문에 램효과를 얻을 수 없다. 얻을 수 있는 압축비는 앞서 언급한 1단 임펠러와 같다. 하지만 그림 3-20에서 본 것과 같이 2단 이상의 단일입구형은 실행이 불가능하다. 한 임펠러에서 그 다음 임펠러로 넘어갈 때 공기흐름(속도가 느려지는)의 에너지손실, 부가되는 중량 그리고 구동축동력의 추출은 2단 이상에서 얻을 수 있는 부가적인 압축을 상쇄시키기 때문이다.

임펠러형식, 흡입구 모양, 외부케이스의 모양과 같은 많은 설계특성에서 가장 고려해야 할 점은 다른 설계보다 특히 항공기의 필요성에 맞아야 한다는 것이다.

가장 일반적인 원심압축기는 1단 또는 2단의 단면형태이다. 이것은 회전익항공기의 소형 엔진이나 소형 터보프롭항공기에 쓰인다.

최근 개발에서 1단 원심압축기로 10 : 1까지 압축비를 올릴 수 있게 됐으며 원심압축기의

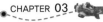
재사용이 이뤄지고 있다. 전에는 축류압축기만이 이런 수준의 압축을 할 수 있었다. 원심압축기는 길이면에서 축류압축기보다 짧은데 이것이 가장 큰 장점이다.

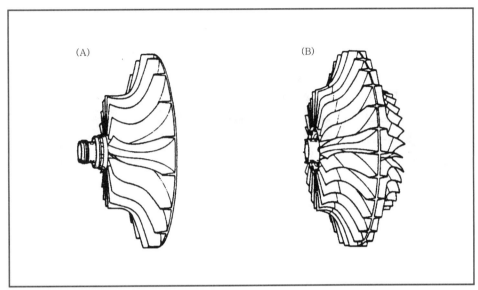

[그림 3-20A] Single-entry, single stage impeller
[그림 3-20B] Dual-entry, single stage impeller

원심압축기의 팁 속도(tip speed)는 거의 마하 1.3에 달하지만, 반경방향 공기흐름은 아음속상태이다. 압축기 케이스 내에 압력은 낮은 초음속의 로터 속도에서 흐름의 박리를 막을 수 있어서 공기흐름에 높은 에너지전달을 일으킨다.[그림 3-21 참조]

원심압축기는 흔히 축류압축기와 연결해서 사용하지만, 이것은 소형 엔진의 필요에 만족할 때만 사용한다. 오늘날 모든 대형 엔진은 축류형이다.

(1) 원심압축기의 장점

① 단당 압축비가 높다(1단에서는 10 : 1까지이고 2단에서는 15 : 1까지).
② 넓은 회전속도범위에서 좋은 효율(압축) : 저속(idle)에서 최대출력(거의 팁 속도 마하 1.3)까지
③ 축류압축기에 비해 제작이 간단하고 비용이 싸다.
④ 무게가 가볍다.
⑤ 시동출력이 낮다.

(2) 원심압축기의 단점

① 주어진 유량에 대해 전면면적(frontal area)이 크다.
② 2단 이상은 단 사이의 에너지손실 때문에 실용적이지 못하다.

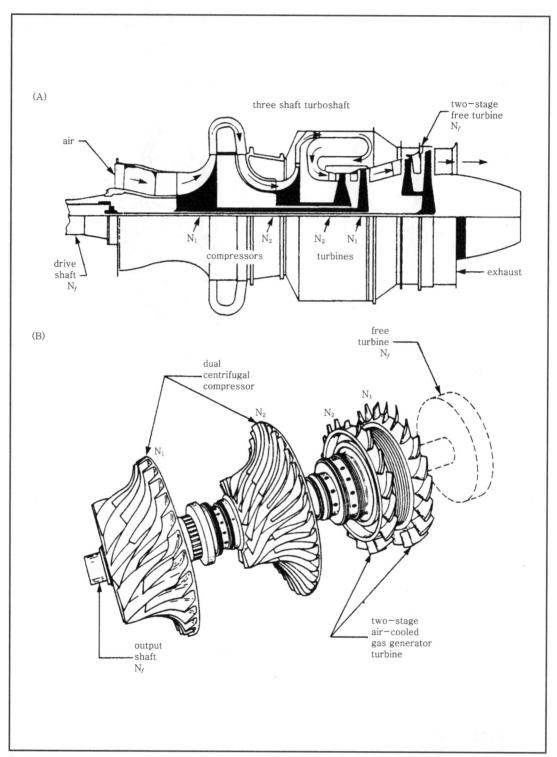

(A)

three shaft turboshaft

two-stage
free turbine
N_f

air

N_1 N_2 N_2 N_1

compressors   turbines

drive
shaft
N_f

exhaust

(B)

free
turbine
N_f

dual
centrifugal
compressor

N_2 N_2 N_1

N_1

N_1

output
shaft
N_f

two-stage
air-cooled
gas generator
turbine

[그림 3-21A] Single entry, two stage, dual centrifugal flow compressor arrangement-PWA-117, Turboprop
[그림 3-21B] Compressor and turbines of PWA-117 turboprop

■2 축류압축기와 팬

(1) 형식

축류압축기는 공기흐름과 압축이 압축기의 회전축과 평행하기 때문에 붙여진 이름이다. 축류압축기에는 단일스풀, 2중스풀, 3중스풀의 3가지 형식이 있다. 단일스풀은 오늘날보다 과거에 더 많이 사용했으며 2중스풀은 현재 가장 많이 사용하고 있고 3중스풀은 최신기술의 개발로 인해 극히 제한적으로 사용한다.

그림 3-22A는 단일스풀압축기를 보여주고 있다. 이 설계는 가스터빈엔진을 위해 처음 개발되었고, 오늘날 많은 항공기에서 볼 수 있다. 이것은 하나의 회전하는 덩어리(rotating mass)로 되어있다. 즉, 압축기, 축, 터빈이 모두 하나의 구성단위로서 함께 회전한다.

그림 3-22B, 3-22C, 3-22D는 멀티스풀(multi-spool)엔진으로서 터빈축이 같은 축의 압축기와 연결되어 있는 것을 보여준다.

그림 3-22B에서 전방압축기는 저압 또는 N_1 압축기라고 하고, 후방압축기는 고압 또는 N_2 압축기라고 한다.

그림 3-22C에서 팬은 N_1 또는 저압압축기, 그 다음에 있는 압축기는 N_2 또는 중간압축기, 가장 안쪽에 있는 압축기는 N_3 또는 고압압축기라고 한다.

그림 3-22D는 기어로 연결된 팬형식의 2중스풀엔진으로, 보다 높은 터빈 속도가 팬구동을 위한 토크로 변환될 수 있도록 소형 엔진을 위해 개발되었다. 기어로 연결된 팬은 압축기로부터 다른 속도를 받기 위해 분리된 터빈이 필요 없다. 예를 들어, Garrett TFE-731 터보팬

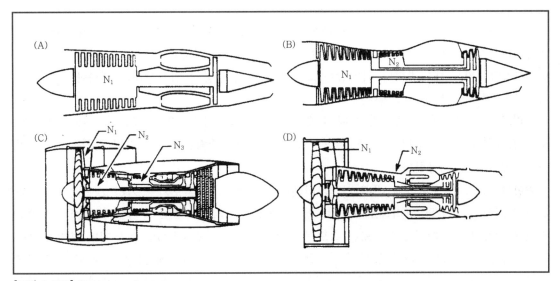

[그림 3-22A] Single-spool compressor
[그림 3-22B] Dual-spool compressor
[그림 3-22C] Multi-spool rotor arrangement
[그림 3-22D] Dual-spool engine(geared-fan)

은 팬기어박스비가 0.496 : 1이다. 즉, 터빈의 1분당 회전수가 10,000번이라면, 팬은 1분당 4,960번만 회전한다. 왜냐하면 팬이 압축기에 직접 연결되어 있지 않아 압축기가 팬 속도를 제한하지 않기 때문이다.

대부분의 터보팬엔진에서, 팬의 블레이드팁 속도는 고출력맞춤(setting)에서 마하 1을 넘는다.

팬덕트 내의 압력은 마하 1 이상의 속도에서 블레이드로부터의 흐름분리를 지연시킨다. 따라서 공기에 에너지 전달이 잘 이루어지고 좋은 압축비를 얻을 수 있으며 충격파 형성으로 인한 역학적 방해가 거의 없다.

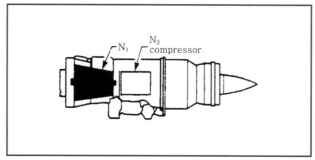

[그림 3-23] Location of dual-spool compressor within the engine

멀티스풀(multi-spool) 즉, 2중스풀과 3중스풀 축류압축기는 높은 압축비와 빠른 가속, 실속특성의 보다 나은 제어 등의 작동상 유연성을 이유로 개발되었다. 이러한 작동상의 유연성은 단일스풀 축류형 엔진에서는 불가능하다.

주어진 출력레버맞춤(lever setting)에서, 고압압축기의 속도는 연료조절조속기(governor)에 의해 거의 일정하게 유지된다. 에너지수준(level)이 거의 일정하게 터빈에 작용한다고 가정하면, 저압압축기는 대기변화나 비행방향 조종으로 인한 항공기 입구상태의 변화에 따라 속도가 빨라지거나 느려지기도 한다.

그러므로, 저압압축기 출구가 상황에 맞게 변해서 고압압축기의 설계한계치 내에 가장 양호한 흡입상태를 제공한다. 즉, N_1 압축기는 한 특정한 출력맞춤에서 거의 일정한 공기압력을 N_2 압축기에 제공한다.

저압압축기의 속도변화에 대해 더 잘 이해하기 위해, 대기온도가 증가하고 공기의 분자운동이 증가하는 경우를 고려해보자. 온도가 증가할 때 같은 비율로 공기분자를 계속 모으기 위해서 압축기는 블레이드 각, 또는 속도를 바꿔야 하는데, 전자는 할 수 없지만 후자는 가능하다. 게다가, 대기는 대기압밀도의 저하로 인해 희박해지기 때문에 저압압축기의 속도는 고도가 높아질수록 증가한다. 역으로, 항공기가 하강하면 공기밀도가 커져 압축하기 쉽기 때문에 저압압축기의 속도는 감소한다.[그림 3-24 참조]

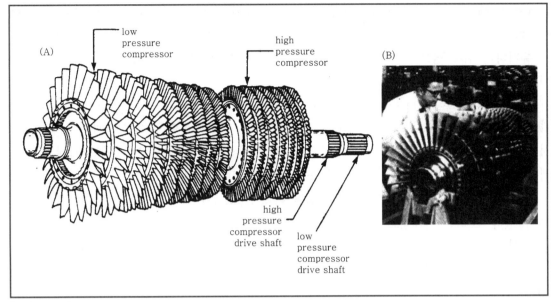

[그림 3-24A] Dual-spool compressor
[그림 3-24B] Compressor rotor inspection

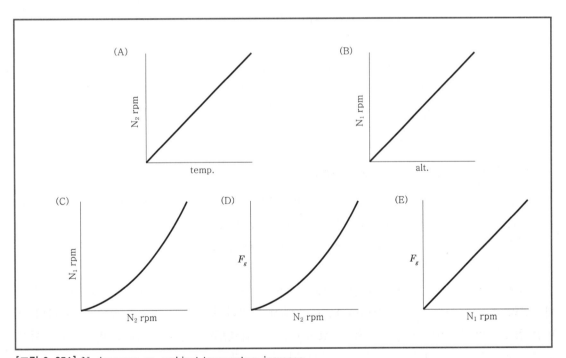

[그림 3-25A] N_2 increase vs. ambient temperature increase
[그림 3-25B] N_1 increase vs. altitude increase
[그림 3-25C] N_2 increase vs. N_1 increase
[그림 3-25D] N_2 increase vs. thrust(F_g) increase
[그림 3-25E] N_1 increase vs. thrust(F_g) increase

그림 3-25A는 대기온도가 증가함에 따라 N_2 속도가 증가함을 보여준다. 이것은 1분당 회전수가 연료계획(scheduling)시스템에 의해 정해진 한계치에 도달할 때까지, 압축비와 유량을 유지하기 위해 필요하다. 대기압력변화의 영향이 온도변화가 밀도에 미치는 영향보다 우세하다.

그림 3-25B는 고도가 증가함에 따라 N_1이 증가함을 보여준다. 사실 이것은 N_2 시스템을 과급하는 것과 같은데, 고도에서 밀도가 적어 N_1 압축기의 항력이 감소된 결과이다. 거의 일정한 에너지수준에서 터빈은 N_1 시스템을 더 빨리 회전시킬 것이다. 사실 어떤 때에는 출력 레버(lever)를 잡아당겨서 N_1이 최대속도를 넘지 않도록 할 필요가 있다.

그림 3-25C에서 N_2 로터 속도가 증가함에 따라 N_1도 증가하지만 비례하지 않는다는 것을 알 수 있다. 로터는 기계적으로 연결되어 있지 않고, 공기역학적인 연동(couple)에 의해 연결되어 있다.

그림 3-25D는 N_2의 1분당 회전수가 엔진추력(F_g)에 비선형임을 보여준다. 예를 들어, 90%의 N_2 회전수에서 반드시 90%의 추력이 얻어지는 것은 아니다. 이런 이유로, N_2 회전수는 조종실에서 출력지시기로 사용되지 않는다.

그림 3-25E는 터보제트의 N_1 압축기 속도나 터보팬의 N_1 팬 속도가 추력에 선형임을 보여준다. 결과적으로, N_1 회전지시계는 추력지시기로써 조종실에서 사용된다. 이것은 연료시스템에서 다뤄질 것이다.

일부 2중, 3중 스풀압축기는 상반회전구성품(counter-rotating component)을 갖고 있다. 이것은 흔하지는 않지만 한 스풀이 다른 스풀과 반대방향으로 회전하도록 되어있다. 이것은 공기역학적인 이유로 인한 설계가 아니라 자이로스코프(gyroscopic)효과를 줄이고 엔진 진동 경향을 줄이기 위해서이다.

(2) 블레이드와 베인(Blades and Vanes)

축류압축기는 로터와 스테이터로 구성되어 있다. 로터와 스테이터가 한 단을 이루고, 몇 개의 단(설계와 제작자에 달려있음)이 결합되어 완전한 압축기를 구성한다.

각각의 로터는 디스크에 고정되어 있는 일련의 블레이드로 구성되어 있으며, 공기는 각 단을 통해 후방으로 나아간다.

로터의 속도는 각 단의 속도를 결정하고, 속도가 증가하면서 운동에너지가 공기에 전달된다. 정익(stator vane)은 동익(rotor blade) 뒤에 위치하여 고속의 공기를 받아 디퓨저의 역할을 함으로써 운동에너지를 위치(potential)에너지(압력)로 바꾼다. 또한 정익은 공기흐름을 원하는 각도로 다음 단으로 보내는 이차적 기능을 한다.

압축기 블레이드는 각기 다른 붙임각(angle of incidence) 또는 비틀림이 프로펠러의 블레이드와 유사하게 제작된다. 이러한 설계특성은 베이스(base)에서 팁(tip)까지 각 블레이드의 다른 스테이션(station)을 지나는 공기흐름의 차이로 인한 영향을 보상하기 위해서이다.

118

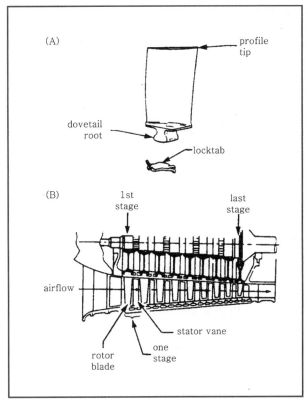

[그림 3-26A] Blade attachment and retention
[그림 3-26B] Identification of one stage(rotor blade-followed
by stator vane)

또한 블레이드의 크기는 첫 단에서 마지막까지 점차 줄어드는데, 이것은 압축기 하우징 (housing)의 모양을 수축형이나 테이퍼형으로 하기 위해서이다.[그림 3-26 참조]

압축기 내에 수축형 덕트가 필요한 이유는 "압축기 테이퍼 설계"가 제목인 다음 절에서 설명하기로 한다.

압축기 에어포일의 모양에 대한 몇 가지 이유가 있다. 길이, 시위(chord), 두께, 종횡비(길이와 폭의 비) 등은 엔진과 항공기 조화에 필요한 성능계수에 맞게 계산된다.

압축기와 팬블레이드 설계의 일반적인 면은 다음과 같다.

① 베이스에서 팁까지 비틀림(또는 stagger 각)이 있어 블레이드 길이를 따라 공기흐름의 출구 속도가 일정하게 유지된다.

② 베이스 부분에는 팁 부분에서보다 더 큰 체임버(camber)가 있어, 공기흐름의 축방향 속도를 다시 증가시켜 베이스에서 탈출구 속도를 유지한다.

③ 뒷전(trailing edge)은 난류를 최소화하고 최상의 공기역학적 효율을 제공하기 위해 칼끝(knife-edge)같이 얇다.

(3) 팁과 루트(Tips and Roots)

축류형 압축기는 보통 10~18단으로 구성된다. 각 단의 블레이드는 디스크에 비둘기꼬리형(dove tailed)으로 고정되어 있으며 핀이나 잠금탭(lock tab), 잠금와이어(wire) 등의 안전장치가 있다.[그림 3-26 참조]

앞에서 언급한 바와 같이 팬블레이드는 압축기의 첫 단으로 취급한다. 그림 3-27의 스팬슈라우드(span-shroud)는 각 블레이드에 있다. 첫 단의 모든 블레이드가 제자리에 있을 때 각각의 슈라우드는 원형 링을 형성하여 블레이드가 공기흐름으로 인해 굽혀지는 굽힘력에 대항하도록 지지해 준다. 그러나 슈라우드는 공기의 흐름을 막아 효율을 떨어뜨리는 공기역학적 항력을 발생시킨다. 새로운 강력한 복합소재의 개발로 이 슈라우드를 없앤 블레이드 제작이 가능해졌다.

대략 스팬슈라우드에서 루트까지의 부분이 코어엔진압축기 블레이드부로써 사용된다. 때때로 블레이드의 루트는 블레이드 조립을 쉽게 하거나 진동의 감쇄효과를 위해 디스크에 느슨하게 고정된다. 압축기가 회전함에 따라 원심력이 블레이드를 제 위치에 위치시키고 에어포일을 지나는 공기흐름은 충격마운팅(shock mounting)이나 완충효과를 본다.

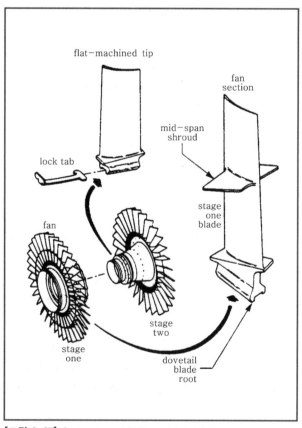

[그림 3-27] Compressor blade and fan blade

어떤 블레이드는 팁에서 사각형으로 잘린 것이 있으며 플랫머신(flat machine)팁이라 하고 또 어떤 블레이드는 팁에서 두께가 줄어들어서 프로파일(profile)이나 스퀼러팁(squealer tip)이라 한다. 블레이드 설계자들이 스퀼러팁을 설계할 때 고려하는 사항이 있는데 그것은 다음과 같다.

① 모든 회전기계는 진동하려는 경향이 있고, 프로파일링(profiling)은 블레이드의 고유 주파수를 크게하는 방법이며 이를 주파수 튜닝이라 한다.

블레이드의 고유주파수를 엔진의 회전주파수보다 크게하면 진동경향이 감소한다. 프로파일이 없는 블레이드에 대해서는 주파수 튜닝은 다른 공기역학적 설계에 의해 이루어진다. 블레이드의 팁진동은 세밀히 조절되어야 하는데, 그 이유는 루트골링(root galling)과 심지어는 피로파열을 일으키기 때문이다.

또한, 이 문제는 압축기나 터빈 블레이드를 포함한 모든 형태의 회전하는 에어포일에 존재하는 것이기도 하다.

② 프로파일은 또한 와류팁(vortex tip)으로 설계된다. 얇은 뒷전(trailing edge) 부분이 와류를 일으켜 공기속도를 증가시켜 팁 누출을 최소화하며 축방향 공기흐름을 원활히 한다.

③ 새로운 엔진에서는 팁을 밀착되게 설계하여 마모성 재료의 슈라우드스트립(strip)에서 회전시킨다. 이 스트립은 접착되어도 블레이드의 길이를 잃지 않도록 닳아 없어진다. 후에 이 스트립은 오버홀시 교환한다. 이러한 특성으로 인해 프로파일 블레이드를 스퀼러팁이라고 한다. 때때로 비행 중에 큰 소음을 들을 수 있는데 이는 블레이드 팁과 슈라우드스트립이 닿기 때문이다.

④ 일부 고성능압축기는 팁 충격파강도를 조절하는 수단이 필요하다. 프로파일링은 팁이 음속보다 높은 속도에서 회전하거나 흐름박리가 일어나기 시작하더라도 축방향 흐름이 용이하도록 공기역학적으로 변화시킨다.

일반적인 팬팁(fantip)에서 최근의 반전은 슈라우드된 팁 터빈블레이드와 유사한 슈라우드된 팁 팬블레이드의 이용이다. 슈라우드된 팁의 장점은 날 끝 실(knife-edged seals)이라 부르는 얇은 금속 실(seal)이 슈라우드 외부표면과 맞아서 날 끝이 팬케이스(fan case)에 아주 가깝게 붙어서 회전하는 것이다. 이것은 오픈팁 블레이드보다 작동간격을 더 밀착시킨다. 장점은 공기의 난류감소와 이 영역에서의 공기누출의 감소 그리고 공기흐름의 증가이다.

(4) 흡입구 안내익(Inlet Guide Vanes)

스테이터 베인은 고정(stationary)이거나 가변각(variable angle)이다.

그림 3-28은 베인의 위치와 1단 로터블레이드 앞에 위치한 흡입구 안내익의 위치 또한 보여주고 있다. 이 베인 역시 고정이거나 가변으로 설계될 수 있다. 이들의 기능은 가장 알맞은 각도로 로터에 공기흐름을 보내는 것이다. 압축기 출구에도 이와 비슷한 베인이 있어서 압축

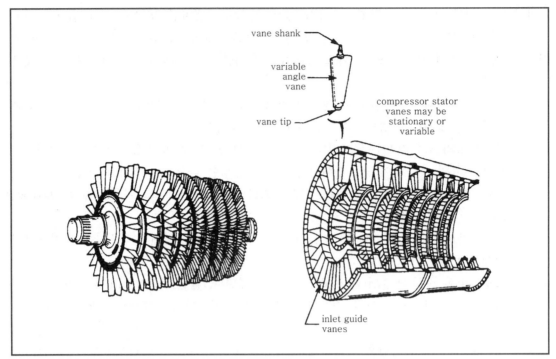

[그림 3-28] Compressor blade and vane arrangement

과정에서 공기에 전해지는 회전모멘트를 제거한다. 다음 장에서 가변안내익시스템에 대해 다룰 것이다.

(5) 압축기의 압력비

가스터빈엔진의 압축기 압력비는 매우 중요하다. 일반적으로 압력비가 높을수록 더 큰 열효율을 얻을 수 있다는 이점이 있다.

압축기 설계자들은 가능한 가장 높은 압력비(C_r)와 가장 낮은 유량(m_s)으로 원하는 엔진의 출력을 얻는 데 힘쓰고 있다.

출력에 대하여 가장 적은 유통면적, 가장 작은 크기, 그리고 가장 적은 무게의 엔진을 생산할 수 있게 한다. 그러나 최적 C_r과 m_s의 관계에서 약간의 보완이 필요하다. 실제로 유량과 추력에 대해 압력비가 클수록 엔진의 연료소모율은 적어진다. 만일 압력비와 질량이 모두 증가하면 추력은 더 커져야 할 것이다. 그러나 재료의 강도가 증가할수록 엔진의 무게도 증가한다.

매우 높은 압력비를 얻기 위해서는 원하는 압축기의 강도를 만들기 위해 특별한 재료를 써야 하므로 상당한 비용이 든다. 또한 높은 압축비는 터빈 입구온도가 높아야 우수한 성능을 낸다. 여기서 연소기와 터빈 부분에 높은 열강도를 지니는 합금을 사용해야 하므로 추가비용이 든다.

현재의 사업용 제트기의 압축기는 적절한 압력비와 적은 생산비로 제작된다. 가격이 매우 비싸고 높은 압축비를 가지는 엔진은 장거리여객기(airliner)에서 볼 수 있는데, 매우 긴 작동시간 동안 가장 낮은 작동비용에 이들의 성패가 달려있기 때문이다.

사업용 제트기의 가스터빈엔진의 압축비는 구형이 6 : 1 정도, 신형이 18 : 1 정도이다. 최근 대형 점보기의 엔진은 약 30 : 1 정도의 압축비를 가진다. 미래의 압축기 압력비는 40 : 1 정도로 예견되고 있다.

압축기의 압력비는 가장 마지막 단의 전압력을 측정하여 압축기 입구에서의 전압력으로 나눈 것으로 결정된다. 두 점에서 속도변화가 없다고 가정하면 정압도 압축비 계산에 사용될 수 있다.

주변 압력이 14.7psia이고 입구가 100% 덕트 회복(recovery)을 가진다고 가정하면 압축기 입구 전압은 14.7psia가 될 것이다. 입구 공기 속도가 500ft/sec라고 하면 정압은 12.63psia가 될 것이고 램압력은 2.07psia가 되어 전압은 14.7psia가 된다. 이 계산은 부록 8의 공식 14 그리고 부록 7의 대기밀도표로부터 다음과 같이 계산될 수 있다.

$$P_t = \left(\frac{1}{2}\rho V^2\right) + P$$
$$= \left[\frac{1}{2}\frac{0.076515}{32.16} \times 500^2\right] + P$$
$$= 197\,\mathrm{lb/ft^2} + P$$
$$= 2.07\,\mathrm{lb/in^2} + P$$
$$= 2.07 + 12.63$$
$$= 14.7\mathrm{psi}$$

여기서, $P = 14.7 - 2.07 = 12.63$
$\rho = $ 공기의 비중량/중력가속도
$= 0.07651\mathrm{b/cu.ft} \div 32.16\,\mathrm{ft/sec^2}$

압축기 입구의 전압력이 14.7psia일 때, 압축기가 전압을 97.0psi까지 증가시켰다면 이 압축기의 압력비는 97을 14.7로 나눈 6.6 : 1로 표현된다.[그림 3-29 참조]

① 단당 압력상승

압축기의 압력비는 단당 압력상승으로도 표현된다. 예를 들면, 사업용 제트기가 8단 전체의 압축비 6.6 : 1을 가진 작은 터보팬을 가졌다고 하자. 우리가 6.6에 8제곱근을 취하면 단당 압력상승비인 1.266을 얻을 수 있을 것이고 팬이 1단인 경우 1.5 : 1~1.7 : 1 정도의 압축비를 가질 것이다. 팬블레이드가 1단 압축기 블레이드가 되는 허브쪽의 압력비는 1.266 : 1이 될 것이다. 블레이드의 비틀림(twist)은 이와 같은 압력비를 변화시킬 것이다.

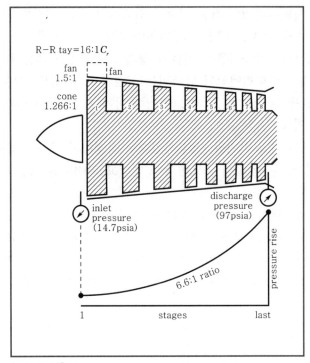

[그림 3-29] Compressor pressure ratio graph

전체압축과정에 대하여 단당 압력상승은 평균이 된다. 압축기는 단당 압력상승이 일정하도록 설계되지 않고 단당효율이 일정하도록 설계된다. 이것은 동일한 압축기를 설계하는 데 있어서 20~50가지 정도의 서로 다른 블레이드를 사용함으로써 얻을 수 있다. 만일 우리가 각 단에 대하여 압축된 압력을 계산하려 한다면, 표준대기상태에서 압력상승은 다음과 같다.

Stage No.	P	C_r(stage)	Compression(psia)
1	14.70	1.266	=18.61
2	18.61	1.266	=23.56
3	23.56	1.266	=29.83
4	29.83	1.266	=37.76
5	37.76	1.266	=47.81
6	47.81	1.266	=60.53
7	60.53	1.266	=76.63
8	76.63	1.266	=97.01
		Total C_r	=97+14.7 또는 6.6 : 1

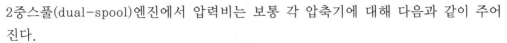

2중스풀(dual-spool)엔진에서 압력비는 보통 각 압축기에 대해 다음과 같이 주어진다.

N_1 압축기 4 : 1, N_2 압축기 5 : 1, 전체압력비 20 : 1

여기서 전체압력비는 각 압력비의 곱인 것에 주의하라.

보통 N_2는 적은 직경으로 인해 N_1에 비하여 높은 속도와 압력비를 갖는다. 그러므로 10단의 2중 압축기는 같은 단을 가진 단일압축기에 비해 높은 압력비를 갖는다. 2중스풀압축기의 기본적인 장점이 하나 있는데 그것은 비행 중에 속도를 증가시킬 수 있는 N_1 압축기의 능력이 같은 크기와 무게의 단일압축기에 의해 얻어지는 것보다 더 높은 압력비를 얻게 하는 것이다.

② 사이클 압력비(Cycle Pressure Ratio)

가스터빈엔진의 사이클 압력비는 모든 비행속도에서 비행조건을 이용하여 계산한다. 만약 어떤 엔진이 10 : 1의 압력비를 갖을 때 비행기가 빠르게 비행함에 따라 입구상태가 14.7psi에서 16psi로 변한다면, 압축기는 압력을 160psi로 증가시킬 것이다.

흡입구에서의 압축이 증가하면 공기유량에도 영향을 준다. 만일 엔진이 표준대기상태에서 최대출력상태이고 해면에서 공기유량이 50lb/sec라면 항공기가 전방으로 움직임에 따라 공기유량은 압축기 압력을 상승시키면서 증가하게 된다. 사실 공기유량은 이륙 이후부터 변화하므로 조종사는 엔진의 오버부스팅(over boosting)을 방지하기 위해 출력을 줄여야 한다.

대기압이 해면압력의 약 1/4이 되는 고도에서 램압축이 엔진 입구에 형성되어 공기흐름량이 줄어드는 것을 돕는다.

③ 팬압력비(Fan Pressure Ratio)

단일의 저바이패스팬 압력비는 약 1.5 : 1이고 고바이패스팬은 1.7 : 1 정도이다. 대부분의 고바이패스엔진(바이패스비가 4 : 1 이상인 것)은 고종횡비를 가진 블레이드로 설계된다. 즉, 길고 좁은 시위를 갖는다.[그림 3-30 참조]

그러나 요즘에는 시위가 넓고 저종횡비를 갖는 블레이드가 널리 사용되는데, 이는 이물질에 대하여 강하고 특히 새충돌손상(bird strike damage)에 강하기 때문이다.

과거에 저종횡비를 갖는 블레이드는 과도한 중량 때문에 거의 사용되지 않았다. 최근 복합소재 내부보강재(composite inner reinforcement material)로 만든 속이 빈 티타늄블레이드가 개발되었고 이것은 중간스팬 지지 슈라우드(mid-span support shroud)가 없어서 흐름면적이 넓어 더 많은 공기유량을 만든다.

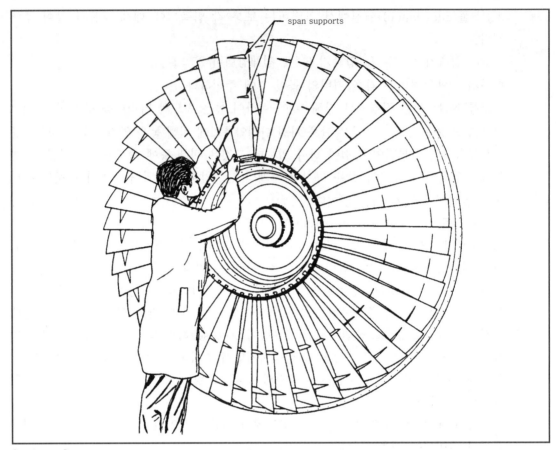

span supports

[그림 3-30] High bypass fan with high aspect ratio blades

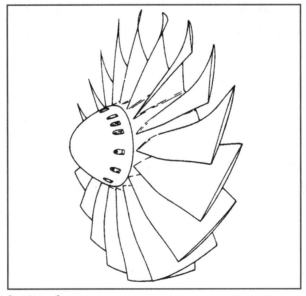

[그림 3-31] High bypass fan with low aspect ratio blades

[그림 3-32] Removal of the first stage fan from an axial flow compressor

(6) 팬바이패스비(Fan Bypass Ratio)

팬바이패스비는 팬덕트를 지나는 공기유량의 비로 엔진의 코어(core) 부분을 지나는 공기유량으로 나눈 값이다. 팬공기흐름은 팬블레이드의 바깥 부분을 지나서 팬배기로 나와 대기로 방출된다. 코어엔진을 지나는 공기흐름은 팬블레이드의 안쪽을 지나 압축되고 연소되어 고온배기덕트를 통해 배기된다. 일반적으로 말하면 바이패스비가 높을수록 엔진의 추진효율은 증가한다. 그러나 이것은 단지 바이패스비가 6 : 1 정도이며 순항속도가 마하 0.8~0.85가 되는 상업용 항공기, 사업용 항공기의 경우에 해당된다.

고바이패스비를 얻기 위해서는 넓은 직경의 팬이 필요하다. 그러나 문제는 무게와 항력이다. 일반적으로 설계된 고정피치(fixed pitch), 회전익형(rotating airfoil)에서는 높은 비행속도에서 발생하는 추력손실(thrust decay)이 바이패스비가 증가하지 못하는 원인이다.

예를 들어, GE사의 군용 TF-39 터보팬은 Lockhead Galaxy C-5 항공기에 바이패스비 8 : 1을 가지며 사용되었으나 비행속도는 단지 마하 0.72에 불과했다. 이런 류의 민간용 엔진은 DC-10기에 장착된 CF-6 터보팬으로 6 : 1의 바이패스비를 가지며 순항속도 마하 0.8에서 가장 우수하다. 가장 널리 사용되는 전형적인 바이패스비는 다음과 같다.

① 사업용 제트기, 2 또는 3 : 1
② 풀팬덕트(full fan ducts)를 가지는 상업용 항공기, 1 또는 2 : 1
③ 대형 상업용 항공기, 5 또는 6 : 1

새로운 초고바이패스(UHB ; Ultra High Bypass) 프롭팬엔진의 가변피치 에어포일이 개발되면서 우리가 현재 알고있는 바이패스 조건들을 크게 변화시킬 것이다. 덕트프롭팬(ducted propfans)은 10 : 1에서 20 : 1 정도로 예측되며 덕트가 없는 프롭팬(unducted propfans)은 100 : 1 정도로 순항속도가 마하 0.8~0.9 정도의 범위에서 예상되고 있다.

(7) 축류압축기의 장·단점

① 장점

㉠ 높은 최고효율(high peak efficiencies, 압축기 압력비)은 직선설계에 의해 만들어짐

㉡ 더 높은 최고효율(압력)이 압축단(stage)의 추가로 가능

㉢ 작은 전면면적과 결과적으로 낮은 항력

② 단점

㉠ 제작상의 어려움과 높은 단가

㉡ 비교적 무거운 중량

㉢ 높은 시동파워(starting power)가 요구됨

㉣ 단당 낮은 압력상승(약 1.3 : 1이 최대)

㉤ 순항에서 이륙출력까지만 양호한 압축이 됨

단당 적은 압력상승은 블레이드의 입구와 출구 속도가 거의 같은 속도를 유지하여야 하는 블레이드 설계에서 비롯된다. 그에 비해 원심압축기는 입구 속도에 비해 출구 속도가 더 큰 공기흐름을 가지며 단당 더 높은 압축비를 얻을 수 있다.

▪3 조합형 압축기(Combination Compressors)

축류압축기와 원심압축기의 장점을 살리고 단점을 제거한 조합형 축류원심압축기가 설계되었으며, 사업용 제트기와 헬리콥터의 소형 터빈엔진에 사용된다. 이것은 높은 축방향 속도에 의하여 적은 단면의 축류부분은 큰 공기유량을 생산하고 원심부분은 축류압축기에서 가능한 부분보다 더 넓은 작동영역에서 양호한 압력비를 만들어낸다. 또한 역흐름 애뉼러연소기(reverse flow annular combustor)를 가진 엔진과 잘 조합되며 이 엔진은 이런 형태의 연소기에 적합하도록 설계되어 원심압축기의 단점(축류형에 비해 크다)을 보완해준다.

그림 3-33은 6단의 축류와 1단 원심형의 조합형 압축기를 보여준다.

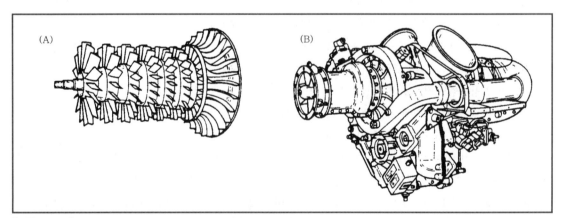

[그림 3-33A] Combination axial-centrifugal flow compressor
[그림 3-33B] Turboshaft engine with combination compressor

4 축류압축기와 원심압축기의 비교와 양력(Comparison of Axial To Centrifugal Compressors and Lift)

전술된 바로부터 현재 사용 중인 압축기는 크게 두 가지로 나뉜다는 것을 알았으며 모두 공기를 압축한다. 즉 공기의 압력을 증가시키는 것이다.

원심압축기는 공기를 가속시켜 확산덕트로 이용되는 디퓨저로 보내 공기의 압력을 증가시킨다. 즉, 베르누이의 원리에 따라 공기가 확산되어 감속시킴으로써 압력을 상승시킨다. 이것은 공기가 느려지면 공기분자가 어떤 주어진 시간에 덕트에 더 많이 존재한다는 것에 기인한다.

축류압축기는 스테이터 베인의 모양과 위치에 의해 형성되는 많고 작은 디퓨저 또는 확산 덕트로 공기를 가속시킴으로써 압력을 상승시킨다. 두 개의 블레이드 뒷전이 한 쌍으로 확산 덕트를 형성하여 스테이터로 들어오기 전부터 공기압력은 증가하기 시작한다.

가스터빈엔진의 압축기에 대한 더 깊은 이해는 에어포일과 양력의 전통적인 이론을 탐독함으로써 얻을 수 있다. 날개는 그것을 지지하고 있는 공기의 아래방향으로 힘을 작용시킨다. 이 힘은 양력(위방향 힘)과 같은 것으로 공기의 아래방향 속도를 만든다.

이것과 비슷한 방식의 압축기 에어포일은 공기의 뒤쪽으로 힘을 작용시킨다. 이 힘은 양력(앞쪽으로 작용하는 힘)과 같은 것으로 공기에 뒤쪽방향 속도를 만든다. 결과적으로 이 미는 힘이 연소에 필요한 압력을 생산할 뿐 아니라 엔진을 추진시키는 데 도움을 준다.

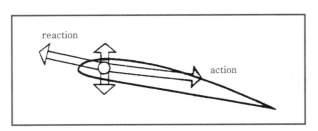

[그림 3-34] Forces acting on an airfoil

5 압축기 단 사이의 공기흐름(Compressor Interstage Airflow)

압축기는 압축뿐 아니라 한 단에서 다음 단으로 공기를 보낸다. 이 과정에서, 압축기 에어포일은 받음각과 공기밀도의 수 많은 변화를 겪고 차례로 압축과 속도변화를 만들어낸다. 받음각의 조절은 흡입덕트와 압축기 그리고 연료조절장치의 설계변수(design function)이다.

입구 덕트는 이 장의 앞부분에서 설명되었고 연료조절은 7장에서 다룰 것이다.

회전하는 에어포일에 의한 압축의 원리는 다음의 벡터나 에어포일 사이 공기흐름의 설명으로 자세히 알아보겠다.

벡터는 특정한 방향으로의 힘을 나타낸다. 그림 3-35는 화살표 1의 방향으로 힘이 작용하고 두 번째 힘이 화살표 2의 방향으로 작용하면 화살표 3의 새로운 힘이 생기는 것을 보여준다.

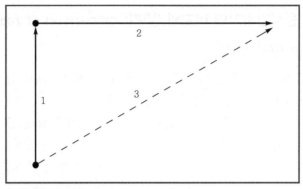

[그림 3-35] Steps in vectoring airflow

그림 3-36을 보면, 압축기 블레이드의 회전이 흡입덕트의 엔진 입구 근처에서 공기 속도를 증가시킨다. 입구 안내익을 지나는 공기흐름은 단지 각도만 바뀐다. 각 쌍의 베인에 의해 형성된 직선덕트의 흐름영역 때문에 공기의 속도나 압력은 변하지 않는다.

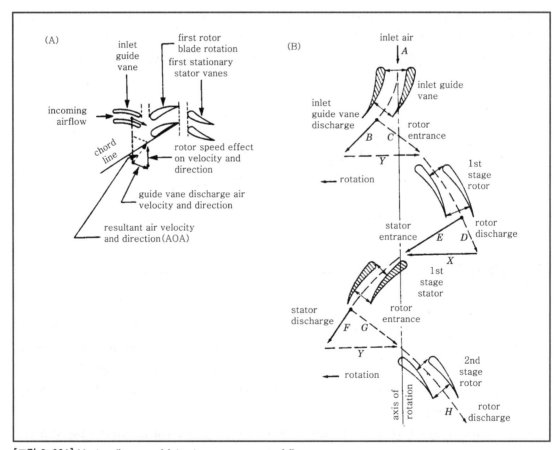

[그림 3-36A] Vector diagram of interstage compressor airflow
[그림 3-36B] Airflow through an axial-flow compressor(Pratt & Whitney)

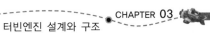

입구 안내익이 곧은 각으로 공기를 받고, 공기가 베인을 떠나는 지점의 벡터각은 베인의 위치와 굴곡에 의해 결정된다. 이 두 개의 화살표 길이가 같다는 것은 속도의 변화는 없고 단지 방향만 바뀐다는 것을 의미한다.

앞에서 가변입구 안내익에 대하여 언급했다. 여기서는 논의를 위해 고정된 경우만 다루기로 한다.

공기흐름에 작용하는 힘은 두 성분으로 나뉜다. 하나는 램이나 흡입(suction)같은 입구효과로 압축기로 들어오는 공기속도를 만들어내며 이것은 그림 3-36에서 "Guide vane discharge air velocity and direction"으로 표시되었다.

다른 하나는 회전하는 블레이드에 의해 생기는 성분이다. 블레이드가 한 방향으로 회전하면 공기는 회전 반대방향으로 에어포일을 지나게 된다. 이 벡터를 "Rotor speed effect on velocity and direction"이라 부른다.

여기서 제기된 두 벡터힘은 흐름속도에 영향을 주는 입구효과와 흐름속도에 영향을 주는 rpm이다.

만약 합성벡터가 적당한 위치라면 블레이드 시위선에 대해 유입되는 공기에 적당한 받음각을 제공하여 공기가 에어포일 표면에 붙어있으므로 최소의 난류와 마찰을 만들 것이다.

첫 단의 압축을 통과한 후의 공기흐름은 각 단에서 똑같은 방법으로 반복하게 된다. 흥미있는 점은 만약 어떤 공기분자가 압축기를 지날 때 180° 이상 회전하지 않는다면, 이는 압축기 스테이터 베인의 직선효과(straightening effect) 때문이라는 것이다. 마지막 압축단 다음에 고정된 베인 세트가 있는데 이를 출구 안내익이라 부르고 공기흐름이 축류방향으로 연소기까지 가도록 해준다.

지금까지 공기흐름의 방향에 대해 알아보았다. 지금부터는 압축기 블레이드를 지나는 공기의 흐름이 만드는 압력에 대하여 알아보기로 하자. 한 블레이드의 흐름유로는 확산형이다. 이 확산형 부분이 지나는 공기의 정압을 약간 상승시키고 동시에 블레이드는 공기에 일을 하여 속도를 증가시킨다. 공기가 압축기 블레이드를 지나서 스테이터 베인으로 들어가면 스테이터 베인은 확산형 덕트를 형성하여 공기의 속도를 감소시키고 정압은 증가시킨다. 압축기 블레이드와 스테이터 베인의 작용이 압축기의 모든 단을 지나면서 계속된다. 공기가 압축기를 떠날 때는 처음 들어올 때의 속도와 거의 같지만 정압은 크게 상승된다.

한 쌍의 블레이드나 베인에 의해 형성된 유로를 잘 살펴보면 그 모양이 앞전에서는 수축부의 모양을 하고 뒷전에서는 확산부의 모양을 한 수축확산덕트(convergent divergent duct)의 모양을 한 것을 알 수 있다. 이것은 음속충격(sonic shock)을 만들지 못하는데 그것은 엔진의 이 부분에서는 아음속이고 그 전체효과는 보통의 확산형 덕트에서 얻는 것과 같다. 이것은 물론 아음속으로 비행할 때 수축확산형 흡입덕트에서 얻는 결과와 같다.

(1) 캐스케이드효과(Cascade Effect)

축류압축기는 캐스케이드 내의 에어포일 집합으로 표현된다. 캐스케이드란 에어포일이 연속적으로 배열되어 저압력상태의 공기가 고압력영역으로 흘러들어 가도록 하는 것을 말한다. 증가된 압력에 대응하여 뒤쪽으로 흐르는 공기의 능력은 위로 흐르도록 힘을 받는 물과 비슷하다. 압력은 원활한 흐름을 얻도록 일정하게 작용되고 있어야 한다.

이것은 다음의 그림과 설명으로 이해할 수 있다.

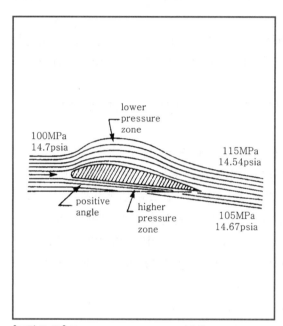

[그림 3-37] Pressure zones on an airfoil

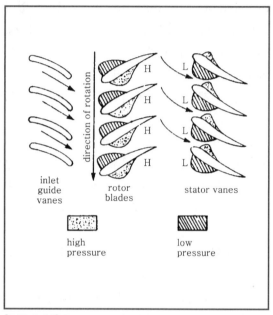

[그림 3-38] The cascade effect

그림 3-37은 약간의 양의 받음각으로 작용하는 에어포일에서 윗면보다 아랫면에 더 높은 압력이 작용한다는 것을 보여주고 있다. 이 높고 낮은 압력지역이 한 열의 에어포일 내의 공기가 다음 열의 에어포일에 영향을 주는 것을 캐스케이드효과라 하며 회전하는 에어포일(로터 블레이드)과 정지해 있는 에어포일(스테이터 베인)에 적용된다.

그림 3-38은 블레이드 첫 단의 높은 압력지역의 공기가 스테이터의 낮은 압력지역으로 공급되는 것을 보여준다. 스테이터의 앞전은 로터 블레이드의 앞전방향에 반대방향으로 향하고 있음으로써 공급작용(pumping action)이 발생되는 것이다. 그런 후 첫 단의 스테이터 베인의 높은 압력구간은 그 다음 단의 로터 블레이드의 낮은 압력구간으로 공기를 공급한다. 이 과정이 압축의 가장 마지막 단까지 계속된다.

그림 3-38을 보면 로터 블레이드의 고압력구간과 저압력구간은 서로 상쇄되어 보이지만 전체적으로 볼 때 확산형인 흐름유로는 속도감소와 압력상승을 발생시킨다.

(2) 압축기 테이퍼 설계(Compressor Taper Design)

압축기의 뒤쪽 단에 압력이 누적되면서 속도는 베르누이 법칙에 따라 감소한다.

추력을 발생시키기 위해 이것은 바람직하지 못하다. 그림 3-39에서와 같이 공기흐름이 속도변화의 원리에 의해 작동하기 때문이다. 속도가 안정되도록 하기 위해 압축기 가스통로모양을 수축형으로 하여 흡입구 흐름지역의 약 25%로 감소시킨다.

이렇게 테이퍼된 모양은 압축된 공기가 차지하는 적당한 공간을 제공한다.

그림 3-40은 테이퍼된 애뉼러스(annulus) 개념을 설명하고 2장에서 다룬 하나가 들어오면 하나가 나간다는 것을 재설명해주고 있다. 즉, 흐르는 공기의 각 단위마다 어떤 물리적인 크기가 정해질 것이다. 만일 이상적인 압축비가 12 : 1인 엔진에서 공기흐름이 불연속성이어서 압축비를 10 : 1로 떨어지게 하면, 공기량의 단위 크기는 커질 것이고 다음 단위의 공기가 들어옴에 따라 가속되려고 할 것이다. 이 가속은 받음각을 변화시키는데 그에 따른 결과는 매우 중요하다.

압축기의 압력비가 이륙시 12 : 1로 설계되었다면, 그림 3-30B는 압축기 흡입구에서 출구까지 정상적인 압축하에서의 공기의 한 단위 크기를 나타낸다. 이 경우 받음각은 정상이다. 그림 3-40C에서와 같이 공기가 정상적으로 압축되지 않으면 배출되는 속도는 커질 것이고 받음각은 작아질 것이다. 이것은 그림 3-40D, G에서 나타난 것처럼 압력지역에 영향을 준다.

압축이 그림 3-40E에서 보듯 매우 높으면, 속도는 줄어들고 받음각이 커지고 또한 압력지역의 압력도 높아진다. 큰 받음각의 결과는 그림 3-40D와 F에서 볼 수 있다. 받음각에 영향을 주는 크고 작은 속도의 원인에 대한 설명은 다음 절에서 다루었다.

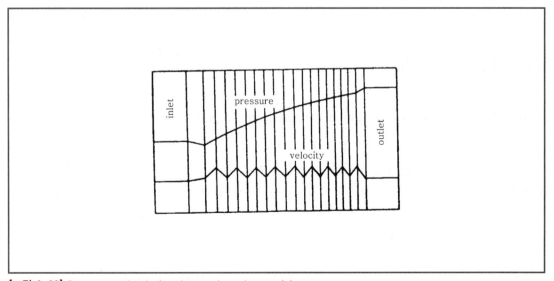

[그림 3-39] Pressure and velocity change through an axial compressor

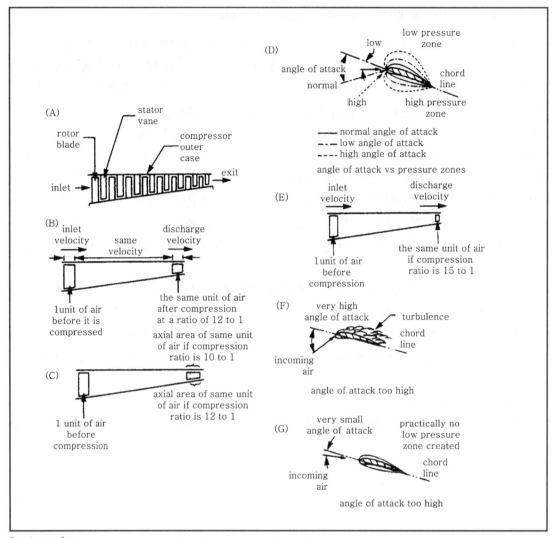

[그림 3-40] Compresor pressure ratio influence on angle of attack

(3) 받음각과 압축기 실속(Angle of Attack and Compressor Stall)

그림 3-41에서 보는 바와 같이 압축기 블레이드의 받음각은 입구의 공기 속도와 공기흐름에 대한 압축기 rpm 영향의 결과이다. 이 두 힘을 결합하여 벡터를 형성하는데 이것은 에어포일에 접근하는 실제 공기의 받음각이다. 모든 가스터빈엔진이 때때로 겪는 압축기 실속은 두 벡터량, 입구 속도와 압축기 rpm 사이의 불균형으로 설명될 수 있다.

압축기 실속은 실속의 강도에 따라 압축기를 흐르는 공기를 느리게 하거나 멈추게 하고 심할 경우 역류시키기도 한다.

실속상태는 공기가 진동하는 것 또는 부드럽게 떠는 것으로부터 크게 진동하는 것, 또는 심하게 역류하거나 폭발하는 것으로써 귀로 들을 수 있다.

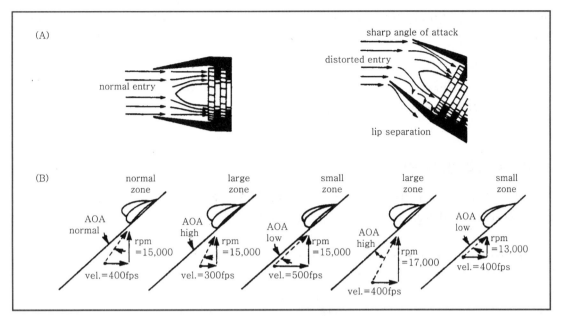

[그림 3-41A] Comparison of normal and distorted airflow into fight inlet
[그림 3-41B] Vector analysis of compressor stall

대부분 조종석 계기판에는 부드러운 실속상태(mild stall condition)가 나타나지 않는데 이 것을 일시적인 실속(transient stall)이라 한다. 이러한 실속은 보통 엔진에 해를 끼치지는 않고 대부분 그 스스로 한두 번의 진동(pulsation) 후에 바로 잡힌다. 헝실속(hung stall)이 라 부르는 심한 실속은 엔진성능을 심하게 떨어뜨리고 출력손실의 원인이 되며 심한 경우 엔 진이 파손될 정도로 크게 손상을 준다. 실속을 일으키는 원인은 여러 가지가 있지만 대표적 인 것들만 열거하면 다음과 같다.

① 엔진 흡입구로 들어오는 난류나 난잡한 흐름(속도벡터를 감소시킴)
② 갑작스런 엔진 가속으로 인한 과다한 연료흐름(연소기의 역압력으로 속도벡터를 감소 시킴)
③ 갑작스런 감속에 의한 희박한 연료혼합(연소기 역압력 감소로 속도벡터를 증가시킴)
④ 오염되었거나 손상된 압축기(압축감소로 속도벡터를 증가시킴)
⑤ 손상된 터빈 부분에 의한 압축기 일의 감소와 낮은 압축(압축감소로 속도벡터를 증가 시킴)
⑥ 설계 rpm 이상과 이하에서의 엔진 작동(rpm 벡터를 증가 혹은 감소시킴)

흡입되는 난잡한 흐름의 예를 들면, 동체 뒷부분에 2개의 엔진이 장착된 사업용 제트기에 서 항공기가 급격히 우회하면 좌측 엔진의 공기흐름은 동체에 의해 순간적으로 단절된다. 이 옆 미끄러짐(side slip)은 결과적으로 낮은 입구 속도의 원인이 되고 순간적으로 압축기 실속 이 일어나기에 충분한 높은 받음각을 제공한다.

조종사는 소음이나 진동 혹은 배기가스온도의 증가나 이 세 가지의 조합 등으로 압축기 실속을 알 수 있을 것이다. 또한, 출력을 감소시켜 입구의 공기 속도와 rpm이 적절한 관계가 되도록 해야 한다.

연료계통 고장이나 외부물질의 흡입, 역류 등에 의한 심한 압축기 실속이나 서지(surge)의 경우 공기의 역류가 일어나는데 뒤쪽 압축기 블레이드에 굽힘력(bending stress)이 생겨 스테이터 베인에 접촉하게 된다. 이때 연속적인 재질의 파괴로 로터와 전체엔진의 파열을 일으킨다.

(4) 압력비와 공기유량의 관계

엔진이 설계속도에서 작동할 때, 압축기 블레이드는 높은 받음각에서 작동하는데 이것은 실속각에 매우 가깝지만 최대압력상승을 일으킨다.

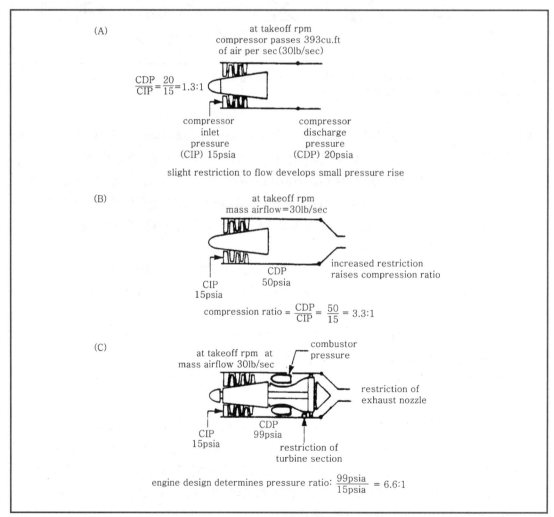

[그림 3-42] Relationship of compression ratio to mass airflow. (A) unrestricted ; (B) restricted exhaust ; (C) restricted exhaust with combustor and turbine back pressures factored in

그림 3-42를 보면 압축기 압력비와 공기유량의 관계가 나타나 있다.

그림 3-42A에서 공기유량은 30lb/sec이고 제한되지 않은(unrestricted) 노즐로 흐를 때 최소의 압력을 만든다. 압축기의 작용과 질량유량의 영향으로 입구에서 압력이 15psia로 들어가서 20psia로 되어 1.3 : 1의 압력비를 나타낸다.

그림 3-42B에서 제한된 방출노즐(constricted discharge nozzle)이 흐름을 제한하여 같은 유량(30lb/sec)에서 50psia의 압력을 만들었다. 결국 압력비가 3.3 : 1이 된다.

그림 3-42C는 30lb/sec의 같은 유량에서 설계압력비가 6.6 : 1인 압력상승을 보여준다. 여기서 연소기 역압력(back pressure)과 터빈에 의한 흐름제한이 배기노즐 역압력에 더해진다.

따라서 엔진이 올바르게 작동하기 위해서는 압력비와 공기유량이 정해진 관계하에 존재해야 한다. 이것은 흡입구 압축, 압축기효율, 연료흐름, 터빈효율 그리고 배기노즐흐름이 모두 설계된 운용기준치(designed operation parameters) 내에 있을 때 가능하다. 그렇지 않으면 압축기 실속이나 서지가 일어나게 된다.

(5) 실속이나 서지한계그래프(Stall or Surge Margin Graph)

압축기의 실속현상을 설명하는 또 다른 방법은 실속이나 서지마진곡선을 이용하는 것이다. 실속은 국부적인 조건으로 정의되는 반면, 서지는 압축기 전체에서 일어난다. 모든 압축기는 특정한 압력비(C_r)나 압축기 속도(rpm) 그리고 유량(m_s)에 대해 최고의 작동점을 가지는데, 흔히 설계점이라 한다.

실속-서지 라인은 그래프상의 연속되는 점이며 압축기의 개발단계에서 만들어진다. 이 라인은 압축기의 정해진 rpm에서 최고압력비(C_r)와 유량(m)을 나타낸다. 세 요소가 비례적으로 맞게 될 때 엔진은 정상작동라인에서 작동한다. 이 라인은 서지-실속 라인보다 충분히 아래에 있어서 대기 중에서 일어나는 항공기의 비행고도변화 그리고 가속과 감속시 엔진의 연료사용에 대해 여유가 있게 된다. 만일 어떤 이유에서든지 C_r이 증가하거나 감소하면, 설계점은 위나 아래로 움직일 것이고 rpm과는 맞지 않게 된다. 만일 m_s가 증가하거나 감소하면 설계점은 왼쪽이나 오른쪽으로 이동하여 rpm과 대칭을 이루지 못한다.

그림 3-43에서 정상작동라인은 라인의 길이를 따라 다양한 압축비, 엔진 속도, 공기유량에서 서지나 실속 없이 엔진이 작동되는 라인이고, 서지나 실속지역보다 훨씬 아래에 있다. 설계점은 엔진이 가장 사용기간이 긴, 즉 순항속도에서 작동되는 이 라인상의 한 점이다.

그림에서 보듯이 주어진 압축기 속도(rpm)에서 압력비의 범위는 엔진이 정상작동라인 위와 실속한계 사이에서 만족할만하게 작동되는 범위에 있다(정상작동라인과 실속라인 사이의 공간).

공기유량에 대해서도 마찬가지이다. 주어진 rpm에서 엔진이 정상작동라인 위와 실속한계 사이에서 만족스럽게 작동하는 공기유량의 범위가 존재한다.

예를 들어 압축기 테이퍼 설계에 관한 절에서 언급되었듯이 설계압력비가 작동 rpm에서 12 : 1이라고 한다면 그림 3-44처럼 rpm과 압축비는 실속도표(stall map)의 A지점에서 모두 만난다. 이것은 순항 rpm에서 엔진이 작동할 때 필요한 압축비와 공기유량이다.

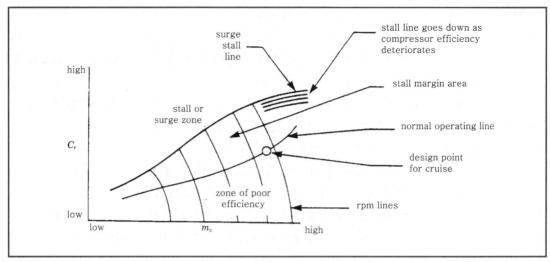

[그림 3-43] Stall margin graph

만일 항공기가 높은 고도에서 난류기상상태에 있고 압축기가 오염된 상태에 있으며 최고효율보다 낮게 작동 중이라면 압축비가 10 : 1인 점 B로 떨어지고 공기유량을 점 C로 감소시켜 서지실속(surge-stall)지역으로 들어가게 된다. 주의할 점은 정상실속라인이 오염된 압축기로 인해 약간 낮아진다는 것이다.

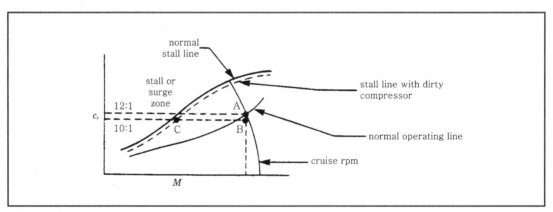

[그림 3-44] Stall map

여기서 압축기와 연소기의 불일치가 문제가 되는데 이는 파워레버를 아직 움직이지 않았으므로 연료의 흐름은 여전히 높고 연소기 압력이 압축기의 방출압력보다 크기 때문이다. 이것은 받음각의 문제를 일으키고 압축과정에 해를 끼친다.

작동자는 빨리 파워를 줄여 C_r과 m_s가 다시 rpm과 균형을 이루게 해야 한다. 실속에서 회복된 후에 작동자는 조심스럽게 엔진을 가속시키고 실속-서지(stall-surge)문제를 일으키는 불리한 날씨는 피하도록 해야 한다.

실속곡선과 엔진성능에 대한 중요한 요소는 압력비의 감소가 공기유량의 감소를 가져온다는 것이다. 그러나 공기유량은 그 외에도 여러 가지 요인에 의해 떨어지고 엔진을 실속라인으로 가게 한다. 엔진을 정상작동라인의 우측 끝에서 작동시키고 있을 때 조종사가 rpm의 변화를 주지 않고 기수를 아래로 향하게 하는 경우를 생각해 보면 증가하는 유량에 대한 압력비의 증가는 쉽게 작동점을 실속라인 위로 움직이게 할 것이다.

비행 중 연료조절은 C_r, m_s 그리고 rpm을 감지하여 어떤 환경하에서도 미세한 조종(fine adjustment)을 계속한다. 그러나 만일 연료조절장치계통의 한계를 넘어서게 되면 작동자는 파워레버로 거친 조정(coarse adjustment)을 하여 대응해야 할 것이다. 연료계통은 뒷장에서 좀 더 자세하게 논의될 것이다.

(6) 압축기 설계와 압축기 실속의 진보

최근, 압축기 설계자는 컴퓨터 도표(mapping)의 도움으로 압축기를 통과하는 공기흐름의 유동장, 점성이 변화하는 주요지역, 충격파형성, 흐름분리, 난류 등에 관한 연구에 상당한 발전을 이루었다.

① 블레이드

최근 새롭게 설계된 팬블레이드는 터빈엔진 압축기 블레이드의 전통적인 에어포일모양을 근본적으로 변화시켰다. 새로운 블레이드에서는 앞전과 뒷전의 일부 지점, 또는 전체에 걸쳐 불규칙한 파장을 가지고 있다. 이러한 새로운 공력 설계는 블레이드 길이를 따라 각 블레이드 스테이션(station)에서 분명한 실속한계를 제공하며 정상작동선을 서지-실속(surge-stall) 라인쪽으로 이동시킨다. 그 결과 압축기는 주어진 회전수에 대해 보다 높은 압력비를 갖지만 실속 없는 상태로 남아있다.

간단한 축류압축기는 아음속축류흐름만 통과시켜서 에어포일시스템 전체에 걸쳐 아음속흐름만 허용한다.

새로운 재질과 설계로 인해 고아음속축류흐름과 천음속축류흐름에 대한 진보된 압축기 설계가 가능하게 되었다. 즉, 블레이드의 일부분에 대한 흐름, 특히 블레이드팁(tip) 부근에서 음속속도를 초과할 수 있게 된 것이다.

천음속은 압축기 속도를 증가시킴으로써 얻을 수 있는데, 이것이 높은 축류흐름속도를 발생시킨다. 공기유량은 흐름면적에 축류속도를 곱한 것과 같기 때문에, 속도가 높을 경우 엔진 직경을 늘리지 않고도 공기유량을 증가시킬 수 있다.

천음속블레이드는 보다 높은 진입공기속도를 수용할 수 있도록 설계되었기 때문에 많은 엔진에서 흡입구 안내익이 필요 없다는 장점이 있다.

이 장의 앞에서 설명한 압축기 단 사이의 공기흐름은 에어포일상의 속도와 축류흐름속도 모두 아음속인 간단한 압축기 설계에 기초를 둔 것이다. 실제로, 현재의 진보된 압축기는 거의 마하 1.3까지 올라가는 초음속블레이드팁 흐름을 얻을 수 있다. 이러한 조건으로 인해 축류공기흐름은 이전보다 훨씬 더 음속에 가깝게 가스통로를 지나갈 수

있다.[그림 3-45 참조]

고성능압축기에서 얻을 수 있는 압력비는 단당 1.35 : 1 정도인데, 이것은 초음속확산에 의해 가능하다. 높은 가로세로비의 얇은 현대 에어포일모양은 진보된 야금학, 새로운 제조과정, 압축기 공기역학의 보다 높은 기술상태로 인해 가능하다.

이런 발달이 에어포일면에 초음속흐름을 가능하게 했으며, 이때 해로운 충격실속이 발생하지 않고, 최대압력을 할 수 있게 층류공기흐름이 표면에서 유지되도록 한다.

초음속에어포일에 관한 예나 수학적인 설명은 이 책의 범위에는 벗어나지만, 압축기 공기역학을 다루는 책에서 찾아볼 수 있다.

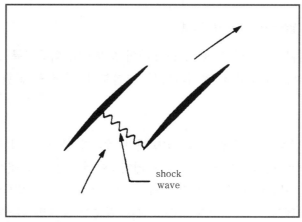

[그림 3-45] Transonic compressor blades

② 케이스와 팁간격 조절

최근 엔진에서 볼 수 있는 또 다른 압축의 향상된 설계는 "Active clearance control"이라 불리는 것이다. 이 시스템에서는 냉각공기를 엔진 외부의 튜브(tube)로 보낸다. 이 냉각작용은 외부압축기 케이스를 줄어들게 해서 케이스와 압축기 블레이드팁 사이의 원하는 간격을 맞춰준다. Active clearance control 시스템은 다양한 출력맞춤에서 최적압력비를 제공하는 데 필요한 공기량을 조정한다. 이 방법으로 엔진효율을 높이고 연료소모를 줄일 수 있다.

최근 Pratt & Whitney사는 Active clearance control의 하나로 Thermatic compressor rotor라는 또 다른 방법을 개발하고 있으며 이 로터는 열역학적으로 조절된다. 즉, 내부로부터의 열이 로터를 팽창시키며 이 팽창으로 인해 압축기 블레이드와 외부케이스 사이의 간격이 좁아진다. 이 간격조절방법은 외부케이스 수축방법에 비해 장점을 가지고 있는데, 그것은 이 방법이 더 많은 부분에서 간격조절을 할 수 있다는 것이다. 그 이유는 외부튜브를 사용할 경우 다른 많은 엔진시스템이 엔진 외부에 위치해 있어 설치에 제한을 받기 때문이다.

③ 혼합유동압축기

또 다른 첨단설계기술은 혼합유동(mixed-flow)압축기에서 볼 수 있으며 이것은 공기를 압축시키는 데 원심유동과 축류유동을 혼합한 것이다.

현재 혼합유동 설계는 1950년대에 시작된 혼합유동압축기의 진보된 결과이다. 초기에는 저효율성 때문에 생산이 중단되었고 이 압축기는 현재 엔진에 사용되고 있지는 않지만, 고압유동기술의 진보로 인해 소형 엔진에서 원심압축기가 재사용되고 있으므로 조만간 혼합유동압축기도 재사용될 것이다.

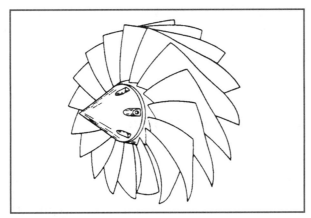

[그림 3-46] Mixed flow compressor

Section 04 — 압축기-디퓨저부

압축기와 연소기 사이의 엔진 부분은 압축기-디퓨저로 알려져 있는데 이유는 이 부분이 압축기로부터 오는 공기가 확산되는 부가적인 공간을 제공하기 때문이다. 이것은 확산형 덕트이고 흔히 압축케이스에 볼트로 연결되어 있는 분리된 부분이다. 이 디퓨저는 가스터빈엔진에서 최고의 압력을 내는 지점으로 알려져 있다.

최고압력을 내는 지점에서 전압(P_t)과 정압(P_s)에 관한 설명이 필요하다.

예를 들어, 디퓨저 입구에서 전압(P_t)이 200psia라면, 디퓨저 출구에서도 P_t는 200psia이다. 그러나, 공기가 디퓨저 입구에서 출구로 이동할 때 확산이 일어나므로 P_s는 증가한다.

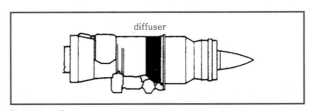

[그림 3-47] Location of compressor diffuser section

정압(절대압이나 계기압으로 측정)은 디퓨저 출구에서 더 높아지며 이 지점이 엔진에서 압력(P_s)이 최고인 곳이다.

공기흐름(M)이 0.5(엔진 전체 평균치)일 때 P_t/P_s 식을 이용하여 디퓨저 입구에서 P_s를 계산하면, 대략 169psia이다. 이때 나머지 31psia는 램압력을 형성한다. 디퓨저 출구에서 공기흐름(M)이 0.35(또 다른 평균치)로 떨어진다면, P_s는 대략 184psia이고 나머지 16psia는 램압력으로 나타난다. 여기서 분명한 것은 유량이 변하지 않는다면, 전압(P_t) 200psia는 변하지 않고, 정압과 램압력이 변한다는 것이다.

연소기 입구에서는 낮은 속도가 바람직하지만, 마하수가 확산덕트에서 너무 떨어졌을 경우 공기흐름이 벽에서 분리되어 난류를 일으키기 때문에 심각한 공력문제에 직면한다. 그러므로 마하 0.35가 평균하한치(mean low limit)이다.

Section 05 — 연소부(Combustion Section)

1 개요

연소부 혹은 버너(burner)는 기본적으로 외부케이스, 내부구멍이 있는 라이너(liner), 연료분사계통 그리고 시동점화계통으로 구성되어 있다. 이 부분의 기능은 가스흐름에 열에너지를 가해 공기를 팽창, 가속시켜 터빈부까지 보내는 것이다.[그림 3-48 참조]

연소에 대해 생각하는 하나의 방법은 연료의 열이 전해져 가스의 부피가 팽창될 때 흐름의 면적이 고정되어 있으면 가스의 흐름은 가속하게 되는 것이다.

좀 더 설명하자면 팽창과 가속은 점화온도까지 가열된 산소분자들과 연료분자들의 상호작용 결과로 연소가 이루어져 얻게 되는 것이다. 대형 터빈엔진의 경우 큰 연료흐름과 공기흐름이 있기 때문에 이들의 연소가 시간당 $3\sim4\times10^6$Btu의 열에너지를 발생시킨다.

가장 흔한 연소실 형태는 "직통흐름(through-flow)"이나 "직선관통(straight-through)"의 형태로서 연소기로 압축공기가 들어와 즉시 점화되어 곧장 터빈부로 보내지는 것이다.

멀티플캔(multiple-can), 애뉼러, 캔애뉼러(can-anular)연소실은 일반적으로 직통흐름형이다.

다른 한 형태는 "역류(reverse flow)" 애뉼러연소실이다. 이것은 압축기로부터 공기흐름이 연소실 뒷부분의 화염영역(flame zone)으로 들어가 S자로 휘어(S-turn) 터빈부로 나가게 된다. 이와 같은 연소기형식의 설명은 다음 절에서 다루게 된다.

현재 사용되는 연소실의 종류는 다음과 같다.

    ① 멀티플캔(multiple-can)

    ② 캔애뉼러(can-annular)

    ③ 애뉼러 직선흐름(annular-through flow)

    ④ 애뉼러 역류흐름(annular-reverse flow)

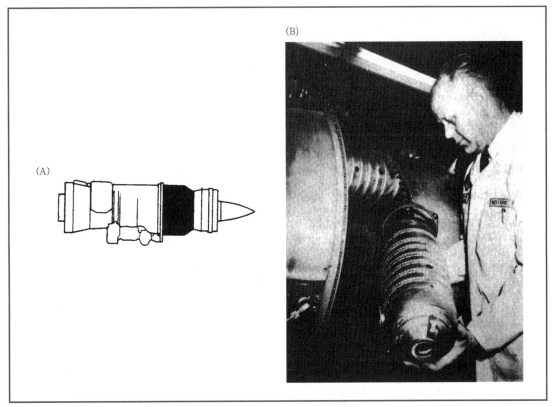

[그림 3-48A] Location of combustor
[그림 3-48B] Removal of through-flow, can-annular liner, from Pratt & Whitney JT&D turbofan

효율적인 연소실의 작동을 위해서는 적절한 공기와 연료의 혼합이 이루어져야 한다. 또한 연소된 뜨거운 공기가 터빈부 구성품들이 견딜 수 있는 온도를 넘지 않도록 냉각도 시켜줘야 한다. 이렇게 하기 위해서는 연소기를 통과하는 공기를 1차(primary) 공기와 2차(secondary) 공기통로로 나누어야 한다. 약 25~35%의 1차 공기는 연소를 위해 연료노즐을 지나도록 되어 있다. 1차 공기흐름의 약 반 정도는 연료노즐 구멍 부근에 있는 연소라이너(combustion liner) 내의 스월베인(swirl vane)을 축방향으로 통과한다. 나머지 1차 공기는 라이너의 처음 1/3 부분에 있는 작은 구멍을 통과해서 반경방향으로 흐르게 되며 축류와 반경방향 공기흐름 모두 연소에 사용된다.

전공기의 나머지 65~75% 중 약 절반 정도의 2차 공기흐름은 불꽃을 중앙으로 모으고 라이너의 안쪽과 바깥쪽에 찬 공기를 형성시켜 불꽃이 직접 금속 표면에 닿지 못하도록 한다. 나머지 절반의 2차 공기흐름은 라이너의 뒷부분으로 들어가 뜨거운 혼합기와 섞여 터빈 부품의 수명을 연장시킬 수 있는 온도로 낮춘다.

최근에는 소위 연기 없는, 또는 축소된(smokeless or reduced smoke) 연소실을 개발하고 있다. 초기의 엔진은 불완전연소여서 연소가 안 된 연료가 테일파이프에서 탄화(carbonize)

되고 대기 중에 연기상태로 나가게 된다.

화염형태(flame pattern)를 짧게 해서 열의 강도를 증대시키고, 높은 작동온도까지 견딜 수 있는 새로운 소재를 사용함으로써 제작자는 거의 완벽하게 터빈엔진의 연기방출을 없앨 수 있게 되었다.

연소실 작동에서 흥미있는 것은 연료노즐 바로 앞의 화염지역에서의 공기의 속도이다. 연소실의 2차 공기흐름은 약 수백 ft/sec의 속도를 가지지만 1차 공기흐름은 반경방향과 감속된 축방향의 흐름을 만드는 스월베인(swirl vane)에 의해 느려져 거의 정체상태인 5~6ft/sec의 와류(vortex)형태의 흐름이 된다. 이는 화염지역에서 만들어진 공기와 연료가 혼합되는 데 필요한 시간을 제공한다.[그림 3-49, 51B 참조]

설계시 중요한 문제 중 하나는 소용돌이난류(vortex turbulence)를 만들어 혼합시간을 늘이고자 할 때, 연소실 압력은 떨어져 효율의 저하를 초래하게 된다는 것이다. 연료의 화염전파속도가 느리고 1차 공기흐름이 너무 빠르면 불꽃을 엔진 밖으로 불어내는 꼴이 되어 "연소정지(flame out)"를 일으키게 된다.

연소과정은 연소실 라이너의 처음 1/3 영역에서 완료된다. 나머지 2/3의 연소실에서는 연소된 가스와 연소되지 않은 가스가 혼합되어 터빈노즐에서 고른 열의 분산을 이룬다.

연소정지는 최근 엔진에서 흔하지 않지만 아직 발생한다. 난기류(turbulent weather), 고 고도, 기동(maneuver) 중의 느린 가속, 그리고 높은 속도의 기동비행은 연소실의 연소정지를 일으키는 네 가지 전형적인 요소들이다.

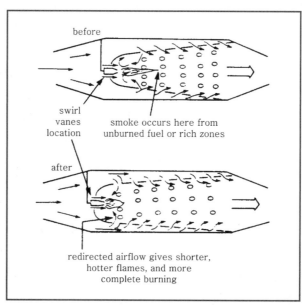

[그림 3-49] Development of reduced smoke combustors

① 희박 연소정지(flame out : lean) : 이런 현상은 보통 고 고도에서 저 rpm으로 동작하

여 연료압력이 낮을 때 일어난다. 정상적인 공기유량을 흡입하더라도 공기와 연료의 혼합이 희박하여 불꽃이 꺼져(blown out)버리기 때문이다.

② **농후 연소정지(flame out : rich)** : 이것은 너무 급작스러운 엔진 가속으로 지나치게 연료가 농후한 혼합기가 생길 때 일어난다. 이로 인해 연소압력이 상승하여 압축기의 공기흐름을 정체상태가 되게 한다. 이러한 순간적인 공기흐름의 단절이 불꽃을 꺼지게 한다. 공기흡입구의 난류상태나 격렬한 기동비행도 실속(stall)을 일으켜 압축부 흐름의 정체상태와 연소중단을 일으킬 수 있다.

③ **연소실 불안정** : 연소중단이 일어날 수 있는 비행상태를 쉽게 추정할 수는 있지만 때때로 연소실 내에서 작은 가스압력의 동요가 있을 때는 예측하기가 어렵다. 이런 작은 압력변화를 내버려두면 더욱 더 큰 연소실의 불안정을 초래하므로 조종사가 비행상태나 엔진조종을 적절히 조절해 줄 필요가 있다.

정확한 연소실 내의 공기흐름속도는 압축비, 질유량(mass flow), 엔진회전속도의 올바른 조화에 의해 결정된다.

그림 3-50은 이상적인 공기·연료 혼합비(stoichiometric mixture)에서 최고속도를 이루는 것을 보여준다. 혼합비가 희박하거나 농후하게 되면 속도도 낮아지게 된다.

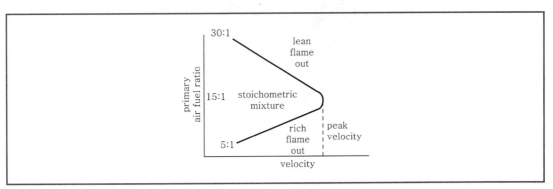

[그림 3-50] Range of burnable fuel-air ratios vs. combusotr gas velocity

④ **효율** : 연소실은 99~100%의 효율을 갖는다. 이것은 다시 말해서 연료가 갖고 있는 열에너지의 99~100%를 뽑아낸다는 것이다.

연소실의 설계는 종종 "블랙아트(black art)"라고 한다. 이는 같은 엔진에 장착해도 어떤 것은 잘 맞아 성능이 좋고 어떤 유형은 안 맞는지 그 이유를 잘 모르기 때문이다. 좋은 성능의 연소실 개발이 엔진 연구의 대부분을 차지한 것은, Whittle의 시절이나 지금이나 마찬가지이다.

제작자들은 자신의 기술적인 기초를 바탕으로 새 엔진을 만들어 나간다. 이 때문에 다음 새로운 엔진에서도 비슷한 연소실 설계를 볼 수 있다. 항공기용 엔진에서 이미 성능이 입증된 여러 형식의 연소실들은 다음과 같다.

2 캔형 연소실(Multiple-Can Combustor)

이 연소실은 구형으로 요즘 잘 쓰지 않는다. 이것은 여러 개의 외부하우징(housing)과 각각의 구멍이 있는 라이너로 구성되어 있다. 각 캔들은 독립된 연소실로서 터빈노즐 입구로 혼합기를 방출되도록 되어있다. 각각의 연소실은 작은 화염전파관(flame propagation)으로 연결되어 있어서 두 개의 연소실에서 점화플러그에 의해 점화가 시작되면 나머지 캔들은 화염의 전파로 연소가 이뤄지게 된다.

그림 3-51의 롤스로이스 다트(The Rolls Royce Dart)엔진은 그 좋은 예가 된다. 여기서 연소실들은 작은 각도를 이루며 장착되어 전체 엔진길이를 줄일 수 있게 되어있다. 전 단면의 그림은 캔형식(can type) 연소실의 여러 구성품들을 보여준다.

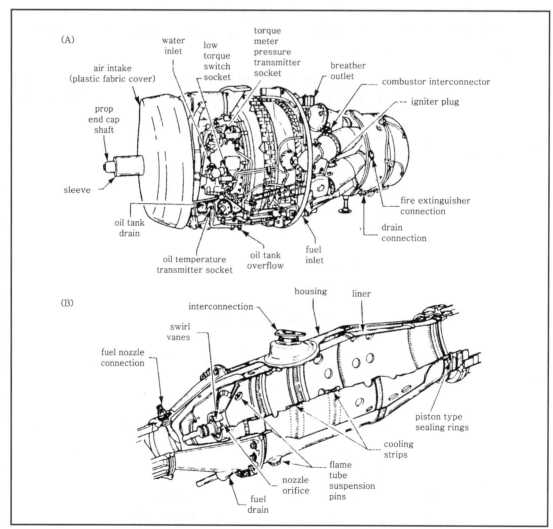

[그림 3-51A] Rolls-Royce Dart turboprop engine with multiple-can combustor
[그림 3-51B] Combustion can and its liner

3 캔-애뉼러형 연소실(Can-Annular Combuster)

캔-애뉼러형 연소실은 Pratt & Whitney 엔진을 사용하는 상업용 항공기에서 자주 볼 수 있다. 이 설계는 엔진 중심을 축으로 하여 반경방향에 달려있는 여러 개의 라이너(liner)를 포함하는 외부케이스로 구성되어 있다. 이 라이너들은 전방에서 공기를 흡입하여 뒤로 방출 한다. 화염전파관이 라이너들을 연결하고 아래쪽 캔에 두 개의 점화플러그가 있다.

그림 3-52에서 여덟개의 라이너가 사용된 것을 볼 수 있다. 각 라이너들은 앞쪽에 라이너 를 지지하는 연료노즐 뭉치를 가지고 있고 뒤쪽에는 배기덕트(outlet duct)라 불리는 여덟개 의 구멍으로 지지되고 있다. 이 연소실의 장점은 엔진의 날개에 장착된 상태(on-the-wing) 에서 정비를 할 수 있게 설계되었다는 점이다. 외부케이스는 라이너를 검사하기 쉽게 뒤로 미끄러져 열리게 되어있다.

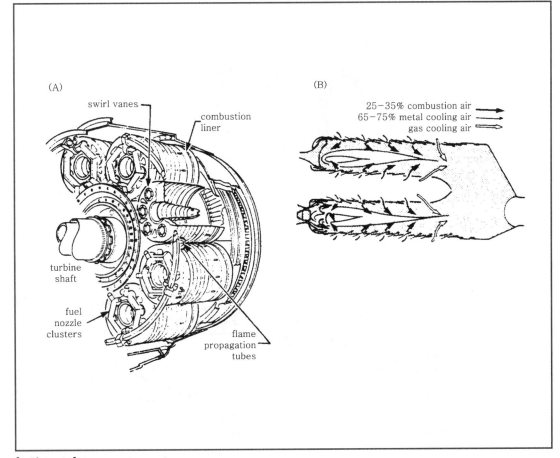

[그림 3-52A] Can-annular combustor
[그림 3-52B] Liner showing primary and secondary airflow

4 애뉼러형 연소실(Annular Combuster)

애뉼러형 연소실은 앞에서 공기를 받고 뒤쪽으로 방출한다. 이것은 단 하나의 라이너를 포함하는 외부하우징으로 구성된다.

구멍들이 뚫린 라이너는 종종 바스켓(basket)이라고도 한다. 여러 개의 연료분사노즐이 바스켓 안쪽으로 들어가 있다.

다른 연소실과 마찬가지로 1차 공기와 2차 공기가 연소와 냉각을 위해 공급된다.

애뉼러형 연소실은 현재 거의 모든 크기의 엔진에서 사용되며 중량당 열효율이나 다른 형식보다 짧은 길이 등의 관점에서 볼 때 가장 효율적이라 할 수 있다. 또한 다른 것에 비해 더 적은 표면적을 가져 그만큼 냉각공기를 덜 쓰게 된다.

이 모양은 디퓨저(diffuser)와 터빈부 사이의 공간을 가장 잘 이용할 수 있도록 한다. 특히 대형 엔진에서는 다른 형식에 비해 같은 공기유량당 훨씬 적은 무게로 만들 수 있다.

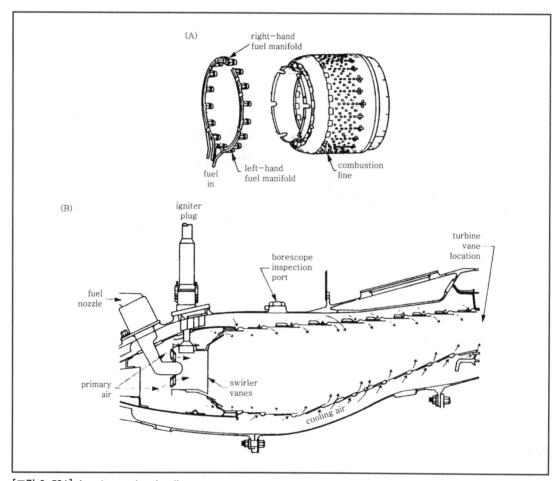

[그림 3-53A] Annular combustion liner
[그림 3-53B] Cross-section of annual liner, General Electric CF6 turbofan engine

5 애뉼러역류형 연소실(Annular Reverse-Flow Combuster)

이 형식의 연소실은 Pratt & Whitney사의 JT-15D 터보팬엔진, PT-6 터보프롭엔진, Avco Lycoming사의 T-53/55 엔진 그리고 소형 항공기에 장착된 여러 작은 유량의 엔진 등에서 흔히 볼 수 있다.

역류연소실은 직선흐름형 연소기들과 마찬가지의 기능을 갖고 있다. 다만 연소실을 지나는 공기흐름이 다르다. 즉, 공기가 연소실 전방으로 들어가는 것이 아니고 라이너 위를 지나 뒤로 들어가게 되고 연소가스흐름은 보통 공기흐름의 반대방향으로 진행하게 된다. 연소 후 가스흐름은 그 방향을 180° 바꾸는 디플렉터(deflector)를 지나 다시 정상방향으로 나가게 된다.

그림 3-54A에서 보면 터빈휠이 전술한 다른 것과는 다르게 연소실 지역 안쪽에 있다. 이런 배열은 엔진 길이를 짧게 하고 무게를 감소시키며 압축기에서 나오는 공기를 예열시킨다. 이런 두 가지 요인으로 가스가 연소시 회전함으로써 발생하는 효율의 손실을 보상할 수 있게 된다.

6 연소실의 새로운 설계

소형 엔진에서 점차 사용되고 있는 새로운 설계의 연소기를 예연소실(precombuster chamber)이라 부른다. 이것은 애뉼러형 연소실의 하나로 1차 공기의 일부가 예연소실로 먼저 들어가 연료와 혼합되어 점화된 후 가스는 주연소실(main chamber)로 들어가서 2차 연료노즐과 1차 공기의 나머지와 만나게 된다.

이 연소실 제작자들은 복잡한 이 연소실이 추운 날씨에 손쉬운 시동, 낮은 배기오염가스방출 그리고 연소중단방지와 같은 강한 장점이 있다고 주장하고 있다. Water shield는 엔진이 물분사(water injection)상태로 가동될 때 일어나기 쉬운 연소중단을 막아준다.[그림 3-54 참조]

큰 두께의 금속으로 링들을 함께 용접하고 기계가공한 새로운 형태의 링라이너(ring liner)를 그림 3-54C에서 볼 수 있다. 이 새로운 기술로 만들어진 라이너는 그림 3-53과 같이 판금속을 압인하여 만든 라이너보다 훨씬 더 큰 기계적 강도를 갖는다.

7 연소실 배기물

가스터빈엔진은 높은 효율의 연소사이클을 가져 다른 산업용 연소엔진들에 비해 훨씬 적은 대기오염물을 생성한다. 연소기효율은 고출력 작동영역에서는 99% 이상이지만 저속(idle)상태에서는 약 95%로 떨어지게 된다. 뜨거운 배기가스에서 나오는 대부분의 배출물은 오염을 일으키지 않으며 산소 15%, 불활성 기체와 수증기 82%, 이산화탄소 4%로 구성되어 있다.

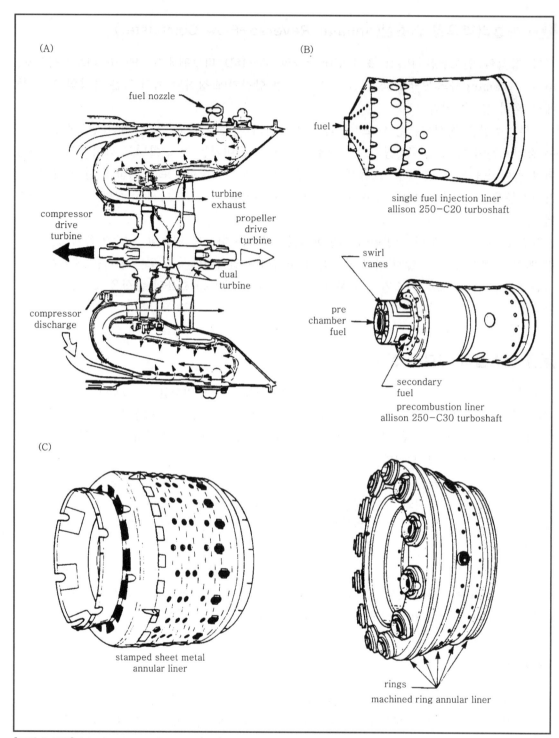

(A)

fuel nozzle

turbine exhaust

compressor drive turbine

propeller drive turbine

dual turbine

compressor discharge

(B)

fuel

single fuel injection liner
allison 250−C20 turboshaft

swirl vanes

pre chamber fuel

secondary fuel

precombustion liner
allison 250−C30 turboshaft

(C)

stamped sheet metal
annular liner

rings

machined ring annular liner

[그림 3−54A] Annular reverse flow combustor
[그림 3−54B] Comparison of single and dual fuel injection liners
[그림 3−54C] Comparison of early and combustion liner for General Electric T−700 turboshaft engine

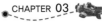

실제 오염성분은 무게비로 따져 최대출력에서 0.04%, 저속상태에서 0.13%의 비율을 가진다. 환경보호기관(EPA)에서 오염물로 지정한 가스터빈엔진 배출물들은 다음과 같다.

① 매연(smoke, 탄소입자 ; carbon particles)

② 연료의 불연소 탄화수소(HC)

③ 일산화탄소(CO)

④ 질소산화물(NO_2)

오염물은 두 가지 방법으로 생기는데, 연소과정에서의 비효율성, 또는 높은 화염온도로 인하여 생긴다. 탄화수소와 일산화탄소는 주로 연소기의 비효율성에 의해, 그리고 질소산화물은 높은 화염온도에 의해 생기게 된다.

HC와 CO는 연료노즐에서의 연료의 무화(atomization of fuel)가 잘 안 되고 연소실 온도가 낮을 때 낮은 출력맞춤에서 연소기 라이너 벽 근처의 냉각공기가 완전연소를 방해하여 생기게 된다. NO_2는 양호한 출력과 경제적인 연료사용을 위한 고온상태에서의 연료연소시 자연히 생기게 되는 부산물이다.

앞부분에서 언급한 '매연이 감소된' 연소실 라이너는 HC, CO와 매연이 줄도록 설계되었지만 짧고 더 높은 온도의 화염에 의해 NO_2 배출물은 약간 증가하게 된다. 이런 예들에서 오염방지와 경제적 운행의 조건들이 서로 절충되어야 한다는 것을 알 수 있다.

모든 가스터빈엔진들은 EPA에서 기준치에 적합한지 여부를 시험한다. 따라서 엔진 제작사에서는 출력향상과 연료소모감소를 위한 노력을 하는 동시에 현 EPA 기준에 맞도록 설계하고 있다.

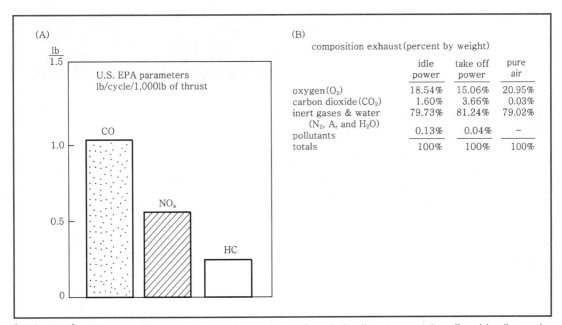

[그림 3-55A] Engine emissions limits for turbofan engines : Pound of pollutants, per take-off and landing cycle, per pound of rated thrust

[그림 3-55B] Typical composition of aircraft gas turbine engine emissions

Section 06 → 터빈부(Turbine Section)

1 터빈 로터와 스테이터(Turbine Rotor and Stator)

(1) 기계적인 일과 터빈(Mechanical Work and Turbine)

터빈부는 연소기와 연결되어 있고 터빈휠(turbine wheel)과 터빈 스테이터를 포함하고 있다. 터빈은 배기가스의 운동에너지와 열에너지의 일부를 기계적 일로 바꾸는 기능을 해서 압축기와 기타 부품들을 구동하게 된다[그림 3-56 참조].

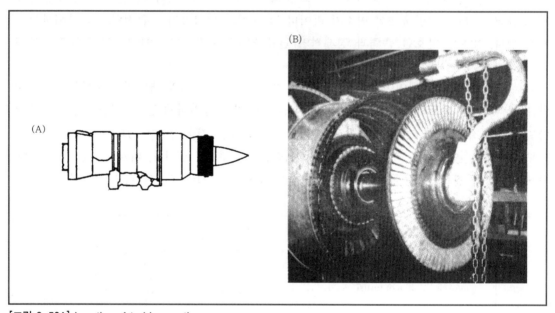

[그림 3-56A] Location of turbine section
[그림 3-56B] Horizontal removal of turbine wheel-Pratt & Whitney JT8D Turbofan engine

압축기가 공기에 에너지를 가해 그 압력을 올린다는 것을 떠올리면 터빈은 가스흐름의 압력을 감소시켜 에너지를 추출한다는 것을 알 수 있다. 이것은 터빈 스테이터 베인(vane)과 로터 블레이드 후면에 형성된 노즐에서 압력이 속도로 전환되어 일어난다. 이 속도는 축방향보다 원주방향으로 전환되어 축방향으로는 느려져 반동력을 감소시키지만 로터의 축출력을 높이게 된다.

공기흐름의 질량은 에너지의 전환시 바뀌지는 않지만 그 속도가 느려져 축출력이 증가함에 따라 공기흐름이 가진 에너지는 점점 잃게 된다. 다시 말해서 공기유량의 운동에너지손실분이 원주방향 속도이고 이 개념으로부터 어떻게 터빈이 가스흐름에서 에너지를 얻어내는지 알수 있다[그림 3-57 참조].

[그림 3-57] Removal of Turbine stator essembly, Pratt & Whitney JT8D turbofan engine

터보팬이나 터보제트엔진과 비교해 터보프롭과 터보축엔진은 터빈이 필요한 동력을 뽑아 낸 후에 테일파이프에서의 반동추력은 아주 적다.

이것은 다음의 방법에 의해 행해진다.

① 축방향의 흐름을 원주방향으로 아주 크게 바꾼다.

② 베인 사이의 공간을 촘촘히 해서 압력을 속도로 바꾸는 에너지전환을 더 많게 한다.

③ 베인이나 블레이드 개수를 늘린다.

④ 터빈의 단(stage)수를 늘린다.

가장 효율적인 터빈은 최소의 연료소모로 최대의 일을 얻어내는 것이다. 이는 터빈이 설계 점의 온도와 회전수에서 작동할수록 가능해진다. 또한 이때 압축기도 설계점의 압축비와 질 유량상태에서 작동해야 한다.

항공기 엔진에서 볼 수 있는 터빈 로터는 거의 모두 축방향 흐름형식(axial flow type)이 다. 연소실에서 생긴 배기가스는 터빈의 베인과 블레이드에서 순간순간 방향을 바꾸며 진행 하고 결국 축방향으로 터빈 끝을 나오게 된다.

앞에서 언급한 바와 같이 터빈은 연소실에서 만들어진 에너지의 대부분을 흡수한다. 그리 고 이 부분은 엔진에서 가장 높은 응력을 받는 구성품이다. 터빈 블레이드에 생기는 응력은 30,000psi이거나 그보다 크다. 또한 단조로 만들어진 디스크(disk)도 엄청난 G-force를 받 는다.

터빈 디스크와 블레이드는 때때로 버킷(buckets)이라 불리며 보통 니켈이 첨가된 슈퍼합금(super alloys)으로 만든다. 이 합금의 특성은 열과 부식에 강하고 팽창계수가 적다는 것이다. 회전하는 블레이드에 걸리는 G-force의 수학적 설명은 다음과 같다.

$$\text{원심력} = m \cdot A$$

$$\text{원심력} = \frac{W \times T_s^{\,2}(\text{ft}^2/\text{sec}^2)}{g \times r}$$

$$\text{G-force} = \frac{\text{원심력}}{\text{무게}}$$

여기서, m : 질량(무게/중력가속도, g)
　　　A : 원심가속도(V^2/r)
　　　r : 회전체의 반경
　　　W : 무게

● 예제

한 터빈 블레이드의 무게중심(CG)점에서 그 반대편 블레이드의 CG점까지의 거리 즉, 지름이 2.0ft이고 여기서 반경 r은 1.0ft가 된다. 블레이드의 무게는 0.2lb이고 rpm은 9,980이다. 이때 각 블레이드마다 걸리는 G-force는 얼마인가?

[풀이] $T_s = \pi \times D \times \text{rpm} \div 60 = 3.1416 \times 2.0 \times 9,980 \div 60 = 1,045\text{fps}$

$$C(\text{force}) = \frac{0.2\text{lb} \times (1,092,025\,\text{ft}^2/\text{sec}^2)}{32.16\,\text{ft}/\text{sec}^2 \times 1.0\,\text{ft}}$$

$$= \frac{218,405}{32.16}\text{lb}$$

$$= 6,791\text{lb}$$

실제 회전 중인 블레이드 중량은 6,791lb가 되고 G-force로 나타내면 다음과 같다.

블레이드 G-force = C(force)/무게 = 6,791/0.2 = 33,956

즉, 블레이드는 자체 무게의 33,956배의 힘을 받게 된다.

(2) 터빈 스테이터의 기능

압축부와 마찬가지로 터빈부도 여러 개의 블레이드와 베인을 갖고 있다. 압축기와 다른 점은 스테이터 베인이 블레이드 앞에 위치한다는 것이다. 압축기의 스테이터 베인은 디퓨저(diffuser)역할을 하며 속도를 줄이고 압력을 상승시키는 반면, 터빈 스테이터 베인은 노즐로서 작동해 속도를 증가시키고 압력을 감소시킨다.

터빈 노즐 구성품들은 터빈 노즐, 노즐 다이어프램(nozzle diaphragm) 또는 터빈 노즐 가이드 베인 어셈블리(turbine nozzle guide vane assembly)로 이루어져 있다.[그림 3-58 참조]

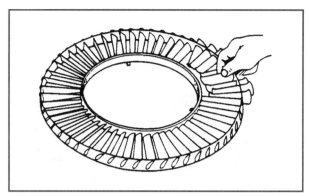

[그림 3-58] Assembly of turbine nozzle

순항의 이륙출력범위에서 대부분의 터빈 노즐은 초크(choke)상태로 작동하게 된다. 이로써 터빈휠의 에너지수준은 정상작동영역 안에서 예측할 수 있게 된다. 가스의 속도는 엔진 뒤의 배압(back pressure)보다 국부음속에 관계된 온도에 더욱 영향을 받는다.

이는 초크상태의 터빈노즐에 자체 역압력이 형성되어 하류의 압력이 별 영향을 끼치지 못하기 때문이다. 노즐 전방의 압력수두보다 훨씬 작은 하류압력은 터빈휠로의 흐름을 일정하게 유지시킨다. 터빈 스테이터의 2차적 목적은 가스흐름의 방향이 터빈 블레이드에 알맞은 각도를 이루어 휠이 최대효율상태로 회전하도록 하는 것이다.

터빈 스테이터는 엔진 내에서 속도가 가장 빠른 곳으로 알려져 있다. 이 경우 속도는 축방향이라기보다는 원주방향 속도이다.

속도는 베인 사이의 공간단면적을 변화시키면서 조절할 수 있다. 베인의 배열은 엔진의 특성에 맞는 크기의 면적을 갖도록 하게 된다. 많은 경우 스테이터 어셈블리(stator assembly)는 특정 엔진의 요구조건에 맞도록 효율적인 흐름단면을 가진 다양한 베인을 써서 제작된다. 예를 들어 만일 오버홀 중 새로운 압축기가 장착되었다면 흐름의 제한요소가 있는 터빈 노즐의 배압으로 인해 질유량이 더 생성될 수도 있어 실속이 없도록 설계한 엔진에 부적당한 결과가 생긴다. 이 경우 노즐 단면적을 다시 크게 만들면 배압을 회복하고 실속문제를 해결할 수 있다.

(3) 슈라우드와 실(Shrouds and Seals)

그림 3-59의 슈라우드링(shroud ring)은 블레이드팁의 틈새에서 가스손실을 줄이기 위한 것이다. 블레이드팁에서 지나치게 공기가 새면 난류흐름을 만들어 팁 부근에서 블레이드효율을 저하시키게 된다. 또 누출된 공기는 엔진 일의 해야할 부분을 그냥 지나치는 공기흐름의 일부로 생각할 수 있다. 따라서 이것도 사실상 엔진의 효율손실을 가져온다.

공기 실(air seal)은 보통 회전하는 칼날(knife-edge)형태의 실이며 때로는 회전링(rotating ring)으로도 불린다. 이 실은 여러 개 얇은 판의 금속링으로 만들어져 실 댐(seal dam)을 형성하고 미터링 오리피스(metering orifice)처럼 작용해서 엔진의 내부로 들어가는 공기를 조

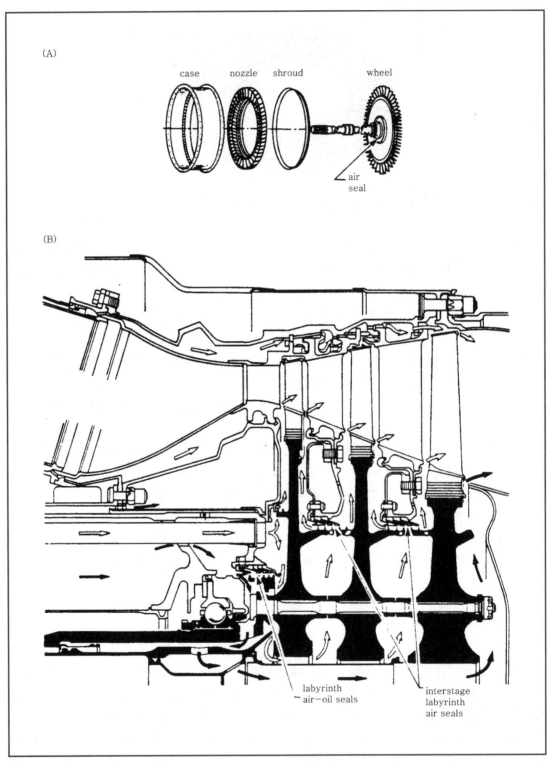

(A)

case   nozzle   shroud   wheel

air
seal

(B)

labyrinth
air-oil seals

interstage
labyrinth
air seals

[그림 3-59A] Turbine rotor assembly
[그림 3-59B] Turbine section airflow

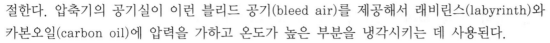

절한다. 압축기의 공기실이 이런 블리드 공기(bleed air)를 제공해서 래비린스(labyrinth)와 카본오일(carbon oil)에 압력을 가하고 온도가 높은 부분을 냉각시키는 데 사용된다.

냉각기능을 마친 공기는 그림 3-59B에서와 같이 다른 실을 통해 가스통로로 다시 들어간다.

(4) 반동도

축류터빈에는 1열의 노즐(nozzle)과 로터(rotor)의 조합을 단(stage)이라 부른다. 여기서, 단의 구성은 노즐이 앞에 위치하고 로터가 뒤에 위치한다. 단에서 이루어지는 팽창 중 로터가 담당하는 비율을 반동도라 부르고 ϕ_t로 나타내면 다음 식이 된다.

$$\phi_t = \frac{\text{로터에 의한 팽창}}{\text{단에서의 팽창}} \times 100$$
$$= \frac{\text{노즐 출구압력} - \text{로터 출구압력}}{\text{노즐 입구압력} - \text{로터 출구압력}} \times 100$$
$$= \frac{P_2 - P_3}{P_1 - P_3} \times 100(\%)$$

이 반동도의 크기에 따라 축류터빈은 반동터빈, 충동터빈 및 반동충동터빈(실용터빈)의 3가지 종류로 분류된다.

① 반동터빈(Reacton Turbine)

반동터빈은 노즐 및 로터의 양쪽에서 팽창, 압력감소가 이루어지는 터빈으로 노즐과 로터의 흐름통로 단면이 함께 수축형으로 되어있고 이 흐름통로를 통과하는 동안에 베르누이의 정리에 의해 압력에너지가 속도에너지로 변환된다. 다시 말해, 노즐 안에서의 팽창은 가스의 절대속도변화에 의해, 또 로터 안에서의 팽창은 가스의 상대속도변화에 의해서 얻어진다. 이 결과 노즐로부터의 유출가스충격력과 로터 안에서 팽창한 가스의 반동력이 터빈 로터를 회전시킨다.

② 충동터빈(Impulse Turbine)

충동터빈은 가스의 팽창이 전부 노즐 안에서 이루어지고 로터 안에서는 전혀 가스팽창이 이루어지지 않는 터빈으로 반동도가 0인 터빈이다. 구조적으로는 노즐의 흐름통로 단면이 수축형 노즐인 것에 비해 로터의 흐름통로 단면이 일정하게 되어있는 점이 충동터빈의 특징이다. 따라서 로터 입구와 출구에서 상대속도의 스칼라(scalar) 양 및 압력은 일정하다.

② 충동-반동 블레이드(Impulse-Reaction Blades)

터빈디스크는 충동-반동의 설계에 따라 복합적인 곡면을 가진 블레이드와 맞게끔 되어있다. 블레이드의 비틀림(twist)은 일하중을 분산시키기 위한 것이며 블레이드 길이를 따라 밑(base)에서부터 팁까지 출구 압력과 속도를 일정하게 유지시키는 데 이용된다. 이것은 각기다른 블레이드 스테이션에서 각각 다른 양의 운동에너지를 뽑아내는 것이다. 항공기 엔진에서는 보통 50%의 충동과 50%의 반동비율이 가장 효율적인 것으로 알려져 있다.

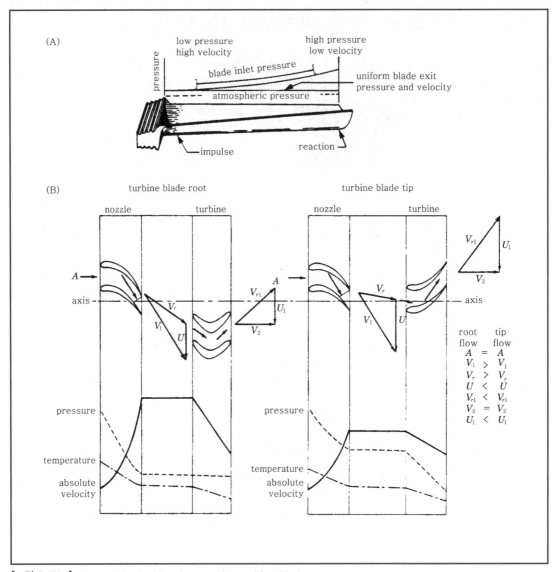

[그림 3-60A] The combination impulse-reaction turbine blade
[그림 3-60B] Vector analysis of turbine gas flow

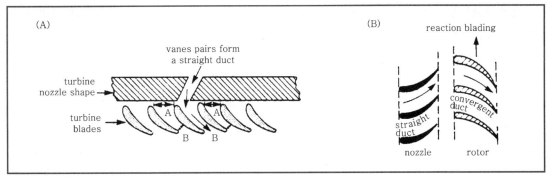

[그림 3-61A] Reaction turbine system(Newton's third law)
[그림 3-61B] Vane and blade flow areas at blade tip

그림 3-60의 블레이드 베이스에서 입구 압력이 가장 낮은 것을 알 수 있다. 이것은 터빈 스테이터 베인의 높은 출구 속도와 연관되어 일어난다. 한편, 팁에서의 압력이 가장 높은 것도 터빈 스테이터 출구 속도가 낮은 것에 기인한다. 이와 같이 각기 다른 입구 압력을 갖지만 블레이드 출구 압력과 속도의 합성은 블레이드 길이를 따라 밑(base)에서부터 팁까지 일정하게 된다.

그림 3-61에서 반동의 위치는 블레이드팁이다. 이 부분은 밑(base)부분보다 더 빨리 돌면서 가장 큰 토크를 발생시킨다. 그러므로 팁 부분은 가스흐름의 운동에너지를 최소로 흡수하도록 설계해야 한다.

이와 같은 블레이드 위치에서 스테이터의 직선덕트 설계는 압력을 상대적으로 높은 상태로 유지시켜 준다.

B부분의 두 블레이드에 의해 형성된 수축형 덕트(converging duct)는 가스를 가속시켜 팁 회전속도를 빠르게 하고 반작용으로 축방향 속도는 줄어드게 된다. 이 부분의 터빈 블레이드 덕트(duct)는 사실 회전하는 노즐이라 할 수 있으며 블레이드팁에서 터빈휠의 회전력은 가스의 축방향 가속에 반작용을 하게 된다.

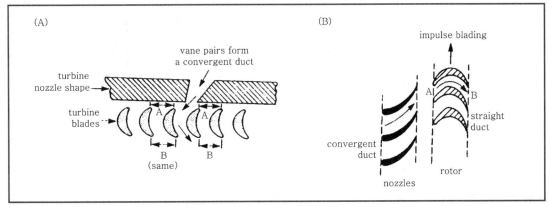

[그림 3-62A] Impulse turbine system(Newton's second law)
[그림 3-62B] Vane and blade flow area at blade base

　이것은 뉴턴의 제3법칙대로 작용-반작용의 상황이다. 팁 부분에서 실제 유용한 압력이 상대적으로 더 높은 것은 원하는 것보다 더 많은 공기유량을 밖으로 내보내려는 원심력에 저항하기 위한 2차적인 목적 때문이다.

　그림 3-62는 블레이드 베이스에서의 충동위치(impulse position)를 보여주고 있다. 베이스에서의 토크는 팁에 비해 상대적으로 작은 회전속도에 의해 가장 적게 발생된다. 베이스에서 적게 일을 하는 것은 그 곳에 유용한 많은 운동에너지를 공급함으로써 보상해 준다.

　일은 힘과 거리의 곱이라는 것을 생각하면 축까지의 거리가 짧은 블레이드의 베이스쪽에 더 많은 힘을 공급해야 한다는 것을 알 수 있을 것이다. 이렇게 함으로써 베이스에서도 팁과 같은 양의 일을 할 수 있게 된다.

　컵의 형태를 가진 베이스 부분은 수축형 스테이터 베인(convergent stator vane)에서 가장 많은 운동에너지를 받게 된다. 그리고 가스는 둥근 통로를 지나며 블레이드에 힘을 가하게 된다. 이런 힘의 불균형은 뉴턴의 제2법칙을 따른 것이다.

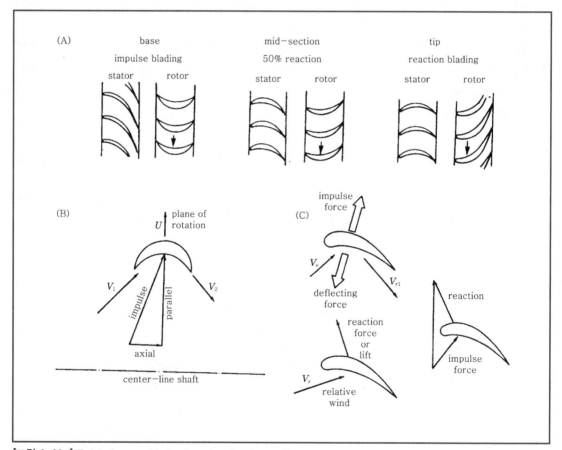

[그림 3-63A] Twist changes blades from impulse to reaction
[그림 3-63B] Forces exerted on an impulse blade
[그림 3-63C] Forces exerted on a reaction blade

블레이드의 베이스와 팁에 가해지는 힘을 비교하기 위해서는 블레이드 즉, 휠에 작용하기 위해 빠른 속도를 가지고 컵모양의 부분에 가해지는 가스를 고려해야 한다. 팁 부분에서는 블레이드에 가장 적합한 각으로 가스가 들어온다. 그러면 블레이드는 공기를 빠른 속도로 뿜어내면서 블레이드를 돌리도록 힘을 가하는 반동힘(reacting force)을 만들게 된다.[그림 3-63 참조]

터빈 블레이드 베이스에서 생기는 축방향 속도와 압력의 저하는 두 블레이드에 의해 생기는 직선덕트와 상대적으로 낮은 회전속도에 의해 최소화할 수 있다. 충동-반동의 복합설계 결과 일하중(work load)은 블레이드 전 길이를 통해 분산되었다고 할 수 있고 블레이드를 지나며 생기는 압력저하는 베이스에서 팁까지 일정하다.

3 축류터빈 구조(Axial Turbine Construction)

(1) 축(Shaft)

터빈의 구조는 그림 3-64와 같다. N_2 축은 후미쪽에서 터빈 디스크와 볼트로 연결되어 있다.

터빈축은 압축기와 연결되어야 하는데 축의 전방 끝을 스플라인(spline)으로 깎아 해결한다. 터빈축 스플라인은 커플링장치에 맞아야 되고 이 커플링장치는 터빈축 스플라인에 끼워 맞춘다.

N_2 압축기 역시 스플라인된 축이 있어서 정면 끝에서 커플링에 맞게 되어있다.

이 그림은 이중동축 터빈축(dual coaxial turbine shaft)의 배치를 보여주고 있는데, 긴 축은 기계적으로 후방저압터빈(N_1)과 전방 N_1압축기를 연결해 주고 짧은 축은 전방터빈과 후방압축기(N_2)를 연결하고 있다.

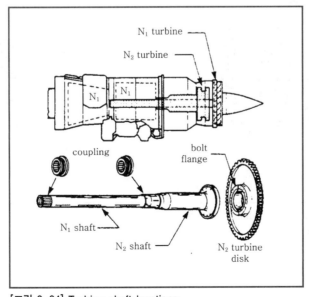

[그림 3-64] Turbine shaft locations

N$_2$ 터빈은 고압터빈(high pressure turbine)이라고도 하는데 이는 연소된 가장 높은 가스 압력을 받아 저압터빈(low pressure turbine)은 가스흐름이 이 터빈에 도달하기 전에 압력강하가 생기기 때문이다.

(2) 장착과 유지장치(Attachment and Retention Devices)

터빈 블레이드[혹은 버킷(bucket)]를 디스크에 장착하는 방법은 다양하다.

터빈이 맞게 되는 고열과 큰 원심하중의 조건에 맞는 방법으로 가장 통상적인 것은 "Fir tree"의 설계이다.[그림 3-65 참조]

터빈 블레이드는 다양한 방법으로 홈(groove)에 고정시킨다. 흔히 쓰이는 방법에는 리벳, 록탭(lock tab), 록와이어(lock wire), 롤핀(roll pin)이 사용된다.

(3) 슈라우드가 있는 팁과 칼날 실(Shrouded Tips and Knife-Edge Seals)

터빈 블레이드는 팁이 열려 있던지 인터로킹 슈라우드(interlocking shroud)가 있든지 둘 중의 어느 한 가지 방법이다.[그림 3-65, 66 참조]

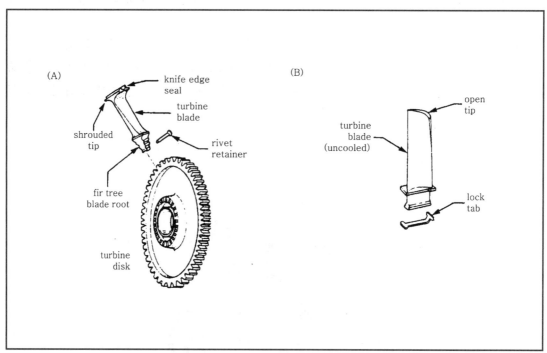

[그림 3-65A] Turbine disk and shrouded tip blade
[그림 3-65B] Open tip blade

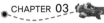

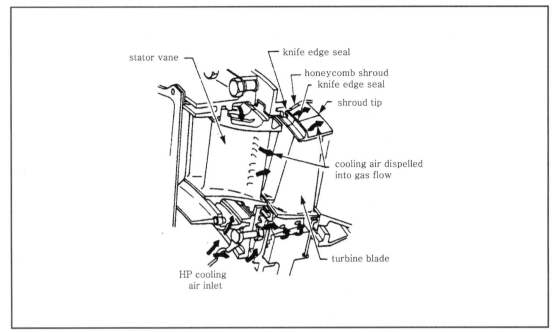

[그림 3-66] Shrouded air-cooled blade and air-cooled turbine stator vane

한 엔진에서 두 가지 유형을 보는 것은 흔한 일이며 이때 고속회전하는 휠에는 개방팁(open tip) 블레이드를, 저속회전 휠에는 슈라우드가 있는 팁의 블레이드를 사용한다. 회전력에서 생기는 팁하중(tip loading)은 터보팬엔진의 저압터빈과 같은 낮은 속도 위치에서 슈라우드 사용을 제한하게 한다. 터보축엔진의 저압터빈(LP turbine)은 터빈 블레이드로 모든 에너지를 흡수하도록 설계되어 테일파이프에 남아있는 에너지는 팁손실에 의한 것으로 엔진에서 소실된다.

팁 슈라우드는 몇 가지 기능을 통해 터빈휠의 효율을 높여준다. 가늘고 길게 경량 제작이 가능하며 팁에서의 공기손실과 과중한 가스하중에 의한 블레이드 뒤틀림 혹은 펴짐을 막아준다. 또, 진동을 감소시키고 칼날형의 공기 실을 장착할 근저를 제공한다.

칼날 실 역시 블레이드팁에서의 공기손실을 줄여준다. 또 이것은 공기흐름을 축방향으로 유지시켜 블레이드에 걸리는 충동힘을 최대로 만든다. 칼날 실은 바깥쪽 터빈 케이스에 장착된 슈라우드링에 억지로 끼워져 있다. 이때 슈라우드는 종종 허니컴(honeycomb) 재질이나 다른 다공성의 재료로 제작된다.[그림 3-67 참조]

가끔 기동비행이나 하드랜딩(hard landing)에 의해 높은 G-force가 작용하여 케이스가 뒤틀리게 되고 칼날 실 끝과 닿게 된다. 이때 그 끝은 허니컴 슈라우드링(honeycomb shroud ring)으로 들어가게 되어 실과 슈라우드에 최소의 마모를 주며 블레이드의 길이에는 손실을 끼치지 않게 된다.

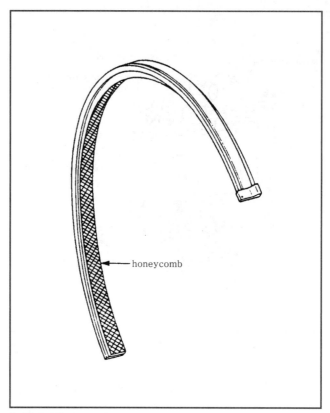

[그림 3-67] Honeycomb turbine shroud ring segment

(4) 터빈 베인과 블레이드 냉각(Turbine Vane and Blade Cooling)

요즘의 많은 엔진들은 스테이터 베인과 로터 블레이드를 공기로 냉각시켜 사용하고 있다. 이것은 높은 온도의 고압터빈에서 흔한 일이다. 냉각을 하면 베인과 블레이드 제작에 사용된 합금의 한계치에서 600~800℉를 더 올려서 작동시킬 수 있게 된다.[그림 3-68 참조]

즉, 냉각된 베인과 블레이드의 사용으로 오늘날의 엔진은 최대 약 3,000℉의 터빈 입구온도(TIT ; Turbine Inlet Temperature)까지 가능하게 되었다. 이런 형세는 새로운 재질의 개발에 따라 해가 갈수록 올라갔고 앞으로도 계속될 것이다.[그림 3-59, 66 참조]

블레이드와 베인의 냉각으로 생기는 단점은 압축기와 연료량이 늘어나야 한다는 것이다. 그러나 TIT가 올라감으로써 압축기의 유량손실은 보상되고 총효율은 증가하게 된다. 일반적으로 사용되는 냉각방법은 다음과 같다.

① 내부공기흐름 냉각(internal air flow cooling) : 공기가 속이 빈 블레이드와 베인을 통해 지나면서 냉각되는데, 흔히 대류냉각이라고도 하며 열은 찬 공기에 의해 직접적으로 빠져나오게 된다.

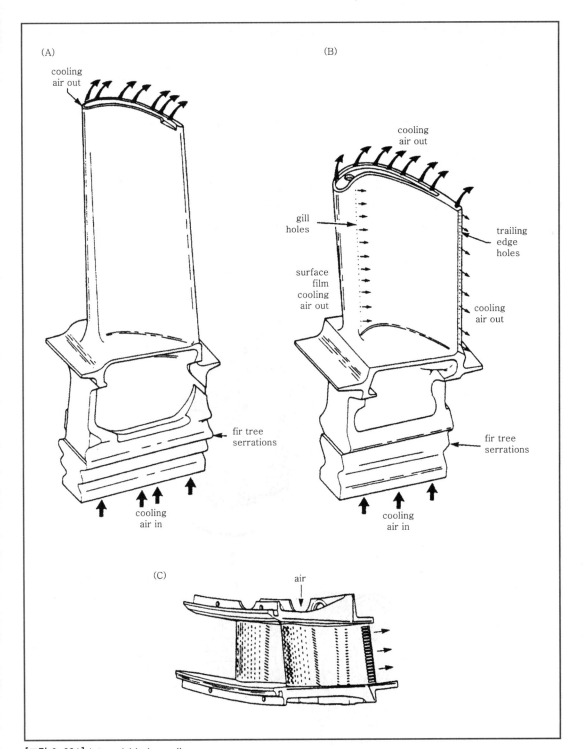

(A)
cooling
air out

fir tree
serrations

cooling
air in

(B)
cooling
air out

gill
holes

trailing
edge
holes

surface
film
cooling
air out

cooling
air out

fir tree
serrations

cooling
air in

(C)
air

[그림 3-68A] Internal blade cooling
[그림 3-68B] Internal and surface film cooling
[그림 3-68C] Pair of surface film cooled turbine vanes

② 표면막 냉각(surface film cooling) : 공기가 베인이나 블레이드의 앞전(leading edge) 또는 뒷전(trailing edge)의 작은 출구로 흘러나와 표면에 열차단막을 형성한다.

③ 대류와 표면 냉각의 혼합(combination convection and surface cooling) : 냉각공기가 압축부에서 가스통로를 통해 나와 냉각을 완료하면 냉각위치에서 공기는 가스통로로 다시 들어간다. 이때 일부 공기는 슈라우드 실과 슈라우드링도 냉각시킨다.

(5) 터빈 케이스 냉각

슈라우드의 간격을 조절하는 최신방법은 "능동형 팁간격 조절(active tip clearance control)" 방법이다. 일부 새로운 엔진은 냉각공기량을 조절해서 터빈 케이스의 열팽창률을 바꿈으로써 팁간격을 제어하는데, 이것을 능동형이라 한다. 이 방법은 모든 출력범위에서 최소의 팁손실을 유지할 수 있게 한다.

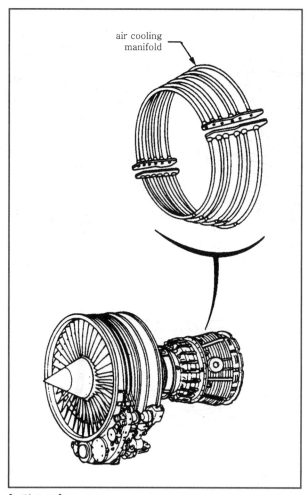

[그림 3-69] Turbine case cooling. Active clearance control

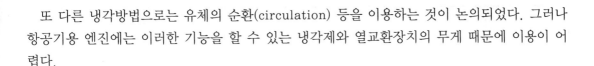

또 다른 냉각방법으로는 유체의 순환(circulation) 등을 이용하는 것이 논의되었다. 그러나 항공기용 엔진에는 이러한 기능을 할 수 있는 냉각제와 열교환장치의 무게 때문에 이용이 어렵다.

(6) 역회전터빈(Counter-Rotating Turbine)

일부, 이중, 3중 축엔진은 역회전터빈휠을 가지고 있다. 이는 대형 엔진에서는 흔치 않지만 소형 엔진, 특히 터보축엔진에서는 가끔 볼 수 있다. 보통 공기역학적인 설계 때문이 아니라 자이로스코픽효과(gyroscopic effect)와 엔진진동특성의 감쇠를 위한 것이다.

4 Radial Inflow 터빈

터빈 설계의 또 다른 형식은 구심쪽으로 흐름이 흐르게 하는 것이다.

원심압축기와 마찬가지로 비용의 절감과 설계가 간단한 장점이 있다. 이것의 주용도는 보조 가스터빈엔진이다.

이 엔진의 이름은 가스가 터빈의 반경에 위치한 스테이터 베인을 통해 흐르는 사실로부터 비롯된 것이다. 가스는 팁 부분으로부터 안쪽으로 흘러 결국 중심에서 빠져나오게 된다. 이 설계는 흐르는 가스로부터 운동에너지를 100%까지 뽑아낼 수 있기 때문에 사용된다. 이 Radial flow 터빈은 한 단(single stage)으로써는 효율이 높지만 다단(multi stage)으로 사용하면 효율이 형편없게 된다. 또한 이 터빈은 주로 디스크의 원심하중에 의한 높은 온도하중이 걸려 수명이 짧다. 현재까지 이런 문제점들이 해결되지 못해 항공기 엔진으로는 사용되지 않는다.[그림 3-70 참조]

Section 07 → 배기부(Exhaust Section)

1 배기콘, 테일콘, 테일파이프(Exhaust Cone, Tail Cone, Tail pipe)

(1) 개요

배기부는 터빈부 바로 뒤에 위치하고 있으며 대부분 수축형 배기외부콘(convergent exhaust outer cone)과 내부테일콘(inner tail cone)으로 구성되어 있다. 종종 배기콜렉터라 불리는 배기콘은 터빈으로부터 나온 배기가스를 모아 내보내면서 점점 수축시켜 가스층을 균일하게 만든다.

이 과정은 배기플러그(exhaust plug)라 불리는 테일콘과 원주방향 지지스트러트(strut) 결합으로 이루어진다. 테일콘의 모양은 배기콘 내에서 디퓨저를 형성해 압력을 올리고 터빈휠로부터 나온 엔진의 마지막 구성품이다.[그림 3-70 참조]

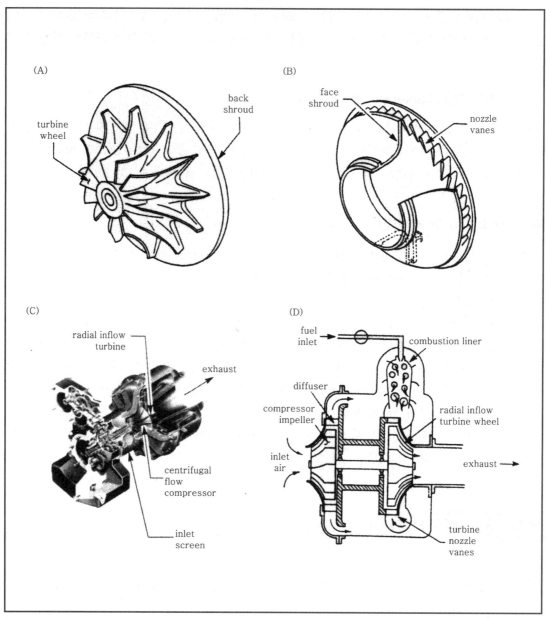

(A)

turbine
wheel

back
shroud

(B)

face
shroud

nozzle
vanes

(C)

radial inflow
turbine

exhaust

centrifugal
flow
compressor

inlet
screen

(D)

fuel
inlet

combustion liner

diffuser

compressor
impeller

radial inflow
turbine wheel

inlet
air

exhaust

turbine
nozzle
vanes

[그림 3-70A] Radial inflow turbine rotor
[그림 3-70B] Radial inflow turbine stator ring
[그림 3-70C] Photo of a gas turbine APU
[그림 3-70D] Turbine rotor location in engine

    초기의 일부 엔진에서는 테일콘을 움직이게 할 수 있었다. 배기속도와 추력의 증가를 위해
테일콘은 기계적으로 뒤쪽으로 움직여 제트노즐(jet nozzle)의 유효크기를 줄이도록 한 것이
다.[그림 3-71 참조]

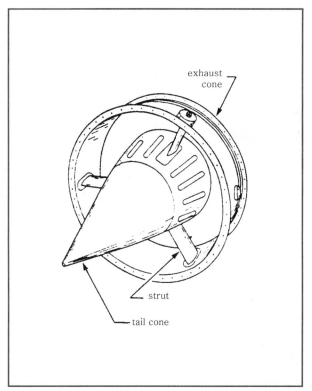

exhaust cone

strut

tail cone

[그림 3-71] Exhaust cone, tall cone, and support struts

오늘날에는 더 논리적인 연료조절기술로 고정된 테일파이프(노즐) 안의 고정된 테일콘을 사용해 사업용이나 상업용 제트기는 부드럽고 빠른 가속을 얻고 있다.

테일파이프는 기체부품이나 엔진에 사용되며 대부분 수축형 덕트(convergent duct)이다. 이것은 또한 제트파이프(jet pipe) 혹은 배기덕트(exhaust duct)로도 불린다. 이 수축형의 모양은 가스를 설계치의 속도로 가속시켜 원하는 추력을 만들어내며 수축형 테일파이프는 대부분의 아음속비행기에 사용되고 있다. 이 형태는 보통 고정형으로 엔진 작동 중에 흐름면적을 바꿀 수 없다. 하지만 일부 테일파이프들은 표준상태나 다른 크기로 바꾸도록 만들어져 엔진 성능의 저하를 막도록 하고 있다.[그림 3-73 참조]

과거의 일부 엔진들은 작은 탭(insert)을 테일파이프에 끼워서 배기노즐의 유효면적을 변경시켜 일부 성능손실을 회복시키기도 하였다. 오늘날에는 이런 탭들은 거의 사용되지 않는다.

수축형 배기덕트는 배기가스를 마하 1(음속)까지 가속시킬 수 있다. 하지만 그 이상 빠르게 할 수는 없다. 배기노즐의 구멍은 오리피스(orifice)처럼 작용해 비행속도가 증가함에 따라 가스분자들을 엔진 전체를 통해 질유량으로써 쌓아놓게 한다. 마하 1이 되면 가스흐름은 대기로 열린 배기노즐에서 초크되었다고 말한다.

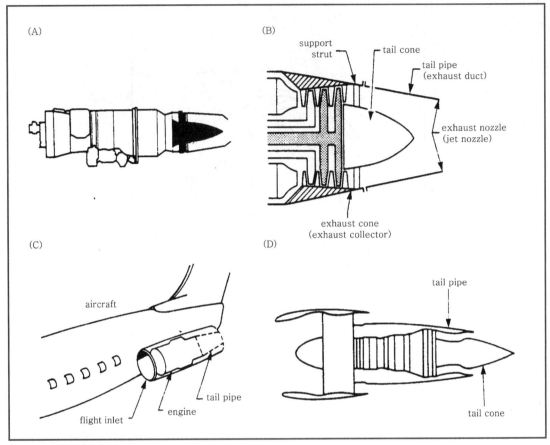

[그림 3-72A] Location of exhaust section
[그림 3-72B] Conventional convergent exhaust duct
[그림 3-72C] Tail pipe, small and medium sized engines
[그림 3-72D] Tail pipe for large engines

(2) 초크가 된 수축형 노즐의 이론(Convergent "Choked" Nozzle Theory)

가스가 처음 수축형 덕트를 흘러갈 때 그 모양은 가스를 가속시킨다. 그러나 더욱 더 많은 질유량(mass of airflow)이 흐름에 따라 이 덕트의 모양은 흐름을 제한시키기 시작한다. 마하 1에서 덕트의 벽은 공기흐름의 축방향 힘과 같은 크기의 힘으로 흐름을 방해한다. 그러므로 마하 1에서 흐름은 안정된다. 초크가 된 배기덕트의 노즐상태를 부록의 P_t/P_s 식을 사용해 다시 설명하기로 한다.

만일 P_t/P_s를 $M=1.0$일 때 계산해 보면 초크상태에 필요한 최소의 배기덕트 대 대기압의 비율은 1.89가 된다. 여기서 P_t는 배기덕트 입구(배기)압력이고 이것은 배기노즐에서 대기압(P_s)으로 떨어질 것이다.

부록 8의 공식 16을 이용해보자.

$$\frac{P_t}{P_s} = \left[1 + \left(\frac{r-1}{2} \times M^2 \right) \right]^{\frac{r}{r-1}}$$

$$= \left[1 + \left(\frac{1.4-1}{2} \times 1.0^2 \right) \right]^{3.5}$$

$$= (1.2)^{3.5}$$

$$= 1.89$$

여기서, $r = 1.4$

$M = 1.0$

이 수식에서 보듯이 실제 배기덕트가 초크상태를 얻으려면 1.89의 압력비가 필요하게 된다.

① 지상작동의 엔진 출력시, P_t는 터빈 방출압력을 나타내고 P_s는 압축기 입구 압력을 나타낸다. 계기판의 엔진압력비(EPR) 계기가 1.89 이상을 가리킬 때는 배기노즐은 초크상태이다. 엔진압력비는 연료에 관한 장(chapter)에서 자세히 다루고 계기(instrument)에 관한 장에서 다시 다루게 된다.

② 이 상황은 비행 중에 바뀌어서 계기판의 EPR이 1.89를 가리키면 노즐의 압력비는 약 4 : 1이 된다. 이것은 대기압(P_s)의 고도가 높아짐에 따라 감소하며, 비행속도의 영향으로 엔진 입구의 압력이 압축비의 상승을 돕고 따라서 터빈 방출압력이 증가하기 때문이다.

가스가 초크된 오리피스를 빠져나갈 때는 축방향이 아닌 반경방향으로 가속되고(즉, 퍼져나간다) 축방향 속도는 마하 1로 고정된다. 만일 가스 속도가 마하 1에 도달한 후 더 많은 연료를 가하면 엔진 속도, 압축, 질유량 등은 증가하게 되고 테일파이프 내 압력은 증가하게 된다(즉, 초크로 인해 유량이 계속 내부에 쌓이게 된다). 이때 증가된 배기노즐 압력으로 추력이 약간 상승할 수 있다는 것을 2장의 초크상태의 배기노즐 추력식에서 보았다. 하지만 연료소비의 측면에서 볼 때 이것은 곧 비경제적인 상황이 된다. 또한, 엔진 내의 온도도 심하게 상승하게 된다. 초음속비행을 위한 초음속의 배기노즐 속도가 필요하다면 수축-확산형 노즐(convergent-divergent nozzle)이 필요하다.

초킹(choking)을 설명하는 다른 한 방법은 위치에너지(potential energy)와 운동에너지의 변화로 나타내는 것이다.[그림 3-73 참조]

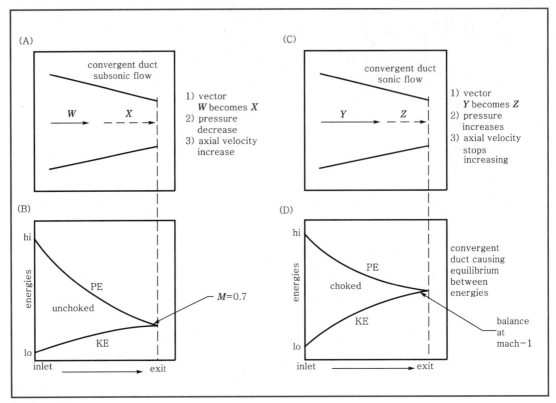

[그림 3-73] Theory of choked nozzles

수축형 덕트로부터 나온 속도(운동에너지)는 마하 1을 넘을 수 없는가를 알기 위해서는 먼저 수축형 덕트의 아음속흐름에 대한 베르누이(Bernoulli) 정리를 알아야 한다. 이것은, 속도가 마하 1보다 작을 때 위치에너지(정압 ; static pressure)는 운동에너지(램압력 ; ram pressure)보다 커서 덕트모양에 의해 쥐어짜 누르는(squeezing down) 작용이 생기기 때문에 속도가 증가한다는 것이다.

그림 3-73의 (A)는 아음속흐름상태에서 가스가 수축형 덕트를 흐르는 경우를 나타낸다. 속도벡터(velocity vector) "W"는 "X"벡터로 길이가 늘어나게 된다. 이는 흐름의 직각방향으로 일정하게 밀어내는 작용을 하는 위치에너지를 가진 공기분자들이 이제는 흐름방향으로 움직여 운동에너지를 증가시키기 때문이다.

그림 (B)에서와 같이, 가스는 높은 위치에너지(PE)와 낮은 운동에너지(KE)를 가지고 덕트로 들어가서 노즐에 다가감에 따라 위치에너지는 감소하고 운동에너지는 증가하게 된다. 가스흐름은 아직 $M=0.7$의 아음속이라는 것을 볼 수 있다.

그림 (C)에서처럼 흐름이 제한받기 시작하면 속도벡터 "Y"는 "Z"벡터처럼 짧아지게 된다. 그 이유는 가스분자들이 위치에너지(압력)가 커짐에 따라 더욱 강하게 밖으로 밀려나기 때문이다. 이로 인해 운동에너지(흐름속도)가 감소하게 되는 것이다.

그림 (D)는 가스분자의 운동에너지가 음속인 마하 1에 도달하면 위치에너지와 운동에너지가 평형상태에 있음을 보여준다. 이는 수축형 덕트를 흐르는 공기흐름이 점점 더 빨리 움직여서 평형점으로 움직이는 것을 나타낸다. 이런 현상은 덕트모양으로 인한 "Squeezing-in action"으로써 위치에너지의 밀어내는 작용 때문에 생기는 것이다. 실제로 노즐은 입구와 출구의 압력비가 부록 8의 공식 16에 따라 1.89일 때 초크가 된다.

(3) 수축-확산형 배기노즐(아음속항공기용)

아음속항공기에 수축-확산형 배기노즐을 사용하는 것은 아주 최근에 개발된 기술이다. 이것은 고정형태이고 최종 구멍크기가 약간 증대되었다. 이 노즐을 사용하는 항공기는 얼마 안되지만 C-D(Convergent-Divergent) 모양은 순항추력을 최대화하고 엔진 소음을 줄여준다.

C-D 노즐은 배기혼합의 기능도 하는데, 이는 이 장의 뒷부분 소음억제 재료편에서 다루게 된다.

(4) 확산형 배기노즐

회전익항공기(rotor craft)의 테일파이프는 대부분 수축형보다는 확산형이다. 이 모양은 추력을 없애도록 해서 호버(hover)성능을 향상시킨다.

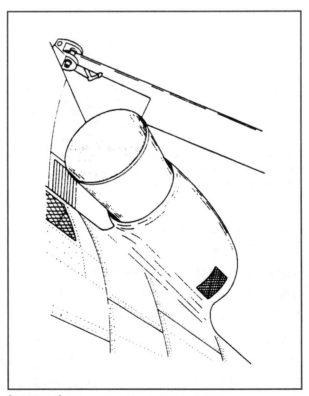

[그림 3-74] Rotorcraft exhaust duct installation

2 수축확산노즐 이론(초음속항공기용)

초음속항공기는 후기연소기(afterburner)라고 불리는 가변형(variable geometry) C-D 형식 테일파이프(tail pipe)를 사용한다. 수축-확산형 노즐은 테일파이프에서 높은 압력비를 얻을 수 있기 때문에 높은 마하수비행에서 특히 유리하다. 즉, 초음속흡입시 발생하는 높은 램압력(ram pressure)으로 인해 높은 배기덕트 압력을 초래한다.

음속을 지난 후에도 일정 유량의 공기가 흐르도록 하기 위해서는 배기덕트 뒷부분의 면적이 넓어져야만 하는데 이로 인하여 목(throat) 부분을 지난 공기는 초음속으로 가속된다.

초음속영역에서 공기는 뒤쪽으로 가속되는 것보다 더 빨리 바깥쪽으로 팽창하는 성질을 가지고 있는데 이는 공기가 축류방향으로 압축되면 원주방향(radial direction)으로 에너지를 잃어버리기 때문이다.

C-D 노즐은 이러한 원리를 이용해 항공기가 초음속으로 비행할 수 있도록 추진력을 만들어준다. C-D 테일파이프는 콩코드(Concorde) SST에서 보았듯이 실상은 후기연소기라고 볼 수 있다.

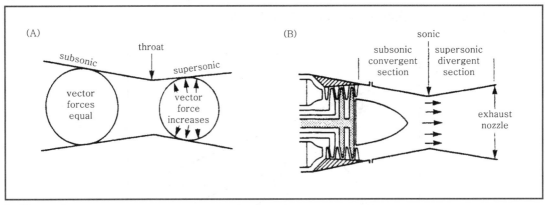

[그림 3-75A] Energy released in a convergent-divergent duct
[그림 3-75B] Gas flow in a convergent-divergent tail pipe

이미 언급한 바 있지만 수축부(convergent section)[그림 3-75A, B 참조]는 목 부분이 초크(choke)되도록 압력을 증가시키게 되는데 이것이 역압력(back pressure)을 만들게 된다. 뒷부분의 확산부(divergent section)에서는 연소에 의해 공급된 힘을 이용하여 공기의 속도가 원하는 마하수에 이를 수 있도록 가속해 준다. C-D 덕트의 모양을 적절하게 잘 설계한다면 공기의 팽창 정도를 효과적으로 조절함으로써 팽창에 의한 손실에너지를 흡수할 수도 있고 원하는 만큼의 추력을 얻을 수도 있다. 현대의 초음속항공기 테일파이프[그림 3-76 참조]는 정상모드시(non-afterburning) 노즐 끝부분을 조금 확산시키는 형상을 하고 있다. 이 모드(mode)에서 대부분의 초음속항공기들은 초음속비행속도를 얻을 수 있다.

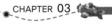
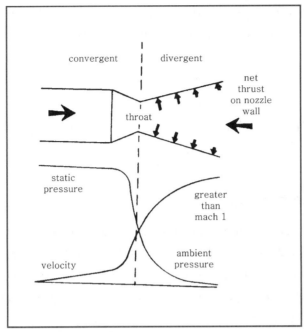

[그림 3-76] Pressure/velocity relationship in C-D tail pipe

후기연소기모드가 선택되면 배기노즐은 후기연소기 연료유량에 의해 증가된 공기유량을 흘려보내기 위해서 확장되고 적절히 가속되도록 설계된다.

후기연소기가 점화되지 않았을 경우에는 배기노즐 면적은 최소로 유지되지만 후기연소기에 점화시에는 출구가 좀 더 열린 확장된 상태가 되도록 한다.

후기연소기에서 추가된 연료와 공기의 팽창에 의해서 후기연소기 후방의 덕트 부분 벽은 바깥쪽으로 밀리는 힘을 받게 되는데 이 부분을 확산형으로 설계함으로써 이 힘이 벡터적으로 전방추력을 내게 된다.[그림 3-77 참조]

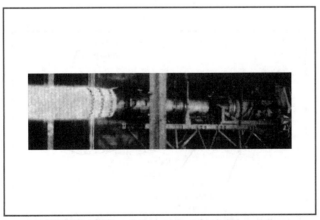

[그림 3-77] Afterburner operation showing shock rings in exhaust

실험에 의하면 완전히 열려진(확장된) 배기덕트를 지나는 초음속흐름이 최고의 추력증가를 보인다. 즉, 배기덕트를 지나면서 압력이 대기압으로 떨어지게 되며 이 압력차가 추력으로 전환된다. 이 경우 배기노즐에서는 "압력추력(pressure thrust)"이 있을 수 없게 되는데 대신 공급된 연료에 비례하여 공기 속도가 마하 1을 지나 상승함으로써 추력이 계속 증가된다.

초음속흐름은 충격파(shock wave)와 같은 현상을 동반하게 되는데, 후기연소기를 적절히 설계하면 덕트 내에서는 충격파에 의한 흐름의 찌그러짐이나 손실을 막을 수 있다. 이러한 경우 충격파는 배기노즐 밖의 흐름에서만 발생한다.

▣ 후기연소(Afterburning)

후기연소기는 주어진 엔진 전면면적하에서 엔진이 최대추력과 속도를 낼 수 있도록 해주는 반면 연료소비가 늘어나는 대가를 치루게 된다. 가스터빈에 후기연소기를 추가할 수 있었던 이유는 테일파이프를 흐르는 연소공기의 대부분이 연소되지 않은 산소로 이루어졌다는 사실 때문이다.

연소기 냉각을 위해 사용된 65~75%의 압축공기가 연소된 공기와 터빈에서 섞이게 되며 테일파이프를 흐르게 된다. 후기연소기 노즐 세트는 "Spray bar"라고도 부르며 적절한 점화계통과 함께 테일파이프 입구에 장착된다.

후기연소기 연료와 비연소가스가 섞이고 점화되면 이로 인해 추가되는 열에너지로 인해 공기가 가속되고 추가추력이 발생하게 된다.

연료 주입과 점화계통의 뒷부분에는 안정된 연소를 위해 화염유지기(flame holder)라 불리는 장치가 있다. 이것의 모양은 튜브형 그리드(tubular grid)나 스포크형(spoke-shaped)구조로 되어있으며 연료 주입노즐 뒷부분에 놓인다. 공기가 화염유지기에 부딪히면서 난류가 발생하게 되고 이로 인해 연료와 공기가 잘 섞이게 된다. 이는 유속이 매우 빠른 경우에도 완전하고 안정적인 연소를 가능하게 해준다.[그림 3-78 참조]

후기연소기는 가스터빈엔진 후미에 장착된 램제트엔진(ramjet engine)과 같은 형태를 하고 있다.

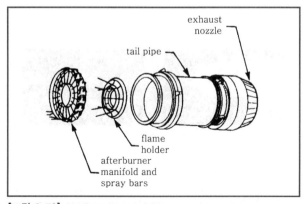

[그림 3-78] Afterburner assembly

그리고 가스터빈엔진 중에서도 혼합배기인 터보팬엔진과 터보제트엔진만이 후기연소가 가능하다. 즉, 터보팬엔진은 팬에 의한 공기흐름과 코어엔진에 의한 흐름이 혼합되어 하나의 배기노즐을 통해 배기된다.

구형 후기연소기들은 2위치(two-position)형식을 취하고 있다. 즉, 후기연소하지 않을 때는 수축형 노즐형태를 이루고 후기연소모드에서는 수축-확산형 노즐이 된다. 신형 항공기에서 후기연소노즐의 형태는 두 가지 모드에서 모두 C-D 형식을 취하고 있는데 최대 후기연소시에는 노즐목의 흐름면적과 노즐 끝부분의 면적을 최대로 해주고 배기가스흐름의 흐름각을 최대로 해주게 된다.

후기연소는 주로 중량이 큰 항공기의 이륙이나 급격한 상승비행, 급가속시에 사용된다. 후기연소기를 장착하면 후기연소모드에서 100% 정도의 추력증가를 얻을 수 있는 반면 3~5배 정도의 연료소비증가를 감수해야 한다. 그런데 최근 항공기들은 매우 강력한 엔진을 장착하게 됨으로써 15~20% 정도의 추력증가만으로도 앞서 말한 비행상태에 도달할 수 있기 때문에 추력증강법으로 후기연소기보다는 C-D 형식 테일파이프를 선호하는 경향이 있다.

후기연소기에서 또 하나 흥미있는 점은 후기연소기에 의한 추력이 지상에서의 총추력(gross thrust)증강에 크게 도움이 되지 못하지만 비행시에 진추력(net thrust)에는 커다란 추력증강효과가 있다는 것이다.

항공기가 후기연소하며 지상에 머무를 때는 총추력(gross thrust)과 진추력(net thrust)의 크기는 서로 같다. 이때의 후기연소추력이 전체의 25% 수준이라면 비행시에 후기연소기가 동일한 추력을 내고 있더라도 진추력에서 차지하는 비율은 훨씬 커져 거의 100% 수준에 이른다. 이는 엔진추력에는 영향을 미치지만 후기연소추력에는 영향을 미치지 않는 램항력(ram drag) 때문이다. 즉, 램항력은 후기연소시나 비후기연소시에 같은 값을 갖게 된다.

지상 F_g(non A/B) = 16,000lb

F_g(A/B) = 20,000lb(후기연소추력 4,000lb)

그러므로 후기연소에 의한 추력증강은 25%이다.

비행시 F_n(non A/B) = 4,000lb

F_n(A/B) = 8,000lb(후기연소추력 4,000lb)

그러므로 후기연소에 대한 추력증강은 100%이다.

> 램항력(ram drag) = 항공기 속도×공기유량
> 진추력(net thrust, F_n) = 총추력(gross thrust, F_g) - 램항력

4 후기연소기 배기노즐 벡터링(Vectoring Afterburner Exhaust Nozzle)

후기연소기에 있어서 가장 최근에 개발된 기술은 배기노즐 벡터링(vectoring exhaust nozzle)방식이다.

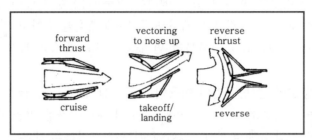

[그림 3-79] New type vectoring afterburner exhaust nozzle

이는 항공기 이륙시나 저속기동성 향상을 위해 조종사가 배기방향을 상·하로 조절해 줄 수 있는 방식을 말한다. 이는 또한 착륙시 배기가스를 역류시켜줌으로써 제동능력을 향상시켜 착륙거리를 단축할 수도 있다.[그림 3-79 참조]

위쪽으로 배기하게 되면 항공기는 기수를 빠르게 들어 올리게 되어 단거리 이착륙이나 저속기동에 크게 도움이 된다. 전진비행 중인 항공기에서 노즐이 아래방향을 향하게 되면 항공기는 고도를 바꾸지 않으면서도 기수를 아래쪽으로 내릴 수 있게 된다. 이는 기존의 항공기에는 불가능한 기동이며 영국의 헤리어(British Harrier)와 같은 수직단거리 이착륙(V-STOL)항공기에서만 가능한 기동이다.

Section 08 — 역추력장치

1 개요

정기여객기나 중거리여객기 또는 사업용 제트기에서 사용하는 터보제트나 터보팬엔진에 다음과 같은 이유로 역추력장치(thrust reverser)를 장착하는 숫자가 점차 늘어나고 있다.
① 정상착륙시 제동능력 및 방향전환능력을 도우며 제동장치의 수명을 연장시킨다.
② 비상착륙시나 이륙포기(rejeted take off)시에 제동능력 및 방향전환능력을 향상시킨다.
③ 일부 항공기에서는 스피드브레이크(speed brake)로 사용해서 항공기의 강하율을 크게 한다.
④ 주기해 있는 항공기에서 후진하는 기능인 "Power back" 운용시 사용된다.

가장 널리 사용되고 있는 두 가지 형태의 역추력장치로는 캐스케이드리버서(cascade reverser)라고 불리는 공기역학적 차단장치와 클램셸리버서(clamshell reverser)라고도 불리는 기계적 차단장치가 있다.

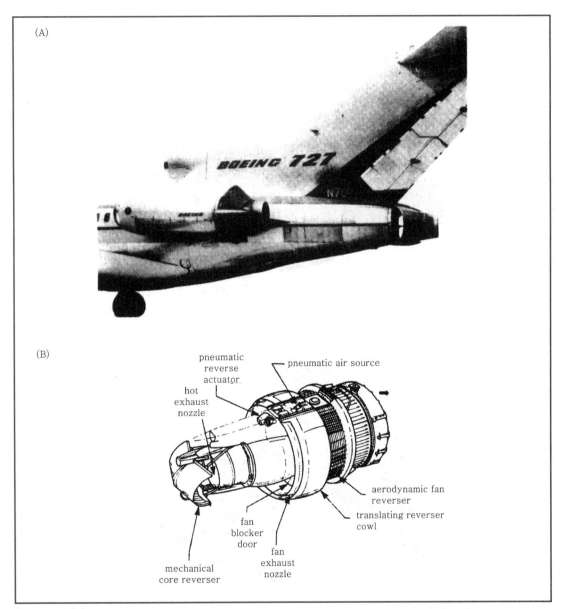

[그림 3-80A] Boeing 727 after landing with, pre-exit, mechanical blockage, reverser deployed
[그림 3-80B] Views of post-exit mechanical blockage reverser with doors deployed

이 두 가지 형식의 역추력장치를 구동함에 있어서 가장 널리 사용되는 방식은 압축기에서 배출된 고압의 공기를 이용하는 공압 액추에이팅장치(pneumatic actuating system)이다.

그 외에 전기모터를 사용하거나 유압을 이용하는 경우도 있다.

공기역학적 차단장치는 팬배기구나 연소가스 배기구 바로 전에 일련의 방향전환 깃들로 이루어진 캐스케이드(cascade)로 구성된다. 깃은 배기가스의 방향을 전환시켜 전방을 향하게 함으로써 후방추력을 발생하게 한다.

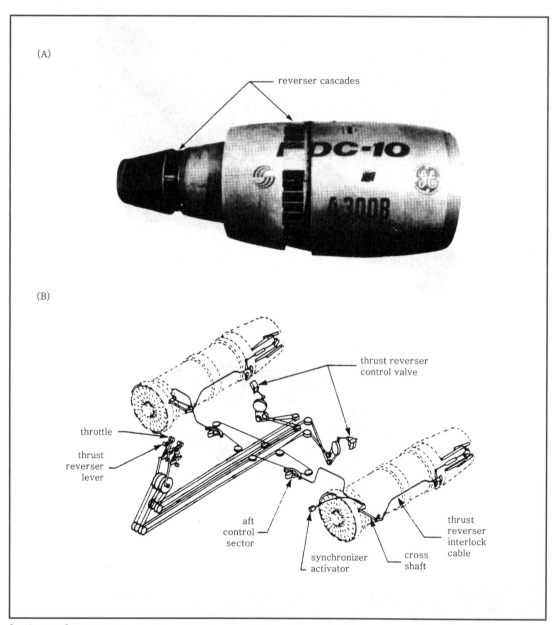

[그림 3-81A] DC-10 during landing. Aerodynamic blockage fan and turbine reverser shown in the deployed position

[그림 3-81B] Throttle and thrust reverse control system

기계적 차단형식(mechanical blockage type)은 배기구 바로 전이나 후에 설치되는데 일단 펼쳐지면 제트배기통로에 견고한 차단막(solid blocking door)을 형성한다. 역추력시에 배기가스는 클램셸(clamshell) 혹은 방향전환 깃에 부딪혀 역추력을 내기에는 충분하지만 엔진 흡입구로 재흡입되지 않을 정도의 각도로 앞쪽으로 분사된다.

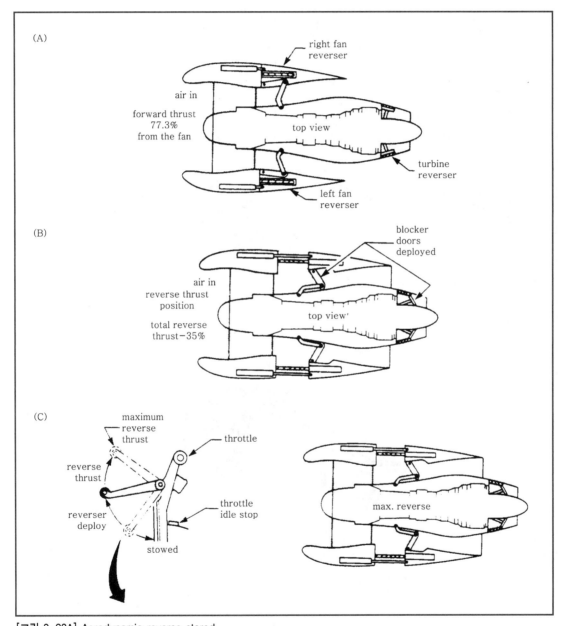

[그림 3-82A] Aerodynamic reverse stored
[그림 3-82B] Reverser deployed
[그림 3-82C] Cockpit control lever

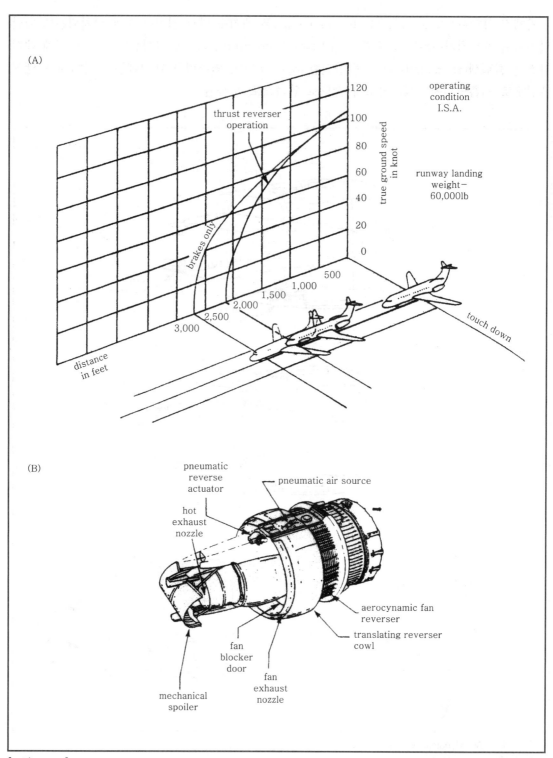

(A)

operating
condition
I.S.A.

thrust reverser
operation

true ground speed
in knot

runway landing
weight—
60,000lb

brakes only

500
1,000
1,500
2,000
2,500
3,000

touch down

distance
in feet

(B)

pneumatic
reverse
actuator

pneumatic air source

hot
exhaust
nozzle

aerocynamic fan
reverser

translating reverser
cowl

fan
blocker
door

fan
exhaust
nozzle

mechanical
spoiler

[그림 3-83A] Typical landing runs with and without thrust reversal
[그림 3-83B] High bypass turbofan engine with unmixed exhaust, aerodynamic fan reverser and hot stream spoiler

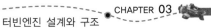

역추력장치는 조종사가 조종석의 레버를 이용해 조절할 수 있다. 역추력이 선택된 후에 조종사는 착륙조건에 맞게 레버를 아이들(idle)위치에서 이륙(take off)위치까지 움직일 수 있다. 역추력장치는 정상지상주행시 약 20% 정도의 제동력을 내게 된다. 이것은 정격추력의 40~50%를 역방향으로 낼 수도 있다.[그림 3-82 참조]

특히, 역추력장치는 활주로가 젖어있거나 얼음이 얼었을 경우에는 항공기를 정지시키는 데 약 50% 정도의 제동력지분을 내게 될 만큼 큰 도움이 된다. 역추력장치를 사용하는 가장 일반적인 방법은 항공기가 활주로에 닿자마자 이 장치를 사용하고 활주로의 상태 즉, 젖은 정도, 결빙 정도를 봐가며 필요한 만큼의 역추력을 조절하는 것이다. 그리하여 항공기 속도가 80knot 정도로 느려지면 파워를 리버스아이들(reverse idle)로 줄이고 이때 전방추력이 생겨나기 시작한다.[그림 3-83A 참조]

저속지상탈출시의 역흐름은 고온가스의 엔진으로의 재흡입을 발생시키며 이로 인해 압축기 실속이 발생하게 된다. 또한 미세한 모래나 이물질들의 흡입 원인이 되어 공기흐름유로상의 부품손상을 초래하거나 주베어링의 공기-오일 실을 통해 오일섬프까지 들어가게 된다. 역추력장치를 사용하는 정상적인 절차는 착지(touch down) 후 지상아이들(idle) 속도에서 역추력을 선택하고 대략 N_2 속도의 75%(비상시에는 100%) 정도가 되도록 동력(power)을 내게 한다.

역추력에 관한 수학적 정의나 해석방법 등은 2장의 추력 분할에 관한 예제를 보면 알 수 있다. 제트노즐이 1,900ft/sec의 후방속도에 -681.6lb의 추력을 갖고 속도의 방향(vector)이 바뀌어 일정 각도를 가지며 전방을 향하게 된다면, 이 속도성분은 플러스값에서 마이너스값으로 그 부호가 달라지게 될 것이다. 그런데 그 방향이 완벽하게 역전되지 않고 일정 각도를 가지므로 그 결과 속도벡터(vector)는 N_2 속도의 약 75% 수준으로 떨어지게 될 것이다.

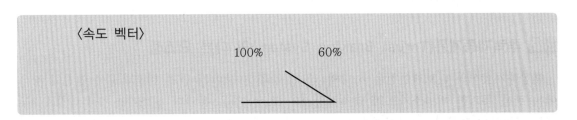

〈속도 벡터〉

100%   60%

제트노즐이 초크되지 않았다고 간주하면 총추력(gross thrust, F_g)은

$$F_g = \frac{m_s(V)}{g} - I = \frac{30(-1,140)}{32.2} - 2,976.8$$

$$= \frac{-34,200}{32.2} - 2,976.8$$

$$= -10,620 - 2,976.8$$

$$= -4,038.3$$

여기서, m_s=30lb/sec(공기유량)

V=-1,140ft/sec(정상속도의 60%)

I=2,976.7lb(배기구에서)

g=32.2ft/sec²

전방추력과 후방추력을 합하면

	Positive thrust
압축기	3,673.0
연소기	5,631.0
배기콘(cone)	542.5
	9,846.5

	Negative thrust
터빈	-6,869.7
제트노즐	-4,038.8
	-10,898.5

	Resultant thrust
후방추력의 합(F_g)	-10,898.5
전방추력의 합(F_g)	9,846.5
	-1,052.0lb

1,052.0lb라는 수치는 앞서 계산했던 전방추력 2,295.2lb의 45.8% 역추력을 나타내고 있다.

2 추력제동계통(Thrust Braking Systam)의 다른 요소들

혼합배기방식의 터보팬엔진은 하나의 역추진장치를 장비한 반면 비혼합방식 엔진의 경우에는 팬을 통과한 비연소가스의 역추력장치와 코어엔진을 통과한 연소가스 역추력장치, 두 개를 장착하기도 한다. 고바이패스엔진 중 일부는 팬바이패스 유로에만 역추력장치를 설치하기도 하는데 대부분의 추력이 팬바이패스공기에서 나오고, 연소가스 역추진장치를 설치하게 되면 그로 인해 발생하는 추력이 역추진장치 자중으로 인한 단점을 극복하지 못하므로 장착하지 않는다.

역추력장치와 비슷한 역할을 하는 것으로 추력스포일러(thrust spoiler)가 있다. 이는 마치 연소가스 역추력장치에서의 클램셸(clamshell)과 비슷해 보이지만 차단벽(blocker pannel)이 가스를 전방으로 보내지 않고 원주방향(radial direction)으로 보내는 것에서 클램셸과 다르다.

스포일러시스템은 연소배기가스의 역추진으로 인해 전방팬(fan)의 공력특성을 변화시키거

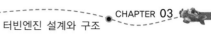

나 고온가스 재흡입의 염려가 있을 때 주로 사용한다.[그림 3-83 참조]

터보프롭항공기에서는 역추력의 한 형태로 풀리버싱 프로펠러(full reversing propeller)방식을 사용한다. 이 시스템은 터보팬에서 역추력장치와 마찬가지로 항공기를 주기(parking)하기 위해 후진할 경우에도 효과적으로 쓰인다. 이러한 통로를 "Power back operation"이라고 부르는데 이를 이용할 경우 엔진에 이물질이 흡입되지 않도록 특히 주의를 기울여야 한다. Power back은 연료소모가 커서 유도용 자동차를 사용해 Push-back 하는 것보다 비용이 큰 경우가 많기 때문에 자주 사용하지는 않는다. 또 다른 제동장치로 군용기에 많이 사용되는 항력슈트(drag chute)가 있다. 착지 후에 낙하산과 비슷한 직물캐노피(fabric canopy)가 항공기 뒷부분의 저장소에서 펼쳐져 제동작동을 하게 된다. 낙하산은 완전정지 후에 정비사들에 의해 기체에서 분리되고 다시 접혀서 장착된다. 일부 고속사업용 제트기에서도 역추력장치와 병행하여 상용하거나 비상용으로 장착되기도 한다.

역추력장치들 중 최신개념으로 초고바이패스(ultra high bypass) 터보팬엔진에 사용되는 방법으로 팬의 피치(pitch)를 바꾸는 방법이 있다. 현재에는 팬피치를 바꾸어 역추력을 얻는 항공기는 극히 드물지만 차세대항공기들에 사용하기 위해 개발 중에 있다.

Section 09 ─ 소음억제(Noise Suppression)

엔진 소음은 짜증스러우면서 해롭기 때문에 가스터빈엔진에서 불필요한 소리(unwanted sound)로 분류된다. 사업용 제트기나 여객기의 이륙시 소음수준은 보통 활주로 끝에서 측정하였을 경우에 90~100dB 정도이다. 이는 지하철 정거장에서 지하철이 지나갈 때 내는 소음수준과 비교된다. 항공기 바로 옆의 소음수준은 160dB 정도로, 듣기 괴로울 정도의 수준이다. [그림 3-84 참조]

그보다 상당히 낮은 소음수준(90~100dB)도 대부분의 사람들에게는 상당히 해롭다.

항공기 제작사에서는 일반 대중의 요구에 맞도록 좀 더 효율적으로 소음을 제어하기 위한 새로운 소음감소기술을 개발하여 차세대항공기와 엔진에 적용하기 위해 계속적으로 노력하고 있다.

유효감지 소음데시벨(Effective Perceived Noise decibels ; EPNdB)은 음의 주파수로 울림정도(loudness)를 측정하는 기준으로서 특히 주위에 영향을 미치는 항공기 소음측정에 사용된다. EPNdB는 항공기 주위의 바람, 온도, 습도 등의 영향을 완전히 배제한 측정치가 된다. 그러나 실제 정확한 값은 이들의 영향을 받게 된다.[그림 3-85 참조]

소음억제창치는 오늘날 사업용 제트기나 민간여객기 등에 일반적으로 요구되지 않지만 FAR part 36에 의하면 많은 구형 상업용 제트여객기에는 사용을 요구하고 있다.

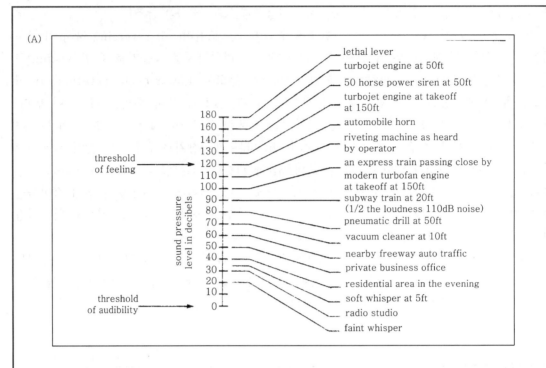

[그림 3-84 A] Noise levels in decibels
[그림 3-84 B] Comparing the level of sound from various sources

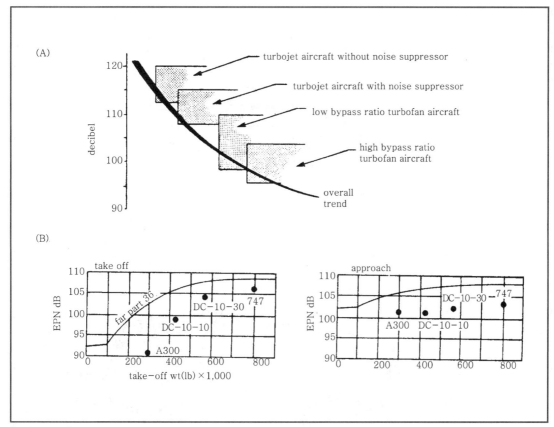

[그림 3-85A] Comparative noise levels of turbine engines
[그림 3-85B] Typical take-off and landing noise emission limlts

　신형 항공기들은 흡입구와 테일파이프(tail pipe) 등에 소음을 약화시키는 재료를 사용함으로써 소음수준을 EPNdB 한계치 내로 유지하고 있다. 그렇지만 새로운 엔진들 중에서도 소음기준에 맞추기 위해 구형 소음억제장치를 재장착하기도 한다.[그림 3-87, 88 참조]

　배기가스에 의해 발생하는 소음은 마치 선박의 무중호각(fog horn)과 비슷한 저주파수를 갖는데 이로 인해 아주 멀리까지 소음이 도달하게 된다. 이러한 저주파수의 소음이 바로 공항 주변 주민들을 괴롭히는 가장 큰 원인이다.

　터보팬엔진의 소음수준은 터보제트엔진에 비해 상당히 낮다. 이는 터보팬이 일반적으로 압축기와 팬을 구동하기 위한 터빈을 터보제트에 비해 많이 장착하기 때문이다. 따라서 고온배기가스의 유속과 소음이 줄어들게 된다. 그림 3-87은 구형의 소음억제장치("Increased perimeter"나 "Multi lobed"라 불리는)를 보여주고 있다.

　일부 차세대용 완전덕트로 된(fully ducted) 터보팬엔진들은 주로 배기덕트에서 문제가 되는 소음발생을 좀 더 효과적으로 제어하기 위해 팬공기(fan air)와 고온배기가스를 섞어주도록 설계되었다.

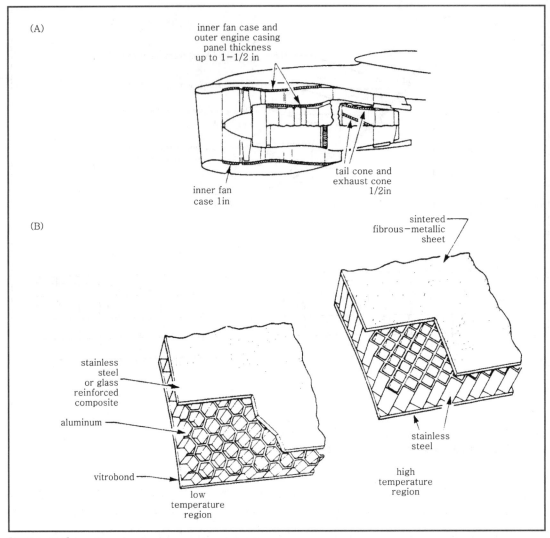

(A)

inner fan case and
outer engine casing
panel thickness
up to 1-1/2 in

tail cone and
exhaust cone
1/2in

inner fan
case 1in

(B)

sintered
fibrous-metallic
sheet

stainless
steel
or glass
reinforced
composite

aluminum

stainless
steel

vitrobond

low
temperature
region

high
temperature
region

[그림 3-86A] Location of noise suppression materials
[그림 3-86B] Noise suppression materials

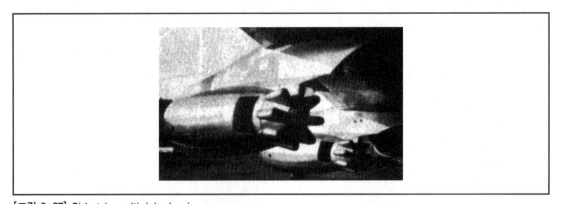

[그림 3-87] Old style multi-lobed noise suppressors

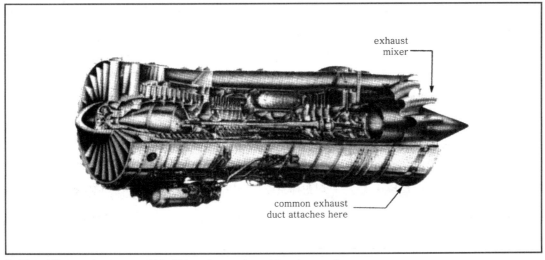

[그림 3-88] Pratt & Whitney JT8D-200 series engine with exhaust mixer

이러한 엔진의 경우 배기덕트에서의 소음보다 오히려 공기 흡입구의 소음이 더 크기도 하다. 또한 오늘날 고바이패스팬엔진의 경우 팬, 압축기, 보기류 등을 구동해 주어야 하기 때문에 고온배기가스로부터 대량의 에너지를 뽑아 팬에 의한 소음이 더 크게 된다.[그림 3-88 참조]

소음의 저주파수 특성은 곧 소음의 크기(volume)가 커지는 것과 직결되기 때문에 소음감소 방법으로 소음의 주파수를 높이는 방안도 있다. 주파수의 변경은 배기흐름의 단면적을 넓힘으로써 즉, 찬 공기와 고온의 배기가스가 서로 섞이는 영역을 넓게 해줌으로써 가능해진다. 이것은 고온의 공기층과 찬 공기층이 둘의 경계에서 마찰(shear)을 일으키려는 경향을 감소시키며 제트 와류(jet wake)로 인한 큰 난류발생을 억제시킨다.

다시 말해서 커다란 소용돌이를 갖는 난류를 미세한 소용돌이의 난류로 만들어 소음의 주파수를 높게 하여 대기 중에 쉽게 흡수되도록 해주는 것이다.

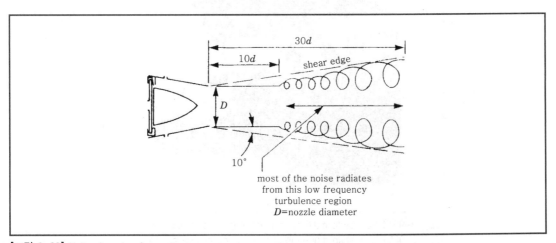

[그림 3-89] Hot exhaust noise pattern

이렇게 해줌으로써 소음은 소음원으로부터 어떤 주어진 거리에서 감소됨을 알 수 있고 EPNdB 수치 또한 낮게 측정된다.[그림 3-89 참조]

앞서 언급했듯이 B-707이나 DC-8 같은 구형의 항공기들은 그림 3-87의 그림과 같은 소음억제장치를 장착한 터보제트엔진을 동력창치로 사용한다. 반면, 대부분의 신형 항공기들은 흔히 "Hush kit"라고 불리는 Treatment kit가 장착되어 있다.[그림 3-86A, B 참조]

또한, 구형 항공기를 위한 새로운 소음억제장치를 그림 3-90에서 보여준다. 이들은 분사기(ejector)라고도 불리는데, 차가운 공기를 흡입하여 고온의 공기와 섞이도록 하여 대기 중으로 분사시키는 역할을 하기 때문이다. 분사기들은 최신기술의 소음억제기능의 부재를 써서 multi-lobed나 multi-tubed 같은 구식형태로 제작하게 되는데 현재 분사기방식은 제한적으로 사용된다.

[그림 3-90A] New style multi-tube noise suppression ejector
[그림 3-90B] New style multi-lobed noise suppression ejector

Section 10 ─ 엔진 부분의 환기와 냉각(Engine Compartment Ventilation and Cooling)

엔진 나셀(engine nacelle)부는 환기와 냉각이 필요한데 나셀부에는 연료, 오일, 전기계통 등이 있고 엔진 외부케이스를 통한 고온의 열방사(heat racliation)가 존재하기 때문이다. 이 위치에서 공기는 분당 다섯 번 이상 바뀐다.

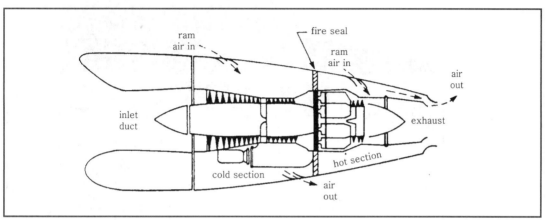

[그림 3-91] Engine compartment cooling

그림 3-92는 이중축(dual-spool)엔진의 축방향 온도를 나타내는데 터빈 부분에서 가장 높은 온도가 측정됨을 보여준다. 또한 냉각이 필요한 두 부분을 보여주고 있는데 저온부(cold section)는 램공기(ram air)를 이용해 환기와 냉각이 되고 방화벽(fireproof seal)에 의해 고온부(hot section)가 분리되어 있다. 고온부도 역시 램공기를 사용해 냉각하게 되는데 전에 언급했듯이 그 양이 저온부에 비해 매우 많다. 방화벽(fire seal)은 고온부의 열이 휘발성 유체나 전기배선연료라인 등이 있는 저온부로 전달되는 것을 막는 구실을 한다.

Section 11 ─ 엔진마운트(Engine Mounts)

엔진마운트는 그림 3-93과 같은데 그 구조가 엔진에 비해 상대적으로 간단하다. 터보프롭을 제외한 가스터빈엔진은 매우 작은 토크(torque)를 내기 때문에 엔진마운트로 그리 튼튼한 구조를 요구하지 않는다.

엔진마운트는 엔진의 무게를 지지하며 엔진에 의해 발생하는 각종 응력(stress)을 항공기 구조에 전달하는 역할을 한다. 터보프롭의 경우는 프로펠러하중 때문에 걸리는 토크가 매우 커져서 그 구조 역시 튼튼해진다.

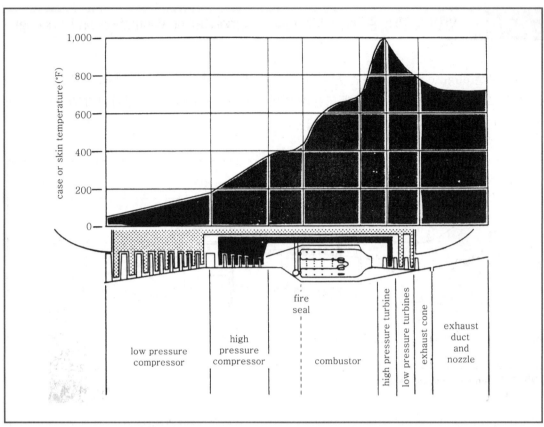

[그림 3-92] Typical outer case temperatures

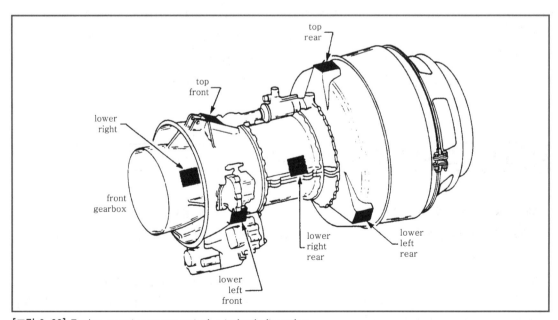

[그림 3-93] Engine mount arrangement of a turboshaft engine

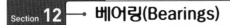

Section 12 → 베어링(Bearings)

베어링은 구조상 매우 중요하다. 하지만 여기서는 다루지 않고 5장의 주베어링과 실(main bearings and seals)에서 다루도록 하겠다.

Section 13 → 구조재료(Construction Materials)

1 저온부(Cold Section)

알루미늄과 마그네슘합금이 압축기 케이스, 흡입구 케이스, 보기 케이스 등 비교적 저온이고 중간 정도의 강도가 주요고려사항인 부분에 광범위하게 쓰인다. 이러한 재질은 대략 강(steel)의 1/3 정도의 무게를 갖는다.

티타늄(titanium)합금은 팬케이스, 팬블레이드, 압축기 블레이드, 압축기 디스크, 원심압축기, 임펠러 등 고온, 고강도이면서도 경량인 재질이 요구되는 곳에 사용된다. 티타늄은 값이 비싸면서도 FOD(Foreign Object Damage)에 강만큼 견디지 못하는 단점도 있다. 그러나 티타늄은 강과 강도면에서 비슷한 반면 무게가 거의 절반 수준이다. 타티늄은 밀도가 낮고, 강도가 높으며 부식에 강해 터빈엔진에 많이 사용된다. 이러한 여러 가지 이점이 있음에도 몇 가지 특징으로 인해 터빈엔진 내부재료로는 부적당한 면이 있다. 특히 다음 두 가지 특성은 티타늄을 연소에 취약하게 만든다.

① 대부분의 다른 구조용 금속과는 달리 티타늄은 비교적 낮은 온도에서 녹아버리기 보다는 타버린다.

② 열전도성(conductivity of heat)이 매우 낮다. 따라서 열이 열원에서 쉽사리 다른 곳으로 전달되지 않고 티타늄의 점화온도(ignition temperature)에 도달해 타버린다. 심한 마찰(hard rub)은 축열(heat buildup)의 가장 일반적인 원인이 된다. 마찰(rub)은 FOD, 실속, 베어링의 파괴, 로터의 불균형, 케이스의 굴곡 등 여러 원인에서 생길 수 있다. 마찰이 진행되는 동안 티타늄의 낮은 열전도성은 쉽게 점화온도에 다다르게 만든다.

압축기의 고압부(high pressure stage)에는 흔히 스테인리스스틸(stainless steel)이라 불리는 니켈-크롬 합금(nickel-chromium alloy)이나 니켈계열 합금(nickel-base alloys)이 흔히 사용된다. 니켈계열 합금 역시 매우 비싸며 주로 고온부에서만 사용된다. 복합재료(composite material)라고도 하는 에폭시수지재료(epoxy-resin material)는 낮은 강도가 걸리는 케이스나 슈라우드링(shround ring) 등 경량화가 주요고려사항인 부분의 재료로 많이 개발되었다. 복합소재계열 재료들은 근래에 들어 팬블레이드 같은 에어포일의 구조에 사용하기 위해 개발 중에 있다.

2 고온부(Hot Section)

고온부에 사용하기 위해서 많은 종류의 고강도, 저중량의 재료들이 개발되어 왔는데 이들을 흔히 초합금(super alloy)이라고 한다. 이들 합금은 내부적으로 냉각할 경우엔 2,600°F, 냉각하지 않을 경우에는 2,000°F까지의 고온에도 견딜 수 있다. 초합금은 고온, 고인장(tensile), 진동응력 등이 있거나 산화에 대한 저항(oxidation resistance)이 필요한 곳에 사용된다. 또한 초합금을 이루기 위해서는 니켈, 크롬, 코발트, 티타늄, 텅스텐, 카본, 기타 여러 임계금속들이 복잡한 혼합을 이뤄야 한다.

터빈부를 만드는 데 있어서 각 금속의 정확한 구성비율에 관한 일반적인 법칙이나 수치들은 여전히 연구해야 할 과제이다. 왜냐하면 합금의 강도는 전적으로 혼합의 구성비율에 달려 있기 때문이다. 따라서 재질이 강해질수록 복잡하고 미세한 터빈엔진 부품으로 만들기 어려우며 가격도 비싸진다. 또한 티타늄은 그리 흔한 물질이 아니고 제작공정 또한 어렵기 때문에 초기제작비용이나 이후 대체 및 수리비용이 많이 든다. 2~3in 길이의 터빈 블레이드 1개의 값이 300$에 이르며 블레이드의 크기가 커지면 3,000$에 이르는 것도 있다. 이러한 부품들을 곧 교체해야만 한다는 기술자들의 결정은 수요자들에게 중요한 원가상승 요인이 된다.[그림 3-94 참조]

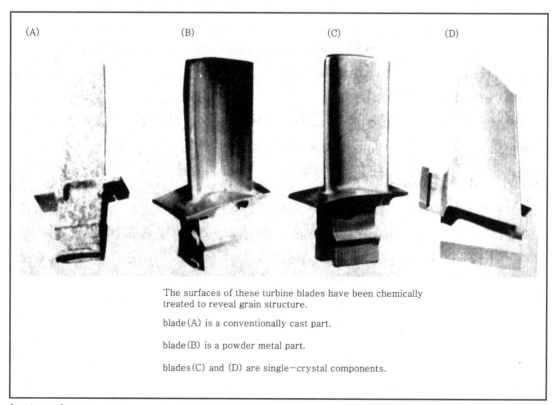

The surfaces of these turbine blades have been chemically treated to reveal grain structure.

blade(A) is a conventionally cast part.

blade(B) is a powder metal part.

blades(C) and (D) are single-crystal components.

[그림 3-94] Turbine blades made of super metals

고온부의 부품을 제작하기 위해서는 많은 공정을 거쳐야 한다. 단조(forging), 주조(casting), 도금(plating) 등은 고전적인 제작공정이다. 새로운 공정들로 분말야금학(powder metallurgy), 단일결정 주조(single-crystal casting), 플라스마 분사(plasma spraying) 등이 있다.

분말야금학은 잘게 부수어져 가루가 된 초금속(super metal)을 고온·고압으로 압축시켜 고체상태(solid state)로 만드는 것을 말하며, 매우 밀도가 높고 고온에도 잘 견디는 새로운 합금이 만들어진다. 이러한 금속은 서로 잘 섞여 있기 때문에 재료들간에 경계가 없는 길고 얇은 결정체로 이루어지고 크리프(creep)에 매우 강하다.

강한 재료를 만들어내기 위한 또 다른 공정으로 단일결정 주조(single crystal casting)방법이 있는데 이는 기존의 주조방법이 수백만개의 입자들을 합쳐서 성형하는 것과는 달리 단 하나의 형태를 갖는 입자만을 사용해 주조하는 방법을 말한다. 따라서 입자들간의 경계가 존재하지 않아 팽창에 대한 부식을 완전히 방지할 수 있다.

세라믹이나 알루미늄합금으로 초합금(super alloy) 부품과 티타늄 부품들에 열차단코팅(thermal barrier coating)을 하는 것도 표면장력을 높이고 부식을 막을 수 있는 한 방법이다. 이 방법은 플라스마 분사(plasma spray)방법이라고도 하는데 코팅하고자 하는 물질에 고온을 가해 분사함으로써 코팅되는 금속 표면에서 녹아 달라붙도록 하는 방법이기 때문이다. 이러한 코팅방법은 고온가스에 의해 주로 발생하는 스케일형(scaling type) 부식이나 침식을 막을 수 있는 최적의 방법으로 알려져 있다. 그리고 스케일링(scaling)은 공기 중의 소금기(sodium or salt)나 연료 중의 유황(sulfur)이 기저금속(base metal)과 화학반응을 일으켜 발생하게 된다.

합금 그 자체의 강도나 작업성(workability) 등은 성형과정을 포함한 전체적인 제작공정에 의해서 좌우된다. 한 예로, 연소실 라이너(liner)는 0.04in 정도로 얇아야 하며 용접이 손쉬워야만 하는데 니켈계열 합금(nickel-base alloy)이 이 특성을 잘 만족하므로 최근들어 스테인리스스틸합금보다 많이 쓰이고 있다. 또한 니켈합금은 철(iron)을 거의 함유하고 있지 않아서 비부식성(non corrosive)이며 용접이 잘 되는 얇은 판으로 가공이 가능한 특징이 있다. 연소실 라이너의 표면 부식은 또한 라이너 내부에 탄소(carbon)가 쌓이는 원인이 된다. 최근에는 라이너에 마그네슘지르코네이트(magnesium zirconate)라 불리우는 흰색 코팅을 하는 것을 볼 수 있다. 이 물질은 라이너에 탄소가 쌓이는 것을 막아준다. 이 코팅의 또 다른 특성은 운용 중에 쌓인 탄소를 코팅을 제거하면서 같이 제거할 수 있게 해주어 표면의 청결성을 항시 유지할 수 있게 해주는 것이다. 엔진을 수리할 때는 코팅을 벗기고 다시 입혀주어야 한다.

연소실 케이스와 터빈 케이스들도 흔히 니켈계 합금으로 제조되며 인코넬(Inconel : 상표이름)로 불리기도 한다.

터빈 블레이드는 니켈계 합금의 단조(forging)나 원심 주조(investment cast)로 만들거나 앞에서 언급한 분말야금법, 단일결정 주조법 등 새로운 방법으로 제작하게 된다. 이들 물질들은 고온하의 원심부하나 부식에 강하다.

터빈 베인과 디스크(disk)는 극도의 기계적 하중과 온도하중에 견딜 수 있도록 대부분 코발트계열 합금(cobalt-base alloy)으로 제작한다. 대형 엔진의 경우 터빈의 제1단은 2,500℉까지 올라가기도 한다. 현대 야금기술의 발달로 인해 코발트는 이러한 고온에서도 무리 없이 사용될 수 있다.

세라믹은 고온에서 견디는 능력이 금속보다 훨씬 높기 때문에 독일의 엔진 개발 초기단계에서부터 터빈의 부품으로 사용하기 위해 실험해 왔지만 진동하중에 대한 기계적 강도가 낮아, 세라믹의 사용은 극도로 제한되어 왔다. 지상작동엔진의 일부에서 세라믹 블레이드와 디스크를 장착하기도 하지만 비행을 위한 엔진의 경우는 고정부품, 즉 연소기 라이너나 노즐 베인 부분의 세라믹코팅 등의 용도로 사용되고 있다. 세라믹코팅을 할 경우 푸르스름한 빛깔이 나기 때문에 쉽게 알아볼 수 있다.

앞서 언급했다시피 가스터빈엔진은 재료 강도상의 문제로 인한 온도제약이 없다면 무제한의 힘을 낼 수 있다. 재료의 열에 대한 강도가 커질수록 냉각공기 또한 줄어들게 되며 따라서 엔진의 크기는 줄어들 수 있고 추력중량비는 두드러지게 증가하게 된다. 그러나 오늘날의 재료강도는 Whittle 때에 비해 그리 크게 향상되지 못하여 터빈엔진 출력의 가장 큰 제한조건으로 여전히 남아있다.

3 제작공정(Construction Process)

(1) 일반적인 압축기와 터빈 제작 공정

오늘날 대부분의 일반적인 압축기와 터빈의 제작은 분말금속 주조방법을 사용하며 그 공정은 다음과 같다.

① 분말금속으로 채워진 형케이스(forming case)를 진공실(chamber)에 놓는다.
② 케이스를 흔들어 분말이 내부를 채우도록 한다. 이때 진공상태는 혼합분말 내에 공기가 들어가지 않도록 해준다.
③ 금속분말에 약 25,000psi의 높은 압력을 가한다. 이로 인해 발생하는 고열은 금속을 녹여 디스크모양(disk shaped)을 만들어준다.
④ 디스크는 최종 목표로 하는 모양으로 가공된다.

(2) 압축기 블레이드의 주조방법

압축기 블레이드는 흔히 다음과 같은 방법으로 주조된다.

① 용광로에서 녹여진 액체상태의 금속을 세라믹 주형틀(mold)에 부은 후 냉각한다.
② 세라믹몰드(mold)를 부수면 가공하지 않은 거친 상태의 블레이드가 만들어진다.
③ 만들어진 블레이드를 정밀하게 가공한다.

(3) 터빈 베인과 블레이드들의 주조방법

터빈 베인과 블레이드들은 "Lost wax method"라 불리는 다음과 같은 주조방법에 의해 제작된다.

① 원하는 모양과 같은 금속으로 만들어진 주형틀(mold)에서 왁스복사(wax copy)를 한다.

② 왁스로 된 틀을 액체세라믹에 담가 코팅한다.

③ 세라믹으로 코팅된 주형틀에 녹여진 금속을 부어 주조하며 왁스는 형(mold)을 남긴다.

④ 냉각되는 동안 스핀실(spin chamber)에서 원심하중을 가해 긴 입자(long grain)구조를 만들어줌으로써 방향적인 견고성(directional solidification)을 갖게 된다.

Section 14 ─ 엔진 스테이션(Engine Stations)

식별을 손쉽게 하기 위해 엔진 제작자들은 위치숫자(location number)를 사용하며 가스유로의 길이나 엔진 길이를 기준으로 한다. 스테이션 숫자(station number)는 흡입구 카울링(cowling)이나 엔진 입구에서 보통 시작한다. 전형적인 숫자매김법의 예가 Pratt & Whitney사의 프리터빈(free turbine), 단일축(single-spool), 이중축(dual-spool) 엔진에 대해 제시되어 있다.[그림 3-95 참조]

P_t나 T_t 같은 엔진의 상태를 나타내는 기호들도 스테이션 숫자와 함께 쓰이기도 한다. 예를 들어 스테이션 2(엔진 입구)의 전압력(total pressure)을 나타낼 때는 P_{t2}를 사용하며 스테이션 7, 즉 이중축엔진 터빈 뒷부분의 전온도(total temperature)를 나타낼 때는 T_{t7}을 사용한다.

이처럼 스테이션 숫자에서 앞쪽의 접두어와 첨자는 엔진의 위치와 기능에 대한 간략한 약어로 부담스런 서술보다 큰 도움이 된다.

Section 15 ─ 방양의 기준(Directional References)

엔진 조립과 부품 및 보기류의 장착위치를 쉽게 알기 위해서 방향기준(directional references)스테이션 숫자(station number)와 함께 쓰인다.

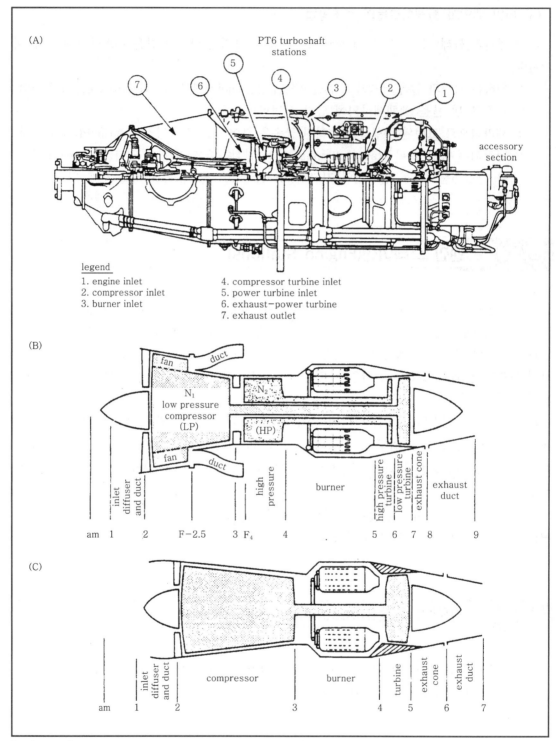

(A)

PT6 turboshaft stations

accessory section

legend
1. engine inlet
2. compressor inlet
3. burner inlet
4. compressor turbine inlet
5. power turbine inlet
6. exhaust-power turbine
7. exhaust outlet

(B)

fan   duct

N_1
low pressure compressor (LP)

N_2

(HP)

fan   duct

inlet
diffuser and duct

high pressure

burner

high pressure turbine

low pressure turbine

exhaust cone

exhaust duct

am   1   2   F-2.5   3 F_4 4   5 6 7 8   9

(C)

inlet
diffuser and duct

compressor

burner

turbine

exhaust cone

exhaust duct

am   1   2   3   4   5   6   7

[그림 3-95A] Engine stations numbered along the gas path of the PT6 turboprop engine
[그림 3-95B] Engine stations along the length of a single spool engine
[그림 3-95C] Engine stations along the length of dual-spool engine

이들 기준은 엔진 입구쪽을 전방으로 하고 테일파이프(tail pipe)를 후방으로 하며 12시간 시계방향을 표준으로하여 그 위치가 정해진다. 시계방향, 오른손방향, 왼손방향, 반시계방향 등은 엔진 후미에서 흡입구쪽을 바라보며 적용된다.

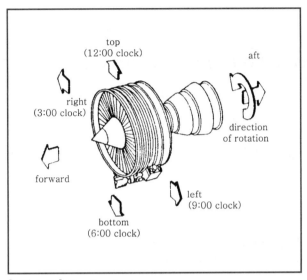

[그림 3-96] Directional references

◯ 연습문제 ◯

1. 아음속터보팬엔진의 흡입구는 수축형인가 확산형인가 아니면 수축-확산형인가?

   답 확산형

2. 엔진 흡입구 설계에 있어 중요한 원칙은 무엇인가? 정압을 늘리는 것인가, 공기흐름의 속도를 늘려주는 것인가?

   답 정압을 증가시키는 것

3. 원심형 압축기는 현재의 엔진들 중에서 어떤 형태에 적합한가? 터보축 엔진인가 아니면 터보팬 엔진인가?

   답 터보축 엔진

4. 축류형 압축기의 정익(stator vane)은 디퓨저(diffuser)의 역할을 하는 것이 주임무이다. 그러면, 그 외 부수적으로 행해지는 기능은 무엇인가?

   답 각 단(stage)에 공기의 방향을 조절

5. 압축기 블레이드 끝부분의 두께를 감소시키는 것의 명칭은 무엇인가?

   답 프로파일 또는 스퀼러(profile or squeeler)

6. 축류형 압축기 엔진에서 전면면적이 작다는 장점 외에 다른 장점은 무엇이 있는가?

   답 높은 최고효율과 압력비

7. 터빈엔진에서 정압(static pressure)이 가장 높게 측정되는 곳은 어디인가?

   답 디퓨저부

8. 전체 흡입되는 공기유량에서 실제 연소되는 공기유량은 약 몇 퍼센트 정도인가?

   답 25~35%

9. 연소실에서 "2차 공기흐름(secondary air)"의 주된 목적은 무엇인가?

   답 라이너와 연소가스의 냉각

10. 역류형 애뉼러(annular) 연소실에서 효과적인 설계란 무엇을 말하는가?

답 더 짧아진 길이와 더 가벼운 중량

11. 저압터빈 블레이드 설계에 있어서 가장 일반적인 형식은 개방형(open-tip type)인가, 아니면 슈라우드형(shrouded type)인가?

답 슈라우드형

12. 충동-반동 터빈 블레이드는 어떤 위치에서 충동터빈으로 볼 수 있는가?

답 근저(base)에서

13. 터빈을 제작하는 데 일반적으로 많이 사용하는 재질은 무엇인가?

답 니켈합금

14. 테일파이프(tail pipe)의 끝부분을 개방하는 것을 무엇이라 이름을 붙이는가?

답 배기 또는 제트노즐

15. 역추력장치의 가장 일반적인 두 가지 형태를 각각 무엇이라 부르는가?

답 기계적 차단형식과 공기역학적 차단형식

16. 터보팬엔진이 동일한 추력을 내는 터보제트엔진에 비해 소음이 적은 이유는 무엇인가?

답 낮은 배기속도를 갖기 때문이다.

CHAPTER
04

설계엔진의 예

CHAPTER
04

항·공·기·가·스·터·빈·엔·진

설계엔진의 예

3가지의 서로 다른 가스터빈엔진이 본 장에서 설명된다.

Hartford Connecticut에 있는 Pratt & Whitney(P & W)사의 JT8D 터보팬은 여객기용 항공기에 사용되고, Indiana의 Indianapolis에 있는 General Motors Allison사의 모델 250 터보축은 헬리콥터에, Canada의 Montreal에 있는 P & W사의 PT6 터보프롭은 커뮤터(commuter)기와 사업용(business)기에 사용되고 있다. 이 세 가지 엔진은 현재 전 세계적으로 가장 널리 생산되고 있는 가스터빈엔진이다.

JT8D는 터보팬으로만 생산되는데 J-52라는 명칭의 미해군 터보제트로부터 발전한 것이다. Allison 250은 원래 군용 T-63과 상업용 250model로 개발되었으며 터보축과 터보프롭모델로 생산되었는데 터보축모델이 더 널리 사용되고 있다.

PT6은 원래 군용 T-76과 상업용 PT6 두 가지로 개발되었으며, 터보프롭과 터보축모델로 생산되었는데 터보프롭모델이 더 널리 사용되고 있다.

Section 01 — JT8D 터보팬엔진

P & W사의 JT8D 터보팬엔진은 항공역사상 가장 널리 쓰이고 있는 여객기용 엔진이다. 이 엔진은 Boeing 727, Boeing 737과 McDonnell Douglas DC-9, MD-80의 동력장치로써 사용된다. 이 엔진은 저바이패스비, 전체덕트 엔진(fully ducted engine)이며, 12,500~20,000lb의 추력을 낼 수 있는 다양한 모델이 있다.

앞에서 설명한 여러 가지 엔진의 설계와 이 엔진을 비교하기 위해서 JT8D-17A의 작동데이터 일부와 구조특성을 알아보자.

1 엔진 설계특성

JT8D는 2중스풀형식의 전방팬이 달린 터보팬엔진이다. 이 엔진은 전체가 덕트로 되어있으며 혼합된 배기가스를 갖는다.

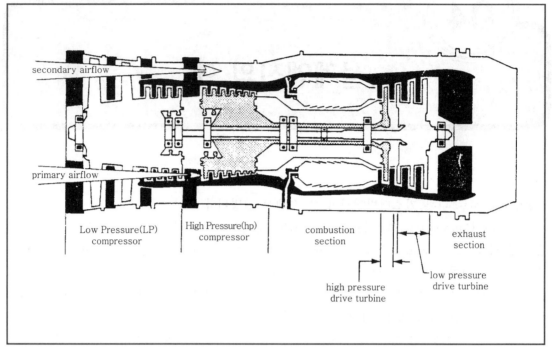

secondary airflow

primary airflow

Low Pressure(LP) compressor

High Pressure(hp) compressor

combustion section

exhaust section

high pressure drive turbine

low pressure drive turbine

[그림 4-1] Engine design features-JT8D

완전한 바이패스덕트(full bypass duct)는 고온가스와 저온가스가 대기로 배출되기 전에 혼합되도록 한다. 이 엔진은 저바이패스비, 즉 팬덕트(그림 4-1에서 2차 공기흐름)를 지나는 공기흐름의 양이 엔진 중심부를 지나는 공기량(그림 4-1에서 1차 공기흐름)과 거의 같게 된다.

이중스풀은 분리된 압축기 설계(split compressor design)로 저압압축기(LP)와 고압압축기(hp)가 서로 독립적으로 회전한다. 이것이 가능한 이유는 LP 압축기 구동축이 hp 압축기 축 내부에 동축으로 위치하기 때문이다.

N_1 압축기라고도 불리는 6단 저압압축기는 전방에 위치해 있으며 고압터빈 후방에 위치한 3단 축류터빈 로터에 의해 구동된다.

N_1 압축기의 첫 두 단은 전방팬으로 사용된다. 팬블레이드와 안쪽 부분은 1차 공기흐름을 제공하는 압축기 블레이드로써 작용하며 이 블레이드의 바깥 부분은 2차 공기흐름을 제공하는 팬블레이드로써 작용한다.

N_2 압축기라고도 불리는 7단 고압압축기는 연소기 바로 뒤에 위치한 1단 축류터빈 로터에 의해 구동된다. 두 로터시스템 N_1과 N_2는 2개의 이중베어링, 5개의 단일베어링으로 지지되는데, 이것은 엔진의 주케이스 내에 위치한 주베어링이다.

칩검출기(chip detector)가 4개의 베어링 위치에 마련되어 있고, 3개의 보어스코프구(borescope port)가 있어 계획 또는 비계획 내부검사를 수행할 수 있게 한다.

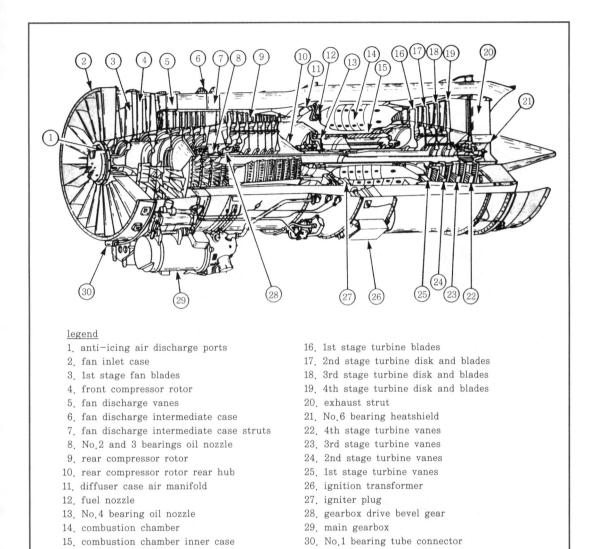

legend
1. anti-icing air discharge ports
2. fan inlet case
3. 1st stage fan blades
4. front compressor rotor
5. fan discharge vanes
6. fan discharge intermediate case
7. fan discharge intermediate case struts
8. No.2 and 3 bearings oil nozzle
9. rear compressor rotor
10. rear compressor rotor rear hub
11. diffuser case air manifold
12. fuel nozzle
13. No.4 bearing oil nozzle
14. combustion chamber
15. combustion chamber inner case
16. 1st stage turbine blades
17. 2nd stage turbine disk and blades
18. 3rd stage turbine disk and blades
19. 4th stage turbine disk and blades
20. exhaust strut
21. No.6 bearing heatshield
22. 4th stage turbine vanes
23. 3rd stage turbine vanes
24. 2nd stage turbine vanes
25. 1st stage turbine vanes
26. ignition transformer
27. igniter plug
28. gearbox drive bevel gear
29. main gearbox
30. No.1 bearing tube connector

[그림 4-2] Cutaway view-JT8D

2 주요 엔진 부분

JT8D는 모듈(module)구조이다. 어떤 모듈이든지 오버홀 중에 전체부품으로 교환할 수 있다. 모듈은 분리된 수리기능으로 나중에 오버홀하며 이것이 엔진의 오버홀과정을 빠르게 한다.

엔진에서의 전체사용시간과 모듈의 전체사용시간을 주의 깊게 분석하여 비용효율이 잘 이루어지는지를 확인하고, 재고품 중에서 다른 선택이 가능하다면 사용한지 얼마 안 되는 모듈을 오래 사용한 엔진에 설치하지 않도록 한다. 예를 들면, 불일치(mismatching)를 막기 위해 교환하는 것 대신에 모듈이 수리될 수도 있다.

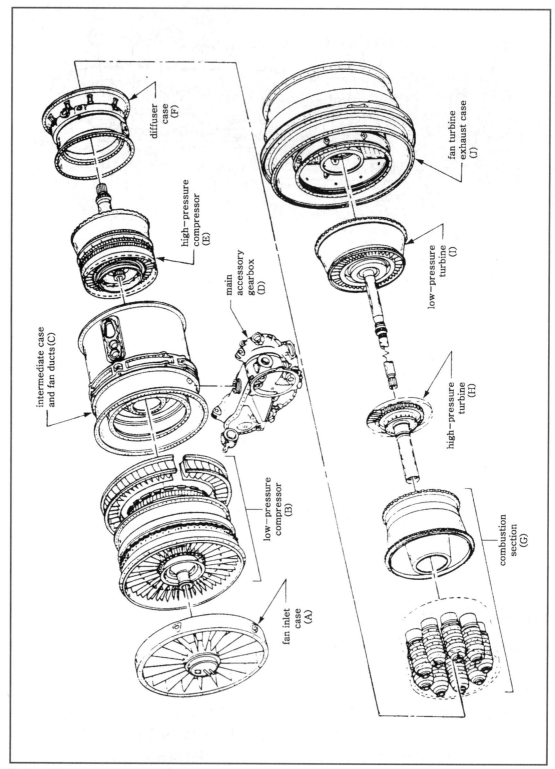

[그림 4-3] Major engine sections-JT8D

③ 저압압축기–N_1 [그림 4-4 참조]

저압압축기(N_1)는 6단으로 되어있으며, 2단은 팬으로, 4단은 압축기단으로 되어있다. 정격추력에서 N_1은 4.33 : 1의 압축비를 갖고 63.6lb/in²의 방출압력(표준대기상태에서 절대압력)을 발생시킨다.

N_1 압축기는 다음의 두 가지 기능을 한다.

① 100% 이륙속도인 8,589rpm에서 164lb/sec의 비율로 2차 공기흐름을 팬덕트 내로 가속시킨다. 팬압축비는 2.1 : 1이고 팬방출압력은 31.0lb/in² 절대압이다.

② 168lb/sec의 공기유량에서 대기압의 4.33배로 1차 공기흐름을 N_2 압축기에 제공한다.

흡입구 케이스에 위치한 No.1 단일롤러베어링은 반경방향 하중에 대해 압축기 전방을 지지하고, No.2 이중볼베어링은 축류방향과 반경방향 하중 모두에 대해 N_1 로터 후방을 지지한다.

1단 팬블레이드는 비둘기꼬리형 블레이드 루트(dovetail blade root)에 의해 디스크에 부착되고 로킹링(locking ring)에 의해 지지되며, 2단 팬블레이드는 비둘기꼬리(dovetail) 장착 방식에 의해 장착되고 탭로크(tab lock)에 의해 지지된다.

스테이터 6단은 각각 개별적이며, 연속적으로 용접된 링 어셈블리이다. N_1 압축기를 조립하기 위해서, 이 설계는 압축기를 1단씩 쌓아올리도록 되어있다. 즉, 마지막 스테이터부터 시작해서 그 다음에는 마지막 로터, 이런 식으로 1단씩 연속적으로 단을 쌓아올려 간다. 각각의 로터단은 스테이터 어셈블리 사이에 스페이서(spacer)로써 작용하는 슈라우드링(shroud ring)을 가지고 있다.

N_1 압축기는 No.2 베어링 부근에서 기계적으로 N_1 터빈축과 연결되어 있다. 이 터빈축은 N_2 압축기축을 통해 동축으로 작용한다.

④ 고압압축기–N_2

고압압축기(N_2)는 7단으로 되어있다. 정격추력에서 N_2 압축기는 거의 4 : 1의 압축비를 갖고, 표준대기상태에서 254lb/in² 절대압의 방출압력(N_1과 N_2의 총합)을 낸다.

N_2 압축기의 기능은 모든 작동조건에서 충분한 공기를 연소기에 보내는 것이다. 정격출력에서 160lb/sec의 공기유량이 N_2 압축기에 의해 이동된다.

No.3 단일볼베어링이 압축기 전방을 지지하고, No.4 이중볼베어링이 축류방향과 반경방향 하중 모두에 대해 후방을 지지한다. No.4 베어링에서 공기균형체임버(chamber)가 추력하중의 흡수를 돕는다.

7번째 단(N_2 압축기의 첫 번째 단)의 블레이드는 핀으로 장착되고 리벳으로 지지된다. 8단에서 13단까지는 비둘기꼬리형 슬롯(dovetail slot)으로 디스크에 장착되고 탭로크(tab lock)에 의해 지지된다.

스테이터 7단은 연속적으로 용접된 링 어셈블리이다. N_1처럼 N_2도 뒷단의 스테이터부터 시작하여 쌓는다.

N_2 압축기는 No.4 베어링 부근에서 기계적으로 N_2 터빈축과 연결되어 있다.

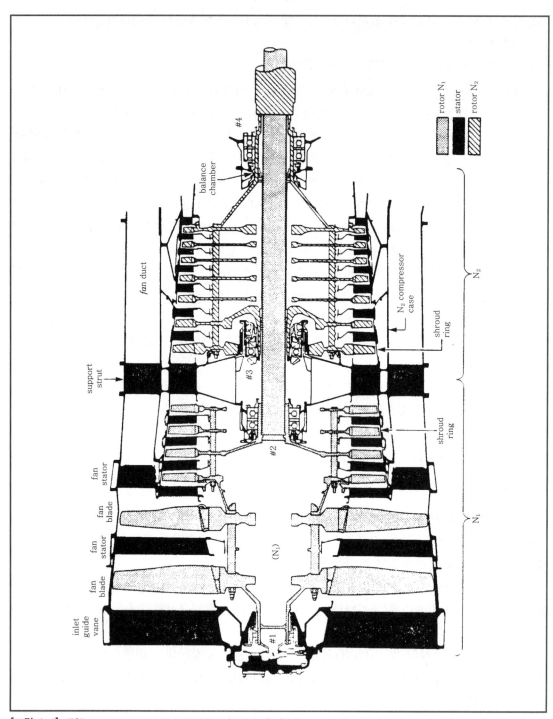

[그림 4-4] JT8D compressor section and bearings 1, 2, 3, 4

5 디퓨저 케이스

디퓨저 케이스는 엔진의 중간지지 구성품이다. 이것은 13번째 단 스테이터와 13번째 단 로터 슈라우드링(shroud ring)을 포함한다. No.4 베어링은 디퓨저 내에 있으면서 고압압축기의 후방을 지지한다.

외부케이스는 승객블리드(customer bleed)공기, 엔진방빙(anti-ice)공기, 서지방지(anti-surge) 블리드공기의 추출지점을 포함하고 있다. 또한 연료노즐 마운트를 위한 외부보스(boss)도 포함한다.

디퓨저의 주기능은 공기흐름을 직선이 되게하고, 연소를 위해 정확한 압력과 속도로 공기흐름을 확산시키는 것이다.

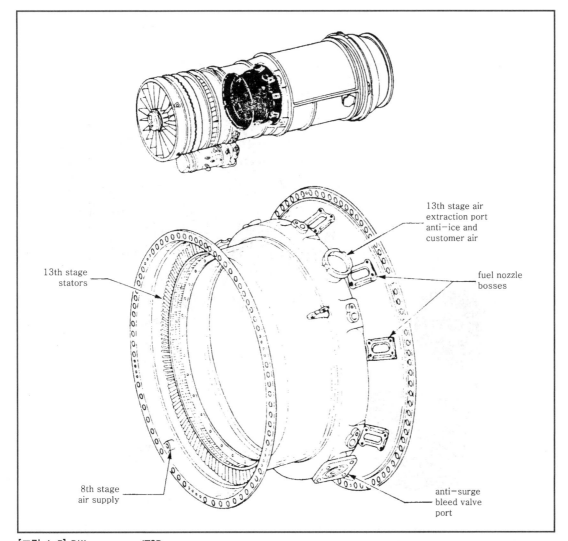

[그림 4-5] Diffuser case-JT8D

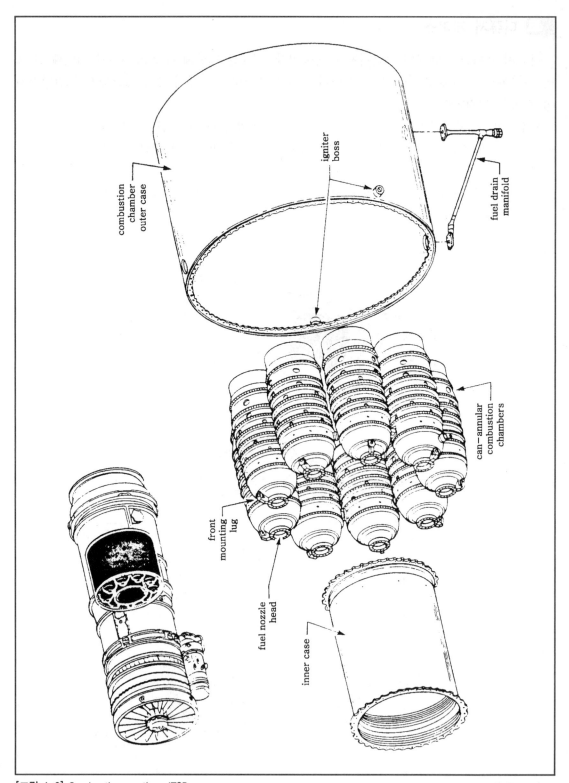

combustion chamber outer case

igniter boss

fuel drain manifold

can-annular combustion chambers

front mounting lug

fuel nozzle head

inner case

[그림 4-6] Combustion section-JT8D

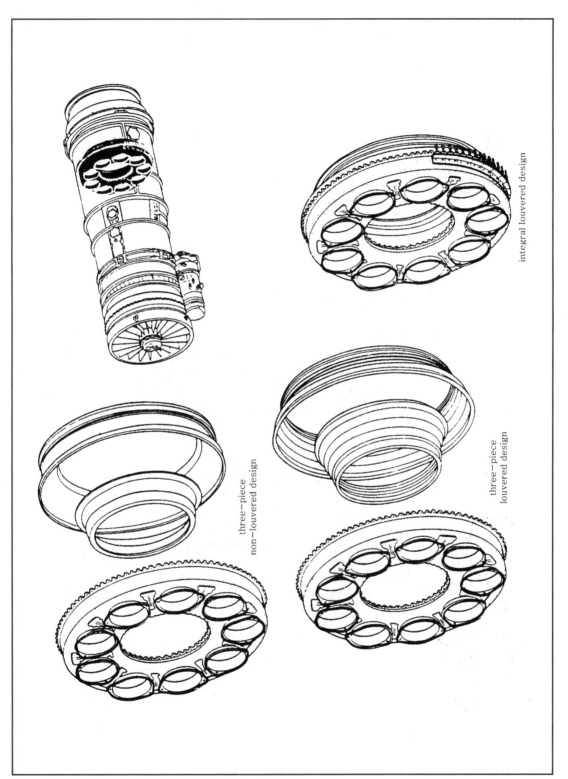

[그림 4-7] Combustion chamber rear support and outlet–JT8D

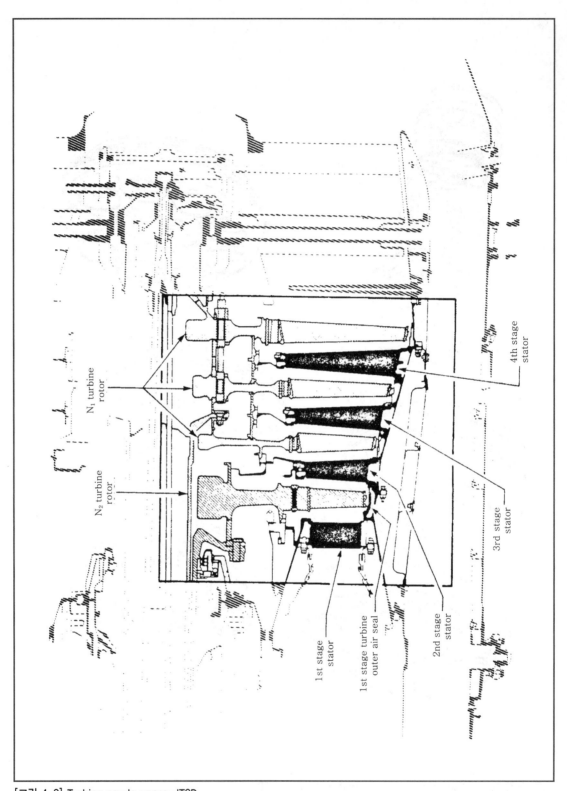

[그림 4-8] Turbine nozzle vanes-JT8D

6 연소부[그림 4-6, 7 참조]

연소부는 연소라이너(liner)를 갖고 있다. 내부케이스는 연소실의 내부벽을 형성하며 터빈 축은 이 케이스를 통과한다. 외부케이스는 연소실의 외부벽을 형성한다.

9개의 캔-애뉼러(can-annular)형 연소라이너는 라이너 위에 위치한 러그(lug)와 디퓨저 내에 있는 행거핀(hangar pin)에 의해 전방 끝이 지지된다. 이 라이너는 둥근 클램프에 의해 뒷부분 끝의 후방지지 어셈블리(assembly)에 고정된다.

연소기 후방지지대와 출구 어셈블리는 뒤쪽에 있는 9개의 라이너를 지지하며, 루버(louver)가 있는 것과 없는 것의 두 가지 형상이 있다. 둘 다 똑같은 일을 수행하지만 루버가 있는 형태가 더 최근의 설계형태이며, 13번째 단의 공기에 의해 냉각된다. 이 형태는 어셈블리가 더 높은 열충격에 견디게 하고 사용수명시간을 연장시킨다.

라이너의 앞부분은 연소를 위한 공기의 진입지점과 연료노즐 헤드(head)의 장착지점을 제공한다. 연소부의 목적은 이곳을 통과하는 공기에 열에너지를 더하고 연소 중에는 연료-공기 혼합가스를 가두고, 출구 덕트 어셈블리를 통해 터빈으로 방출시키는 것이다.

7 터빈 노즐 베인[그림 4-8, 9 참조]

터빈 노즐 베인은 4단 전체에 각각 설치된다. 첫 번째 단은 46개의 베인이 있고 이것은 N_2 터빈휠의 첫 번째 단 전방에 위치해 있다. N_1 터빈은 각각 2번째 단에 95개, 3번째 단에 79개, 4번째 단에 77개의 베인을 가지고 있다.

첫 번째 단의 베인은 외부연소 케이스를 뒤로 밀고 라이너를 제거한 후 베인을 전방으로 밀어서 앞에서부터 하나씩 제거할 수 있다. "Unit module" 저압력터빈에서 3개의 터빈과 스테이터는 한 구성품으로 제거되며 "Non-unit" 저압력터빈에서는 휠과 스테이터가 No.4 터빈휠에서부터 한 번에 하나씩 제거된다.

첫 번째 단 베인은 뒷전 슬롯과 캠버쪽(cambered-side) 슬롯의 조합으로부터의 냉각막(film cooling)과 대류(냉각흐름을 통한)에 의해 냉각된다. 그 차이는 모델(model) -9, -15, -17 엔진의 베인에서 알 수 있다.

터빈 외부공기 실(outer air seals)은 터빈 블레이드 슈라우드링(blade shroud rings)처럼 작용하고 블레이드팁에서 공기누출을 감소시킨다. 또한 터빈 외부공기 실은 베인단(vane stage) 사이의 스페이서(spacer)역할을 한다.

베인의 뒷전은 노즐로 작용하며 유효흐름면적을 형성하는데, 이것은 터빈시스템을 지나는 가스흐름의 적절한 배압유지를 돕는다. 또한 공기 실(air seal)은 가스가 가장 효과적인 각도로 터빈 블레이드를 향하게 하여 가속시킨다.

다양한 크기의 베인 모두는 정비사에 의해 엔진의 작동성능요구에 맞게 유효흐름면적을 조절할 수 있다.

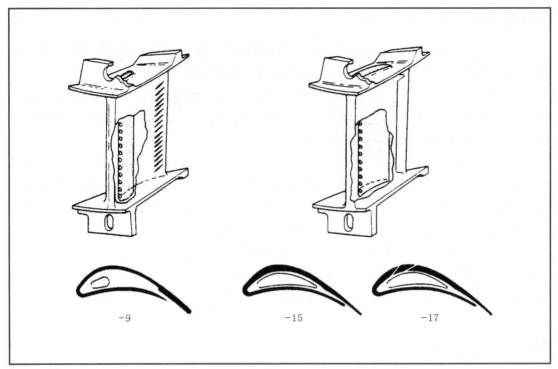

[그림 4-9] First stage turbine nozzle vanes-JT8D models -9, -15, -17

8 고압터빈 로터 – N_2[그림 4-10 참조]

고압터빈 로터는 슈라우드가 있는 충격-반동터빈 블레이드로 구성된 1단의 축류형이다. 블레이드는 전나무형 베이스(base)로 설계되며 이는 같은 모양의 디스크 슬롯(slot)에 꼭 들어맞게 된다.

블레이드는 모델 -1, -7, -9, -11, -15에서 리벳으로 고정되고 모델 -17 엔진에서는 옆판(side plate)에 의해 고정된다.

초기모델의 엔진에서는 슈라우드팁 칼날형 실(knife-edge seal)을 가지고 있지 않고 실(seal)은 터빈 외부공기 실과 슈라우드링에 위치한다. -15와 -17 엔진에서 칼날형 실은 블레이드팁 슈라우드에 위치하며 이 방법이 더 좋은 것으로 알려져 있다. -15와 -17 모델에서 외부공기 실은 허니컴 설계로 되어있는데 이것은 간격(clearance)을 더 밀착시켜 공기누출을 적게 한다.

N_2 터빈은 No.5 베어링에 의해 지지된다. N_2 터빈축은 N_2 터빈축 내부에 동축으로 위치하는 N_1 터빈축을 중앙에 두는 No.4-1/2 베어링을 갖으며 N_2 터빈축의 전방 끝에 있는 스플라인(spline)은 N_2 압축기 뒤쪽 축을 연결한다.

N_2 터빈은 연소기가 방출하는 에너지의 일부를 N_2 압축기와 주보기 기어박스(main accessory gear box)를 구동시키는 축마력으로 전환시키는 기능을 한다.

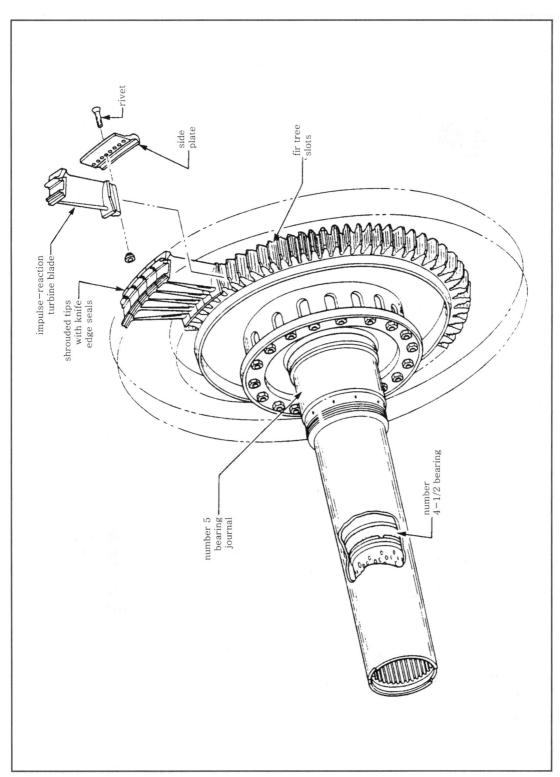

[그림 4-10] High-pressure turbine-JT8D

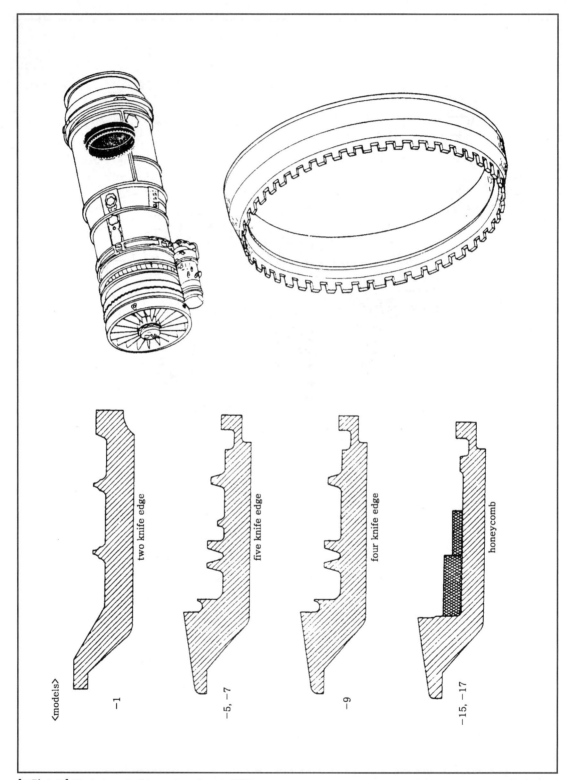

[그림 4-11] First stage turbine outer airseal-JT8D

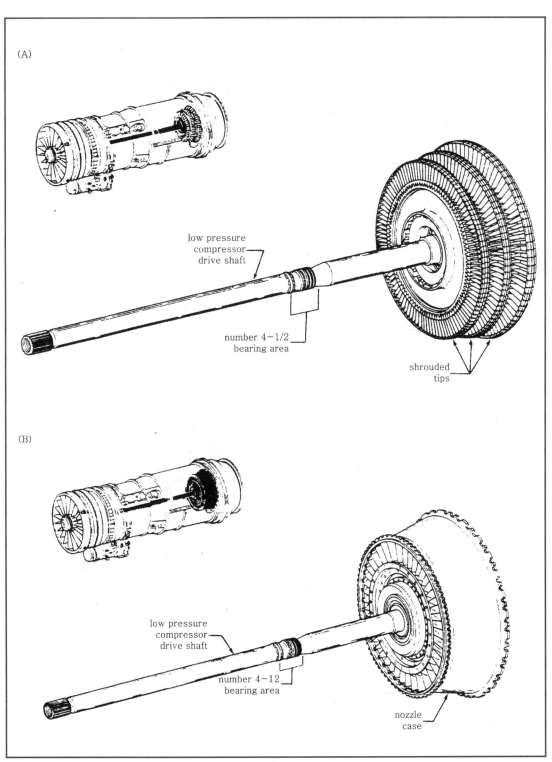

(A)

low pressure
compressor
drive shaft

number 4-1/2
bearing area

shrouded
tips

(B)

low pressure
compressor
drive shaft

number 4-12
bearing area

nozzle
case

[그림 4-12A] Low pressure turbine(non-unit)-JT8D Models
[그림 4-12B] Low pressure turbine(unit type)-JT8D Models(9, 15, 17)

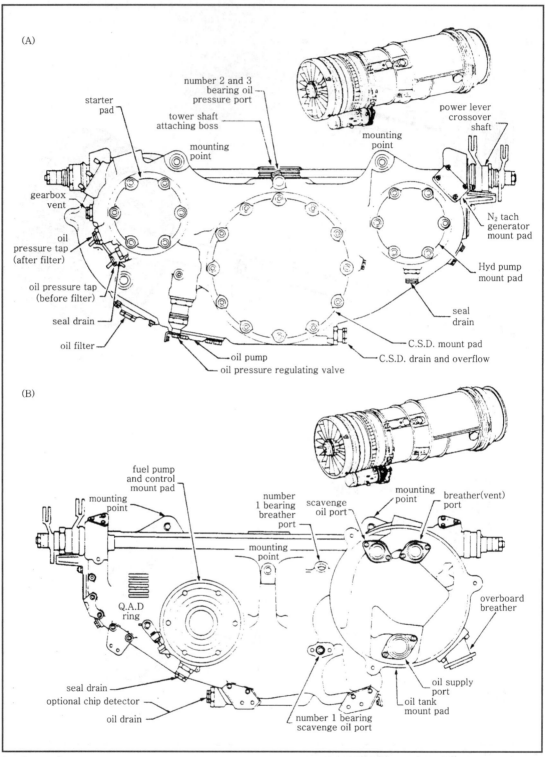

[그림 4-13A] Main accessory gearbox-rear - JT8D
[그림 4-13B] Main accessory gearbox-front - JT8D

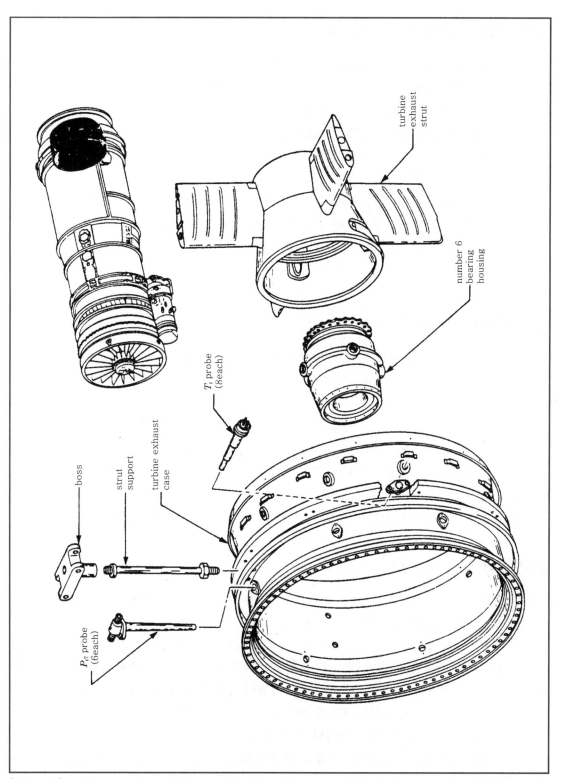

[그림 4-14] Turbine exhaust case–JT8D

9 저압터빈-N_1[그림 4-12 참조]

저압터빈은 "Non-unit"과 "Unit-module"의 두 가지 형태가 있다. Non-unit은 수리할 때 모두 제각기 작업이 진행되고 Unit-module은 하나의 어셈블리로써 장탈되고 교환된다.

N_1 터빈은 슈라우드가 있는 3단 축류형 충격-반동터빈 블레이드이다. 블레이드의 베이스(base)는 전나무형태의 톱니모양으로 터빈 디스크 톱니(serration)에 맞게 되고 블레이드는 리벳으로 디스크에 고정된다. 터빈 블레이드팁은 칼날형 실을 가진 연속적인 슈라우드링에 의해 밀폐된다.

N_1 터빈축은 외경의 No.4-1/2 베어링에 장착된다. 이 베어링의 외부레이스(race)는 N_2 터빈축 내에 위치하며 높은 토크부하에서 N_1 축의 휘핑(whipping)을 방지한다.

N_1 터빈의 기능은 N_2 터빈을 지나온 가스에너지를 N_1 압축기를 구동시키기 위한 마력으로 전환하는 것이다.

10 주보기 기어박스[그림 4-13 참조]

주보기 기어박스는 N_2 압축기 전방축 아래의 팬 외부케이스의 6시 방향에 위치한다. 기어박스는 레디얼(radial)축에 의해 구동되는데 이 축은 N_2 압축기 전방에 위치한 베벨기어 구동장치에 연결된다. 이 기어박스는 구동패드(drive pad)에 감속기어가 주어지며 이 패드에는 연료펌프/연료조절장치, CSD(Constant Speed Drive), 시동기, 유압펌프, 타코미터발전기(tachometer generator)와 같은 구성품과 보기가 장착된다. 기어박스의 전면에는 주오일탱크(main oil tank)의 장착표시지점이 있다.

기어박스 하우징(housing)에는 또한 집합적인 장착지점이 있어 주오일펌프, 소기오일펌프, 오일필터, 오일압력조절밸브 그리고 벤트시스템 공기-오일 분리기 등이 장착된다.

11 터빈 배기 케이스[그림 4-14 참조]

터빈 배기 케이스는 엔진의 코어를 지나는 1차 공기흐름을 위한 배기노즐을 형성한다. 팬덕트의 후반 부분은 복합된 1차와 2차 배기노즐을 형성한다.

터빈 배기 케이스는 배기덕트를 형성하고 혼합흐름덕트로 방출하기 전에 1차 공기흐름을 최종적으로 곧게 만들기 위한 4개의 에어포일모양 스트러트(strut)에 의해 지지된다. 이 케이스는 또한 No.6 베어링을 가지는데 이는 저압터빈의 후방을 지지한다. 베어링 하우징은 터빈 배기덕트의 스트러트를 통과하는 4개의 지지봉(support rod)에 의해 위치된다.

외부케이스는 6개의 터빈 방출 전압력(P_{t7}) 측정탐침(probe)을 위한 장착지점을 제공하는데 이것은 EPR(엔진압력비) 지지시스템의 한 부분이다. 8개의 터빈방출 전온도(T_{t7}) 측정탐침도 이 케이스에 장착되는데 이것은 EGT(배기가스온도) 지지시스템의 한 부분이다.

12 주베어링[그림 4-15 참조]

로터시스템을 지지하는 볼과 롤러형식의 7개 주베어링이 있다. 4개의 베어링은 N_1 시스템을 지지하고 3개의 베어링은 N_2 시스템을 다음과 같이 지지한다.

No.1 베어링은 N_1 압축기 전방을 반경하중에 대해 지지하는 롤러베어링이다. 이것은 분무와 증기상태로 윤활된다. 가스통로의 오일누출은 6단계 블리드 공기에 의해 가압되는 래버린스 공기-오일 실링에 의해 방지된다.

No.2 베어링은 이중볼베어링으로 N_1 압축기의 후방을 반경방향과 축방향 하중에 대해 지지한다. 이것은 오일분류(stream)에 의해 직접 윤활을 하고 래버린스 공기-오일 실링에 적합하다. 이것도 역시 6단계 블리드 공기로 가압된다.

No.3 베어링은 볼베어링으로 N_2 압축기의 전방을 지지한다. 이것을 오일제트에 의해 직접 윤활을 하고 래버린스 공기-오일 실링에 적합하고 6, 7단계 블리드 공기로 가압된다.

No.4 베어링은 이중볼베어링으로 N_2 압축기의 후방을 지지한다. 오일제트에 의해 직접 윤활하며 래버린스 공기-오일 실링에 적합하고 8단계 블리드 공기로 가압된다.

No.4-1/2은 단일롤러형식의 베어링이다. 이것의 외부레이스는 N_2 터빈축의 내부 중간에 위치하고 롤러와 케이지(cage) 어셈블리는 N_1 터빈축에 위치한다. 이 베어링은 큰 회전속도에서 N_1 축의 휘핑(whipping)을 막는다. 이것은 오일제트로부터 직접 윤활되며 링형식의 탄소 실을 이용하여 가스통로로의 오일손실을 막는다.

No.5 베어링은 N_2 터빈축의 전방을 지지하는 단일롤러베어링으로, 분무상태로 윤활되고 Face-type 탄소 실로 밀폐된다. 마지막 단계(13단) 공기는 탄소 실의 프리로드(prelod)로 사용한다.

No.6 베어링은 N_1 터빈의 후방을 지지하는 단일롤러형태의 베어링이다. 이것은 직접 윤활되는 베어링이며 탄소링형식의 실에 의해 누출을 막는다. 실은 마지막 단(13단)의 블리드 공기에 의해 여압된다.

13 기타(Additional Information)

엔진의 스테이션, 방향 기준, 구조재료에 관한 것은 그림 4-16, 17, 18에, 성능에 관한 것은 그림 4-19, 20, 21, 22에 나타나 있다.

JT8D 엔진의 윤활계통은 6장에서 자세하게 다룬다.

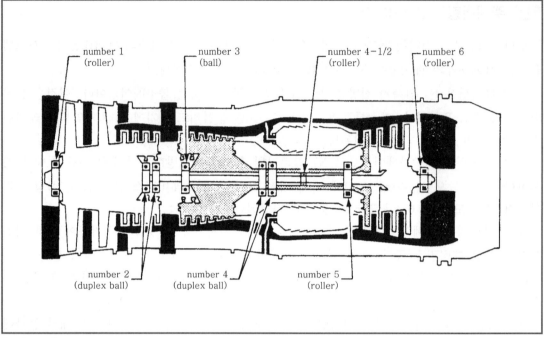

[그림 4-15] Bearing locations-JT8D

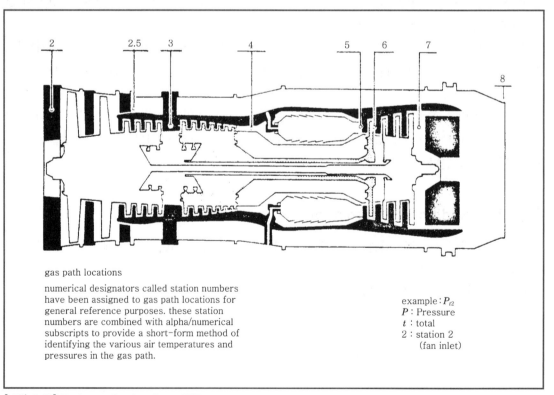

gas path locations

numerical designators called station numbers
have been assigned to gas path locations for
general reference purposes. these station
numbers are combined with alpha/numerical
subscripts to provide a short-form method of
identifying the various air temperatures and
pressures in the gas path.

example : P_{t2}
P : Pressure
t : total
2 : station 2
(fan inlet)

[그림 4-16] Engine station locations-JT8D

directional references

right and left side directional
references and clock positions
are designated, viewing the
engine from the rear.

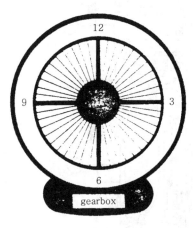

combustion chamber numbering,
viewed from the rear, is in a
clockwise direction commencing
at the 12:00 clock position.

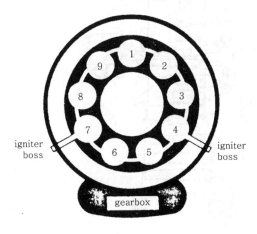

[그림 4-17] Directional references−JT8D

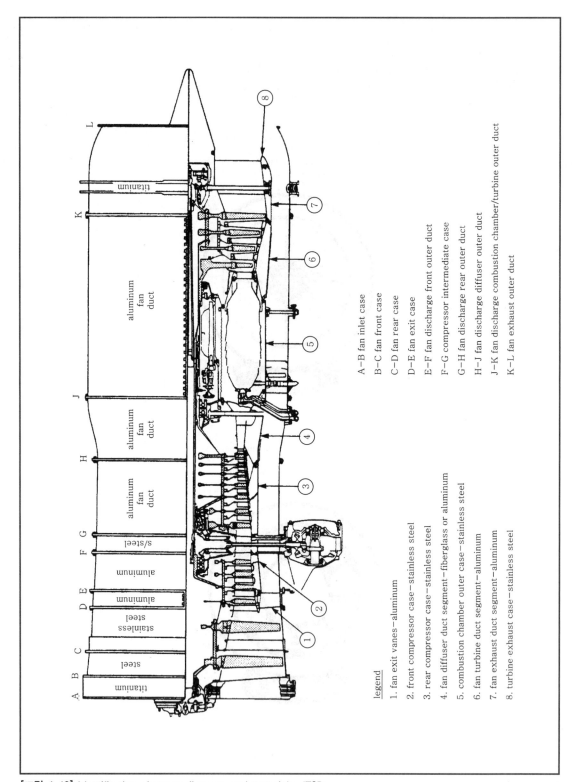

[그림 4-18] Identification of cases, flanges, and materials–JT8D

legend

1. fan exit vanes–aluminum
2. front compressor case–stainless steel
3. rear compressor case–stainless steel
4. fan diffuser duct segment–fiberglass or aluminum
5. combustion chamber outer case–stainless steel
6. fan turbine duct segment–aluminum
7. fan exhaust duct segment–aluminum
8. turbine exhaust case–stainless steel

A–B fan inlet case
B–C fan front case
C–D fan rear case
D–E fan exit case
E–F fan discharge front outer duct
F–G compressor intermediate case
G–H fan discharge rear outer duct
H–J fan discharge diffuser outer duct
J–K fan discharge combustion chamber/turbine outer duct
K–L fan exhaust outer duct

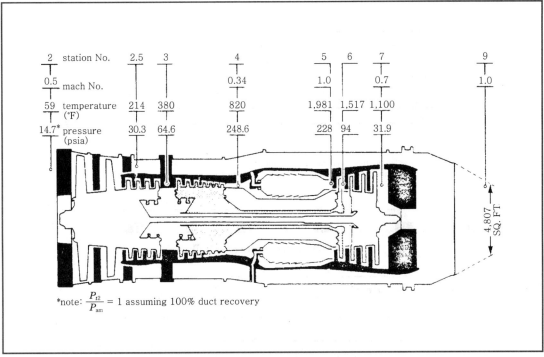

[그림 4-19] Typical take-off valves-JT8D-17A(average performance)

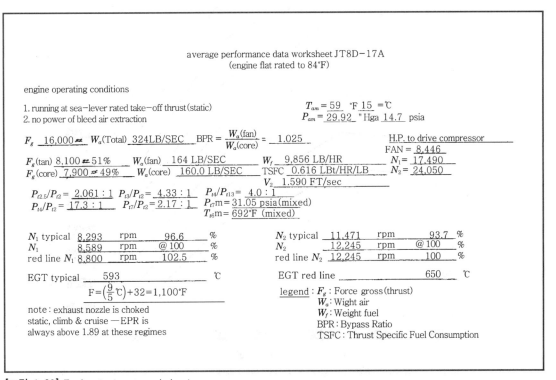

[그림 4-20] Engine test-run worksheet

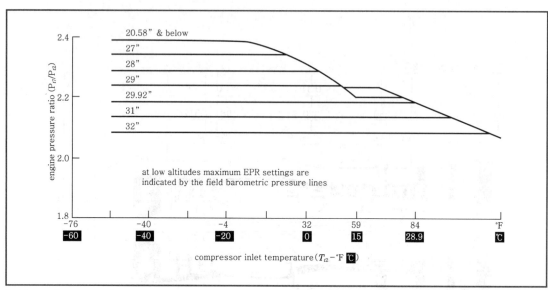

[그림 4-21] Take-off EPR setting JT8D-17

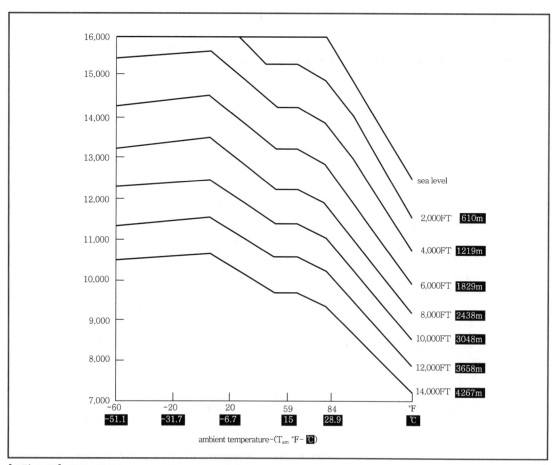

[그림 4-22] JT8D-17 Thrust according runway altitude

Section 02 → Allison 250 터보축엔진

Allison 250 터보축엔진은 General Motors사의 Allison Division에서 생산된다.

현재 헬리콥터에 널리 사용되는 Allison 250 엔진은 터보프롭엔진을 비롯하여 몇 가지 다른 모델을 가지고 있다. 여기서는 C20B, F, J 모델만을 설명한다.

C20은 2축 터보축으로 6단 축류압축기와 1단 원심압축기의 조합으로 되어있다. 이것은 역류 애눌러 연소실과 가스발생기 터빈, 또는 N_1 터빈이라 부르는 2단 고압터빈을 가지며 파워터빈이나 N_2 터빈이라 부르는 2단의 저압터빈이 있다.

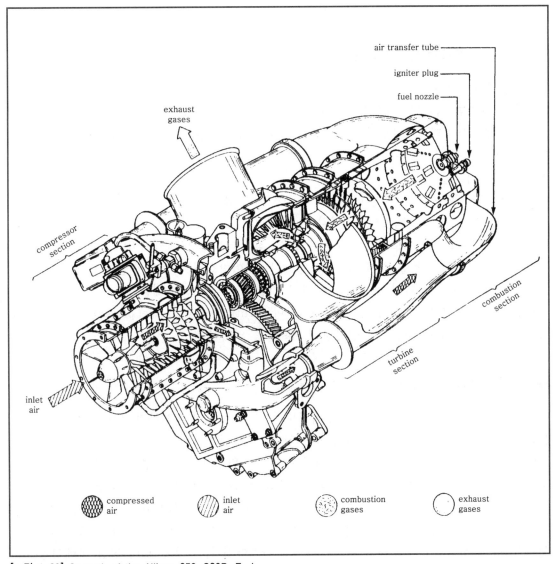

[그림 4-23] Gaspath of the Allison 250-C20B, F, J.

1 Allison 250의 가스통로

C20 모델은 7.1 : 1의 압력비와 52,000rpm(N_1)에서 3.6lb/sec의 공기유량을 가진다.
엔진의 가스통로를 지나는 공기흐름은 다음과 같다.

① 흡입구로부터 공기는 압축기의 맨 앞단으로 들어가고 마지막 단인 원심형 압축기를 지나 2개의 외부공기전달튜브를 통해 엔진의 거의 뒤쪽에 있는 연소기로 들어간다.

② 그리고 나서 가스는 전방으로 방향을 바꿔 2단의 압축기 터빈(N_1)과 2단의 파워터빈(N_2)을 지난다.

③ 마지막으로 가스는 엔진의 중간지점으로부터 배기덕트를 향해 상부 중심에서 20° 위치의 2개의 배기구로 나오게 된다.

2 4개의 주요엔진부(Modules)[그림 4-24 참조]

4개의 주요엔진은 다음과 같다.

① **압축기부** : 흡입구 하우징(housing), 축류-원심형 압축기, 디퓨저로 구성된다.

② **연소실부** : 디퓨저로부터 단일바스켓형식의 역류 애뉼러 연소실에 공기를 보내는 2개의 외부공기전달튜브로 구성된다. 연소실은 하나의 복식(duplex)연료노즐과 단일점화플러그를 갖는다.

③ **터빈부** : 2축, 4단 터빈 어셈블리와 2중 배기 출구 덕트로 구성된다.

④ **동력과 보기 기어박스부** : 출력감소기어로 5.5354 : 1의 감속비를 갖는다.

헬리콥터 트랜스미션으로의 출력구동은 100% 파워터빈 속도에서 6,016rpm이다.

다른 항공기로의 적용을 위해 연결패드(pad)는 기어박스의 전방과 후방 양쪽에 위치한다. 또한 기어박스는 여러 가지 엔진 구성품과 보기류의 장착패드를 제공한다.

엔진의 전체중량은 156lb이다. 420 정격축마력(rated shaft horse power)에서, 출력 대 중량비는 2.66 : 1인데 이는 1lb 중량당 2.66shp을 의미한다.

3 압축기부[그림 4-25, 20 참조]

압축기 어셈블리는 압축기 전방지지 어셈블리, 압축기 로터 어셈블리, 압축기 케이스 어셈블리, 압축기 디퓨저 어셈블리로 구성되어 있다.

압축기는 하나는 이중이고, 4개는 단일인 축류형과 원심형 휠로 구성된다. 축류형과 원심형의 압축기 블레이드는 모두 휠(wheel)의 부분으로서 주조되어 각각으로 분리될 수 없으며 블레이드가 블렌드(blend) 수리한계 이상으로 손상을 입을 경우 휠(wheel) 전체를 갈아야 한다.

압축기는 6단(stages) 축류압축기와 1단 원심압축기의 결합형으로 되어있다. 블레이드휠과 임펠러(impeller)는 모두 스테인리스강 재질로 만들어진다. 압축기 로터 전방 볼베어링(ball bearing, No.1)은 압축기 전방지지대 내에 있고 로터 후방베어링(No.2)은 압축기 후방디퓨저 내에 있다. No.2 베어링은 압축기 로터 어셈블리에 대한 추력베어링(thrust bearing)의 역할을 한다.

압축기 케이스 어셈블리는 스테인리스강으로 만들어진 상반부 케이스와 하반부 케이스로 구성된다. 스테이터베인(stator vane)도 역시 스테인리스강으로 만들며 이는 압축기 케이스에 용접되는 스테인리스강 밴드(band)에 납땜(brazed)된다. 케이스와 베인 외부밴드(vane outer bands) 내부표면에 열경화성 플라스틱(thermal setting plastic)이 원심주조(centrifugally cast)방식으로 부착된다. 압축기효율을 최대로 하기 위해서는 압축기 케이스와 블레이드팁 사이의 간극(clearance)을 되도록 적게 유지해야 한다. 블레이드팁이 플라스틱과 접촉하면 플라스틱은 깎여나가서 블레이드팁이나 케이스에 아무 손상도 입히지 않으면서 최소간극을 유지할 수 있게 된다. 압축기 케이스 어셈블리 블리드에어 조종밸브를 갖고 있어서 이것은 시동과 가속 중에 축류형 압축기 5단 뒤에서 공기를 블리드시킨다.

압축기 디퓨저 어셈블리는 스테인리스강으로 만들어진 전방, 후방 디퓨저 케이스와 마그네슘계 합금으로 제작된 디퓨저 스크롤(diffuser scroll)로 구성된다.

스크롤(scroll)은 공기를 모으고 이를 두 개의 엘보(elbows)로 전달한다. 각각의 엘보는 스테인리스강으로 된 회전베인(turning vane)을 갖고 있어서 바깥방향으로의 공기흐름을 후방으로 보내는 역할을 한다.

압축기 방출공기튜브(compressor discharge air tubes)는 엘보의 바깥쪽에서 압축된 공기를 연소기 외부케이스로 보내준다. 디퓨저 스크롤은 5개의 포트(port)를 가지고 있어서 공기를 블리드하거나 압축기로부터의 방출공기압력을 감지하기도 한다.

포트 중 2개는 승객용 블리드(customer bleeds)이며 나머지들은 방빙(anti-ice)밸브, 연료조종계통 감지, 압축기 블리드 공기조종밸브 압력감지에 사용한다.

4 연소부[그림 4-27 참조]

연소실 어셈블리는 두 개의 압축기 방출공기전달튜브(compressor discharge transfer air tubes)나 연소실 외부케이스 그리고 연소실 라이너로 구성되어 있다. 연소실 외부케이스는 스테인리스강 부품으로 연소실 드레인밸브(combustor drain valves), 연료분사노즐, 점화플러그를 장착하기 위한 구멍(tapped basses)이 있다.

연소실 드레인밸브 장착을 위한 두 개의 구멍이 있는데 항공기에 엔진 장착시 6시 방향 근방에 밸브를 위치시키고 나머지 구멍은 막아놓는다. 연료분사용 노즐은 연소라이너 후방에 위치하여 이를 고정해주며 점화플러그는 연소라이너 원주상에 위치한다.

연소라이너는 연료와 공기간의 빠른 혼합을 만들어주며 화염의 길이와 위치를 조절하여 화염이 연소실의 금속 표면에 닿지 않도록 해준다.

전체공기흐름의 약 25%인 1차 공기만이 라이너를 거쳐 연소에 사용되며 나머지 75%의 공기가 냉각을 위한 2차 공기로 사용된다.

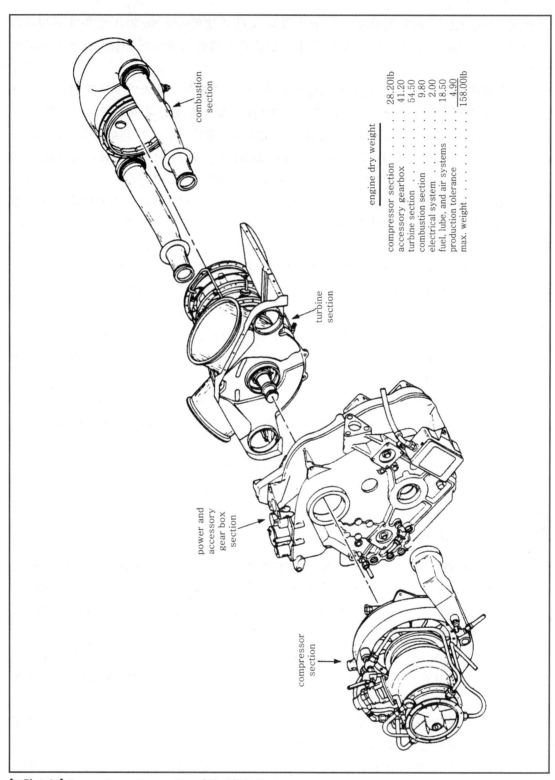

engine dry weight	
compressor section	28.20lb
accessory gearbox	41.20
turbine section	54.50
combustion section	9.80
electrical system	2.00
fuel, lube, and air systems	18.50
production tolerance	4.90
max. weight	158.00lb

[그림 4-24] Four major engine sections 250-C20B, F, J.

CHAPTER 04

설계엔진의 예

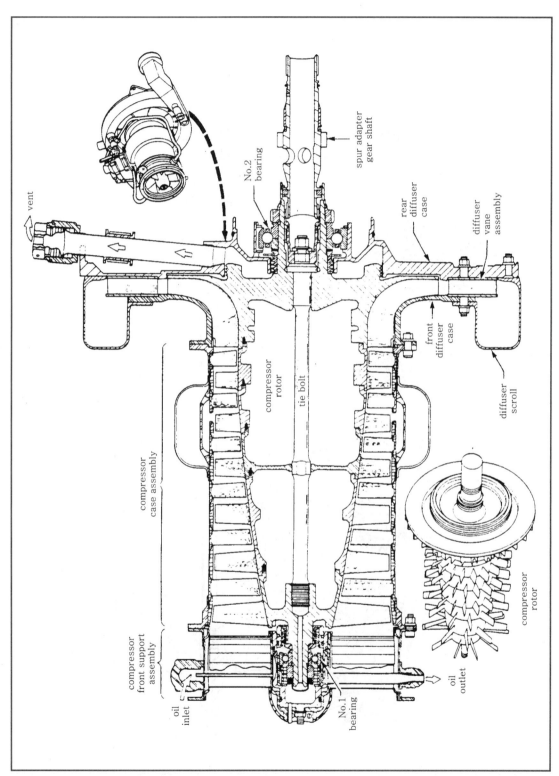

[그림 4-25] Compressor section schematic 250-C20B, F, J.

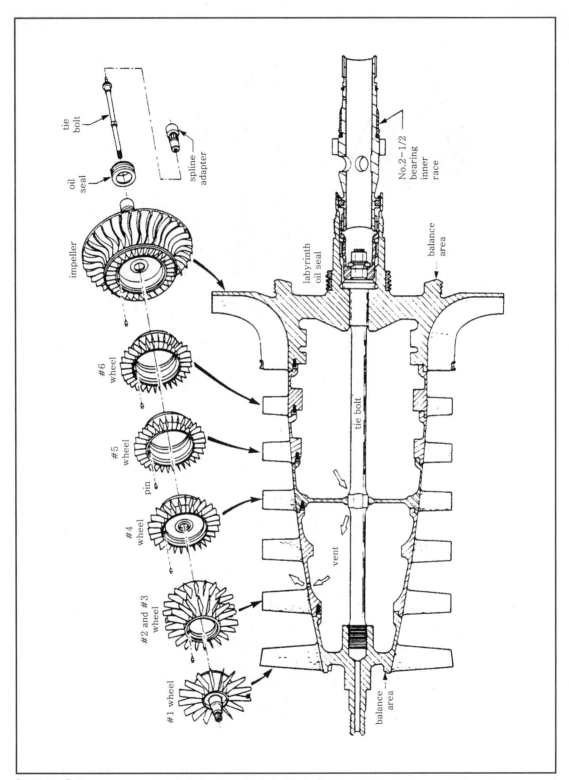

[그림 4-26] Compressor rotor exploded schematic 250-C20B, F, J.

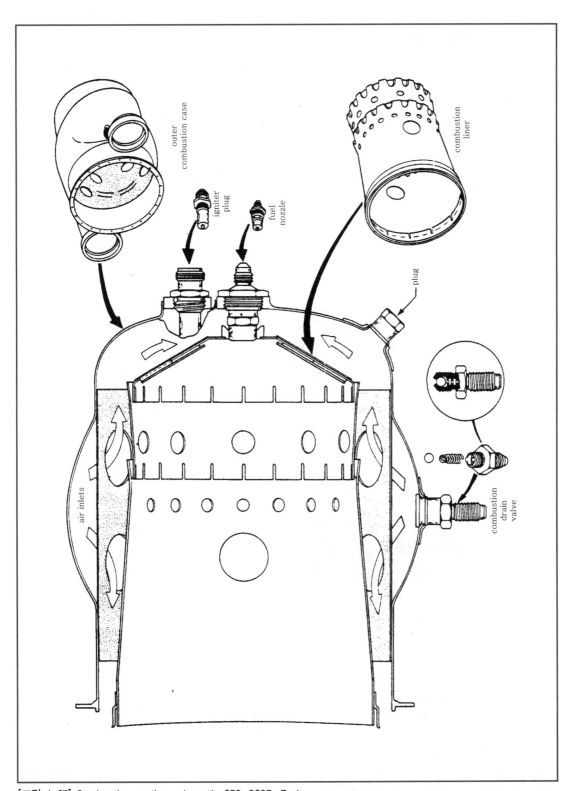

[그림 4-27] Combustion section schematic 250-C20B, F, J.

5 가스발생기 터빈

가스발생기 터빈(N_1)은 압축기 터빈이라고도 불리는데 No.1과 No.2의 2단 터빈으로 구성되며 No.1은 엔진의 후방부 연소실과 가장 가까운 위치에 놓인다.

N_1 터빈의 기능은 연소실 배출가스로부터 압축기와 기어박스를 구동시키는 동력을 얻는 데 있다. 터빈 블레이드는 팁이 열린 통합(open-tip, integral)형식(블레이드가 터빈디스크의 일부로서 주조되기 때문에 블레이드와 터빈 디스크가 서로 분리되지 않는 일체형 형식)이다.

터빈의 노즐은 첫 번째와 두 번째 휠의 전방에 각각 위치하며 배기가스의 속도를 높이고 터빈 로터 블레이드의 각도에 정확하게 맞게 가스를 보내는 역할을 한다.

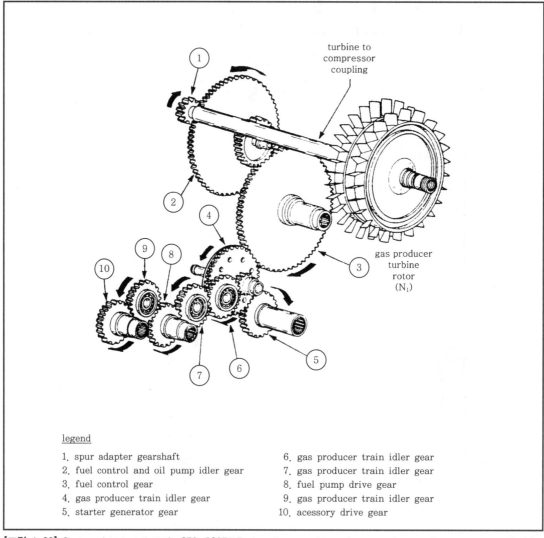

legend
1. spur adapter gearshaft
2. fuel control and oil pump idler gear
3. fuel control gear
4. gas producer train idler gear
5. starter generator gear
6. gas producer train idler gear
7. gas producer train idler gear
8. fuel pump drive gear
9. gas producer train idler gear
10. acessory drive gear

[그림 4-28] Gas producer gear train 250-C20B, F, J

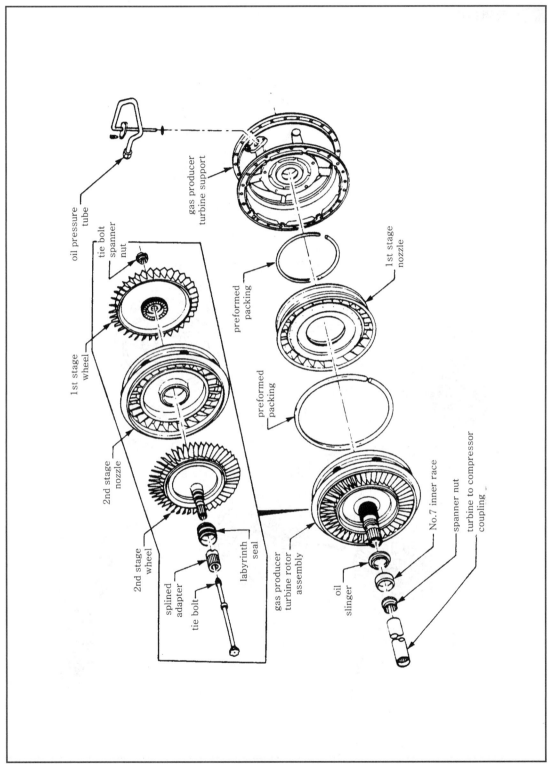

[그림 4-29] Gas producer turbine assembly 250-C20B, F, J

6 동력터빈

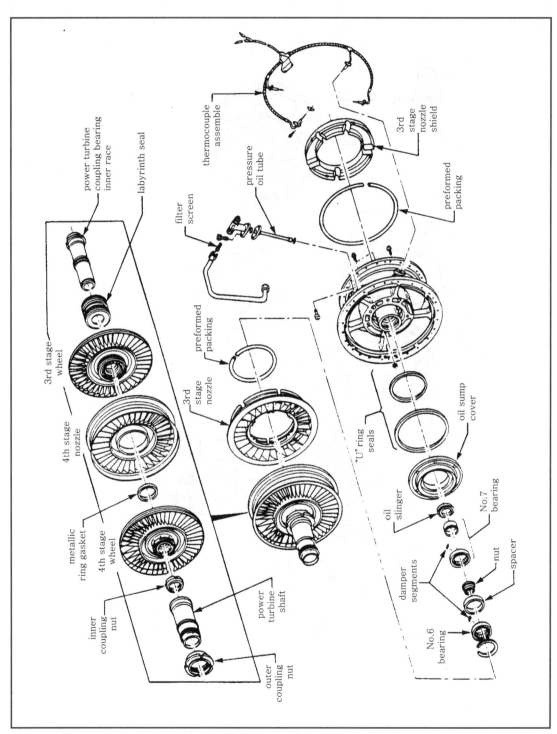

[그림 4-30] Power turbine assembly 250-C20B, F, J

동력터빈(N_2)은 배기출구에 가깝게 놓인 No.4 터빈과 No.3 터빈의 2단으로 구성된다. N_2 터빈의 기능은 피니언기어 커플링(pinion gear coupling)을 통해 동력발생기어(power output gear)를 구동시키는 것이다. 동력터빈 로터는 가스발생기 터빈을 지나온 가스의 에너지를 출력축의 동력으로 전환시키는 역할을 한다.

출력축(output shaft)의 기어는 동력출력축의 끝에 연결되어 헬리콥터의 트랜스미션(transmission)을 구동한다. 동력터빈은 슈라우드팁 통합(shrouded tip integral)형식이며 가스발생기 터빈과는 별개로써 다른 속도로 회전하기 때문에 "Free turbine"이라고도 불린다. 이러한 형태의 설계는 다음과 같은 장점을 가지고 있다.

① N_1과 N_2의 회전속도를 서로 독립적으로 선택할 수 있기 때문에 작동유연성이 더해진다.

② 각각의 터빈이 주어진 출력의 최고효율영역에서 작동 가능하므로 엔진의 전체적인 효율개선효과가 있다.

③ 엔진 시동시에 엔진 시동기(engine starter)는 N_1 로터만 돌려주면 되므로 시동이 쉽다.

동력터빈에서 생기는 추력하중은 No.5 주베어링(main ball bearing)으로 전방에서 지지되며 후방에 위치한 No.6 롤러베어링(roller bearing)으로 반경방향 하중(radial loads)을 지지한다. 제3, 4 터빈노즐은 동력터빈의 앞쪽에 위치하며 터빈 블레이드에 전해지는 가스를 가속시키고 방향을 전환하는 역할을 한다.

7 동력과 보기 기어박스

동력전달기어박스와 보기 기어박스는 압축기와 터빈 어셈블리를 위한 마운트와 지지역할을 하기 때문에 엔진의 1차 구조부재이다.

보기 기어박스에는 대부분의 윤활계통 구성품이 포함되어 있으며 서로 분리된 두 개의 기어트레인(gear train)의 결합체이다. 동력터빈의 기어트레인은 동력터빈의 회전속도를 33,290rpm에서 6,016rpm으로 저하시킨다. 이때의 기어감속비는 5.53 : 1이 된다. 동력터빈 기어트레인의 또 다른 기능으로는 토크미터 어셈블리에 연결되어 토크를 측정해주며 동력터빈 타코미터 발전기를 구동하여 동력터빈 조속기(governor)를 구동한다. 가스발생기 기어트레인은 오일펌프, 연료펌프, 연료조절기, 가스발생기 타코미터발전기, 시동기 발전기를 구동한다. 시동 중에 시동기 발전기는 가스발생기 트레인을 통해 엔진을 구동(crank)시킨다.

기어박스 하우징(housing)과 덮개(cover)는 마그네슘합금의 주조를 통해 제작한다. 이것은 동력터빈과 가스발생기 터빈의 기어트레인을 지지해주는 베어링을 수용(house)하고 있다.

하나의 압력펌프(pressure element)와 4개의 배기펌프(scavenge elements)로 구성된 오일펌프 어셈블리는 기어박스 내부와 하우징 위에 부분적으로 장착되며 오일여과기는 하우징에 장착된다. 또한 2개의 지시형 칩디텍터(indicating type detector)가 있어서 하나는 보기 기어박스의 하단부에서 설치되고 다른 하나는 기어박스의 "오일출구(oil output)"에 설치된다.

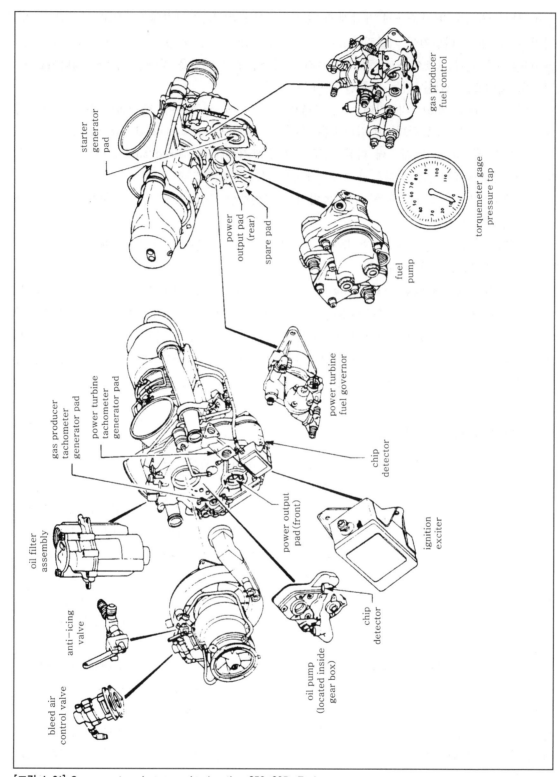

[그림 4-31] Component and accessories location 250-20B, F, J

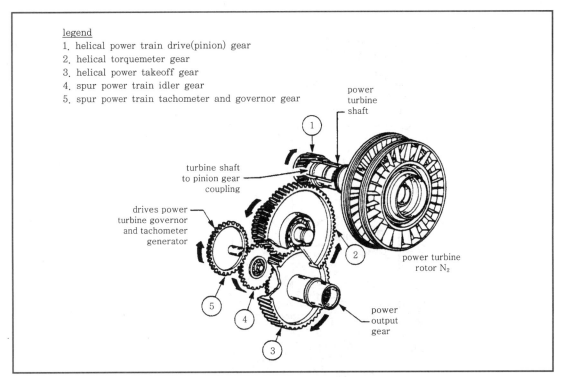

legend
1. helical power train drive(pinion) gear
2. helical torquemeter gear
3. helical power takeoff gear
4. spur power train idler gear
5. spur power train tachometer and governor gear

power turbine shaft

turbine shaft to pinion gear coupling

drives power turbine governor and tachometer generator

power turbine rotor N₂

power output gear

[그림 4-32] Power turbine gear train 250-C20B, F, J

이 밖에도 서지방지 블리드 공기(anit-surge bleed air) 조절밸브, 방빙밸브(anti-icing valve) 점화장치 등 비구동보기(non-driven accessory) 등이 장착된다.

8 엔진베어링과 윤활계통

(1) 주베어링 번호(Main Bearing Numbering)

주베어링들은 앞쪽에서 뒤쪽 방향으로 1~8까지 번호가 매겨진다. 압축기 코어 어셈블리는 No.1과 No.2 주베어링에 의해 지지되고 나선형 동력트레인 구동기어(helical power train drive gear or pinion gear)는 No.3과 No.4 주베어링에 의해 지지된다. 동력터빈은 No.5와 No.6에 의해, 가스발생기 터빈 로터는 No.7과 No.8 주베어링에 의해 지지된다.

(2) 베어링의 윤활(Lubrication of Bearings)

윤활계통은 외부오일탱크와 오일냉각기를 갖는 순환식 건식 윤활에 섬프형식(circulating dry sump type)이 사용되며 이는 헬리콥터 제작자에 의해 제작되고 장착된다. 동력출력축 베어링을 제외한 압축기, 가스발생기 터빈, 동력터빈 로터 베어링과 동력터빈의 기어메시 (gear mesh)에는 오일제트 윤활(oil jet lubrication)을 사용한다. 이외의 다른 베어링과 기어들은 오일분무(oil mist)방법에 의해 윤활된다.

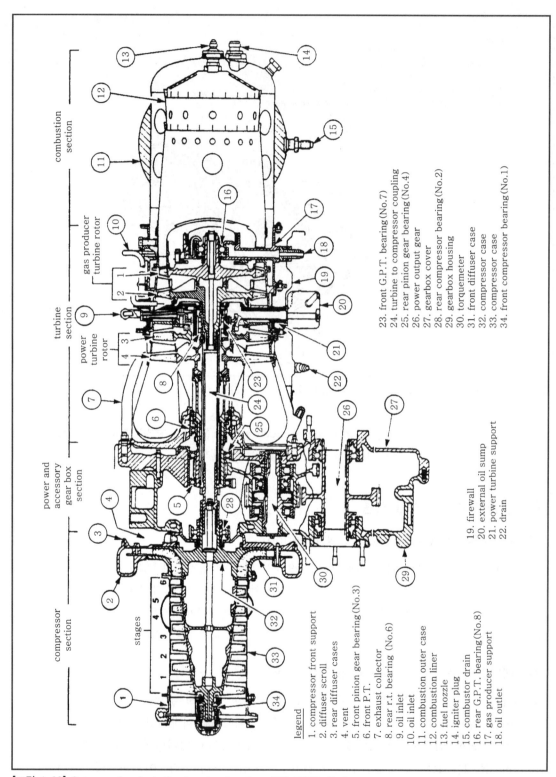

legend

1. compressor front support
2. diffuser scroll
3. rear diffuser cases
4. vent
5. front pinion gear bearing(No.3)
6. front P.T.
7. exhaust collector
8. rear r.t. bearing (No.6)
9. oil inlet
10. oil inlet
11. combustion outer case
12. combustion liner
13. fuel nozzle
14. igniter plug
15. combustor drain
16. rear G.P.T. bearing(No.8)
17. gas producer support
18. oil outlet

19. firewall
20. external oil sump
21. power turbine support
22. drain

23. front G.P.T. bearing(No.7)
24. turbine to compressor coupling
25. rear pinion gear bearing(No.4)
26. power output gear
27. gearbox cover
28. rear compressor bearing (No.2)
29. gearbox housing
30. torquemeter
31. front diffuser case
32. compressor case
33. compressor case
34. front compressor bearing(No.1)

[그림 4-33] Cutaway view including bearing locations 250-C20B, F, J

9 기타

성능표가 그림 4-34에 나타나 있다.

model 250-C20B, F, J ratings	output shp (min)	N₁ gas producer rpm (est)	output shaft rpm	power turbine rpm	S.F.C. lb/hr /shp (max)	F.F. fuel flow lbs/hr (max)	ram power rating at output shaft		T.O.T. measured rated gas temperature		net jet thrust lbs (min)
							torque ft-lbs (max)	shp (max)	°F	℃	
take off(5min) *30-minute power	420	52,000 102%	6,016 100%	33,290 100%	0.630	265	367	420.4	1,460	793	40
max continuous	405	51,490 101%	6,016 100%	33,290 100%	0.633	256	336	385	1,430	777	39
max cruise	366	50,200 98.5%	6,016 100%	33,290 100%	0.645	236	302	346	1,358	736	36
cruise A(90%)	331	49,180 96.5%	6,016 100%	33,290 100%	0.661	218	302	346	1,301	705	33
curise B(75%)	280	47,900 94%	6,016 100%	33,290 100%	0.698	195	302	346	1,245	674	30
groud idle	45 max	33,000 64.8%	4,500-75% to 6,300-105%	24,968-75% to 34,950-105%	----	70	----	--- -	800 ±100	427 ±38	10
flight autorotation	0	33,000 64.8%	5,900-98% to 6,480-106%	32,725-98% to 35,280-106%	----	70	----	--- -	775 ±100	413 ±38	10

performance tatings-standard, static sea level conditions

this rating is applicable only during one-engine-out operation of multi-engine aircraft

100% N₁=50,970rpm

100% N₂=33,290rpm

T.O.T.=gas producer Turbine Outlet Temperature

F.F.=Fuel Flow

S.H.P.=Shaft Horse Power

S.F.C.=Specific Fuel Consumption

$$S.F.C = \frac{F.F.}{S.H.P.} = \text{thus, take off S.F.C.}$$

$$= \frac{265\,\text{lbs/hr}}{420\,\text{shp}} = 0.630\text{lbs/hr/shp}$$

$$S.H.P. = \frac{TORQUE \times N_2 \times 0.18071}{5,252} = \frac{367 \times 6,016}{5,252}$$

where torque is in ft. lbs. & N₂ is power turbine rpm.

thus take off ram power rating shp$= \frac{367 \times 6016}{5252} = 420.4$

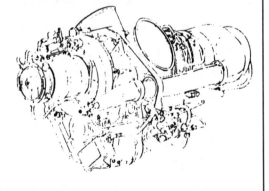

[그림 4-34] Performance Allison 250 models 20B, F, J

PT6 터보프롭엔진

PT6 터보프롭엔진은 미국 Connecticut주 Hartford의 United Technology Corporation의 자회사인 Pratt & Whitney Company of Canada의 제품으로 커뮤터나 소형 여객기의 터보프롭엔진으로 가장 널리 사용되는 엔진이다.

PT6에는 터보축엔진을 포함하여 다양한 모델이 있다. 하지만 모든 PT6는 환형흡입구(circular air inlet), 엔진의 양편에 달린 이중배기장치(dual exhaust part) 등 그 기본 형태는 같다. 출력구동축(output drive shaft)과 주보기 기어박스는 엔진의 앞쪽과 뒤쪽에 위치한다. 또한 이 엔진은 견인식(puller type)과 추진식(pusher type), 두 형식에 모두 적합하도록 설계되었다.

PT6 중 비교적 작은 모델은 500shp을 내고 무게가 약 300lb이며 큰 모델로는 1,800shp을 내고 무게가 600lb인 것도 있다. 여기서는 고정익항공기에 장착되는 PT6-34 엔진만을 다루기로 하겠다.

PT6-34 엔진은 3단(stage)의 축류압축기와 1단의 원심압축기가 결합된 형태의 압축기를 가진 2개의 축을 갖는 터보프롭엔진이다. 또한 애뉼러 역류형 연소실(annular reverse flow combustor)과 가스발생기 터빈(gas producer turbine, N_1)이라 불리기도 하는 1단의 고압터빈과 동력터빈(power turbine, N_2)이라고도 하는 1단의 저압터빈을 가지고 있다. PT6-34의 압축비는 7.0 : 1이며 6.5lb/sec의 공기유량과 38,100rpm(101.5% N_1)에서 823shp을 낸다.

1 PT6의 유로 및 엔진 스테이션 번호

엔진 내부유로를 따라 흐르는 공기의 흐름은 다음과 같다.

① 스테이션 1

공기가 흡입구를 통해 반경방향의 안쪽(radially inward)방향으로 스크린이 설치된 통로를 지나가게 되며 유로를 따라 돌아서 압축기 입구에 다다른다. 스크린(screen)은 엔진의 뒷부분을 향해 놓여있으며 엔진의 맨 끝부분에 위치한 보기 기어박스 바로 앞쪽에 놓인다.

② 스테이션 2

휘어진 압축기 입구를 통해 90°로 꺾여 전방을 향하게 된 공기흐름이 압축기 제1단에 들어선다.

③ 스테이션 3

공기가 처음 3단의 축류압축기를 지나 압축되고 마지막 1단의 원심압축기를 지나 원주방향으로 나가 디퓨저로 들어간다. 계속하여 연소라이너(combustion liner)와 연소기 외부케이스 사이를 흘러 전방으로 나아가서 연료노즐 근방에 이른다. 연소라이

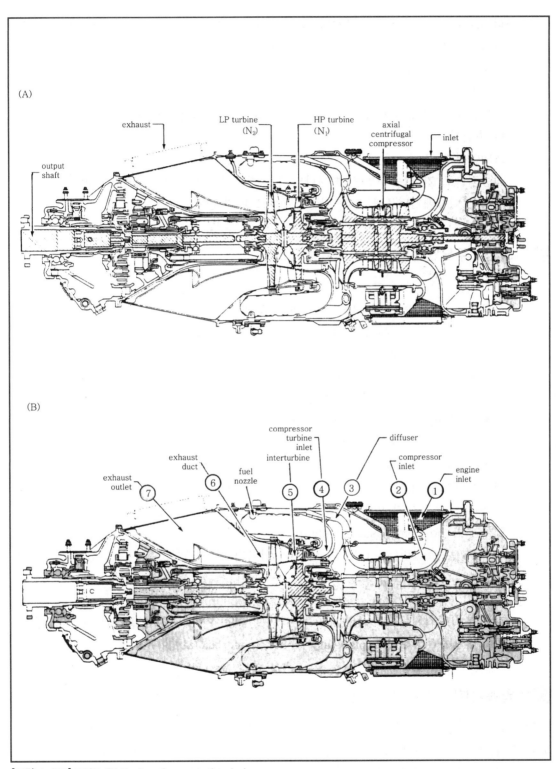

(A)

output
shaft

exhaust

LP turbine
(N₂)

HP turbine
(N₁)

axial
centrifugal
compressor

inlet

(B)

exhaust
outlet

⑦

exhaust
duct

⑥

fuel
nozzle

compressor
turbine
inlet

⑤

interturbine

④

diffuser

③

compressor
inlet

②

engine
inlet

①

[그림 4-35A] PT6A-34 Engine-Cross sectional view
[그림 4-35B] Engine stations along the gas path

너 끝부분에 이르러서는 공기의 약 1/4 정도만이 화염영역(flame zone)으로 들어가고 나머지는 라이너 주위를 감싸면서 냉각공기막(cooling air blanket)을 형성한다. 연소실 내부의 공기흐름은 압축기 내부흐름과 서로 반대방향(역방향)이 된다.

④ 스테이션 4, 5

흐름은 다시 방향을 바꾸어 1단(single-stage) 가스발생기 터빈과 1단 동력터빈을 지나 흐른다.

⑤ 스테이션 6, 7

최종적으로 가스는 터빈을 빠져나와 출력감축부(power reduction section) 앞쪽에 위치한 이중배기덕트를 통해 반경방향으로 배기된다.

▌2 5개의 주요엔진부[그림 4-36 참조]

다섯 개의 엔진 주요부는 다음과 같다.

① 프로펠러 감속기어박스부(The Propeller Reduction Gearbox Section)

감속비 15 : 1의 유성감속기어박스(planetary reduction gearbox)로 이루어지며 동력터빈이 100% 작동속도일 때 33,000rpm을 내면 프로펠러 출력플랜지(propeller output flange)는 22,000rpm으로 회전하게 한다. 장착패드(mounting pad)가 엔진 외부케이스에 보기류를 위해 제공한다.

② 터빈과 배기부(The Turbine and Exhaust Section)

2축 2단 터빈 어셈블리와 이중배기출구로 구성된다.

③ 연소실부(The Combustor Section)

외부케이스와 애뉼러 역류형인 하나의 바스켓형식 라이너로 구성되며 라이너는 14개의 연료노즐 구멍과 2개의 점화플러그 구멍을 가지고 있다.

④ 압축기부(The Compressor Section)

공기흡입구 스크린(air inlet screen)과 압축기 입구 케이스, 축류-원심 혼합형 압축기와 디퓨저 케이스(diffuser case)로 구성된다.

⑤ 보기 기어박스부(The Accessory Gearbox Section)

감속기어트레인(reduction gear train)과 여러 가지 엔진 구성품들과 보기류들을 위한 장착패드(mounting pad)로 구성된다.

▌3 압축기부[그림 4-38 참조]

압축기부는 흡입구 케이스(inlet case), 압축기 로터와 스테이터 어셈블리, 디퓨저로 구성되어 있다. 압축기 흡입구 케이스는 환형 알루미늄 주조품으로 그 앞쪽에 압축기 입구로 들어가는 공기의 통과를 위한 플리넘체임버(plenum chamber)를 형성한다. 후방부는 속이 빈

부분을 형성하는데 이 빈 부분은 인테그랄 오일탱크(integral oil tank)로 이용된다. 큰 면적의 원형 와이어스크린(wire mesh screen)이 공기 흡입구 주위에 위치해서 압축기에 흡입되는 외부물질들을 막게 된다.

압축기 로터와 스테이터 어셈블리는 3단의 축류형 로터, 3개의 단 사이의 스페이서(spacers), 3개의 스테이터, 1단의 원심형 임펠러와 디퓨저로 구성되어 있다.

첫 단의 블레이드는 티타늄으로 제작하고 나머지 단들은 스테인리스강으로 제작되며 임펠러는 알루미늄 합금으로 제작된다.

첫 단의 블레이드는 코드(cord)가 넓은데 이로 인해 충격허용을 증가시킨다.

모든 블레이드 뿌리는 비둘기꼬리형(dovetail-shape)으로 디스크에 끼워지도록 되어있으며 베인은 모두 스테인리스강으로 만들어진다.

압축기 어셈블리는 쌓인 형태로 긴 타이볼트(tie bolt) 여섯 개로 묶여진다.

첫 번째 주볼베어링과 래버린스 실링(labyrinth sealing)은 흡입구 케이스의 중심에 위치한다. 이 베어링은 압축기 로터의 앞부분을 축방향과 반경방향으로 지지한다. 이 베어링은 오일제트(oil jet)에 의해 윤활되고 래버린스 실링에 의해 가스통로로 오일이 누출되지 않는다.

두 번째의 주롤러베어링은 압축기의 뒤쪽을 반경방향으로 지지하며 가스발생기(gas generator) 케이스의 뒷부분 중심에 위치한다. 이 베어링 역시 오일제트에 의해 윤활되고 그 오일은 래버린스 실링으로 누설되는 것을 방지한다. 압축기는 압축된 공기를 원주방향으로 디퓨저에 전달하며 이 디퓨저는 가스발생기의 뒷부분에 위치한다. 여기서 정압은 공기가 확산되면서 마지막으로 증가해서 공기는 연소에 알맞은 압력과 속도로 된다. 디퓨저는 "Straigtening vane"을 갖고 있어서 공기를 축류방향으로 해서 연소실로 가게 한다.

4 연소실부[그림 4-39, 40 참조]

가스발생기 케이스의 전방은 연소실의 외부하우징을 형성한다. 가스발생기 케이스는 두 개의 스테인리스강으로 하나의 합쳐진 구조물로 되어있다. 케이스는 원형이고 14개의 장착구멍(mounting boss)을 가져 그 곳에 연료노즐을 설치한다.

또 그 곳엔 두 개의 구멍이 있는데 점화플러그 장착을 위한 것이다. 두 가지 서로 다른 유형의 연소점화방식이 PT6에서 쓰인다. 점화계통은 11장에서 다루게 된다.

연소실 라이너는 애뉼러 역류형식이고 스테인리스강 판을 말아서 만든다. 연소부는 디퓨저에서 방출되는 전체공기흐름을 받는다. 공기는 라이너의 전방 끝에 보내져서 여기서 1차 공기통로가 형성된다.

약 25%의 공기는 연료노즐 구멍 주변의 라이너로 향하고 나머지 75% 공기는 냉각공기막을 형성하도록 작용한다. 라이너 외부는 직접냉각이 이뤄지고 내부는 루버(louver)에 의해 냉각 공기흐름의 막이 형성된다.

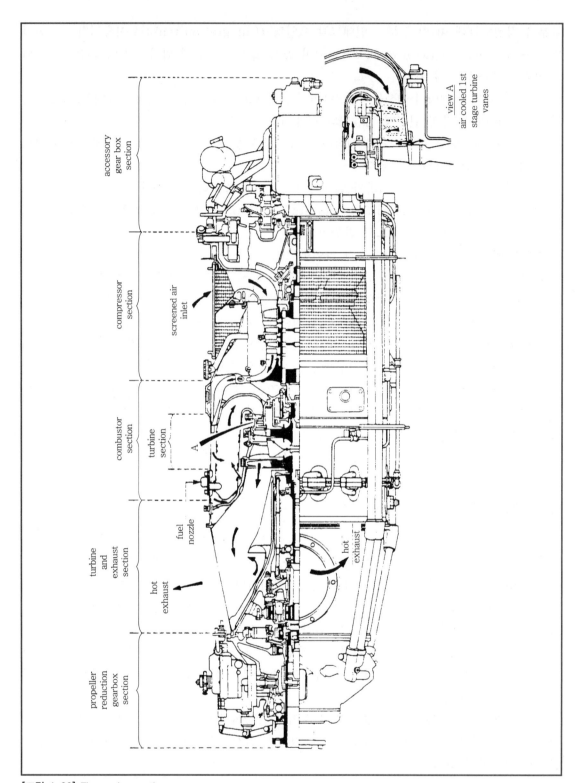

[그림 4-36] Five major sections

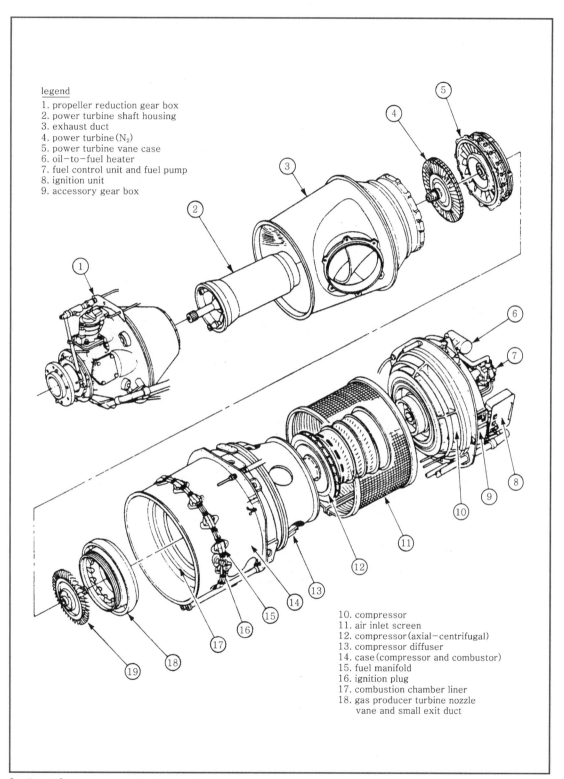

legend
1. propeller reduction gear box
2. power turbine shaft housing
3. exhaust duct
4. power turbine (N_2)
5. power turbine vane case
6. oil-to-fuel heater
7. fuel control unit and fuel pump
8. ignition unit
9. accessory gear box

10. compressor
11. air inlet screen
12. compressor (axial-centrifugal)
13. compressor diffuser
14. case (compressor and combustor)
15. fuel manifold
16. ignition plug
17. combustion chamber liner
18. gas producer turbine nozzle
    vane and small exit duct

[그림 4-37] Components of major sections

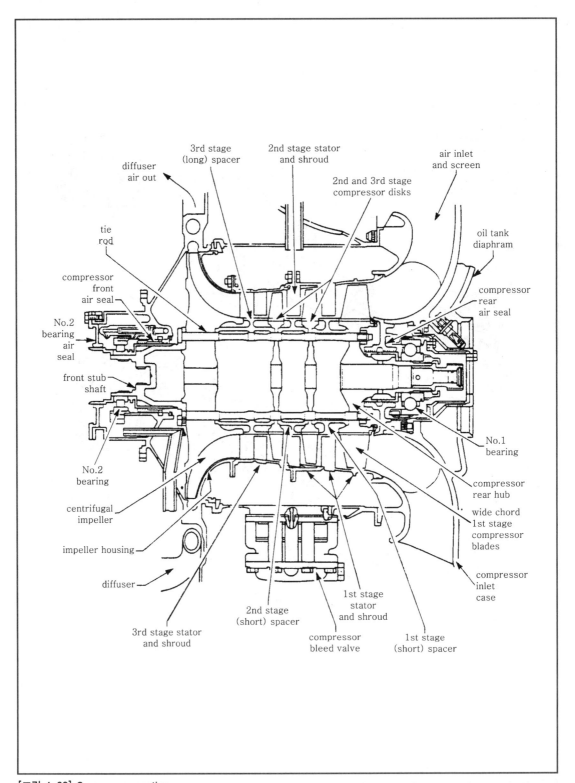

[그림 4-38] Compressor section

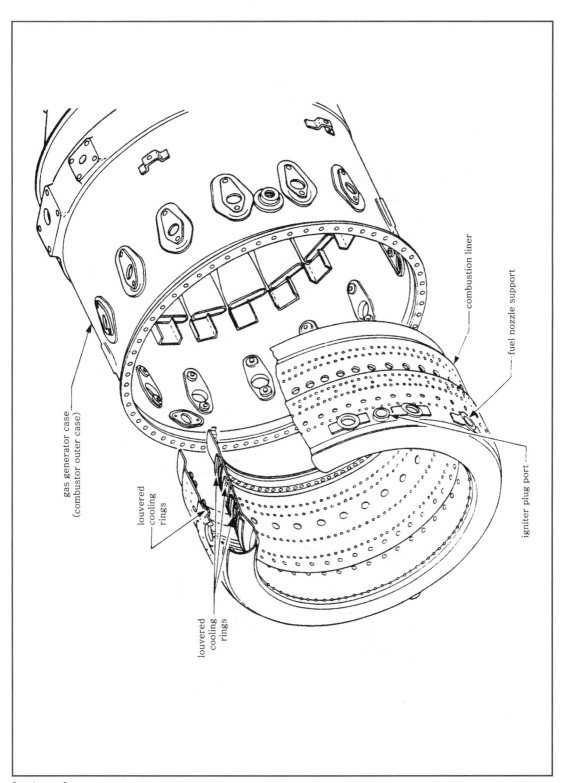

[그림 4-39] Combustor section

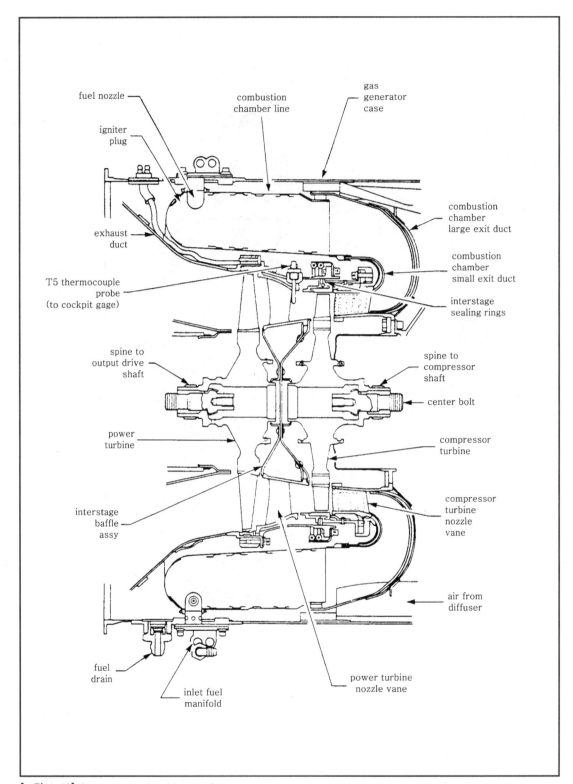

[그림 4-40] Combustor and turbine sections

5 가스발생기 터빈

가스발생기 터빈(N_1)은 압축기 터빈(compressor turbine)이라고도 하며, 한 단(single-stage)으로써 No.1 터빈 노즐과 No.1 터빈 로터로 이루어져 있다. 터빈 노즐은 14개의 니켈합금 주조물인 공기냉각이 되는 베인으로 구성된다. 베인 어셈블리는 연소가스가 터빈 블레이드에 정확한 각으로 방출되어 가속하도록 효율적인 흐름면적을 갖게 맞추어진다.[그림 4-40 참조]

N_1 터빈의 블레이드는 각각 개별적으로 장탈 가능하다. 각 블레이드의 뿌리는 전나무모양으로 터빈디스크에 고정되고 리벳으로 제자리에 있도록 고정시킨다.

블레이드는 니켈합금의 주조로 만들어지고 오픈팁(open tip)형으로 되어있다. 이 블레이드들은 팁에서 두께가 얇아지도록 설계되며 이를 스퀼러팁(squeeler tip)이라고 부른다. 이는 만약 슈라우드링과 접촉이 되면 최소로 닳게 한다.

N_1 터빈은 압축기 뒤쪽을 지지하기도 하는 No.2 베어링에 의해 지지된다. N_1 터빈의 기능은 압축기와 보기류 기어박스(accessory gearbox)를 직접적으로 연소가스에 의해 구동시키는 것이다.

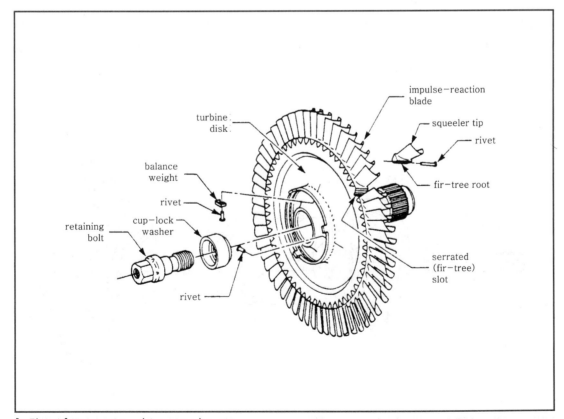

[그림 4-41] Gas producer (compressor) turbine

6 동력터빈

동력터빈(N_2)은 1단으로 No.2는 터빈 노즐과 No.2 터빈 로터로 구성되어 있다. 이것은 엔진의 전방을 향해 위치해 있고 가스발생기 터빈 바로 앞에 있다. 터빈 노즐은 냉각시키지 않는 19개의 강주조베인으로 이루어져 N_1 터빈으로부터 나오는 가스를 동력터빈에 알맞은 각도로 들어가도록 유도해 준다. 동력터빈(N_2)은 자유터빈(free turbine)으로서 압축기 터빈(N_1)과는 독립적인 작동속도를 갖는다는 뜻이다. 자유터빈의 장점은 이 장의 앞부분에 나오는 터보축엔진 Allison 250의 동력터빈에서 다루었다.

동력터빈은 터빈 디스크의 전방을 No.3 주베어링에 의해 지지한다. 이것은 롤러베어링으로 반경방향 하중을 지지한다. No.4 주베어링은 볼베어링으로 N_2 터빈축의 전방을 축방향과 반경방향 하중 둘 다 지지한다.

동력터빈의 블레이드는 니켈합금 주조로 만들어지고 전나무형 뿌리를 갖고 있으며 N_1 터빈과 비슷하지만 블레이드팁이 원형지지링을 형성하는 슈라우드(shroud)되어 있는 점이 다르다. 이 지지링(support ring)은 외부 슈라우드링을 타고 있는 이중의 칼날형 실과 맞춰지며 이것은 팁의 공기누출을 줄이고 가스가 배기덕트를 통해 엔진을 나가기 전에 필요한 에너지를 모두 뽑아내어 터빈효율을 증가시킨다.

동력터빈의 기능은 N_1 터빈을 지나온 가스에너지를 받아 이 에너지의 대부분을 동력으로 바꿔 프로펠러 감속기어박스로 전달하는 것이다. 여기서 약 95%의 고온배기동력은 동력프로펠러에 전달되고 55 정도는 추력을 만든다.

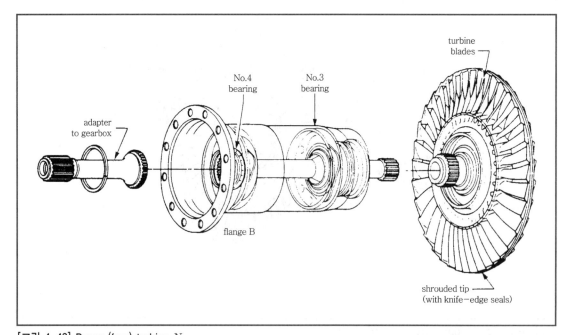

[그림 4-42] Power (free) turbine N_2

7 배기덕트

배기덕트는 열저항 스테인리스강 판으로 만들어지며 2개의 출구 포트(ports)를 제공한다. 덕트는 가스발생기 케이스의 전방플랜지(flange)에 장착되고 내부와 외부로 구성되며 외부의 원추형태 부분은 플랜지가 있는 출구 포트를 갖고 있어 외부가스통로를 형성한다.

항공기 테일파이프는 이 출구 포트에 연결되어 항공기로부터 반대방향(뒤쪽)으로 배기를 분사하며 이륙시에는 약 82lb의 제트추력을 만들어낸다. 내부는 동력감속기어박스 후방케이스를 위한 공간을 만든다. 단열판(insulation blanket)은 동력감속기어박스로 연결되어 작동되는 동력터빈축을 고온의 배기가스에 의해 가열되는 것을 막아준다.

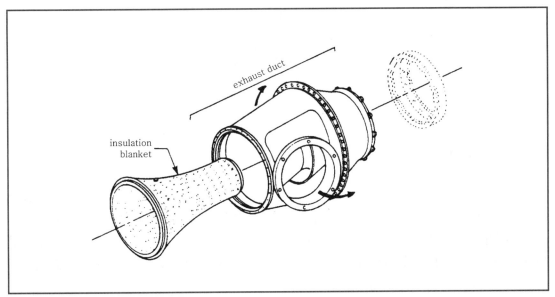

[그림 4-43] Exhaust duct

8 프로펠러 감속기어박스

프로펠러 감속기어박스는 엔진의 전방에 위치해 있고 가스발생기 전방에 부착되는 마그네슘합금 케이스로 구성된다. 동력터빈에서 생긴 토크(torque)는 첫째 단의 유성기어(planet gear)로 전달되어 프로펠러축 속도로 감속하기 시작한다. 첫 단의 유성감속계통은 프로펠러 감속케이스의 후방에 위치해 있다. 동력터빈축 어댑터(adapter)는 이 감속계통으로 이어진다.

첫째 단의 유성기어는 두 번째 단 유성기어의 충격흡수 커플링(coupling)에 의해 연결되며 두 번째 단의 유성기어는 프로펠러축에 연결된다. 마지막 감속이 이뤄지는 두 번째단에서는 이륙시 동력터빈의 33,000rpm 속도를 프로펠러축의 2,200rpm 속도로 만들게 된다.

동력감속기어박스 내에는 두 개의 베어링이 있으며 후방의 롤러베어링은 유성기어계통으로부터의 하중을 지지하고 볼베어링은 프로펠러의 추력하중을 지탱한다. 여기에 위치한 베어

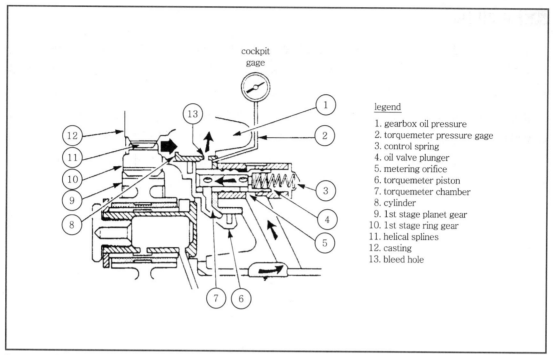

cockpit
gage

legend

1. gearbox oil pressure
2. torquemeter pressure gage
3. control spring
4. oil valve plunger
5. metering orifice
6. torquemeter piston
7. torquemeter chamber
8. cylinder
9. 1st stage planet gear
10. 1st stage ring gear
11. helical splines
12. casting
13. bleed hole

[그림 4-44] Torquemeter assembly

링들은 엔진의 주베어링으로 간주하지 않는다. 그러나, 주엔진 베어링에 공급되는 엔진윤활용 오일은 동력감속기어박스의 기어, 베어링, 토크미터(torque meter)에도 공급된다.

토크미터는 동력감속기어박스 내에 위치하며 유압기계식 장치로 첫 단의 감속기어에 연결되어 엔진동력 출력을 정확히 지시한다. 이 장치는 실린더, 피스톤, 오일, 미터링형 플런저밸브(plunger valve)로 구성된다.

첫 단의 감속정도를 출력하는 링기어(ring gear)의 회전은 첫째 단의 링기어와 토크미터 피스톤을 축방향으로 움직이게 하는 나선형 스플라인(spline)에 의해 저항을 받게 된다. 이로 인해 피스톤에 힘이 작용하고 오일밸브 플랜저로 하여금 엔진윤활오일이 실린더로 들어가게 한다. 이런 작동은 토크미터 내의 오일압력이 첫 단 링기어에 가해지는 토크와 같아질 때까지 계속된다. 토크미터 실린더 안에는 블리드홀(bleed hole)이 있어 엔진출력 감소시에 압력을 블리드시켜 오일흐름을 연속적으로 만들어준다.

엔진오일압력이 플런저밸브에 공급되면 가변입구 미터링 오리피스로써 작용하며 블리드홀은 고정된 누출구멍(calibrated leak)과 같이 작용한다. 가속시에는 블리드해서 내보내는 것보다 더 많은 오일이 들어오게 되므로 토크미터 실린더에 압력이 누적된다. 이 압력은 전기신호변환기로 전달되어 조종실의 "%"나 "psi" 단위의 토크계기에 나타난다. 출력(power)이 저하되면, 들어오는 것보다 누출 구멍으로 블리드되어 나가는 오일이 더 많으므로 조종석의 계기는 감소된 양을 가리켜 엔진출력 감소를 표시한다.

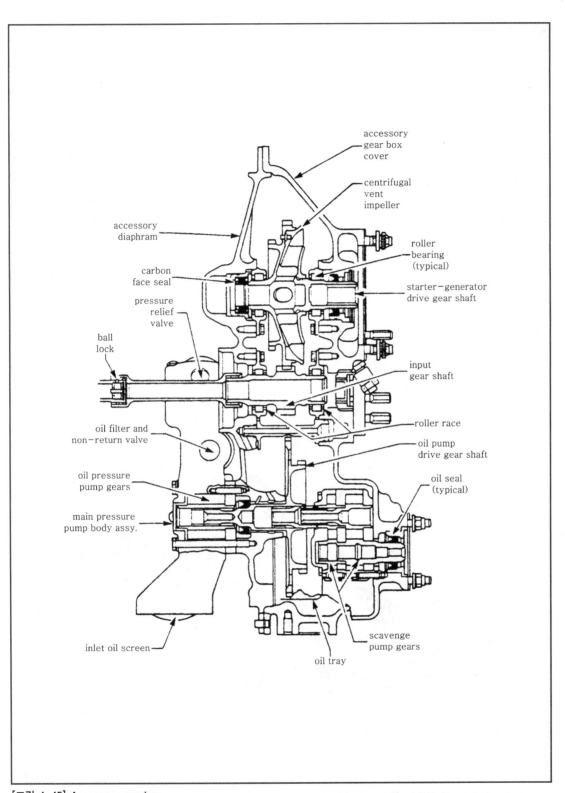

[그림 4-45] Accessory gearbox

9 보기 기어박스

보기 기어박스는 두 개의 마그네슘합금 케이스로 구성되어 압축기 입구 케이스의 후방에 연결된다. 이것은 기어 감속도 하고 다음을 위한 구동패드를 제공한다. 시동기/발전기, 연료펌프/연료조절장치, 타코미터발전기(tachometer generator), 진공펌프, 프로펠러 감속부의 소기펌프 그리고 두 개의 선택장착패드이다.

기어박스 하우징에는 오일압력 릴리프밸브와 주오일필터를 위한 장착지점이 있다. 기어박스 하우징에는 전체엔진윤활계통을 위한 압력오일펌프가 있고, 보기케이스 섬프를 위한 소기펌프, 엔진 작동시 오일거품을 방지하기 위해 설계된 오일저장소(tray), 임펠러형 공기-오일분리기와 대기로의 환기구(vent)가 있다. 이 저장소(tray)는 섬프로 빠져 나가는 소기오일이 튀는 것을 방지한다.

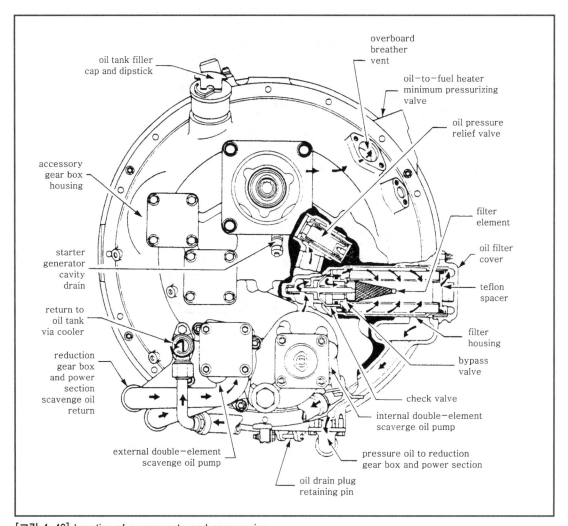

[그림 4-46] Location of components and accessories

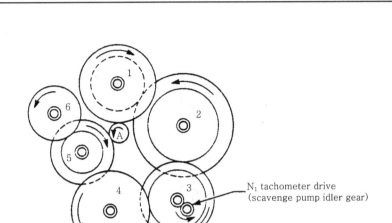

N₁ tachometer drive
(scavenge pump idler gear)

as viewed from rear

drive	ratio	max. rpm
A. input(100% N_1)	1 : 1	37,500
1. starter-generataor	0.2931 : 1	10,991
2. fuel pump/fcu	0.1670 : 1	6,262
3. internal oil scavenge and pressure pumps and tach. generator(ng)	0.1121 : 1	4,203
4. external oil scavenge pumps and optional vacuum pump	0.1019 : 1	3,821
5. optional	0.3207 : 1	12,028
6. optional	0.2041 : 1	7,654

[그림 4-47] Location and gear ratios of components and accessories

보기 기어박스의 전방칸막이(bulkhead)는 보기다이어프램(accessory diaphram)으로 불리며, 인테그랄드라이(integral dry) 섬프오일탱크 공간의 벽돌 중 하나를 형성한다. 다른 오일 밀폐벽은 압축기 입구 케이스에 의해 형성된다.

10 기타(Additional Information)

① 베어링의 위치는 그림 4-48에 나타나 있다.
② 엔진의 주요한 특성은 그림 4-49A와 B에서 보여준다.
③ PT6 윤활계통은 6장에, 연료계통은 7장에서 다룬다.

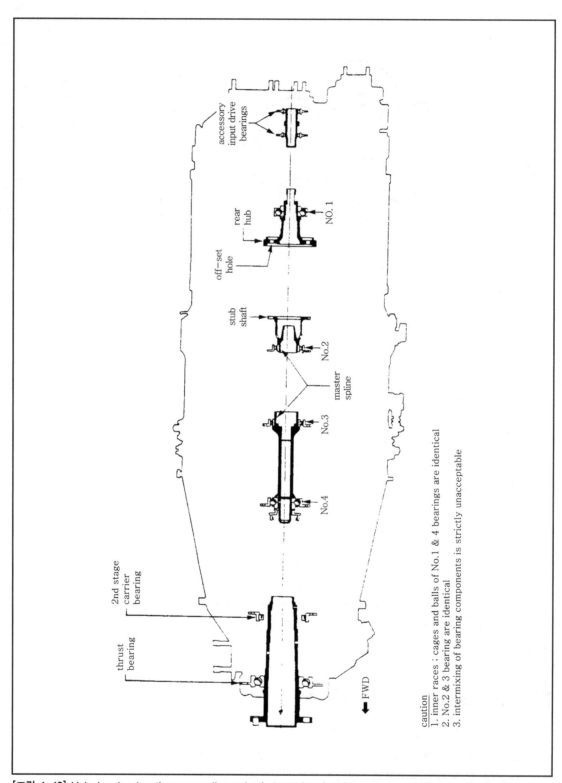

[그림 4-48] Main bearing locations, propeller reduction gearbox bearings, accessory gearbox bearings

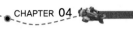
(A)

leading particulars

rating PT6A-34/-34B/-34G	eshp	shp	prop. rpm	jet thrust lb	fuel consumption (lb/eshp/hr) at 15℃(59°F)
take off	823	790*	2,200	82	0.595
max continuous enroute emerg.	823	790	2,200	82	0.595
max climb	769	736	2,200	82	0.604
max cruise	700	667	2,200	82	0.604

note : 1. *available to +30℃(+87°F) ambient
　　　2. hp(jet)=jet thrust÷2.5=33
　　　3. corresponding rotor speeds : gas generator-38,100rpm max
　　　　　　　　　　　　　　　　power turbine-33,000rpm

engine type ·· free turbine
type of combustion chamber ················ annular reverse flow
compressor ratio ··· 7.0 : 1
propeller shaft rotation(looking forward) ··········· clockwise
propeller shaft configuration ···························· flanged
propeller shaft gear ratio ···················· 0.0668 : 1
engine diameter, basic at room temperature ············ 19in
engine length, basic at room temperature ············· 62in
oil consumption, maximum average ················· 0.2lb/hr
dry weight(approximately) ····························· 292lb

(B)

operating conditions & limits

PT6A-34/-34B/-34G									
operating conditions			limits						
power setting	temp available to	max eshp	N_1 (100=37,500rpm)		N_2 (100=2,200rpm)		maximum observed ITT(T_{t5})	maximum torque ft.lb.psi	normal oil pressure (psig)	oil temperature range
			%	rpm	%	rpm				
take off and max continuous enroute emergency	30.6℃(87°F)	750	101.5	38,100	100	2,200	790℃	1,970　64.5	85 to 105	+10° to -99℃ (+50° to +210°F)
max climb	28.3℃(83°F)	700	101.5	38,100	100	2,200	765℃	1,840　60.2	85 to 105	+10° to +99℃ (+50° to -210°F)
max cruise	19.4℃(67°F)	700	101.5	38,100	100	2,200	740℃	1,840　60.2	85 to 105	0° to +99℃ (+32° to +210°F)
ground idle	−	−	52.5 (typical)	19,750	−		685℃	−	40(min)	-40° to -99° (-40° to +210°F)
starting	−	−	−		−		1,090℃	−	−	-40°(min)
momentary acceleration	−	−	102.6	38,500	110	2,420	850℃	2,100　68.4	85 to 105	0° to -99℃ (+32° to +210°F)
max reverse	−	750	101.5	38,100	95(±1%)	2,100	790℃	1,970　64.5	85 to 105	0° to 99° (+32℃ to +210°F)

[그림 4-49A] PT6a-34 Engine leading particuiars
[그림 4-49B] Operating conditions and limits

CHAPTER 05

검사와 정비
(Inspection and Maintenace)

검사와 정비
(Inspection and Maintenace)

가스터빈엔진의 기본 정비개념은 라인(line)정비와 공장(shop)정비의 2가지 등급으로 되어 있으며 이 정비들은 검사, 수정, 수리를 포함한다.

비록 오늘날의 정비는 비행라인에서 더 행해지지만, 실제로 비중있는 정비는 공장정비부에서 비행기로부터 분리된 엔진에 행해지는 것이며 공장정비는 중(heavy)정비나 오버홀정비 같은 것을 말한다.

터빈엔진을 운용하는 감독자, 기술자 또는 조종사가 기억해야 할 점은 모든 것이 경량이며 공차가 거의 없이 제작된 고속의 기계라는 점이다. 그러므로, 엔진을 정비할 때는 매우 신중하게 다루어야 한다.

이것은 확실한 기술적 과정과 공구의 정확한 사용, 특히 부품의 청결함과 공장환경의 긴밀한 조화를 포함한다.

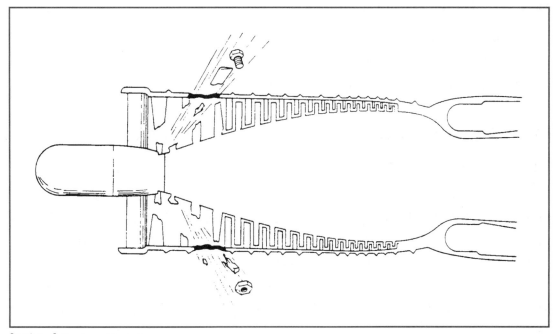

[그림 5-1] Foreign object damage

Section 01 → 라인정비

라인정비는 엔진이 항공기에 장착된 상태에서 엔진에 행할 수 있는 검사, 수정, 수리를 모두 포함한다. 대형 항공기 수리프로그램은 라인정비범주에서 모듈교환을 포함한다.

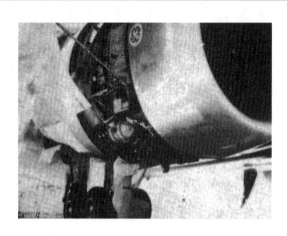

[그림 5-2] DC-10 Aircraft, General Electric CF6 engine undergoing flight line maintenance

1 가스터빈의 라인정비를 위한 특수공구[그림 5-3 참조]

Canada P & W JT15D 터보팬엔진의 라인정비를 수행하고 저장과 서비스를 위한 특수공구와 고정대들을 그림 5-3에 열거하였다. 기술자의 공구연장의 일부로서 표준공구들은 포함시키지 않았다. 공장정비공구들은 이곳에 열거하기에는 너무 다양하다.

2 이물질 손상과 침식(Foreign Object Damage and Erosion)

(1) 이물질[그림 5-4, 5 참조]

비행 중에 일어나는 압축기부의 손상은 대부분 엔진 흡입구로 들어오는 이물질로부터 일어난다. 압축기 블레이드에 대한 손상은 결과적으로 압축기의 모양을 변화시켜 성능저하, 압축기 실속 심지어 엔진을 파괴하기도 한다. 또한 이물질에 의한 손상은 정비 중 내부부품이나 이물질을 엔진가스통로에 떨어뜨려 생기는 경우도 있다.

이물질에 의한 손상(FOD)의 방지는 모든 비행라인에 있는 모든 직원들이 관심을 가져야 한다. 때때로 가장 하찮은 파편조각도 항공기 소유주에게는 수천달러의 정비비의 원인이 될 수 있다.

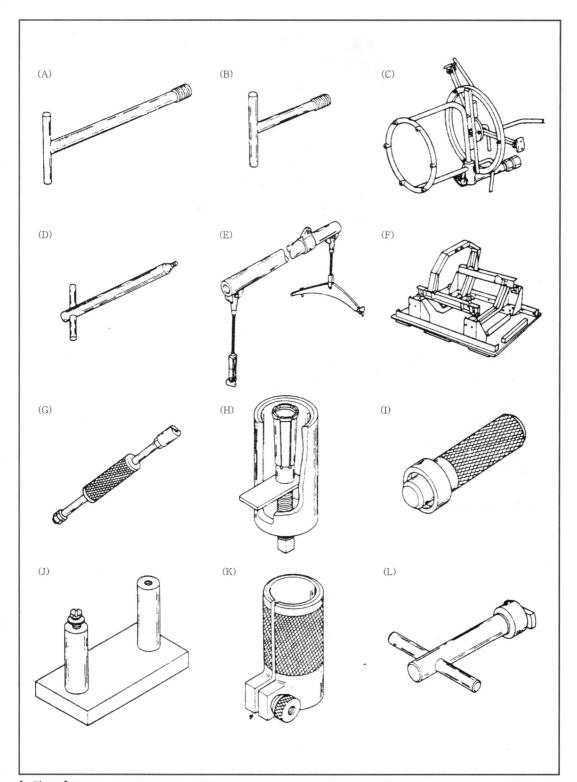

[그림 5-3] List of special tools, Pratt & Whitney JT15 turbofan, line maintenance

[그림 5-4] Compressor completely destroyed by foreign object ingestion

다음은 감독자, 기술자, 조종사을 위한 FOD 예방방법을 열거한 것이다.

① 정비직원은 램프(ramp)와 격납고지역을 깨끗이 유지하라.

② 다른 비행라인 직원들에게 작업구역 청결의 중요성을 인식시켜라.

③ 모든 직원들은 의복을 단정히 하고 항공기 작동시 주머니 속의 물건들을 안전하게 하라.

④ 엔진 작동자는 엔진을 작동하기 전에 흡입구의 이물질여부를 점검하고 다른 작동 중인 항공기의 배기물질이 들어오는 것을 피해라.

⑤ 제트기를 다루는 모든 사람은 엔진이 정지해있을 때 오염과 풍차효과를 방지하기 위하여 흡입구 덮개와 배기구 덮개를 씌워라.

※ 항공기의 부품이나 엔진부품으로부터 생기는 손상을 보통 Domestic Object Damage(D.O.D)라 한다.

(2) 침식(Erosion)[그림 5-5 참조]

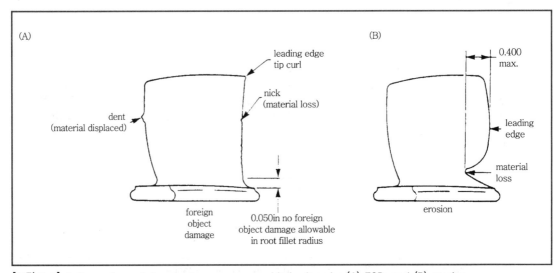

[그림 5-5] A Comparison of damage to a compressor blade done by (A) FOD, and (B) erosion

가스통로의 침식은 모래, 먼지, 공기에 포함된 오염물의 흡입에 의해 발생한다. 이것은 압축기와 터빈부 양쪽에 영향을 미친다. 반복적인 흡입에 의한 마찰효과는 표면 코팅을 벗길 수 있으며 심지어는 팬, 압축기 블레이드나 베인의 기본 금속에도 마모를 일으킨다. 또한 엔진을 떠나 배기구로 가기 전 터빈에 유사한 손상을 입히기도 한다.

현대의 항공기 설계자들은 이러한 문제점들을 잘 알고 있어 항공기 둘레의 후류(slip stream)가 오염물을 흡입구보다는 흡입구 주위로 운반하도록 시도하고 있다. 그러나 많은 구형 항공기는 이 흡입문제를 가지고 있으며 어떤 것들은 좁은 나셀로부터 넓은 고바이패스팬 엔진 나셀과 매우 낮은 지면높이를 갖도록 재구성된 것도 있다. 특히 이런 비행기들은 성능저하 및 압축기와 터빈의 침식에 의한 정비비와 연료비의 증가를 초래한다.[그림 5-6 참조]

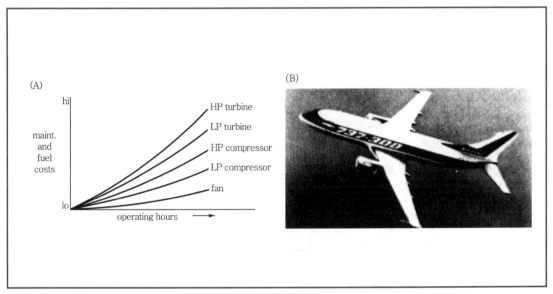

[그림 5-6A] Typical maintenance and fuel cost increase due to component efficiency losses
[그림 5-6B] High bypass engine conversion to Boeing-737 aircraft

3 압축기 필드(field) 세척

(1) 개요

압축기에서 오염물질의 누적은 블레이드의 공기역학적 효율을 감소시키고 이로 인해 엔진 성능은 떨어지게 된다. 주로 소금인 오염물질 및 연기 중의 공기와 부유하는 오염물, 농약 등의 모든 것들은 엔진으로 들어와서 내부면에 쌓인다.

먼지, 소금 그리고 부식침전물을 제거하는 보편적인 2가지 방법은 다음과 같다.

① 유체세척절차
② 그리트블라스트 연마(abrasive grit blast)

(2) 유체세척절차(Fluid Cleaning Procedure)

유체세척절차는 먼저 압축기 표면에 유체를 뿌리고 나서 린스용액을 적용시키는 것이다. 이것은 저속으로 시동기에 의해 모터링되는 동안 이루어진다.

그림 5-7은 P & W PT-6 터보축엔진의 성능회복 세척장치를 나타내고 있다. 세척과정은 반드시 제조자의 정비지침서에 의해 정확하게 수행되어야 한다.

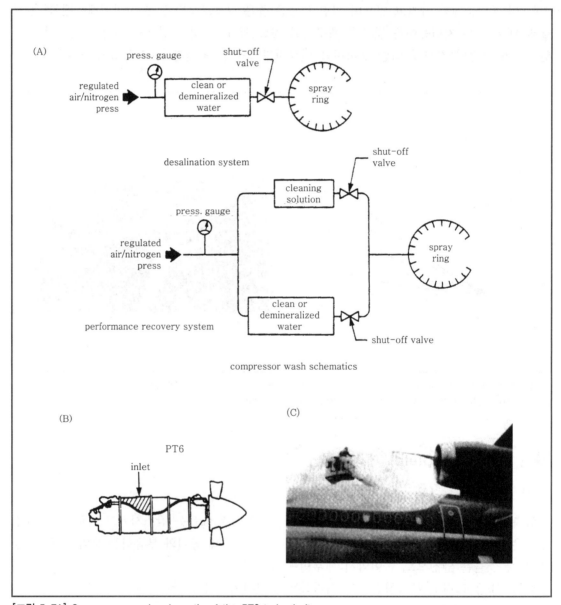

[그림 5-7A] Compressor wash schematic of the PT6 turboshaft
[그림 5-7B] Water is introduced into engine inlet
[그림 5-7C] Large engine compressor wash

OPERATING ENVIRONMENT	NATURE OF WASH	RECOMMENDED FREQUENCY	RECOMMENDED METHOD	remarks
Continuously salt laden	Desalination	Daily	Motoring	Strongly recommended after last flight of day. Strongly recommended. Adjust washing frequency to suit condition.
Occasionally salt laden	Desalination	Weekly	Motoring	Strongly recommended. Performance recovery required less frequently. Adjust washing frequency to suit engine
All	Performance Recovery	100 to 200hours	Motoring or Running	Operating conditions as indicated by engine condition monitoring system. Motoring wash for light soil and multiple motoring or running wash for heavy soil is recommended.

[그림 5-8] Typical wash schedule

압축기 세척을 수행하는 2가지 방법은 다음과 같다.

① 단지 시동기만으로 엔진을 모터링하는 동안

② 엔진이 작동 중일 때

작동환경의 성격과 엔진가스통로의 누적물 종류에 따른 2가지 세척방법 중 한 방법이 엔진성능을 떨어뜨리는 소금이나 먼지, 장시간 누적된 마른 침전물을 제거하는 데 사용된다.

단지 소금침전물을 제거하는 데만 사용될 때의 압축기 세척을 탈염(desalination)세척이라 하며 세척용해액이 엔진성능을 향상시키기 위해 마른 퇴적물을 제거하는 데만 사용될 때의 압축기 세척을 성능향상세척이라 한다.

모터링세척(motoring wash)은 엔진 속도의 14~25% 정도에서 수행되며 30~50psi로 세척혼합물을 주입시킨다.

엔진 작동 중 세척은 엔진 속도의 약 60%에서 수행되며 세척혼합물과 린스액을 약 15~20psig 정도의 압력으로 주입시킨다. 그림 5-8은 전형적인 세척과정을 나타낸 것이다.

※ 다모터링 세척(multiple motoring wash)과정은 시동기 작동한계 내에서 수행되어야 한다. 시동기의 냉각주기를 관찰하라.

저속에서 5분간 말리는 것은 모터 세척이 수행된 후에 요구된다. 또한 유체세척방법도 터빈 부분을 깨끗이 한다. 터빈황화물질(터빈 구성품에 모이는 연소연료로부터 누적된 유황물질)은 장시간 표면에 손상을 입힌다. 어떤 엔진에서는 모터링 세척에서 표면세척용제를 자주 사용함으로 인해 수명이 연장되는 이점을 발견하였다.[그림 5-9 참조]

앞에서 설명된 소금누적물을 제거하기 위하여 신선한 린스액을 정기적으로 사용하고 흡입구와 배기구 플러그를 사용하면 복잡한 세척절차를 줄일 수 있다. 소형 엔진의 몇몇 제작자들은 오염과정을 늦추기 위해 세척과정 후에 WD-RD와 같은 부식방지제를 압축기에 뿌리도록 하고 있다.

271

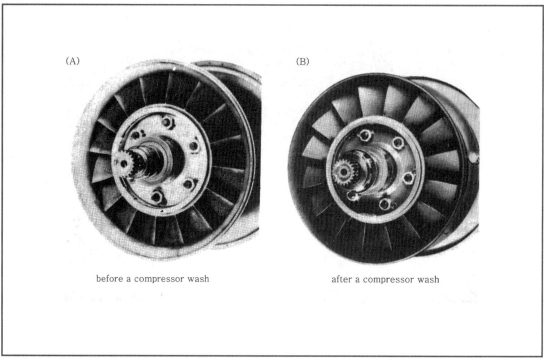

(A)   (B)

before a compressor wash   after a compressor wash

[그림 5-9] PT6 turboprop engine compressor

(3) 그리트블라스트 연마

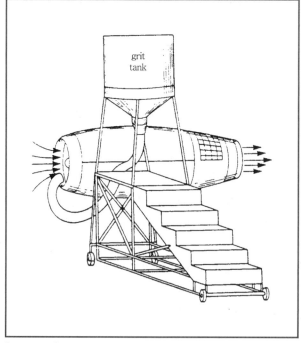

grit
tank

[그림 5-10] Abrasive grit compressor cleaning

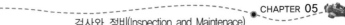

압축기 세척의 두 번째 효과적인 방법은 그리트연마제(인기 있는 재료로는 호두껍질이나 살구씨로서 Carboblast라는 상품이 있다)를 선택된 출력맞춤에서 엔진 작동 중에 주입하는 것이다. 재료의 양과 작동과정은 제작자에 의해 각 엔진마다 정해진다.

솔벤트나 물에 의한 방법에 비해 이 절차가 가진 더 나은 능력은 세척주기(interval)를 더욱 길게 해준다는 것이다. 그러나 세척재료가 연소과정에서 타고 재가 남아 터빈 베인과 블레이드를 유체세척보다 효과적으로 세척하지 못한다.

4 주기라인 정비

주기라인 정비는 정비사에 의해 수행되는 연속적인 작업으로 100시간마다 또는 1년마다 등의 연속적이고 점진적인 검사를 포함한다. FAR 43, 65, 91 부분에서는 이 검사의 범위를 기술해 놓았고 제작자들은 특별한 엔진을 위한 특별한 검사절차를 발간하고 있다.

[그림 5-11] Engine cowling arrangement Rolls-Royce Engine ready for inspection

5 비주기라인 정비

비주기라인 정비는 정비사들이 비행 중 점검이나 지상에서의 점검, 주기검사시나, 감항지시(AD's) 등을 수행하는 도중 발견된 결함을 교정할 때 수행된다.

6장과 12장의 엔진계통에서 라인 정비 수리와 고장탐구를 다루었다.

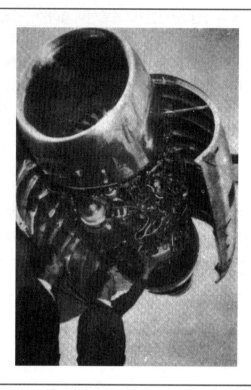

[그림 5-12] Gulfstream Aircraft, Roils-Royce Spey engine undergoing maintenance

Section 02 — 공장 정비

엔진이 항공기에 장착된 채로 수리가 불가능할 때마다 공장 정비나 시험실(test cell) 작동과 고장탐구를 위해 장탈되어야 한다.

FAA(Federal Aviation Administration)에서는 필수적인 공구와 기술적인 자료 그리고 숙련된 요원이 있는 승인된 수리장소나 또는 제작자의 설비에서만 이러한 수준의 정비를 수행하도록 규정하고 있다. FAA는 대부분의 엔진에 대한 중정비(heavy maintenance)를 제한과 비제한의 두 범주로 분리해 놓았다.

1 제한중정비

많은 개인이 소유한 수리장소와 공장가동 수리장소는 제한범주에 속한다.

그들은 보통 모든 고온부(hot section)의 장·탈착까지 어떠한 정비도 수행할 수 있도록 위임되었다. 그들은 몇 가지 저온부 수리도 수행할 수 있으나 압축기를 재생할 수는 없다.

2 비제한정비

오버홀설비를 갖춘 사유수리소나 공장들이 이 범주에 속한다. 그들은 어느 부품이나 장·탈착할 수 있고 한계가 있지만 부품은 재생할 수도 있고 엔진 시수(time)를 영으로 할 수 있다.

어떤 제작자들은 사용자에게 재제작선택조건을 제시하는데 오버홀한 엔진보다 더 긴 수명이 예상된다. FAA의 소수리 또는 대수리범주에 따르면 모든 라인정비는 모듈 교환을 포함하는 소수리로 간주하고 모듈의 오버홀만은 대수리로 간주한다.

공장에서 대수리 종료시 수리를 수행한 인정서로서 FAA 형식 337이나 FAA 인증 제작사의 형식이 준비된다.

3 중수리의 예-동력장치 장탈

동력장치는 다음의 2가지 방법 중 1가지를 통해 항공기에서 완전히 장탈될 수 있다.

① 큰 가위모양의 잭(jack)처럼 보이는 유압작동 장착스탠드를 사용하여 엔진장착위치로부터 엔진을 내리는 것이다. 이 방법은 대형 엔진 작업시 사용된다.

② 슬링(sling)과 호이스트(hoist)의 장치를 이용하여 엔진을 이동장치(transportation dolly)로 낮추는 방법으로 더 보편적인 방법이다.

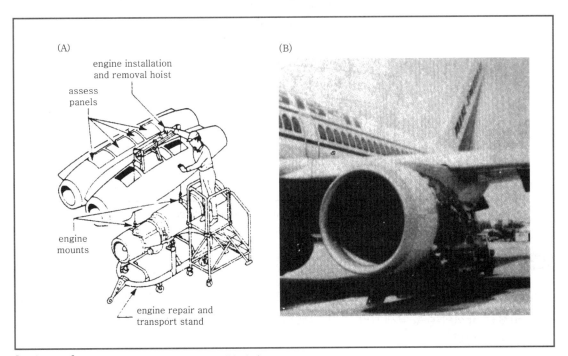

[그림 5-13A] Engine Installation with two-cable hoist
[그림 5-13B] Engine Installation with a hydraulic lift stand

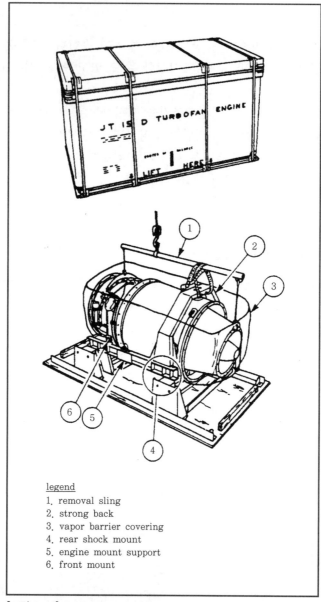

legend
1. removal sling
2. strong back
3. vapor barrier covering
4. rear shock mount
5. engine mount support
6. front mount

[그림 5-14] Replacement engine from the manufacturer

▊4 공장정비

일단 공장에서 수리될 엔진은 대개 정비스탠드에 장착된다. 대부분 스탠드들은 엔진이 완전히 수평을 유지하도록 설계되며 어떤 스탠드들은 작은 바퀴가 부착되어 그림 5-15와 같은 형상을 하고 있다.

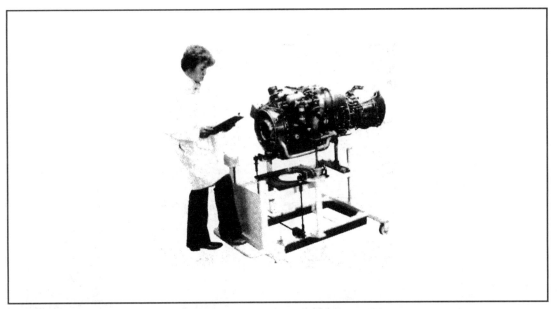

[그림 5-15] Small engine at overhaul facility—General Electric CT-7 Turboshaft

그림 5-16은 장탈된 터빈휠과 특수공구, 슬링, 호이스트를 보여주고 있다. 많은 큰 부품들과 마찬가지로 터빈은 자신의 고유정비스탠드에 놓이게 된다.

어떤 면에서 엔진 분해는 그림 5-17의 압축기 장탈에서와 같이 보통 수직인 상태에서 이루어진다.

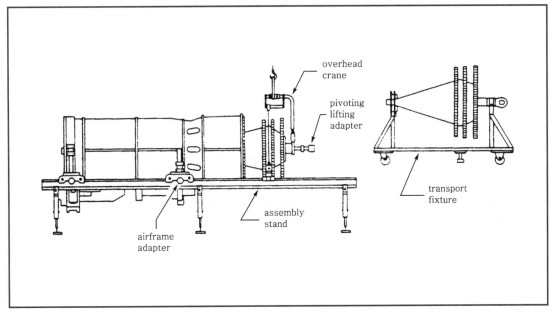

[그림 5-16] Turbine rotor removal installation

[그림 5-17] Engines being assembled vertically

　어떤 엔진에서 완전분해는 무게가 구성품의 정돈을 도와주므로 수직으로 이루어진다. 분해 중 한 가지 표준정비작업은 오염을 방지하고 극도의 공장청결과 안전절차를 유지하기 위해 플러그, 덮개 그리고 다른 적절한 것들로 노출된 모든 구멍을 막는 것이다.

　다른 일반적인 규칙으로는 어떠한 정비 중이라도 록와이어(lock wire), 록와셔(lock washers), 탭록(tab locks), 코터핀, 개스킷, 팩킹(packing), 고무 O링(rubber O-ring)들을 결코 재사용하지 말아야 하고 록너트(lock nut)나 기타 조임쇠(fastener)들은 제작사의 지침에 따른 한계 내에서만 재사용할 수 있다.

　그림 5-18은 중정비시 분해된 것 같은 전체 GE CJ-610 엔진의 모양을 보여준다.

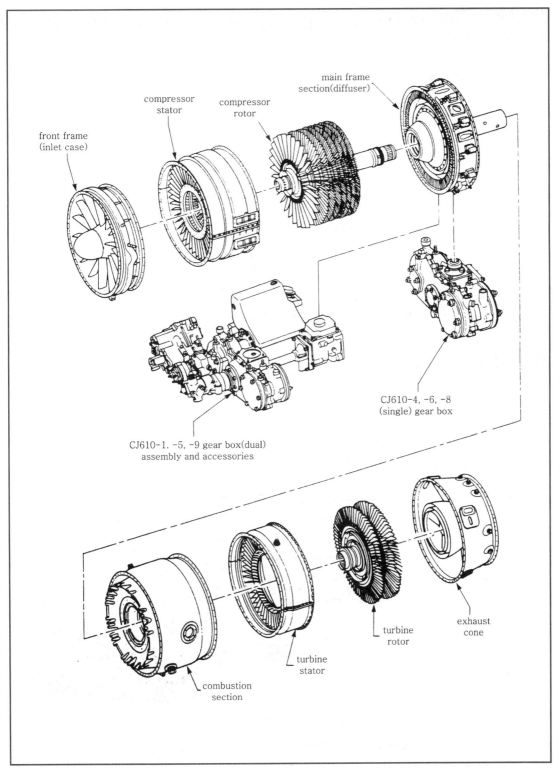

[그림 5-18] Major engine section, General Electric CJ-610 turbojet

Section 03 — 저온부(Cold Section)와 고온부(Hot Section) 검사와 수리

검사와 정비의 목적을 달성하기 위하여 엔진은 저온부와 고온부 두 개의 부분으로 나뉜다. 저온부는 엔진 흡입구와 압축기, 디퓨저부를 포함하며 고온부는 연소실과 터빈, 배기 부분을 포함한다.

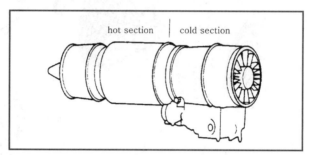

[그림 5-19] Engine cold and hot sections

1 보어스코프검사(Borescoping)

엔진 흡입구, 배기구와 조립된 엔진의 기본적인 외부검사는 공기, 연료와 오일의 누출을 육안으로 검사하는 것과 느슨해지고, 벗겨지고, 깨져서 손상된 부분을 육안으로 검사하는 것이다.

최근에 엔진 내부부품의 보어스코프검사는 가치 있는 검사기술이 되었다. 보여지는 접안부는 부수고 확대할 수도 있으며 사진으로 뽑을 수도 있다.

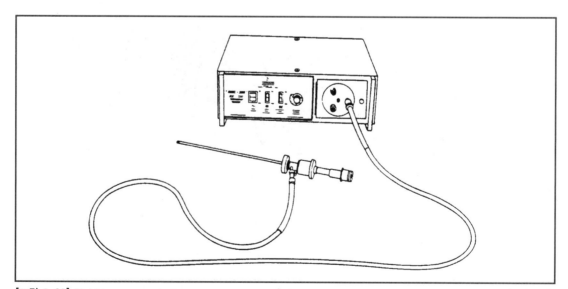

[그림 5-20] Rigid borescope device

보어스코프는 고정식과 유연식(flexible)로 나뉘며 유연형식은 파이버광학코어(fiber optics core)가 있어서 고정형식 탐침(probe)이 닿을 수 없는 부분도 볼 수가 있다.

그림 5-21과 5-22는 접안부를 넣기 위한 전형적인 접근 포트(port)의 위치를 보여준다. 전체엔진 내부부분을 볼 수는 없고 단지 제작자에 의해 지정된 몇 군데만을 볼 수 있다.

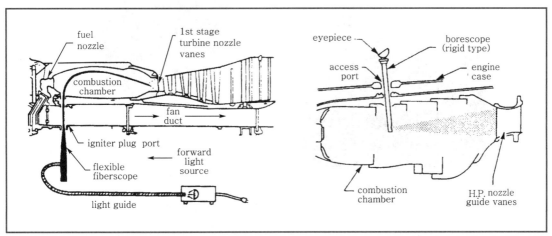

[그림 5-21] Flexible borescope

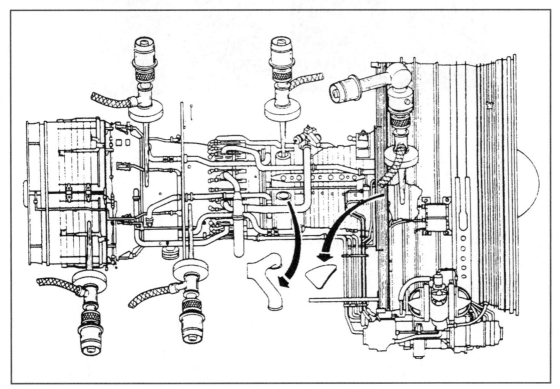

[그림 5-22] Borescope locations of a General Electric CF6 turbofan

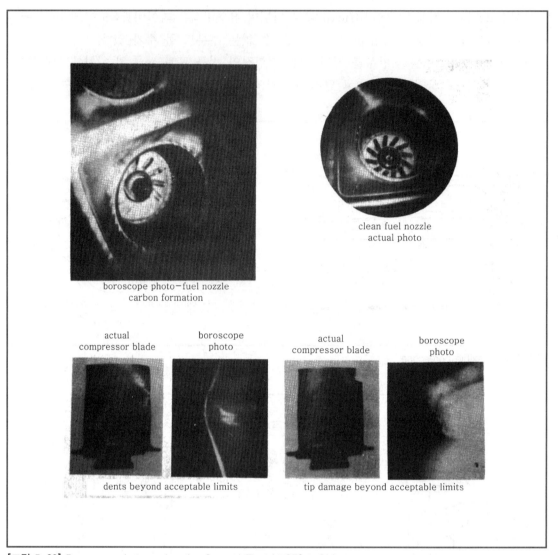

clean fuel nozzle
actual photo

boroscope photo−fuel nozzle
carbon formation

actual
compressor blade

boroscope
photo

actual
compressor blade

boroscope
photo

dents beyond acceptable limits

tip damage beyond acceptable limits

[그림 5-23] Borescope photography of a General Electric CF6 turbofan

그림 5-23의 사진들은 실제로 보이는 것과 보어스코프로 본 것을 나타낸다. 보어스코프검사를 수행하는 데는 숙련된 기술자가 필요하다.

■■2 비파괴검사

비파괴검사(NDI)는 때때로 비파괴시험(NDT)이라고도 부르며 이는 항공기와 엔진부품의 내부와 외부상태의 감항성을 변형시키지 않고 검사하는 것이다.
가스터빈엔진에서 이 검사가 정기적으로 행해지면 피로나 마모로 인한 부품의 결함을 막을 수 있다.

어떤 검사방법은 검사 전에 기본 구성품을 분해해야 하며 다른 검사방법은 완전히 조립된 상태에서 수행될 수도 있다. 검사자는 가장 적합한 방법을 결정해야 하며 정확한 결과를 얻기 위해 분해해야 하는 부품들을 결정해야 한다. 산업현장에서 많은 유용한 비파괴검사법이 있다. 가스터빈엔진에 가장 보편적으로 사용되는 방법들은 다음과 같다.

(1) 자분탐상방법(Magnetic-Particle Method)

자분탐상방법은 특별한 시험장치를 필요로 하고 천금속의 표면에 생긴 균열, 기공, 내포물질과 빈 공간을 탐지하는 데 가장 효과적이다.

검사할 부품을 우선 자화시키고 자석성분 재료의 미세한 시험용 입자를 표면에 뿌린다. 부품이 시험장치에 의해 만들어진 자장에 놓여있을 때 재료결함은 시험용 입자를 끌어당기는 자장누출을 생성시킨다. 입자가 결함과 나란히 나타나 문제가 있는 부근의 모양과 크기를 보여준다.

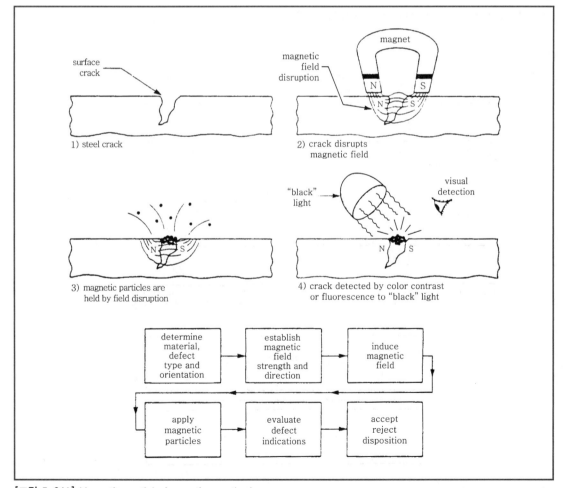

[그림 5-24A] Magnetic particle inspection method

시험용 입자는 건식상태로 뿌릴 수도 있고, 케로신형태의 액체와 함께 뿌릴 수도 있다.

건식입자는 주조나 단조부품과 같이 거친 표면의 표면 아래 결함을 가장 잘 나타낸다. 습식형광입자는 미끈한 표면의 미세한 균열을 찾는 데 가장 적합하다. 자외선은 습식결과를 위해 필요한데 어두운 방이 있어야 의심 부분을 잘 볼 수 있다.

(2) 염색침투검사(Dry-Penetrant Method)

오늘날 항공산업에 쓰이는 염색검사방법에는 두 가지가 있는데 붉은 염색방법과 형광녹색 염색방법이다.

붉은 염색키트(red-dye kit)는 보통 붉은 침투염색액, 세척유체와 현상제의 3개의 에어로졸(aerosol)용기로 구성된다.

붉은 염색방법은 일광상태에서 대부분의 철과 비기공성(non-porous) 재료의 표면에 생긴 균열이나 빈 곳 등을 탐지한다. 깨끗한 표면에 뿌려지는 침투유체는 결함에 침투해서 침투제를 닦아 말린 후에도 남아있게 되며 분필색의 스프레이인 현상제가 결함이 있는 곳에 뿌려지면, 흰 바탕에 붉은 표시나 붉은 선으로 나타나게 된다.

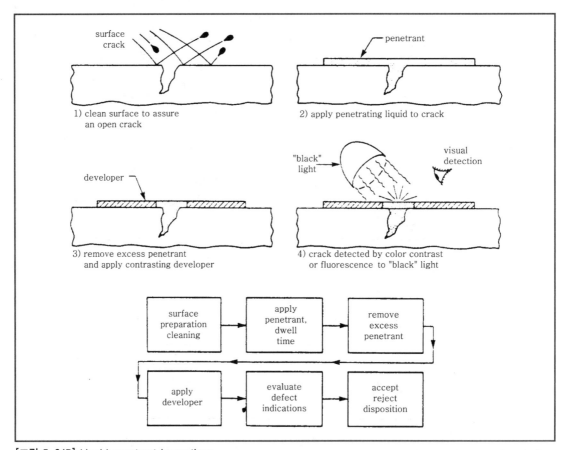

[그림 5-24B] Liquid penetrant inspections

녹색 염색방법은 붉은 염색방법에서와 같은 형태의 결함을 찾는 데 사용된다. 그러나 때때로 큰 부품을 검사할 때 더 편리하기도 하다. 시험부품을 용기에 놓고 깨끗이 세척한 다음 녹색 형광침투액을 뿌린다. 그리고 보통 5~30분 정도의 규정된 건조시간이 지나면 부품을 암실의 자외선(ultraviolet light) 아래에서 육안으로 검사한다. 균열은 밝은 노랑-녹색 선으로 나타나고 공간(void)은 결함의 모양대로 노랑-녹색의 표시로 나타난다.

(3) 방사선방법(Radiographic Method)

방사선방법은 X선, 감마선과 다른 침투용 방사선을 사용해서 고체재료의 깊은 내부나 표면 밑의 균열, 빈 공간이나 내포물질들을 드러나게 한다. 이 방법은 자분탐상이나 염색검사방법으로 찾을 수 없는 결함을 찾을 수 있다.

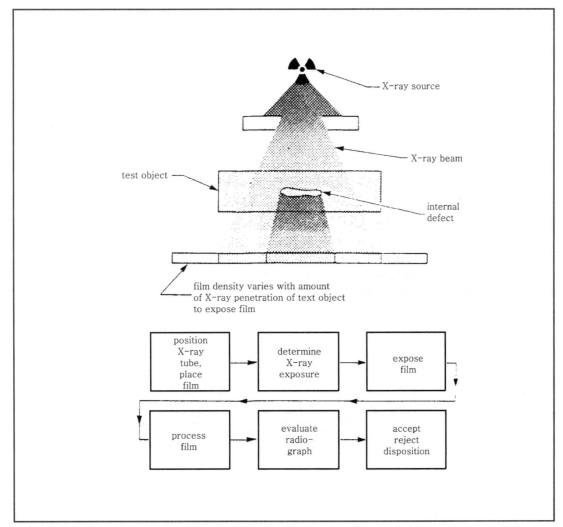

[그림 5-24C] Radiographic inspection

이 검사에는 특별한 시험장치와 자격 있는 작동자가 필요하다.

침투선이 내부에 결함이 있는 곳에 닿으면 선이 침투하는 반대편 바깥면에 위치한 사진판 (photographic plate)에 결함의 상을 만든다. 이 방법은 대부분의 철, 비철고체에서 흠이나 금이 간 것을 찾아낼 수 있고 심지어 도금 표면의 두께도 측정한다.

방사선검사는 영구적인 기록을 남겨 과거와 미래의 방사선검사를 비교할 수 있도록 해주며 어떤 형태의 결함이 다음에 어떻게 발전해 나가는지를 알 수 있도록 해주는 데 매우 가치가 있다.

(4) 와전류방법(Eddy Current Method)

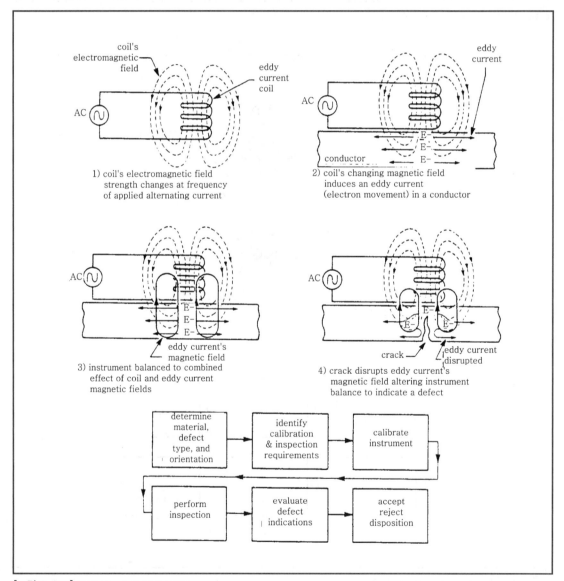

[그림 5-24D] Eddy current Inspection

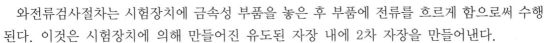

와전류검사절차는 시험장치에 금속성 부품을 놓은 후 부품에 전류를 흐르게 함으로써 수행된다. 이것은 시험장치에 의해 만들어진 유도된 자장 내에 2차 자장을 만들어낸다.

표면이나 표면 아래의 결함이 있는 부분은 자장의 와전류를 변형시키므로, 시험장치의 특수감지코일에 의해 측정된다. 또한 이 방법은 금속성 표면 도금의 두께를 측정하는 데 사용할 수도 있고 터빈이나 압축기 블레이드와 같은 간단한 부품을 검사하는 데 널리 사용되며, 엔진에 달려있는 상태로 검사하거나 엔진에서 분리해서 검사할 수 있다.

(5) 초음파방법(Ultrasonic Method)

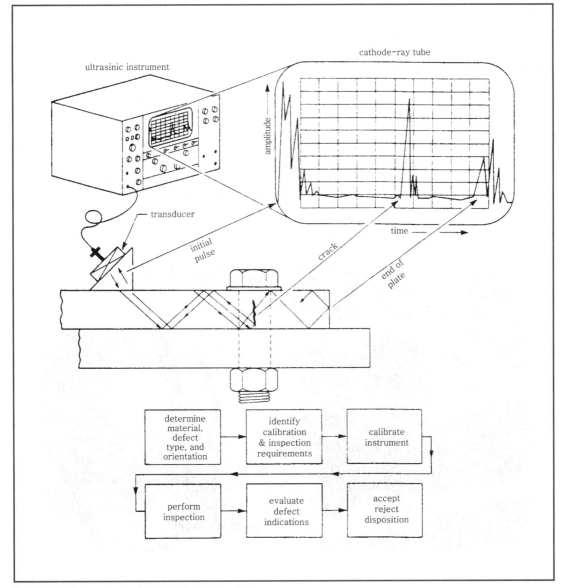

[그림 5-24E] The ultrasonic inspection method

초음파방법은 음파를 부품에 보내어 에너지의 펄스시간율을 측정하는 것이다.

재료의 불연속은 양호한 부품의 설정된 시간계수에 비해 다르게 나타난다. 이 방법은 정상적인 모양과 미끈한 표면의 금속, 비금속재료에 매우 효과적이다. 초음파방법은 재료의 작은 표면결함과 표면 내부결함, 모재(base material)의 층 분리, 접착재료의 불연속을 탐지한다.

3 검사용어

검사항목들은 이 장의 Section 11에 정의, 열거되어 있다.

4 저온부 검사와 수리

(1) 압축기 분해(Disassembly)

만일 N_1 압축기만 수리가 필요하다면 다음 절차에 따라 장탈되며 이는 그림 5-25에 나타나 있다.

① N_1 팬케이스를 벗기고 N_2 압축기 케이스로부터 N_1 압축기 케이스를 푼다.

② 작업위치에서 앞방향으로 N_1 압축기를 돌린다.

③ 호이스트로 N_1 압축기를 수직위치로 후미를 높게 해서 들어올린다.

[그림 5-25] Removal of the front compressor for repair-Pratt & Whitney JTB turbofan

(2) 축류압축기 검사-수리

압축기 블레이드의 적은 충격손상은 손상이 허용관계를 초과하지 않고 제거될 수 있다면 비행라인 또는 공장에서 수리할 수 있다. 수리가 정해진 한계 내에서 완료됐으면 압축기 불균형은 없으므로 균형검사는 보통 요구되지 않는다.

다음은 전형적인 가스터빈 저온부 수리를 설명하고 있다.[그림 5-26, 27 참조]

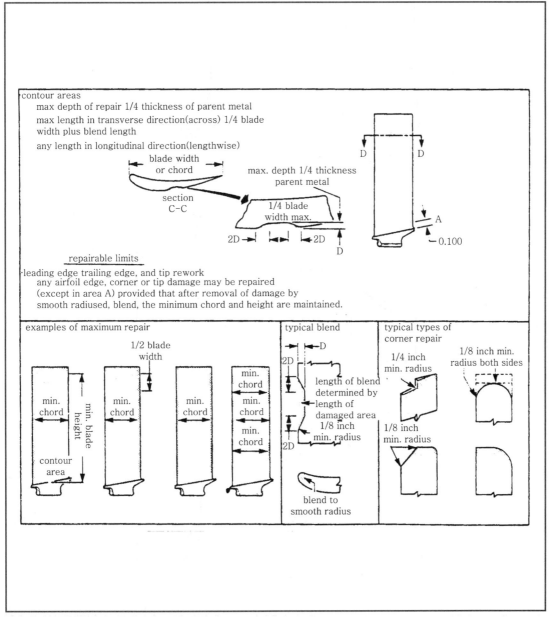

[그림 5-26] Typical compressor blade repairable limits and examples of maximum repair by blending

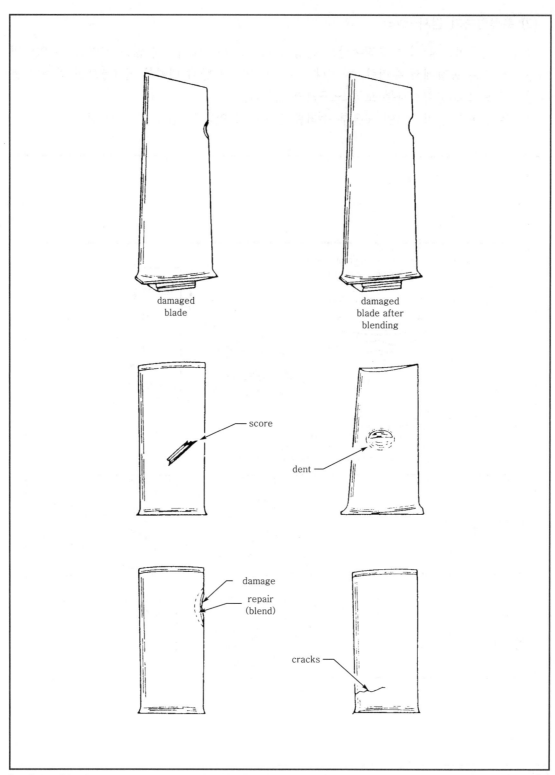

damaged
blade

damaged
blade after
blending

score

dent

damage

repair
(blend)

cracks

[그림 5-27] Typical compressor blade damage and repairs

① 일반적인 팬블레이드 손상한계

표시된 지역(coded areas)의 수리는 블렌딩(blending)절차에 의해 수행된다. 블렌딩은 손에 의한 방법으로 손상된 블레이드나 베인의 모양다듬기(recontouring)를 소형의 줄(file), 크로커스천, 에머리천, 인디아 또는 카모렌덤 스톤(stone)을 사용한다. 동력공구는 엔진에 장착되어 있는 블레이드에 사용할 수 없는데 이는 열응력축적의 가능성이 크고, 좁은 작업공간으로 인해 주변 부품을 손상시킬 위험이 크기 때문이다. 블렌딩은 응력을 최소화하고 가능한 표면이 미끈한 공기역학적 모양이 되도록 블레이드의 길이에 평행하게 수행된다. 때때로 이 과정은 손상이 1단이나 2단에 제한되어 있을 때 비행라인에서 완벽하게 해낼 수 있다.

일반적으로 블렌딩은 오직 손상된 블레이드에만 필요하다. 경우에 따라 제작자는 로터의 균형을 유지시키기 위해 블레이드의 180° 반대편에 동일한 블렌딩을 해 줄 것을 요구한다.

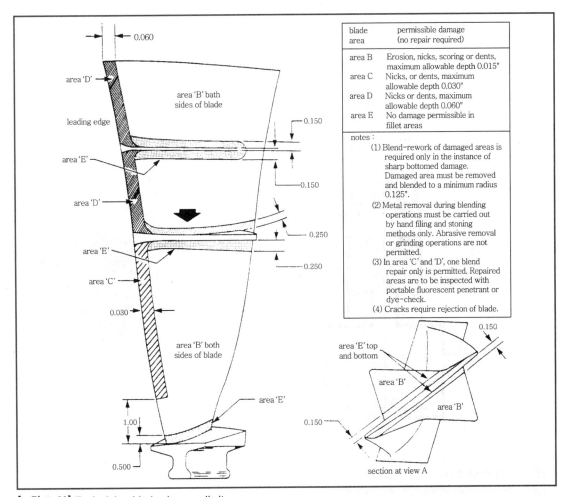

[그림 5-28] Typical fan blade damage limits

그림 5-28에서 블레이드 중심부인 E 부분(area)은 어떠한 손상도 허용되지 않는다. 왜냐하면 엔진 작동 중에 이 지점에 기계적인 응력이 집중되기 때문이다.

수리 후에 일부 제작자는 펠트팁 염색표시(felt tip dye mark) 재료나 이와 유사한 용액으로 블렌드한 부분을 표시해서 작업되었음을 식별하고 차후 흡입구 검사시 주의 깊게 관찰할 수 있게 한다.

② **전자빔 용접**

회전에어포일을 용접하고 펴는 것(straightening)은 특수장비가 필요하고, 오버홀(overhaul)공장이나 제작사에서만 할 수 있도록 되어있다. 전자빔 용접이라는 새로운 기술은 전에는 쓸 수 없는 것으로 여겨지던 많은 압축기 블레이드를 재사용할 수 있게 한다. 이 빔용접과정은 특히 대부분의 블레이드에 사용되는 티타늄합금에 유용하다. 빔용접 결과 강도계수는 새 블레이드와 같다.

그림 5-29는 전자빔 용접에 사용되는 장비이다. 용접되는 부품은 작업과정 중에 진공실에 있게 된다. 산소량을 조절함으로써, 대기상태에서 용접하는 것보다 용접지점에 열을 더 잘 집중시킬 수 있다.

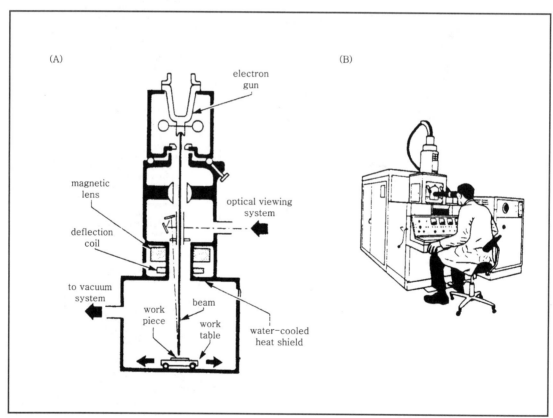

[그림 5-29A] Piece being electron beam welded
[그림 5-29B] Electron beam welding apparatus

그림 5-30은 빔용접의 결과이며 좁은 비드(bead)는 열을 집중시킴으로써 가능하다.
이 방법은 기존의 방법보다 기본 금속(base metal)에 응력을 덜 준다.

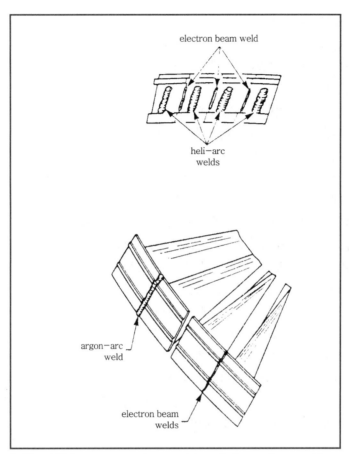

[그림 5-30] Examples of hell-arc welds and electron beam welds

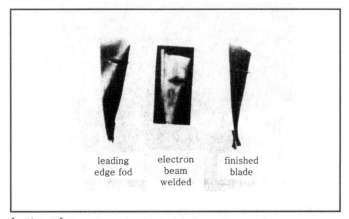

[그림 5-31] Example of fan blade leading edge repair

그림 5-31은 블렌드 수리(blend repair)를 할 수 없게 앞 전이 손상된 압축기/팬블레이드를 보여준다. 손상된 부분을 갈아내고 삽입부품을 빔용접한 후 그 부품을 블레이드의 원래 모양으로 갈아낸다.

③ 플라스마 표면 수리 코팅

또 다른 유용한 수리과정은 블레이드와 베인의 표면에 코팅재질을 입히는 것이다. 만약 블레이드 루트가 닳았다면 플라스마 코팅을 이용해서 원래 치수로 루트면적을 복구할 수 있다.

최근 플라스마 스프레이과정은 전에는 사용할 수 없었던 부품을 복구시키는 데 가장 성공적인 기술의 하나가 되었다. 일반적으로 재코팅하는 데 드는 비용은 새 부품으로 대체하는 데 드는 비용의 거의 절반 수준이다.

플라스마 스프레이과정은 고소, 고열상태에서 금속성의 스프레이재료를 분무상태로 기본 금속에 뿌리는 것이다. 기본 금속은 실온상태지만 스프레이되는 가스는 50,000°F 정도의 초고온상태이며 거의 마하 2의 속도로 이동된다. 0.00025in 두께의 코팅이 가능하고 수천분의 1in 정도로 여러 번 코팅할 수 있으며 기본 금속과 완전히 융합된다. 많은 예에서 새 표면이 본래 것보다 강함을 볼 수 있다. 코팅된 후에, 그 부품은 최종 모양과 치수에 맞게 갈아낸다.

플라스마 스프레이는 낮은 온도에 노출되는 부품(cold-end part)뿐 아니라 고온에 노출되는 부품(hot-end part)에도 적용될 수 있다.

스프레이 코팅은 부식방지와 공기흐름을 증가시킬 목적으로 압축기 부품에 사용될 수 있다. 그러한 과정을 Sermetal이라 부른다. 준비된 표면에 스프레이를 하고 말리면 세라믹과 같은 윤기가 난다. 이 표면은 표면 항력과 공기마찰을 줄이고 양호한 압축을 얻을 수 있으며 연료소모를 줄인다.

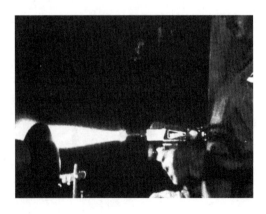

[그림 5-32] Plasma spray process used in rebuilding worn surfaces

④ 팁간격

플라스마와 다른 코팅기술은 압축기 블레이드 팁간격을 원래 치수로 만드는 데 적합
하다. 블레이드와 하우징(housing)간의 정확한 간격이 중요한 이유는 압축기 성능이
이들 에어포일의 공기역학적 효과의 조절여부에 달려있기 때문이다.

예를 들어 저온 팁(cold-tip)간격이 0.035in인 한 대형 엔진의 경우, 작동 중에 0.002in로
간격이 줄어든다. 작동 중에 케이스 굴곡(case distortion)과 블레이드 반경방향 하중으
로 인해 접촉이 생기는데 이것은 팁연마(tip rubbing)에 의한 작동간격을 증가시킨다.
소형 엔진에서, 간격은 블레이드 높이의 많은 %를 차지하고 과다한 간격은 압축효율
에 큰 영향을 미칠 수 있다. 팁간격은 일반적으로 압축기 위쪽 케이스가 제거된 상태
로 두께게이지(feeler gauge)에 의해 측정된다. 정확한 팁간격을 유지하는 것은 고온
블레이드(hot-blading)에서도 마찬가지로 적용된다.

⑤ 블레이드 교환

블레이드 교환은 일반적으로 단당이나 전체로터당 교환할 블레이드 숫자에 대해 위치
제한을 받는다. 블레이드는 모멘트-중량이 있어 압축기 균형을 유지하면서 정확한 교
환을 해야 한다. 모멘트-중량은 중량(mass weight)과 균형중심(center of balance)
으로 설명된다.

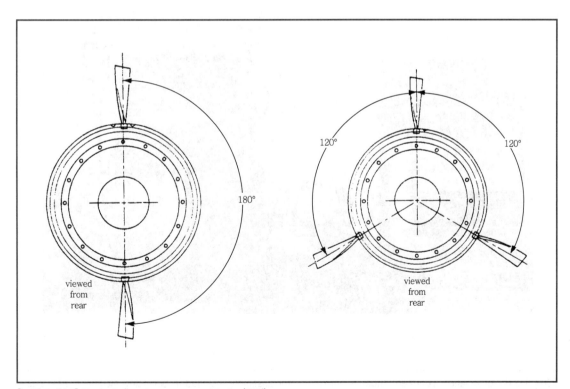

[그림 5-33A] Typical set of compressor blades(180˚)
[그림 5-33B] Typical set of compressor blades(120˚)

짝수의 블레이드를 갖고 있는 압축기 단에서 하나의 모멘트-중량이 안 맞으면 두 개의 블레이드를 교환해야 한다. 손상된 블레이드와 그것의 반대쪽에 블레이드는 하나의 쌍으로 함께 교환된다.

압축기 단이 홀수의 블레이드를 갖고 있다면, 같은 상황하에서 120°씩 떨어져 있는 3개의 블레이드가 함께 교환된다. 엄격한 제한하에서 어떤 제작사는 중량에 의해 교환하고, 특수설비를 이용한 다른 교환기준도 있다.

예를 들어 일부 팬블레이드는 중정비(heavy maintenance) 동안만 교환될 수 있는 반면, 어떤 블레이드는 엔진이 항공기에 장착된 상태에서 교환될 수 있다.

압축기 블레이드가 각각 제거될 수 있도록 설계된 경우, 압축기의 재균형 없이 교환될 수 있는 블레이드의 최대개수가 있다. 이 최대개수를 초과할 경우, 수리 후에 균형검사를 해야 한다.

그림 5-34는 소형 압축기의 균형검사장치를 보여준다. 검사 중에 작은 양의 중량이 가감되며, 균형을 맞추기 위해 금속의 일부를 핸드그라인더(hand grinder)로 갈아낸다.

[그림 5-34] Combination axial/centrifugal compressor rotor assembly installed in balancing machines after blade replacement

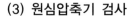

(3) 원심압축기 검사

블레이드의 찍힘(nick), 굴곡(dent), 균열(crack)을 검사할 때는 다음의 기준에 따른다.

① 임계부분(Critical Area)

균열이나 찍힘이 절대 허용되지 않는다. 매끈한 굴곡은 직경 0.03in, 깊이 0.01in를 초과하지 않으면 허용된다.

② 앞전(Leading Edge)

균열은 절대 허용되지 않는다. 찍힘이나 굴곡은 블렌트 수리 후에 깊이 0.1in, 길이 0.3in를 초과하지 않으면 허용된다.

수리한 곳 사이의 거리는 수리한 길이가 가장 긴 것과 같거나 더 길어야 한다.

③ 뒷전(Trailing Edge)

균열은 절대 허용되지 않는다. 찍힘이나 굴곡은 수리 후에 깊이 0.06in나 길이 0.3in를 넘지 않으면 허용된다.

수리한 곳 사이의 거리는 수리한 길이가 가장 긴 것과 같거나 더 길어야 한다.

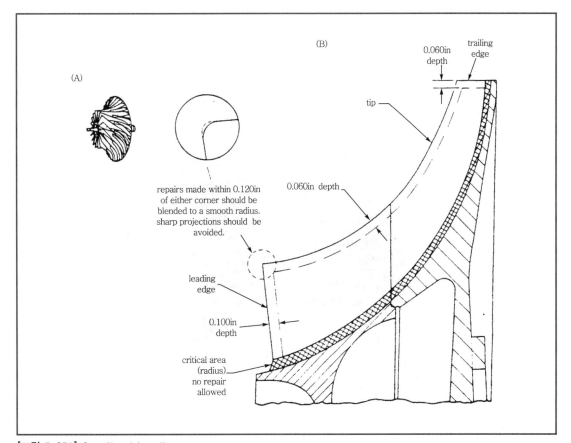

[그림 5-35A] Centrifugal impeller
[그림 5-35B] Repair limits

④ 블레이드팁

균열은 절대 허용되지 않는다. 수리 후에 깊이 0.06in나 길이 0.3in를 넘지 않으면 6개의 찍힘이나 굴곡이 허용된다.

수리한 곳 사이의 거리는 적어도 3/8in는 돼야 한다.

⑤ 블레이드의 측면(Sides of Blades)

균열은 절대 허용되지 않는다. 찍힘이나 굴곡은 수리 후에 깊이 0.03inch나 길이 0.35in를 넘지 않으면 허용된다.

수리한 곳 사이의 거리는 위치에 상관없이 적어도 1/2in는 돼야 한다.

(4) 스테이터 베인과 압축기 케이스의 검사 및 수리

스테이터 베인과 압축기 케이스의 작은 충격손상에 대한 수리는 일반적으로 블렌딩에 의해 이루어진다. 균열은 보통 불활성 가스용접장비로 용접 수리한다. 일반적인 손상의 예가 그림 5-36, 37에 나타나 있다. 만약 용접비드(bead)가 조립이나 공기흐름을 방해한다면 가능한 한 원래 모양에 가깝게 갈아낸다.

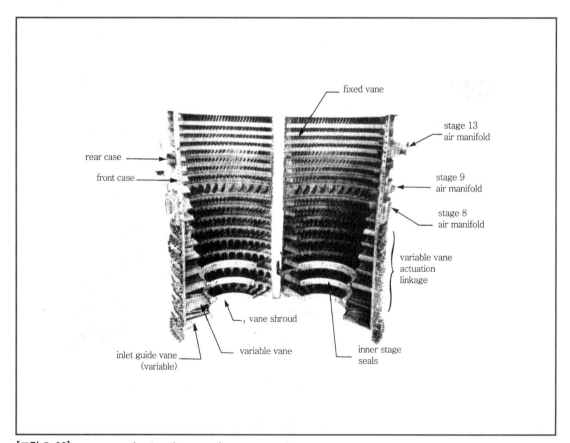

[그림 5-36] compressor front and rear casing components

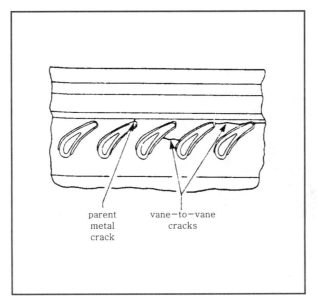

parent
metal
crack

vane-to-vane
cracks

[그림 5-37] Typical weld repairable damage

5 고온부(Hot Section) 검사와 수리

(1) 연소부

터빈엔진의 연소부를 검사할 때 발견되는 가장 흔한 결함 중의 하나가 균열이다. 연소라이너(liner)는 얇은 스테인리스강으로 만들어져 있어 높은 열집중을 받기 쉽다.

장착된 엔진에서 불일치(misalignment), 균열 그 밖에 열응력을 검사하는 가장 흔한 방법이 보어스코프라는 내부검사장비(internal viewing device)를 사용한 육안검사이다. 여기에는 고정(rigid)형과 유연(flexible)형이 있는데 압축기 검사에서 설명한 바와 같이 서로 다른 조명과 확대능력을 가지고 있다.[그림 5-20, 21 참조]

보어스코프를 가지고 정비기술자는 엔진 내부구성품을 쉽게 볼 수 있으며 부품의 감항성을 결정할 수 있다. 보어스코프 검사 중에 제작사의 한계를 넘어선 응력들, 즉 균열, 뒤틀림, 불탄 자리(burning), 부식 그리고 눈에 잘 띄지 않는 열점(hot spots)까지 찾아낼 수 있다. 열점은 연료노즐 또는 다른 연료시스템의 고장 등 심각한 문제를 나타내므로 신중한 판단을 요구한다.

보어스코프 검사의 또 다른 중요성은 연소라이너의 불일치를 검사하는 데 있다. 소위 "Burner-can shift"라는 것이 연소기 효율과 엔진 성능에 중대한 영향을 미칠 수 있다는 것이 알려졌다.

연소기 부품의 교환이나 수리를 위해 분해를 해야 할지 그대로 남겨두어야 할지는 기술자에 의해 결정된다. 그의 전문기술과 경험이 이 결정을 가능하게 한다.

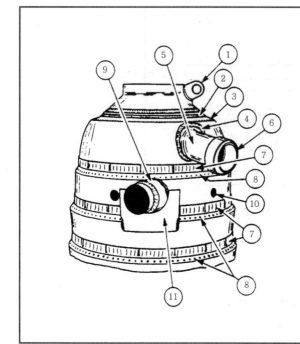

legend

1. positioning and retaining lug
2. dome seam weld
3. first row of cooling air holes
4. beam weld area of igniter sleeve to first liner segment
5. igniter plug sleeve
6. seam weld
7. seam weld
8. small cooling air holes
9. flame propogation tube
10. large cooling air holes
11. air scoop

[그림 5-38] Typical combustion chamber liner inspection points

(2) 터빈부

터빈내부검사는 강한 빛, 거울, 확대경을 사용하여 테일파이프(tail pipe)를 통해 볼 수 있어 보어스코프로 하거나, 엔진을 분해하기도 한다. 비행라인상에서 염색침투방법과 같은 비파괴검사가 외부검사에 사용되기도 한다. 이때 다름 고온부 검사에서처럼, 가열과 냉각으로 인한 압축과 인장 때문에 생긴 작은 균열을 볼 수 있다. 이러한 응력을 터빈 블레이드 외에서는 대부분 허용되며 정비가 필요 없다. 왜냐하면 초기 균열이 응력을 덜어준 후에 균열이 더 이상 늘어나지 않기 때문이다.

검사에서 발견되는 또 다른 손상은 부식이다. 부식은 금속이 닳아 없어지는 것으로 이들의 표면을 지나는 가스흐름에 의하거나, 가스흐름 속의 불순물이 표면에 부딪쳐서 생긴다.

만약 열점이 있다면, 이것은 일반적으로 연료분배에 문제가 있음을 나타낸다.

지나친 농후혼합은 불꽃이 터빈노즐 베인에 이를 정도로 불꽃길이를 길게 만든다. 핫스트리킹(hot streaking)이라 부르는 상태는 불꽃이 전체터빈시스템을 통과하여 테일파이프에 이르게 한다.

핫스트리킹상태는 부분적으로 막힌 연료노즐에 의한 것으로 연료를 분무시키지 못하지만 충분한 힘을 가진 소량의 연료흐름이 냉각공기막(cooling air blanket)을 통과해서 바로 터빈 표면에 부딪히게 된다.

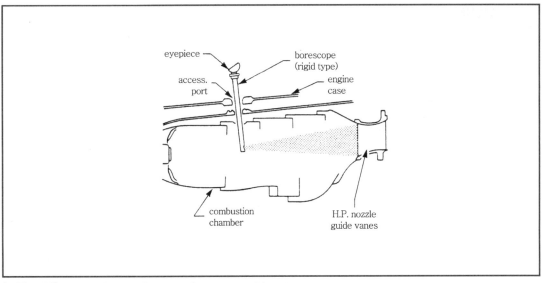

[그림 5-39] Borescoping the liner and first stage turbine stator

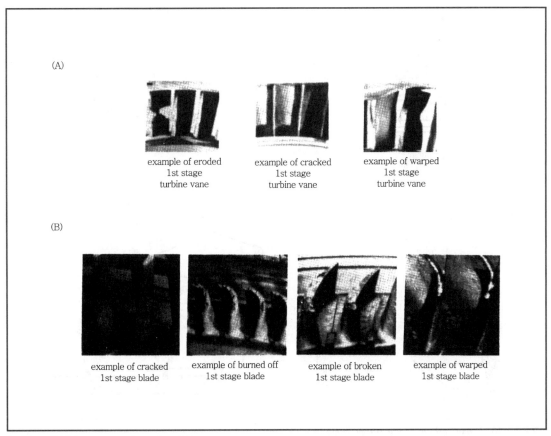

[그림 5-40A] Borescope view of turbine vanes
[그림 5-40B] Borescope view of turbine blades

① 터빈휠

inspection	maximum scrviccablc	maximum repairablc	correction action
blade shift	protrusion of any blade root must be equal within 0.015" either side of disk	not repairable	return bladed disk assembly to an overhaul facility
arca A nicks(3 max.) dents and pits(3 max.) cracks	0.015" long by 0.005" deep 0.010" deep not acceptable	.015 long by 0.010" deep .015 long by 0.010" deep not repairable	blend out damaged area/replace blade blend out damaged area/replace blade replace blade
area B nicks, dents, and pits (no cracks allowed)	one 0.020" deep	not repairable	replace blade
leading and trailing edges inicks, dents, and pits cracks	one 0.020" deep not acceptable	two 1/8" deep not repairable	blend out damaged area/replace blade replace blade

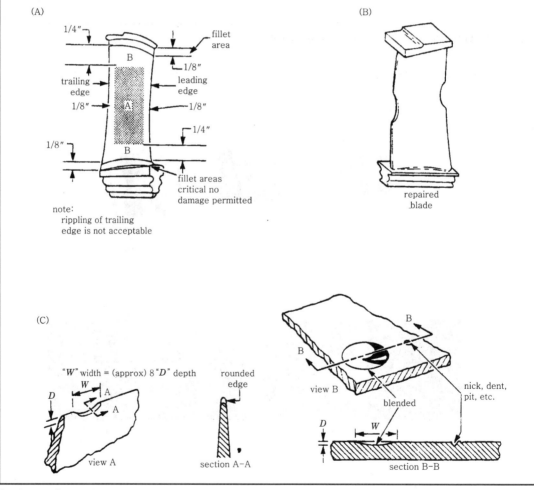

[그림 5-41A] Power turbine blade repair limits
[그림 5-41B] Repaired blade
[그림 5-41C] Typical blending guides for turbine blade defects other than cracks

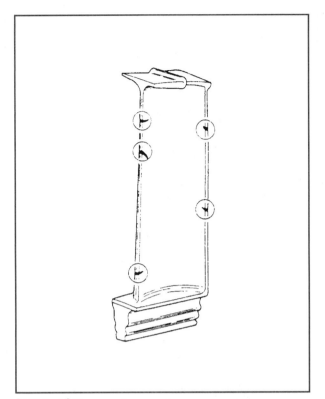

[그림 5-42] Stress rupture cracks

그림 5-41은 비행라인 정비나 수리공장에서의 전형적인 터빈 블레이드의 블렌트 수리 한계이다. 이 제작사에 따르면 균열은 결코 허용되지 않는다(대부분의 제작사의 경우). 육안검사 중에 특히 관심을 가져야 할 것은 터빈 블레이드 앞전이나 뒷전의 응력파열 균열(stress rupture crack)이다. 응력파열균열은 블레이드 길이의 오른쪽 각에서 미세한 균열로 나타난다. 이러한 상태와 뒷전의 잔물결모양(rippling)은 상당한 과열이 있었음을 나타내며 제작사의 특별한 검사가 필요하다.[그림 5-42 참조]

터빈휠 균형을 유지하기 위해 단일터빈 블레이드의 교환은 일반적으로 똑같은 모멘트 -중량의 새 블레이드를 설치한다.[그림 5-43 참조]

블레이드의 모멘트-중량이 맞지 않으면, 손상된 블레이드와 180° 반대쪽의 블레이드를 같은 중량의 블레이드로 바꾼다. 또는 손상된 블레이드와 120° 떨어져 있는 세 개의 블레이드를 압축기 블레이드에서와 마찬가지로 같은 중량의 블레이드로 바꾼다. 현재 터빈 블레이드는 엔진이 항공기에 장착된 상태에서는 교환하지 않고, 공장에서 교환한 후 로터를 특수균형장치로 검사한다.

인치-온스, 인치-그램의 모멘트-중량을 나타내는 코드문자는 그림 5-44와 같이 블레이드의 전나무형(fir-tree) 부분에 표시되어 있다.

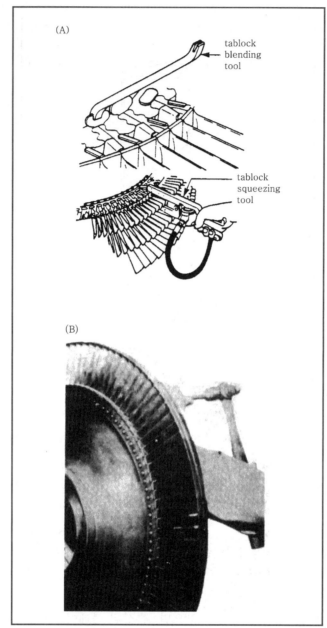

[그림 5-43A] Replacing turbine and tab lock retainer
[그림 5-43B] Removing rivet retainer and turbine blade from disk

② 크리프와 비틀림풀림(Creep and Untwist)[그림 5-45 참조]

　　크리프란 회전부품에서 발생하는 영구적인 신장(elongation)을 말한다. 크리프는 작동 중에 열하중과 원심하중이 부여되기 때문에 터빈 블레이드에서 가장 현저하게 나타난다.

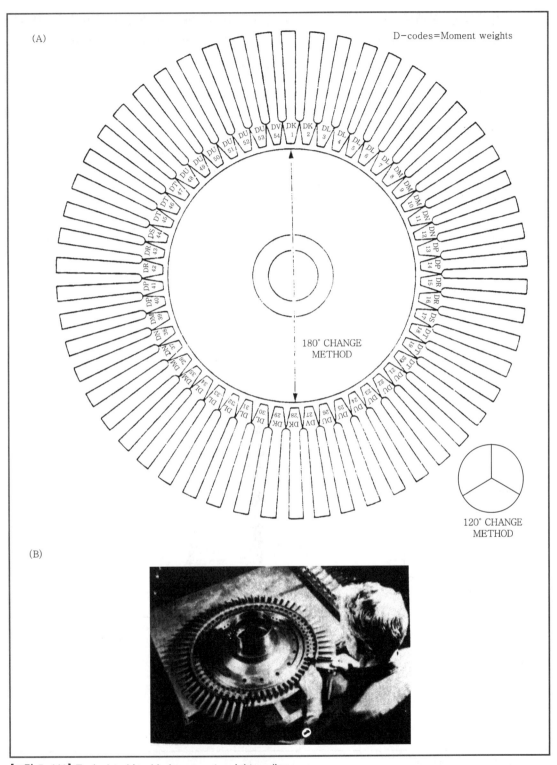

[그림 5-44A] Typical turbine blade moment weight coding
[그림 5-44B] Assembly of high pressure turine Pratt & Whitney PW2037

매번 터빈 블레이드는 가열, 회전, 정지(엔진사이클)하므로 조금씩 길이가 늘어난다. 늘어난 길이는 정상적인 상황하에서 수백만분의 1in밖에 안 되지만, 엔진이 과열, 과속상태에서 작동한 후에 매우 많이 늘어난다.

그럼에도 불구하고 블레이드가 오랫동안 정상작동을 계속한다면, 마침내 슈라우드링 (shroud ring)과 접촉이 돼서 조금씩 닳기 시작한다. 이 상태가 되면, 엔진 정지시에 들을 수 있는 마찰음이 발생하는데 이때 간격 검사를 해서 적당한 정비를 해야 한다.

크리프는 1차, 2차, 3차의 3단계로 발생한다고 볼 수 있다. 1차와 3차는 상대적으로 빠르게 발생한다(1차 크리프는 엔진의 첫 번째 작동에서 생기고, 3차는 과도한 하중에서 작동할 때 생긴다). 그러나 2차 크리프는 매우 느리게 발생한다(변형/시간의 그래프에서 평평한 부분).

엔진 제작사가 터빈의 작동수명을 정할 때 2차 크리프 범위 이내로 한다.

다음은 엔진의 작동수명 동안 크리프를 가속시키는 원인이다.

㉠ 과열시동, 과도한 온도(hot starts/over temperature)

㉡ 높은 동력에서 오랜 작동을 할 경우(높은 EGT와 원심하중)

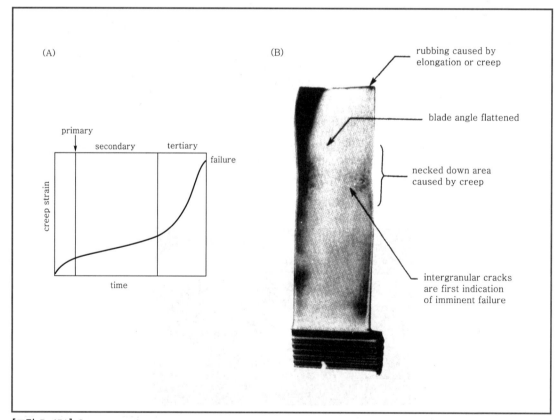

[그림 5-45A] Creep over time
[그림 5-45B] Turbine blade damage caused by excessive temperatures

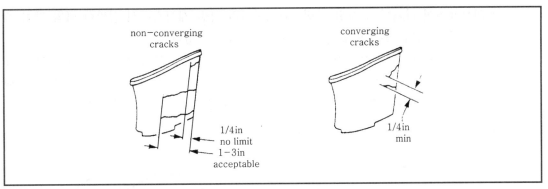

[그림 5-46] Converging and non-converging cracks in turbine vanes

  ㉢ 모래나 다른 FOD의 흡입으로 인한 블레이드의 침식

   비틀림풀림은 터빈 블레이드와 터빈 베인에서 발생하는데, 이는 그 표면에서 받는 가스하중 때문이다. 정확한 피치(pitch)를 잃게 되면 터빈시스템의 효율에 영향을 미치고, 엔진성능저하를 가져온다.

   비틀림풀림의 검사는 엔진을 분해한 후에, 특수설비장치로 부품을 측정할 수 있다.

③ 터빈 케이스, 터빈 베인 배기 부분

  사실상 터빈 부분의 부품은 균열, 비틀림, 굽힘, 침식 등의 노화과정뿐 아니라 작동상의 모든 오용(abuse)까지도 나타낸다.

  눈에 보이는 작은 균열들은 열응력 때문이고 흔히 정상작동 후에 발견된다. 작동이 계속될 때 그런 결함상태는 무시할 수 있는데 이유는 균열이 원래 응력상태를 경감시켜주기 때문이다. 그러므로 제작사의 한계를 정할 때 어떤 응력상태는 허용이 된다. 검사를 수행할 때, 기술자는 부품이 다음 검사 때까지 감항성이 있을지, 균열이 수축해서 일부분이 떨어져 나갈 것 같은지를 판단해야 한다. 부품의 일부분이 떨어져 나가면, 하류방향 부품에 충격손상을 일으킬 뿐 아니라 고온가스의 잘못된 방향으로 인해 심각한 연소손상(burn-through damage)을 입게 된다.[그림 5-46 참조]

  ㉠ 타거나 마모된 터빈 케이스는 플라스마 코팅으로 수리할 수 있다.

   베인이 고정되는 부분의 슬롯(slot)이나 채널(channel)이 닳아서 베인이 움직이게 된다. 그 후 터빈 블레이드는 슈라우드를 형성하는 베인 케이스가 침식된다.

   플라스마 코팅에 의해 새로운 상태로 복구된 케이스는 새 부품으로 교환하는 것보다 싸다. 플라스마 코팅에 대해서는 압축기 블레이드 수리를 설명할 때 논의된 바 있다. 균열이 가거나 탄 터빈 케이스는 재래식 헬리아크(heli-arc)방법으로 용접될 수 있지만, 보다 새로운 전자빔과 레이저빔 용접기술이 일반적으로 많이 쓰이고 있으며, 이는 이러한 용접기술이 열을 집중시킬 수 있고 용접한 주변에 응력을 덜 주기 때문이다.

ⓛ 외부표면이 타거나 침식된 터빈 베인은 위의 터빈 케이스에서 설명한 바와 같이 플라스마 코팅과 같은 방법을 이용하여 수리할 수 있다.

균열이 가거나 휘어진 베인은 빔용접하거나, 손상된 부분을 잘라내고 새 조각을 용접한다. 이런 과정을 거쳐 원래의 것보다 더 높은 강도를 갖게 되는데, 이는 교환되는 재질이 보다 최근 기술에 의한 것이고 더 좋은 질을 가졌기 때문이다.

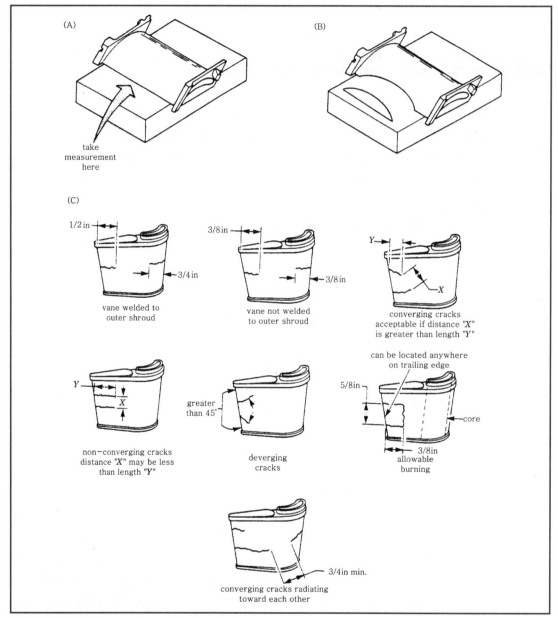

[그림 5-47A] Turbine nozzle vane bowing check
[그림 5-47B] Vane repair by welding in a new segment
[그림 5-47C] Vanes acceptable if they do not exceed these limits(dimensions typical of small engines)

그림 5-47A는 평판 위에서 휨상태 점검(bowing check) 준비가 되어있는 베인을 보여준다. 이 검사는 앞전과 뒷전 아래에 두께게이지를 넣어서 하는데, 그 부품이 한계를 벗어나면 허용되는 재질에 한해서 곧게 펴서(straightening) 수리하고, 그렇게 할 수 없는 경우에는 일부분을 제거하고 새로운 부분으로 용접한다.

그림 5-47B는 베인이 타거나 휨, 균열, 침식의 어떤 이유에서든 재질의 일부분을 교환하여 수리할 수 밖에 없는 경우를 보여준다. 손상된 부분을 갈아내고 새로운 부분으로 빔용접한 다음 원래 모양으로 베인을 갈아낸 후 열오븐에 넣어서 응력을 없애고 고른 강도를 갖게 한다. 대부분의 경우 엔진에 장착하기 전에 플라스마 스프레이로 재코팅을 해준다.

그림 5-47C는 균열이 한계치 내에 있는 경우로써 수리하지 않고 계속 사용할 수 있는 베인 균열을 보여준다. 이 한계를 넘어서면 균열을 용접하거나 일부분을 교환해서 수리해야 한다.

ⓒ 배기 케이스는 이전에 언급했듯이 모든 고온가스 통로(hot gas path)에서 나타나는 문제를 가지고 있다. 배기 케이스의 재질은 대부분 압연한 스테인리스강으로 되어 있으며 탄 부분에 대한 균열이나 파편은 재래식 또는 빔용접으로 수리될 수 있다. 그림 5-48은 일반적으로 손상과 수리를 보여준다.

④ 엔진진동

여기서는 회전하는 모든 에어포일에 대해 강도, 공력, 균형을 유지하도록 해주는 수리에 관해 설명한다. 엔진을 설계할 때 진동, 공진, 하모닉(harmonics)을 제거하도록 한 제작기술에 의해 엔진 내에 고유의 불균형은 없다.

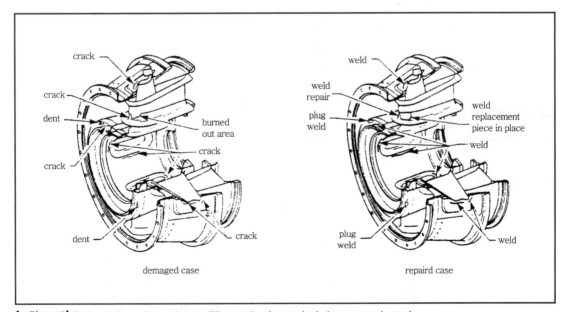

[그림 5-48] Turboshaft engine exhaust diffuser showing typical damage and repairs

이 용어들은 다음과 같이 정의된다.

㉠ 진동의 고유진동수 : 회전물체가 진동되는 최저 rpm으로 엔진 부품은 고유진동수 속도가 되지 않도록 회전한다. 그러나 부적당한 수리로 인해서 작동 rpm으로 고유 진동수가 더 낮아질 수 있다.

㉡ 공진 : 가까이 설치된 두 기계적인 장치가 같은 고유진동수를 가질 때 발생한다. 한 장치가 이상기능으로 고유진동수에 이르게 되면 다른 장치도 처음 것을 따라 진동 하다가 두 장치 모두 파손된다.

㉢ 하모닉 : 고유진동수에서의 진동 크기로 일어나는 심한 진동으로, 만약 수리하지 않 는다면 고유진동수의 2배가 되고 마침내 부품이 파손된다.

⑤ 부품의 표시(Marking of Parts)

고온부(hot section)와 저온부(cold section) 부품의 수리해야 할 부분을 식별하기 위 한 일반적인 표시과정은 특수레이아웃(layout) 염색을 사용하거나 상업용 펠트-팁 (felt-tip)기구, 또는 특수표시연필로 한다.

고온부 부품에 표시할 때 탄소, 구리, 아연, 납을 남기는 물질을 사용해서는 안 된다. 금속이 가열될 때, 이런 축적물이 금속 내부로 들어가서 입자간 응력을 일으킬 수 있 기 때문이며, 일반적인 흑연연필은 절대 사용하면 안 된다.

이러한 특수표시과정을 일반적인 과정보다 항상 선행해야 한다. 다음 주의사항은 현 재 사용 중인 가스터빈엔진 정비지침서에서 발췌한 것이다.

※ 탄소성분의 물질, 즉 흑연, 왁스, 유성연필(grease pencil) 등으로 표시한 고온합금부품과 스테인 리스 부품상에 축적물이 남아있으면 작동 중에 부품의 파손을 유발할 수 있다. Dychem(layout 염색)조차도 완전히 제거되지 않으면 잠재적으로 위험성을 갖게 된다. 이런 형식의 파손은 부품 이 열처리나 용접이 된 경우, 또는 700°F나 그 이상의 고온에 노출되었을 경우에 발생한다. 이 러한 노출은 탄소를 강화시키고 입자간 취성(embrittlement)을 일으켜 마침내 균열을 유발하고 이 균열은 점점 더 발달하게 된다.

Section 04 ─ 주베어링과 실

1 베어링

가스터빈엔진의 주베어링은 비마찰(anti-friction) 볼(ball)이나 롤러(roller)형식이다. 볼 베어링은 홈이 파진 내부레이스(race)에 걸려있고 축류방향 추력과 반경방향(원심) 하중에 대해 주엔진 로터를 지지해 준다. 롤러 베어링은 평평한 내부레이스에 걸려있다. 롤러 베어 링의 표면접촉면적이 볼베어링에서보다 더 크기 때문에 대부분의 반경방향 하중을 흡수할 수 있도록 위치해 있으며 작동 중에 엔진의 축류방향 하중증가를 허용한다. 이런 이유로 테이퍼

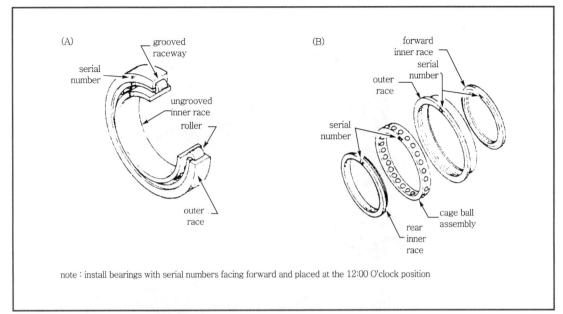

[그림 5-49A] Main bearing, roller type
[그림 5-49B] Main bearing, ball type

된 롤러베어링은 거의 사용하지 않는다.[그림 5-49 참조]

평베어링(plain bearing)은 터빈 엔진에서 주베어링으로 사용되지 않는데, 이유는 훨씬 높은 속도에서 터빈이 작동하므로 마찰열이 생겨서는 안 되기 때문이다. 그러나, 평베어링(plain bearing)은 보기류와 같이 작은 하중이 걸리는 곳에서 사용된다.

주베어링에 걸리는 1차 하중은 다음과 같다.

① 반경방향 G-force에 의해 몇천 배로 커진 회전체(압축기와 터빈)의 중량
② 동력변화에 의한 축류방향 힘
③ 항공기가 방향을 바꿀 때 그 자리에 남아있으려는 회전체의 자이로스코프효과
④ 고정 케이스와 로터 사이의 열팽창에 의한 압축과 인장하중
⑤ 공기흐름과 항공기와 엔진 자체에 의해 유도되는 진동

주베어링은 로터 어셈블리를 지지하고, 베어링 하우징과 지지대를 통과한 여러 가지 하중을 엔진의 외부 케이스, 궁극적으로는 항공기 마운트(mount)에 전달한다.

주베어링의 수는 엔진모델에 따라 다르다. 어떤 제작사는 보통 세 개의 대형(heavy) 베어링을 설치하고, 또 다른 제작사는 똑같은 하중계수를 수용하기 위해 5개나 6개의 보다 가벼운 베어링을 사용하기도 한다.

볼베어링과 롤러 베어링의 구조특성은 그림 5-49와 5-50에 나타나 있다. 설계특성에서 주목할 것은 롤러 베어링 레이스 중 하나만 홈이 파여 있어서 작동 중에 엔진이 팽창하거나 수축할 때 롤러가 축방향으로 자유로이 움직일 수 있다는 점이다. 볼베어링의 설계특성은 분

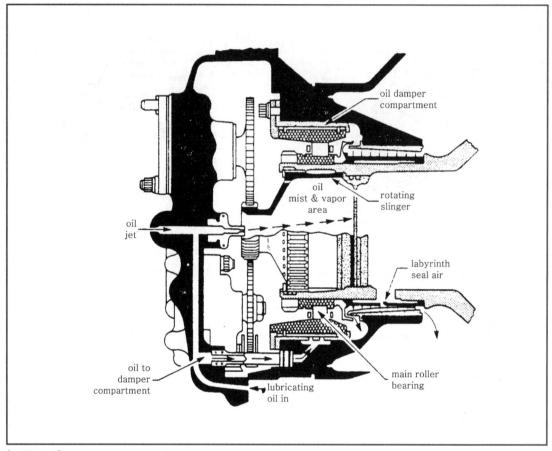

[그림 5-50] Front compressor main roller bearing with oil damped outer race

리된 내부레이스(split inner race)인데, 이것은 일단 베어링을 엔진에서 분리한 뒤 베어링 분해, 정비, 검사를 쉽게 할 수 있게 한다.

베어링의 내부레이스는 축 위의 이동을 막기 위해 로터축과 억지 끼워 맞춤이여서 특수풀러(puller)공구를 사용해 장탈한다. 또한 그림 5-50은 오일완충 베어링(oil damped bearing)인데, 이것은 외부레이스와 베어링 하우징 사이에 오일막을 형성하여 로터시스템의 진동경향을 줄이고 5/1,000in까지의 작은 불일치를 허용한다.

터빈 베어링의 부속부품은 일반적으로 서로 섞이지 않게 일련번호로 확인할 수 있다.

가스터빈에 사용되는 비마찰베어링은 레이스, 케이지(cage) 등의 맞춤 세트로 맞춰있고 상당한 정밀공차를 가지고 있다. 가스터빈은 고속, 경량의 장치이기 때문에, 이러한 설계는 상당한 G-force와 자이로 하중하에서도 진동을 최소화할 수 있다.

이런 이유 때문에 베어링은 일련번호, 일치표시, 제작공차 표시를 제작사가 설명하는 방식으로 작업을 해야 한다.[그림 5-51 참조]

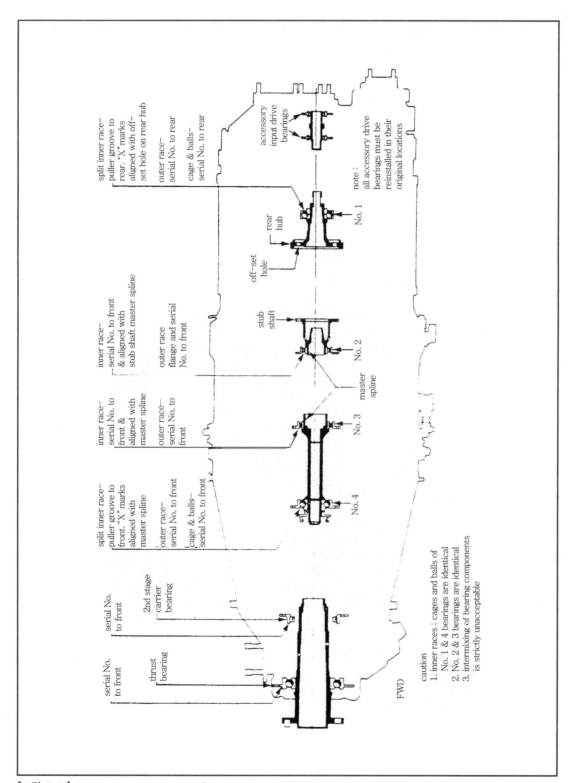

[그림 5-51] Bearing locations of Pratt & Whitney PT6 turboshaft engine

그림 5-52의 공기균형실(air balance chamber)은 높은 가스통로 압력을 받은 압축기 추력베어링(No. 2)을 도와 압축기를 전방쪽으로 미는 힘에 대항한다. 균형실과 추력베어링 모두 이 미는 힘에 대항해서 압축기를 제지한다. 일부 엔진에서는 터빈에서의 후방추력하중이 압축기의 전방쪽으로 미는 하중을 적절히 상쇄시키기 때문에 공기균형실이 필요 없다.

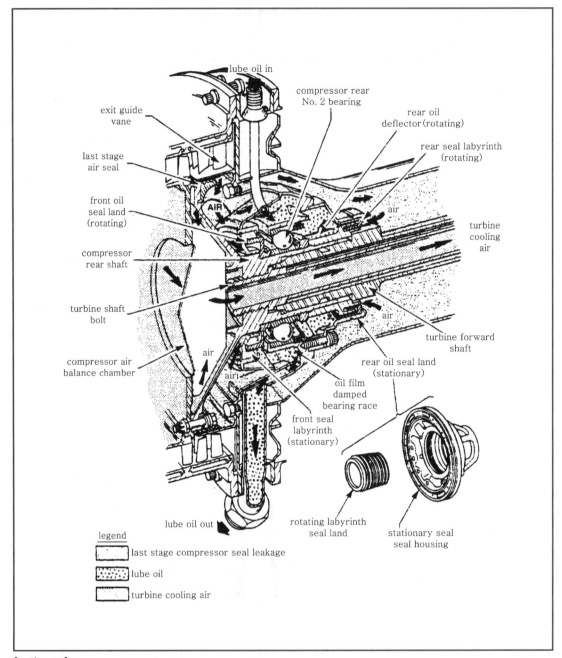

[그림 5-52] Compressor rear bearing sump arrangement

❷ 베어링 실(Bearing Seals)

대부분의 베어링 하우징(bearing housing)에서는 가스유로로 오일이 새어나가지 않도록 실(seal)을 내장하고 있다. 오일 실은 마찰식 탄소식(carbon rubbing type)이나 미로형(labyrinth)식이 통상 사용되며 각각 별개로 사용되기도 하고 하나의 엔진에 두 형식이 동시에 쓰이기도 한다. 실을 선별해서 사용해야 하는 까닭은 엔진의 고온부(hot section)와 저온부(cold section) 사이의 온도구배 때문이다. 즉, 미로형 실을 고온부에서 사용하게 되면 실은 팽창하여 실 랜드(seal land)와 접촉하게 되어 마모가 일어나기 때문이다. 실랜드는 미로형 실의 회전부에 붙여진 이름이다.[그림 5-52, 53 참조]

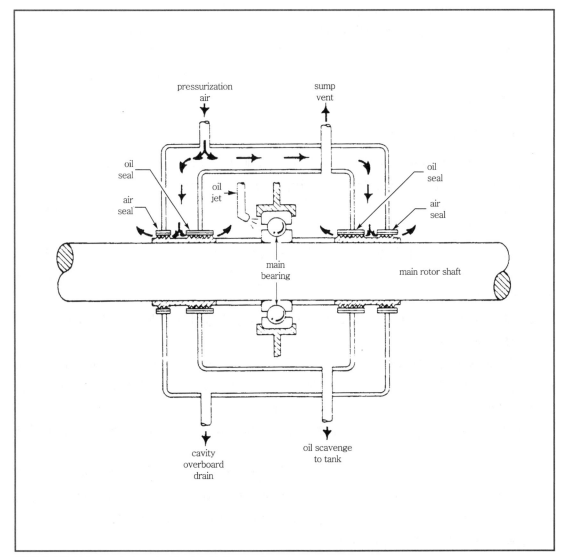

[그림 5-53] Main bearing sealed by labyrinth air-oil seals

(1) 미로형 실(Labyrinth Seal)

그림 5-52와 5-53에서는 2개의 미로형 실의 예를 보여준다. 베어링의 바깥 부분인 가스 유로로부터 미로형 실의 홈을 지나 안쪽으로 블리드(bleed)된다. 실 링(seal ring)의 홈(groove)은 나사산과 비슷한 동심형 통로(concentric path)를 형성하거나 실 랜드와 링 사이에 비동심형 통로(non-concentric path)를 형성하게 된다. 어떤 경우든 링에 의해 형성된 실 댐(seal dam)들은 엔진가스 유로에서 내부로 들어오는 공기의 양을 정해진 양으로 제한하는 역할을 하게 된다. 베어링구성부 내의 압력은 대부분의 엔진에서 대기압보다 조금 높은 정도로 유지하고 있다. 이는 6장에서 좀 더 자세히 다룰 것이다.

회전식 베어링(rotaring bearing)에 가해지는 오일제트 분사(oil jet spraying)에 의해 생기는 오일분무(oil mist)가 베어링구성부 밖으로 빠져나가는 것을 미로형 실을 통해 들어오는 공기가 막아주는 역할을 한다. 그림 5-52에서 보면 실 여압공기(seal pressurizing air)는 오일소기계통(scavenge oil system)을 통해 베어링부 밖으로 빠져나가게 된다. 좀 더 높은 압축비를 갖는 엔진의 경우에는 그림 5-53과 같은 별도로 분리된 벤트부 계통(vent subsystem)을 갖도록 설계하고 있다.

(2) 카본 실(Carbon Seal)

카본 실은 카본과 흑연(graphite)을 적당히 혼합해 만들어진다. 이의 기능과 위치는 미로형 실과 거의 유사하지만 설계에서는 큰 차이가 있다. 카본 실은 미로형 실의 공기틈새(air gap clearance)에 얹혀지는 반면 매우 매끈하게 가공된 크롬카바이드(chrome carbide) 표면에 얹히게 된다.

카본 실은 스프링에 의해 지지되거나 때로는 여압공기에 의해 지지됨으로써 실의 짝표면(mating surface)과의 사이에 균일한 사전하중(preload)을 만들어주어 오일 실링 능력을 더욱 증대시킨다.

그림 5-54A에서는 회전축의 실 표면(seal surface)에 얹혀진 카본-링형식(carbon-ring type) 실을 보여주고 있다.

그림 5-54B에서는 또 하나의 일반적인 카본 실 설계인 카본-페이스형식(carbon-face type) 실을 볼 수 있다. 이는 다량의 유체를 운반하는 보기류 구동축의 실과 유사하다. 카본 표면은 대체로 실 플레이트(seal plate)나 실 레이스(seal race)라 불리는 매우 매끄러운 짝표면과 같이 고정되어 있고 이는 다시 회전하는 로터축(rotor shaft)에 부착되는 것이 일반적이다.

카본 실은 베어링 섬프(bearing sump)로 들어가는 공기유량을 좀 더 정확하게 조절할 필요가 있거나 오일이 소기되기 전에 더럽혀지지 않도록 잡아둘 수 있는 완전접촉식 실(full contact type seal)이 필요한 경우에 사용된다. 이에 반해서 미로형 실은 좀 더 높은 압력의 오일벤트부 계통과 함께 쓰이곤 한다.

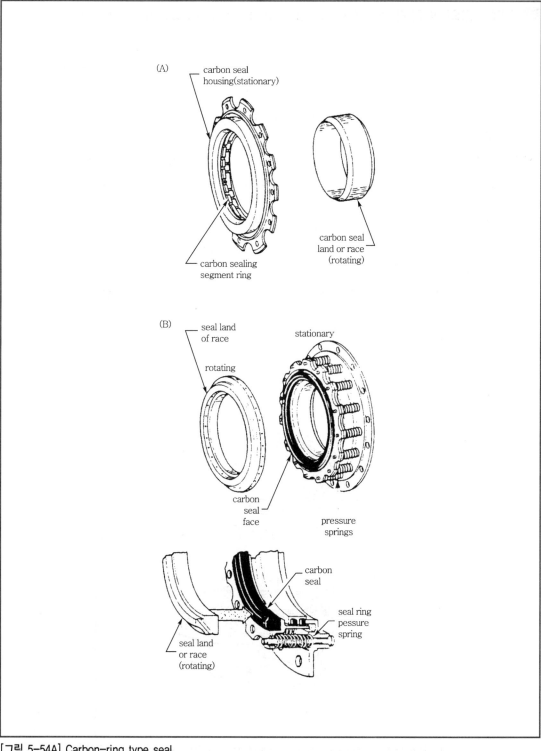

[그림 5-54A] Carbon-ring type seal
[그림 5-54B] Carbon-face type seal

3 베어링의 취급과 정비(Bearing Handling and Maintenance)

제작자들은 대부분 베어링의 세척과 검사는 주위환경을 조절할 수 있는(environmentally -controled) 베어링 취급실(bearing handling room)에서 해줄 것을 요구한다. 이는 베어링이 엔진 밖으로 떼어내졌을 경우 표면부식을 방지하는 것이다. 더욱이 베어링은 절대로 보호되지 않은 상태로 놓아두어서는 안되는데 이는 밀착간극 표면에 발생하기 쉬운 아주 미세한 손상을 방지해야 하기 때문이다.

베어링 검사 중의 적절한 취급법은 손에 묻어있을 수 있는 산(acid)이나 습기 등이 베어링 표면에 묻지 않도록 보풀 없는 면(lint-free cotton)장갑이나 합성고무장갑을 착용하고 작업하는 것이다.

베어링 검사는 검사의 정확성을 높이기 위해 대게 강한 조명 아래서 행하거나 확대경 아래서 행해진다. 따라서 아주 미세한 표면흠집 정도만이 허용된다. 베어링은 사용 중에 점차로 경화(work-hardness)되는 경향이 있다. 따라서 특수한 장비를 이용하여 과도하게 경화되지 않았는가를 검사해 주어야 하는데 과도한 경화로 인해 베어링이 갈라져 버릴 수도 있기 때문이다.

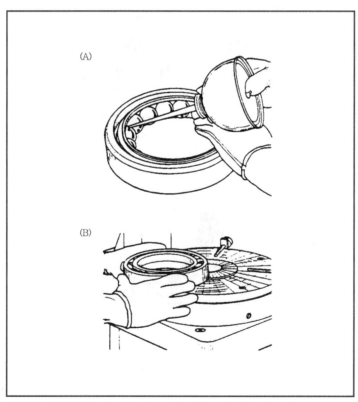

[그림 5-55A] Lubricating bearings, handling with lint free gloves
[그림 5-55B] Positioning bearing on flat plate for measurement check

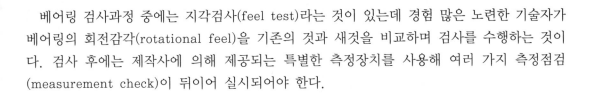

베어링 검사과정 중에는 지각검사(feel test)라는 것이 있는데 경험 많은 노련한 기술자가 베어링의 회전감각(rotational feel)을 기존의 것과 새것을 비교하며 검사를 수행하는 것이다. 검사 후에는 제작사에 의해 제공되는 특별한 측정장치를 사용해 여러 가지 측정점검(measurement check)이 뒤이어 실시되어야 한다.

(1) 예방조치(Precautionary Measures)

감독자나 기술자들은 베어링 검사시 여러 가지 예방조치에 주의하여야 하며 이는 다음과 같다.

① 베어링을 건조한 상태(윤활유가 없는 상태)에서 회전시키면 먼지입자로 인해 표면에 흠집이 생길 염려가 있으므로 건조상태에서 베어링을 회전시키면 안 된다.

② 공기 중의 습기는 베어링의 부식을 유발시키므로 공장의 공기로 베어링을 건조하기 위해 불지 마라.

③ 증기를 사용하는 윤활유제거법(vapor degreasse)은 증가가 오염물질을 내포할 수도 있으므로 사용하지 마라.

④ 합성오일(synthetic oil)을 사용하는 엔진에 석유계 오일(petroleum oil)을 베어링에 사용하면 화학반응을 일으키게 되므로 사용하지 마라.

⑤ 일반공장용 세척통(shop cleaning vat)을 사용하지 마라. 대신에 깨끗한 액체에 담근 다음 보풀 없는 면이나 적절한 종이수건(paper wiper)에 인가된 세척용 솔벤트(solvent)를 묻혀 닦는다.

(2) 자성검사(Magnetism Check)

검사를 마친 후에 베어링은 자장탐지기(field detector)를 사용해 자성을 띄고 있는가의 여부를 점검해야 한다. 자성이 있는 것으로 판명되면 엔진 운용시에 외부에서 철분입자(ferrous particles)가 베어링 내부로 침투하는 것을 막기 위해 적절한 자성제거장치(degausser)를 사용해 자성을 제거해주어야 한다.

베어링에 자성이 생기는 이유는 베어링이 매우 고속으로 회전하기 때문이고 벼락이 엔진 내부로 흡수되기 때문으로 알려져 있다. 또 하나 유력한 원인은 엔진에서 사용되는 전기용접(arc welding)에서의 부적절한 접지 때문이다. 용접장비의 접지선은 용접할 때 발생하는 높은 전류가 엔진 전체로 흐르는 것을 방지하기 위해 외부 케이싱과 확실하게 연결되어야 한다.

자성에 의해 철분입자가 흡입되면 엔진의 베어링 마모를 가져오며 또한 이는 오일계통 필터(oil system filter)에 의해 걸러지지 않고 베어링 표면에 흡착되기도 한다.

(3) 베어링 장착

베어링은 장착되기 전까지는 방수용지(vapor proof paper)에 보관한다. 또한 내부레이스(inner race)와 외부레이스(outer race)는 엔진오일로 채워진 깨끗한 보온용기에 넣어 보관

[그림 5-56A] Bearing and labyrinth seal ready for installation
[그림 5-56B] Installation of bearing retaining nut Pratt & Whitney JT8D Turbofan

하거나 냉장고에서 저온에 보관하여 작업 직전에 꺼내어 사용한다. 그림 5-51에는 몇가지 장착요구조건(installation requirements)이 제시되어 있다.

(4) Bearing Distress Terms[그림 5-57 참조]

① 마모(Abrasion) : 회전하는 표면(mouing surface) 사이의 미세한 이물질이 존재해서 생기는 표면이 거칠어진 영역

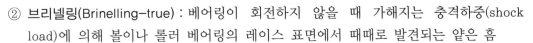

② 브리넬링(Brinelling-true) : 베어링이 회전하지 않을 때 가해지는 충격하중(shock load)에 의해 볼이나 롤러 베어링의 레이스 표면에서 때때로 발견되는 얕은 홈

③ 폴스브리넬링(False brinelling) : 베어링 레이스 표면의 광택마무리(satin finish)나 일련의 얕은 홈들

④ 연소(Burning) : 과도한 열이 가해짐으로 발생하는 표면의 흠집. 이는 표면의 변색이나 심한 경우 표면의 떨어져 나감 등으로 알 수 있다.

⑤ 광택(Burnishing) : 금속표면의 마찰에 의한 기계적 매끄러움(mechanical smoothing). 표면물질이 떨어져 나가지는 않지만 때때로 베어링 외부의 변색을 동반하기도 함

⑥ 거칠음(Burr) : 날카로운 돌출부나 거친 모서리

⑦ 벗겨짐(Chafing) : 상대적인 움직임에 의한 두 부분 사이의 마찰동작

⑧ 깍임(Chipping) : 표면 구성물질의 일부가 떨어져 나가는 것

⑨ 부식(Corrosion) : 화학반응에 의한 표면의 파괴현상

⑩ 프레팅(Fretting) : 두 표면이 고압하에서 눌리거나 조일 때 발생하는 변색. 철 부분은 적갈색(reddish brown)을 띄게 되고 알루미늄의 경우는 흰색으로 산화된다.

⑪ 밀림(Galling) : 벗겨짐(chafing)에 의해 한 표면에서 다른 표면으로 금속이 전이되는 것

⑫ 가우징(Gouging) : 전달, 혹은 찢어지거나 다른 이동효과(displacement effect)에 의한 표면물질의 이동

⑬ 홈(Grooving) : 날카로운 모서리를 갈아내 버린 곳에 생기는 긁힘자국과 같은 매끄럽고 둥글며 길죽한 홈

⑭ 거터링(Guttering) : 과열이나 연소에 의해 발생하는 깊고 집중적인 침식

⑮ 함유물(Inclusion) : 금속에 내포된 이물질. 표면의 함유물은 물질의 고유한 불균일성이며 검은 반점이나 줄(line)로 나타난다.

⑯ 흠(Nick) : 한 부분이 다른 금속부재에 부딪혀 생기는 날카로운 흠

⑰ 피닝(Peening) : 충돌(impact)에 의해 생기는 표면의 변형

⑱ 얽은 자국(Pitting) : 부식이나 깍임에 의해 표면의 일부가 제거된 작고 비규칙적이며 날카로운 공동(cavity)부식에 의한 자국. 기본 재질(basematerial) 부식제의 작용에 의해 형성된 침전물이 동반된다.

⑲ 긁힌 자국(Scoring) : 날카로운 모서리나 외부이물질에 의해 엔진 운용 중에 발생하는 깊게 긁힌 자국

⑳ 깨짐(Spalling) : 과부하에 의해 발생하는 표면의 깍임 또는 벗겨짐에 의한 날카롭고 거친 영역

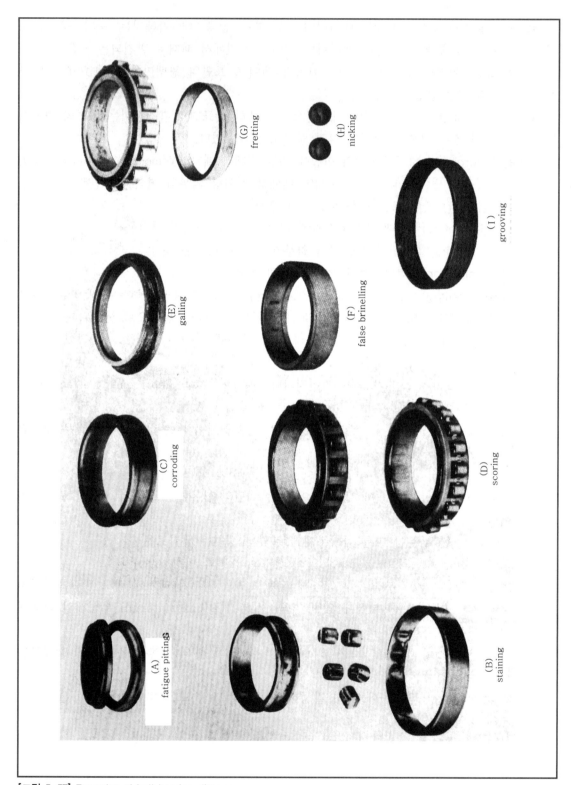

[그림 5-57] Examples of ball bearing distress

Section 05 — 모듈 정비(Modular Maintenance)

새로운 정비개념으로 여러 개의 라인 정비와 중정비(heavy maintenance)를 서로 조합한 형태가 되며 모듈 정비라 부른다. 이는 엔진이 서로 분리되는 여러 모듈 세트의 조립으로 이루어지는 엔진 제작 개념과 같다. 이들 모듈들은 최소의 노동시간(man-hour)으로 장탈과 교체가 가능하게 설계되는 것이 보통이다. 또한 대부분의 모듈은 엔진이 기체에 장착되어 있는 상태에서 엔진으로부터 분리될 수 있다. 이로 인해 잦은 엔진의 장탈을 막을 수 있고 엔진의 시운전실 작동(test cell running)시간을 줄일 수 있다.

재제작(rebuilt)된 모듈이 엔진에 장착되기 위해서는 공기역학적, 열역학적으로 엔진과 잘 조화되어야 하는데 이는 매우 어려우며 수리소나 중수리공장의 감독자들에게는 그 자체로도 하나의 과학으로 여겨지기도 한다. 모듈 정비 개념의 도입으로 인해 FAR(part 43)은 현재 대부분의 모듈 교체수준의 소수리에 관해서는 FAA Major Repair Reporting Form 337이 필요 없다고 해석하고 있다. 모듈의 수리정도가 대수리(major repair)수준이고 FAA 337의 인가를 받아야 한다고 여겨질 경우에는 각 지역 FAA Records Office에 신청하면 된다.

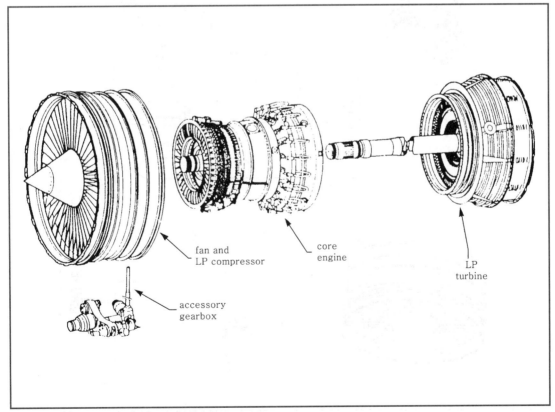

fan and
LP compressor

core
engine

LP
turbine

accessory
gearbox

[그림 5-58A] General Electric CFM56 major modules

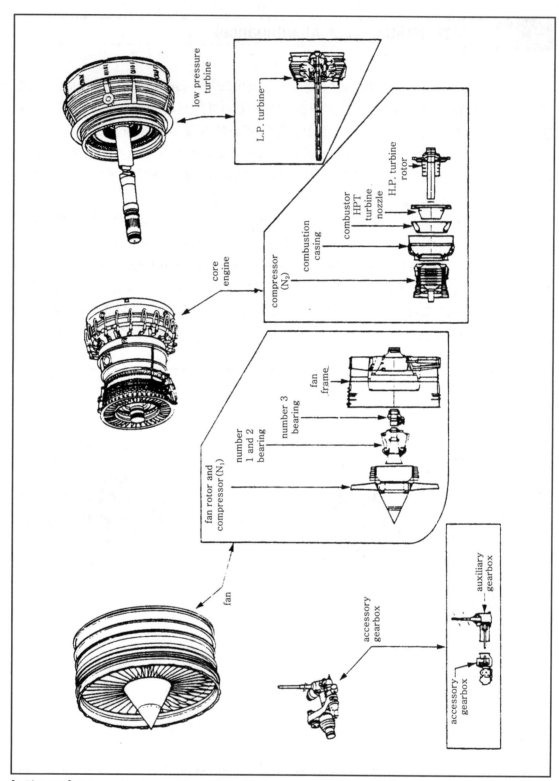

[그림 5-58B] Makeup of major modules CFM56 turbofan

Section 06 ─ 토크렌치의 사용

1 개요

토크렌치는 라인 정비에서나 공장 정비에서 함께 사용되는 공구이다. 이를 사용하기 전에 사용자는 무게와 레버암테스터(weight and lever armtester)를 이용하여 보정측정(calibration)을 해 인증을 받아야 한다. 모든 가스터빈 제작자들은 토크(비틀림 힘)에 매우 신중을 기할 것을 요구하며 엔진 정비에 사용되는 토크렌치의 보정(calibration)을 주기적으로 할 것을 추천한다. 전형적인 보정계획은 다음과 같다.

① 마이크로미터(micrometer)형식의 토크렌치 : 일주일에 한 번 체크
② 세팅하지 않는 형식(non-set-type)의 토크렌치 : 한달에 한 번 체크하지만 이 같은 계획은 모든 작업장에 보정추정장비로 보유하고 있으며 토크렌치를 매일 사용하게 되는 보다 큰 공장에서는 일반적인 것이 되지 못한다. 이럴 경우에는 매일 혹은 사용 전에 매번 보정을 해줘야 한다.

마이크로미터형식 토크렌치의 보정손실을 막으려면 사용 후에는 항상 최저세팅(lowest setting)상태로 돌려놓아야 한다. 마이크로미터 토크렌치는 가스터빈에 사용되는 거의 대부분의 조임쇠(fastener)가 특정한 토크(specific torque)를 요구하기 때문에 실제 현장에서 가장 널리 사용되고 있다. 또한 이러한 형식의 렌치는 다른 형식의 렌치를 사용하기 어려운 위치에도 빠르고 정확하게 사용할 수 있다. 마이크로미터 렌치에 의한 토크는 느낌(feel)으로 가해지게 된다. 렌치의 브레이크(wrenth breaks)에 의해서 정확한 토크가 가해지게 되며 사용자는 눈금표시판(scale)을 보아서는 안 된다.

빔과 다이얼 토크렌치(beam and dial torque wrench)는 조이려는 부분(mating parts)에 걸리는 토크요구치에 이른 후에 사용자가 몇 초간 토크를 유지하게 되면 좀 더 정확한 초기 토크(initial torque)가 가해질 수 있다고들 한다. 사용자는 반드시 눈금표시판(scale)을 아무 장해 없이 수직으로 바라볼 수 있는 위치에 서 있어야 하며 그렇지 않을 경우 부정확한 토크가 발생한다.

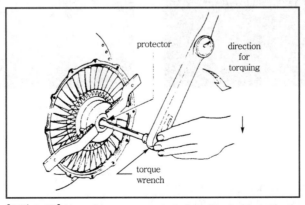

[그림 5-59] Use of torque wrench to install a turbine wheel

마이크로미터 토크렌치를 사용함에 있어서 제작자가 좀 더 정확한 토크가 가해지기를 원한다면 다음의 과정을 명문화(stipulate)할 수 있다.

① 일련의 조임쇠에 토크를 가함에 있어서 풀고 다시 조인다(loosening and retorquing).
② 최소한의 수치로 토크를 가하려면 두 번째 가해지는 토크값이 원하는 값이 되도록 조인다.
③ 조이는 부분(mating parts)을 원하는 정도에 이르게 하는 데는 여러 가지 다른 방법이 있다.

가해진 토크를 알 수 있는 다른 방법으로 비틀림(twist)의 정도를 측정하는 방법보다는 볼트의 늘어난 정도(stretch)를 측정하는 것이 있다. 이 방법은 대형 엔진에 사용되는 큰 볼트에 작용되는 방법이다.

그림 5-60A에는 기술자가 빔형식 토크렌치를 사용하여 길고 속이 빈 타이로드(tie rods)에 부착된 너트에 초기 토크(initial torque)로 세팅(setting)하고 있는 것이 나타나 있다. 타이로드는 팬을 압축기 전방에 고정시킨다.

그림 5-60B는 타이로드에 맞게 되어있는 여러 개의 다이얼형식 깊이측정 마이크로미터(dial type depth micrometer)를 포함하고 있는 어댑터플레이트(adapter plate)를 보여주고 있다. 기술자는 다이얼 마이크로미터로 측정되는 볼트를 늘어난 정도로 최종적으로 목표하는 토크를 가할 수 있다.

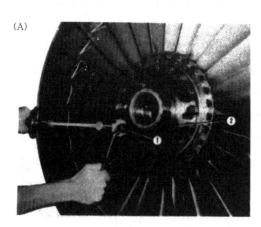
(A)
1. beam torque wrench
2. front hub

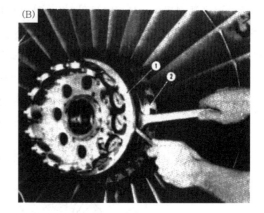
(B)
1. adapter plate & gage set
2. front hub & blades

[그림 5-60A] Tightening front compressor tie rod nuts
[그림 5-60B] Stretching front compressor tie rods

(1) 연장부와 함께 쓰이는 토크렌치의 사용(Use of Torque Wrench with Extension)

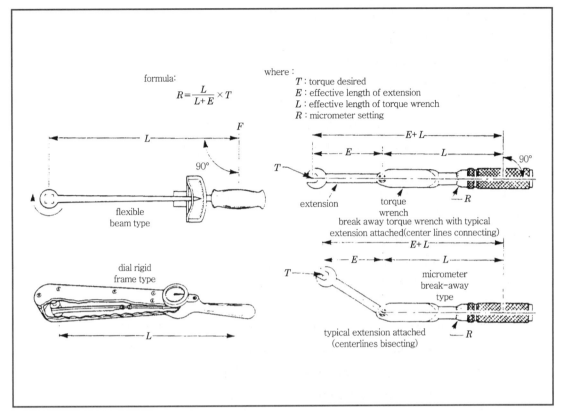

[그림 5-61] Use of torque wrench with an extension

때때로 토크렌치에 연장부(estension)가 필요하게 된다. 다음의 예에서 실제로 가해지는 토크(true torque)와 비교하여 측정장치에 지시되는 토크(indicated torque)를 계산하는 과정을 설명하겠다.

1,440lb.in의 토크가 어떤 한 부분에 가해져야 한다. 특별한 연장부(special extention)가 사각형 드라이브(square drive)가 쓰이는 렌치슬롯(wrench slot)의 중심부로부터 4in의 길이를 갖는다. 토크렌치는 사각형 어댑터(square adapter)에서 손잡이(handle) 부분까지 16in의 길이를 갖는다.

$$R = \frac{L}{L+E} \times T$$

$$= \frac{16}{16+4} \times 1,440$$

$$= 1,152$$

연장부와 토크렌치가 일직선(straight line)에 있을 경우 1,140lb.in의 토크를 얻기 위해서는 1,152lb.in의 수치가 측정될 때까지 조여줘야 한다.

(2) 토크절차(Torque Procedure)

제작자들은 때때로 토크를 가하는 순서를 지정해주기도 한다. 이 순서는 조여지는 부분 사이에 응력이 걸리는 것을 방지하기 위해 주의 깊게 지켜져야 한다.

터빈엔진은 원통형 모양을 갖기 때문에 여러 개의 환형 볼트-링 세트(circular bolt-ring set)를 가지고 있다. 제작자들은 흔히 링 전체를 최소한계치로 토크를 가한 다음 중간값(median value)으로 조이고 풀기를 요구한다. 이 절차에 의해 두 표면 사이의 어떤 "세트(set)"가 생기며 이로 인해 작은 토크렌치 보정오차(calibration error)가 발생하게 된다. 예를 들어, 토크차트(torque charts)가 90~100lb.in의 토크를 가리키면 사용자는 초기에는 90lb.in 토크를 가한 후 풀고 95lb.in로 다시 토크를 가하게 된다.

특별히 절차에 관한 언급이 없을 때에 가장 일반적인 방법으로는 원하는 토크가 얻어질 때까지 점차로 조금씩 조여가는 방법이다. 성(castellated)너트와 탭와셔(tab-washer)를 끼우고 볼트와 너트를 조일 경우에는 토크를 최소로 가해주고 필요하다면 코터키홈이나 탭라크홈의 일치를 위해 최대값까지 조금씩 토크를 더해나가야 한다. 이때 일치되지 않으면 새로운 볼트나 너트를 설치해 주어 토크와 일치(alignment)간의 조화를 이룰 수 있도록 해주어야 한다.

또 하나 널리 사용되는 절차로는 각 90° 위치의 볼트에 먼저 토크를 주고 엇갈린(stagger) 토크를 링의 180° 위치의 나머지 볼트에 가해주는 것이다. 너트가 사용될 수 없는 곳이나 볼트가 너트플레이트(nut-plate)에 장착되는 곳 등에서 너트보다는 볼트헤드에 토크가 가해지는 경우에는 가동토크값(running torque)을 계산할 필요가 있으며 계산된 수치를 중간값 토크(median torque value)에 더해야 한다. 제작자에 의해 토크값이 지정되지 않는 경우에는 그림 5-63에 제시된 바와 같이 표준토크표에 맞게 토크를 가해주는 것이 일반적이다.

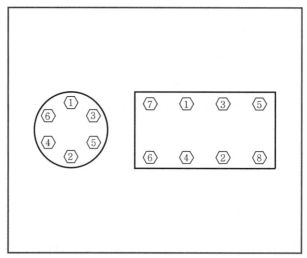

[그림 5-62] Stagger torque patterns

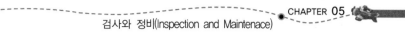

diameter and threads per inch	(national coarse) size	torque values	diameter and threads per inch	(national fine) size	torque values
NC-8-32	.164	13-16 lb-in	NC-8-36	.164	16-19 lb-in
10-24	.190	20-23 lb-in	10-32	.190	24-27 lb-in
1/4-20	.250	40-60 lb-in	1/4-28	.250	55-70 lb-in
5/16-18	.3125	70-110lb-in	5/16-24	.3125	100-130lb-in
3/8-16	.375	160-210lb-in	3/8-24	.375	190-230lb-in
7/16-14	.4375	250-320lb-in	7/16-20	.4375	300-360lb-in
1/2-13	.500	420-510lb-in	1/2-20	.500	480-570lb-in

[그림 5-63] Standard torque table for steel bolts and self-locking nuts

Section 07 ─ 잠금방법(Locking Method)

1 잠금와이어링(Lock Wiring)

잠금와이어링 혹은 안전결선(safety wiring)은 공장정비나 라인정비에 있어서 하나의 통상적인 절차이다. 이는 나사로 끼워진 부분(threaded part)이 토크가 가해진 후 느슨해지는 것을 방지하기 위한 것이다. 이는 터빈엔진 감항성의 중요고려사항으로 라인, 플랜지(flanges)가 느슨해짐으로 공기나 연료, 오일이 새는 경우가 발생하면 이는 비행 중 심각한 위험의 원인이 되기 때문이다. 잠금와이어를 선택함에 있어서 제작자의 추천에 따른 적절한 타입과 적절한 지름의 것을 선택해야 한다. 또한 와이어는 너무 조여도(over-twisted) 안 된다. 만약 그럴 경우에는 경화(work-hardens)되어 운용 중 파괴될 위험이 있다. 예를 들면 0.032in 잠금와이어는 인치당 8~10회 정도의 비틀림이 적당하고 0.041in 지름의 잠금와이어는 인치당 6~8회의 비틀림이 적당하다. 일반적으로 통용되는 잠금와이어 사용법이 그림 5-65에 제시되어 있다.

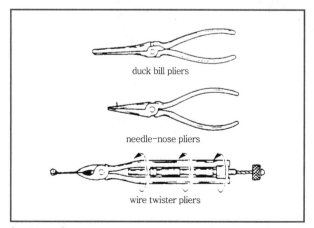

duck bill pliers

needle-nose pliers

wire twister pliers

[그림 5-64] Common lockwiring tools

note: lockwiring around the head results in better load distribution than across the head.

example1   example 2   example 3   example 4

examples 1,2,3, and 4 apply to all types of bolts, fillster head screws, square head plugs, and other similar parts which are wired so that the loosening tendency of either part is counteracted by tightening of the other part. the direction of twist from the second to the third unit is counterclockwise to keep the loop in position against the head of the bolt. the wire entering the hole in the third unit will be the lower wire and by making a counterclickwise twist after it leaves the hole. the loop will be secured in place around the head of that bolt

example 5   example 6   example 7   example 8

examples 5, 6, 7, and 8 show methods for wiring various standard items.
note: wire may be wrapped over the unit rather than around it when wiring castellated nuts or on other items when ther is a clearance provlem

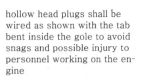

example 9   example 10   example 11

example 9 shows the method for wiring bolts in different planes. note that wire should always be applied so that tension is in the tightening direction.

hollow head plugs shall be wired as shown with the tab bent inside the gole to avoid snags and possible injury to personnel working on the engine

correct application of single wire to closely spaced multiple group

[그림 5-65] Lockwiring examples

330

2 잠금와셔와 탭(Locking Washers and Tabs)

가스터빈엔진에서 흔히 볼 수 있는 잠금와셔는 기존의 스플릿-링(split-ring)형식이나 내부/외부 치차(internal/external tooth)형식에 비해 잠금탭(lock tab)이나 컵와셔(cup-washer)류가 더 자주 사용된다.

이 잠금장치들은 너트나 볼트 헤드 밑에 끼워지며 볼트나 너트와 같은 재질로 제작된다. 너트와 볼트가 조이면 잠금탭이나 주름플랜지가 굽혀져서 연결부의 회전이나 느슨해짐 등을 막는 역할을 한다.

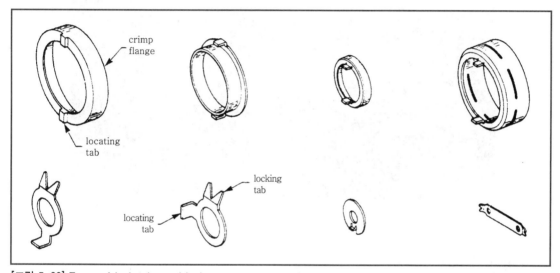

[그림 5-66] Types of lock tabs and lock cups

Section 08 — 시운전실 정비(Test Cell Maintenance)

제작 직후나 중수리(heavy repair) 후 그리고 간단한 정비 후일지라도 그림 5-67과 같은 특수한 시험장비에 의해서 엔진의 결함여부를 검사할 필요가 있다. 이들 장비는 조종석에서 필요로 하는 것 이상의 유용한 엔진 운용에 관한 데이터를 제공한다.

시험대(test bed)는 엔진의 출력(power output)을 측정하여 전기적 신호로 바꾸어 항공기에 장착되는 각종 성능표시 계기들로 보내도록 되어있다. 이런 식으로 해서 터보제트의 추력(thrust)이나 터보프롭, 터보축엔진의 출력토크를 정확하게 측정할 수 있다.

또 다른 주요엔진 검사는 시운전실 작동 중 진동분석(vibration analysis)으로 이는 매우 중요한 검사가 된다. 이 검사는 엔진의 각 부품간의 균형이 제대로 맞는지를 알아보는 데 사용되며 균형이 제대로 맞지 않을 경우, 비교적 경량이면서 고속 회전하는 가스터빈엔진은

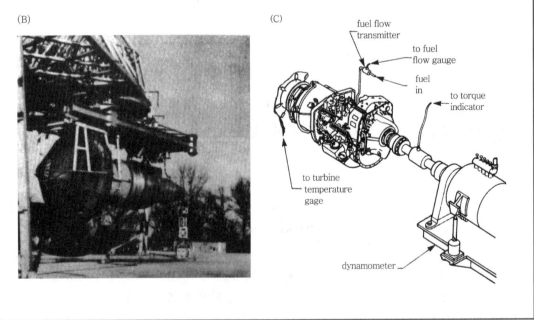

[그림 5-67A] Engine in test facility(floor type)
[그림 5-67B] General Electric CF6, turbofan test facility(overhead type)
[그림 5-67C] Turboprop and turboshaft test facility

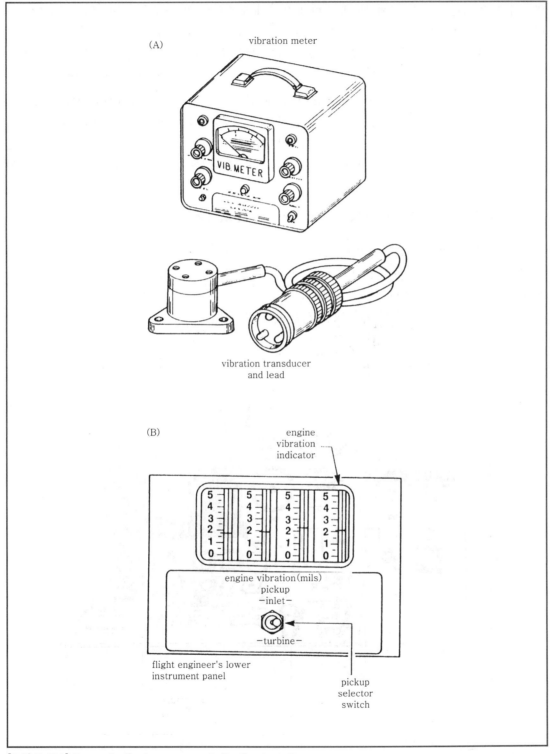

(A)

vibration meter

VIB. METER

vibration transducer
and lead

(B)

engine
vibration
indicator

engine vibration(mils)
pickup
−inlet−

−turbine−

flight engineer's lower
instrument panel

pickup
selector
switch

[그림 5-68A] Test cell vibration meter and vibration transducer
[그림 5-68B] Cockpit vibration meter-four engine aircraft

외부의 아주 작은 진동에 대해서도 민감하게 반응해 엔진이 쉽게 마모되는 원인이 된다. 다수의 대형 항공기 조종석에는 진동감지장치(vibration monitering equipment)가 장착되어 있다.

왕복식 엔진이 진동에 그리 민감하지 않은 데 비해 가스터빈엔진은 아주 작은 크기의 진동 한계(vibration limits)를 갖는다. 진동은 진동계(vibration meter)에 의해 측정되며 이는 진동 전환기(vibration transducer)라 불리는 엔진에 장착되는 특별한 진동탐지장치와 연결되어 있다. 이 전환기는 진동계로 전기적 신호를 보내는 일종의 작은 전기발전기라고 볼 수 있다.

엔진이 시운전실 작동 중 진동의 한계치를 넘게 되면, 이는 회전부가 균형이 잘 맞지 않은 상태라고 볼 수 있으며 다시 수리공장으로 돌려보내 재수리를 받아야 한다.[그림 5-68 참조]

▇1 시운전실 데이터의 분석(Analysis of Test Cell Data)

시운전실은 엔진이상기능(malfunction)을 고장탐구하기 위하여 사용될 수도 있으며 소수리 후에 새는 부분이 없나를 확인할 수도 있고 연구개발용이나 여러 종류의 정비지원 및 수정제작에도 이용될 수 있다.

모든 변수(parameter)들이 기록되면 시운전실 운영요원(test cell personnel)은 표준데이터와 비교해 보아야 한다.

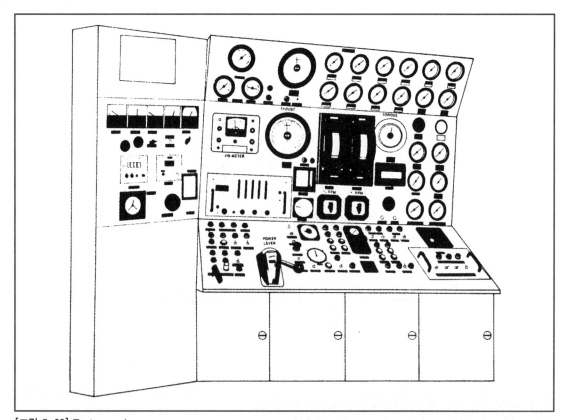

[그림 5-69] Test console

■2 출력데이터를 표준상태로 보정(Run Data Correction to Standard Day)

임의의 어떤 날에 엔진을 가동시켜 추력성능을 검사한 것이 실제 유용한 가치를 가지려면 계기에서 읽은 값들은 표준상태를 기준으로 하여 보정되어야 한다.

측정된 데이터는 측정시의 상태인 대기온도, 대기압력과 표준상태인 29.92in/Hg와 519°R (59°F) 사이에서 비교될 수 있다.

비행 중 엔진성능의 기록과 관찰은 같은 형식의 데이터들을 사용한다. 즉 시스템에 보정계수들이 프로그램되어 있어 고도에 따른 대기조건을 표준상태의 대기조건으로 바꿔준다.[부록 7 참조]

이 데이터들은 엔진의 경제적인 운용, 정비계획, 비행안전 같은 요소들을 결정하는 데 사용하기 위한 도구가 된다.

시운전실 엔진을 가동시켜 다음과 같은 데이터를 얻는다고 하자.

대기온도가 54°R(85°F), 대기압은 30.1in/Hg 그리고 엔진데이터는 다음과 같다.

〈엔진가동데이터 기록의 예〉

rpm=15,000 ; EGT=1,560°R(1,100°F) ; 연료유량=1,500lb/hr

공기유량=65lb/sec

표준상태에서의 값을 알려면, 두 개의 보정계수가 필요하다. 델타(delta, Δ)로 불리는 압력보정계수와 온도보정계수(theta, θ)이다.

〈압력보정계수(δ_{t2})의 계산〉

$$\delta_{t2} = \frac{측정대기압}{29.92\text{in} \cdot \text{Hg}} = \frac{30.1}{29.92} = 1,006$$

〈온도보정계수(θ_{t2})의 계산〉

$$\theta_{t2} = \frac{측정대기온도}{519°\text{R}} = \frac{545}{519} = 1,050$$

계산의 편의를 위해 부록 9에서 제시된 Δ와 θ의 표가 시운전실 직원들에게 사용된다. 다음의 공식들은 위 두 보정계수들이 관계된다.

보정된 rpm=측정 rpm/$\sqrt{\theta_{t2}}$ = 15,000/$\sqrt{1,050}$ = 14,638.5

보정된 EGT=측정 EGT(°R)/θ_{t2} = $\frac{1,560}{1,050}$ = 1485.7°R

$$보정된\ W_f = \frac{측정\ W_f\,(\text{pph})}{\delta_{t2}\sqrt{\theta_{t2}}} = \frac{1,500}{1,060 \times \sqrt{1,050}} = 1455.1\text{pph}$$

$$보정된\ m_s = \frac{측정\,m_s \times \sqrt{\theta_{t2}}}{\theta_{t2}} = \frac{65 \times \sqrt{1,050}}{1,006} = 66.21\text{lb/sec}$$

가스터빈엔진 성능은 대기조건에 민감한 것이 사실이다. 이 조건들이 International Standard Day(ISD)의 값과 다를 때, 측정된 계기의 표시는 표준상태에서와 다를 것이다. 위에서 계산된 결과들은 엔진이 ISD 조건에서 가동된 것과 같은 의미를 갖는다. 이 값들은 비로소, 제작자들이 의도한 엔진 조건의 결정사항들과 비교될 수 있게 된다.

보정에 대해 좀 더 설명하면 다음과 같다.

① 보정된 rpm

표준대기온도보다 높은 온도에서는 측정한 압축기 속도인 rpm은 표준상태에서보다 높다. 왜냐하면 85°F의 공기는 59°F의 경우보다 더 많은 일을 얻어야 필요압축비와 추력을 얻을 수 있기 때문이다.

② 보정된 배기가스온도(EGT)

위에서 언급한대로 rpm을 증가시키려면 더 많은 연료가 필요하다. 이 때문에 당연히 측정배기온도가 높아지게 된다.

③ 보정연료유량(W_f)

같은 추력을 내기 위해 rpm을 증가시키려면 마찬가지로 연료를 더 필요로 하게 된다. 따라서 표준상태의 연료유량보다 더 증가된 연료량을 측정하게 된다.

④ 보정된 공기질유량(m_s)

표준상태에서 66.21lb/sec의 공기질유량이 85°F의 대기온도에서는 65lb/sec가 된다. 전형적인 비행보정 데이터를 보려면 부록 10을 참조하라.

위의 대기환경들을 더 이해하기 위해서 100%의 rpm인 14,635.5rpm인 경우를 생각해보자. 따라서 15,000rpm의 경우는 102.5%의 rpm을 나타낸다. 회전수의 퍼센트 표시는 rpm의 기준이 되는 전형적인 방법이다. 이 내용은 이 책의 12장에서 상세하게 다루었다.

세 개의 변수들 rpm, EGT, 연료유량을 보면 같은 추력을 유지하기 위해서 ISD에서의 값들보다 더 높아야 한다. 그러나 측정공기유량 m은 ISD 조건보다 낮다. 이는 rpm이 102.5%의 한계에서 65lb/sec의 공기질유량을 만든다는 것을 의미한다. 낮은 m_s에서 같은 추력이 유지된다는 것은 엔진의 공기질유량 에너지손실이 연료의 에너지 증가에 의해 보충된다는 것을 뜻한다. 이는 가스터빈엔진에서 항상 일어나는 현상이다. 어떤 이유에서라도 공기질유량이 감소되면, 엔진이 같은 추력을 내기 위해서는 연료유량의 증가를 수반해야 한다.

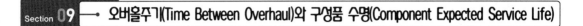

Section 09 → 오버홀주기(Time Between Overhaul)와 구성품 수명(Component Expected Service Life)

1 오버홀주기(TBO)

가스터빈엔진의 검사유효기간은 최근들어 크게 변화되었다. 소형 가스터빈엔진의 경우 제작사에서 권하는 평균적인 오버홀주기는 약 3,000시간으로, 중간에 고온부의 검사는 따로 해야 한다. 일부 엔진들은 이보다 두 배의 기간을 가지기도 한다. 만일 일부 소형 엔진이 모듈구조로 설계되었다면 이 모듈들은 오버홀주기 사이에 주기를 갖게 된다. 사실상 "엔진오버홀"이라는 말은 모듈구조 설계 때문에 가스터빈엔진에서 그 뜻을 상실해 가고 있다. 대형 상업용 엔진은 일반적으로 고정된 오버홀주기 한계를 갖지 않는다.

미연방항공국(FAA)에 따르면 운용자는 오버홀을 위한 엔진 또는 모듈의 장탈 근거가 되는 엔진성능 해석의 동향과 검사계획을 관리하게 된다. 이런 방법으로 일부 대형 엔진들은 수천시간 동안 날개에 그냥 둔 채로 운용하며 소위 말하는 "On condition" 관리프로그램에 따라 유지된다.[그림 5-70 참조]

많은 운용자들은 검사간격의 기준을 시간보다는 사이클로 사용하기도 한다. 한 사이클이란 보통, 엔진에 한 번 시동이 걸려 작동되고 멈추는 것을 말한다.

일부 엔진 부품들은 수명이 제한되어 있어 정해진 주기에 따라 새 부품으로 교체하거나 오버홀을 해야 한다. 이 교체시간의 간격은 시간단위, 주기 또는 개월수로 나타낼 수 있다. "Zero-timed"는 오버홀 된 부품이 새 부품과 같은 상태가 되었다는 것을 의미한다.

수명에 제한이 없는 부품들은 주로 "On-condition" 상태로 관리되며 이는 이 부품들의 감항성이 유지되는 한 지속적인 검사를 거쳐 제자리에 그대로 위치한다는 것을 의미한다. 대부분의 비행기의 경우는 엔진이 한 번 켜졌다 꺼지는 주기를 세는 장치가 장착되어 있다. 이것은 보통 엔진 시동을 전기적으로 기록하는 것이 원리이다. 만일 이런 장치가 없을 때는 승무원이나 지상요원이 반드시 운용시간, 날짜 또는 주기를 정확히 기록해서 검사와 부품교환 등이 제때에 이루어질 수 있도록 해야 한다.

터빈엔진의 가격은 비행기용으로 가장 작은 엔진이 125,000\$이고 점보기의 팬엔진은 4,000,000\$까지 올라간다. 이렇듯 터빈엔진이 비싸다는 점에서 운용시간의 적절한 기록과 관리가 필수적이라는 것이 명백해진다.

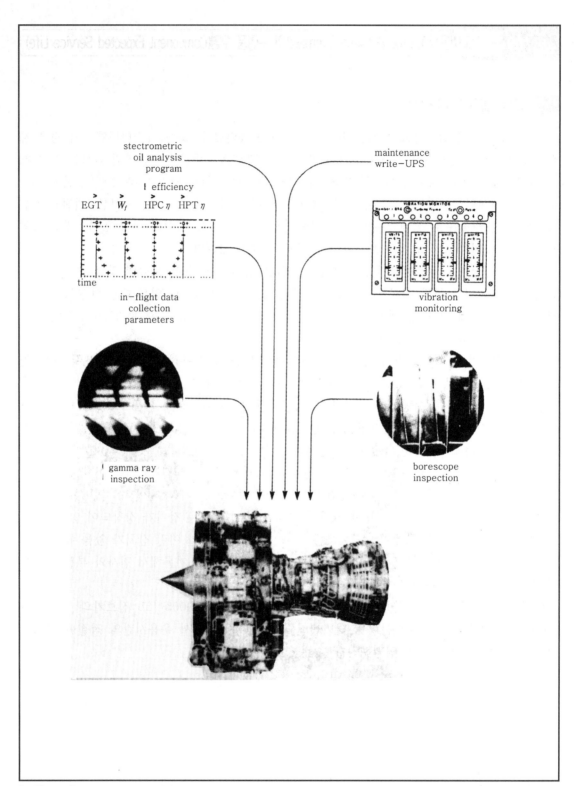

stectrometric
oil analysis
program

maintenance
write−UPS

efficiency

EGT W_f HPC η HPT η

time

in−flight data
collection
parameters

vibration
monitoring

gamma ray
inspection

borescope
inspection

[그림 5-70] General Electric CMF−56 turbofan engine on−condition maintenance monitoring

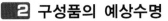

■2 구성품의 예상수명

수명연장을 위한 현대 가스터빈엔진의 설계는 과거보다 더욱 발전되었다. 이는 사업용 제트기의 엔진과 항공사들의 엔진들에서 볼 수 있는 현상이다. 한 예로 G·E사의 CF-6, 고바이패스 터보팬엔진의 경우 주엔진 구조물은 설계수명이 50,000시간 또는 35,000시간의 비행주기를 가져 예상수명은 15년이 된다. CF-6의 부품들의 설계수명을 그림 5-71에 열거하였다.

CF6-6 and CF6-50
component design life objectives

	normal maintenance and repair assumed service life per installation		total service life	
	hours	flight cycles	hours	flight cycles
stationary components(unless noted)	12,000	12,000	50,000	35,000
casings	12,000	12,000	50,000	35,000
frames	12,000	12,000	50,000	35,000
combustor	6,000	6,000	18,000	15,000
HP turbine vanes	6,000	6,000	15,000	12,000
LP turbine vanes	6,000	6,000	18,000	15,000
turbine frame liners	6,000	6,000	18,000	15,000
noise suppression panels	12,000	12,000	12,000	12,000
rotating components(unless noted)	15,000	15,000	30,000	30,000
fan blades	12,000	12,000	30,000	25,000
HP compressor blades	12,000	12,000	30,000	25,000
HP compressor discs	15,000	15,000	30,000	30,000
fan discs	15,000	15,000	30,000	30,000
HP compressor hubs and shafts	15,000	15,000	30,000	30,000
HP turbine blades	6,000	6,000	15,000	12,000
LP turbine blades	6,000	6,000	18,000	15,000
HP turbine hubs, shafts, and spacers	15,000	15,000	30,000	25,000
LP turbine discs	15,000	15,000	30,000	25,000
HP turbine discs	15,000	15,000	30,000	25,000
LP turbine hubs, shafts	15,000	15,000	30,000	25,000
gearboxes	12,000	12,000	50,000	35,000
gearbox bearings	10,000	10,000	16,000	9,000
main engine bearings	7,500	4,500	16,000	9,000
seals(main engine)	12,000	12,000	50,000	35,000
fan thrust reverser	6,000	4,000	30,000	20,000
turbine reverser	6,000	4,000	30,000	20,000

[그림 5-71] Table of component expected service life

Section 10 → 고장탐구

1 지상고장탐구

고장탐구는 라인이나 중정비 모두에서 주요한 부분을 차지한다. 엔진 내부의 결함은 관리자, 엔지니어, 공장장과 라인이나 공장의 기술자들에게 고장탐구 임무가 주어진다.

고장탐구자는 어떤 경우라도 문제를 효율적으로 대처하기 위하여 이성적인 진행절차를 따라야 한다. 부품을 버리거나 교체하는 일이 변번한 이유는 엔진의 문제점이 과거에 발생했던 것과 매우 흡사해서 고장탐구자가 순간적으로 부적절한 판단을 내리기 때문이다. 고장탐구자가 따라야 할 몇 가지 조건은 다음과 같다.

① 현재의 문제점은 승무원과의 면담 또는 기술서적, 작업지시서를 조사하여 관련된 사항들을 찾아낸다.
② 그 문제점에 관련되어 자주 일어나는 문제점들에 대해서도 조사한다.
③ 정비매뉴얼을 자세히 찾아 시스템의 작동과 고장탐구에 관한 실마리를 얻는다.
④ 흔히 일어날 가능성이 있는 원인들을 나열하여 문서로 작성한다.
⑤ 정밀조사, 테스트 등을 통한 검사를 하고 가능하다면 그 문제점을 재현하여 원인을 찾아낸다.
⑥ 문제해결을 위해 필요한 수리를 하거나 엔진을 떼어내어 수리공장으로 보낸다.
⑦ 가능하면 라인에서 고장탐구를 하고 수리공장에서는 필요한 수리만을 하도록 한다.

일부 고장탐구 진행절차는 6장과 7장에서 다루었다.

2 고장탐구를 위한 비행데이터의 분석

다른 또 하나의 고장탐구 기술은 비행 중에 수동, 또는 전기적으로 얻어진 데이터를 분석하는 것이다. 이 데이터는 승무원이나 관리부에 의해 그래프로 작성되어 어떤 경향성 분석을 가능하게 한다. 이런 경향성 분석은 적시에 정비결정을 할 수 있게 하거나 실제로 파손된 부품을 신속하고 정확하게 찾는 데 사용된다.

비행 중의 데이터를 기록하는 이유는 정비 중의 엔진 가동에서보다 실제 비행시의 엔진 가동에서 문제점들이 발견될 수 있기 때문이다. 이를 이용하여 정비직원은 훨씬 적거나 아예 아무 검사 없이 더 빨리 문제해결에 다가갈 수 있으며 수집한 데이터를 별도로 분석하지 않아도 된다. 이런 데이터의 수집은 시운전실에서 엔진을 가동시킴으로써 변수들의 값을 관찰된 값 또는 보정된 값으로 얻어낼 수 있다.

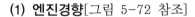

(1) 엔진경향[그림 5-72 참조]

엔진 가동시 그 경향을 나타내는 유용한 변수는 기계적인 것과 성능적인 것 두 가지이며 다음과 같다.

① 기계적인 모니터링(monitoring) : 전통적인 조종석의 계기로서 오일압력, 오일온도, 오일의 양 또는 저오일압력경고 등과 필터바이패스 등이 있다.

② 성능적인 모니터링 : 계기판의 표시로 엔진이 출력을 내는 데 어떻게 작동하는지를 알수 있다. 즉 그 표시는 압축비, N_1과 N_2의 회전속도, 배기가스온도, 연료유량이다. 훌륭한 계기판의 해석은 운용자의 능력에 달려있다. 운용자는 한 가지 또는 그 이상의 계기에서 읽은 작동변수들의 작은 변화를 주시할 수 있어야 하고 이런 데이터들을 표준상태 또는 제작회사에서 제공한 기준 데이터선들과 정확히 비교할 줄 알아야 한다. 예를 들면, 어떤 한 계기판에서만 작은 변화가 생겼다면 그 계기판 자체의 문제일수도 있는 반면 여러 계기에서 동시에 변화가 생겼다면 엔진성능에 변화가 생겼다는 것을 의미하며 엔진의 오염, 마모, 엔진 내의 손상 등이 생겼음을 추측할 수 있다. 도표들은 전형적이지만 실제가 아니고 가상적인 엔진 동향의 분석도로서 오버홀 이후의 엔진 시간 또는 날짜에 의해 도시되었다.

(2) 정상엔진[그림 5-72 참조]

그림 5-72의 Case 1의 그래프는 정상엔진의 작동변수와 오일소비량의 데이터들을 표시하고 있다. 여기서 각 변수들은 상대적으로 서로 연관된 경향을 갖지 않음을 볼 수 있으며 이런 엔진이 바로 성능상의 손실이나 기계적인 문제가 없는 양호한 엔진이다.

(3) 압축기부 결함[그림 5-73 참조]

그림 5-73의 Case 2 그래프는 JT8D 엔진의 흡입구 물분사장치로부터 압축기가 오염된 경우의 그림이다. 이 그래프의 점들은 엔진 물분사장치의 비행데이터를 보정한 것이다. 이 장치는 물이 허용치인 10ppm(part per million) 고체입자들보다 더 많이 함유하도록 서비스됐다. 배기가스온도, 연료유량 그리고 N_2는 상당히 상승했고 N_1은 약간의 상승이 있었다.

그리트연마제로 이 엔진을 세척한 결과 모든 작동변수들은 다시 원래의 수준으로 낮아졌다(오버홀 후 1,175시간에서 볼 수 있다). 압축기의 오염은 주로 물 속의 고체입자들이 제대로 용해되지 않을 때 발생하며 이것은 블레이드나 베인 등에 달라붙어 이들의 공기역학적인 모양을 바꾸고, 그 표면을 거칠게 만들며 공기흐름의 면적을 감소시킨다. 이런 상태는 압축기 효율과 공기흐름의 용적을 감소시키게 된다. 결국 주어진 추력을 내기 위해서 엔진은 더 많은 일을 해야 한다. 여기서 재미있는 사실은 추력증강을 위한 흡입구의 물분사장치에서 물이 오염되었을 경우 저압압축기(N_1) 부분은 그 영향이 적거나 아무 영향도 받지 않는다는 것이다. 이 오염상태는 고압압축기(N_2)에 영향을 끼치는데 이것은 N_2 압축기의 온도와 압력의 결합으로 생기며 물이 증기화되는 시간적 요소가 추가된다.

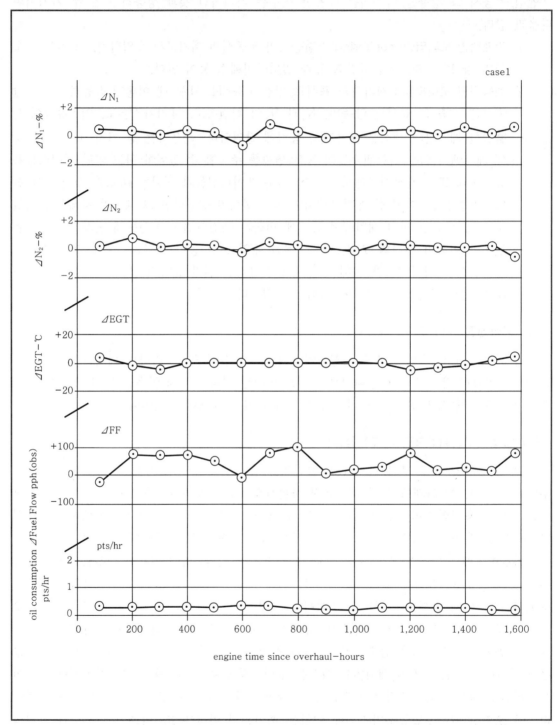

[그림 5-72] Case 1-Trend analysis normal operation dual-spool engine

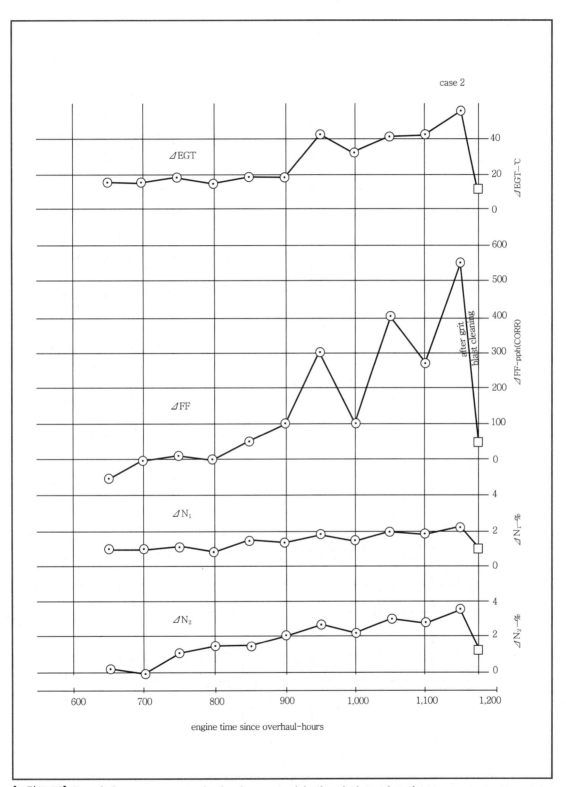

[그림 5-73] Case 2-Compressor contamination from water injection dual-spool engine

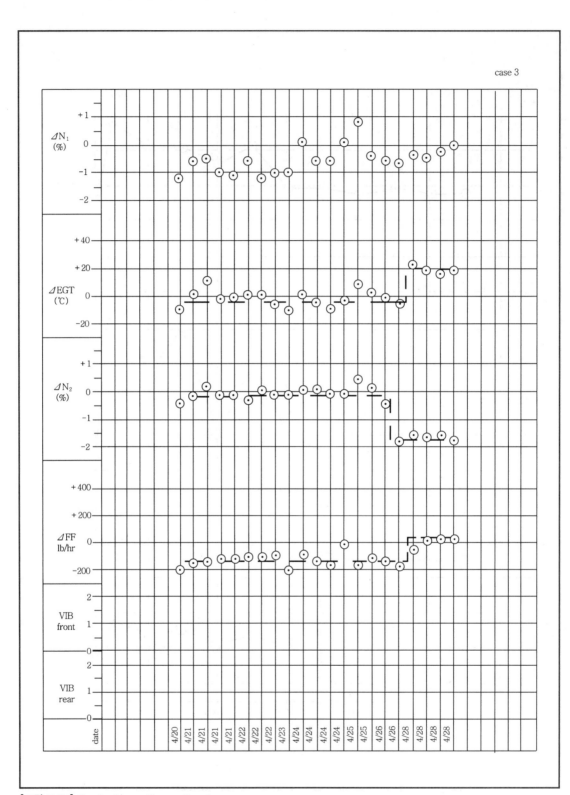

[그림 5-74] Combustor section malfunction

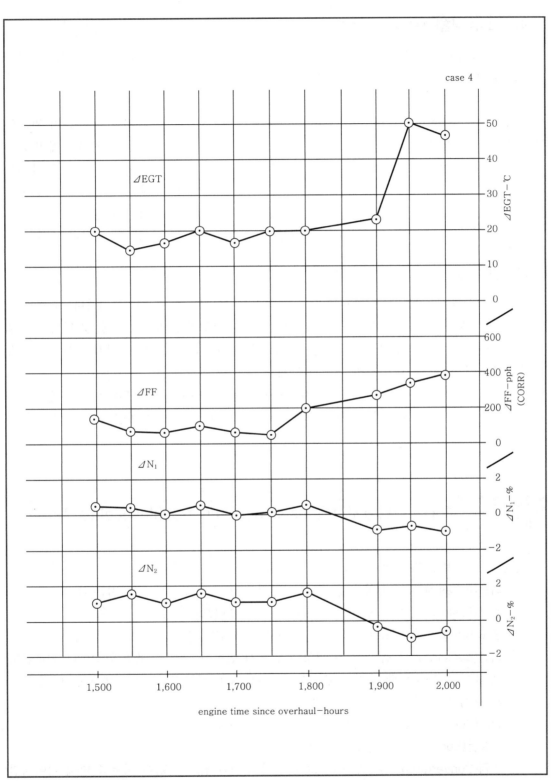

[그림 5-75] Turbine malfunction

(4) 연소부 결함[그림 5-74 참조]

그림 5-74의 Case 3은 연소실 내부라이너가 떨어져 나갔을 때의 경우이다. 순항 중 실속 상태로 들어가 엔진 작동이 정지되었고 바로 분해하여 검사했더니 연소부의 라이너 중 하나가 떨어져 나가 터빈노즐베인들 사이에 꽂혀 있었다.

비행엔지니어(flight engineer)의 로그(log)에 따르면 4월 26일부터 라이너 부분이 연소부에서 떨어져 나갔음을 알 수 있다. 이 떨어져 나간 조각이 이 당시에 노즐 베인 부분에 박혔는지 혹은 엔진이 실속을 일으키기 시작한 3일 후에 박혔는지는 알 수 없다. 그러나 갑작스럽게 N_2가 감소하고 배기온도와 W_f가 증가한 것은 전형적인 터빈효율의 격감형태를 따른다.

노즐이 막힘으로써 몇 개의 터빈 베인을 쉬게 하는 효과를 내며 이로 인해 터빈효율이 떨어지게 된다. 이런 경우에 터빈효율의 감소는 N_2를 감소시키는 지배적인 원인이 된다.

(5) 터빈부 결함[그림 5-75 참조]

그림 5-75의 Case 4는 터빈의 첫째 단 실(seal)이 침식되었을 경우를 보여준다. 조사에 의하면 터빈 첫째 단 바깥쪽 실의 칼날부가 침식되었다. 이로 인해 연소가스 중 첫 터빈을 그냥 지나치는 부분이 생기는데 그 결과로 N_2 속도는 떨어지고 같은 압축비를 얻기 위해 연료유량을 증가시켜야 하며 배기가스온도는 상승하게 된다.

실의 침식은 정비 후 약 1,800시간이 지나면 감지할 수 있을 정도가 된다는 것을 알 수 있다. 이것은 필요한 정비조치를 제때에 취하도록 계획을 세울 수 있을 만큼 정확히 예측할 수 있는 결함으로써 주요한 엔진 고장을 막을 수 있다.

Section 11 ━ 검사와 고장탐구항목(Inspection and Troubleshooting Terms)

다음은 가스터빈엔진 정비 중 검사 시 발견할 수 있는 항목들이다.
① 마모(Abrasion) : 금속의 작은 일부가 부품간의 마찰로 닳아 없어지는 것
② 유기(Blister) : 금속의 층이 분리되어 표면의 솟아오른 부분
③ 휨(Bowing) : 직선 또는 거의 직선형태가 구부러진 것
④ 좌굴(Buckling) : 부품의 원래 모양에서 크게 변형된 것으로 보통 압력이나 외부물체에 의한 충격에 의해 생기며 구조적 응력(stress), 국부적인 과잉과열 또는 이런 것들의 혼합으로 생기는 경우도 있다.
⑤ 연소(Burn) : 과잉가열로 인해 변색 또는 변형되는 것
⑥ 거칠음(Burr) : 예리한 물체나 거친 모서리
⑦ 수렴(Converging) : 두 개 또는 그 이상의 선이나 금(crack)이 서로를 향해 이어지면서 계속 진행되어 한 점에서 만나게 되는 경우

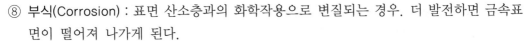

⑧ 부식(Corrosion) : 표면 산소층과의 화학작용으로 변질되는 경우. 더 발전하면 금속표면이 떨어져 나가게 된다.

⑨ 균열(Crack) : 금속의 갈라지거나 부서진 상태

⑩ 잔금(Crazing) : 미세한 균열이 사방으로 뻗친 상태. 이런 것은 유약을 바르거나 세라믹 코팅된 표면에서 종종 볼 수 있어 "China cracking"이라고 불리기도 한다.

⑪ 변형(Deformation) : 형태, 모양의 변화

⑫ 움푹 눌린 자국(Dent) : 끝이 부드럽고 둥글게 눌러진 곳

⑬ 디스트레스(Distress) : 이 곳에 열거된 문제점을 포함하는 포괄적인 술어

⑭ 뒤틀림(Distortion) : 꼬이거나 틀어진 상태

⑮ 침식(Erosion) : 금속이나 그 표면코팅이 닳아 없어지는 것

⑯ 플래이킹(Flaking) : 표면이나 표면을 덮는 부분의 금속이 조각조각 떨어져 나가는 것

⑰ 서리(Frosting) : 금속의 끝부분이 불규칙해서 긁힌 자국의 첫 번째 단. 갈려나간 미소입자들은 마찰된 상대금속표면으로 녹아 붙어 서리가 내린 모습을 보인다.

⑱ 골링(Galling) : 마찰로 인해 닳아서 벗겨지는 것

⑲ 가우징(Gouging) : 거칠고 큰 압력 등에 의해 금속표면이 일부 없어지는 것

⑳ 홈(Grooving) : 한 곳만 계속 닳아 부드러운 곡선형으로 움푹 들어간 것

㉑ 함유물(Inclusion) : 금속 내에 불순물이 들어가 있는 경우

㉒ 야금화(Metallization) : 불량하게 주조된 금속입자들이 엔진 내로 퍼져나가 각 부분에 달라붙어 코팅되는 경우

㉓ 홈(Nick) : 외측의 강한 모서리에 의해 예리하게 눌린 곳

㉔ 피닝(Peening) : 반복해서 가해지는 힘에 의해 금속이 평평하게 펴지거나 떨어져 나가는 것

㉕ 얽힌 자국(Pitting) : 과잉의 응력을 받는 부분에서 볼 수 있는 구멍이나 움푹 들어간 상태의 표면. 이 구멍은 깨진 조각들이 많은 곳에서 발생될 수 있다.

㉖ 긁힌 자국(Scoring) : 닳은 형태로서 긁히거나 문질러지거나 끌려지는 모양으로 나타나며 미끄러진 방향으로 자국이 남는 경우. 이것은 보통 기어치차의 상부 근처에서 발생한다.

㉗ 긁힘(Scratches) : 좁고 얇은 자국이나 선으로 예리한 끝을 가진 금속조각이 표면을 긁고 지나가서 생기는 것

㉘ 문질러짐(Scuffing) : 무디게 또는 부드럽게 표면이 닳는 경우. 가볍게 문질러져서 생기게 된다.

㉙ 깨짐(Spalling) : 금속에서 떨어져 나가거나 침식으로 인해 분리되는 경우

㉚ 응력(Stress) : 압축, 인장, 전단(shear), 뒤틀림 또는 충격으로 인한 금속의 손상

㉛ 찢겨짐(Tear) : 과잉의 진동이나 다른 응력에 의해 모재금속이 찢겨지는 경우

㉜ 불균형(Unbalanced) : 회전축에 대해 중량의 분포가 불균일한 회전체에서 생기는 상태. 보통 이로 인해 진동이 생긴다.

㉝ 닳음(Wear) : 오래된 재료를 상대적으로 늦게 교체함으로써 생기는 경우. 이것은 종종 눈으로 판독하기 어렵다.

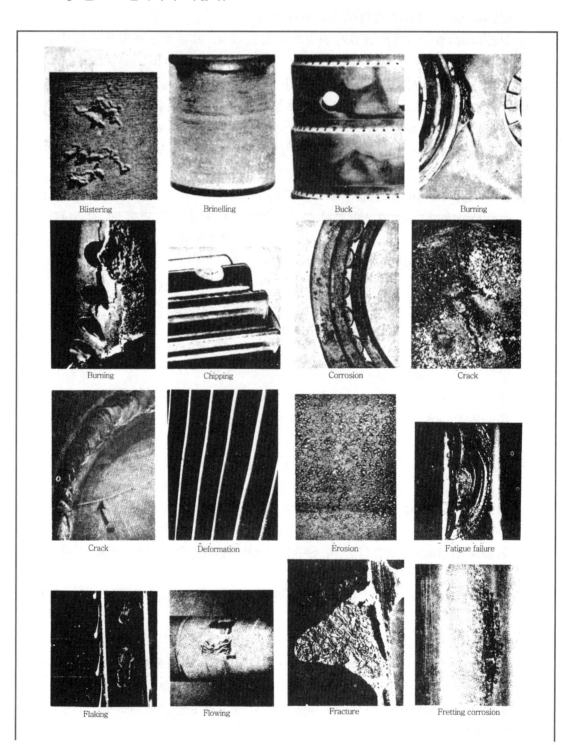

Blistering	Brinelling	Buck	Burning
Burning	Chipping	Corrosion	Crack
Crack	Deformation	Erosion	Fatigue failure
Flaking	Flowing	Fracture	Fretting corrosion

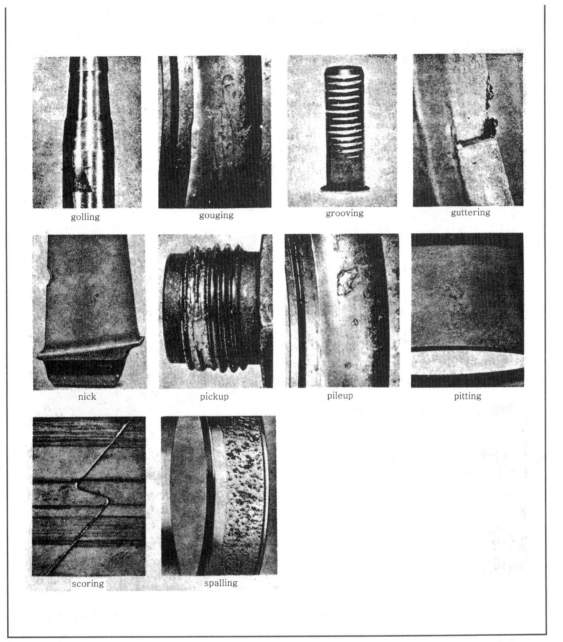

golling   gouging   grooving   guttering

nick   pickup   pileup   pitting

scoring   spalling

[그림 5-76] Typical defects discoverable through visual inspection

◦ 연습문제 ◦

1. 압축기 블레이드의 오염물질을 제거하기 위한 그리트블라스트(grit blast)와 세척절차를 무엇이라고 칭하는가?

   답 필드 세척(field cleaning)

2. 압축기 블레이드를 펴는 것(straightening)이 비행라인 정비에서 흔히 하는 것인가?

   답 아니다, 오버홀 중에만 할 수 있다.

3. 연소실을 검사할 때 감지할 수 있는 가장 흔한 결함은 무엇인가?

   답 열균열(thermal cracking)

4. 고온부 구성품의 어느 부분이 가장 보편적으로 응력파괴균열이 발생하는가?

   답 터빈 블레이드의 앞전(leading edge)과 뒷전(trailing edge)에 발생한다.

5. 터빈 블레이드의 교체절차가 정확히 지켜져야 하는 이유는?

   답 터빈휠(wheel) 균형을 유지하기 위하여

6. 터빈 블레이드에서 리플링(rippling)과 응력균열이 앞전보다 뒷전에서 더 위험한 이유는 무엇인가?

   답 얇은 부분이고 수축형 균열이 발생해서 더 쉽게 재료의 유실을 초래하기 때문이다.

7. 열점(hot spot)으로부터 알 수 있는 구성품 결함은 무엇이 있는가?

   답 연료노즐의 이상기능(malfunctioning)

8. 볼베어링은 압축기나 터빈축에 자리잡고 있다. 이 베어링은 어떤 형태의 하중을 지지하는가?

   답 축하중과 반경방향 하중, 둘 다

9. 주베어링에 평베어링보다 볼과 롤러 베어링을 사용하는 이유는?

   답 적은 회전저항을 주기 때문에

CHAPTER

06

윤활계통

윤활계통

윤활장치는 회전시에 생기는 마찰하중이나 가스통로에서 생기는 열하중(heat load) 등이 걸리는 엔진 내의 여러 부품들에 오일을 제공한다. 이 윤활오일은 압력하에서 주로터축을 따라 기어박스로 공급되어 마찰을 줄이고 냉각과 청정작용을 한 다음 소기장치에 의해 오일저장탱크로 돌아와 계속해서 쓰일 수 있게 된다.

피스톤엔진에 비해 가스터빈엔진의 오일소모는 적기 때문에 상대적으로 작은 오일저장탱크 격실이 쓰이게 된다. 이것은 사업용 제트기 정도의 엔진에서는 3~5quart(쿼트 : 1/4gallon, 0.946L) 정도로 적고 대형 상업용 항공기의 엔진에서는 20~30quart 정도의 용량을 가진다.

오일은 대량의 연소생성물에 노출되지 않고 필터를 통해 아주 깨끗한 상태로 남는다. 그러나 열은 오일을 빨리 변질시킬 수 있는 문제점이 있기 때문에 온도는 자동냉각장치에 의해 신중히 제어되며 엔진 운용자에 의해 세밀히 감시된다.

Section 01 → 엔진 윤활의 원리

이론에서 윤활유체는 표면의 모든 불규칙면을 채워 유막(oil film)을 형성함으로써 두 부품 각각에 퍼져 금속과 금속이 직접 접촉하는 것을 방지해 준다. 윤활제의 주된 목적은 움직이는 부품간의 마찰을 줄이는 것인데, 이 오일필름이 파괴되지 않는 한 금속간의 마찰은 유체 내의 마찰로 대체된다. 이때 열을 받은 오일은 다른 곳으로 보내져 냉각되고 다시 쓰인다.

오일은 마찰을 감소시킬 뿐만 아니라 금속부품간에 완충(cushion)역할도 하며 엔진 내부를 순환하면서 이물질들을 거둬들여 여과장치 속으로 퇴적시킨다.

Section 02 → 터빈엔진 윤활유의 요구조건

가스터빈엔진오일은 충분히 높은 점성을 가져 하중전달능력이 좋아야 하는 반면, 충분히 낮은 점성을 가져 흐름성능도 좋아야 한다. 이런 이유로 가스터빈엔진에서는 석유계 윤활유(petroleum base lubricants)보다 합성제(synthetic)가 쓰인다.

1 합성윤활유의 특성

① 낮은 휘발성 : 높은 고도에서 증발을 막을 수 있게 하기 위해서
② 거품억제특성 : 윤활성능을 더 좋게 하기 위해서
③ 적은 래커(lacquer)와 코크(coke)의 축적물 : 고체입자 형성을 최소로 유지
④ 높은 인화점 : 가열되면 이 온도에서 가연성 증기가 발생해 주위에 불꽃이 있으면 점화
⑤ 낮은 유동점 : 오일이 중력으로 흐르는 가장 낮은 온도
⑥ 유막의 강도 : 오일 분자들이 압력을 받을 때 서로 붙어 있고 원심력이 작용할 때 표면에 붙어 있으려는 특성인 점착력이나 부착력의 우수한 성질
⑦ 광범위한 온도범위 : 대략 $-60 \sim +400°F$의 범위로 $-40°F$ 정도에서 예열이 필요 없음
⑧ 높은 점도지수 : 오일이 작동온도에서 열을 받을 때 얼마나 점도를 잘 유지하는가

2 윤활계통의 FAA 요구조건

다음은 FAA의 Part 23과 25로부터의 최소요구조건들이다.
① 오일 주입구 근처에 "Oil"이라는 말과 그 용량이 적혀있어야 한다.
② 사이트게이지(sight guage), 딥스틱(dip stick), 육안으로 볼 수 있는 필러 구멍(visual filler opening) 또는 이와 비슷한 장치들이 지상에서 오일수준을 검사하기 위한 수단으로 제공되어야 한다.[그림 6-7 참조]
③ 팽창공간으로 10%와 0.5gallon 중 큰 것으로 확보되어야 한다.
④ 오일소기장치는 적어도 가압장치보다 두배 이상의 용량을 가져야 한다. 흡입된 공기에 의해 늘어난 체적을 감당해야 하기 때문이다.

3 점도(Viscosity)

(1) 석유계 오일

SAE(Society of Automotive Engineers)에서 석유계 윤활제의 등급을 매기는 방법은 60mL(cm^3)의 오일을 어느 기준 온도로 상승시켜 보정된 오리피스(orifice)에 부은 다음 그 흐르는 시간을 측정해서 결정하는 것인데, 이런 것을 계산하기 위한 장치 중의 하나가 SUS 점도계(Saybolt Universal Seconds viscosimeter)이다. 예로써 그림 6-1을 보면, 0°F에서 한 오일의 흐름시간이 24,000초였다면 이 오일은 SAE 20W등급을 가진다는 것을 알 수 있

viscosity range Saybolt Universal Seconds (SUS)				
SAE viscosity No.	seconds pour time at 0°F		seconds pour time at 210°F	
	min	max	min	max
5W	–	less than 6,000	–	
10W	6,000	less than 12,000	–	
20W	12,000		–	
20			45	less than 58
30			58	less than 70
40			70	less than 85
50			85	less than 100

[그림 6-1] Viscosity Rating by SAE numbers

다. 만일 210°F에서 오일의 흐름시간이 65초였다면 SAE 30의 등급을 가지게 된다.

많은 자동차나 일부 항공기용 오일은 다단계의 등급을 가지며 그 예로는 SAE 5W-20 등이 있다. 이것은 오일이 낮은 온도에서도 SAE-5의 점도를 가지며 정상작동온도에서는 SAE-20 보다 더 묽어지지 않는다는 것을 의미한다.

점도는 오일의 유동성을 측정한 것이고 다점도오일은 낮은 온도에서는 빠른 윤활을 위해 저온도유동성능을 가지며 높은 온도에서는 양호한 윤활성능을 위해 높은 점도가 유지되도록 설계된다.

위에서 설명한 SAE 등급이 엔진윤활오일의 명시에 있어 혼동을 일부 해결해 주었을지라도 모든 점도요구사항들을 다룬 것은 아니다. SAE 지수는 단순히 점도등급을 가르키는 것이지 오일의 질을 평가하는 것은 아니다.

(2) 합성오일

합성오일은 점도를 나타내는 데 있어 SAE 등급을 사용하지 않는다. 그 대신 합성오일은 동점성등급(kinematic viscosity rating)을 "Centistokes" 단위로 가지게 된다.

"운동학(kinematics)"이라는 말은 유체운동의 연구에서 나온 말이고 "Centistoke"는 점도 측정에 있어 국제적인 단위(metric)이다. 그러므로 석유계 오일에서 SAE 숫자처럼 합성오일 에서는 Centistoke 수가 오일의 점도를 나타낸다고 할 수 있다.

4 점도지수

점도지수는 윤활유가 서로 다른 두 온도로 가열되었을 때 점도의 변화를 측정해서 결정한 다. 합성윤활유의 중요한 질(quality)은 이 방법으로 결정한다.

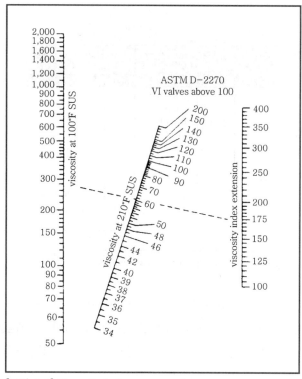

[그림 6-2] Viscosity index nomograph

그림 6-2에서와 같이 SUS 점도를 알 때 ASTM(American Society of Testing Materials) 의 계산도표를 이용해 점도지수(VI)를 결정할 수 있다. 이 그림에서 예로 찍힌 오일의 경우 100°F에서 280SUS의 점도를 가지며 210°F일 땐 60SUS를 가진다는 것을 스케일에서 볼 수 있으며 이 선을 따라 점도지수스케일까지 연장하면 약 170의 점도지수를 가리키게 된다.

이 계산도표로써 오일의 기본 성능을 알 수 있다. 오일의 점도지수가 높을수록 열을 받을 때 묽어지는 경향이 줄어든다. 만일 오일의 점도가 SUS 단위가 아니고 동점성(kinematic viscosity)으로써 Centistoke(CST) 단위로 주어졌다면 그림 6-3을 이용해 환산을 한 다음 그림 6-2로 VI를 알아낼 수 있다. 여기서 Centistoke의 값은 반드시 100°F와 210°F의 두 경 우에서 두 개의 값이 있어야 한다.

Centistoke 값(미터 단위의 점도 측정)은 합성윤활유 용기에 있는 라벨에서 볼 수 있다. SAE 값과 비교한 대략적인 값은 다음과 같다.

① 3centistoke의 오일 : SAE-5
② 5centistoke의 오일 : SAE 5W-10의 다점도오일
③ 7centistoke의 오일 : SAE 5W-20의 다점도오일

점도가 높은 7centistoke의 오일은 높은 기어하중이 작용하는 터보프롭엔진에서 자주 볼 수 있으며 5centistoke의 오일은 터보제트나 터보팬엔진에 가장 널리 쓰이고 있다.

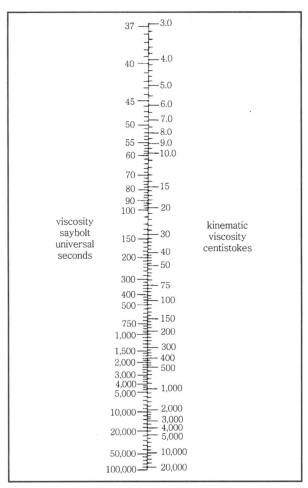

viscosity
saybolt
universal
seconds

kinematic
viscosity
centistokes

[그림 6-3] Conversion chart centistokes to SUS seconds

오일 샘플링(Oil Sampling)

엔진 정지 후 주오일탱크 내의 침전물이 없는 위치에서 오일 샘플을 채취하도록 요구된다. 이것으로부터 오일에 포함되어 있는 오염물질을 분석할 수 있게 된다. 즉 오일샘플을 분관계(oil spectrometer)로 알려진 장치에서 분석할 때 이 오염물질은 엔진 손상의 좋은 지표가 되는 것이다.

오염물질의 입자들을 백반분의 일(ppm) 단위로 판독하는 이런 과정을 분광오일분석(spectrometric oil analysis)이라고 한다. 분광계에서 마모된 금속조각들과 실리콘(먼지)에 의한 오염수준은 어떤 빛 스펙트럼에서 입자가 탈 때 그 밝기의 강도를 측정한다던가 색을 분석함으로써 자동으로 기록된다.

많은 민간회사에서 이런 작업들을 수행함으로써 얻은 정보로 엔진 내부마모의 경향을 분석한다. 이런 경향을 알면 운용자는 적절한 때에 조치를 취할 수 있으며 고가의 수리나 장비의 손실을 피할 수 있다.[그림 6-6 참조]

1 샘플링 주기

샘플링을 하는 주기는 기준이 없어 엔진마다 다르고 같은 종류의 엔진에서도 운용자에 따라 달라진다. 주기는 소형 엔진의 경우에 25시간의 엔진작동시간으로 낮을 수도 있고 대형 엔진의 경우 250시간까지 올라갈 수도 있다. 그 주기가 어떻든 오일오염분석경향이 이상하기 시작하면 엔진의 오일 접촉 부분의 세밀한 첫 지시가 나타날 때 정비사는 과거 엔진의 상태 혹은 오일 분석에 대한 경험을 토대로 다음 사항들 중의 하나를 결정하게 된다.

① 샘플링 주기를 단축한다.
② 주오일필터를 오일흐름방향의 반대로 훑어내서 마모된 금속입자들을 수집하고 분석한다.
③ 오일을 교환하고 샘플링 주기도 단축한다.
④ 오일계통을 세척한 후 오일을 재보급하고 주기를 단축한다.
⑤ 엔진을 장탈하고 발견된 마모금속을 포함하고 있는 엔진의 부분을 점검하라.

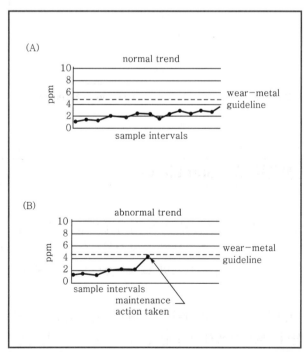

[그림 6-4A] Spectrometric oil analysis-normal trend
[그림 6-4B] Spectrometric oil analysis-abnormal trend

그림 6-4A의 예에서 보면 오염 입자들(parts per million)의 추이가 기준선 밑에 있다. 여섯번째 샘플을 채취한 경우인 그림 6-4B에서는 오염수준이 상당히 상승해 정비조치가 필요한 것을 볼 수 있다. 다른 엔진상태의 영향 때문에 엔진은 한 번 이상 비행작동을 계속할 것이다.

오일경향분석에서 마모된 금속과 실리콘의 기준에 정확한 한계가 있는 것은 아니다. 그러나 한 시점에서 엔진에 관련된 조치를 관리자는 결정해야 한다.

오염수준은 대개 다음의 종류들에 대해 나타난다.

| 철 | 주석 | 구리 | 은 | 알루미늄 |
| 크롬 | 청동 | 실리콘 | 니켈 | 마그네슘 |

정비사는 엔진 내에 이런 종류의 금속들을 함유한 곳이나 다른 곳보다 더 의심스러운 곳을 알아내야 한다. 높은 실리콘 수준은 엔진보다는 엔진 작동 중 주위의 먼지들이 공기흐름을 통해 흡입되어 발생한다.

2 오일분석기 작동방법

분광계는 오일 샘플에 있는 오염물질을 다음과 같이 측정한다.

① 오일 샘플이 회전하는 고순도 흑연디스크 전극(graphite disk electrode)의 링(ring)에 묻어 막이 형성된다.[그림 6-5 참조]

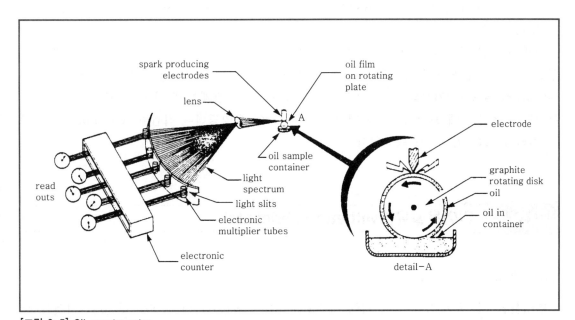

[그림 6-5] Oil spectrometer

② 수직전극과 회전디스크의 전극 사이에 정밀하게 조절되는 고압교류 전기스파크를 발생시켜 작은 오일막을 태우게 된다.

③ 오일을 태울 때 나오는 빛은 특정오염물 입자를 감지할 수 있는 파장길이에 맞춰 정밀하게 위치한 슬릿(slit)을 통과하게 된다.

3 금속입자의 측정

엔진의 기계적 장치들의 금속표면간 도적접촉 부분들은 항상 마찰이 생기기 마련이다. 이런 마찰들이 얇은 유막에 의해 줄여진다 하더라도 일부 미세한 금속입자들은 닳아서 떨어져 나가고 오일 속에서 함께 이동된다. 이로 인해 오일계통의 상태에 직접적으로 연관된 정보의 원천이 잠재적으로 존재하게 되는 것이다.

대개의 경우, 마모의 정도는 일정하게 유지되며 아주 천천히 일어난다. 마모된 금속입자들은 백반분의 일 단위로 아주 작아서 입자들은 윤활계통 속에 남아있게 된다.

어떤 조건이 움직이는 부품의 정상마찰을 증가시키거나 변경시키면 마모율을 가속시켜 마모 입자량을 증가시키게 된다. 만일 이런 상황이 발견되지 않거나 수정되지 않는다면 이 마모과정은 계속 가속될 것이고 이로 인해 이 계통의 다른 부품들에 이차적 손실을 수반하여 결국 전체계통을 손상시키게 된다.

오일로 윤활되는 기계적 계통에서 생겨난 중요한 마모금속은 분리해서 아주 적은 수치까지 측정될 수 있다. 은의 경우 백만 개의 오일 입자 중 1/2 입자(중량 단위)까지도 정밀하게 측정된다. 다른 대부분의 금속들은 백만분의 2~3 입자의 정밀도로 측정된다.

각 금속에 대해 정상마모의 최대량이 정해져 있다. 이 최대치를 오염물에 대해 "Thershold limit"라 부른다.

실제 마모된 금속입자들은 아주 미세한 크기여서 육안으로 볼 수 없고 손으로 느낄 수도 없으며 자유롭게 필터를 통과하여 흐를 수 있다는 것을 이해해야 한다. 예를 들어 탤컴파우더(talcum powder)가루의 1/10 크기의 마모금속들은 분광계에서 쉽게 측정된다. 그러므로 분광계는 오일 속에 포함되어 이동하고 또 너무 작아 오일필터나 칩검출기(chip detector)에도 걸리지 않는 입자들을 측정한다.

Section 04 — 합성윤활유(Synthetic Lubricants)

1 개요

합성윤활유는 구조적 구성에 의해 다점도(multi-viscosity)의 성질을 갖는다. 이것은 광물성, 식물성, 동물성 오일에서 추출해 인위적으로 섞어 만든 것이다. 다시 말해서 합성오일은 원유에서 정제하여 만드는 것이 아니고 자연 그대로의 물질들을 합성하여 원재료를 만드는 것이다. 각각 서로 다른 양으로써 화학적으로 적합하게 섞인 이 디에스터(diesters)는 석유업계와 항공업계에서 이미 구분한 내역에 맞는 윤활제로 만들어지게 된다.

합성오일은 석유계(광물성)오일과 같이 쓸 수 없고, 섞어서 쓰일 수도 없다. 다시 말해 대부분의 제작사들은 다른 회사제품이나 다른 형식의 합성오일과 섞지 않도록 추천하고 있으며 같은 종류나 혼합 가능한 특정제품의 정확한 지시에 따르는 데 한해서 섞도록 하고 있다. 부적절하게 섞일 땐 오일거품을 발생시켜 엔진 윤활이 나쁘게 된다.

현재 터빈엔진에는 다음의 두 가지 형태의 합성오일이 쓰이고 있다.

① Type-1(MIL-L-7808)
② Type-2(MIL-L-23699)

Type-2는 가장 최근에 개발된 합성윤활유로 최신 엔진의 대부분에 사용되고 있다. 이것은 최근 엔진요구조건에 맞도록 설계되었고 Type-1과 같은 화학구조를 갖지 않는다. 원래 Type-1 오일을 쓰도록 설계된 엔진들은 아직도 이 오일을 사용한다.

Type-1은 화학구조에 대한 계속적인 개선으로 Type-2의 성능만큼 발전했으며, Type-2는 높은 작동온도에 견디도록 개발되어 "Anti-coking" 성질을 향상시켰다. 그러나 이것은 Type-1의 저온영역을 갖지 못한다. Type-1은 -65°F인 반면 Type-2의 저온작동영역은 -40°F 이다.

Type-1에서 새로이 Type-2로 바꾸는 것은 일반적으로 바람직하지 못하다. 왜냐하면 후자의 것은 세정능력이 더 좋아서 구형 엔진에 손상을 입힐 수 있고 오랜 시간동안에 걸쳐 형성된 침전물은 그대로 놔두는 것이 더 좋기 때문이다.

2 합성윤활유의 변색

합성오일은 처음엔 담황색이지만 사용할수록 어두운 색깔로 변하게 된다. 색깔이 변하는 원인은 오일 속에 첨가한 산화방지제가 산소와 접촉하기 때문이다.

점점 색깔이 어둡게 변하는 것은 오일의 질이 떨어지는 것을 나타내는 것이 아니라 산화방지제가 보통 주베어링 부품이나 기어박스에 있는 공기에 함유된 산소를 흡수하는 제기능을 다하고 있다는 것을 뜻한다. 그러나 비정상적으로 급속히 변하거나 너무 진하게 변색된 경우에는 엔진에 문제점이 있다는 것을 나타내며 이는 주로 오일이 있는 부분에 공기가 과다하게 누출됨으로써 생기게 된다. 만일 이런 상황이 생기면 산화방지제는 다 소모되어버리고 오일의 산화가 생겨 산소 분자는 오일 분자와 반응하게 된다.

산화가 지나치게 되면 점도가 증가되거나 오일에 찌꺼기가 생기게 된다.

■3 터빈오일의 전형적인 특성

specifications	type-1	type-2
United States	MIL-L-7808	MIL-L-23699
Great Britain	MIL-L-7808	MIL-L-23699
France	AIR 3513	PWA 521
Pratt & Whitney Aircraft	PWA 521	D50TFI
General Electric	D50TFI	EMS-53
NATO Symbol	0-148	0-156
Properties :		
Specific gravity at 60°F(15.6℃)	0.95	10.975
Kinematic viscosity contistokes		
at 210°F(99℃)	3.26	5.09
at 100°F(38℃)	13.46	26.38
Flash point(open cup), °F(℃)	450(232)	480(249)
Pour point, °F(℃)	below 75(60)	75(60)
Evaporation loss in 6 1/2hr, at 400°F(204℃), wt%	17.0	4.2
Ryder gear test load, lb/in	2,575	2,796
Total acid number, mg KOH/gm	0.21	0.3

합성윤활유와 관련된 오일 제작사의 조언들은 다음과 같다.

① 경고(Warning)

터빈용 합성윤활유는 피부에 쉽게 흡수되고 상당히 유독한 첨가제를 함유하고 있다. 과다하게, 그리고 오랫동안 피부에 노출되는 것을 삼가야 한다.

② 주의(Caution)

㉠ 조립시 적절한 위치에 O-링을 유지시키기 위하여 간혹 사용되는 실리콘 성분의 그리스(grease)는 윤활계통에 실리콘 오염물질을 발생시킬 수 있다. 이 오염물질은 엔진오일에 거품을 발생시키고 오일탱크 벤트를 통해 오일손실을 일으키며 오일펌프의 공동화로 엔진손상을 일으키고 부적절한 윤활을 하게 된다.

㉡ 주의(Caution) : 카드뮴과 아연이 도금된 부품과 패스너(fastener)는 오일이 닿는 곳에 사용해서는 안 된다. 이들은 합성윤활유와 양립할 수 없으며 윤활유가 작은 균열이나 구멍을 통해 도금 밑으로 침투해서 도금이 벗겨지도록 하여 윤활계통을 오염시킨다.

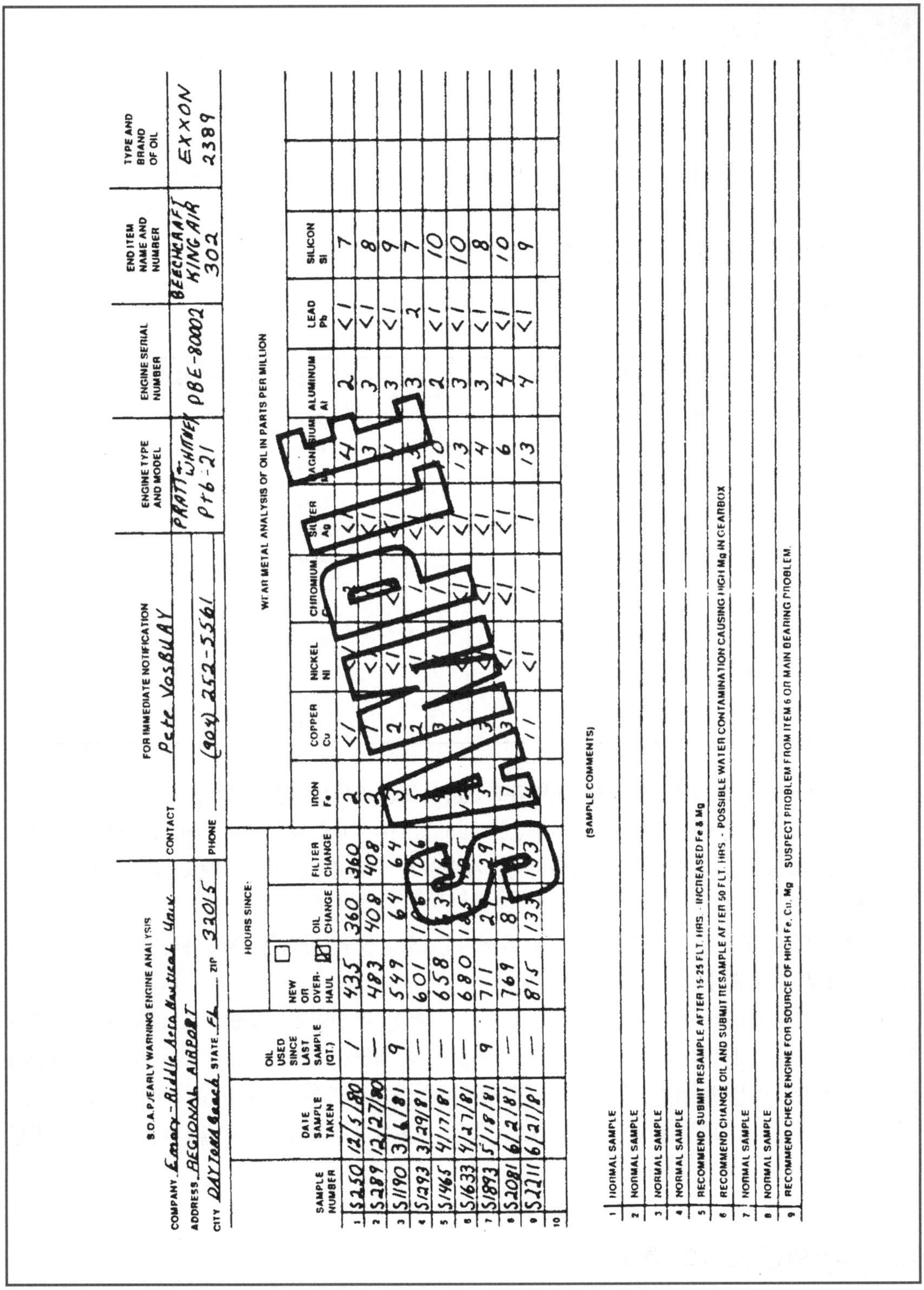

S.O.A.P./EARLY WARNING ENGINE ANALYSIS

COMPANY: Embry-Riddle Aeronautical Univ
ADDRESS: REGIONAL AIRPORT
CITY: DAYTONA Beach STATE: FL ZIP: 33015
CONTACT: Pete VosBLAY
PHONE: (904) 252-5561
FOR IMMEDIATE NOTIFICATION

ENGINE TYPE AND MODEL: PRATT-WHITNEY PT6-21
ENGINE SERIAL NUMBER: PBE-80002
END ITEM NAME AND NUMBER: BEECHCRAFT KING AIR 302
TYPE AND BRAND OF OIL: EXXON 2389

WEAR METAL ANALYSIS OF OIL IN PARTS PER MILLION

SAMPLE NUMBER	DATE SAMPLE TAKEN	OIL USED SINCE LAST SAMPLE (QT)	HOURS SINCE: NEW OR OVERHAUL	OIL CHANGE	FILTER CHANGE	IRON Fe	COPPER Cu	NICKEL Ni	CHROMIUM Cr	SILVER Ag	MAGNESIUM Mg	ALUMINUM Al	LEAD Pb	SILICON Si
1 S250	12/5/80	1	435	360	360	2	<1	<1	<1	<1	4	2	<1	7
2 S289	12/27/80	—	483	408	408	2	1	<1	<1	<1	4	3	<1	8
3 S1190	3/6/81	9	549	64	64	3	2	<1	<1	<1	4	3	<1	9
4 S1393	3/29/81	—	601	106	106	3	2	<1	<1	1	10	3	2	7
5 S1465	4/17/81	—	658	130	130	5	2	<1	<1	1	10	2	<1	10
6 S1633	4/27/81	—	680	18	18	7	2	<1	<1	<1	13	3	<1	10
7 S1893	5/13/81	9	711	29	29	1	1	<1	<1	<1	4	3	<1	8
8 S2081	6/2/81	—	769	87	87	7	2	<1	<1	1	6	4	<1	10
9 S2211	6/21/81	—	815	133	133	4	11	<1	1	1	13	4	<1	9
10														

(SAMPLE COMMENTS)

1 NORMAL SAMPLE
2 NORMAL SAMPLE
3 NORMAL SAMPLE
4 NORMAL SAMPLE
5 RECOMMEND SUBMIT RESAMPLE AFTER 15-25 FLT. HRS. INCREASED Fe & Mg
6 RECOMMEND CHANGE OIL AND SUBMIT RESAMPLE AFTER 50 FLT. HRS - POSSIBLE WATER CONTAMINATION CAUSING HIGH Mg IN GEARBOX
7 NORMAL SAMPLE
8 NORMAL SAMPLE
9 RECOMMEND CHECK ENGINE FOR SOURCE OF HIGH Fe, Cu, Mg SUSPECT PROBLEM FROM ITEM 6 OR MAIN BEARING PROBLEM.

[그림 6-6] Spectrometric oil analysis report to user

오일보급(Servicing)

엔진오일계통에 오일을 보급하기 전에 기술자는 정확한 오일에 대한 엔진이나 항공기의 작동매뉴얼 또는 형식증명 데이터시트(data sheet)를 알아보아야 한다.[부록 1, 2 참조]

1 가스터빈엔진의 합성윤활유

항공사업에서 널리 쓰이는 합성윤활유의 목록은 다음과 같다.

type-1(MIL-L-7808)	type-2(MIL-L-23699)
Aeroshell 300	Aeroshell 500 or 700
Mobil Jet Ⅰ	Mobil Jet Ⅱ
Stauffer Ⅰ	Stauffer Ⅱ
Castrol 3c	Castrol 205
Enco 15	Enco 2380
Exxon 15	Exxon 25
Exxon 2389	Exxon 2380
Caltex 15	Caltex 2380
Shell 307	Texaco 7388, Starjet-5
Exxon 274	Caltex Starjet-5
	Chevron jet-5
	Sinclair type-2

이 목록에서 알 수 있듯이 현재 사용되고 있는 표준표시시스템은 없다.

사실, 일부 오일회사만이 오일캔 라벨(oil can label) 위에 형식번호(type number)나 Mil Spec을 포함하고 있을 뿐이다. 필요하다면, 기술자가 이러한 명세서에 대해 오일회사에 알아보면 된다.

터빈엔진의 합성윤활유는 윤활계통에 들어가는 오염물의 기회를 최소화하기 위해 1quart 들이 용기로 공급된다.

지상정비사(guound personnel)들은 공급하는 동안 윤활유를 깨끗하게 유지해야 하므로 청결함에 주의를 기울여야 한다. 이외에, 주유소형의 깨끗한 오일관이 캔오프너(can opener) 대신 권장되고 있는데 이는 캔오프너가 오일 내에 금속조각을 침전시키기 때문이다.

만약 쿼트(quart)용기 대신 벌크(bulk)오일을 사용한다면 10micron 필터나 더 작은 필터로 여과(filtering)하는 것이 필요하다.

2 부주의한 오일의 혼합

부주의로 서로 다른 윤활유가 섞였을 경우, 오일계통에서 오일을 빼내고(drain) 씻어낸 후 재공급한다. 또, 다른 오일로 바꿀 때도 오일이 서로 다르다면 계통 내의 오일을 빼내고 씻어낸다.

드레인은 보통 오일탱크, 보기류 기어박스 섬프, 주오일필터, 윤활계통의 낮은 지점에서 행해진다. 플러싱(flushing)은 일반적으로 오일을 재보급하고, 점화 없이 시동기로 엔진을 모터링(motoring)한 후 즉시 드레인하는 것을 말한다. 최종적으로 재보급한 후에 엔진을 짧은 시간동안 작동해서 라인(line), 섬프(sump) 등에 오일이 재공급되도록 한다. 잔여 오일이 보통 계통 내에 남아있다.

새 오일이 사용되었다면 오일 주입구(filler opening) 근처의 명찰판(placard stencil)이나 금속오일표시판(tag)을 변경시켜야 한다.

■3 보급시기

오일을 보급할 때 또 다른 중요한 고려사항은 엔진 정지 후 짧은 시간 내에 공급을 하는 것이다. 제작자들은 과도한 보급을 막기 위해 이것을 요구한다. 과도한 보급은 엔진 정지 후 오일이 저장탱크에서 엔진의 낮은 부분으로 새어나가는 일부 엔진에서 발생한다.

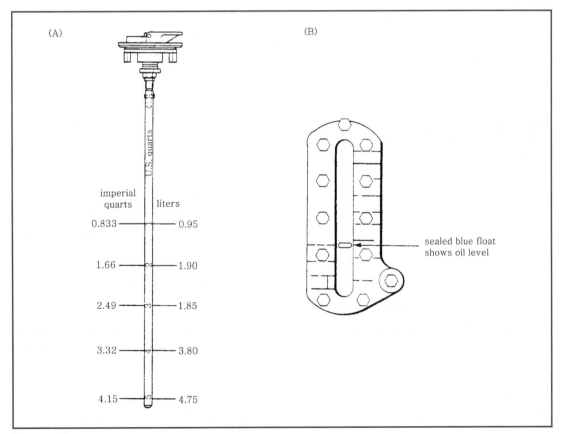

[그림 6-7A] Oil tank dip stick and cap
[그림 6-7B] Oil tank sight gauge

정지 후 정해진 시간 뒤에 오일양을 점검하는데, 일반적인 과정은 다음과 같다.

① 오일양이 최대선(full line)에서 1quart 내로 부족할 때는 공급해도 되고 안 해도 된다.

② 오일양(level)이 적어도 딥스틱(dip stick)이나 사이트게이지(sight gauge)상에서 볼 수 있다면 엔진을 시동기로 20~30초간 작동시킨 뒤 오일양을 다시 점검한다.

③ 오일양을 딥스틱이나 사이트게이지상에서 볼 수 없다면 보일 때까지 오일을 보급하고 엔진을 20~30초간 작동시킨 뒤 오일양을 재점검한다.

오일보급 후 중요한 고려사항은 보급된 오일양을 기록하는 것이다. 허용한계치 내에서 오일소모는 주베어링 오일-실(oil-seal)에서 마모가 정상임을 나타내는 중요한 분석자료가 된다.

4 오일소모와 오일교환

터빈엔진의 오일소모는 매우 적다. 많은 사업용 제트기 엔진의 경우 200~300시간의 비행시간당 1quart의 오일이면 충분하다.

일반적인 오일교환주기는 300~400시간의 작동시간 또는 달력상으로 보면 6개월 정도이다. 좀 더 큰 엔진의 경우 작동시간당 0.2~0.5quart의 오일이 필요하다. 18실린더 성형엔진의 경우에는 작동시간당 20quart의 오일을 소모한다.

대부분의 항공사는 오일교환주기를 정해놓지 않는다. 그 이유는 평균 20~30quart들이 오일탱크에서 정상적인 보충이 이루어져 자동적으로 오일을 교환해주기 때문이다.

Section 06 — 습식섬프(Wet Sump) 윤활계통

습식섬프계통은 오래된 설계로 APU와 GPU에서 아직도 볼 수 있으나 근래의 항공기 엔진에서는 거의 볼 수 없다. 습식섬프계통의 구성품은 오일공급위치만 제외하면 건식섬프계통과 유사하다. 건식섬프는 분리탱크에 오일을 가지고 있지만 습식섬프는 엔진섬프에 오일을 가지고 있다.

그림 6-8은 습식섬프 윤활계통의 엔진과 보기류 기어박스에 오일이 들어있는 것을 보여준다. 섬프 내에 있는 베어링과 구동기어는 스플래시(splash)장치에 의해 윤활된다. 이외의 부분에서는 기어형식의 압력펌프로부터 오일을 받는데 이것은 엔진의 여러 부분에 오일제트로 오일을 보낸다. 대부분의 습식섬프엔진은 압력릴리프밸브와 결합되어 있지 않고 가변압력계통으로 알려져 있다.

이 계통에서 펌프 출구압력은 엔진 rpm에 직접 좌우된다. 소기된 오일은 베어링으로부터 중력에 의한 흐름과 펌프 하우징 내에 위치한 기어형식의 소기펌프에 의한 흡인력과의 결합에 의해 섬프로 돌아간다.

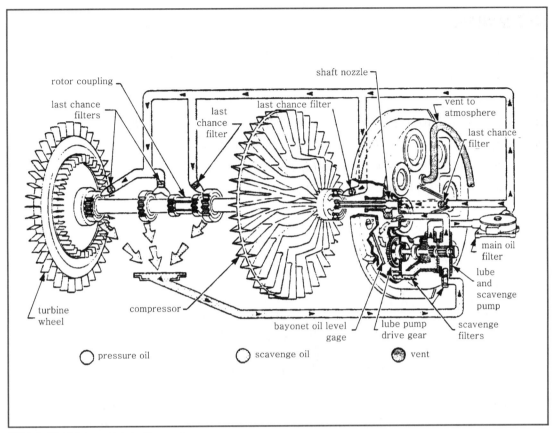

[그림 6-8] Wet sump lubrication system

벤트(vent)라인은 기어박스의 지나친 과압을 막기 위해 존재한다. 주베어링 실을 통해 새어나오는 공기가 소기계통을 통해 기어박스로 가게 되고, 벤트(vent)라인은 이 공기를 대기로 내보낸다.

Section 07 → 건식섬프(Dry Sump)계통

대부분의 가스터빈엔진은 압력, 소기, 브리더벤트부 계통(breather vent subsystem)으로 구성되어 있는 건식섬프 윤활계통을 사용한다.

주오일 공급은 엔진 내부나 외부 또는 항공기 내에 붙어있는 탱크에서 이루어진다.

소량의 오일 공급은 오일압력펌프, 오일소기펌프, 오일필터, 그 밖의 윤활계통 구성품을 가지고 있는 기어박스섬프에서 하고 있다. 또 다른 소량의 오일은 오일계통 라인, 섬프, 구성품에 잔류한다.

367

1 오일탱크

오일탱크는 보통 알루미늄판이나 스테인리스강으로 만들어졌으며, 어떠한 비행자세에서도 일정한 오일을 엔진에 공급할 수 있도록 설계된다. 대부분의 탱크는 압력가증(buildup)이 되어 오일이 오일펌프 입구로 잘 흘러들어가게 해주며, 탱크에 기포가 형성되는 것을 억제하여 펌프 공동(cavitation)현상을 막아준다. 이 압력가증은 탱크 출구용 벤트라인이 조절릴리프밸브를 지나 거의 3~6psig의 압력을 유지시킴으로써 얻어진다. 즉 탱크 벤트 릴리프밸브는 탱크와 대기 사이의 압력차가 3~6psid(differential)일 때 여분의 공기를 밖으로 내보낸다. 정지 후에는 릴리프밸브 내의 작은 블리드 오리피스가 탱크 내의 압력을 제거한다.

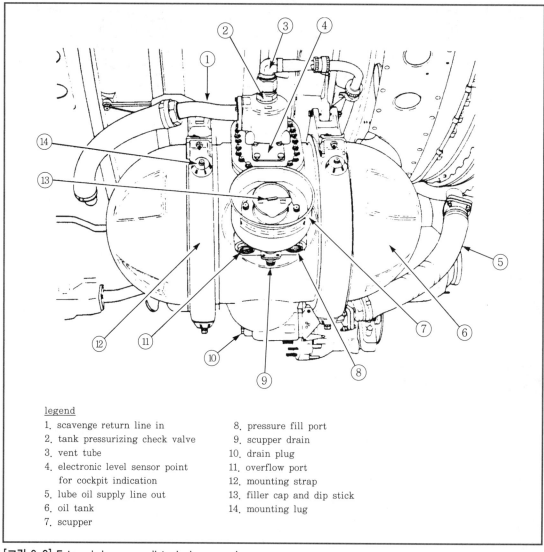

legend
1. scavenge return line in
2. tank pressurizing check valve
3. vent tube
4. electronic level sensor point
   for cockpit indication
5. lube oil supply line out
6. oil tank
7. scupper
8. pressure fill port
9. scupper drain
10. drain plug
11. overflow port
12. mounting strap
13. filler cap and dip stick
14. mounting lug

[그림 6-9] External dry sump oil tank, large engine

일부 건식섬프 오일탱크는 집적형(integral type)이다. 외부금속판형(external sheet metal type)은 엔진 바깥쪽에 분리된 어셈블리로 되어있고, 집적형 오일탱크는 엔진 내에 위치해 있다. 오일탱크는 프로펠러 감축기어박스나 주엔진 케이스 사이의 공간에 있을 수도 있다. [그림 6-33 참조]

습식섬프와 건식섬프의 차이점은 습식섬프는 엔진 내에서 가장 낮은 위치인 주기어박스에 위치해 있고 스플래시 윤활을 한다는 것과 건식섬프는 엔진의 낮은 부분에는 거의 위치하지 않는다는 점이다. 건식섬프는 오일을 오일펌프 입구로 보낼 때 중력에 의한 흐름일 수도 아닐 수도 있다.

그림 6-10은 Dwell chamber가 있는 오일탱크를 보여주는데 Dwell chamber는 오일탱크 공기분리기(de-aerator)라고도 하며 소기오일에서 유입된 공기를 분리한다.

사업용 제트기의 일반적인 오일용량은 약 5quart 정도이고 이중 사용되는 것은 3quart, 팽창공간에 2quart가 있다. 그림에서 보여지는 이 탱크의 출구 위치는 1quart의 오일을 남게 하고 드레인될 때까지 모이는 침전물과 응축을 위해 낮은 지점을 제공한다. 다른 탱크들은 스탠드파이프(stand pipe)를 사용해서 바닥으로부터 오일을 끌어올린다.

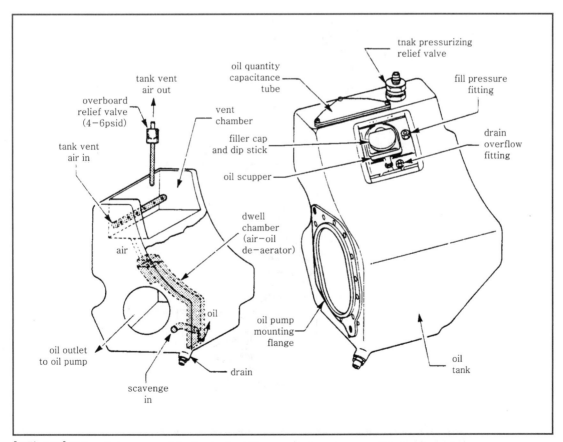

[그림 6-10] External dry sump oil tank, small engine

　　오늘날 많은 오일탱크가 원거리압력식 보급(remote pressure fill)능력을 가진 구조로 되어있다. 오일펌프 카트(pumping cart)를 탱크에 연결해서 적당한 양에 이를 때까지, 즉 오일이 흘러넘치기 시작할 때까지 오일을 탱크에 보낸다.

　　오일주입구 덮개(filler cap)는 오일공급 중에 지나친 보급이 되면 열어서 오일이 흘러넘치게 한다. 그러나 수동중력식(hand gravity) 오일탱크보급방법이 여전히 가장 많이 쓰인다. 그림에서 보여지는 스쿠퍼(scupper)는 보급하는 동안 흘린 오일을 모아서 엔진 밑부분에 위치한 드레인지점을 통해 이 오일을 보낸다.

　　주입구 덮개의 위치 때문에 수동중력식 방법에 의한 과도공급은 불가능하다. 일부 오일탱크는 FAR 요구에 맞추기 위해 오일량을 점검하는 시각적인 수단으로 딥스틱(dip stick) 대신 사이트게이지(sight gauge)를 사용한다. 그러나 이 유리로 된 지시기는 오래 사용한 후에 흐려지는 경향이 있어서 많은 사용자들이 다시 딥스틱을 사용하고 있다.

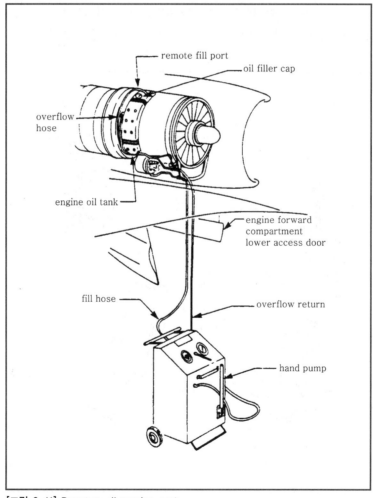

[그림 6-11] Pressure oil service cart

2 오일펌프

오일압력펌프의 기능은 윤활이 필요한 엔진 부품에 일정한 오일압력을 공급하는 것이다. 대다수의 오일펌프는 압력윤활장치뿐 아니라 한 개 이상의 소기장치로 구성되어 있는데 모두 하나의 하우징 안에 있다.

가장 많이 쓰이는 오일펌프 3가지는 베인, 지로터(gerotor), 기어형식이다. 이 3가지는 모두 정배유펌프(positive displacement pump)로 분류하는데, 이유는 펌프가 매번 회전할 때마다 고정된 양의 오일을 펌프 출구로 보내기 때문이다. 또 이 3가지 펌프는 자체윤활방식이다. 이런 종류의 펌프를 정용적 형식(constant displacement type)이라고도 하는데, 이는 매 회전당 일정한 체적을 보내기 때문이다.

(1) 베인펌프

그림 6-12의 펌프는 단일펌프형식(single element type) 또는 다수펌프(multiple pump) 중 한 펌프이다. 이런 형식의 다수펌프는 하나의 압력펌프와 하나 이상의 소기펌프로 구성되어 있으며 이것들은 축에 연결되어 있다. 구동축은 보기류 기어박스 구동패드에 연결되어 있고 모든 펌프장치들은 함께 회전하게 된다.

펌프작용은 로터 구동축과 편심로터에 의해 이루어지고, 이것들은 하나의 회전체로 작동하며 슬라이딩베인을 구동시킨다. 두 베인 사이의 공간이 오일 흡입구멍을 지날 때 오일로 채워져서 이 오일을 오일 출구로 운반하는데 이 공간이 영(zero) 간격으로 줄어들면 오일은 펌프를 떠나게 된다.

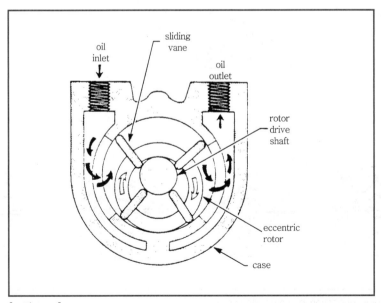

[그림 6-12] Sliding vane lubrication pump

릴리프밸브가 압력을 통제하지 못한다면 흐름의 하류저항이 펌프 출구압력을 결정한다.

베인펌프는 소기오일 속의 작은 조각들을 더 많이 허용한다. 또한 무게면에 있어 지로터나 기어펌프보다 가볍고, 두께가 좀 더 얇은 형상을 하고 있다. 그러나 다른 펌프보다 기계적인 강도가 약하다.

(2) 지로터펌프

그림 6-13A는 다수(multiple-element)펌프의 주축에 장착된 한 펌프를 보여준다. 때때로 지로터펌프는 기어로터라고 불리기도 하며 베인펌프와 유사한 원리를 이용한다. 지로터는 오일을 입구에서 출구로 보내기 위해 타원형의 아이들러(idler)기어 내에 있을 로브(lobe)형의 구동기어를 사용한다.

그림 6-13의 내부구동기어는 6개의 로브(lobe or teeth)를 가지고 있으며 외부 아이들러기어는 7개의 구멍을 갖고 있다, 이런 형태의 배열로 인해 하나의 오픈포켓(open pocket)이 오일로 채워지고, 영간격이 오일을 방출시킬 때까지 회전하면 입구 오일은 펌프를 통해 이동한다.

이 작동원리는 외부기어 로브의 수에 의해 생겨난 부족한 치차(missing tooth)의 체적이 매 회전마다 펌프되는 오일의 체적을 결정한다는 것이다.

그림 6-13A는 완전한 펌프장치로 같은 펌프 하우징 내에서 하나의 축에 연결될 수 있는 것 중 하나이다.

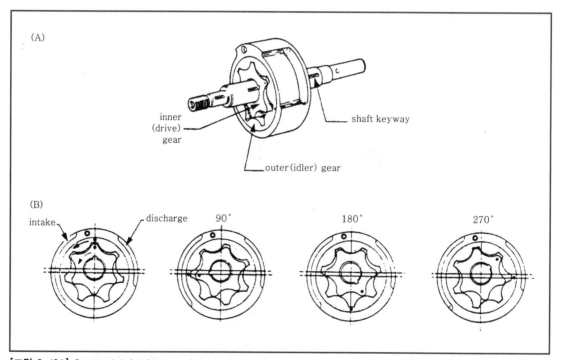

[그림 6-13A] Gerotor lubrication pumping element
[그림 6-13B] Gerotor pump cycle of operation

그림 6-13B는 지로터펌프의 작동원리를 나타내며 다음과 같이 설명된다.

① 0~180°까지 로브간(inter-lobe) 공간이 최소에서 최대체적으로 증가한다. 거의 180°
에서는 흡입구가 열려서 오일로 채워지게 된다.

② 공간이 최대체적에 이르면 흡입구는 닫히고 배출구는 열리는 위치로 간다.

③ 270°에서 공간은 체적을 감소시키고 오일을 배출구로 내보낸다.

④ 공간이 360°에서 최소체적에 도달하면 배출구는 닫히고 흡입구는 열리기 시작한다.
즉, 사이클이 반복된다.

이런 작동은 내부 6개의 로브 지로터와 외부 7개의 로브 지로터 사이의 7개 로브간
(inter-lobe) 공간에서 각각 일어나며 연속적인 오일흐름을 주게 된다.

(3) 기어펌프

그림 6-14는 하나된 기어형 펌프로서 흡입오일을 기어치차와 펌프 내부케이스 사이에서
이동시키면서 출구로 배출될 때까지 회전시킨다.

입구에서 출구까지 아이들러(idler)기어는 유체가 출구로부터 흡입구쪽으로 역류하는 것을
방지하며 회전수당 용적을 2배로 해준다. 또한 이 펌프는 하우징 내에 릴리프밸브와 결합되
어 있어서 원하지 않는 오일을 펌프 입구로 되돌려 보낸다.

그림 6-15는 압력장치와 소기장치를 가지고 있는 이중펌프를 보여준다.

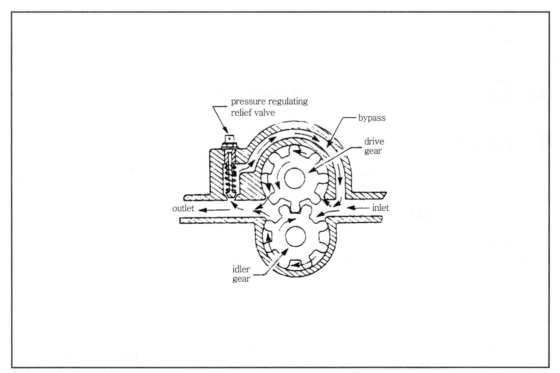

[그림 6-14] Side view of gear lubricating pump

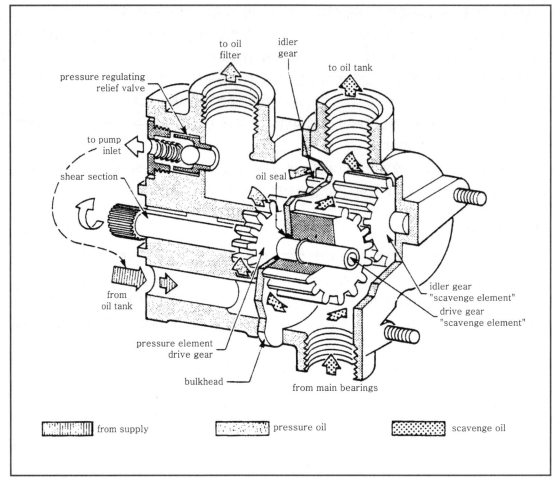

[그림 6-15] Cutaway view of combination pressure and scavenge pump

3 오일필터

오일필터는 오일 속에 모이는 오염물질을 제거해 주기 때문에 윤활계통에서 중요한 부품이다.

(1) 오일 속의 오염물질

필터에서 발견되는 오염물질은 주로 다음과 같은 원인에서 온다.
  ① 오일 자체의 분해에 의해 생긴 것으로 보통 소량의 검은 탄소이다.
  ② 엔진 마모에서 오는 금속입자와 엔진에서 오일이 닿는 부분의 부식
  ③ 주베어링 실을 통해 들어오는 대기 중의 오염물질
  ④ 오일 보급 중에 들어오는 먼지나 외부물질

필터 보울(bowl)이나 필터 스크린에서 발견되는 오염물질은 항상 중요한 문제이다. 일반적으로, 엔진이 정비가 필요한지, 또는 감항성이 있는지에 관한 결정을 위해서는 오염물질의

양이 정상인지 아닌지를 판별할 수 있는 오랜 경험이 필요하며 전문적인 판단의 문제이다.

만일 분광오일분석(spectormetric oil analysis)이 가능하다면 대부분의 큰 항공회사처럼 오일 속의 여러 금속입자를 식별해서 엔진 정비를 수행해야 할지의 여부를 결정하는 과정으로 사용한다.

엔진오일을 관찰하는 또 다른 방법은 오일이 흑갈색으로, 또는 검게 변하는지를 보는 것인데 변하지 않는다면 오염물질이 없는 것이다. 이것은 지나친 산화로 인한 화학반응이다. 이 장의 Section 4에서 오일의 변색에 대한 사항을 설명하였다.

가스터빈엔진의 오일필터는 마이크론 규격(micronic rating)으로 되어있어서 계통으로 들어가는 마이크론 크기의 오염물질입자를 막을 수 있도록 설계된다.

(2) 마이크론

"Micron"은 국제측정단위 1/1,000,000m 또는 0.000039in와 같은 길이이다.

마이크론 크기의 입자는 계속 우리 주위에 있으며 인간의 육안으로 40micron 이하의 물질은 볼 수 없다. 우리가 숨쉬고 있는 공기도 눈에 안보이는 많은 입자를 가지고 있으며 이 입자의 크기는 1~5micron이다. 안개와 같은 대기 중의 습기는 5~50micron의 입자로 구성되어 있다.

마이크론 크기 입자들의 이러한 미세함 때문에 오일계통으로 들어가는 오염물질의 방지는 엄밀히 조절되어야 한다.

[그림 6-16] Filter surfaces enlarged 250 times

<단위환산>

1in	25.4mm	25,400micron
1mm	0.0394in	1,000micron
1micron	1/25,400(=0.000039)in	0.001mm

<상대적 크기>

육안으로 볼 수 있는 최저치	40micron
백혈구세포	25micron
적혈구세포	8micron
박테리아(구균)	2micron

(3) 필터에 작용하는 힘

모든 형식의 필터는 높은 하중에 견딜 수 있도록 설계되지만 필터는 완전한 상태로 있어야 한다. 어떠한 손상이 일어난 경우 필터는 일반적으로 폐기된다. 필터에 작용하는 힘은 다음과 같다.

① **오일이 찬 상태에서 발생하는 압력힘** : 찬 상태에서 흐르는 오일은 높은 점성이 생겨 정상적으로 50psig로 조절될 수 있는 계통에서 300psig의 압력을 만든다. 이러한 현상은 압력조절밸브와 필터바이패스밸브가 열려서 압력을 경감시켜도 발생한다.

② **흐름체적으로 인한 압력힘** : 가스터빈엔진에서 사용되는 높은 유량, 낮은 체적형식의 계통에서 전체오일 공급은 1분당 4~8번 가량 오일필터를 통과하며 대형 엔진의 경우 1분당 60gallon의 오일이 통과한다.

③ **고주파수로 인한 피로힘(fatigue force)** : 오일펌프의 압력진동은 오일펌프 기어치차(teeth)를 지나는 주파수로부터 생긴다.

④ **열순환(thermal cycling)으로 인한 피로힘** : 오일계통의 소기쪽 필터의 온도가 400°F까지 올라간다.

(4) 필터형식

주계통 필터의 가장 흔한 형식은 일회용 섬유(disposable fiber)와 세척할 수 있는(cleanable) 스테인리스강 스크린이다. 세척할 수 있는 스크린필터는 주름스크린(pleated screen), 웨이퍼스크린(wafer screen), 스크린과 스페이서(spacer)형식으로 나눌 수 있다. 이 세 가지 금속형식은 엔진사이클에 근거한 주기마다 세척을 한다. 세척할 수 있는 금속스크린과 일회용 섬유필터 사이의 차이점은 다음과 같다.

① 와이어필터는 높은 엔진사이클이 축적되고 필터 검사가 자주 요구되는 항공기에서 사용된다. 이때 세척할 수 있는 능력은 비용절감수단이 된다. 그러나 와이어필터는 일반적으로 40micron 이하로 만들 수 없다. 또한 와이어필터는 똑같은 등급의 일회용필터보다 크기가 크다. 이는 와이어필터 메시(mesh)의 표면면적 중 30%만이 흐름면적으로 남기 때문이다.

② 오일계통에서 일회용 필터는 15micron까지 걸러낼 수 있다. 그러나 높은 Centistoke 수치의 오일에 15micron 필터를 사용하는 것이 항상 가능한 것은 아니다. 이 필터의 장점은 와이어메시필터와 비교해 볼 때 크기가 훨씬 작다는 것이다. 이 필터는 엮은 (weave) 형태가 아니기 때문에 70%까지의 유효흐름면적을 갖는다.

Micron 등급(rating)이 낮은 필터는 작은 카본입자까지 걸러냄으로써 오일을 상대적으로 깨끗한 상태로 유지할 수 있다. 레비린스(labyrinth) 주베어링 오일 실을 많이 사용하기 때문에 더 정교한 여과작용이 필요하다. 레비린스 공기-오일 실은 카본 실보다 더 많은 대기 중의 오염물질을 오일 속으로 들어가게 하지만 카본 실보다 더 오래 쓴다.

구형 항공기에서는 175micron 이상의 금속메시필터를 흔히 볼 수 있었는데, 그 이유 중 하나는 과거에는 카본, 먼지 등의 작은 입자가 미치는 영향을 완전히 이해하지 못했기 때문이다. 현재 필터제작사들은 마이크론 등급이 더 낮은 주름필터를 제공하고 있으며 주어진 크기에 비해 똑같은 양의 오일을 통과시키면서 보다 정교한 여과작용을 할 수 있다.

오늘날에는 가능한 한 더 낮은 마이크론 필터를 사용하려고 한다. 40micron에서 15micron 필터로 바꿀 때 필터를 지나는 압력강하의 차는 3psid 정도밖에 안 된다. 마이크론 등급을 선택할 때 고려할 것은 정교한 여과작용과 비용, 그리고 오일이 차가울 때 엔진이 받아들일 수 있는 압력강하이다. 여기서 주목할 점은 추운 날씨에서 시동할 때 엔진의 윤활은 불완전하다는 것이다.

(5) 필터 어셈블리의 기능

일회용 종이필터와 스크린 메시필터를 관찰해보면 대부분 수 없이 주름이 잡혀있거나 스택된(stacked) 필터의 경우 대부분 2중스크린으로 되어있다. 이것은 필터되는 부분의 면적을 크게 하기 위함이다. 스크린의 형태는 마이크론 단위로 측정되는 매우 작은 크기이다.

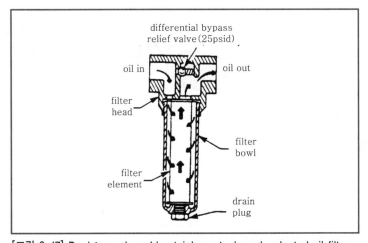

[그림 6-17] Bowl type cleanable stainless steel mesh, pleated oil filter

섬유질형태의 필터는 등간격의 마이크론 단위로 나뉘어져 있다.[그림 6-18, 19 참조]

그림 6-17은 일회용이거나 세척할 수 있는 형태의 직렬보울(in-line bowl)형 필터의 예를 보여주고 있다. 이 필터의 일반적인 등급은 40micron이다. 이것은 이 필터가 직경 40micron 이상의 입자를 걸러낸다는 뜻이다.

오일이 보울(bowl)를 채우고 여과장치를 통과해 안쪽으로 들어가며 안쪽의 오일은 바이패스 릴리프밸브의 스프링쪽 포트를 통해 빠져나간다.

추운 날씨로 인해 점성이 증가되거나 필터가 막혀서 흐름이 제한되면 차압바이패스밸브 (differential bypass valve)가 열려서 여과되지 않은 오일이 엔진으로 들어간다.

바이패스상태에서 오일양은 정상시보다 작지만 시동시의 초기 윤활이나 비행 중 최소파워 로 작동하기 위한 충분한 윤활을 제공한다. 그림 6-17에서 바이패스 릴리프밸브는 25psid의 등급을 갖는다. 자주 차압 혹은 ΔP로 언급된다.

만일 이 필터가 위치한 시스템압력이 45psig(oil in pressure)로 조정되고 필터를 통한 정 상 압력강하가 5psig면 40psig Oil out 압력은 바이패스밸브가 닫혀있도록 유지하는 25psi 의 압력을 돕는다.

필터가 이물질에 의해 막히거나 오일이 추운 날씨에 시동시 응결되어 있다면 필터 요소 사 이의 압력강하가 증가할 것이다. 압력강하가 바이패스밸브 스프링의 한계를 넘으면 밸브는 여과되지 않은 오일이 입구에서 출구로 직접 바이패스되게끔 열린다.

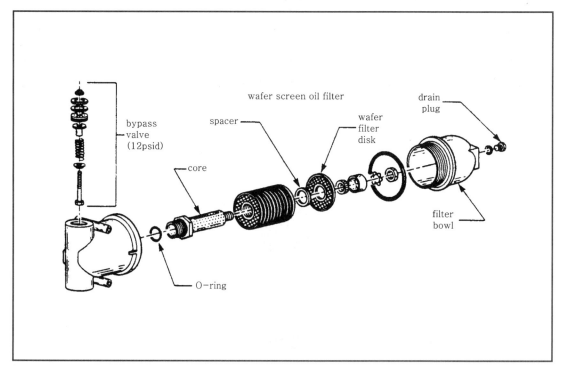

[그림 6-18] Clenable wafer screen type filter

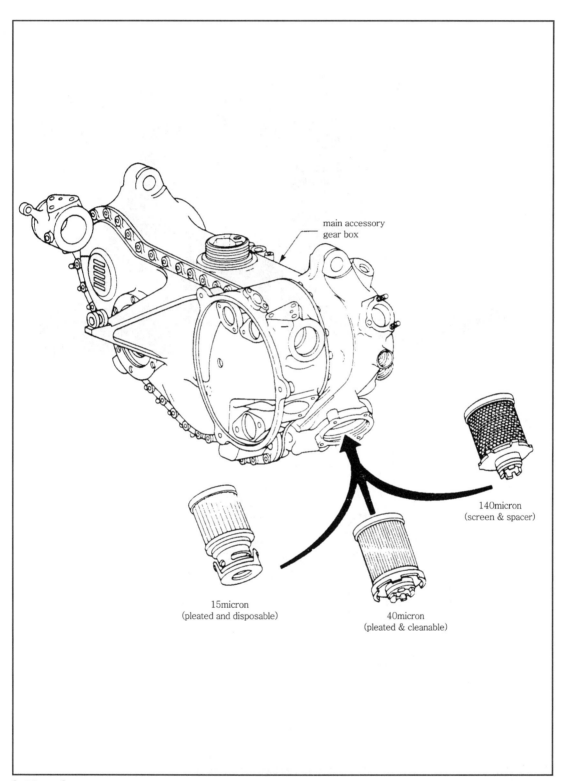

main accessory
gear box

140micron
(screen & spacer)

15micron
(pleated and disposable)

40micron
(pleated & cleanable)

[그림 6-19] Types of gear box mounted oil filters

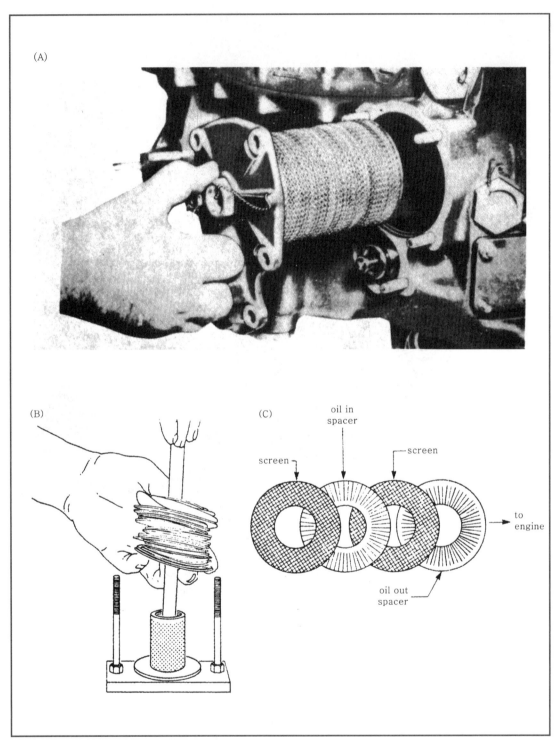

[그림 6-20A] Screen and spacer oil filter
[그림 6-20B] Screen and spacer oil filter being disassembled for cleaning
[그림 6-20C] Arrangement of screens and spacers

그림 6-19는 세척할 수 있는 주름스크린형식의 필터와 스크린과 스페이서(spacer)형식으로서 기어박스 원주면에 맞게 되어있다.

그림 6-19와 6-20에 있는 스크린과 스페이서형식의 필터는 edge형 필터라고도 불리며 검사와 세척을 위해 분해할 수 있다. 보통 이 필터는 주보기류 기어박스의 원주면(annulus)에 꼭 맞는다. 필터의 모습은 안쪽 방향으로 오일이 흐르도록 하는 스페이서 사이에 얇은 스크린의 연속으로 되어있다. 이 필터들은 엔진의 압력(oil suppy)계통에 보편적으로 위치한다. 또한 일부 엔진은 소기계통에서 여과를 하는데 오일이 엔진에서 보급탱크로 돌아가는 길목에 위치해 있다.

(6) 필터 세척(Filter Cleaning)

전형적인 방법은 솔벤트를 이용해 손으로 닦는 것이다. 그러나 고주파를 사용하는 장치들, 초음파세척기나 고주파진동세척기(vibrator cleaner)도 사용되며 여과기로부터 이물질을 제거하는 데 있어 더 완벽한 기능을 수행한다.

필터 검사 중 발견되는 것은 기록을 남겨서 계속되는 필터 검사를 통해 경향분석을 수행한다. 필터 표면에서 금속입자를 볼 수 있는 것은 정상이다. 만일 이 오염물질의 정도가 제작자의 한계 이상이거나 어떤 큰 금속칩이 발견되면 오염의 원인과 위치를 찾아 문제점을 수정해야 한다. 그리고 나서 엔진의 모든 오일을 배출시키고 재보급한 후 정해진 시간만큼 엔진을 작동시킨다. 때때로 이 과정의 반복으로 필터가 깨끗해질 때까지 계통을 세척할 필요가 있다.

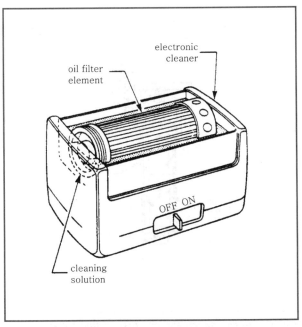

[그림 6-21] Fluid vibrator type oil filter cleaner

4 저압경고등

모든 항공기 조정실은 하나 또는 그 이상의 오일압력계기가 있다. 조정실 압력계기는 주오일필터의 출구쪽 오일계통으로 연결되어 엔진으로 공급되는 오일의 실제 압력을 받는다. 또한 많은 항공기가 저압경고등을 갖추고 있다.

항공기에서 파워를 "On"하면 경고등에 불이 켜진다. 그리고 나서 시동 중에 오일압력이 올라가면서 조종실 오일압력계기에 대한 붉은 선(red line) 한계에 다다르면 불이 꺼진다.

그림 6-22는 이 경고등을 보여준다. 만일 경고등이 나가지 않거나 작동 중에 다시 들어오면, 조종자는 압력계기를 보고 실제로 낮은 오일압력상태인지를 확인하고 파워를 줄이거나 엔진을 정지시켜야 한다.

그림 6-23A는 저압경고등의 배열을 보여주고 있다. 엔진 작동 중에 필터가 막히면 저압경고등이 켜지고, 곧이어 "Bypass" 경고등이 켜지게 된다.

마이크로스위치는 조종실 등이 필터가 오일을 바이패스하기 시작할 때의 충분히 낮은 압력에서 들어오도록 장치된다. 이 상황은 다음 지문에서 저압오일 경고시스템에 대한 예로써 더 자세히 설명된다.

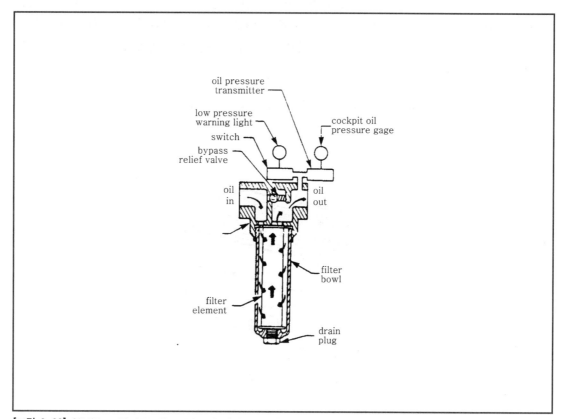

[그림 6-22] Oil filter with low oil pressure switch and oil pressure transmitter

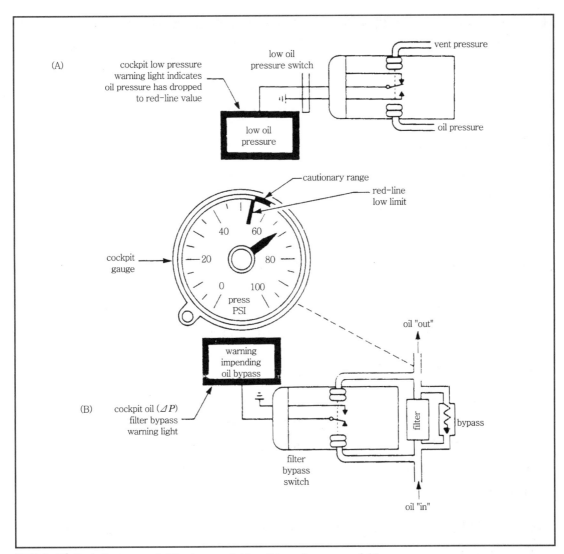

[그림 6-23] Cockpit gauge, oil filter bypass light and low oil pressure light

5 필터 바이패스 경고등과 조종실 계기

(1) 바이패스 조건

오일필터 바이패스 경고계기는 많은 엔진에 장착되어 있으며 주오일필터가 흐름장애상태나 완전히 막힌 상태에 접근하고 있음을 나타내준다.

이러한 계기는 정비 보조장비로 생각할 수 있는데 그 이유는 대부분의 경우 적절하게 작용함으로써 엔진 구성품의 수명을 연장시켜주기 때문이다.

일단 필터에 장애가 생기면 곧바로 오일을 바이패스시켜 여과되지 않은 오일을 엔진으로 들여보내며 이 여과되지 않은 오일은 엔진 내부의 오일스크린이나 제트(jet)를 막아서 관련된 베어링과 실(seal)의 윤활을 잃게 한다. 이런 상황이 발생해도 계통의 릴리프밸브가 더 많은 오일을 펌프 입구로 보내줌으로써 오일압력지시에는 아무런 변화가 없으며 경고도 없다.

이런 경우에는 "Impending bypass"등이라는 경고장치가 있으면 편리하다. 필터가 바이패스를 시작하는 압력차이보다도 낮은 차압에서 작동되도록 조절되어 있어서 조종사에게 경고를 주어 적절한 조치를 취할 수 있게 하고 여과되지 않은 오일이 바이패스되는 것을 막는다.

(2) ΔP(Delta-P)등

필터가 바이패스 경고등과 함께 있으면 "Delta-P"등이라고 한다.[그림 6-23B 참조] 이 등은 게시판에 동력이 공급된 후에도 꺼져있는 상태로 있으며 보통 필터 바이패스상태가 막 생기려고 할 때 켜지고 또한 엔진 시동 중에 필터 입구 압력이 너무 갑자기 커질 때 켜진다.

압력이 너무 갑자기 상승하는 것은 추운 날씨에 높은 점성의 오일 때문에 자주 발생한다. 오일온도가 올라가 정상적인 값을 가질 때 등은 꺼지게 된다. 만약 등이 나가지 않으면 아이들 이상으로 계속 작동하고, 그래도 등이 켜져있으면 필터에 고체의 오염물질이 있는 경우이다. 작동자는 엔진이 이상상태로 작동하고 있는 동안 주엔진의 장애를 나타내는 엔진 진동과 오일의 온도와 같은 엔진계기들을 주의깊게 살펴봐야 한다.

(3) 이중조종실 계기(Dual Cockpit Gauge)

어떤 항공기는 Delta-P등 대신 필터의 입구와 출구쪽에 2개의 압력계기를 갖는 차압지시 계통이 있다. 두 계기 수치의 차이는 작동자에게 바이패스지점에 임박했거나 도달했음을 말해준다. 예를 들어 필터에 정상적인 압력강하가 5psi 차압이고 두 계기가 차압 28psi로 분포될 때 바이패스밸브가 28psi의 차압에서 열리도록 되었다면 바이패스는 일어난다. 이 과정은 이 장의 Section 8에서 더 자세하게 설명된다.

(4) 낮은 오일압력 조건시 조치절차(Procedures During Low Oil Pressure Conditions)

다음은 오일필터 압력강하계기가 갖추어진 엔진에 대해서 추천하는 절차이다.
　① 조종실 압력지시계가 붉은 선(red-line) 한계에 도달했거나 저압경고등이 켜질 때는 항상 추력을 감소시켜야 한다.
　② 경고등은 꺼지고 다른 모든 엔진계기들이 적절한 값을 유지하고 있을 때 조종석 압력지시계가 붉은 선 한계 위에 계속 위치한다면 비행승무원의 판단에 따라 스로틀을 감소시킨 위치에 계속 놓아라.
　③ 오일압력지시계가 계속 붉은선에 위치하거나 저압오일경고등이 계속 켜져있을 때는 엔진을 정지시키거나 착륙할 때까지 비행을 유지하기 위해 요구되는 최소한의 추력을 유지할 수 있도록 스로틀을 조작해야 한다.
　④ 오일압력지시계가 붉은 선에 위치하거나 경고등이 켜질 때마다 상황은 엔진 결함으로 보고되어야 하고 주오일필터는 분해하여 검사해야 한다.

(5) 필터 Pop-Out 경고

압력강하지시계나 경고등을 갖추지 않은 일부 필터들은 필터통(bowl)에 경고 Pop-out 버튼이 있다.

그림 6-24는 바이패스 버튼이 있는 필터통을 보여준다. 버튼은 필터 입구 압력이 필터가 바이패스되려고 하거나 이미 바이패스된 것을 시각적으로 경고하기 위해 미리 정해진 수치에 도달하면 튀어나오게(pop-out) 된다. 정비사들은 일상점검이나 오일계통의 고장탐구를 하는 동안 이 경고버튼을 보게 될 것이며 오염물질에 대한 필터요소를 검사함으로써 대처할 것이다. 일단 문제가 해결되면 손으로 버튼을 원상태로 회복시킨다.

추운 날씨에서 시동하는 도중에 높은 오일압력은 오일필터 차압바이패스밸브가 열리도록 할 것이다. 그러나 이것은 Impending 바이패스 버튼이 Pop-out되게 하지는 않을 것이다. Pop-out 어셈블리는 튀오르는 것을 방지하기 위하여 열저온잠금(thermal low temperature lockout)이 포함된다.

오일이 약 100°F로 더워지면서 열잠금(thermal lockout)은 풀리고 지시계는 필터 오염물의 경고를 할 준비를 한다.

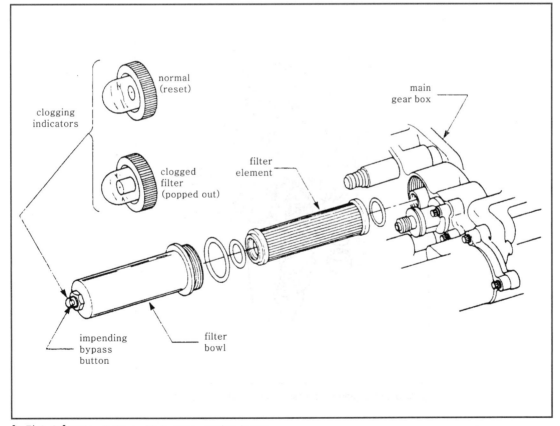

[그림 6-24] Main oil filter with bypass warning button

6 건식섬프계통의 기타 구성품

건식섬프의 윤활계통에는 여러 가지 다양한 구성품이 있다. 이 중 몇 가지는 다음과 같다.

① 시스템 압력릴리프밸브[그림 6-25, 26 참조]

② 비정적 누설체크(anti-static leak check)밸브[그림 6-26, 27 참조]

③ 오일냉각기[그림 6-27, 28 참조]

④ 오일제트(jet)[그림 6-27, 29 참조]

⑤ 라스트찬스(last chance)필터[그림 6-27, 29 참조]

⑥ 칩감지기(chip detectors)[그림 6-27, 30 참조]

⑦ 회전식 공기-오일 분리기(rotary air-oil separator)[그림 6-31, 33 참조]

⑧ 가압과 벤트(pressurizing and vent)밸브[그림 6-32, 33 참조]

이 부품들은 다음의 GE CJ-610 터보제트, P & W PT6 터보프롭, 그리고 JT8D 터보팬 윤활계통에 관련하여 설명될 것이다.

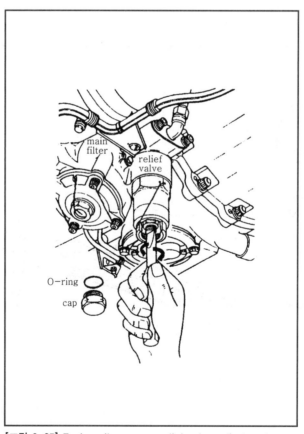

[그림 6-25] Engine oil pressure relief valve adjustment

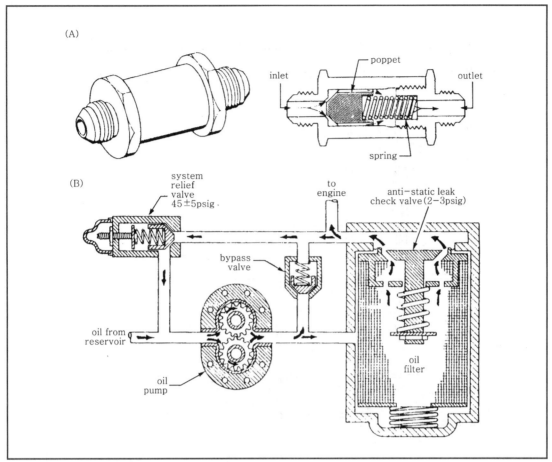

[그림 6-26A] In-line type antistatic-leak check valve
[그림 6-26B] In oil-filter type antistatic-leak check valve

Section 08 ── 소형 엔진 윤활계통-GE CJ610 터보제트

1 오일압력계통

(1) 압력계통 오일흐름

그림 6-27의 개략도에서 오일은 0.75gallon 용량의 탱크로부터 압력계통의 펌프로 흐른다. 펌프는 분당 2.5gallon의 오일을 릴리프밸브로 전달한다.

이 밸브는 조절될 수 있고 이 엔진의 경우 125psig로 설정된다. 이것은 "Cracking pressure" 라고 불리는 설정된 수치에 유체압력이 도달할 때마다 오일을 오일탱크로 되돌려보내는 역할을 한다.

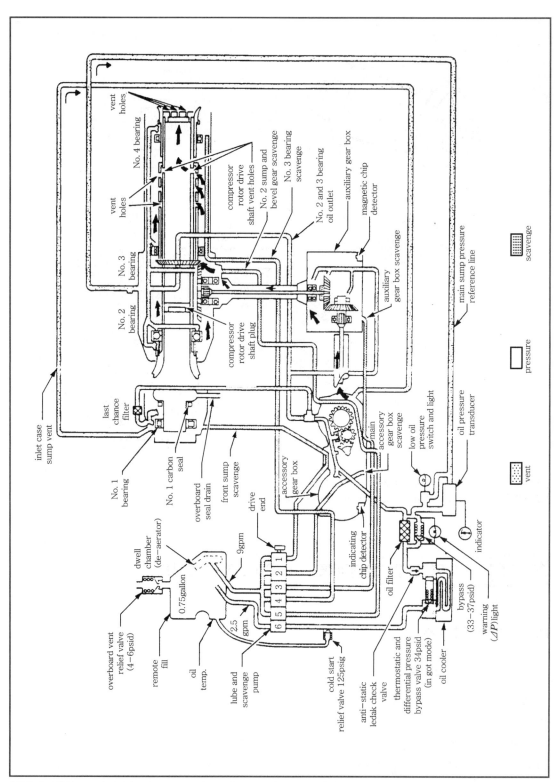

[그림 6-27] Hot-tank lubrication system for a General Electric CJ610 turbojet engine

이 계통에서 릴리프밸브를 "Cold-start" 릴리프밸브라 부르는데 이유는 낮은 대기온도와 높은 오일점도에 의해서 생긴 역압력이 발생할 때 열리기 때문이다. 이 압력계통은 정상오일 작동온도일 때 아이들(최소 3psi)에서 이륙파워(최대 60psi)까지 오일압력이 변한다. 만일 엔진이 "Cold-start" 릴리프밸브를 갖지 않으면 압력조절 릴리프밸브를 갖게 된다.[그림 6-25 참조]

예를 들어 압력조절 릴리프밸브에서 오일압력이 45±5psi와 같이 변화의 폭이 상당히 제한된 범위에 있게 된다면 릴리프밸브는 계속 열려있어서 압력을 조절한다. 아이들에서는 조금만 열리고 이륙출력시에는 넓게 열려서 미리 정해진 수치를 유지한다(그림 6-25, 33, 34는 이러한 형태의 릴리프밸브를 나타낸다).

그림 6-27에서 계통 릴리프밸브를 통과한 후, 오일은 연료-오일 냉각기로 흐른다. 만일 오일흐름이 막히거나 다른 제약이 발생하면 차압바이패스밸브의 출구흐름압력이 감소한다. 26~34psi의 차압이 존재하면 바이패스밸브가 열려 오일냉각기의 지나친 여압을 막는다.

그림 6-27에서 비정적 체크밸브를 볼 수 있다. 이것은 정상적으로 필터 입구에 정착되어 있어서 엔진이 작동하지 않을 때 오일탱크에서 섬프로 오일이 새지 못하게 한다. 이 체크밸브는 최소의 펌프압력에서 열리도록 설정되어 있고 이 압력은 대략 2~3psig이다. 또한, 다음 시동시에 엔진이 즉각 윤활되도록 오일펌프가 차 있는 상태로 만들어 준다.[그림 6-26 참조]

그림 6-27에서 오일이 냉각된 후에 여과된다. 필터 막힘(clogging) 바이패스밸브가 여기에 장착되며 이 밸브는 33psi의 차압에서 열리도록 설정된다.

이 바이패스의 작동을 좀 더 자세히 이해하기 위해 필터에 정상적인 5psi의 차압과 정상적인 오일온도로 작동 중인 엔진을 생각하자. 필터 입구 오일압력은 60psig이고 출구 오일압력은 55psig이다. 바이패스밸브가 닫히는 압력은 55psig 출구 오일압력에 33psi 스프링압력을 더한 것이다. 이 값은 입구쪽의 압력(60psig)보다 매우 높다. 만약 막히기 시작하면, 입구쪽 흐름의 압력이 상승하기 시작하고 출구쪽 흐름압력은 떨어지기 시작한다. 차이가 33psi에 이르거나 이보다 약간 크면 바이패스가 열려 작동 중에 충분한 윤활을 시켜준다.

일부 계통에서는 차압스위치가 필터의 입구에서 출구까지 위치해서 만약 바이패스가 발생하려고 하면 조종실에 경고등을 작동시킨다. 이 지시등은 바이패스 압력수치보다 약간 낮게 설정된 수치에서 불이 켜져 바이패스상황이 임박했음을 지시한다.

일단 오일필터를 통과하면 가압된 오일이 필터 출구에서 오일제트와 오일압력변환기로 흐르며 변환기는 또한 벤트압력 입력을 받는다.

변환기는 정확한 오일압력(유체압력에서 벤트 공기압을 뺀)을 조종실 계기로 보내도록 설계한다. 이 설계를 사용하는 까닭은 벤트 압력은 오일제트에서 오일흐름을 방해하여 작동자가 정확한 오일압력상태로 흐름상태를 알아야 하기 때문이다.

벤트계통은 이 장의 뒷부분에서 자세히 설명되고 오일압력지시계통은 12장에서 자세히 설명된다.

이 계통에서 전체오일은 대략 3회 순환된다. 이것은 대부분의 가스터빈엔진에 해당된다.

CJ610 윤활계통은 고온탱크계통(hot tank system)으로 고려하는데 이는 오일냉각기가 압력계통에 위치하고 오일은 오일탱크로 직접 소기되기 때문이다.

(2) 계통 구성품

① 오일냉각기

오일냉각기의 주요기능은 여러 가지 다른 엔진속도에서 오일가열상태를 특정 오일온도로 유지시키는 것이다. 그림 6-28에 보이는 오일냉각기는 액체 대 액체 열교환기다. 이것은 여러 개의 빨대(straw)모양의 통로가 있어서 이 곳으로 연료가 흘러 연소실로 가는데 이때 오일은 빨대모양을 한 여러 개의 연료관을 순환하며 지나간다. 이것은 연료와 오일 사이에서 열교환하도록 한다.

이 연료로 냉각되는 오일냉각기는 냉각기 입구에 차압바이패스밸브와 자동온도조절(thermostatic) 바이패스밸브가 있다. 오일이 차가울 때 밸브가 열려 오일이 최소의 저항을 받는 통로로 가게 하여 냉각실을 바이패스해서 계통으로 직접 흐르게 된다. [그림6-28 참조]

오일이 열을 받으면 서모밸브(thermo valve)가 팽창되어 닫히고, 오일이 냉각기를 통해 흐르게 한다. 만일 냉각기의 막힘으로 인해 흐름에 제한이 생기면 압력이 쌓여 바이패스밸브가 열리게 되고 냉각되지 않은 오일이 약간 감소된 압력으로 직접계통으로 흐른다.

서모스태틱(thermostatic)밸브는 두 금속으로 이루어진 스프링(bimetallic spring)을 갖고 있는데 이것은 일반적인 철-니켈 합금과 황동으로 제작되며, 서로 다른 열팽창계수로 인해 열에 따라서 움직인다.[그림 6-28C 참조]

전형적인 오일냉각기의 작동스케줄을 설명하면, 서모스태틱밸브가 165°F에서 닫히기 시작해서 185°F에서 완전히 닫히고 정상엔진 오일온도는 210°F에서 안정된다. 이 지점에서부터 냉각기의 연료와 오일흐름 용량에 따라 작동오일온도가 조절된다. 이 계통의 최대 연속적인 오일온도는 210°F이다. 만일 온도가 210°F보다 높고 붉은 선(red line)인 230°F보다 낮다면 조종사의 재량에 따라 감소된 파워로 엔진을 작동시켜야 한다. 일단 오일온도가 230°F에 도달하면 엔진을 정지시켜야 한다.

서모스태틱밸브의 목적은 찬 상태의 시동에서 빠르게 오일을 바이패스시켜 원활한 윤활상태가 되도록 하는 것이다. 그러나 만일 오일이 차가울 때 빠른 윤활을 위해 충분히 빠르게 분배될 수 있다면 서모스태틱장치 없는 오일냉각기를 보는 것은 이상한 것이 아니다.

오일냉각기를 점검하는 한 가지 방법은 엔진 감속시에 순간적으로 오일온도가 상승하고 가속 중에는 연료흐름이 많아서 오일온도가 떨어지는 것을 보는 것이다.

이것으로부터 서모밸브가 과도적인 위치에 고정되지 않고 바이패스되지 않는 상태임을 조종사는 추측할 수 있다.

연료-오일 냉각기는 대부분의 대형 엔진과 소형 엔진에 사용된다. 또 다른 형태인 공기-오일 냉각기와 서모스태틱밸브 배열은 연료-오일 냉각기에서 본 원리와 설계가 비슷하지만 열교환기 부분은 왕복엔진에서 사용하는 소형 라디에이터(radiator)식 냉각기와 모양이 비슷하다.[그림 6-33 참조]

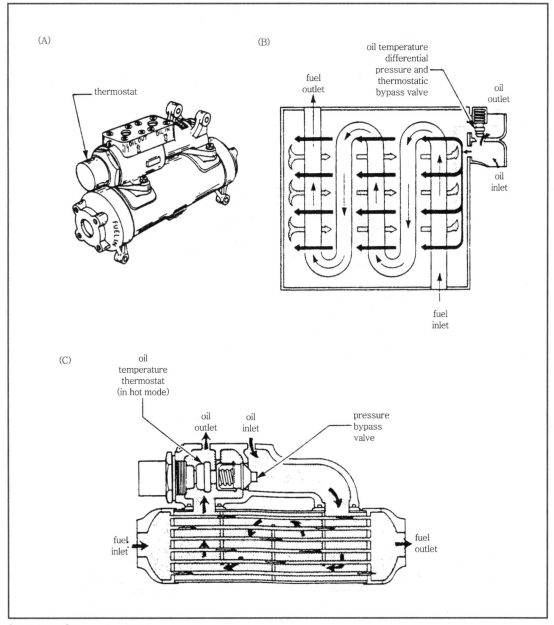

[그림 6-28A] Oil cooler exterior
[그림 6-28B] Thermo-valve in transit with oil both cooling and bypassing
[그림 6-28C] Thermo-valve closed when oil is hot

② 오일제트

오일제트 혹은 노즐은 엔진의 여러 곳에 위치하여 필요한 윤활을 한다. 오일제트는 압력
계통의 마지막 부분으로 베어링, 오일 실(seal), 기어와 기타 부품에 분무형으로, 혹은
오일의 흐름(stream)으로 공급한다. 오일의 흐름을 이용하는 것이 가장 흔한 것으로 특
히 높은 하중이 걸리는 곳에는 더욱 흔하다. 대부분의 경우 오일의 이런 흐름은 직접 베
어링 표면으로 가는데 이것을 "직접윤활 오일제트"라고 부른다.[그림 6-29 참조]

그 다음으로 흔한 방법은 연무와 증기윤활 오일제트로써 오일흐름(혹은 공기-오일
흐름)은 스플래시팬(splash pan)이나 슬링거링(slinger ring)장치로 향한다. 이것은
단일 오일제트에서 윤활면적을 크게 하도록 해주며 일부 대형 엔진에 사용된다.

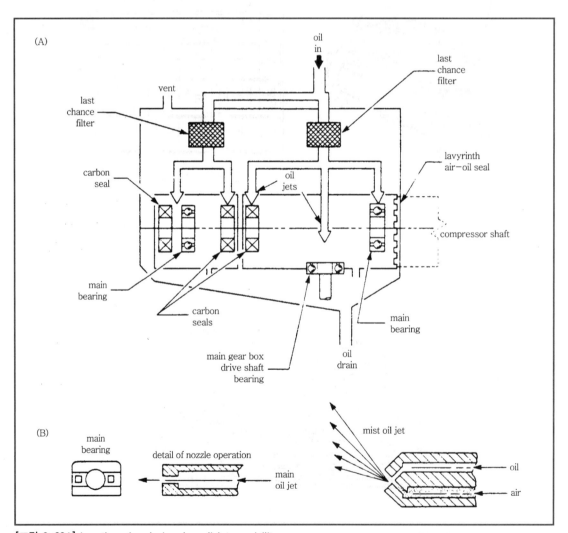

[그림 6-29A] Location of main bearing oil jets and filters
[그림 6-29B] Direct lubrication oil jet
[그림 6-29C] Mist and vapor oil jet

새로운 형태의 오일제트가 사용되기 시작했는데 "Underrace 윤활"이라 부르며, 이것은 오일이 로터축과 베어링 터널을 통해서 슬롯(slot)까지 전달되는데, 이 슬롯은 베어링 안쪽 레이스(race)에서 오일제트 역할을 한다.

제작자는 전형적인 분무-제트 윤활과 비교할 때 더 우수한 냉각을 한다고 말한다. 과도한 시간동안 사용되면 오일제트의 정해진 오리피스에서 흐름의 제한이 발생한다. 코킹(coking)이라 불리는 탄소의 축적은 오일이 접촉되는 금속부품에 작용하는 잉여 엔진열에 기인하여 발생된다.

이 상태는 엔진이 정지하기 전에 정해진 엔진 냉각시간을 무시한 채 빠르게 엔진을 정지하면 더 빠르게 발생한다.

오일제트는 드릴핀(pin)이나 새 드릴비트(bit)의 생크(shank) 끝으로 구멍 크기나 청결상태를 검사한다. 중요한 것은 드릴생크에 어떤 찍힘(nicks)이나 거스름(burr)이 없어야 한다는 것이다.

흐름의 제한을 점검하는 또 다른 방법은 연기(smoke) 점검이다. 연기나 공장공기를 오일노즐 입구에 집어넣어서 오리피스를 통해 나오는 비율로 판단한다. 비교는 보통 좋게 알려진 것이나 새 오일제트로 한다.

큰 수리공장에서는 흐름시험기(flow tester)를 이용하기도 한다. 이 장치는 엔진에 장착된 오일제트의 갤런/분 단위로 흐름의 양을 정확히 측정할 수 있다. 일부 엔진에서 베어링 흐름점검은 100시간 검사나 이와 유사한 검사요구사항 중 일부이다.

③ 라스트찬스(Last Chance)필터

아주 흔히 라스트찬스필터는 오일제트의 막힘(plugging)을 방지하기 위해 오일라인(line)에 장착된다. 그림 6-29A에서 라스트찬스필터를 볼 수 있는데 그 위치가 엔진에서 꽤 떨어져 있기 때문에 라스트찬스필터는 엔진 오버홀시에만 세척이 가능하다. 라스트찬스필터의 스크린이 막혀서 오일제트의 흐름을 방해함으로써 생기는 엔진의 손상을 방지하기 위하여 주필터는 지상요원에 의해 자주 검사되어야 한다. 필터의 막힘여부를 알 수 있는 흐름테스트(flow testing) 또한 주기적으로 해야 한다.

2 소기계통(CJ610)

소기계통(scavenge subsystem)은 오일을 윤활펌프 소기회수 부분(보통 1~5개)으로 빨아들임으로써 기어박스나 베어링 부품 사이의 오일을 제거하는 기능을 한다. 모두 5개로 이루어진 소기부들은 오일을 회수라인(return line)을 통해 오일탱크의 드웰실(dwell chamber)로 보낸다. 드웰실은 공기와 오일을 분리하는 역할을 한다.

회수오일의 양은 1분에 9gallon이며 이때 끌려들어오는 공기(entrained air)로 인해 축적되는 오일의 부피가 커지게 되어 압력계통보다 소기계통의 용적이 더 커지는 원인이 된다. [그림 6-27 참조]

(1) 칩검출기(Chip Detector)

대부분의 소기계통에서는 오일탱크와 압력계통 사이를 돌며 엔진의 마모와 손상의 원인이 되는 쇳조각을 붙잡아 걸러낼 수 있는 자석식 칩검출기를 장비하고 있다.

칩검출기는 주베어링의 손상여부를 알 수 있기 때문에 자주 검사하는 것이 좋다.

일반적으로 아주 작은 입자나 금속가루들은 정상적인 마모가 일어났음을 알려주지만 금속 조각이나 부스러기 등은 내부의 심각한 마모나 고장이 생겼음을 나타낸다.[그림 6-30A, B 참조]

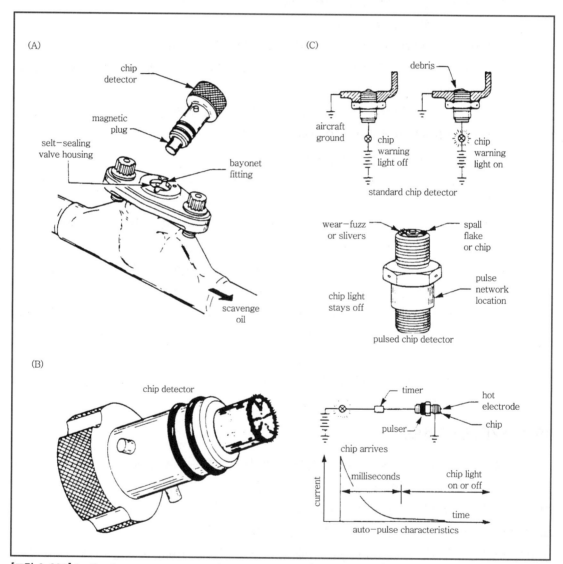

[그림 6-30A] In-line type scavenge magnetic oil chip detector(non-indicating)
[그림 6-30B] Chip detector showing accumulation of ferrous particles
[그림 6-30C] Comparison between standard, pulsed, and auto-pulse detectors

그림 6-30C는 지시경 자석식 칩검출기(indicating type magnetic chip detector)를 보여주고 있다.

금속파편이 자석의 양극과 음극 사이를 연결해 주게 되면 조종석의 경고등이 점멸하게 된다. 일단 경고등이 켜지면 조종사는 다른 엔진계기 지시에 따라 비행 중 엔진 정지, 아이들상태로 계속 작동, 정상순항에서 연속작동할 것인지를 판단하여야 한다.

(2) 펄스형 칩검출기계통(Pulsed Chip Detector System)

새롭게 개발된 검출기로 전기펄스식 칩검출기가 있는데 이것은 엔진에 아무 해가 없는 미세한 금속가루와 베어링, 기어박스의 파손 등 엔진 고장의 중요한 원인이 될 수 있는 비교적 큰 금속입자를 구별할 수 있다.[그림 6-30C 참조]

펄스식 칩검출기는 갭이 있는 말단(gab-end) 부분에서 지시형 칩검출기와 유사하지만 항공기용 28VDC에 의해 구동되는 펄스를 내는 전기적 회로를 가지고 있다는 것이 차이점이다.

펄스형 검출기는 한 가지 혹은 두 가지의 작동모드를 갖게 되는데 수동식 혹은 수동-자동식이 그것이다.

수동모드인 경우 입자의 크기와 관계없이 갭이 연결되기만 하면 조종석의 경고등이 켜진다. 그러면 조종사는 초기 펄스(initiate pulse)를 주게 되고 이로 인한 전기적 에너지는 중심 전극(center electrode)에서 금속입자를 고온으로 가열·분리시키게 된다. 이 과정을 Burn-off라 부른다. 경고등이 꺼지면 조종사는 전극을 서로 연결시켰던 금속입자들이 해를 입히지 않을 만큼 작아졌다고 여길 수 있다. 그러나 경고등이 계속 꺼지지 않거나 불순물 제거를 위한 조작을 계속 가해도 소용이 없는 경우 조종사는 엔진의 출력을 줄이거나 엔진을 정지시키는 등 적절한 조치를 취해야 한다.

자동모드의 경우 작은 금속입자에 대해 갭이 서로 연결되면 전기적 펄스에너지가 갭 사이를 흐르게 된다. 이로 인해 Burn-off 현상이 일어나고 이는 조종석 경고등 회로의 작동지연릴레이가 작동되기 전에 회로를 열어줌으로써 조정석에 경고등이 켜지지 않게 된다. 그러나 이물질이 비교적 커서 Burn-off가 일어난 후에도 갭을 계속 연결시켜주면 조종석의 경고등이 켜지게 된다.

3 벤트계통(Vent Subsystem, CJ610)

카본형 오일 실(cabon oil seal)이나 미로형 실(labyrinth seal)의 공기 누출에 의하여 베어링의 공동(cavity)에는 여압공기가 존재한다. 이 공기압은 베어링 섬프의 오일압력수두가 되어 오일의 탱크로의 회수를 도와주게 된다.

동시에, 이 공기는 원하는 기능 이외의 다른 부작용이 발생하기 전에 밖으로 배출된다. 일부 엔진에서는 이러한 실 누출공기를 배출하기 위한 별도의 보조벤트계통이 장착되어 있기도

하다. 이러한 보조벤트계통이 없는 엔진의 경우에 여압공기(pressurized air)는 소기오일과 함께 밖으로 배출된다.

베어링 공동의 여압공기는 오일제트에 생기는 오일분무를 적정수준으로 조절해 주는 기능을 하기도 한다. 오일제트의 역압력(back pressure)을 조절함으로써 오일제트에 의한 유량을 조절할 수 있다.

이러한 벤트계통에서 가장 흔히 접하게 되는 문제점으로는 코킹(coking)현상이 있다. 배출공기는 대게 오일을 포함하고 있으며 수차례에 걸쳐 가열됨으로써 혼합공기(오일과 공기)는 분자구조의 재배열에 의해 고체화되고 이것이 바로 코크(coke)나 탄소(carbon)가 된다.

코크의 누적은 점차로 발생하며 공기의 유로를 막기도 하고 유로의 면적을 줄어들게도 하여 벤트계통에 부분적인 과압현상(excessive pressure)이 발생하는 원인이 되기도 한다. 이러한 문제들은 공기흐름의 감소나 오일의 고온화 같은, 정상적인 벤트를 저해하는 요소가 된다. 이러한 고장들의 고장탐구절차는 벤트계통을 엔진의 여러 지점에서 분리하여 압력을 측정하고 이를 정비지침서의 표준수치와 비교하는 것이다.

CJ610 엔진에서 벤트공기는 기어박스의 소기오일을 따라 축적되어 중간프레임(mid-frame)으로 가며, 그곳에서부터 압축기축에 내부적으로 장착된 통로(channel)를 따라 터빈으로 가서 가스통로로 나간다. 실의 한 장치는 누출비율을 조절하며 터빈에 도달한 공기가 다시 벤트계통으로 역류하는 것을 방지한다.

일부 대형 엔진들에서는 벤트계통이 켜져 이로 인한 높은 압력비와 가스유로의 높은 압력이 발생하게 된다. 이러한 엔진들은 여압과 벤트밸브와 원심식 회전공기-오일 분리기를 사용하여 벤트계통을 돕는다.[그림 6-27 참조]

(1) 회전 공기-오일 분리기(Rotary Air-Oil Seperator)

회전형 분리기는 그림 6-31, 33, 34에서 원심형의 임펠러를 보여주고 있고 주기어박스 근처의 벤트 배출구에 위치하게 된다.

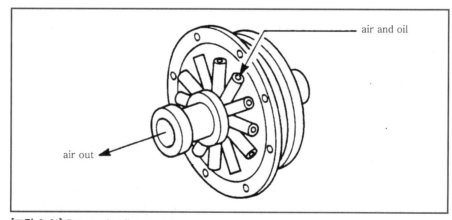

[그림 6-31] Rotary air-oil separator

오일과 섞여있는 벤트공기는 회전하는 슬링거실(slinger chamber)에 들어가게 되고 여기서 원심력에 의해 오일은 반경방향으로 향하여 밖으로 배출되어 오일섬프로 돌아가고 깨끗해진 공기는 엔진 밖으로 배출되거나 여압장치 및 벤트밸브에 사용된다.

(2) 여압 및 벤트밸브(Pressurizing and Vent Valve)

그림 6-32에서 보는 것처럼 여압벤트밸브는 아네로이드 벨로즈(aneroid bellows)가 있어서 내부에는 해면상 압력으로 맞추어져 있고 스프링으로 지지되는 릴리프밸브가 배출(overboard)라인상에 위치하여 4~7psid의 압력을 유지한다.

해면고도에서 벨로즈밸브(bellows valve)는 열려있지만 고도가 높아질수록 벤트압력을 해면고도에서의 압력과 같은 수준을 유지하기 위해 닫히게 된다.

해면고도수준의 압력은 오일노즐의 흐름을 해면고도에서의 흐름과 비슷하도록 해준다.

해면고도에서 벤트계통 작동압력은 대략 5~7psig이다. 이는 지상작동조건에서 P & V 밸브가 넓게 열려있더라도 오일의 흐름이 5~7psig 정도의 압력을 윤활계통 내부에 생성시킴을 의미한다.

아네로이드 차단밸브는 일반적으로 8,000~10,000ft 고도에서 닫히기 시작하여 20,000ft 고도 정도에서 완전히 닫히게 된다. 벤트계통 릴리프밸브는 이 경우 압력체크밸브의 역할을 하게 되며 벤트계통 내부압력을 5~7psig 정도로 유지시켜 준다.

오일제트는 해면고도압력과 같은 수준의 역압력을 오리피스(orifice)를 통과하는 동안 갖게 되며 이로 인해 엔진으로 항상 일정 수준의 윤활유를 공급하게 된다. 그림 6-33, 34는 이 밸브의 위치를 보여주고 있다.

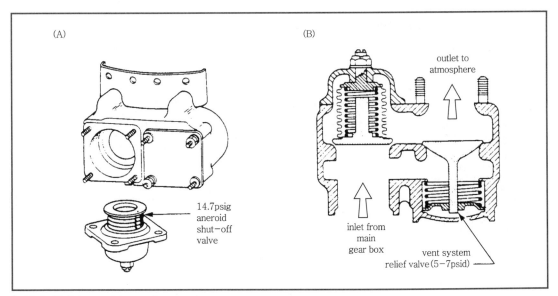

[그림 6-32A] Pressurizing and vent valve
[그림 6-32B] Cutaway view

Section 09 — 소형 엔진 윤활계통(P & W PT6 터보프롭)

그림 6-33에 따르면 PT6 터보프롭엔진은 "Cold tank" 윤활계통을 갖고 있다.

이 계통의 오일은 소기계통에 의해 냉각된다. PT6는 겉보기로는 습식섬프 윤활계통인 것처럼 보이지만 실제로는 집적형(integral) 건식섬프 오일탱크를 갖고 있다. 탱크 용적은 2gallon이며 1.5gallon의 오일과 0.5gallon의 팽창공간을 갖는다.

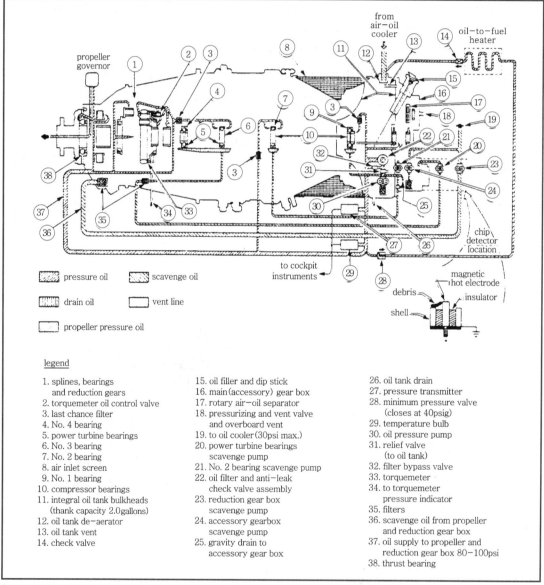

pressure oil   scavenge oil

drain oil   vent line

propeller pressure oil

legend

1. splines, bearings
   and reduction gears
2. torquemeter oil control valve
3. last chance filter
4. No. 4 bearing
5. power turbine bearings
6. No. 3 bearing
7. No. 2 bearing
8. air inlet screen
9. No. 1 bearing
10. compressor bearings
11. integral oil tank bulkheads
    (thank capacity 2.0gallons)
12. oil tank de-aerator
13. oil tank vent
14. check valve

15. oil filler and dip stick
16. main(accessory) gear box
17. rotary air-oil separator
18. pressurizing and vent valve
    and overboard vent
19. to oil cooler(30psi max.)
20. power turbine bearings
    scavenge pump
21. No. 2 bearing scavenge pump
22. oil filter and anti-leak
    check valve assembly
23. reduction gear box
    scavenge pump
24. accessory gearbox
    scavenge pump
25. gravity drain to
    accessory gear box

26. oil tank drain
27. pressure transmitter
28. minimum pressure valve
    (closes at 40psig)
29. temperature bulb
30. oil pressure pump
31. relief valve
    (to oil tank)
32. filter bypass valve
33. torquemeter
34. to torquemeter
    pressure indicator
35. filters
36. scavenge oil from propeller
    and reduction gear box
37. oil supply to propeller and
    reduction gear box 80-100psi
38. thrust bearing

[그림 6-33] Pratt & Whitney PT6 turboprop engine lubrication system(cold tank)

1 압력계통 유로(Pressure Subsystem Flow Path)

① 오일탱크 : 3~6psig의 압력으로 여압된다.
② 오일펌프 : 기어형식의 펌프로 분당 4gallon의 오일을 내보낸다.
③ 릴리프밸브 : 오일압력을 80±5psi로 유지시킨다.
④ 주연료필터 : 25~30psid의 영역에서 바이패스되도록 세팅한다.
⑤ No.1 베어링과 보기류 기어박스
⑥ 2, 3, 4번 베어링과 프로펠러 기어박스 : 오일압력과 온도는 이 라인에서 취한다.
⑦ 연료가열기 : 체크밸브는 40psid에서 닫힌다. 엔진이 비행 도중 꺼지게(shut down)되면 엔진이 풍차운동(windmiling)하더라도 연료는 차단된다.

2 소기계통 유로(Scavenge Subsystem Flow Path)

① No.1 베어링 섬프 : 보기류 기어박스로 직접 드레인된다.
② No.2 베어링 섬프 : 보기류 기어박스로 No.2 소기펌프에 의해 펌프된다.
③ No.3, 4 베어링 섬프 : 자유터빈(free power turbine) 소기펌프에 의해 보기류 기어박스로 펌프된다.
④ 프로펠러축 영역 : 오일냉각기를 통해 감속기어용 소기펌프에 의해 공급탱크로 펌프된다.
⑤ 보기류 기어박스 : 보기류 기어박스 소기펌프에 의해 공기-오일 냉각기로 펌프된다. "Cold-tank"계통의 오일냉각기는 소기계통에 위치한다.

3 벤트계통 유로(Vent Subsytem Flow Path)

① 프로펠러 기어박스 베어링 섬프 2, 3, 4 : 소기계통을 지나 주보기류 케이스와 오일탱크로 벤트된다.
② No.1 베어링 섬프 : 보기류 기어박스 케이스로 벤트된다.
③ 오일탱크 : 보기류 기어박스 케이스로 벤트된다.
④ 보기류 케이스-회전식 공기 : 오일분리기에 의해 대기로 벤트된다.

Section 10 ─ 대형 엔진 윤활계통(JT8D 터보팬 윤활계통)

JT8D는 건식섬프 고온탱크 윤활계통(dry sump hot tank lubricating system)을 가지고 있다. 오일탱크의 용적은 6.3gallon이고 이 중 4.6gallon이 오일을 저장하는 영역이며 27%의 용적은 팽창공간이 된다. 이 계통은 하나의 기어형식 압력펌프와 하나의 이중기어형식 소기펌프, 그리고 세 개의 단일기어 소기펌프를 갖는다.

JT8D의 윤활계통은 연료-오일 냉각기 내에 온도조절용 바이패스밸브(thermostatic bypass valve)를 사용하지 않지만 코어가 막힌(core clogging) 상태 혹은 추운 날씨 시동의 경우와 같이 오일의 점도가 높아졌을 때에 압력바이패스밸브를 이용오일이 냉각기를 거치지 않고 바이패스할 수 있게 해준다.

JT8D의 경우에는 시동시 베어링에 더 많은 오일이 흐를 수 있도록 해주는 온도조절바이패스(thermostic bypass)를 필요로 하지 않지만 몇몇 다른 엔진은 이를 필요로 한다.

오일압력은 특별한 압력조절용 릴리프밸브에 의해서 연료-오일 냉각기에서 40~55psi를 유지하도록 조절되어야 하며 이는 시동이나 난기(warm up)시에도 충분한 윤활이 가능하도록 해준다.

조절밸브장치는 그림 6-34의 B 부분에 보여지고 있으며 센싱오일라인(sensing oil line)은 냉각기 출구쪽에서 조절밸브 뒤쪽으로 향하는 것을 볼 수 있다.

윤활계통의 압력은 오일이 정상적으로 흐르는 경우에 혹은 주필터 오일냉각기를 바이패스하는 경우에 항상 일정하게 유지된다. 이는 조절밸브의 압력센싱이 오일냉각기 하류에서 이루어지기 때문이다.

한 예로, 오일압력이 높은 오일의 점도나 어떤 이유에 의해서 흐름이 막혀 저하될 경우에 압력감지라인은 조절밸브로 신호를 보내 바이패스되어 오일펌프의 공급쪽으로 되돌아가는 오일의 양을 줄이고 더 많은 오일을 계통에 공급하도록 한다.

이 계통의 오일압력은 오일냉각기 상류압력이 하류압력에 비해 상당히 높다. 주필터로 들어오는 압력이 출구 압력에 비해 70psig 정도 높게 되면 바이패스가 발생하게 된다. 마찬가지로 연료-오일 냉각기 입구 압력이 출구 압력에 비해 75psig 정도 더 높으면 역시 바이패스가 발생한다.

1 압력계통 유로

① **오일탱크** : 5psi의 압력으로 가압된다.

② **주오일펌프** : 기어형식이고 이륙시 분당 35gallon의 용량을 갖는다.

③ **주오일여과기** : 바이패스시 70psid 정도의 압력을 갖는다. 최대 150시간 사용 후 점검한다.

④ **조절용 릴리프밸브** : 냉각기 하류의 압력을 40~55psig 정도로 유지시킨다.

⑤ **연료로 냉각되는 오일냉각기(fuel cooled oil cooler)** : 바이패스시 75psid 정도의 압력을 갖는다.

⑥ **트랜스미터(transmitter)로 연결되는 압력**은 오일압력으로 40~55psig 정도가 된다.

⑦ **트랜스미터로 연결되는 오일의 온도**는 최대 130℃ 정도

⑧ **오일저압경고등** : 엔진 시동시 28% 정도의 N_2 속도에서 35psig 이하일 때 켜진다.

⑨ No.1 라스트찬스필터, 오일제트, 베어링

⑩ No.2, No.3 라스트찬스필터, 오일제트, 베어링, 동력축 베어링(power shaft bearing)

⑪ No.4, No.5 라스트찬스필터, 오일제트, 베어링

⑫ No.6 라스트찬스필터, 오일제트, 베어링

⑬ No.4-1/2 오일제트와 베어링

2 소기계통 유로

① No.1 베어링 섬프 : No.1 베어링 섬프에 위치한 기어펌프에 대해 소기되어 외부라인을 통해 직접 주보기 기어박스 섬프로 들어간다.

② No.2와 No.3 베어링 섬프 : 기어박스의 구동축 하우징을 통해 보기 기어박스 섬프로 드레인된다.

③ No.4와 No.4-1/2 베어링 섬프 : 섬프 내에 설치된 이중기어펌프에 의해 보기 기어박스의 소기펌프 회수라인에 접속되어 있는 외부라인을 통해 배출된다.

④ No.5 베어링 섬프 : 섬프 내의 이중기어펌프의 두 번째 부분에 의해 소기되어 No.4, No.4-1/2 베어링에 오일을 공급하는 외부라인을 통해 보기 기어박스로 운반된다.

⑤ No.6 베어링 섬프 : 섬프 내에 기어펌프에 의해 소기되어 저압터빈축 내에 위치한 벤트 및 소기용 튜브를 통과한다. No.6 소기오일은 No.5 소기오일과 섞이면서 외부라인에 의해 보기 기어박스로 되돌아온다.

⑥ 보기 기어박스 섬프 : 섬프 내에 위치한 펌프에 의해 소기된다. 오일은 내부통로를 거쳐 오일탱크 "De-aerator"로 회수된다.

3 벤트계통 흐름순서(Vent Subsystem Sequence of Flow)

① No.1 베어링 섬프 : 외부라인을 통해 보기 기어박스로 벤트된다.

② No.2와 No.3 베어링 섬프 : 기어박스 구동축 하우징을 통해 보기 기어박스로 벤트된다.

③ No.4, No.4-1/2, No.5 베어링 섬프 : 외부라인을 통해 보기 기어박스로 벤트된다.

④ No.6 베어링 섬프 : 저압터빈축 내부의 벤트-소기 혼합튜브를 통해 벤트된다.

⑤ 오일탱크 팽창공간(oil tank extension space) : 오일탱크에 연결된 내부통로를 거쳐 보기 기어박스로 벤트된다.

⑥ 보기 기어박스-회전식 공기 : 오일분리기와 여압, 벤트밸브에 의해 대기로 벤트된다.

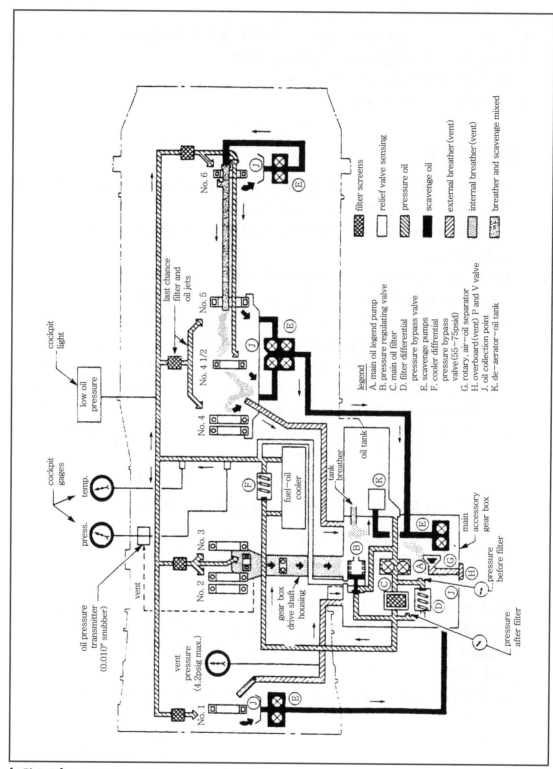

[그림 6-34] JT8D turbofan lubrication system(hot tank)

Section 11 ── 고온탱크와 저온탱크계통(Hot Tank vs. Cold Tank Systems)

모든 엔진은 앞서 제시한 바 있는 세 가지 형태의 윤활계통에서처럼 고온식이나 저온식의 오일저장탱크를 갖게 되는데 어떤 것을 선택하느냐 하는 것은 필요에 의해서이거나 제작자의 의지에 의해서이다.

"고온탱크계통"으로 분류되는 것은 오일냉각기가 압력계통에 위치하는 경우이다. 이러한 형태의 장점으로는 윤활계통의 압력부(pressure side)에서 오일흐름에 딸려들어오는 공기 (entrained air)의 양이 적어서 최대열교환이 발생하는 것이다. 이는 작은 냉각계통의 사용이 가능하므로 무게를 절감할 수 있게 된다.

"저온탱크계통"에서는 오일냉각기가 소기계통에 위치하는데 이 경우에는 오일공급탱크에 되돌아오는 오일이 냉각된 상태로 돌아온다는 장점이 있다. 그러나 엔진 내부의 회전부품의 작용으로 인해 오일은 공기를 갖게 되고 열교환능력이 떨어진다. 이는 오일냉각기의 크기가 커져야 할 필요가 생긴다.

또한 일부 엔진에서는 다른 엔진에 비해 높은 오일온도를 갖는 수가 있는데 이러한 오일탱크 내의 고온현상은 오일의 수명을 단축시키게 되며 이로 인해 고온의 오일을 장시간 보관하기 위해서는 더 큰 오일탱크 용적이 요구된다. 이럴 경우에는 저온탱크방식의 사용이 훨씬 유리하다.

Section 12 ── 고장탐구절차(Troubleshooting Procedure)

[그림 6-35] Typical troubleshooting pressure readout gage set

다음에 나올 내용은 윤활계통에서 발생할 가능성이 있는 문제점들과 점검순서 그리고 수리요령을 독자들이 고장이라 여기는 사항에 맞게 알려주고 있다. 그러나 이들 정보들을 엔진 제작자가 제공하는 고장수리공정들보다 우선할 수는 없다.

그림 6-35는 수리에 필요한 정보를 얻는 데 사용되는 압력계기세트를 보여주고 있다.

기술자라면 아주 흔하게 발생하는 고장에서 일어날 가능성이 매우 적은 고장까지 모든 고장을 수용할 수 있어야 한다. 그러나 회사를 만족시키려면 고장탐구자는 일어날 수 있는 모든 가능성을 검토해야 하며 고장의 원인이 되는 부품은 즉시 교체해 주어야 한다.

▌ Troubleshooting Oil Systems ▌

Note : Chapter V of this text also details general troubleshooting procedures.

Problem/Possible Cause	Check Procedure	Remedy
1. No engine oil pressure(no oil leaks)		
a. Low oil level	Check oil level	Add oil
b. Circuit breaker	Check for location if installed	Reset if tripped. Check circuit wiring
c. Defective indicator	1. Check power input and/or interchange gauge from another engine 2. Slave in another indicator or bench check	Repair circuit or replace indicator
d. Defective transmitter	1. Check power input 2. Slave in another transmitter or bench check	Repair circuit or replace transmitter
e. Obstruction in oil tank	Remove line at pump iniet and check flow rate	Remove obstruction or replace tank
f. Defective oil pump	1. Motor engine with outlet line removed and check flow rate 2. Check for leaks between elements or for sheared drive shaft	Replace pump
2. Low oil pressure(no oil leaks)		
a. Same as 1a, 1c, 1d, 1e, 1f	Check as necessary	
b. Improper regulating relief valve setting	1. Check security of valve and install gauges 2. Check for high vent pressure affecting cockpit gauge reading	Reset or replace as necessary
c. High vent pressure from P & V valve outlet	Instrument the vent system. Also see oil pressure indicating system Chapter XII	Possible engine teardown for bearing seal replacement
3. High oil pressure		
a. Same as item 1c, 1d, 2b	Check as necessary	
b. Oil bypass line obstructed	Check line, relief valve to oil supply	Repair or replace
4. Fluctuating oil pressure		
a. Loose electrical connection	Check circuit	Tighten as necessary
b. Defective indicator	Same as 1c	
c. Detective relief valve	Check for sticking components	Clean or replace

Problem/Possible Cause	Check Procedure	Remedy
d. Defective transmitter	Bench check or slave in new transmitter	Repair or replace
e. Low oil level	Check oil level in tank	Servicing as necessary
5. Excessive oil consumption		
a. External oil leaks	Visually check entire engine	Tighten lines, replace gaskets
b. Gas patn oil leaks	Check inlet and exhaust, refer to manual for limits	Possible teardown
c. Overboard vent discharging oil	Check for high vent subsystem Pressure from possible damaged carbon or labyrinth oil seal	Possible teardown
d. Damaged main bearing oil seal	Check overboard vent for oil discharge Check vent pressure	Usually requires engine teardown
e. Overboard accessory seal drains discharging excessive oil	Check drainage quantity against allowable limits	Isolate the leaking accessories drive and replace gearbox seal
f. Pressurizing and Vent valve sticking open at altitude	Check for evidence of oil at cowling vent opening to atmosphere.	Bench check P & L valve
6. Increasing oil quantity		
a. Over servicing	Check servicing procedure, service only during prescribed period after engine shutdown.	Remove excess oil and run engine to dry out
b. Inoperative scavenge pump(s) anti-static-leak valve	Check valve for contamination or worn check valve seals	Clean or replace seals, run engine check for reappearance of oil leak
7. Oil tank rupture		
a. Oil tank pressurization check valve	Check for valve sticking closed	Clean or replace
8. Oil pressure indication follows power lever movement		
a. Regulating relief valve	Check for sticking valve mechanism	Clean or replace
b. Cold start relief valve	Normal condition	None
9. Oil temperature high		
a. Vent subsystem coking (carbon build-up)	Check vent pressure (overheated scavenge oil)	Clean or possible engine teardown
b. Oil cooler thermostat	Check for sticking open by performing a pressure drop check	Replace thermostat
c. Main bearing overheating	Flow check for clogged last chance oil filter or oil jet	Possible engine teardown
10. Oil filter screen collapsed−yet clean		
Filter bypass valve	Check for sticking(closed during cold weather starts)	Clean or change
11. Oil smoke from exhaust		
Clogged vent or scavenge line	Flow check for carbon blockage	Possible engine teardown

연습문제

1. 오일이 가열되면 오일의 점성이 높아지는데 이때 어떤 특성이 바뀌는가? 이는 영향이 아주 큰 변화인가 아니면 영향이 작은 변화인가?

   답 약간의 점도변화

2. 합성윤활유는 석유계 오일에 비해 인화점(flash point)이 더 높은가 아니면 더 낮은가?

   답 더 높다.

3. 오일필터 입구 부근에 FAR이 요구하는 두 가지 표식은 무엇인가?

   답 "Oil"이라는 단어와 탱크 용량

4. 왕복식 엔진에 비해 터빈엔진에서 연료로 희석된 오일이 사용되지 않는 이유는 무엇인가?

   답 터빈오일은 본래 낮은 유동점을 갖기 때문이다.

5. 오일탱크 압력을 조절하는 기구는 무엇인가?

   답 여압체크밸브(pressurization check valve)

6. 주오일압력펌프와 연계되는 릴리프밸브는 어디에 위치하는가?

   답 펌프와 내부계통(internal system) 사이에 위치한다.

7. 소기계통의 용적이 압력계통보다 큰 이유는 무엇인가?

   답 오일 내로 유입되는 공기로 인해 오일의 부피가 커지기 때문이다.

8. 오일냉각기의 기본적인 두 가지 형식은 무엇인가?

   답 연료냉각형식, 공기냉각형식

9. 고온탱크 오일계통(hot tank oil system)에 사용되는 세 가지 윤활계통은 무엇인가?

   답 압력계통, 소기계통, 벤트계통

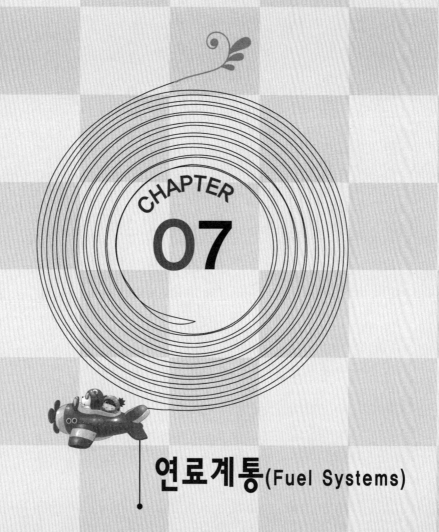

CHAPTER

07

연료계통(Fuel Systems)

항·공·기·가·스·터·빈·엔·진

연료계통
(Fuel Systems)

Section 01 ― 연료계통의 원리

연료계통은 지상과 공중작동의 모든 조건에서 엔진에 정확한 양의 연료를 공급하는 역할을 수행한다. 계통은 증기폐색과 같은 위험한 작동특성이 없어야 한다. 이것은 기체보다 액체를 다루는 부분에서 연료흐름을 방해하는 조건이다.

더 나아가서 어떤 작동조건에 요구되는 추력을 얻기 위해서는 내려지는 지시에 출력의 증가와 감소가 가능해야 한다. 가스터빈에서 이것은 연소실로 들어가는 연료를 공급하는 연료조절기라고 부르는 장치에 의해 수행된다.

조종사는 수동으로 파워레버에 의해 연료흐름조건을 선택하는데 이것은 차례로 연료조절 자동계통이 대기조건과 엔진의 질유량조건에 따라 연료의 흐름을 계획하도록 한다. 이들 자동장치들은 농후 또는 희박 불꽃정지, 과도한 온도 또는 과속상태로 되는 것을 막는다.

희박정지(lean die-out)는 공기-연료 혼합에서 연소가 더 이상 지속되지 못할 때까지 연료가 적어짐으로써 일어나고 농후정지(rich blow out)는 공기유량이 적은 조건에서 연료흐름의 힘이 연료배분노즐의 매우 가까이에서 정상연소과정을 방해할 때 일어난다. 이 순간적인 불안정은 화염이 노즐로부터 꺼지게 할 수 있다. 이 시점에서 연소는 중단되고 재시동절차가 요구된다.

일반적으로 탄화수소계 연료의 연소를 유지하는 데 필요한 최고연소속도는 마하 0.4 이하이어야 한다고 알려져 있다.

1 가스터빈연료

제트연료는 케로신(kerosene)과 유사한 액체 탄화수소로, 가솔린과 약간 섞인다. 탄화수소 연료는 석탄과 천연가스, 원유에서 나오는 수소와 탄소의 화합물이며 연소흐름률과 온도가 산소와 쉽게 섞이도록 되어있다. 가솔린을 섞음으로써 고 고도에서 너무 높은 점성을 갖지 못하게 한다. 너무 높은 점성은 고 고도에서 항공기의 성능에 좋지 않은 영향을 미치기 때문이다.

가스터빈엔진에서 연소에 의해 생성되는 산화물들은 대부분 가스이다. 이것은 제트연료의 또 다른 특징으로서 연소 후 대부분 가스상태이므로 최소의 고체입자형태를 유지한다. 이 고체입자는 터빈노즐 베인과 터빈 블레이드와 충돌하여 침식을 일으킨다.

제트연료는 왕복엔진연료처럼 색표식(color code)되지 않고 자연적인 밀짚 색깔을 갖는다. 다음의 제트연료들은 상업용과 소형 항공기에서 가장 많이 쓰이는 것들이다.

① 터보연료 A : 보통 Jet-A 혹은 민간항공용 케로신이라 부른다. 이것은 가솔린이 전혀 포함되어 있지 않으며 주로 상업용과 소형 항공기에서 많이 쓰이고 군용으로는 쓰이지 않는다.

② 터보연료 A-1 : 일반적으로 Jet A-1이라 부른다. Jet A보다 빙점이 더 낮은 저온연료로써 고안되었으며 대부분의 국제노선에서 사용된다.

Specifications	Turbo Fuel A-1	Turbo Fuel A	Specifications	Turbo Fuel B	Turbo Fuel 5
Unitcd States	MIL-T-83133 *	–	United Stated	MIL-T-5624 *	MIL-T-5624 *
Great Britain	DERD 2494/2453 *	–	Great Britain	DERD	DERD
Canada	CAN 2-3.23-M80	–	–	2486/2454	2498/2452 *
France	AIR 3405 *	–	Canada	CAN	3-GP-24M
Pratt & Whitney Aircraft	522	522	–	2-3.22-M80	–
Allison Div. of GM	EMS-64	EMS-64	France	AIR 3407 *	AIR 3404 *
ASTM D 1655	Jet A-1	Jet A	Pratt & Whitney Aircraft	522	–
IATA Guidance Material	Kerosene *	–	ASTM	D 1655	Jet B
NATO Symbol Properties	F-34 */F35	JP-8	NATO Symbol Properties	F-40 *	43/F-44 *
Aromatics, % volume	18	18	Aromatics, % volume	11.0	18.0
Mercaptan sulfur, % weight	0.0003	0.0003	Olefins, % volume	1.0	0.6
Sulfur, % total weight	0.05	0.05	Mercaptan sulfur, % weight	0.0005	0.0004
Initial boiling point, °F(°C)	325(163)	325(163)	Sulfur, % total weight	0.04	0.02
10% evaporated, °F(°C)	355(179)	364(184)	Initial boiling point, °F(°C)	162(72)	338(170)
20% evaporated, °F(°C)	364(184)	372(189)	10% evaporated, °F(°C)	255(125)	381(194)
50% evaporated, °F(°C)	379(203)	411(210)	20% evaporated, °F(°C)	275(135)	395(202)
90% evaporated, °F(°C)	450(232)	474(246)	50% evaporated, °F(°C)	318(159)	422(217)
Final boiling point, °F(°C)	498(259)	520(271)	90% evaporated, °F(°C)	380(193)	476(247)
Flash point, °F(°C)	108(42)	115(46)	Final boiling point, °F(°C)	455(235)	516(269)
Gravity, °API	44.0	42.0	Gravity, °API	53.8	41.0
Specific gravity @ 60°F(15.6°C)	0.806	0.816	Specific gravity @ 60°F(15.6°C)	0.764	0.820
Freezing point, °F(°C)	60(51)	48(44)	Flash point, °F(°C)	0(18)	148(64)
Viscosity @ 30°F(34.4°C), Cs	7.9	7.9	Freezing point, °F(°C)	76(60)	58(50)
Heat of combustion, Btu/lb (MJ/Kg)	18,600(43.1)	18,600(43.1)	Heat of combustion, btu/lb(MJ/Kg)	18,700(43.5)	18,500(43.1)
Existent gum, mg/100ml	0.2	0.2	Existent gum, mg/100ml	0.5	0.8
Particulatc mattcr, mg/liter	1.0	1.0	Particulate matter, mg/liter (max)	1	1
Free watcr, ppm	30	30	Free water, ppm(max)	30	30

* These specifications require special additives that normal commercial fuels may not contain. If required to meet these specification, the correct additives must be blended into the fuel.

③ 터보연료 B : 보통 Jet B라고 불리고 30% 케로신과 70% 가솔린으로 혼합되어 있으며 "Wide-cut fuel"이라고도 한다. 이 연료는 빙점과 인화점이 모두 낮으며 주로 군용에 많이 쓰이고 군용 연료 JP-4와 유사하다.

④ 터보연료 5 : 해군항공모함에 사용되는 높은 인화점의 군용 연료이며 군용 표시로는 JP-5이다.

Jet A, Jet A-1, Jet B와 같은 상업용 연료는 대부분의 가스터빈엔진에서 서로 바꿔서 사용할 수 있으며, 군용 JP-4와 JP-5도 서로 대체하여 사용할 수 있다. 항공용 옥탄가 80~145의 왕복엔진연료는 가끔 비상대체연료로 터빈엔진에 쓰인다.

터빈엔진에 사용되는 공인된 연료나 연료첨가제에 대해서 기술자들은 항공기 운용자 지침서나 형식증명서를 보아야 한다.

■2 연료 취급과 안정성

다른 화염성이나 폭발성이 있는 액체와 같이 제트연료에 대해서도 취급에 주의를 요한다. 탱크 안의 제트연료는 가솔린보다 더 위험하다. 가솔린은 보통 증기와 공기가 농후 혼합이면 점화가 일어나기 쉽지 않은 상태를 유지한다. 그러나 제트연료의 경우는 이때 점화가 일어나기 위한 최적의 혼합상태를 주로 유지한다.

항공연료를 취급하는 사람들은 연료산물(products)과 원치않는 접촉을 감소시키기 위해 다음과 같이 실제적이고 주의를 요하는 여러 가지 방법을 터득해야 한다.

① 불필요한 접촉을 피하고 접촉을 방지하는 보호장구를 사용하라.
② 어떠한 연료산물이라도 피부에 묻으면 즉시 제거하라.
③ 피부에서 오일이나 그리스를 제거하기 위해 연료나 유사한 솔벤트를 사용하지 마라.
④ 연료가 벤 옷을 절대 입지 마라. 즉시 탈의하고 재사용 전에는 청결히 하라.
⑤ 연료증기를 흡입하지 마라. 작업장소는 통풍이 잘 되도록 하라.
⑥ 엎지러진 것을 즉시 닦고 하수도나 유로, 수로 등으로 흘러들어가지 않도록 하라.
⑦ 알맞은 응급조치를 하고 구조를 위해 즉시 적절한 의료진을 찾아라.

■3 연료첨가제

가장 보편적인 연료첨가제는 방빙(anti-icing)과 미생물 억제제이다.

방빙첨가제는 매우 낮은 온도상태를 제외하고는 연료를 가열하지 않고도 물이 얼지 않게 유지한다. 제작자의 지침서에는 연료 가열을 적용해야 할 온도가 나와 있다.

미생물 억제제는 미생물, 진균류, 박테리아를 죽이며 대부분 연료공급회사에 의해 연료 내에 이 첨가제를 미리 섞는다. 만일 그렇지 않으면 항공기에 연료를 주입할 때 넣어야 한다.

가장 많이 사용되는 방빙과 미생물 억제제는 "PRIST"이다. 이것은 연료 보급시 첨가하도

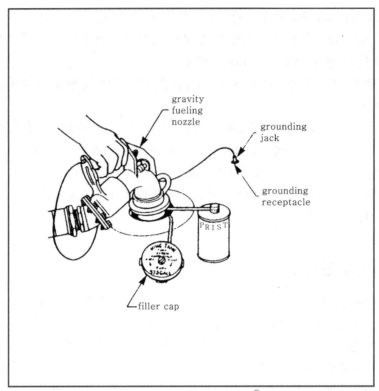

[그림 7-1] Servicing an aircraft with fuel and PRIST®

록 설계되었으며 연료의 빙점을 25°F까지 감소시켜준다. 그러나 형식과 양은 기후조건에서 연료계통의 감항성이 유지되도록 결정되어야 한다.

4 터빈연료 내의 물탐지

모든 항공연료는 약간의 용해수(dissolution water)와 자유수(free water)를 포함한다.

용해수는 공기 중의 습기와 같아서 눈으로는 볼 수 없다. 이처럼 분해된 상태로 되어 있는 한 문제가 되지 않는다.

활수(entrained water)라 불리는 자유수는 작은 물방울로서 눈으로 볼 수 있다.

많은 양의 자유수(30ppm 이상)는 엔진 성능을 저하시키거나 또는 연소정지까지도 만들 수 있다. 항공기에 연료를 주입할 때 고려해야 할 사항 중 하나는 자유수가 함께 들어가지 않도록 하는 것이다.

HYDROKIT(Exxon 등록상표)는 터빈연료 내의 분해되지 않은 물의 양을 측정할 수 있다. HYDROKIT 지시용 분말은 연료에 30ppm이나 그 이상의 분해되지 않은 물이 있을 때 선명한 분홍 또는 빨간색으로 변한다.

5 추력비 연료소모율(TSFC)

(1) 공식

TSFC는 엔진 추력에 대한 연료소모의 비이다. 이 비율은 엔진의 명세표(specification) 내에 포함되어 있으며 정격 추력에 관계없이 다른 엔진과의 작동경제성 또는 연료소모율을 비교하는 수단이 된다.

특히, 이것은 1시간의 작동시간동안 1lb의 추력을 발생시키는 데 소모되는 연료의 양이다.

$$\text{TSFC} = \frac{\text{소모된 연료의 전체무게}(W_f)}{\text{파운드 추력(net or gross)}}$$

> **● 예제**
>
> 추력 3,500lb, TSFC가 0.9lb/hr/lb$_t$인 엔진이 있다. 1시간에 소모되는 연료의 양은 몇 파운드인가?
>
> [풀이] $\text{TSFC} = \dfrac{W_f}{F_n \text{ or } F_g}$
>
> $W_f = \text{TSFC} \times (F_n \text{ or } F_g)$
>
> $\quad = 3{,}500\text{lb}_f \times 0.49\text{lb/hr} \div 1\text{lb}_t$
>
> $\quad = 3{,}500\text{lb}_t \times \dfrac{49\text{lb}}{\text{hr}} \times \dfrac{1}{\text{lb}_t}$
>
> $\quad = 1{,}715\text{lb/hr}$
>
> 여기서, W_f : 연료흐름(pph)
>
> $\qquad\quad F_n(\text{or } F_g)$: 추력(lb)
>
> $\qquad\quad \text{TSFC} = 0.49\text{lb/hr/lb}_t$

초기 터보제트모델인 Weatinghouse J-34와 현대 터보팬인 Garrett TFE-731의 비교는 엔진연료효율의 최근 경향을 잘 나타낸다.

Engine	Thrust(lb) F_g	TSFC	W_f(pph)
J-34	3,250	1.06	3,445
TFE-731	3,500	0.49	1,715

앞의 표에서 TFE-731 터보팬엔진이 J-34 터보팬엔진에 비해 연료소모면에서 2배 이상 효율적이라는 것을 알 수 있다.

(2) 터보팬과 TSFC

터보제트에 비해 터보팬의 효율이 좋은 이유 중 하나는 전술한 바 있는 고온배기에서 운동에너지 손실면으로 말할 수 있다.

터보팬의 TSFC 장점에 대한 또 다른 이유는 더 많은 출력이 요구된다면 더 많은 연료유량이 요구된다는 사실에 기인하게 된다. 터보팬엔진에서 터빈휠(wheel)은 더 큰 팬을 구동시키기 위해 더 많은 에너지를 흡수하고 엔진이 더 많은 추력을 내도록 설계되어 있다. 이런 식으로 추력을 증가시키는 데는 고온의 배기가스가 필요 없게 된다.

터보팬엔진에서 추진효율은 상대적으로 변하지 않고 그대로지만 터보제트에서는 배기속도의 증가가 추진효력을 떨어뜨리는 원인이 된다.

가스터빈엔진 산업이 TSFC면에서 목표로 하는 것은 압축기와 터빈에서 새로운 재료와 설계방법을 개선함으로써 10%의 연료소모를 줄이는 것이다. 더 높은 터빈 입구온도와 압축비의 조합에 의해 심지어 25%의 감소를 달성하도록 하고 있다. 이 전체적인 향상은 고온을 견디는 높은 압축비와 실속의 한계를 극복하는 새로운 설계법에서 나올 것이다.

TSFC가 사용되는 또 다른 방법은 GE, CF-6 고바이패스 터보팬엔진(맥도널더글라스 DC-10기에 사용됨)의 다음과 같은 통계에서 찾아볼 수 있다.[그림 7-2 참조]

‖ Ground Performance : Mach Number-Zero, ISD Temperature ‖

	Gross Thrust	TSFC	Fuel Flow
Thrust Setting	lb	$lb/hr/lb_t$	lb/hr
Takeoff(S.L.)	50,200	0.394	19,779
Max. Continuous	46,200	0.385	17,787
75% Takeoff	37,600	0.371	13,579
Flight Idle	5,190	0.450	2,320
Ground Idle	1,740	0.850	1,490

‖ Altitude Performance : Mach 0.85, ISD Temperature(STD temp.) ‖

	Net Thrust	TSFC	Fuel Flow
Thrust Setting	lb_t	$lb/hr/lb_t$	lb/hr
Max Climb	11,500	0.664	7,636
Max Cruise	10,800	0.664	7,063

예제

1. 위의 자료를 이용하여 최대연속 연료소모를 시간당 파운드의 단위로 계산하라.

[풀이] $\text{TSFC} = W_f \div F_g$

$W_f = \text{TSFC} \times F_g$

$= \dfrac{0.385\,\text{lb/hr}}{\text{lb}_t} \times 46,200\,\text{lb}_t$

$= 17,787\,\text{lb/hr}$

2. 최대순항에서 P.P.H로 연료소모를 계산하라.

[풀이] $W_f = \text{TSFC} \times F_n$

$= 0.654 \times 10,800$

$= 7,063\,\text{lb/hr}$

만일 지상에서의 최대연속추력과 비행 중의 최대순항출력을 고려할 때 비행 중의 TSFC가 높더라도 실제 연료소모는 지상에서의 40% 정도이다. 이것은 비행 중 가스터빈엔진의 연료 경제성을 보여주는 것이다.

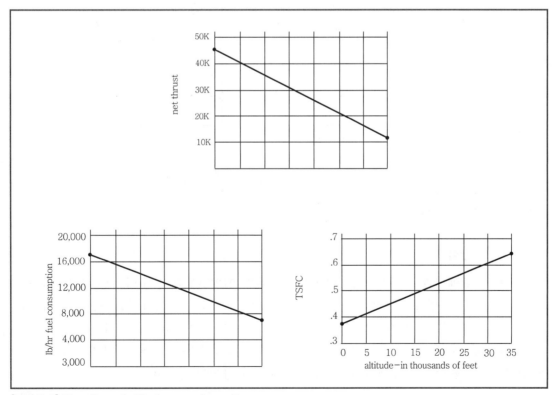

[그림 7-2] The effect of altitude on engine performance

(3) 비행 중의 TSFC

비행 중의 TSFC가 지상작동상태보다 높은 이유는 속도가 빨라짐에 따라 생기는 항력 때문으로 추력을 유지하는 데 더 많은 연료를 필요로 하기 때문이다.

그림 7-3A에서 보는 바와 같이 추력은 비행속도가 증가함에 따라서 일정하다. 그러므로 TSFC의 공식(TSFC $= W_f \div F_n$)에 의하면 주어진 추력을 위해 연료유량이 증가함에 따라 TSFC의 값은 증가하게 된다. 비행속도와 고도가 증가할 때 역시 TSFC는 해면고도출력맞춤(setting)을 위해 증가하게 된다.

그림 7-3B를 보면서 다음을 생각해 보자.

① W_f는 고도가 증가할 때 해면고도값의 약 40% 정도로 감소함 : ⓐ

② 비행추력(F_n)은 해면고도값의 약 20% 정도로 떨어짐 : ⓑ

③ TSFC는 TSFC 공식을 적용하면 추력보다 연료유량이 높은 결과로 인해 증가함 : ⓒ

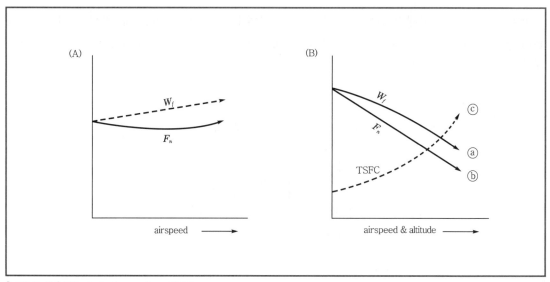

[그림 7-3A] Effect of airspeed on TSFC
[그림 7-3B] Effect of airspeed and altitude on TSFC

(4) TSFC 관찰

크기가 큰 팬엔진과 크기가 작은 팬엔진 사이에서 TSFC에 대한 흥미로운 관찰거리가 있다. TFE-731은 사업용 제트기의 엔진으로서 해면고도 TSFC는 0.5lb/hr/lb$_t$이다. CF-6은 고바이패스비를 갖는 상업용 엔진으로서 해면고도 TSFC가 0.38lb/hr/lb$_t$이다.

크기가 작은 엔진이 추력비 연료소모율면에서 더 불리하다는 것을 알게 되었다. 그러나 소형 엔진은 고도순항시 작동에서 실제적으로 TSFC의 향상을 얻는다.

크기가 큰 엔진은 해면고도(SL)에서 더욱 효율적이다. 왜냐하면 크기가 큰 팬을 가지므로 고정피치 프로펠러에서처럼 고도순항시 효율을 잃게 된다. 해면고도에서의 적절한 받음각은 고도가 올라감으로써 사라진다. 그러므로 연료유량을 증가시켜 보상해 주어야 한다. 이처럼 TSFC는 다음과 같이 저바이패스를 가지는 소형 엔진에서보다 고도순항시 고바이패스비를 갖는 엔진에서 더 증가하게 된다.

① CF-6, TSFC는 해면고도 최대연속추력에서 0.38부터 고도 최대순항시 0.654까지 증가한다. (TSFC 변화=72%)

② TFE-731, TSFC는 해면고도 최대연속추력시 0.51부터 고도 최대순항시 0.80까지 증가한다. (TSFC 변화=56%)

고바이패스 팬엔진은 0.8TSFC에서 저바이패스엔진 작동시보다 0.654TSFC로 여전히 효율적이다. 그러나 해면고도에서와 같은 정도는 아니다.

(5) 추력비 연료소모율 대 추력마력비 연료소모율

아음속비행용 엔진과 초음속비행용 엔진의 비교 또한 흥미롭다. 예를 들어 콩코드는 순항시 TSFC가 1.2이다. 이것은 DC-10 엔진이 순항시 0.654인 것에 비해 다소 높아 보인다. 그러나 실제로 추력마력당 콩코드에 의해 소모되는 연료는 낮은 것이다.

"$SFC(F_n) = W_f/F_n$"의 식으로 구성되는 추력과 연료유량을 비교하는 대신에 "$SFC(THP) = W_f/THP$"의 식으로써 구성되는 연료유량과 THP를 비교할 수 있다.

엔진당 10,800lb의 순항추력인 DC-10기에서는 다음과 같다.

$$(THP) = \frac{10,800 \times 600\text{mph}}{375} = 17,280$$

$$SFC(순항) = W_f \div F_n$$

$$0.654 = W_f \div 10,800$$

$$W_f = 7,063\text{lb/hr(fuel flow)}$$

$$DC-10\,SFC(THP) = \frac{7,063}{17,280} = 0.41$$

엔진당 10,500lb$_t$의 순항추력을 가진 전형적인 콩코드기에서는 다음과 같다.

$$(THP) = \frac{10,500 \times 12,250\text{mph}}{375} = 35,000$$

$$TSFC(순항) = W_f \div F_n$$

$$1.2 = W_f \div 10,500$$

$$W_f = 12,600\text{lb/hr(fuel flow)}$$

$$Concorde\,SFC(THP) = \frac{12,600}{35,000} = 0.36$$

Section 02 — 연료조절(Fuel Controls)

1 주연료 미터링장치(Main Fuel Metering Device)

연료조절장치는 엔진구동 보기류의 하나로 기계적, 유압적, 전기적, 공압적 힘들의 다양하고 복합된 형태로 작용한다.

연료조절의 목적은 연소지역에서 정확한 공기-연료 혼합비 15 : 1(중량비)을 유지하는 것이다. 이 비율은 연소실 1차 공기의 무게와 연료무게와의 비이다. 간혹 이것을 연료-공기비 0.067 : 1로 표현하기도 한다.

모든 연료는 완전연소하기 위해서 일정량의 공기가 필요하다. 그러나 농후하거나 희박한 혼합비일 때는 완전연소가 안 된다. 공기와 제트연료의 이상적인 비율은 15 : 1이고 이를 Stoichiometric(화학적으로 알맞은 상태) 혼합비라 부른다.

흔히 60 : 1로 표현되는 공기-연료비를 볼 수 있는데 이 경우에는 공기-연료비를 1차 공기보다 전체 공기흐름으로 표현한 경우이다. 만일 1차 공기흐름이 전체 공기흐름의 약 25%라면 15 : 1은 60 : 1의 25%이다.

가스터빈엔진은 가속시 약 10 : 1, 감속시 약 22 : 1의 농후하거나 희박한 혼합을 한다. 만일 엔진이 연소지역에서 전체공기흐름의 25%를 사용한다면 전체공기흐름으로 표현하면 혼합비는 가속시 48 : 1, 감속시 80 : 1이 될 것이다.

조종사가 연료조절 파워레버를 앞으로 밀면 연료흐름은 증가한다. 이 연료흐름의 증가는 연소실 내의 가스팽창을 증가시켜 엔진 출력을 크게 한다. 이것은 터보제트나 터보팬엔진에 대해서 추력의 증가를, 터보프롭이나 터보축엔진에 대해서는 출력구동축의 힘의 증가를 의미한다. 이것은 증가하는 블레이드 각과 부하에서 안정된 속도나 일정한 프로펠러 부하에서 속도의 증가를 의미한다.

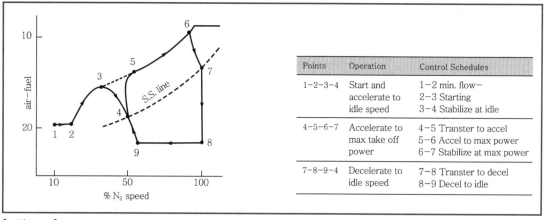

Points	Operation	Control Schedules
1-2-3-4	Start and accelerate to idle speed	1-2 min. flow- 2-3 Starting 3-4 Stabilize at idle
4-5-6-7	Accelerate to max take off power	4-5 Transter to accel 5-6 Accel to max power 6-7 Stabilize at max power
7-8-9-4	Decelerate to idle speed	7-8 Transter to decel 8-9 Decel to idle

[그림 7-4A] Fuel-air operational diagram

그림 7-4A는 대표적인 가스터빈엔진의 공기-연료 혼합범위를 보여준다. 공기-연료는 혼합비를 나타내고 %N$_2$ 속도는 엔진의 속도를 나타낸다.

저속(idle)의 안정된 상태에서 혼합비의 공기 부분은 약 20이고 90~100% N$_2$ 범위에서는 15가 된다.

엔진이 오래될수록 15 : 1인 공기-연료비는 변하는데 그 이유는 오랜 엔진작동시간으로 인해 압축이 줄어들기 때문이다. 그러나 엔진은 정격 압축기 압력비(C_r)가 효율적인 상태로 남아있고 실속이 없는 상태로 있어야 한다.

엔진의 손상, 오염, 노화로 인해 C_r이 감소하기 시작하면 파워레버를 움직여 연료흐름과 압축기 속도로써 C_r을 정상상태로 회복시켜 줄 것을 요구한다. 따라서 일정한 C_r을 위해 더 농후한 혼합을 해야 한다. 후에 정비사는 이런 경우 압축기와 터빈을 세척, 수리 혹은 교환해야 한다.

단일압축기 엔진의 연료조절기는 보기류 기어박스에 의해 직접 구동되고 압축기와는 간접적으로 구동된다. 2중, 그리고 3중 스풀엔진에서 연료조절기는 고압압축기에 의해 구동된다.

공기-연료비를 자동제어하기 위한 많은 신호가 연료조절기로 들어간다. 이들 중 가장 보편적인 신호는 다음과 같다.

① 엔진속도신호(N_c) : 엔진 보기류 기어박스에 의해 직접 구동되는 연료조절기에 보내지는데 이 연료조절기 내부의 플라이웨이트 조속기(flyweight governor)를 통해 전달된다. 이 신호는 안정된 상태의 연료스케줄과 가속/감속 연료조절에 사용된다(대부분 가스터빈엔진의 가속은 아이들에서 최대출력까지 약 5~10초 걸린다).

② 흡입구 압력(P_{t2}) : 엔진 흡입구에서 탐침구(probe)에 의해 전압력신호가 연료조절기의 벨로(bellow)로 전달된다. 이 신호는 항공기 속도와 고도를 탐지하여 흡입구 램(ram)상태변화를 전달한다.

③ 압축기 방출압력(P_{s4}) : 공기의 정압신호는 연료조절기 내부의 벨로로 보내져 그 순간의 엔진 공기질유량을 연료조절기에 전달해 준다.

④ 연소실 압력(P_b) : 연소실 라이너 내의 정압신호가 연료조절기로 보내진다. 엔진에서 연소실 압력과 공기흐름의 중량 사이에는 선형인 관계가 있다. 만일 연소실 압력이 10% 증가하면 공기질유량도 10% 증가되어 벨로는 10% 더 많은 연료를 보내서 정확한 공기-연료비를 유지시킨다. 이 신호에 즉각적으로 반응해서 실속, 연소정지와 과열상태를 막을 수 있다.

⑤ 입구 온도(T_{t2}) : 전온도 신호는 엔진 흡입구에서 연료조절기로 보내지고 연료조절기에 모세관 튜브로 온도감지장치를 연결시켰다. 이 튜브에는 열에 예민한 액체나 가스로 채워져 있어 흡입구의 온도에 따라 팽창 혹은 수축한다. 이 신호는 연료조절기가 설장한 연료스케줄에 맞는 공기흐름 밀도수치를 제공한다.

▇2 연료조절기 개략도(Hydro-Mechanical Unit)

그림 7-4B는 가스터빈 연료조절기를 간략화한 개략도이다. 이것은 다음과 같이 연료를 공급하는 기능을 한다.

(1) 연료미터링부(Fuel Metering Section)

① 엔진시동사이클 중에 차단레버(10)의 움직임은 연료가 엔진으로 들어가게 한다. 수동차단레버(10)는 최소흐름 멈춤(11)이 주미터링밸브(4)가 완전히 닫히지 못하게 하기 때문에 필요하다.

파워레버의 완전후방위치는 아이들 멈춤(idle stop)에 대한 아이들(idle) 위치이다. 이것은 파워레버가 차단레버의 기능을 하는 것을 방지한다. 또한 차단레버는 시동사이클 중에 연료조절기 내부에 정확한 작동압력 형성의 기능을 제공한다. 이것은 적절한 기간 이전에 엔진으로 들어가는 거칠게 미터된 연료를 방지해 준다는 것을 말한다.

② 공급계통으로부터의 연료는 주연료펌프(8)를 통하여 주미터링밸브(4)로 펌프된다. 밸브의 테이퍼에 의해 만들어진 오리피스를 통해 연료가 흐름에 따라 압력강하가 일어난다.

미터링밸브의 지점으로부터 연료노즐까지의 연료를 미터된 연료(metered fuel)라고 일컫는다. 이 경우 연료는 체적보다는 중량에 의해 미터링된다. 왜냐하면 파운드당 영국 열단위는 연료온도에 관계없이 일정하지만 단위체적당으로는 그렇지 못하기 때문이다. 이제 연료는 정확히 미터링된 조건으로 연소실로 흐르게 된다.

③ 중량에 의한 연료미터링에 관계되는 원리는 다음과 같이 수학적으로 표현된다.

$$W_f = KA\sqrt{\Delta P}$$

여기서, W_f : 연료흐름의 중량(lb/hr)
　　　　K : 특정 연료조절기에 대한 상수
　　　　A : 주미터링밸브의 오리피스 면적
　　　　ΔP : 오리피스에서의 압력차이

만일 한 가지의 엔진작동상태만 필요하다면 단지 하나의 연료미터링 오리피스 크기가 필요할 것이다. 그리고 압력강하가 항상 같은 값이기 때문에 위 공식에서 변수는 존재하지 않게 된다. 그러나 항공기 엔진은 분명 파워세팅을 변경시켜야 한다. 이것은 파워레버를 움직임으로써 얻어진다. 파워레버를 앞으로 전진시키면 (4)에서 오리피스 면적은 충분히 증가할 것이다. 이 작동은 수학적인 변수를 생성시킨다.

만약 차압조절밸브(9)가 없다면 미터링 오리피스에서의 차압은 다른 변수를 생성시키는 변화를 한다.

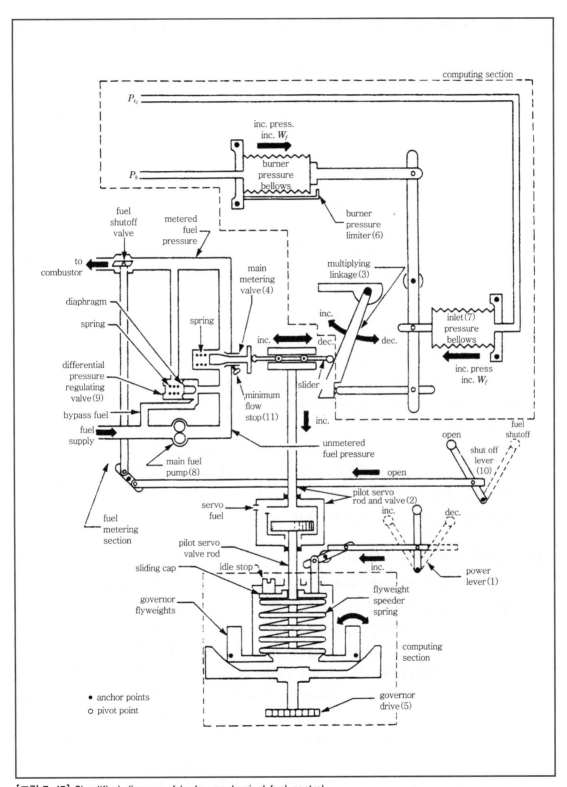

[그림 7-4B] Simplified diagram of hydro-mechanical fuel control

위와 같은 배열은 오리피스 크기와 연료흐름의 중량 사이에 선형적인 관계를 형성한다. 하나의 변수, 오리피스 크기를 가지고 그러한 관계가 존재한다. 만일 구멍이 변화면 연료흐름의 중량도 비례하여 변화한다.

일정하게 변하는 연료 바이패스는 압력차이가 오리피스의 크기에 관계없이 일정한 값을 유지하도록 하는 수단이다. 미터된 연료를 유압으로 작동되는 차압조절 다이어프램의 스프링쪽에 보내서 압력차이를 스프링 장력에 가게 한다. 이 스프링 장력은 일정한 값이기 때문에 오리피스의 압력차이도 일정하게 된다.

이 개념을 더욱 깊이 이해하기 위해 연료조절기에서 필요 이상으로 연료를 공급하는 연료펌프와 연속적으로 펌프 입구로 초과량의 연료를 되돌리는 차압조절밸브를 생각해 보자.

미터되지 않은(un-metered) 연료압력은 500psig이고, 미터된 연료압력은 420psig이다. 그리고 스프링장력은 80psi이다. 여기서 차압조절 다이어프램 양단에 500psig가 작용한다.

바이패스밸브는 평형상태에 놓여지게 되고 엔진의 요구보다 많은 잉여의 연료는 바이패스된다.

만일 조종사가 파워레버를 앞으로 이동시키면 미터링밸브의 오리피스 크기는 증가하고 미터된 하류압력도 증가할 것이다. 미터된 압력이 440psig로 증가한다고 하자. 이것은 다이어프램의 스프링쪽에 전체압력을 바이패스밸브를 닫히게 하는 520psig로 되게 할 것이다.

바이패스되는 연료의 감소량은 미터되지 않은 연료를 새로운 오리피스 크기에 대해 80psig로 재설정될 때까지 증가시키는 원인이 된다. 이것은 증가된 rpm이 연료펌프를 움직이게 하여 더 많은 연료유량을 생산하게 하는 것이다. 앞에서 언급했듯이 ΔP는 항상 평형이 일어나도록 차압조절밸브 스프링에 작용한다.

(2) 컴퓨팅부(Computing Section)

① 엔진 작동 중에 파워레버(1)의 움직임은 스프링캡(cap)이 파일럿(pilot) 서보(servo) 밸브 로드(2)를 아래로 눌러 플라이웨이트 스피더(speeder)스프링을 압축한다. 이렇게 함으로써 스프링베이스(base)가 아래로 눌리고, 이것은 플라이웨이트가 안쪽으로 힘을 받게 하여 저속조건(underspeed condition)이 되게 한다.

파일럿 서보밸브의 기능은 유체가 아래에서 위로 움직이면서 생기는 갑작스런 움직임을 방지하는 것이다. 만약 멀티플라잉 링키지(3)가 이때까지 정지상태를 유지한다고 하면 슬라이더(slider)는 경사진 면을 따라 내려가 왼쪽으로 향하게 된다. 이것이 왼쪽으로 움직임에 따라 슬라이더는 미터링밸브(4)를 밀어서 스프링 장력에 대해 왼쪽으로 움직이게 하여 엔진으로 흐르는 연료를 증가시킨다. 증가된 연료유량으로 엔진 속도를 증가시키고 조속기축(5)을 더 빠르게 구동시킨다.

새로운 플라이웨이트힘은 스피더스프링힘과 평형을 이루게 되고 플라이웨이트는 똑바로 선 위치로 돌아간다. 그들은 이제 다음 속도변화에서 작용할 위치에 있게 된다. 플라이웨이트는 언제나 똑바로 선 위치로 돌아와 다음의 부하변동에 아래와 같이 준비한다.

㉠ 과속상태(Overspeed Condition)
ⓐ 엔진에 걸리는 부하는 감소하고 엔진은 가속된다.
ⓑ 플라이웨이트가 밖으로 벌어져서 연료가 덜 공급된다.
ⓒ 엔진은 정속(on-speed)상태로 되돌아온다. 플라이웨이트가 서게 되고 플라이웨이트힘이 스피더스프링힘과 평형을 이룬다.

㉡ 저속상태(underspeed condition)
ⓐ 엔진의 부하는 증가하고 엔진은 감속된다.
ⓑ 플라이웨이트는 안쪽으로 움직여서 연료가 더해진다.
ⓒ 엔진은 정속상태로 돌아오고, 플라이웨이트가 바깥으로 움직여 똑바로 서게 되며 스프링힘과 평형을 이룬다.

㉢ 파워레버움직임(전방)
ⓐ 스피더스프링은 압축되고 플라이웨이트는 안쪽으로 움직여서 가짜(fales) 저속상태를 만든다.
ⓑ 연료가 증가하고 플라이웨이트는 바깥쪽으로 움직이기 시작해서 새로운 스피더스프링힘과 균형을 이루게 된다.

※ 플라이웨이트는 파워레버의 조절 없이는 완전히 그 전의 위치로 돌아갈 수 없다. 왜냐하면 이 상태에서 스피더스프링이 더 큰 힘을 가지기 때문이다. 이것을 "Drop"이라 부르며 조속기 계통장치에 의한 약간의 rpm 저하로 정의한다.

② 대부분의 엔진에서 연소실 내의 정압은 질유량 측정에 유용하다. 만일 질유량을 안다면 공기-연료비는 더 주의깊게 조절될 수 있다.

연소실 압력(P_b)이 증가함에 따라 연소실 압력벨로가 오른쪽으로 팽창한다. 과다한 움직임은 연소실 압력제한기(6)에 의해 제한된다.

만일 (2)가 고정되어 있다고 가정하면 멀티플라잉 링키지는 슬라이더를 좌측으로 밀어서 미터링밸브를 열고, 연료를 내보내서 증가된 공기흐름양과 연료흐름이 같아지게 한다. 이런 상태는 비행속도가 증가하고 흡입구 램공기가 증가하며 엔진 질유량이 증가하는 항공기의 기수하향상태에서 일어난다.

③ 흡입구 압력의 증가는 또한 흡입구 압력벨로(7)를 팽창시켜서 멀티플라잉 링키지를 왼쪽으로 움직이게 하는 힘으로 작용하고 미터링밸브를 더 크게 연다.

■3 유-공압(Hydro-Pneumatic) 연료조절계통, PT6 터보프롭(Bendix 연료조절기)

기본적인 연료계통은 하나의 엔진구동펌프, 연료조절장치, 시동제어기, 2중 연료매니폴드와 14개의 단식(simplex, single orifice)연료노즐로 구성된다. 2개의 드레인밸브가 가스발생기 케이스에 있어서 엔진 정지 후에 여분의 연료를 드레인시킨다.[그림 7-5 참조]

(1) 연료펌프

연료펌프(1)는 보기류 기어박스에 의해 구동되는 정배수(positive displacement) 기어형 펌프이다.

부스터펌프로부터의 연료는 74micron(200mesh)의 입구스크린(2)을 통해 연료펌프로 들어가고 다시 펌프기어실(chamber)로 간다. 거기서부터 연료는 고압에서 10micron 펌프 출구 필터(3)를 통해 연료조절기로 전달된다.

입구 스크린은 스프링힘에 의해 고정되고 연료압력차이의 증가는 스프링힘을 이겨내서 필터를 들어올려 여과되지 않은 연료가 계통으로 들어가게 한다. 바이패스밸브(4)와 펌프 케이싱 내의 코어 통로(cored passage)는 여과되지 않은 고압연료를 펌프 기어로부터 연료조절기로 흐르게 한다. 내부통로(5)는 연료조절기와 연결되어 있고, 연료조절기(FCU)는 바이패스 연료를 입구 스크린의 펌프 입구의 하류쪽으로 되돌려보낸다.

(2) 연료조절계통

연료조절계통은 각각 독립된 기능을 갖는 3부분으로 구성된다.

연료조절기(6)는 엔진의 정상상태 작동과 가속에 대하여 적당한 연료스케줄을 결정한다. 시동흐름제어(7)는 흐름분할기(divider) 역할을 해서 FCU의 미터된 연료 출력을 1차 매니폴드나 1차와 2차 매니폴드로 각각 필요한 만큼 연료를 공급한다.

전진과 역추력작동 중의 완전한 프로펠러 제어는 조속기부(governor pakage)에 의해 수행되고, 조속기부는 정상프로펠러 조속기 부분과 N_2 파워터빈 조속기(8)를 갖는다. N_2 조속기 부분은 정상작동 중 파워터빈 과속을 방지해 준다.

역추력작동 중에는 프로펠러 조속기는 작동하지 않고, N_2 조속기에 의해 파워터빈 속도를 조절한다.

① 연료조절기(FCU)

FCU는 엔진구동 연료펌프의 우측에 설치되어 있고 압축기 터빈(N_1) 속도에 비례하는 속도로 구동된다. FCU는 엔진 출력과 압축기 터빈(N_1)의 속도조절에 필요한 스케줄을 결정한다.

엔진파워 출력은 직접적으로 압축기 터빈 속도에 비례한다. FCU는 N_1을 통제하는데 실질적으로 엔진의 출력을 통제하게 된다.

N_1의 제어는 엔진의 연소부에 공급되는 연료의 양을 조절함으로써 수행된다.

㉠ 연료 미터링부(Fuel Metering Section)

FCU는 펌프압력(P_1)의 연료를 공급받는다. 연료흐름은 주미터링밸브(9)와 차압 바이패스밸브(10)에 의해 정해진다.

P_1 압력에서 미터되지 않은 연료는 미터링밸브의 입구로 공급된다. 미터링밸브 바로 뒤의 연료압력은 미터된 연료압력(P_2)이라 부른다. 차압 바이패스밸브는 미터링밸브의 연료압력차이($P_1 - P_2$)를 일정하게 유지시킨다. 미터링밸브의 오리피스 면적은 엔진의 특정한 요구에 맞게 변하게 된다. 이 요구에 과다한 연료펌프 출력은 FCU의 내부통로를 경유하여 입구 필터(5)의 펌프입구 하류의 연료펌프로 되돌아오게 된다. 이 되돌아온 연료를 P라 한다. 차압 바이패스밸브는 포트된 슬리브(ported sleeve) 내에서 작동하는 슬라이딩(sliding)밸브로 구성된다. 이 밸브는 다이어프램과 스프링에 위해 작동된다. 작동 중에 스프링힘은 다이어프램에서 작용하는 차압($P_1 - P_2$)에 의해 균형을 얻는다. 바이패스밸브는 항상 "$P_1 - P_2$"의 차이를 유지하는 곳에 위치하며 필요 이상의 연료는 바이패스시킨다.

릴리프밸브(11)는 바이패스밸브와 함께 병렬로 작용해서 FCU에서 P_1의 과다한 생성을 막는다. 밸브는 스프링의 힘으로 닫히고 입구 연료압력(P_1)이 스프링힘을 이기며 밸브를 열 때까지 닫혀있게 된다. 입구 압력이 감소되는 즉시 밸브는 닫힌다. 미터링밸브(9)는 슬리브(sleeve)에서 작용하는 "Contoured needle"로 구성된다. 미터링밸브는 오리피스의 면적을 변화시킴으로써 연료흐름을 조절하고 연료흐름은 단지 미터링밸브 위치에만 관계된다. 왜냐하면, 차압 바이패스밸브는 입구나 방출 연료압력의 변화에 관계없이 오리피스의 본질적인 일정한 연료차압을 유지해 준다. 연료온도변화로 생긴 비중의 변화에 대한 보상은 차압 바이패스밸브 스프링 밑에 있는 바이메탈 디스크(bimetallic disk)에 의해 수행된다.

㉡ 공압계산부(Pneumatic Computing Section)

파워레버(12)는 동력이 증가할 때 내부로드(rod)를 누르는 속도예정캠(speed scheduling cam)과 결합되어 있다. 조속기 레버는 피봇(pivot)되어 있고, 한쪽 끝이 조속기 밸브(13)를 형성하는 오리피스에 작용한다.

농후(enrichment)레버(14)는 조속기 레버와 같은 지점에 피봇되어 있으며, 조속기 레버의 일부를 벌리는 두 연장 부분(extension)을 가지고 있는데, 약간 움직인 후에는 이 틈(gap)이 없어지고 두 레버는 함께 움직인다. 농후레버는 Fluted 핀을 움직이는데, 이것은 농후 "Hot" 밸브에 반대작용을 한다. 다른 작은 스프링이 농후레버를 조속기 레버에 연결시킨다.

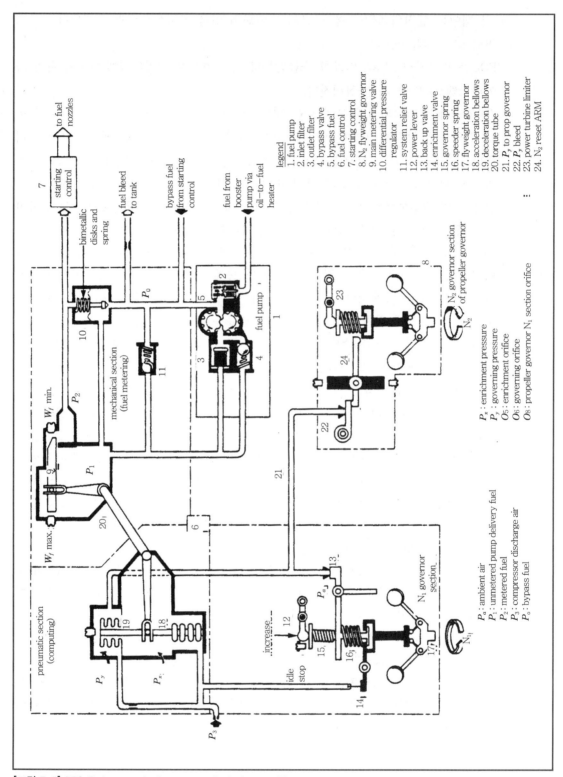

[그림 7-5] PT6 Turboprop, hydro-pneumatic fuel controlling system

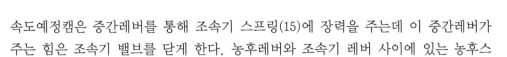

속도예정캠은 중간레버를 통해 조속기 스프링(15)에 장력을 주는데 이 중간레버가 주는 힘은 조속기 밸브를 닫게 한다. 농후레버와 조속기 레버 사이에 있는 농후스 프링(16)은 농후밸브를 열게 하는 힘을 제공한다.

구동축이 회전함에 따라, 조속기 플라이웨이트가 달려있는 테이블(17)을 회전시키 고 플라이웨이트 안쪽에 있는 작은 레버가 조속기 스풀을 연결시킨다. N_1이 증가 하면 원심하중으로 인해 플라이웨이트가 스풀에 힘을 증가시키게 되고 따라서 농 후레버에 대한 축에서 스풀은 바깥쪽으로 움직이게 된다.

조속기 플라이웨이트힘이 스프링힘을 이기면 조속기 밸브는 열리고 농후밸브는 닫힌다. 농후밸브는 N_1이 커져서 플라이웨이트힘이 작은 스프링의 힘을 이길 때마다 닫히 게 된다. N_1이 계속해서 증가한다면 농후레버는 조속기 레버에 접촉할 때까지 계 속 움직이게 되는데, 이때 농후밸브는 완전히 닫힌다. 조속기 밸브는 플라이웨이트 힘이 큰 스프링의 힘을 이길 정도로 N_1이 증가한다면 열린다. 여기서 조속기 밸브 는 열리고 농후밸브는 닫힌다. 작동공기압을 일정하게 유지하기 위해서 rpm이 커 질 때 농후밸브는 닫혀있다.

ⓒ 벨로 어셈블리(Bellow Assembly)

그림 7-5의 벨로 어셈블리는 로드(commom rod)에 의해 연결된 가속벨로(18)와 조 속기 벨로(19)로 구성되어 있다. 가속벨로(evacuated or acceleration bellows)는 절대압력기준을 제공한다.

조속기 벨로는 몸체 빈 곳(body cavity)에 붙어있고, 이것의 기능은 다이어프램의 기능과 유사하다. 벨로의 움직임은 교차(cross)축과 관련(associated) 레버(20)에 의해 미터링밸브(9)에 전달된다.

교차축은 토크관 내에서 움직이는데 이 관(tube)은 벨로 레버 근처에 있는 교차축 에 부착되어 있다. 이 관은 조절부싱(adjustment bushing)에 의해 반대쪽 끝에서 몸체구조물(body casting)에 부착되어 있다. 그러므로 교차축의 회전운동은 토크 관의 힘을 증가 또는 감소시키게 되며 토크관은 공기와 연료 부분 사이에 실을 형 성한다(토크관은 어셈블리하는 동안 미터링밸브를 닫는 방향으로 힘을 제공하도록 위치시킨다. 벨로는 미터링밸브를 열기 위해 이 힘에 반대로 작용한다).

P_y 압력은 조속기 벨로의 바깥쪽에 작용하고, P_x 압력은 조속기 벨로의 안쪽과 가 속벨로의 바깥쪽에 작용한다. 설명을 위해 조속기 벨로가 다이어프램처럼 나타나 있다. 그림 7-6을 보면, P_y 압력이 다이어프램의 한쪽에 작용하고 P_x 압력은 반대쪽에 작용한다.

또한 P_x의 힘은 다이어프램에 붙어있는 가속벨로에도 작용한다. 가속벨로에 대하 여 작용하는 P_x의 힘은 다이어프램의 같은 면적상에 같은 압력의 반작용으로 인해 상쇄된다.

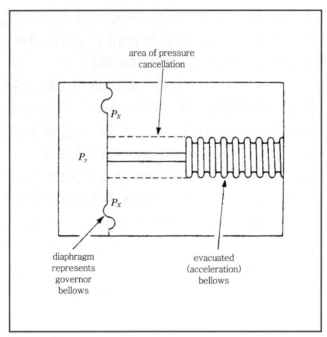

area of pressure
cancellation

P_x

P_y

P_x

diaphragm
represents
governor
bellows

evacuated
(acceleration)
bellows

[그림 7-6] Functional diagram of bellows assembly

벨로 부분에 가해진 모든 압력은 다이어프램에만 작용한 힘으로 결정할 수 있다. 이 힘들은 위쪽의 전체 표면에 작용한 P_y 압력, 아래쪽 일부에 작용한 가속벨로의 내부압력(압력이 상쇄되는 면적 이내에서), 나머지 면에 작용하는 P_x 압력이다. P_y의 변화는 P_x의 동일한 변화와 비교해 볼 때 다이어프램에 더 많은 영향을 미치는데 이는 유효표면적의 차이 때문이다.

P_x와 P_y는 엔진의 작동상태의 변화에 따라 달라진다. 가속에서와 같이 두 압력이 동시에 증가할 경우, 벨로의 움직임은 아래로 향하고 미터링밸브는 여는 방향(opening direction)인 왼쪽으로 움직이게 된다.

원하는 N_1에 접근할 때 조속기 밸브에서 P_y가 덤프(dump)되는 경우, 벨로는 위로 움직여서 미터링밸브의 구멍(opening)을 줄인다.

두 압력이 동시에 감소할 때, 벨로는 위로 움직여서 미터링밸브의 구멍을 줄이는데, 이는 가속벨로가 스프링처럼 작용하기 때문이다. 이것은 감속하는 동안 발생하는데, P_y는 조속기 밸브에서 덤프되고, P_x는 농후밸브에서 덤프되어 미터링밸브의 움직임을 최소흐름정지(minimum flow stop)로 되게 한다.

ⓡ 동력터빈(N_2) 조속기

프로펠러조속기의 N_2 조속기 부분은 흐름조절장치(flow control unit)의 몸체에서 조속기에 이르는 외부공압라인(21)을 통해 P_y 압력을 탐지해낸다.

동력터빈 과속상태의 경우, N_2 조속기 부분의 공기블리드 오리피스(22)가 플라이웨이트 작용에 의해 열려서 조속기를 통해 P_y 압력을 블리드시킨다. 이것이 발생하면, 흐름조절장치 벨로에 작용하는 P_y 압력은 줄어들어 흐름조절장치 미터링밸브를 닫는 방향으로 움직이게 하며 결국 연료흐름이 줄어든다.

연료흐름의 감소는 N_1 속도를 감소시키고 프로펠러조속기 조절레버(23)와 N_2 Reset Arm(24)의 맞춤(setting)에 달려있다. 이처럼 동력터빈(N_2) 속도, 프로펠러 속도는 N_2 조속기에 의해 제한된다.

ⓜ 시동흐름조절기(Sarting Flow Control)

시동흐름조절기(7)는 포트(port)된 하우징 내에 포트된 플런저(25) 슬라이딩(ported plunger sliding)이 포함된 몸체 어셈블리로 구성되어 있다.

입력레버(26)의 회전운동은 랙(rack)과 피니언(pinion)을 통해 플런저의 선형운동으로 바뀐다.

리깅(rigging)슬롯은 45°와 72°의 작동위치로 되어있으며 이 중 한 위치(위치선택은 장착에 달려있다)가 조종실 레버로 시스템을 리그(rig)하는 데 사용된다.

최소여압밸브(27)는 시동흐름조절기 입구에 위치해 있으며 흐름조절장치에서 최소압력을 유지하여 정확한 연료미터링을 하게 해준다.

이송밸브(28)를 경유해서 상호연결된 이중매니폴드(manifold)에는 2개의 연결이 되어있다. 이 밸브는 시동(light up)을 위해 No.1 일차 매니폴드를 처음에 채우고, 조절기 내의 압력이 증가함에 따라 이송밸브가 열려 No.2 이차 매니폴드에 연료가 들어오도록 한다. 레버가 Cut off & Dump(0°) 위치에 있을 때, 두 매니폴드에 연료공급은 중단된다.[그림 7-7A 참조]

동시에 드레인포트와 덤프포트가 일치되어(플런저의 포트를 경유하여), 매니폴드에 남아있는 연료를 외부로 배출시킨다. 이것은 열흡수로 인한 시스템 내에서 연료의 탄소형성과 끓음(boiling)을 방지해준다.

엔진 작동 동안에 시동흐름조절기로 들어가는 연료는 바이패스포트를 통해 연료펌프입구로 전환된다.

레버가 Run 위치[그림 7-7B 참조]에 있을 때, No.1 매니폴드로 가는 출구포트가 열리고 바이패스포트는 완전히 닫힌다.

엔진이 가속될 때, 연료흐름과 매니폴드 압력 모두는 이송밸브가 열리고, No.2 매니폴드가 채워질 때까지 증가한다. No.2 매니폴드가 채워지면 No.2 시스템을 통해 운반되는 양에 의해 전체 흐름이 증가하고, 엔진은 아이들(idle)까지 더 가속된다. 레버가 Run 위치(45° 또는 72°)를 지나 최대정지위치(90°)로 움직이면, 시동흐름조절기는 엔진으로 미터되는 연료에 더 이상 영향을 주지 못한다.

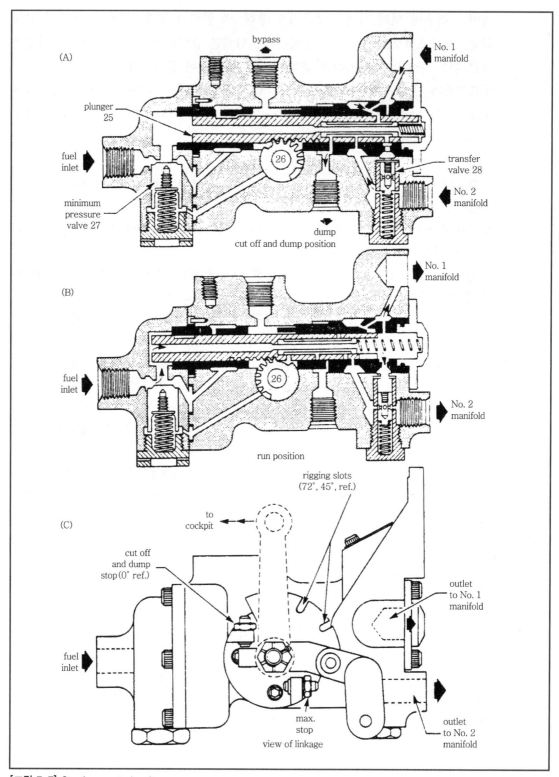

[그림 7-7] Starting control unit

ⓑ 연료조절계통의 작동
　ⓐ 엔진시동

　　엔진시동 사이클은 파워조절레버를 Idle 위치에 놓고 시동조절레버를 Cut off에
　　놓으면서 시작된다. 점화와 시동기의 스위치는 On 상태이고, 요구되는 N_1에 도
　　달하면 시동흐름레버는 Run 위치로 전진시킨다. 정상적인 점화는 10초 정도면
　　되고, 정상적인 점화 후에 엔진은 Idle까지 가속시킨다.

　　시동하는 동안 연료조절장치 미터링밸브는 저흐름(low flow) 위치에 있다.

　　엔진이 가속될 때 압축기 방출압력(P_3)이 증가하며, P_x와 P_y도 동시에 증가한다
　　($P_x = P_y$).

　　벨로(18)에 의해 탐지되는 압력 상승은 미터링밸브를 여는 방향으로 움직이게 한다.
　　N_1이 Idle에 접근함에 따라, 플라이웨이트의 원심효과는 조속기 스프링힘을 이기기
　　시작하며 조속기 밸브(13)를 열게 된다. 이것이 "$P_x - P_y$"의 차이를 만들어 필요한
　　Idle 작동연료흐름이 얻어질 때까지 미터링밸브를 닫는 쪽으로 움직이게 한다.
　　선택된 속도(idle)로부터 엔진속도의 어떠한 변화도 조속기 플라이웨이트에 의해
　　탐지되며, 플라이웨이트힘을 증가시키거나 감소시키는 결과를 가져온다. 플라이
　　웨이트힘의 이러한 변화는 조속기 밸브를 움직이게 해서 재설정된 속도에 필요
　　한 연료흐름으로 변하게 한다.

　ⓑ 가속

　　파워조절레버(12)가 Idle 이상으로 진행되면, 이것은 조속기 스프링힘을 증가시
　　킨다. 이때 조속기 스프링은 플라이웨이트힘을 이기고 레버를 움직여, 조속기 밸
　　브를 닫고 농후밸브를 열게 한다.

　　P_x와 P_y는 즉시 증가하고, 미터링밸브를 여는 방향으로 움직이게 한다. 이때 가
　　속은 증가함수이다($P_x = P_y$).

　　연료흐름의 증가와 함께, 압축기 터빈 N_1은 가속된다. N_1이 미리 정해진 점(약
　　70~75%)에 도달했을 때, 플라이웨이트힘은 농후스프링힘을 이기고 농후밸브를
　　닫기 시작한다. 농후밸브가 닫히기 시작할 때 P_y와 P_x 압력은 증가하고, 이것은
　　조속기 벨로와 미터링밸브의 이동률(movement rate)을 증가시켜서 가속연료 스
　　케줄(schedule)에 농후를 촉진시킨다.

　　한편, N_1에 있어서 N_2가 증가함에 따라, 프로펠러 조속기는 선택된 속도로 N_2를 조
　　절하고 추가추력으로써 증대된 출력을 적용시키기 위해 프로펠러 피치를 증가시킨다.
　　가속은 플라이웨이트의 원심효과가 다시 조속기 스프링을 이기고 밸브를 열게
　　될 때 완벽해진다.

　ⓒ 조절작용(Governing)

　　일단 가속사이클이 완성되면, 선택된 속도로부터 어떠한 엔진 속도의 변화도 조

속기 플라이웨이트에 의해 감지되며 플라이웨이트힘을 증가시키거나 감소시키게 된다. 플라이웨이트힘의 이러한 변화는 조속기 밸브를 열거나 닫게 하고, 이것이 재설정된 속도에 필요한 연료흐름으로 변하게 한다.

연료조절장치가 조절하고 있을 때, 밸브는 조정위치 또는 이동(floating)위치에 있을 것이다.

ⓓ 고도보상

고도보상은 연료조절계통에 의해 자동적으로 이루어지는데, 이는 가속벨로 어셈블리(18)가 비워지고 절대압력기준을 받아들이기 때문이다.

압축기 방출압력 P_3는 엔진 속도와 공기밀도를 측정한 것이다. 압축기 방출압력에 비례해, 공기밀도가 감소하면 P_x도 감소한다. 이것은 가속벨로에 의해 감지되어서 연료흐름을 줄이는 작용을 한다.

ⓔ 감속

파워조절레버가 후진되면(retard), 조속기 스프링힘이 줄어들어 조속기 밸브(13)가 여는 방향으로 움직이게 된다. 결과적으로 P_y가 떨어져서 미터링밸브가 최소흐름정지(stop)에 닿을 때까지 닫히는 방향으로 움직인다. 이 정지는 엔진에 충분한 연료를 보내서 연소정지를 방지한다. 새로운 조절위치에서 플라이웨이트힘이 조속기 스프링힘과 균형이 맞게 감소할 때까지 엔진은 계속 감속할 것이다.

ⓕ 동력터빈 한계운용(Power Turbine Limiting)

프로펠러 조절의 N₂ 조속기 부분은 연료조절기로부터의 라인을 통해 P_y 압력을 감지한다. 동력터빈의 과속이 발생하는 경우, N₂ 공기 블리드 오리피스는 프로펠러 조속기를 통해 P_y 압력을 블리드시키기 위해 열리게 된다. 이러한 P_y의 감소는 연료조절장치에서 미터링밸브를 닫는 방향으로 움직이게 하고 연료흐름을 줄여 결과적으로 가스발생기 속도를 감소시킨다.

ⓖ 엔진정지(Engine Shutdown)

엔진은 시동흐름 조절레버를 Cut off 위치에 놓으면 정지한다. 이러한 작동이 수동으로 작동하는 플런저를 Cut off and Dump 위치로 움직여 엔진에 모든 연료흐름을 멈추고 2중 매니폴드에 남아있는 연료를 외부로 덤프시킨다.

② **Bendix DP-L2 연료조절기(Hydro-Pneumatic 장치)**

이 유-공압 연료장치는 JT15D 터보팬에 장착된다.[그림 7-8 참조]

연료는 펌프압력(P_1)에서 연료조절장치에 공급되며 미터링밸브의 입구로 전해진다. 미터링밸브는 바이패스밸브계통과 연결되어 있어 연료흐름을 설정한다.

미터링밸브의 하류방향 흐름에서의 연료압력은 P_2라 한다. 바이패스밸브는 미터링밸브를 지나는 연료압력의 차이($P_1 - P_2$)를 일정하게 유지시켜 준다. 연료흐름은 단지 오리피스 면적의 함수이다.

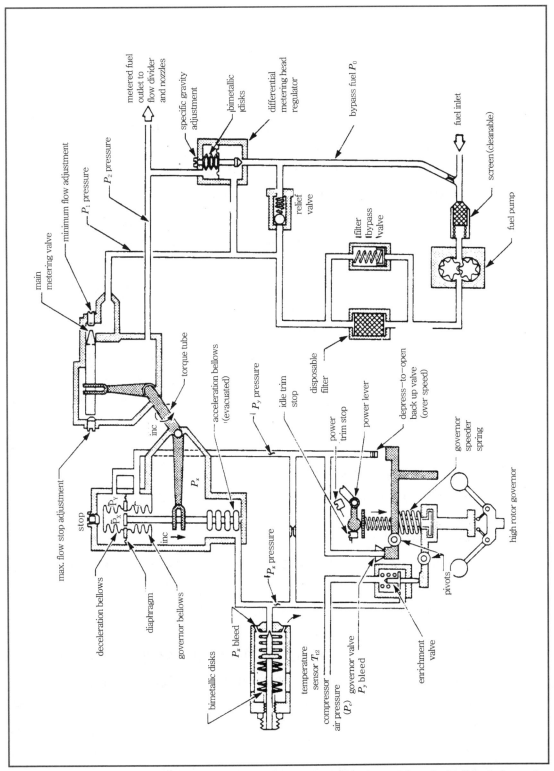

[그림 7-8] Bendix DP-L2 hydro-pneumatic fuel control used on a Pratt & Whitney of Canada JT-15 Turbofan engine

⊙ 구성품-기능

  ⓐ 연료 입구-연료저장탱크로부터

  ⓑ 필터-격자가 큰 스크린

  ⓒ 기어펌프-P_1 연료방출

  ⓓ 필터-미세한 격자

  ⓔ 릴리프밸브-과도한 P_1 연료펌프의 방출압력 형성은 막고 빠른 감속 중에 차압미터링 헤드조절기(differential metering head regulator)를 돕는다.

  ⓕ 차압미터링 헤드조절기-원하지 않는 연료(P_0)를 바이패스시키고 미터링밸브를 지나는 연료압력의 차이($P_1 - P_2$)를 일정하게 해주는 유압장치(hydraulic mechanism)

  ⓖ 연료온도 바이메탈(bimetallic) 디스크-연료 온도변화에 따른 비중의 변화를 자동적으로 보상한다. 또한, 다양한 제트연료의 서로 다른 비중값을 사용하기 위해 수동으로 조절할 수 있다.

  ⓗ 미터링밸브-연료노즐로 P_2 연료를 미터링한다. 미터링밸브에 벨로장치를 연결시키는 토크관에 의해 위치가 정해진다.

  ⓘ 최소흐름조절-감속에서 미터링밸브가 완전히 닫히는 것을 막는다.

  ⓙ 최대흐름정지조절-엔진 트림을 위해 최대로터속도를 세트(set)한다.

  ⓚ 이중 벨로장치-조속기 벨로는 P_x, P_y 공기압력을 받아 토크관을 움직여서 연료 스케줄과 엔진 속도를 바꾼다. P_y 공기압력이 줄어들어 엔진 속도가 감소할 때, 감속벨로는 팽창한다.

  ⓛ 온도센서-바이메탈 디스크는 벨로장치로 가는 P_x 공기압력을 조절하기 위해 엔진 입구온도 T_2를 감지한다.

  ⓜ 농후(enrich)밸브-P_c 압축기 공기압력을 받고 이중 벨로장치로 가는 P_x, P_y 압력을 조절한다. 거의 같은 작용압력을 유지하기 위해 rpm이 계속 증가하면 농후밸브는 닫힌다.

  ⓝ 고(high)로터조속기-엔진 속도 증가에 의한 원심하중으로 플라이웨이트가 바깥쪽으로 벌어진다. 이 작용이 P_y 공기압력을 변경시킨다.

  ⓞ 파워레버-직접적인 힘이 조속기에 가도록 한다.

ⓛ 조절작동(Operation of Control)

  ⓐ 미터링되지 않은 연료 P_1이 연료펌프에 의해 연료조절장치에 공급된다.

  ⓑ 연료조절개략도[그림 7-4B 참조]에서 앞서 설명한 것과 마찬가지로 P_2 압력은 미터링밸브 오리피스를 지나면서 떨어진다. 이때 P_1은 엔진으로 흐르는 P_2 압력이 되고, 차압미터링 헤드조절기에서 언급한 차압조절밸브의 작동에 영향을 미친다.

  ⓒ 연료펌프로 다시 바이패스되는 연료의 압력은 P_0이다.

ⓓ 공압부(pneumatic section)는 압축기 방출공기 P_c에 의해 작동한다. 이 공기가 바뀌어 주미터링밸브로 가는 P_x, P_y 공기가 된다.

ⓔ 파워레버가 전진될 때

  (a) 플라이웨이트가 안으로 수그러져, 스피더스프링의 힘이 플라이웨이트의 힘보다 커진다.

  (b) 조속기 밸브가 P_y 블리드를 닫는다.

  (c) 농후밸브가 닫히는 방향으로 움직여 P_c 공기흐름이 감소한다(P_y 블리드가 닫힐 때 만큼의 공기압력을 필요로 하지는 않는다).

  (d) P_x와 P_y 공기압력이 조속기 표면에서 같다.

  (e) P_x 공기가 가속벨로를 수축시키고, 조속기 벨로 로드(rod)는 아래로 힘을 받는다. 이 다이어프램이 이러한 움직임을 허용한다.

  (f) 토크관이 시계반대방향으로 회전하고 주미터링밸브가 열린다.

  (g) 엔진속도가 증가함에 따라 플라이웨이트가 바깥쪽으로 움직이고 조속기 밸브가 P_y 공기를 블리드하기 위해 열린다.

  (h) 농후밸브가 다시 열리고 P_x 공기가 P_y 공기값 이상으로 증가한다.

  (i) P_y 값이 감소되어 조속기 벨로와 로드가 후방으로 움직인다.

  (j) 토크관은 연료흐름을 감소시키기 위해 시계방향으로 회전하고 엔진 속도가 안정된다.

ⓕ 파워레버를 뒤로할 때(retard)

  (a) 플라이웨이트가 바깥쪽으로 움직여, 스피더스프링힘이 빠른 엔진속도하에서의 플라이웨이트힘보다 적다.

  (b) 조속기 밸브가 열려 P_y 공기를 덤프하고, 지원(back up)밸브 또한 압축되어 추가의 P_y 공기를 덤프한다.

  (c) 농후밸브가 열려 P_x 공기흐름을 증가시킨다.

  (d) P_x 공기가 조속기 벨로와 가속벨로를 정지할 때까지 팽창시키고 가버너로드 또한 위로 움직이고, 주미터링밸브는 닫히는 방향으로 움직인다.

  (e) P_x 공기는 엔진 속도가 감소함에 따라 감소하지만 가속벨로가 조속기 로드를 붙잡고 있다.

  (f) 엔진 속도가 줄어듦에 따라, 플라이웨이트가 안쪽으로 들어가고, 조속기 밸브와 지원(back up)밸브에서 P_y 블리드를 닫는다.

  (g) 농후밸브 또한 닫는 방향으로 움직여, P_y 공기가 P_x 값에 비해 증가하게 된다.

  (h) 감속벨로는 아래방향으로 움직이고 미터링밸브는 천천히 열리며 엔진 속도는 안정된다.

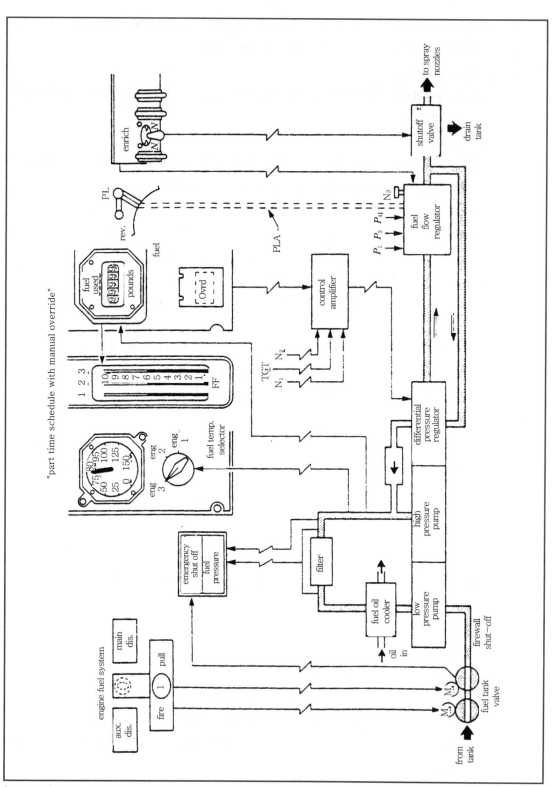

[그림 7-9] Electro-hydromechanical fuel control, RB-211 turbofan, Rolls-Royce Corp.(Lockheed 1011 Aircraft)

ⓖ 대기온도가 어떤 고정된 파워레버 위치에서 증가할 때

P_c 압력이 낮을 때 P_x 공기압력을 안정되게 유지하기 위해 T_{t2} 센서가 팽창해서 P_x 블리드를 줄인다. 이것은 차례로 가속벨로의 위치와 가속스케줄을 유지한다. 그러므로 Idle부터 이륙출력까지 걸리는(spool up) 시간은 더운 기후에서나 찬 기후에서나 같다.

4 전자-유압기계식(Electro-Hydromechanical) 연료조절장치

최근 전자-유압기계식 연료조절장치가 상업용 항공기와 사업용 제트기에 사용되는 새로운 엔진에 장착되고 있긴 하지만, 전자기능을 가진 연료조절장치가 유압기계식이나 유-공압식 연료조절장치처럼 많이 쓰이고 있지는 않다.

전자-유압기계식 장치는 기본적인 유압기계식 조절장치에 전자센서회로를 덧붙인 형태이다.

전자회로는 항공기 모선(bus)에 의해 동력을 얻고 배기온도, 가스통로압력, 엔진 rpm과 같은 엔진작동 파라미터를 분석함으로써 작동한다.

(1) 시스템의 예(Rolls-Royce RB-211)

RB-211은 3중 스풀의 대형 전방 터보팬엔진이다. 이 엔진은 유압기계식 연료조절장치와 "Part-time schedule" 전자장치가 결합되어 있다.

전자조절증폭기(electronic control amplifier)는 이륙출력시에 과열상태로부터 엔진을 보호한다.

다른 작동상태에서 연료조절은 유압기계식 계통에서 이루어진다.

그림 7-9에서 보면, 조절증폭기는 터빈가스온도(TGT)신호와 두 압축기(N_1과 N_2)의 속도신호를 받는다. 이 조절장치는 거의 최대엔진출력까지는 유압기계식 스케줄상에서 작동하고, 그리고 나서 전자조절증폭기 회로는 (part-time)연료제한장치로써의 기능을 하기 시작한다.

차압조절기(differential pressure regulator)는 그림 7-4B의 단순화한 유압기계식 연료조절기 개략도에서의 차압조절밸브와 유사하고 연료의 바이패스가 연료조절장치 내에서가 아니라 연료펌프 출구에서 일어난다는 점이 다르다.

최대출력 가까이에서 미리 정해진 터빈가스온도와 압축기 속도에 이르면, 압력조절기는 연료펌프 입구로 가는 증가된 연료량을 되돌아가게 함으로써, 분무노즐로 가는 연료흐름을 감소시킨다. 이 조절장치에서 연료흐름조절기는 유압기계식 조절장치로 작용하며, 고압압축기(N_3), 가스통로공기압력(P_1, P_2, P_3), 파워레버위치로부터 신호를 받는다.

그림 7-9에서와 같이 연료조절장치는 연료스케줄을 설정하는 다음 신호들을 엔진으로부터 받는다.

① PLA-파워레버 각도

② P_1-압축기 입구 전압력(팬)

③ P_3-두번째 압축기 방출 전압력(중간압력압축기)

④ P_4-세번째 압축기 방출 전압력(고압압축기)

⑤ N_3-세번째 압축기 회전속도(고압압축기)

⑥ N_1-첫번째 압축기 회전속도(팬)

⑦ N_2-두번째 압축기 회전속도(중간압력압축기)

⑧ TGT-터빈가스온도(저압터빈 출구)

⑨ Ovrd-조절증폭기 기능을 막는 Override 명령

⑩ Enrichment-0°F 이하의 대기온도에서 엔진을 시동하기 위해 사용되는 연료농후기

(2) 시스템의 예(Garrett TFE-731과 ATF-3)

TEE-731과 ATF-3은 새 세대 사업용 제트기의 터보팬엔진이다. 이 두 엔진 모두 "Full-time schedule" 전자-유압기계식 연료조절계통을 장착하고 있으며, 때로는 전자연료조절장치로 불리기도 하는데, 이는 전자회로가 주역할을 하기 때문이다.

그림 7-10을 보면, 전자컴퓨터가 다음과 같은 입력을 받는다는 것을 알 수 있다.

① N_1-팬 속도

② N_2-중간압력압축기 속도

③ N_3-고압압축기 속도

④ T_{t2}-흡입구 전온도

⑤ T_{t8}-고압터빈 입구 온도

⑥ P_{t2}-흡입구 전압력

⑦ 입력동력-28V DC

⑧ PMG-영구자석 A.C 발전기

⑨ PLA-파워레버각도

⑩ IGV-흡입구 안내익 위치

⑪ P_{s6}-고압방출정압

연료조절장치의 전자 부분은 입력자료를 분석하여 입구 안내익 위치에 관한 명령을 보내며, 유압기계식 부분에서 연료흐름을 스케줄하는 명령을 보낸다.

이 장치는 유압기계식 장치보다 더 정확하게 연료흐름을 스케줄 할 수 있는 Full authority (full-time) 시스템이다. 또한 이 장치는 터빈 입구 온도와 몇 가지 다른 중요한 엔진 파라미터를 계속 감시함으로써 엔진을 과열상태와 과속상태에서 보호하며, 실속 없는 빠른 가속을 가능하게 한다.

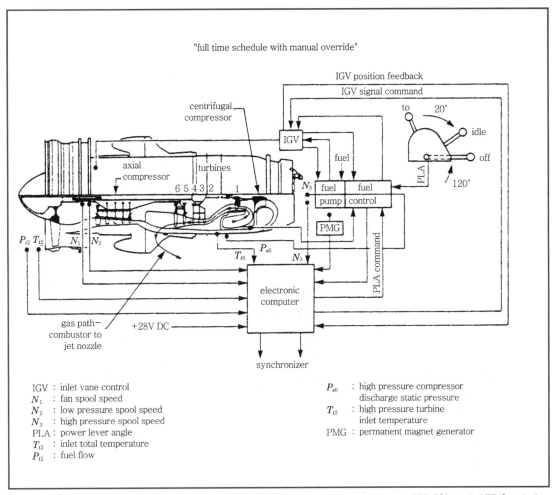

[그림 7-10] Electronic- Hydromechanical fuel controlling system, Garrett Company, TFE 731, and ATF 3 turbofan engines

▋5 APU 연료조절계통

보조가스터빈엔진은 주엔진이 작동하지 않을 때, 항공기 계통에 전기동력과 여압공기를 공급하는 데 사용된다. 유사한 형식의 가스터빈엔진으로는 GPU(Ground Power Units)가 있다.

(1) 시스템의 예(Garrett Company GTP-30)

보조가스터빈 연료계통은 전자동이어서 파워레버가 필요 없다.

시동스위치를 작동시키면, 연료계통은 정확한 양의 연료를 공급하여 정격속도까지 완만한 가속이 되도록 한다. 그리고 나서 연료계통은 공기 블리드(pneumatic bleed)와 전기부하의 변화상태에서 일정한 엔진 속도를 유지하도록 연료를 스케줄한다.[그림 7-11 참조]

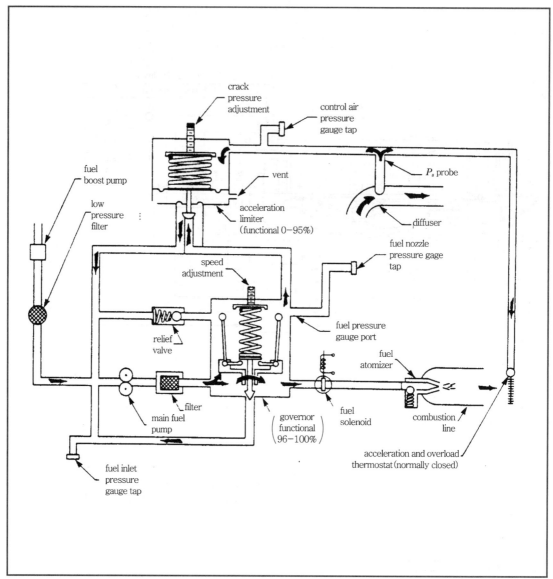

[그림 7-11] Small aircraft APU system(a hydromechanical with pneumatic temperature limiting)

Controlled-leak 형식을 보면 "가속과 과부하 서모스탯(thermostat)"이 배기흐름에 위치해 있다. 이것은 정상적으로는 닫혀있지만 어떤 시기에 열리면 디퓨저 압력신호의 일부를 덤프(dump)시켜서 가속제한기(acceleration limiter)에 있는 벨로의 위쪽으로 보낸다.

서모스탯의 팽창은 과도한 배기열이 생겼을 때 안전장치로 작동하여 디퓨저 신호압력의 일부를 배기흐름으로 보낸다. 이 작용이 가속제한기를 작동시킨다.

가속제한기 다이어프램은 바이패스밸브를 조절해서 여분의 연료가 펌프 입구로 돌아가게 하며, 0~95%까지 엔진 rpm을 가속시키는 동안 엔진 과열을 막아준다.

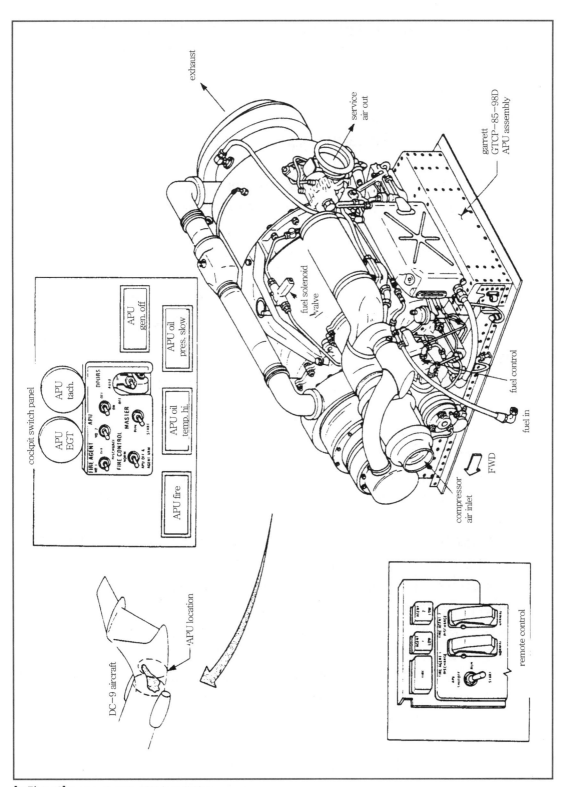

[그림 7-12] Large aircraft APU installation

플라이웨이트 조속기 역시 원치않는 연료를 펌프 입구로 보냄으로써 정상상태속도를 유지시키도록 연료바이패스를 조절한다. 이 조속기는 95~100% 엔진 rpm에서 가속제한기를 무효화(overriding)함으로써 과속을 막는다. 조속기 플라이웨이트가 엔진 회전에 의해 돌아가거나 부하를 받고 있는 동안에는 엔진이 정격속도를 유지한다.

연료흐름의 순서는 다음과 같다.

① 항공기 부스트(boost)펌프로부터 저압필터를 통과한 연료는 저압하에서 주연료펌프로 흐른다.

② 연료는 좀 더 높은 압력으로 조속기로 펌프되어 연료(분무식)노즐로 간다.

③ 지나친 온도상승이 일어나서 가속과부하 서모스탯이 팽창해서 엔진 배기로 공기를 보내야 할 경우, 연료는 가속제한기를 경유해서 주펌프 입구로 바이패스한다.

④ 엔진속도를 조절하기 위해 95% rpm 이상에서 스피더 플라이웨이트 조속기 스프링의 Preset 밸브에 의해 연료를 바이패스한다.

⑤ 시스템의 바이패스 일부에서 고장이 났을 경우 릴리프밸브가 펌프압력을 제한한다.

⑥ 연료 솔레노이드(solenoid)가 엔진의 시동과 정지를 위해 열리고 닫힌다.

(2) 시동과 작동

① 동체쪽의 공기흡입구 도어(door)가 열리도록 도어스위치를 "Auto"에 놓는다.[그림 7-12 참조]

② APU 마스터스위치를 "Start"에 놓고 시동기(starter)와 점화회로(ignition circuits)를 작동시킨다.[그림 7-12 참조]

③ rpm과 EGT(Exhaust Gas Temperature)를 읽은 직후에 시동스위치를 "Run"으로 이동시킨다. 엔진 속도의 30%가 되면 시동기와 점화가 자동적으로 끝난다.[그림 7-12 참조]

④ 엔진 속도의 약 10%에서 연료 솔레노이드가 자동적으로 열려서 연소실로 연료를 보내 연소가 일어난다.[그림 7-12 참조]

⑤ 가속제한기가 압축기 방출공기를 받기 시작하고 연료 바이패스량은 감소되어 빠른 가속이 가능해진다.[그림 7-11 참조]

⑥ 시동으로부터 95% rpm까지 엔진가속 중에 EGT가 초과되면, 가속서모스탯이 압축기 방출공기를 배기로 덤프시킴으로써 과열을 막는다.[그림 7-11 참조]

⑦ 95% rpm에서 조속기가 가속제한기를 무효화(override)하고 100% rpm에서는 연료를 바이패스해서 정상상태작동을 만든다.[그림 7-11 참조]

⑧ 발전기가 켜지거나 공기가 블리드될 때, 조속기 플라이웨이트는 안으로 처지게 되고 엔진 정속(on-speed)을 유지하기 위해 더 많은 연료를 공급한다.[그림 7-11 참조]

⑨ 이륙 후, 상승 중에 APU는 일반적으로 정지한다.

6 연료조절기 조절(Adjustments)

비행라인에서 연료제어정비는 FCU의 장탈과 교체 그리고 조절(adjustments)의 재맞춤 (resetting)에 제한되어 있다. 조절은 비중, 유압기계식이나 유압-기압식 제어에서 Idle rpm과 최대출력을 포함한다.

전자식 제어조절은 유사하긴 하지만, 이 책의 범위를 넘어선 특수시험기구를 요구하므로 논의하지 않기로 한다.

(1) 비중조절

가스터빈엔진의 성능점검을 위해 작동할 때, 제작자가 정한 정상연료를 사용하는데 이는 비행뿐 아니라 British Thermal Unit 수치가 대체되는 연료마다 다르며 점검의 유효성이 정해져 있기 때문이다. 그렇지 않다면, 비중조절이 이루어진다.[그림 7-13 참조] 이것은 대체연료를 사용해서 엔진 성능시험을 할 때 FCU 내부에 있는 차압조절밸브 스프링의 장력을 재맞춤(resetting)하는 것을 말한다.[그림 7-8참조]

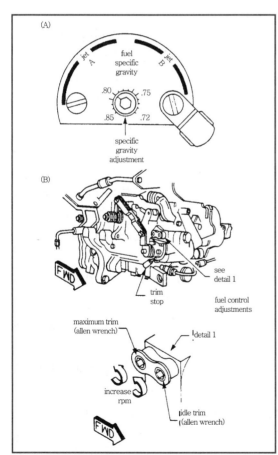

[그림 7-13A] Specific gravity adjustment
[그림 7-13B] Trim adjustment

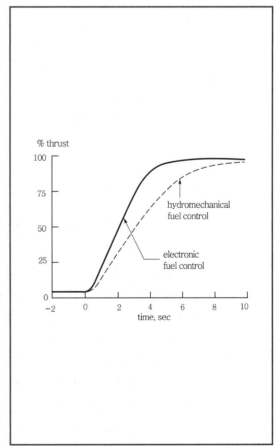

[그림 7-14] Thrust vs. acceleration time

(2) 성능점검(터보제트와 터보팬엔진)

① 트리밍(Triming)

트리밍은 성능시험동안 Idle 속도와 최대추력조절에 적용되는 용어이다. 트리밍은 항공기에 장착된 엔진에서 하거나 시운전실(test cell)에 장착된 엔진에서 한다.

Idle 속도조절은 모든 엔진에 있어 유사한데 이것은 엔진 Idling 속도를 제작사의 최상의 연료경제성 상태와 성능범위로 맞추기 때문이다.

Idle 속도는 추력이 필요하지 않은 작동기간 중에 사용된다.[그림 7-14 참조]

엔진에 따라 다르지만, 최대 % rpm이나 최대 엔진압력비(EPR) 조절은 엔진이 낼 수 있는 정확한 추력을 보증한다. 이 추력수치는 제작사에서 보증한 정격추력(guaranteed rated thrust)으로서 때로는 간단하게 정격추력이라고 한다.

대부분의 제작사들은 FCU 내의 캠, 스프링, 링키지(linkage) 등을 안정화시키기 위해 모든 마지막 트림조절은 증가하는 방향으로 이루어지도록 권장하고 있다. 조절이 지나치면, 목표수치(target value)보다 트림을 낮게 한 뒤 원하는 수치로 다시 증가시킴으로써 이 과정을 반복한다.

트림점검은 엔진추력이 의심스러울 때마다, 그리고 제작사에 의해 정해진 정비작업을 마친 후에 수행한다. 몇 가지 예를 들면 엔진교환, 모듈교환 또는 연료제어기 교환 후에 트리밍을 점검한다. 그렇지 않으면 엔진 성능의 저하 때문에 트리밍이 필요하다. 항공기 링키지계통은 시간이 흐름에 따라 늘어나서, 조종실에서 엔진 제어계통과의 불일치를 일으키거나 파워레버에서 쿠션(cushion)을 잃는다. 이 상태는 트림점검을 필요로 한다.

② 가속점검

트림과정과 연결해서, 가속점검은 엔진 성능의 추가적인 시험으로 수행된다. 트림점검 후에, 조종실 파워레버 쿼드런트(quadrant)의 이륙위치에 표시를 한다. 이때 파워레버는 Idle 위치에서 이륙위치로 전진시키고 공인된 공차(published tolerance)에 대한 시간을 측정한다.

큰 엔진이라도 이 시간은 매우 적어서 5~10초 정도이다.[그림 7-14 참조]

③ 스로틀 쿠션점검(Throttle Cushion Checks)

트림과정의 또 다른 중요 부분은 파워 스프링-백 쿠션(spring-back cushion)을 점검하는 일이다.

트림 작동 전후에 작동자는 파워레버를 완전히 전방으로 밀고 손을 놓는다. 레버스프링이 돌아오는 거리를 정해진 공차(tolerance)에 대해 측정한다.

여객기의 경우, 이 거리는 1/4in이거나 그 이상이다. 스프링-백(spring-back)이 정확할 때, 조종실 쿼드런트(quadrant)가 전방 정지에 도달하기 전에 FCU가 내부 정지에 도달할 것이다. 한계를 넘어섰다면 FCU에 부착된 항공기 제어계통의 조절이 필요하다. 쿠션점검은 조종사가 이륙출력을 얻을 때 뿐만 아니라 비상시에 추가파워레버를 움직일 때도 안전하게 해준다. 쿠션은 이륙맞춤(setting)에서의 파워레버로부터 최대파워 레버 이동까지의 몇 인치 거리를 말한다.

(3) 부분출력트림(Part Power Trim)

엔진마모를 보호하고 연료를 절약하기 위해서, 엔진압력비 정격엔진과 속도 정격엔진 모두 이륙출력보다 낮은 출력에서 일반적으로 트림이 된다. 이 과정은 부분출력 트림정지라고 불리는 연료조절레버 링키지의 통로에 물리적인 방해물이 놓여있을 때를 포함한다.

파워레버는 트리밍 동안에 정지에 도달하기 위해 전진시키며, 이 위치에서 거의 "최대연속" 추력정격의 엔진 작동과 함께 트리밍 조절이 이뤄진다. 트리밍 후에 정지(stop)는 제거되고 이륙출력점검이 수행된다.

(4) 트림절차의 두 가지 형태(Two Type of Trim Procedures)-엔진압력비의 트림과 속도트림(Engine Pressure Trim and Speed Trim)

터보제트와 터보팬은 엔진압력비 트림과 팬 속도 트림절차를 사용한다. 엔진이 엔진압력비에 맞추어 설계되었을 경우, 조종사가 엔진출력을 맞추기 위해서는 조종석 내의 엔진압력비 계기를 사용하면 된다. 트림을 맞춰주는 면에서 보면 이런 형식의 엔진을 엔진압력비 정격엔진(engine pressure ratio rated engine)이라 할 수 있다. 또한 엔진압력시스템을 이용하지 않는 경우에는 팬 속도에 맞추어 트림을 해주며 조종사는 타코미터지시계(tachometer indicator)에 따라 엔진 출력을 맞춘다. 이러한 경우 트림을 맞추는 면에서 보아 속도정격엔진(speed rated engine)으로 볼 수 있다.

※ 터보프롭과 터보축엔진의 출력점검에 관해서는 이 장의 뒷부분에서 다루고 있다.

① 엔진압력비(Engine Pressure Ratio ; EPR)

항공기에서는 추력지시용으로 엔진압력비계기를 사용한다. 이 계기는 터빈방출압력을 압축기 입구 압력으로 나눈 비로 지시하며 대기조건이 바뀌면 자동적으로 이를 보정한다. 엔진압력비시스템에 관해서는 이 장의 뒷부분과 11장에서 자세히 다룰 것이다. 트림과정 동안 조종석의 압력비 표시계통은 기술자에 의해 그 정확도를 점점해 줄 필요가 있다.

> **예제**
> 터빈 출구압력이 정확히 트림된 엔진에서 58.2in(수은압력계)일 때 엔진 입구 압력이 30.0in(수은압력계)이다. 이 엔진의 압력비는 얼마인가?
>
> [풀이] $EPR = \dfrac{\text{터빈 출구압력}}{\text{압축기 입구압력}} = \dfrac{58.2}{30.0} = 1.94$

조종석의 계기가 허용 가능한 공차 내에서 1.94 부근의 수치를 가리키면 엔진압력비 지시 시스템과 엔진은 정상적인 성능을 내는 것으로 볼 수 있다.

② 엔진압력비 정격엔진의 트림절차

다수의 축류엔진에서 rpm 대 추력관계보다는 엔진 내부압력 대 추력관계를 더 잘 사용한다. 사실상, 2축 엔진(dual-spool engine)에서 추력이 30% 변화하는 동안 rpm은 10% 정도밖에 변화시키지 못한다. 이럴 경우 추력 측정을 위해서 rpm/추력보다는 엔진압력비를 측정하는 것이 훨씬 더 빠르다.

최대트림조정점[그림 7-13B 참조]으로 돌림으로써 연료흐름과 추력이 증가하거나 감소될 것이다. 이는 압축기 입구 압력과 터빈 출구 압력 사이의 관계에 영향을 미치게 된다. 즉 연료흐름 증가는 추력을 증대시킴에 따라 엔진압력비는 주어진 압축기 입구 조건에 비해 증가하게 된다. 트림절차는 다음과 같다.

정비요원은 정밀하게 보장된 계기를 이용해 엔진 작동 전에 입구 대기압과 대기온도를 측정한다. 이는 부분출력 트림정지에 적용되며, 터빈 출구 압력을 측정하기 위한 장치를 장착하라. 엔진을 부분출력정지에서 운용하면서 제작자가 제공하는 그래프[그림 7-15 참조]에 맞추어 엔진을 트림한다.

주의사항 : 관제탑에서 주어진 온도(field temperature)를 그대로 사용하지 마라. 이는 On-Side Reading과의 차이가 있기 때문이다. 또한 항공기 외부온도계기(OAT)를 사용해도 안되는데 이 계기의 경우 태양으로부터의 열응축(heat soaked)이 있을 수 있으며 엔진에 장착된 온도계의 수치와 상당히 틀리기 때문이다. 실제 산업체에서는 온도계를 전방바퀴그늘에 위치시킴으로써 온도의 안정성을 유지시키는 방법을 흔히 사용한다.

또한 제작자들은 최대출력에 도달하는 과정에 있어서 연료조절계통에 적절한 사전하중(pre-load)을 가해주기 위해서, 또는 트림출력 설정시 높은 신뢰성을 얻기 위해서 두 번내지 세 번 정도의 가속운전을 할 것을 요구한다.

그림 7-15는 전형적인 사업용 제트기(business jet)의 부분출력엔진 트림곡선을 보여주고 있다. 계산 후 대기온도가 75°F일 경우에 터빈 출구 압력 요구치가 입구 압력이 30in(수온압력계)일 때 58.2in에 이르지 못하면 정비요원은 엔진을 이 수치에 맞도록 트림해 주어야 한다. 그리고 이때의 압력비를 수학적으로 계산하면 58.2in를 30in로 나누게 되므로 1.94가 된다. 조종석의 계기는 1.94에서 정해진 공차 이상 벗어나서는 안 되며 벗어났을 경우 엔진압력비 시스템은 수리해 주어야 한다.

그림 7-15에서 압축기 입구압력(P_{t2})을 쓰지 않고 대기압력(P_{am})을 쓴 점을 주목하라. 이는 대부분의 항공기에서 P_{t2}를 측정할 일반적인 방법을 갖고 있지 못하기 때문이며, 이때의 전압력 또한 대기압력과 별 차이가 없기 때문이다. 그림 7-15의 그래프는 물론 이 차이를 보정해 주었고 실제 엔진은 P_{t5}를 P_{t2}로 나눈 엔진압력비로 트림된다.

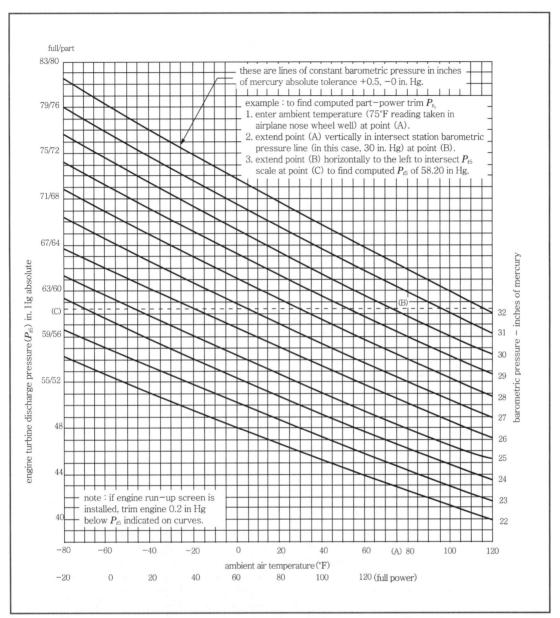

[그림 7-15] Part power trim and full power check chart(EPR-rated turbofan engine)

③ 트림 후의 최대출력점검

부분출력트림을 수행한 후에 부분출력정지(stop)를 제거하고 파워레버를 최대출력으로 전진시켜 터빈 출구 압력이 67.0in가 되게 한다.

엔진의 여러 가지 계기상태(엔진 회전속도, 배기가스온도, 연료유량)가 한계수준을 넘지 않으면서 해당수치의 압력이 얻어지면 최대출력점검은 완료된다. 이러한 점검에 대해서는 다음 절에서 자세히 다룰 것이다.

④ 속도정격엔진의 트림절차

㉠ 팬 속도 트림방법은 팬회전속도(N_1)와 추력이 직접 연관을 가지고 있는 2중축 터보팬 엔진에서 일반적으로 수행된다. 그림 7-13에서 최대조정점(maximum adjustment) 의 반시계방향으로의 움직임은 엔진의 연료유량을 늘리게 되며, 이는 팬회전속도 증가를 가져오고 다시 엔진 추력의 증가를 의미한다.

아이들(idle) 조절나사를 조절하면 제작자의 요구에 맞춰 아이들 회전속도를 정할 수 있다. 조절량은 그림 7-16과 같은 엔진 성능곡선의 변수(parameter)에 달려있다.

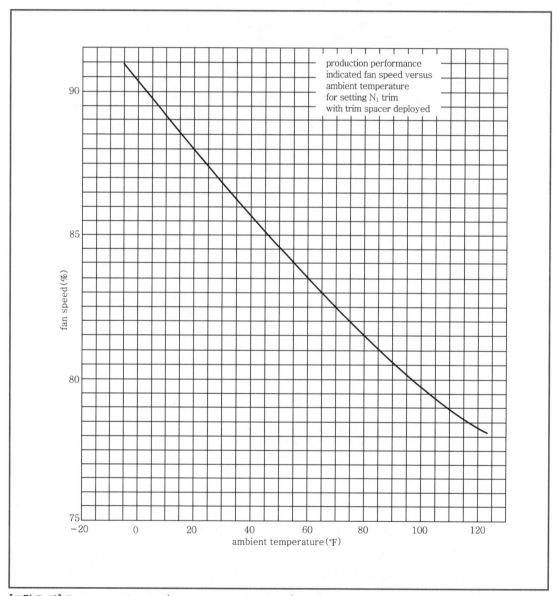

[그림 7-16] Part power trim chart(fan speed-rated turbofan)

이러한 경우 팬회전속도 트림은 대기온도의 함수로 결정된다. 고압압축기 회전속도, 터빈의 온도와 기타 여러 가지 엔진 작동변수들은 팬 속도비가 결정됨에 따라 정해지는 일정범위 내에 있어야만 한다. 그렇지 않을 경우 다음과 같은 터보-기계 (turbo- machinery)의 고장이나 연료계통의 고장을 유발할 수 있다.

ⓐ 압축기가 오염되거나 손상됨으로 인한 공기역학적 문제가 발생할 수 있다. 또한 고온부의 손상은 열역학적 문제를 일으킬 수 있다.

ⓑ 연료흐름스케줄이 나빠짐으로 인해 압축기 실속(stall)이나 과열현상, 불꽃정지 (flame out)가 발생할 수도 있다.

ⓛ 원하는 만큼의 추력을 내기 위해서는 엔진의 일부가 과도한 일을 할 수도 있는데 (over-taxed) 이는 조종석의 rpm 지시계, 배기가스 온도계, 연료유량계에 탐지된다. 이러한 계기의 높은 수치의 원인은 고장탐구에 의해 결정되고 적절하게 수정되어야 한다.

계기에서 읽혀지는 수치의 정확도를 인증하기 위해서 많은 운용자들은 항공기의 rpm 지시시스템(백분율로 표시되는)에 부속되어 있는 운반 가능한 정확한 타코미터를 이용하게 된다. 이를 이용하면 정비요원은 조종석 계기들의 상태를 재빨리 알아 낼 수 있으며 엔진상태에 대한 많은 정보를 얻을 수 있다.

트림절차는 다음과 같다.

ⓐ 정밀한 온도계를 이용항공기의 온도를 측정함으로써 그림 7-16에 의해 팬회전속도(N_1)를 알 수 있다.

ⓑ 트림 부분 출력정지(stop)를 배치한다.

ⓒ 항공기를 작동시키고 파워레버를 트림정지점(stop)까지 전진시킨다.

ⓓ 최대맞춤을 조절하고 이때 계기의 수치를 읽어 기록하고 제작자가 제시한 한계치와 비교한다.

ⓔ 트림정지를 내리고 파워레버를 조절하여 그림 7-17의 N_1 값과 맞추고 N_2 속도와 T_5가 한계치 내에 있는가 점검한다.

예 1. 항공기의 대기온도가 65°F이고 파워레버를 그림 7-18A의 전방 부분 출력정지점까지 보냈다. 이때 엔진은 그림 7-16에 의하면 83% 팬회전 속도(N_1)에서 운용된다.

2. N_1 속도가 83% 위치가 아니면 최대트림조절이 수행되어야 한다.

3. 출력을 낮추고 아이들 속도가 50±1%인지 확인한다.

4. 부분출력정지(part load stop)를 제거하고 출력조절레버를 N_1 속도의 99%까지 전진시킨다. 배기가스온도(T_5)는 700℃ 이하를 유지하여야만 하며 고압압축기(N_2) 회전속도는 96% 이하로 유지되어야만 한다. 그렇지 못하면 파워레버를 더 이상 전진시키지 말아야 한다. 엔진을 정지시키고 고장탐구절차를 수행한다.

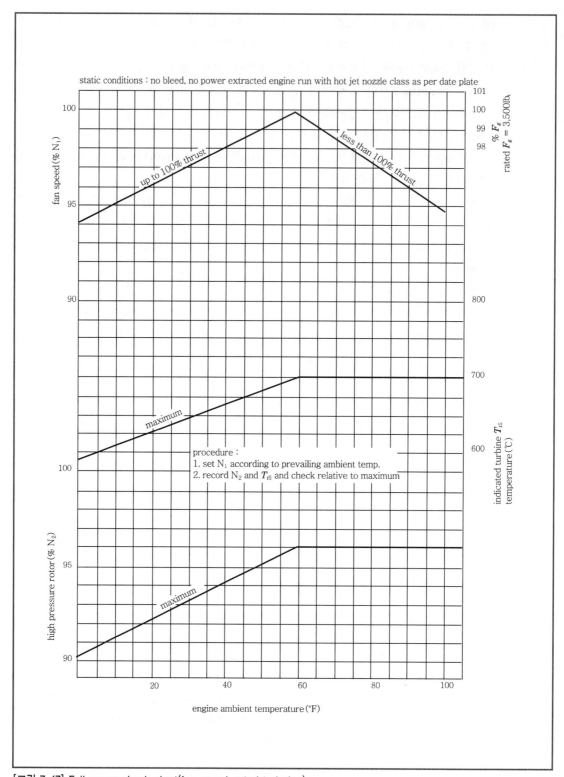

[그림 7-17] Full power check chart(fan speed-rated turbofan)

(5) 데이터판 속도점검(Data Plate Speed Check)

성능점검의 일종으로서 대개 트림점검방법에 따라 행해지는 것으로 데이터판 속도점검이 있다.

대부분의 가스터빈엔진에는 제작자가 최종성능점검을 수행한 시점에 맞춰 조그마한 금속제 판(plate)을 부착한다. 이 판에는 부분출력 트림조건을 맞추기 위한 필요추력(required thrust)과 이때의 엔진 회전속도가 인쇄(stamped)되어 있다. 인쇄된 엔진 회전속도는 모든 엔진에서 각기 다른 값을 갖게 되는데 이는 부품제작공차(production tolerance)로 인해 거의 모든 엔진에서 속도와 추력 사이의 상관관계가 서로 다르기 때문이다.

이러한 점검의 목적은 "새로 측정된" 성능데이터에 의해 미래의 엔진 성능이 어떻게 나타날지 비교해 보는 데 있다.

한 예로, 가상의 데이터판에 그림 7-18과 같이 인쇄되었다(59°F의 온도에 1.61의 엔진압력비를 가질 때 87.25% N_2의 속도를 낸다). 엔진의 사용시간이 늘어감에 따라(cycle이나 시간) 엔진상태에 대해 지상상태성능을 점검할 때 이것으로 데이터판 속도점검이 수행될 수 있다.

점검시의 공정은 엔진이 1.61의 압축비를 갖도록 가동시키며 N_2 속도를 측정하는 속도계를 관찰하여 기록한 "새로운" 속도와 Date plate의 속도를 비교하는 것이다.

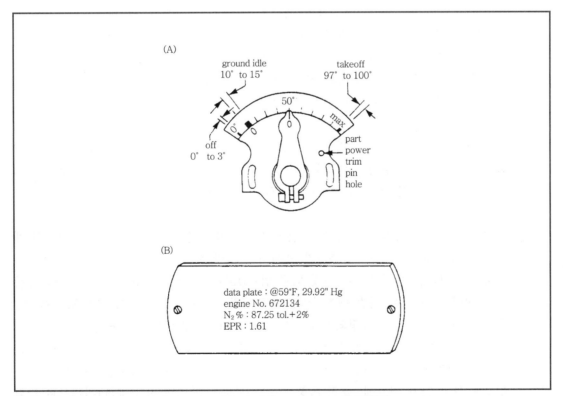

[그림 7-18A] Power lever protractor-approximately 90° power lever angle(PLA)
[그림 7-18B] Data plate axample

공차가 +2.0% 이상, 즉 엔진이 89.5%의 N_2 속도를 기록하게 되면 이는 한계치를 벗어나는 것이 되는데 데이터판의 한계퍼센트는 89.25%이기 때문이다.

이러한 점검은 엔진 성능의 한 평가방법이 되며 운용 가능이나 운용 불능을 결정하는 검사 방법에서 꼭 필요한 것은 아니다. 엔진이 만족할 만한 성능을 낸다면 비록 점검하여 새로운 성능을 내도록 하였을 때에 비해 연료소모량이 더 많아지더라도 계속 운용 가능하다. 이는 또한 엔진 운용자에게 압축기가 오염될 우려가 있으며 고온부의 성능저하 염려도 있을음 말해주며 엔진의 청소 및 수리가 요구됨을 알려준다.

점검운용이 표준온도인 59°F의 기온에서 행해지기는 쉽지 않은데, 따라서 속도계에서 지시되는 눈금은 제작자가 제공하는 수정차트에 의해 데이터판과 비교하기 이전에 수정해 주어야 한다.

지금까지 엔진압력비 정격엔진에 관하여 설명하였다. 그런데 데이터판 속도점검법은 터보팬엔진과 같은 속도비 정격엔진이나 토크나 마력으로 측정되는 터보프롭엔진에도 적용할 수 있다.

(6) 트림제한(Trim Restrictions)

트림시에는 항상 지켜야만 하는 대기상태에 의한 제한조건이 있게 마련이다. 특정 엔진 (JT12)에 대한 바람의 속도와 방향에 대한 제한조건이 그림 7-19에 나타나 있다.

해당 제한치를 초과하는 각도로 바람이 엔진 뒷부분(tail pipe)에서 불어오면 이는 터빈의 배기압력을 높이는 작용을 하여 그 후에 바람이 한계치 이내일 때 저트림(low trim)이 된다. 흡입구 쪽에서의 과다한 바람은 압축과 터빈 배기압력이 높아지는 것과 같이 작용하여 마찬가지로 그 후에 바람이 한계치 이내일 때 저트림이 된다.

이러한 현상은 다음과 같이 발생한다.

① 엔진 후방쪽에서 불어오는 바람은 역압력(back pressure)을 높이게 되어 마치 터빈 배기압력이 높아진 것처럼 되므로 이를 보상할 수 있도록 트림조건을 낮춘다(down-trim). 그리고 나서 다시 바람이 잔잔해지면 터빈 배기압력이 낮아지므로 엔진압력비가 줄어든다.

② 흡입구 쪽에서의 바람은 마치 엔진 흡입구 압력이 커진 것과 같게 되어 조종석의 계기에 실제 압축비보다 큰 압축비가 표시되도록 만든다.

압축기는 압축을 높임으로써 거짓 입구 압력(false inlet temperature)을 더욱 증폭하게 되며 이는 또한 터빈 배기압력을 높이도록 영향을 미친다. 이 영향으로 엔진압축비가 실제보다 높게 측정되거나 과트림(over-trim)엔진이 되기도 한다.

트림을 담당하고 있는 사람은 트림조건을 낮춤으로써(down-trim) 이를 보상해 주는데 다시 바람이 잔잔해지면 엔진은 저트림(under trim)상태가 된다. 바람은 거의 일정하게 불지 않기 때문에, 특히 돌풍 때, 계기는 곧 잘 엉뚱한 값을 나타내므로 정확한 트림조건을 계산하는 것은 매우 어렵다. 또 다른 트림제한조건으로 습기(비)나 빙

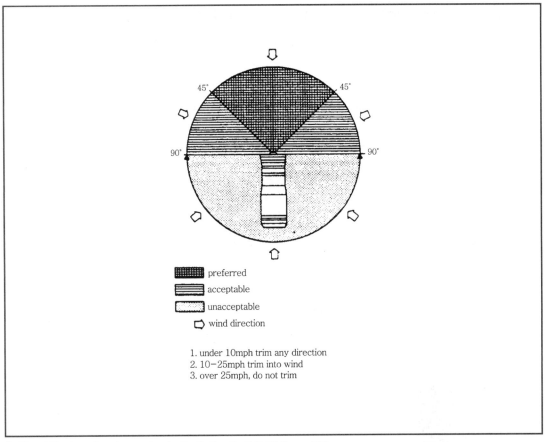

preferred
acceptable
unacceptable
wind direction

1. under 10mph trim any direction
2. 10~25mph trim into wind
3. over 25mph, do not trim

[그림 7-19] Wind direction and velocity limits, Pratt & Whitney JT12

결(icing)이 있는데 이에 대해서는 운용지침서에 제시되어 있고 이를 잘 따라야만 잘 못된 트림조건으로 인한 결과를 막을 수 있다.

동일한 트림제한조건이 속도 정격엔진에도 마찬가지로 적용된다. 비록 잘못된 트림 조건의 결과로 트림계기가 직접 영향을 받지 않는다 하더라도 엔진의 성능에 영향을 미치게 되므로 주의하여야 한다.

(7) 트림위험지역(Trim Danger Zones)

가스터빈엔진이 운용되고 있는 주변지역에는 사람이나 여러 장비들에게 위험이 따르기 마련이다. 모든 비행라인요원들은 동작 중인 엔진 근처에서 작업시에는 항상 위험에 대비해 경계하여야 한다.

옷의 일부분이라든가 마이크의 코드, 공구, 걸레 등이 엔진에 빨려들어가지 않도록 주의해 야 한다. 최대한 안전을 보장하기 위해서 동작 중인 엔진 주위에서 작업하는 지상요원과 통제실 사이의 의사소통은 인터콤(intercom)이나 수신호[부록 5 참조]를 사용하는 것이 좋다.

(8) 소음으로부터의 청력보호(Ear Protection from Noise)

대형 터보제트엔진이나 터보팬엔진이 최대출력상태로 운용되는 경우 소음의 정도는 약 160dB 정도에 이른다.

소형 엔진의 경우는 약 13dB 정도의 소음을 낸다. 이 정도 소음의 세기는 적절한 방지대책이 없는 한 지상요원에게 일시적 혹은 영구적인 청력상실이라는 영향을 미칠 수 있다.

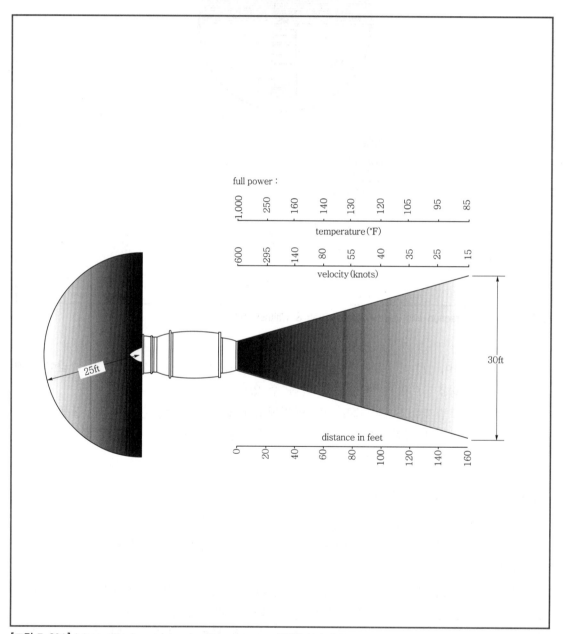

[그림 7-20A] Inlet and exhaust jet wake danger areas, JT15D turbofan

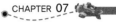

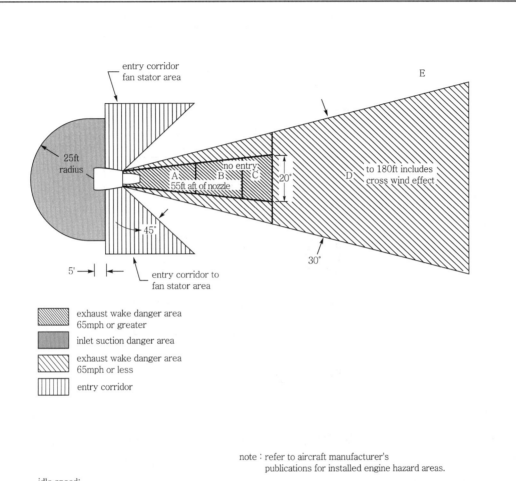

note : refer to aircraft manufacturer's
publications for installed engine hazard areas.

idle speed:

area	approx. wind velocity (mph)	
A	210 to 145	a man standing will be picked up and thrown; aircraft will be completely destroyed or damaged beyond economical repair; complete destruction of frame or brick homes.
B	145 to 105	a man standing face-on will be picked up and thrown; damage nearing total destruction to light industrial buildings or rigid steel framing; corrugated steel structures less severely
C	105 to 65	moderate damage to light industrial buidings and transport-type aircraft
D	65 to 20	light to moderate damage to transport-type aircraft
E	20	beyond danger area

[그림 7-20B] Inlet and exhaust wake areas, General Electric CF6 High Bypass Turbofan

allowable noise exposure sound level in dB							
type ear protective devices	exposure time, hours*						
	1/4	1/2	1	2	4	6	8
no protection	115	110	105	100	95	92	90
ear plugs with average seal	127	122	117	112	107	104	102
ear plugs and earmuffs	135	130	125	120	115	112	110

*duration of exposure per day

ear protective devices

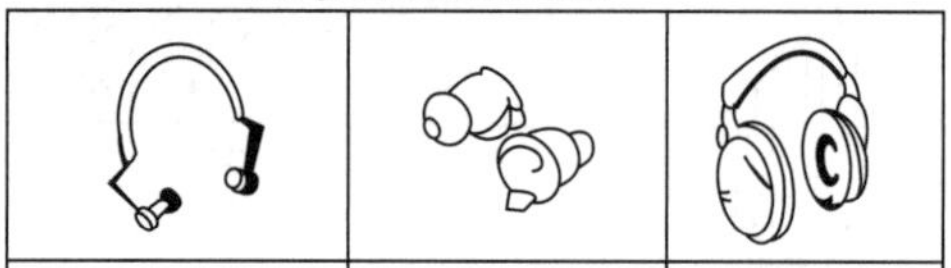

universal fit earplug	ear plug V−51−R type of similar	typical earmuff

[그림 7-21] Ear protection guidelines

가장 적절한 청력보호장비는 "Muff type"으로 소음에 대해 귀나 귀를 이루는 뼈가 그대로 노출되는 것을 막기 위해 귀 전체를 감싸는 방법이다. 귀마개(earplug)는 청력보호기능이 가장 약한 장비로 비교적 저소음영역이나 짧은 시간동안 소음영역에 머무르는 경우에만 사용을 권한다.[그림 7-21 참조]

소음방지에 대한 미연방기준(Federal standard)은 Occupational Safety and Health Administration Standard, 36th Federal Register, 105, Section 19-10.95에 제시되어 있다.

(9) 평정격(Flat Rating)

오늘날 대부분의 가스터빈엔진은 Flat-rated에 의해 특성화되고 있다. 이는 최대출력곡선의 평평한 모양(flat shape)과 출력이 100% 이하로 떨어지기 시작하는 대기온도를 나타낸다.

그림 7-22는 팬 속도 정격엔진에서의 이러한 개념을 보여주고 있다. 그림 7-22를 해석한 결과 해당 엔진의 경우 대기온도가 90°F이며 96% rpm일 때 100% 추력을 낸다는 것을 보여준다. 이는 파워레버를 앞쪽으로 계속 밀어주면 90°F까지의 어느 기온에서 조종사는 정격추력을 얻을 수 있다는 것을 의미한다.

90°F 이후에서는 파워레버를 더 이상 앞으로 밀어서는 안 되는데 그렇게 할 경우 엔진이 과열될 수 있기 때문이다.

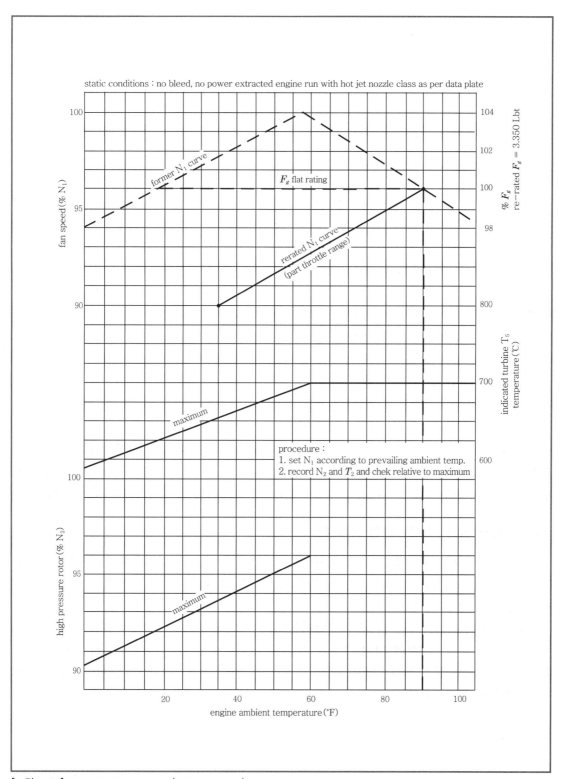

[그림 7-22] Example of flat rating(typical engine)

대기온도가 엔진의 평정격을 초과할 경우 100% 추력은 더 이상 얻어지지 않는다. 이 경우 항공기의 총 중량을 조절해 줄 필요가 있거나 이륙절차를 점검할 필요가 있다.

엔진의 평정격은 고작 59°F인 것도 있는 반면 100°F가 넘는 것도 있다. 이는 주로 항공기 제작자의 필요에 의해 결정되는 경향이 크다. 일반적으로 평정격은 넓은 대기온도범위에서 엔진 수명에 영향을 미칠 정도로 필요 이상의 동작이 없이 일정한 정격추력을 낼 수 있게 해주는 것으로 알려져 있다.

한 예로, 엔진이 59°F에서 3,500lb의 추력으로 정격되었다면 90°F에서는 3,350lb이 추력으로 재정격(re-rated)될 수 있다. 항공기 사용자는 이때 3,500lb의 추력을 내지 않거나 항공기를 최대 총 중량으로 운용하지 않아도 되며 3,350lb 추력으로 운용함으로써 연료소모량을 줄일 수도 있고 엔진 수명을 연장시킬 수도 있다.

평정격은 표준대기온도상태에 비해 낮은 정격추력으로 엔진을 재정격하는 엔진 제작자의 일종의 수단이다. 엔진은 넓은 대기온도영역에 걸쳐 낮은 정격추력으로 운용 가능하다. 평정격은 추력형 엔진이나 토크형 엔진은 물론 모든 형태의 엔진에 동일하게 적용된다. 항공기 제작자는 다음의 순서에 의해 자신이 필요로 하는 적합한 평정격을 선택할 수 있다.

① 사용자는 자신의 항공기의 형상, 요구항로(route requirements), 이륙활주거리, 활주고도 등에 맞게 이륙에 필요한 출력을 결정한다.

② 이륙출력을 얻을 수 있는 가장 높은 대기온도를 계산한다.

③ 엔진 제작자나 항공기 제작자는 비행교본이나 운용지침서 등을 제작할 때 정상작동시에 최대로 사용할 수 있는 이륙출력을 반영하여야 한다.

앞서 언급한 예에서 엔진이 낼 수 있는 것보다 낮은 엔진 출력으로 재정격되면 엔진은 비상시에 대비할 수 있는 여유출력을 보유할 수 있다는 것을 알 수 있다. 또한 이 경우에는 엔진이나 연료계통에 어떠한 기계적 조작도 필요하지 않으며 운용데이터만 변하게 된다.

(10) 터보프롭과 터보축 엔진 성능점검

터보프롭이나 터보축 엔진은 추력형이라기 보다는 주로 토크형 엔진으로 사용된다. 토크형 엔진의 성능계산방법은 터보팬이나 터보제트엔진에서 조종석의 출력지시계로 압력비나 팬속도비를 사용했던 것과는 아주 다르다.

터보프롭이나 터보축항공기의 조종석에서는 오일압력에 의한 psi 토크지시계, ft.lb 토크지시계, 혹은 % 토크지시계에 의해 얽혀진 값으로 토크를 측정한다. 계기의 눈금은 주로 상변환(phased shift) 전기 토크미터시스템에 의해서나 평형피스톤(balanced piston) 유압 토크미터시스템에 의해 읽힌다.

예제

PT-6 터보프롭엔진은 조종석의 토크계기에 의해 출력을 표시하게 되는데 그 단위는 ft.lb이다. 조종사에게 이 수치는 축마력(shape horse power) 수치로 표시된다. 조종석 계기에 입력되는 ft.lb 단위에서 실제 읽혀지는 수치인 hp로 바뀌는 계산과정은 어떻게 되는가?

[풀이] $\text{SHP} = \text{Torque}\,(\text{ft.lb}) \times (\text{rpm} \times K)$

여기서, Torque : 조종석계기에서 얻어지는 값

rpm : 프로펠러에 동력을 전하는 동력터빈 rpm

K : 상수

Power =(힘×거리)/시간 이므로

$\text{HP} = [F \times (D/t)]/33{,}000$

여기서, HP : 마력

F : 힘(lb)

D : 거리(ft)

t : 시간(min)

공식에 의해 마력이 터보프롭이나 터보축 엔진에 적용될 때 "시간"이나 "거리"는 자유(free) 동력터빈 rpm의 함수가 되고 "힘"은 회전력이 된다. 토크는 ft.lb로 측정된다(힘이 모멘트팔(혹은 반경)을 통해 전달될 때를 토크라 부른다).

동력터빈(power turbine)은 감속기어 박스를 통해서 프로펠러를 구동하는 동력을 생산해 낸다. 예를 들면, PT6-34 동력터빈은 회전속도가 33,000rpm으로 정격출력(rated power)을 내게 되고 감속기어장치는 15 : 1의 감속비를 갖는다. 그 결과 프로펠러는 2,200rpm 구동축 속도로 회전하게 된다. 부하가 걸려있는 상태의 프로펠러가 생산하는 토크는 곧 엔진이 생산해내는 축마력(shaft horse power)이다.

동력터빈에 의해 생산되는 토크(T)는 그림 7-23에서 보면 힘에 터빈 로터 평면상의 모멘트팔(moment arm, radius)을 곱한 값이 된다.

$$T = 힘 \times 모멘트팔$$

마력을 계산하기 위해서는 토크값과 회전 속도(rpm) 그리고 로터 블레이드 중간스팬(mean span)의 작용점까지의 거리가 필요하다. 이 거리는 터빈휠의 매 회전당 힘의 작용점까지의 거리가 된다.

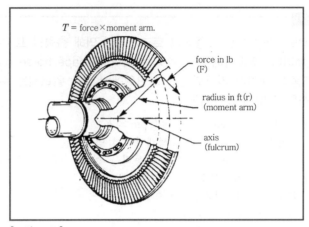

$T = \text{force} \times \text{moment arm.}$

force in lb
(F)

radius in ft (r)
(moment arm)

axis
(fulcrum)

[그림 7-23] Power turbine torque, moment arm and force

작용하는 힘 "F" 값은 정기점검(factory testing)시에 직접 측정하거나 동력터빈에서 사용되는 연료에너지가 BTU(British Thermal Unit) 단위로 1BT당 778ft-lb의 일을 하게 된다는데에서 계산에 의해 구할 수 있다. 그런데 주의해야 할 점은 "F"는 단지 힘의 단위로 엔진 내부의 토크미터(torque meter)에 의해 측정되어 조종석에 ft.lb 단위로 표시되며 실제 행해지는 일이 아니라는 것이다.

축마력을 계산함에 있어서 축마력 공식에서 rpm에 곱해지는 인자들인 시간과 거리(반지름)를 다음과 같이 변화시킬 수 있다.

$$hp = \frac{F \times N_p \times 2\pi\gamma}{33,000}$$

여기서, F : 힘(lb)
$\quad N_p$: 프로펠러 회전속도(rpm)
$\quad \gamma$: 평균 반경(ft)
$\quad 33,000 = $마력으로의 변환계수(conversion factor)

$$hp = \frac{(F \times \gamma) \times N_p \times 2\pi}{33,000}$$
$$hp = \frac{T \times N_p \times 2\pi}{33,000}$$

여기서, $T = F \times \gamma$
$\quad shp = T \times N_p \times K$
$\quad shp = hp$
$\quad K = 2\pi \div 33,000$
$\quad K = 0.00019$

실제 엔진에서 생산해내는 축마력은 조종석의 토크계기에서 ft.lb 단위로 나타나는 수치로 알 수 있으며, 읽혀진 수치는 때로 psi(lb/in²)로 나타내기도 하는데 이때는 ft.lb 단위로 전환해주어야만 하며, 프로펠러 rpm 표시계기를 같이 사용할 수 있다(여기서 읽혀지는 수치는 때때로 분당회전수의 백분율로 표시되기도 하는데 이는 실제 분당회전수로 전환해주어야만 한다).

(11) psi로 표시되는 토크의 ft.lb 단위 토크로의 전환

조종석에서 사용되는 토크계기를 psi로 나타낸다면 다음의 공식을 사용해서 단위를 바꿔주어야 한다.

예를 들어, PT6-34 모델 엔진에서는 제작자가 다음의 전환계수를 제시하고 있다.

$$\text{Torque}(\text{ft.lb}) = \text{Torque}(\text{psi}) \times 30.57$$

●예제

조종석계기에 42.05psi가 표기되었다면 등가의 ft.lb 단위의 토크는 얼마인가?

[풀이] $\text{Torque}(\text{ft.lb}) = 42.05 \times 30.57$
$= 1,285$

(12) % rpm을 실제 rpm으로의 전환

분당회전수(rpm)와 분당회전수 백분율의 관계는 만약 100%의 분당회전수가 분당 2,200회전이라면 조종석 계기에 표시되는 98%의 수치는 프로펠러가 2,200회전수의 0.98배 속도로 회전한다는 것을 의미하며, 이는 분당 2,156회 회전함을 의미한다.

(13) 이륙(Take-off)곡선에서 ft.lb 단위의 토크 계산

대기온도 77℉, 대기압 29.92in(수온기압계)일 경우 그림 7-24와 같은 전형적인 이륙출력 맞춤곡선(takeoff power setting curve)을 사용하면 이륙토크값은 1,275ft.lb가 된다.

엔진 운용자는 엔진을 시동하고 이륙하기 위해 엔진을 해당수치까지 가속시키거나 혹은 엔진 출력점검을 위해 해당수치를 유지하게 된다.

엔진 운용자에 의해 올바른 이륙출력으로 인증되면 다른 계기들에서 읽혀진 값들 또한 만족할만한 값으로 볼 수 있다.

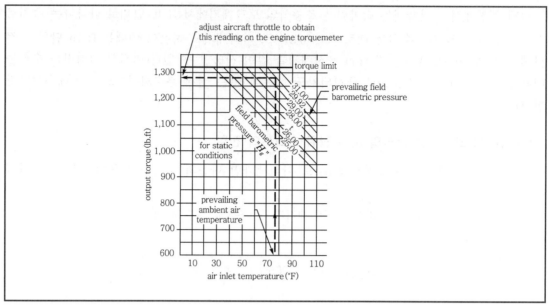

[그림 7-24] Typical takeoff power setting chart for turboprop engine

(14) 조종석 계기수치를 이용한 축마력 계산

앞의 예에서 보면 축마력은 N_p(rpm)값을 알면 계산이 가능하다. PT6 터보프롭엔진은 모든 경우에서 100% N_p 속도일 때 감속기어를 통해 2,200rpm의 속도로 프로펠러를 돌려주게 된다.

$$shp = T \times N_p \times 0.00019$$
$$= 1,285 \times 2,200 \times 0.00019$$
$$= 537$$

여기서, $T = 1,285\,\text{ft.lb}$
$N_p = 2,200\,\text{rpm}$
$K = 0.00019$

순항 rpm이 결정되면 프로펠러 조속기(propeller governer)와 엔진조절장치는 엔진이나 프로펠러의 대기조건이나 부하조건이 바뀌더라도 동력터빈(N_2)의 회전속도를 일정하게 유지하게 한다.

프로펠러와 연료공급장치의 감지기(sensor)에 의해 연료유량과 N_1 속도가 변화하여도 동력터빈과 이와 연결된 프로펠러 속도는 일정한 값으로 유지된다.

토크와 축마력은 걸리는 부하에 따라 변화하게 되는데 이는 "정지해 있는 물체는 계속 정지해 있으려 하고(움직임에 대항하는 저항이 증가) 움직이고 있는 물체는 그 운동을 계속하려 한다(움직임을 저해하는 요소에 대항하는 저항 증가)."는 뉴턴 제1법칙을 따른다. 만일 연료유량 증가와 N_1 속도 증가에 의해 비행조건이 변화하게 되면 N_2 속도를 증가시키려는 경향을 나타내게 된다. 그러나 프로펠러 제어장치는 프로펠러 깃각(blade angle)을 좀 더 높은 각도로 바꿔주어 프로펠러는 정속도(on-speed)를 유지하게 된다.

깃각의 증가는 엔진의 움직임에 저항하려는 힘을 크게 해주며 동시에 토크와 축마력을 증가시켜준다.

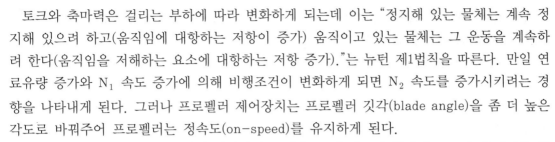

Section 03 ─ 물분사에 의한 추력증가(Water Injection Thrust Augmentation)

1 작동원리

일부 가스터빈엔진에서는 높은 고도의 비행장에서 이륙할 때마다 또는 대기온도가 높은 상황에서 이륙할 때 등 추력증가계통의 도움이 필요할 때 이의 한 방편으로 물분사방법을 사용하기로 한다.

미세한 분무형태의 물은 압축기 입구에서 주입되는 형식과 연소실 입구에서 주입되는 형식 또는 두 가지 방법을 동시에 사용하는 방식 등이 있는데 이들은 앞서 말한 바 있는 열악한 주위여건에 의한 추력저하를 만회할 수 있도록 해준다.[그림 7-25 참조]

물주입방법은 증발잠열의 원리(the principle of latent heat of vaporization)가 가스터빈엔진에 응용된 것이다. 즉, 가스의 유로에 주입된 유체는 열전달(heat transfer)을 유발하게 된다. 유체가 증발하게 되면 공기 중의 열은 물방울입자로 전달되면 이로 인한 공기의 냉각작용은 곧 가스흐름의 밀도증가를 가져오게 된다. 물이 엔진 내부에서 증발되면 1lb의 물이 증발하면서 약 1,000Btu 정도의 열을 공기로부터 흡수하게 된다.

따라서 가스터빈엔진에서 물주입은 엔진 추력의 증강을 의미하게 된다. 이러한 추력증강은 다음 두 가지 관점에서 살펴볼 수 있다. 첫 번째는 압축기 입구에서 공기 중에 물이 분사됨으로써 압축과 공기유량을 증가시키는 역할을 하는 것이고 두 번째는 주입된 물은 연소가스를 냉각시키는 작용을 해서 이륙시 최고온도한계점을 초과하지 않으면서 더 많은 연료를 주입할 수 있게 해준다는 것이다. 이상의 세 가지 엔진 변수(parameter)의 증가로 인해 엔진 전체추력의 10~15%의 증가효과가 있다.

압축기 입구 물분사는 대개 대기온도 40°F 이상에서 사용하도록 설계된다. 이 이하의 온도에서는 물분사계통과 엔진 흡입구 주위에 빙결(icing)현상이 발생하기 쉽다. 연소실 입구 물분사방법은 온도에 무관하게 사용할 수 있다.

여기서 증발잠열의 원리를 재적용해보면, 압축기 입구 물분사는 물분사시 압축기 입구 온도를 더 낮게 만들어준다는 사실이 명백해진다. 따라서 물분사는 32°F 이상의 대기온도에서의 이륙조건에서만 사용 가능하다. 그래야만 고속공기흐름에 의한 냉각효과와 물입자에 전달되는 열에 의한 조화로 빙결현상을 막을 수 있다.

기온이 40°F 미만이고 물분사방법이 요구되면 가열된 물을 항공기 내부탱크에 주입하게 된다. 또한 탱크는 내부적으로 가열부(heating elements)를 장착하고 있어 사용 가능한 온도를 항상 유지할 수 있다.

빙결현상에 대해서는 9장에서 다루도록 하겠다.

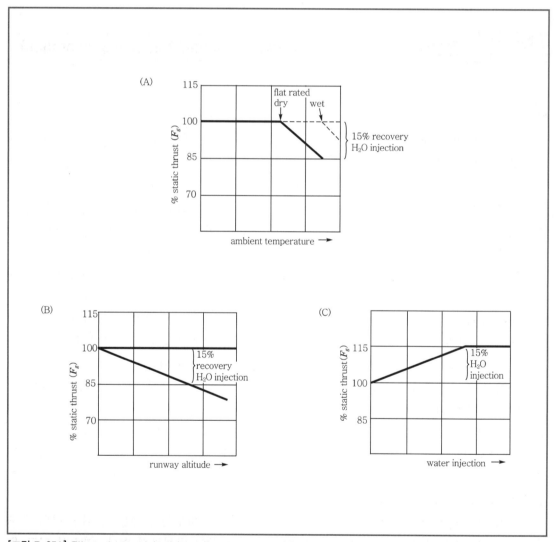

[그림 7-25A] Effect of water injection on thrust versus ambient temperature
[그림 7-25B] Effect of water injection on thrust versus runway altitude
[그림 7-25C] Added thrust with water injection

2 물분사 유체(Water Injection Fluids)

순수한 비광물성 물(pure demineralized water)과 증류수(distilled water)는 물분사방법에 가장 보편적으로 사용되고 있다. 상용수돗물(tap water)은 광물성 물질 함유도가 높아 사용되지 못하는데 수돗물에 함유된 광물성 물질이 터빈 블레이드와 부딪쳐서 심각한 터빈 손상(turbine distress)의 원인이 되기 때문이다.

순수한 물은 메틸알코올이나 에틸알코올과 섞인 물에 비해 더 큰 냉각효과를 내기 때문에 가장 널리 사용된다. 항공사들은 이러한 이점을 가지고 있고, 이륙시 물을 모두 사용하기 때문에 고고도에서 어는 것에 걱정하지 않는다.

헬리콥터와 터보프롭을 포함한 이·착륙 횟수가 잦은 항공기들은 주입액체의 동결을 막기 위해 알코올과 혼합된 유체를 사용하도록 규정하고 있다.

물분사용 유체의 전형적인 특성은 다음과 같다.

① 비광물성 물 혹은 증류수로 고체입자 함유율이 10ppm(parts per million) 이하
② 메틸/에틸 알코올이 30~50% 함유된 비광물성 물 혹은 증류수
③ 다음의 표는 가장 일반적인 분사유체의 열흡수와 증발효과를 보여주고 있다.

Fluid	Heat of Vaporization (Btu/lb)	Heating Value (Btu/lb)
water	970 at 212°F	0
methyl alcohol	481 at 148°F	9,000approx.
ethyl alcohol	396 at 173°F	12,000approx.

비록 물이 알코올과 같이 열가(heating value)를 갖지는 않지만 열흡수능력이 크기 때문에 같은 부피의 물이 알코올과 물의 혼합액체에 비해 더 큰 추력증가효과가 있다는 것을 알 수 있다. 다른 관점에서 생각해 보면 알코올은 냉각효과로 사용된 후에 연료로써 사용될 수도 있지만 같은 부피의 추력증가효과면에서는 순수한 물보다는 효과가 떨어진다.

3 물분사계통(Water Injection Systems)

대형 항공기의 경우 근래에는 물분사방법이 많이 쓰이지 않고 있다. 왜냐하면 현대의 터보팬엔진은 높은 대기온도와 활주로 고도로 인한 약점을 극복하기에 충분한 추력을 낼 수 있는 능력을 가지고 있기 때문이다. 그러나 많은 중거리용 여객기(commuter-sized aircraft)와 소형 항공기들은 성능요구조건을 충족시키기 위해 물분사방법을 사용하고 있다. 여기서, 소형 엔진은 물이 모두 사용되었을 때 항공기가 더 가벼워지는 장점도 있다. 위와 같은 경우, 대형 엔진에서는 엔진 중량과 항공기 중량에 크게 영향을 미치지는 못한다.

(1) 물분사장치(대형 엔진)

유용추력은 자주 비행기의 이륙 중량을 결정하기 때문에 물분사는 거의 이륙시에만 사용된다. 예를 들어 보잉 707과 DC-8 비행기는 엔진 하나당 약 300gallon의 물분사용 유체를 가지고 있다가 이륙과 상승을 하는 3분 동안 전량을 다 써버리게 된다. 이는 공기-물의 비율이 약 12 : 1로써 공기의 질유량은 160lb/sec이고 물분사율은 100gallon/minute(13.6lb/sec)이 된다.

연료유량측면에서 보면, 이 엔진은 이륙시에 9,000lb/hr(22gallon/minute)의 연료유량을 가진다. 즉, 100gallon/minute의 물유량과 비교해 보면 물-연료 비율은 4.5 : 1이 된다.

그림 7-26은 전형적인 물분사장치를 보여준다. 이 장치에서 두 개의 독립적인 분사노즐이 있음을 볼 수 있는데 하나는 압축기 입구에, 다른 하나는 디퓨저/연소실 부분에 물을 뿌리도록 되어있다.

압축기의 분사장치는 공기질유량을 증가시키고 공기연료 혼합물의 연소를 냉각시켜 더 많은 연료유량을 가능하게 해주며 연료의 추가는 테일파이프를 빠져나가는 가스의 가속을 더 증가시킨다. 이런 이유들로 엔진의 추력이 증가하는 것이다.

그림의 계통에서 최대추력증강이 필요할 때는 압축기와 디퓨저 양쪽에서의 분사가 불가피해진다. 한 곳에만 분사장치를 할 경우 흔히 볼 수 있는 것은 압축기나 디퓨저 중 한 영역에만 장치를 한 것이다. 디퓨저 분사 단독으로 쓰일 때는 주어진 물유량에 대한 효율이 낮다.

대기온도가 낮을 때는 디퓨저 분사장치만 가동될 수 있다. 40°F 이하의 이륙엔진 회전수 조건에서는 결빙의 위험이 있다. 낮은 대기온도에서는 물분사 없이도 보통 총 이륙중량에 해당하는 높은 추력이 발생된다.

이 물분사장치는 회로를 연결하는 조종석 스위치에 의해 조절되며 흐름을 두 매니폴드 모두로 흐르게 할 수도 있다. 스위치가 닫히면 조종석의 스위치는 전류를 연료조절 마이크로 스위치(micro switch)에 흐르도록 하고 파워레버(power lever)가 이륙출력까지 도달하면 마이크로 스위치가 눌러져 물펌프밸브가 열리도록 힘을 가하게 된다. 이로 인해 압축기의 블리드 공기가 공기구동 물펌프를 통과해 흐르도록 함으로써 양 매니폴드로 물이 200~300psi의 압력을 받도록 해준다.

만일 압축기쪽의 흐름이 필요치 않다면 조종석 스위치로 흐름밸브의 작동을 중단시킬 수 있다. 압력감지 튜브가 연료조절계통으로 연결되어 물이 흐를때면 곧장 연료유량을 더 늘리도록 조절계통에 알려주게 된다. 이런 장치는 보통 물/알콜 혼합분사방식에서는 필요 없다. 왜냐하면 알코올의 연소로 터빈 입구 온도를 필요수준으로 유지할 수 있기 때문이다. 물탱크의 수준측정회로는 탱크가 비었을 때 펌프의 전원을 차단한다. 그리고 물의 공급이 저하되거나 중단되었을 때 회로가 작동하면 분사장치의 작동을 중단시킨다. 물분사장치가 쓰이지 않을 때 디퓨저에 있는 체크밸브(check valve)가 고온의 공기가 물분사장치 안으로 들어오는 것을 막는다.

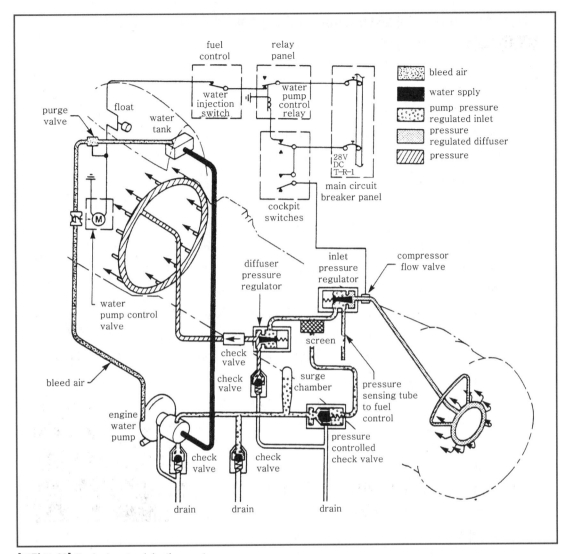

[그림 7-26] Typical water injection system

배수장치(drains)는 분사장치가 쓰이지 않을 때 관 속의 물을 빼서 어는 것을 방지한다. 물의 급격한 압력 변동을 완화시키기 위해 서지체임버(surge chamber)가 있어 장치에서 공기쿠션(air cushioning)효과를 제공한다. 어떤 장치들에서는 조종사가 블리드 공기계통으로 물분사를 끝낸 후의 분사장치를 청소하도록 한다. 이 계통에서는 물의 공급이 다 되면 자동으로 앞의 기능이 행하여진다.

(2) 물분사장치(소형 엔진)

그림 7-27에는 압축기 입구 분사장치만 있다. 그리고 압축기 방출공기 압력은 유체를 엔진 내로 펌핑하는 원동력이 되고 있다. 물라인 제한기(water line restrictor)는 예측할 수 있

는 압력강하를 만들어 이륙출력세팅(setting)시 정확한 분사스케줄을 제공한다.

시스템의 물흐름은 방출공기압이 약 40psi일 때 1.2~1.3gallon/minute가 된다. 이 시스템의 지속시간은 3분이다. 그림 예에서 물분사장치를 가동시킬 때 다음과 같은 상황의 진행이 일어난다.

① 경고등 회로차단기(warning light circuit breaker)를 누른다. "System switch"에서 회로가 열리기 때문에 물/알코올 저수준등(low level light)이 꺼진다.

② 시스템회로차단기를 누른다. "System switch"에서 회로가 열린다.

③ "System switch"를 켠다.

㉠ 저유체 경고릴레이(low fluid warning relay) 코일회로가 저수준 부자(low level float)스위치에 연결되었다.

㉡ 물/알코올 탱크가 채워져 부자스위치(float switch)가 닫히면 저유체 경고릴레이 코일에 전원이 가해지고 연결스위치의 접촉이 떨어져 내려간다.

㉢ 이제 물/알코올 저수준등으로 통하는 회로가 열렸다. 이 등은 탱크 안의 액체의 수준이 낮을 때만 켜지게 되며 경고등 릴레이 접속단자를 닫히게 한다.

㉣ 분사스위치에 전원이 공급되었지만 회로는 아직 열려 있다.

㉤ 물/알코올 분사등에 전원이 들어왔지만 압력스위치에서 회로가 열려있다.

④ 분사스위치를 켠다.

㉠ 솔레노이드밸브(solenoid valve)가 열리고 엔진으로 물이 흘러가게 된다.

㉡ 압력스위치는 물/알코올 분사등회로에서 차압스위치(differential pressure switch)까지 확장되어 연결된다. 다이어프램(diaphragm)의 양쪽 면의 압력이 같으면 접속단자가 닫히게 된다.

㉢ 물/알코올 분사등의 점등은 물흐름이 정상상태임을 나타낸다. 만일 물탱크가 시스템의 공기 누출이나 풀어진 주입구(filler cap) 등으로 제대로 가압되지 않으면 등은 켜지지 않는다. 왜냐하면 다이어프램의 공기가 닿는 면의 공기압이 낮으면 접속기가 열리기 때문이다. 이는 안전을 위한 특징이다. 그 이유는 낮은 공기압은 낮은 물/알코올 흐름을 유발하고 이로 인해 낮은 엔진 출력을 초래할 수 있기 때문이다.

㉣ 물탱크의 낮은 물의 수준은 물/알코올 저수준등을 점등시킨다. 탱크에 물이 남아있는 상태로 30초가 지나면 부자접속단자(float contactor)가 열려 저수준 경고릴레이의 전원을 차단한다.

㉤ 물/알코올 분사등은 탱크가 비었을 때 꺼지게 된다. 그리고 차압스위치 다이어프램의 접촉면은 4.5 이상에서 7.0psi의 압력저하가 있게 된다.

㉥ 또한 물의 압력손실은 물/알코올 분사등으로 연결되는 압력스위치의 회로를 열게 한다.

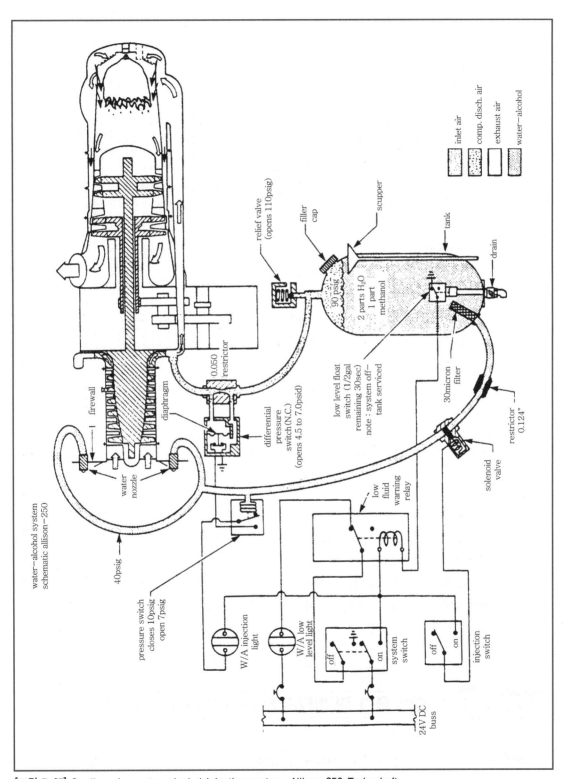

[그림 7-27] Small engine water-alcohol injection system, Allison 250 Turboshaft

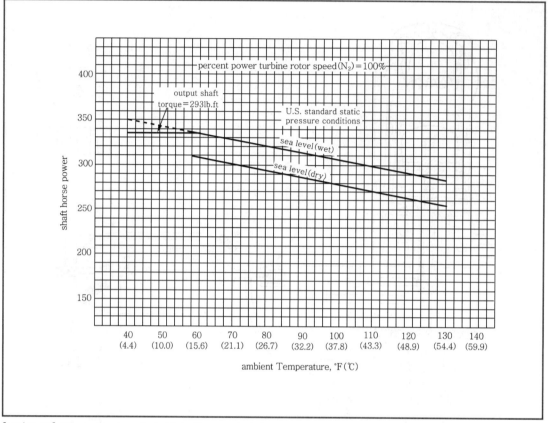

[그림 7-28] Effect of water-alcohol injection on shaft horse power

⑤ "분사스위치"를 끈다.

탱크 안에 약간의 물이 남은 상태로 물분사가 완료되는 부통의 경우에 분사스위치(injection switch)를 끔으로써 솔레노이드밸브가 닫히고, 압력스위치로 물/알코올 분사등회로를 열도록 한다.

그림 7-28을 참고하면 정상조건에서 이 형태의 엔진은 310shp(dry)를 얻고 물분사를 이용하여 335shp(wet)를 얻는다. 이 엔진은 또한 물분사를 사용하여 95°F의 대기온도에서도 310shp를 얻을 수 있다.

Section 04 → FAA 엔진 출력 정격(FAA Engine Power Ratings)

FAA에서 공인된 이륙, 최대연속, 최대순항 등에 대한 출력정격은 14장을 참조하라.

Section 05 → 연료계통의 구성품과 보기(Fuel System Components and Accessories)

1 주연료펌프(Main Fuel Pump)

주연료펌프는 엔진으로 구동되는 구성품이다. 따라서 엔진이 가속되면 펌프도 가속되어 더 많은 연료를 공급한다.

펌프는 엔진이 필요한 만큼의 연료량을 연료조절기로 연속적인 공급을 한다. 연소실로 보내질 필요한 만큼의 연료량을 공급한 후 연료조절기는 나머지 초과한 양을 차압조절밸브를 통해 펌프 입구로 되돌려 보낸다.[그림 7-4B 참조]

주연료펌프는 자체 윤활되는 하나 또는 두 개 요소로 된 스퍼-기어(sper-gear)형식이다. 그리고 가끔 원심승압요소를 포함한다.

기어펌프는 정배수형식으로 분류된다. 그 이유는 각 회전당 고정된 양을 보내기 때문이다. 이런 면에서 기어형식의 오일펌프와 매우 흡사하다. 드물게 주연료펌프에 슬라이딩 베인(sliding vane)형식을 사용한다.

자주 쓰이는 전형적인 정배수펌프를 그림 7-29A에서 보여준다.

기어로 된 승압요소(boost element)는 두 개의 고압기어요소의 필요한 입구 압력을 만들어 준다. 두 개의 1차와 2차 요소는 구동축에 전단부(shear section)를 가져, 만일 한쪽 부가 고장나면 다른 쪽이 그 기능을 계속해 순항이나 착륙시에 충분한 연료를 공급하도록 설계되어 있다. 두 요소는 같은 유량용량을 가지고 있다.

체크밸브(check valve)는 출구쪽에 위치해 연료가 재순환해서 작동하지 않는 요소로 가는 것을 막고 연료조절기로 더 이상 연료손실이 없도록 해준다. 릴리프밸브가 연료계통에 과속이나 제한으로 생기는 고압력에 대해 보호하도록 설치되어 있다.

이런 유형의 펌프들은 연소실에서 연료가 기화하는 데 필요한 고압을 만들어준다. 많은 대형 기어펌프들은 1,500psi의 압력과 시간당 30,000lb의 체적을 만들어 낼 수 있다.

일부 엔진들에서는 연료펌프가 연료조절기를 설치할 수 있는 장착지점을 주며[그림 7-29 참조], 다른 유형들에서 연료펌프가 따로 분리된 부품이 아니라 연료조절기에 합쳐져 펌프 하우징(pump houseing)이 된다.[그림 7-30 참조]

또 다른 펌프[그림 7-31 참조]에서는 거친 스크린(screen)으로 된 저압연료필터가 펌프 상단 끝에 들어가 있다. 이 펌프에서는 연료가 승압 임펠러단(impeller stage)으로 들어가 저압 필터용기의 외측 부분으로 가도록 한다. 거기서부터 필터링 구성품의 중심으로 흘러들어가 바깥쪽의 선을 통과하여 바이패스(bypass)와 주기어펌프의 승압기 입구 구멍으로 들어간다. 여기서 바이패스는 연료조절 차압조절밸브 리턴라인(returnline)을 말한다. 펌프 출구를 떠난 연료는 미세한 메시(mesh)필터를 통과해 연료조절기로 들어가게 된다.

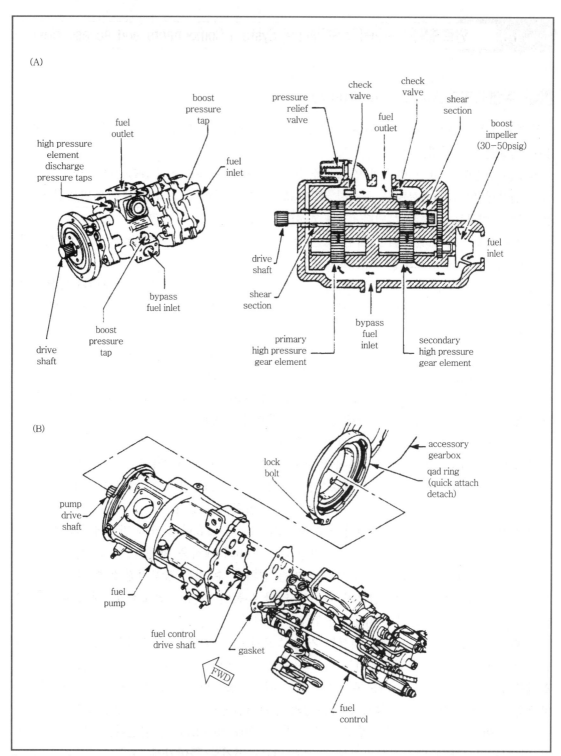

[그림 7-29A] Engine-driven fuel pump, dual element with boost stage
[그림 7-29B] Engine-driven fuel pump with fuel control in tandem

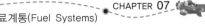

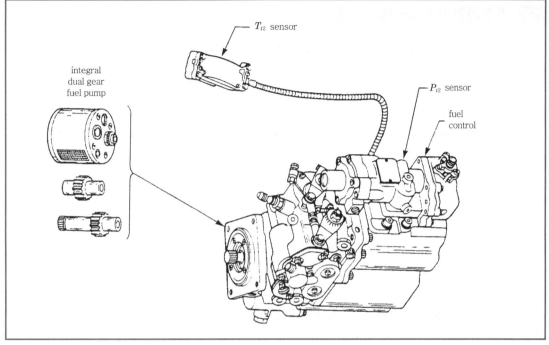

[그림 7-30] Small engine combination fuel pump and fuel control

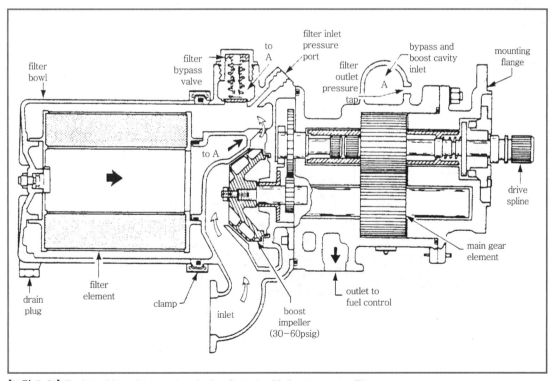

[그림 7-31] Engine-driven fuel pump, single element with low pressure filter

2 연료가열기(Fuel Heater)

일부 엔진들은 윤활계통의 오일냉각기만을 써서 연료와 열교환을 하지만 일부 다른 엔진들은 별도의 연료가열기도 가지고 있다. 연료-오일 냉각기 또는 연료가열기는 종종 엔진연료 승압펌프와 엔진 주연료펌프 필터입구 사이에 위치해 필터스크린이 빙결되는 것을 방지한다.[그림 7-46, 47 참조]

연료가열기는 연료공급 중에 포함된 물에 의해 얼음결정이 형성되는 것을 막아준다. 얼음이 생기면 연료필터가 막혀 필터를 우회하게 되는데 이런 상태는 여과되지 않은 연료가 하류 구성품으로 흐르게 한다. 심한 경우 결빙은 흐름방해를 초래하며 필터의 하류쪽 구성품에 다시 결빙이 생기면 엔진이 꺼지게 된다.

결빙으로 치명적인 작동상의 문제가 있는 엔진들에서는 종종 차압스위치(differential pressure switch)가 연료필터 출구선상에 장착된다. 만일 필터의 결빙이 지나쳐 압력이 저하되면 계기판의 경고등이 켜지게 된다.[그림 7-35 참조]

연료가열기는 연료의 온도가 32°F에 가까워질 때까지 작동하도록 되어있다. 연료가열기는 물이 어는 온도의 3~5°F 위의 온도에서 자동적으로 작동되거나 그림 7-32에서 보듯이 계기판의 토글 스위치(toggle switch)로 작동된다. 이 계통에서 연료는 가열기를 통해 저압필터로 간다.

솔레노이드 스위치가 열리면 블리드 공기가 공기차단밸브를 통해 연료를 따뜻하게 하기 위해 코어 위를 지나게 된다.

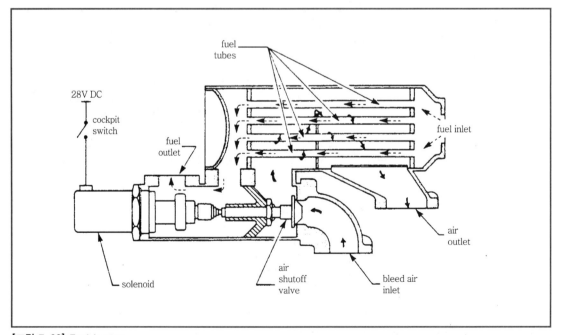

[그림 7-32] Fuel heater

(1) 전형적인 연료가열의 작동제한

① 이륙 전 1분간, 그리고 비행 중 매 30분마다 1분간만 작동해야 한다. 과잉가열은 증기폐색(vapor lock)이나 연료조절기에 열손상을 일으킬 수 있다.

② 이륙, 착륙, 복행(go around)시에는 작동시키지 말아야 한다. 왜냐하면, 연료 증발로 이러한 임계비행상태 동안 연소정지의 위험이 있기 때문이다.

(2) 작동 중 점검

일부 장치들에서는 전기적 타이머(timer)와 게이트(gate)밸브장치에 의해 자동적으로 조절된다. 작동 중에 점검하기 위해서는 시스템사이클(cycle)이 켜져 있는 동안 운용자는 계기판의 엔진압력비, 오일온도, 연료필터등(fuel filter light)과 같은 지시계를 다음과 같이 살펴볼 수 있다.

① 블리드 공기가 흐름에 따라 압력손실이 생기기 때문에 엔진압력비는 보통 미세하게 떨어지지만 인지할 수 있는 양이다.

② 오일냉각기 내에 있는 연료온도가 상승함에 따라 오일온도도 미세하게 상승하게 된다.

③ 만일 필터의 결빙으로 필터 바이패스등(filter bypass light)이 켜지면 연료가열장치가 작동하여 결빙이 제거됨에 따라 등은 꺼진다.

※ 만일 연료 바이패스등이 계속 켜지면 운용자는 결빙보다는 연료필터에 고체 이물질들이 있는지 의심해봐야 한다.

일부 항공기들은 독립된 연료가열장치가 따로 있지 않다. 그 이유는 연료에 있는 연료-오일 냉각장치만으로도 연료의 결빙을 충분히 막을 수 있기 때문이다. 만일 공기-오일 냉각장치가 연료-오일 냉각장치 대신에 쓰이면 보통 연료가열장치도 사용된다.

3 연료필터(Fuel Filters)

터빈엔진의 연료계통에는 일반적으로 두 가지 수준의 여과가 필요하다. 저압의 거친 메시(mesh)필터가 공급탱크와 엔진 사이에 장착되고 미세한 메시필터가 연료펌프와 연료조절장치 사이에 장착된다. 미세한 필터는 연료조절기가 미세한 통로이고 세밀한 한계치를 가진 장치이기 때문에 꼭 필요하다. 이 장치를 위한 필터는 오염물질로부터 보호하려는 필요한 양에 따라 10~200micron(마이크론)의 단위를 갖는다(1micron은 미터단위로 백만분의 1m, 또는 1/25,000in이다).

여러 종류의 필터가 연료계통에 쓰인다. 가장 흔히 쓰이는 것들은 웨이퍼스크린(wafer screen), 강메시 접힌형 스크린(the steel mesh pleated screen), 강메시 원통형 스크린(steel mesh cylindrical screen) 그리고 셀룰로스 파이버(cellulose fiber)이다.

셀룰로스 파이버 필터는 마이크론 단위를 갖는다. 설명하자면 35micron의 웨이퍼스크린형의 필터는 직경 35micron의 사각구멍이 있는 것이고 35micron의 직경보다 큰 입자들이 시스템을 통과하는 것을 막는다.

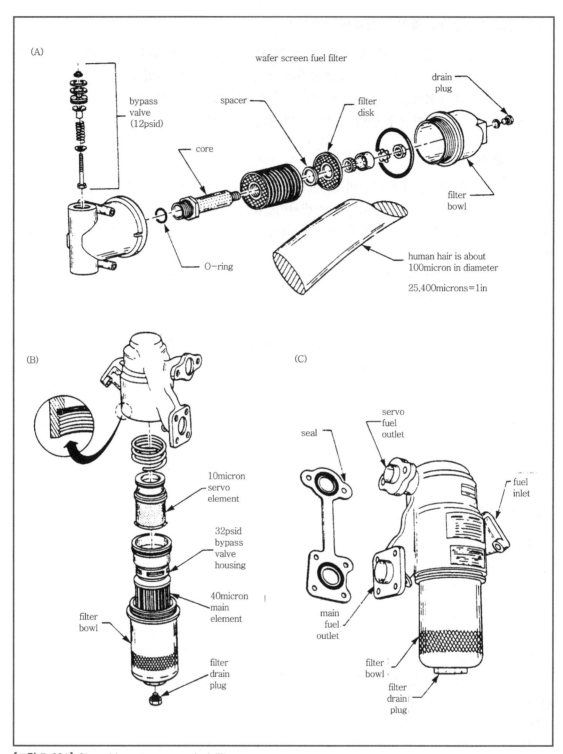

(A)

wafer screen fuel filter

bypass valve (12psid)

spacer

filter disk

drain plug

core

filter bowl

O-ring

human hair is about 100micron in diameter

25,400microns=1in

(B)

10micron servo element

32psid bypass valve housing

40micron main element

filter bowl

filter drain plug

(C)

servo fuel outlet

seal

fuel inlet

main fuel outlet

filter bowl

filter drain plug

[그림 7-33A] Cleanable water screen fuel filter
[그림 7-33B] Dual cleanable steel mesh and pleated filter, exploded view
[그림 7-33C] Dual cleanable steel mesh filter, assembled

중복파이버(over-lapping fiber)로 설계되어 있는 셀룰로스 필터는 상대적으로 같은 크기의 입자들을 걸러낸다.

연료필터 점검은 정비사에게는 빈번한 조사카드항목이다. 만일 필터나 용기 안에 물 또는 금속 이물질이 있다면 항공기를 재사용하기 전에 그 문제점의 원천이 무엇인가를 판명해야 한다.

그림 7-33A에는 보울형(bowl type)의 웨이퍼스크린이 바이패스밸브와 함께 나타나있다. 이 바이패스밸브는 12psi 차압에서 열린다. 다시 말해서 하류압력이 상류압력과 12psi의 차이가 생기면 밸브는 열리게 되고 이는 필터가 얼음결정이나 고체 이물질을 수용하기 시작하면 일어난다.

그림 7-33B에서는 한 필터가 두 가지 요소를 가지고 있다. 주름형 메시요소(pleated mesh element)는 주계통 연료가 연소실로 가는 과정 중에 40micron의 여과를 한다. 이 요소가 막히면 32psi 차압에서 바이패스밸브가 열린다.

원통형 메시요소(cylindrical mesh element)는 10micron으로 연료조절장치로 가는 연료를 여과한다. 연료계통 중에서 이 부분의 작은 흐름은 아주 미세한 필터의 사용을 필요로 한다. 이 섬세한 필터는 연료조절장치의 고정밀 부분을 보호하고, 수많은 작은 유체경로가 막히는 것을 보호하기 위해 필요로 한다.

(1) 연료필터 경고스위치(Bypass and Low Pressure)

연료필터는 오일계통에서 볼 수 있는 비슷한 경고장치를 가진다.

그림 7-34와 7-35에서는 차압스위치가 있어 필터스크린(filter screen)의 부분장애를 감지하고 조종석의 임펜딩 바이패스 경고등(impending bypass warning light)이 켜짐으로써 바이패스를 해야 할 상황이 임박했음을 알려준다.

만일 필터의 장애가 계속되어 연료압력이 필터 출구의 저압력스위치를 움직일만큼 낮아지면 조종석에 있는 저연료압력경고등이 필터의 바이패스 상황이 일어남을 지시해준다.

조종사는 연료의 가열을 통해 장애물을 제거하려 하겠지만, 만약 제거되지 않으면 안전한 수준이라고 느낄만큼 출력을 줄이거나 엔진을 정지시킬 수도 있다.

연료온도전달장치(transmitter)는 필터 출구에 있어서 조종실 온도계기에 신호를 보내준다. 만일 계기눈금이 32°F로 떨어지면 조종사는 연료가열장치를 켜서 연료에 다량의 수분함유 결과로 인한 여과요소(element)의 표면에 생기는 결빙을 막는다.

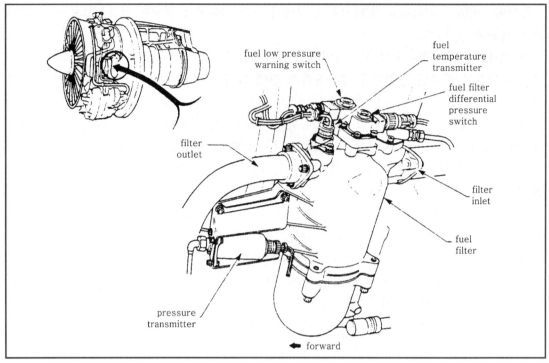

[그림 7-34] Typical fuel filter installation with warning switches-large engine

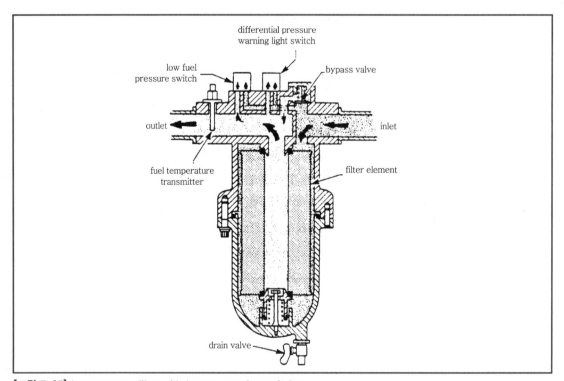

[그림 7-35] Low pressure filter with bypass warning switches

(2) 마이크론 등급 대 메시 크기(Micron Rating Versus Mesh Size)

일부 연료필터들은 마이크론 등급보다는 기술적 용어로 메시 번호라고 하는 US Sieve number로 나타낸다.

다음의 일반적인 필터 크기 도표를 보면 마이크론 등급이 인치(inch)당 메시 구멍수와 관계가 있음을 알 수 있다. 메시 크기는 US Sieve number와 매우 흡사하거나 똑같다. 예를 들면 44micron 필터는 구멍크기 또는 평방메시가 44micron의 직경을 갖는다. 또는 영국식 단위로 0.0017in와 같다. 이는 또한 인치당 323 사각 메시사가 있는 것과 같다.

두 가지 등급의 차이점은, 마이크론 등급은 필터 스크린 구멍의 직경을 다루고 US. Sieve number는 인치당 구멍의 개수를 다룬다는 것이다.

Screens Size Chart			
Opening in Microns	US Sieve #	Opening in Inches	Meshes per Linear Inch
10	–	0.00039	1407.94
20	–	0.00078	768.07
44	323	0.0017	323.00
53	270	0.0021	270.26
74	200	0.0029	200.00
105	140	0.0041	140.86
149	100	0.0059	101.01
210	70	0.0083	72.45
297	50	0.017	52.36

4 연료노즐(Fuel Nozzles)

연료노즐은 연료분배기(fuel distributor)라고도 불리며 연료계통의 마지막 구성품이다. 이들은 연소실 라이너의 입구에 위치해 정해진 양의 연료를 공급한다. 연료는 액체상태에서는 연소되지 않으며 먼저 무화(atomization) 또는 증기화(vaporization)를 통해 정확한 비율로 공기와 섞어야 한다.

(1) 연료노즐(압력-무화형)

압력무화형의 노즐은 매니폴드(manifold)로부터 고압상태의 연료를 받아 크게 무화된 상태의 정확한 형태의 분무(spray)를 연소실에 공급한다. 원추형의 무화된 분무형태는 매우 미세한 연료방울로 큰 연료표면적을 만들어주며 이것은 연료-공기의 혼합을 최적으로 하여 연료로부터 가장 높은 열의 발산을 가능하게 해준다.

가장 바람직한 불꽃의 형태는 높은 압축기의 압력비에서 생긴다. 결국 시동 중이나 다른 탈설계(off-design) 회전속도에서는 압축비의 부족으로 불꽃의 길이가 늘어나게 된다.

만일 분무형태가 약간 뒤틀리면 불꽃은 라이너 중앙에 위치하지 않고, 라이너 표면에 닿아 열점(hot spot)을 초래하거나 태워서 뚫을 수도 있다.

분무형태를 뒤틀리게 하는 다른 문제점은 노즐 내에 이물질이 있거나 탄소가 노즐 오리피스(nozzle orifice) 바깥쪽에 쌓여 핫스트리킹(hot streaking)을 초래하는 것이다. 핫스트리킹은 무화되지 않은 연료의 흐름이 냉각공기막을 뚫고 지나서 라이너에 부딪히거나 터빈노즐과 같은 구성품으로까지 진행된다.[그림 7-36 참조]

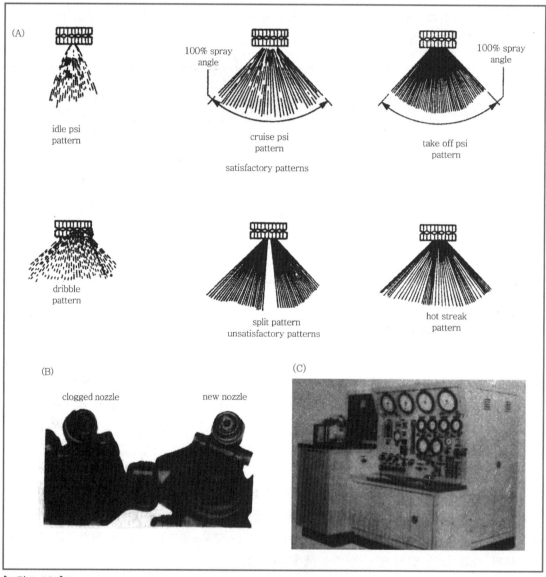

[그림 7-36A] Examples of good and bad simplex nozzle spray patterns
[그림 7-36B] Examples of carbon build-up on fuel nozzles
[그림 7-36C] Fuel nozzle test stand

좋은 분무를 하기 위한 연료압력은 매우 높다. 소형에서 중형 엔진은 연료노즐에서 연료의 압력을 800~900psig, 대형 엔진은 1,500psig까지 갖는다.

일부 연료노즐들은 엔진외부의 패드(pads)에 장착되어 검사를 위한 탈착을 편리하게 한다. 다른 것들은 내부에 장착되어 연소실 외부-케이스를 장탈해야만 작업이 가능하다. 그림 7-38의 복식 노즐(duplex nozzle)은 외부에 장착되도록 설계되어 있다. 그림 7-39의 복식 노즐은 내부장착형(integrally-mounted)이다.

(2) 단식 연료노즐(Simplex Fuel Nozzle)

단식 설계는 기본적으로 하나의 분무형태를 제공하는 작고 둥근 오리피스이다.

내부플루트형 스핀실(fluted spin chamber)에서 소용돌이 운동을 만들고 연료의 축류속도를 줄여 연료가 오리피스를 나갈 때 분무되도록 한다. 단식 노즐에서 보는 바와 같이 안에 내부체크밸브가 있어 정지 후에 연료 매니폴드에서 연소실로 연료가 떨어지는 것을 막는다.

일부 단식 노즐의 연료계통에는 주연료 분배기 외에 더 작은 제2의 단식 노즐이 있는데 기초노즐 또는 시동노즐로 불리우며 매우 미세한 분무를 해서 시동을 쉽게 해준다. 시동이 끝난 후 "Start/Primer system"은 꺼지게 된다.

단식 노즐의 또 다른 형태는 "Sector burning"으로 불린다. 이는 엔진이 처음 시동할 때는 전체 연료노즐 중반 정도만 사용해서 지상아이들(idle) 속도까지 이용하고 그 다음 대략 비행아이들 속도에서는 연료압력이 충분히 높아져서 체크밸브를 밀어내 나머지 연료노즐들도 모두 사용하게 된다.

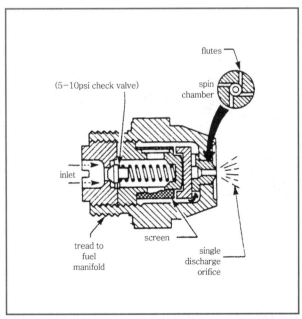

[그림 7-37] Simplex atomizing fuel nozzle

(3) 복식 연료노즐(Duplex Fuel Nozzle)

복식 연료노즐형식은 일반적으로 단일라인(single-line)과 이중라인(dual-line)의 두 가지
형태이다.

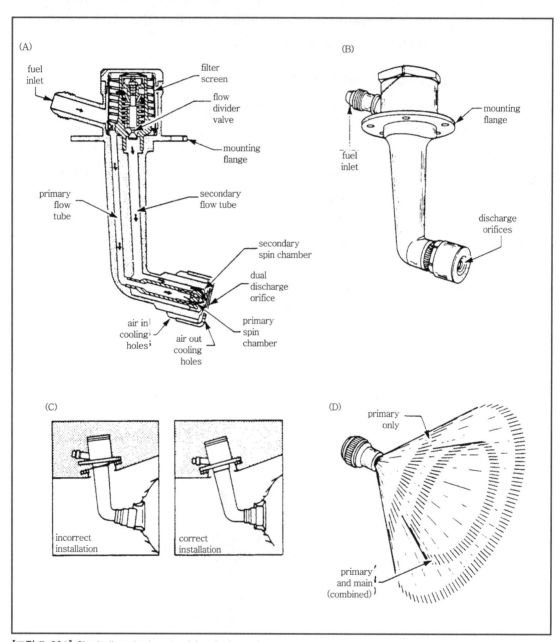

[그림 7-38A] Single line duplex atomizing fuel nozzle
[그림 7-38B] Exterior view of duplex nozzle
[그림 7-38C] Installation of an externally mounted fuel nozzle
[그림 7-38D] Duplex fuel nozzle spray pattern

① 단일라인 복식 연료노즐

복식 노즐[그림 7-38A, B, C 참조]은 단일라인 복식 형식으로 한 입구로 연료를 받아 흐름분할기 역할을 함으로써 2개의 분무 오리피스를 분배하게 된다.

그림에서와 같이 파일럿(pilot) 혹은 1차 연료로 불리는 중앙의 둥근 오리피스가 시동에서 아이들까지의 가속 동안 폭넓은 각의 분무를 만든다.

외측의 환산형(annular) 오리피스는 주연료 혹은 2차 연료라고 하며 미리 정해진 연료압력에서 열려 파일럿 연료(pilot fuel)와 함께 흐른다. 이 외측 오리피스로부터 나오는 훨씬 많은 양과 압력의 연료는 분무형태를 좁게 해서 고출력시에도 연료가 연소라이너에 부딪히지 않도록 해준다.[그림 7-38D 참조]

복식 노즐 역시 각 오리피스마다 스핀실(spin chamber)을 사용한다. 이런 형태는 광범위한 연료압력 범위에 걸쳐 효율적인 연료의 분무와 연료-공기 혼합을 해준다.

고압공급으로 분무형태를 만들게 되는데, 일반적으로 800~1,500psig이며 이는 또한 유입된 불순물이 오리피스에 달라붙지 못하게 한다.

연료노즐의 헤드에는 보통 공기구멍이 있어 연소를 위한 일부의 1차 공기를 공급하기도 하지만 이것은 주로 노즐 헤드와 분무 오리피스의 냉각과 세척에 이용된다.

연료흐름만이 시작될 때는 냉각공기흐름이 1차 연료가 2차 오리피스로 역류되거나 탄화되는 것을 막도록 설계되었다. 공기흐름이 연료노즐 오리피스 방향인 것은 라이너 바깥쪽의 고압 2차 공기와 라이너 안쪽의 저압 1차 공기의 압력차이 때문이다.

냉각공기구멍들은 청결을 유지해야 하며 그렇지 못하면 탄화물의 퇴적과 열침식이 가속될 것이다.

노즐 헤드 주변의 탄화물 퇴적으로 인한 오리피스 흐름면적의 변형은 분무형태를 변형시킨다. 이러한 탄화물 축적은 일부 엔진의 경우 보어스코프(borescope) 점검으로 알 수 있으며 심한 경우 노즐을 떼어내 세척하는 것이 필요하다. 일부 장치들에서 탄화퇴적물을 없애기 위해 엔진을 떼어내는 것이 필요하게 된다. 그러나 최근의 개발은 엔진에서 특별한 용제(solution)가 탄화물과 함께 흘러 연료 매니폴드를 통과하게 한다. 압력하에 이루어지는 이런 세척은 탄화물을 감소시키거나 없애는데, 일부 새로운 항공기에서는 정비의 한 절차이다.

② 이중라인 복식 연료노즐

복식 노즐의 두 번째 형식으로 이중라인 복식형 노즐은 단일라인과 아주 비슷하며 다만 1차와 2차 연료를 분리하는 흐름분할 체크밸브가 없는 것이 다르다.

이 계통의 체크밸브는 가압과 덤프밸브(pressurizing and dump value) 안에 위치해 "가압밸브(pressurizing valve)"로 표시되어 있다.

가압밸브는 단독으로 모든 노즐들에 대해 주흐름분할기처럼 작용한다. 반면에 단일라인 복식 노즐에서는 각 노즐이 자신의 흐름분할기를 체크밸브의 형식으로 갖는다.

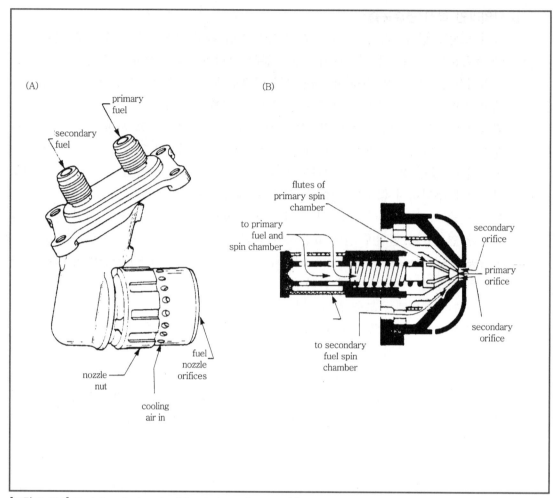

[그림 7-39A] Dual line duplex atomizing fuel nozzle assembly
[그림 7-39B] Fuel nozzle

(4) 공기분사연료노즐(Air Blast Fuel Nozzle)

공기분사연료노즐은 새로운 설계로 다양한 크기의 엔진에서 더욱 많이 이용되는데 이는 분무과정이 향상되고 아주 미세한 연료방울을 만들기 때문이다. 연료의 낮은 압력이 분무문제를 일으키는 시동시에 더욱 효과적이라고 할 수 있다.

고속공기흐름을 이용하는 공기분사노즐은 연료압력만으로 만들어지는 분무에 비해 더 완전한 연료분무가 이루어진다.

이 노즐은 또한 기본분무형 노즐보다 낮은 작동압력을 이용한다는 장점이 있다.[그림 7-40 참조]

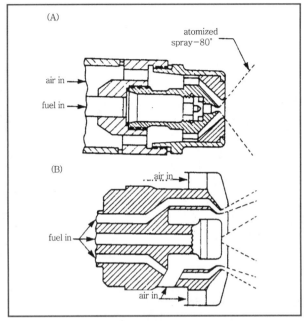

[그림 7-40A] Air-blast fuel nozzle, simplex type
[그림 7-40B] Air-blast fuel nozzle, duplex type

5 기화식(Vaporizing Type) 연료노즐

그림 7-41에 보이는 기화식 연료노즐은 분무형과 비슷하게 연료매니폴드에 연결된다. 분무형에서와 같이 연료를 연소실의 1차 공기로 곧바로 보내는 것이 아니고 기화튜브(vaporizing tube)에서 1차 공기와 연료가 먼저 섞이게 된다. 노즐을 둘러싼 연소실 열이 혼합가스를 연소실 불꽃지역으로 보내기 전에 기화시킨다.[그림 7-42 참조]

분무노즐은 하류쪽으로 방출하는 반면, 기화식은 상류쪽으로 방출해 곧 180° 방향을 바꿔 다시 하류쪽으로 흘러가게 된다.

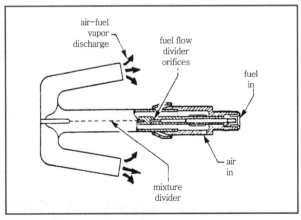

[그림 7-41] Heat-vaporizing type fuel nozzle

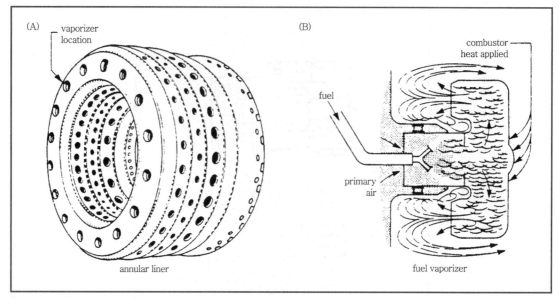

[그림 7-42A] Vaporizer tube location in combustor
[그림 7-42A] Vaporizer tube in operation

이런 장치는 연료흐름의 느린 움직임과 넓은 영역에 걸친 미세한 분무를 만들어 분무노즐에 의해 얻어지는 것 보다 일부 엔진에서는 훨씬 더 안정된 연소를 제공하며 특히 저 rpm 영역에서도 효율적이다.

일부 기화식은 단 하나의 출구만 가져 지팡이 모양(cane-shaped)의 기화기라고 일컬어진다. 그림 7-41에서 보이는 T자형 기화기는 Lycoming T-53 터보축 엔진의 일부 모델에서 쓰이는 것이다. 기화식 노즐은 시동시에 분무모양이 효율적이지 못하기 때문에 T-53에서는 추가로 작은 분무형 노즐을 달아 시동하는 동안 연소실로 분사하게 된다. 시동이 된 후 아이들상태까지 가면 시동연료는 완료된다. 이런 장치를 보통 1차 혹은 시동연료계통이라 부른다.

콩코드(concorde) SST에 있는 Rolls Royce Olympus 엔진과 일부 다른 엔진들은 기화식 연료노즐과 1차 노즐계통을 이용한다. 그러나 이런 장치들은 산업용에서는 그리 흔치 않다.

6 연료가압과 덤프밸브(Fuel Pressurizing and Dump Valve)

(1) 개요

가압과 덤프밸브(P&D valve)는 이중입구 라인형(dual inlet line type)의 복식 연료노즐에 함께 쓰인다. 단일라인 복식 연료노즐에서와 같이 각 노즐에 흐름분할기를 두는 것이 아니라 하나의 중앙흐름분할기 역할을 하며 가압덤프밸브라 부른다.

"가압(pressurzing)"이라는 말은 미리 정해진 압력에 의해 P & D 밸브 내의 가압밸브를 열어 파일럿 매니폴드(pilot manifold)를 통하는 것 뿐만 아니라 주매니폴드로 연료가 흐르게 하는 것이다.

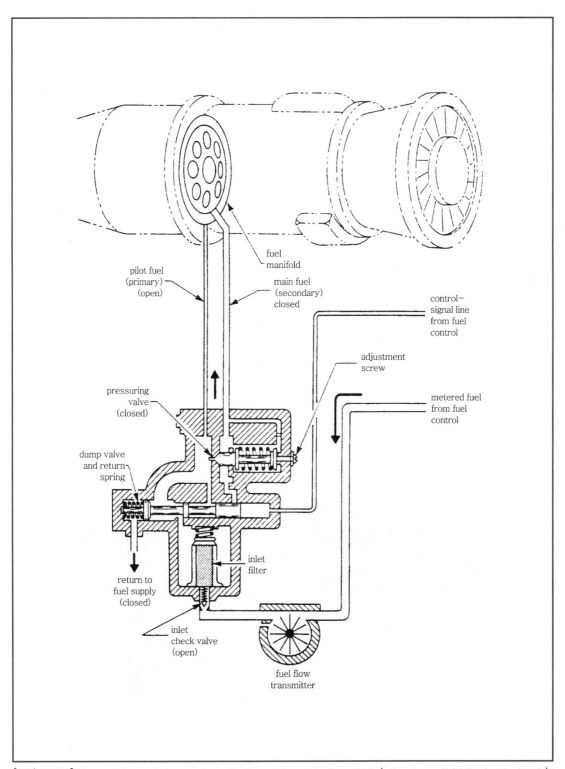

[그림 7-43A] Pressurizing and dump valve with the engine operating at idle(primary manifold flowing fuel-only), dump valve closed

덤프(dump)라는 말은 정지 후에 매니폴드계통 내의 연료를 모두 비워버릴 수 있는 능력을 가진 두 번째 내부밸브와 관계된다. 매니폴드 덤프는 연소를 신속하게 차단하고 남아있는 엔진열에 의한 연료의 끓음(fuel boiling)을 막는다. 이 끓음은 고체 물질을 남겨 정확하게 보정된 통로를 막을 수 있다.

그림 7-43에서 엔진 시동을 위해 파워레버(power lever)가 열리면 압력신호가 연료조절계통에서 P & D 밸브로 간다. 이 압력신호가 덤프밸브를 좌측으로 움직여서 덤프 출구를 닫고 매니폴드로 연결되는 통로를 연다. 미터된 연료압력이 입구 체크밸브에서 스프링의 장력을 이기기 전까지 계속 누적되어 연료가 파일럿 매니폴드쪽의 필터를 통해 흐르게 한다. 지상아이들 속도보다 약간 위에서 연료압력은 가압밸브의 스프링 장력을 이길만큼 충분해져 연료는 주매니폴드쪽으로도 흐르게 된다.

가압밸브스프링의 장력은 라인정비(line maintenance)에서 조절할 수 있다. 밸브의 열림이 너무 빠르면 부적절한 연료분무형태를 만들어 "Hot start" 또는 "Off-idle stalls"를 유발할 수 있고 밸브가 늦게 열리면 느린 가속의 문제점을 유발할 수도 있다.

2차 매니폴드의 열림을 지연시키고 "Hot start"나 "Off idle stalls"를 없애기 위해서는 조절스크류를 들어가게(turn in) 해서 가압밸브의 스프링 장력을 증가시킨다.

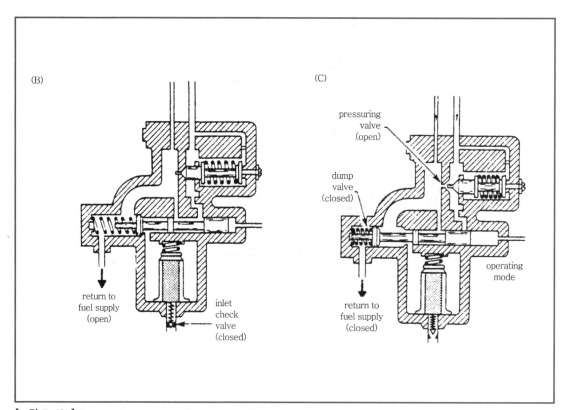

[그림 7-43B] Dump valve open, engine not operating
[그림 7-43C] Pressurizing valve open, engine operating above flight idle speed

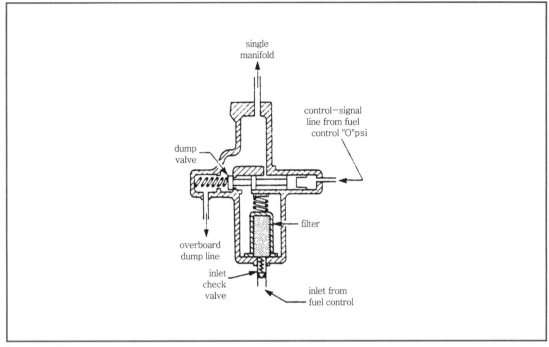

[그림 7-44] Dump valve, shown with dump valve open-engine not operating

반대로 2차 매니폴드로 흐르는 연료를 빠르게 해서 가속을 돕게 하려면 바깥으로 나오도록 돌린다. 엔진을 정지하려면 조종실의 연료레버를 "Off"로 움직여야 한다. 그러면 연료조절 압력신호가 없어져 스프링의 힘으로 덤프밸브를 다시 오른쪽으로 움직이게 하며, 덤프밸브 출구는 열린다. 동시에 입구 체크밸브가 닫혀 라인 속의 연료를 유지해 다음 번 시동때 사용하기 위한 준비가 된다.

(2) 드레인탱크(Drain Tank)

덤프된 연료는 최근까지도 지상에 버려지거나 또는 비행 중 드레인탱크로부터 빨아올려진다. 그러나 최근 FAA의 규정은 이런 형태의 환경오염을 금지시켰으며 지금은 저장탱크에서 드레인을 직접 수동으로 해야한다.

그림 7-46은 이런 드레인을 보여준다. 수동으로 드레인하는 것을 막기 위해 최근에는 몇가지 재순환시스템을 이용한다. 그런 시스템 중 하나는 엔진 정지레버가 작동되면 블리드 공기가 구멍으로 유입됨으로써 연료노즐로부터 덤프된 연료를 밀어 저장탱크로 되돌린다.

이런 작용이 연소를 조금 연장시켜 연료가 다 빠져나갈 때까지 계속된다. 덤프구멍을 막고 그 다음 아래쪽 연료노즐의 연료를 드레인시켜 연소실에서 증발시킨다. 이것은 물론 연료노즐이 남아있는 열로 내부에 탄화물이 축적되지 않아야 한다.

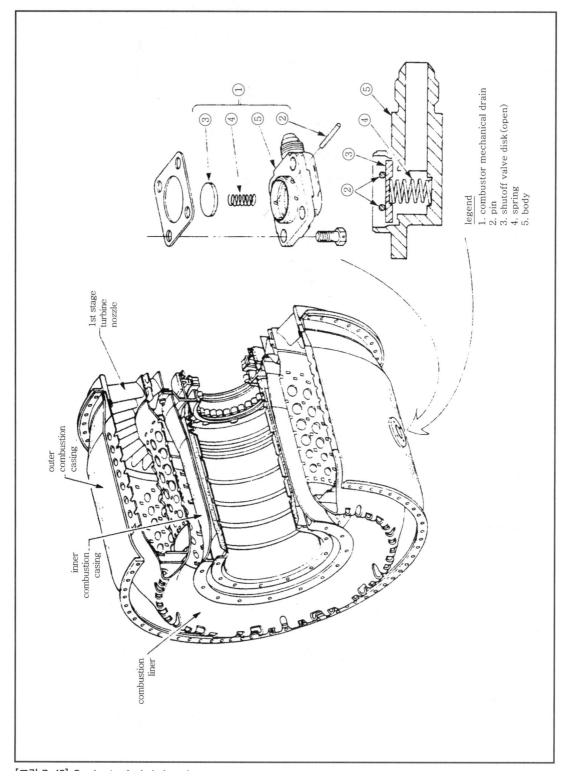

legend
1. combustor mechanical drain
2. pin
3. shutoff valve disk(open)
4. spring
5. body

1st stage turbine nozzle

outer combustion casing

inner combustion casing

combustion liner

[그림 7-45] Combustor fuel drain valve

(3) 덤프밸브(Dump Valve)

덤프밸브는 드립밸브(drip valve)라고도 부르며, 단식과 단일라인 복식 연료노즐을 사용하는 연료 매니폴드의 낮은 지점에 위치한다. 이것의 단 한가지 목적은 정지 후에 연료 매니폴드를 드레인하기 위함이며 이것은 거론되었던 P & D 밸브에서 환경문제의 제약을 동일하게 받는다. 이 덤프밸브의 기능은 P & D 밸브 내의 덤프밸브와 같다.

7 연소실 드레인밸브(Combustor Drain Valve)

그림 7-45에서 보여주는 연소실 드레인밸브는 연소실 케이스의 낮은 지점에 위치해 있는 기계적 장치이다. 이것은 엔진 작동 중에는 연소실 내의 가스압력에 의해 닫히고 정지상태에서는 스프링의 압력에 의해 열린다. 이 밸브는 잘못된 시동이나 그 밖의 원인으로 연소실의 낮은 위치에 연료가 쌓이는 것을 방지한다.

여기서 잘못된 시동은 "No-start" 상태 또는 "Hung-start" 상태로 연소실과 테일파이프를 연료로 흠뻑 젖게 만든다. 이런 방법으로 드레인하면 "After-fire"와 "Hot start" 같은 위험을 방지한다. 또한, 이 드레인은 터빈 스테이터 베인 근처의 낮은 쪽에 기화되지 않은 연료를 제거해서 시동 중에 냉각공기흐름이 최저일 때 국부적인 과열을 막는다.

P & D 밸브에서 언급했듯이 덤프라인(dump line)이 막아져 있다면 연료 매니폴드는 낮은 위치에 있는 노즐을 통해 드레인되어 연소실 안에서 연료는 증발되며 그렇지 않으면 기계적인 드레인밸브를 통해 연소실을 빠져 나가 항공기 내의 드레인 저장소로 들어간다. 정비사는 그것이 램프(ramp)로 넘쳐 쏟아지기 전에 오염방지책으로써 주기적으로 이 탱크를 드레인시켜야 한다.[그림 7-47 참조]

Section 06 ─ P & W JT12 엔진의 연료계통

그림 7-46은 완전한 연료계통도로서 각 구성품간의 관계를 보여준다.

이것은 전형적인 Rockwell saberliner 항공기 엔진이다.

P & W JT12 엔진의 연료계통 연료흐름 순서(Fuel Flow Sequence)는 다음과 같다.

① 연료저장탱크
② **승압펌프** : 증기폐색(vapor lock)을 없애기 위해 있음
③ **차단밸브** : FAA 규정에 의한 요구사항
④ **연료스크린** : 거친 메시(200micron)
⑤ **증기벤트**(vapor vent) : 증기폐색을 없애기 위해 있음

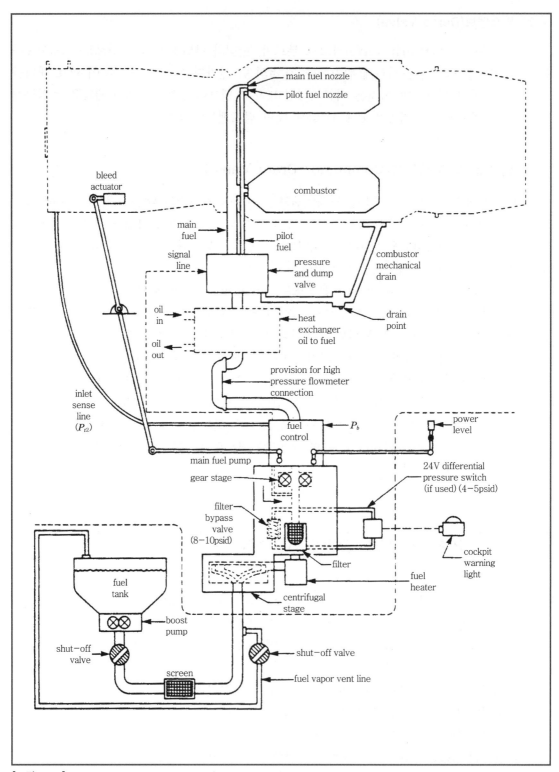

[그림 7-46] Fuel system achematic, Pratt & Whitney JT12A turbojet

⑥ **원심단(centrifugal stage)** : 주연료펌프 내에 위치

⑦ **연료가열기**

⑧ **미세필터** : 20micron

⑨ **주연료펌프 기어단(gear stage)** : 100~800psig의 작동영역

⑩ **연료조절기** : 유압기계식 장치

⑪ **연료유량제**

⑫ **열교환기** : 연료에 의한 오일냉각기

⑬ **P & D 밸브**

⑭ **파일럿(pilot) 연료 매니폴드와 연료노즐**

⑮ **주연료 매니폴드와 연료노즐**

연료펌프 필터가 막혔는지 그리고 바이패스 상황에 가까운지를 알리는 조종석 경고등을 켜는 24V의 차압스위치가 있다. 블리드 작동기(bleed actuator)는 연료를 움직이는 압축기 공기의 "Bleed system"이다.

이것은 8장에서 계속 다루게 된다.

Section 07 — JT8D 엔진의 연료계통

그림 7-47은 완전한 연료계통도로서 각 구성품간의 관계를 보여준다.

이것은 전형적인 보잉 727 항공기 엔진이다.

JT8D 엔진의 연료흐름 순서는 다음과 같다.

① **항공기 연료탱크와 승압펌프**

② **엔진 원심형 승압펌프** : 바이패스 세트(set)는 0.5~1.0psid

③ **공기-연료가열기** : 바이패스 세트는 20±3psid

④ **저압연료필터** : 40micron disposable, 바이패스 세트는 8~12psid

⑤ **주기어형 연료펌프(main gear type fuel pump)** : 150~900psig의 작동영역

⑥ **연료조절기** : 27~30psid 바이패스 세트를 갖는 고압필터(20micron cleanable)로 연료가 흐름

⑦ **연료유량계 트랜스미터(transmitter)**

⑧ **연료-오일 냉각기**

⑨ **가압과 덤프밸브**

⑩ **주연료 매니폴드와 주연료노즐**

⑪ **2차 연료 매니폴드와 2차 연료노즐**

‖ Troubleshooting Oil Systems ‖

Problem/Possible Cause	Check For	Remedy

1. Engine motors over but dose not start—No fuel when fuel control shutoff valve is opened.

a. No fuel to engine	Fuel tank level	Service
b. Improper rigging of shut—off valve(aircraft and engine)	Full travel	Re—rig linkage
c. Engine filters	Clogging or icing	Clean
d. Malfunctioning fuel pump	Correct output pressure	Adjust relief valve or replace pump
e. Malfunctioning fuel control	Correct output pressure	Replace control

2. Engine motors over but does not start—Good fuel flow indication but no exhaust gas temperature.

a. Ignition system	Weak or no spark	See ignition troubleshooting
b. P & D valve	1. Dump valve stuck open	Replace valve
	2. Pressurizing valve stuck open (both affect working pressure and atomization at fuel nozzles)	Adjust or replace valve

3. Engine starts but hangs up and will not self—accelerate to idle.

a. Starter	Cut—out speed—Too early	See starter troubleshooting
b. Fuel control	Entrapped air preventing proper operation	Bleed unit as per manual
c. Fuel control sensing lines	Looseness causing loss of signal	Tighten
d. P and D valve	Pressurization valve stuck open	Adjust or replace valve

4. Engine hot starts.

a. Fuel control	High fuel flow indication	Replace control
b. P & D valve	1. Partially open dump valve affecting fuel schedule and atomization at fuel nozzle causing late hot start	Replace P & D valve
	2. Partially open pressurizing valve—it should not be pressurized on start(causes late hot start)	

5. Engine unable to attain takeoff power.

a. Improper fuel control setting	Trim or linkage problem	Re—trim or re—rig
b. Fuel filters	Partial Clogging	Clean
c. Fuel pump	1. Correct output pressure	Adjust relief valve
	2. One pumping element sheared	Replace pump
d. Fuel control	Correct output pressure and fuel flow	Replace fuel control

Problem/Possible Cause	Check For	Remedy

6. Engine unable to attain full power without exceeding limits of EGT or rpm.

Compressor or turbine	Contamination or damage	Possible teardown

7. Flame-out-When applying take-off power.

a. Fuel pump-one element sheared shaft or relief valve open	Low pressure at high rpm	Replace pump
b. Fuel control	Correct fuel flow indication	Replace control

8. Engine is slow to accelerate/engine off idle stalls.

a. Same as 5 and 6		
b. P & D valve	Correct pressurizing valve adjustment	Adjust spring tension replace P & D valve

9. Transitory combustor rumble on acceleration.

a. P & D valve	Correct cracking point of pressurizing valve	Reset to decrease cracking point
b. Fuel control	Proper output pressure	Replace fuel control

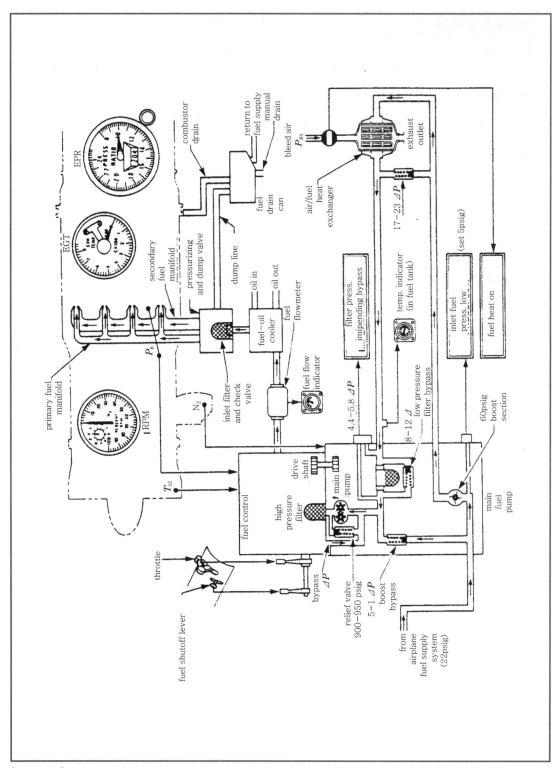

[그림 7-47] Fuel system schematic, Pratt & Whitney JT8D Turbofan

○ 연습문제 ○

1. 가스터빈에서 가장 많이 쓰이는 연료 스케줄링(scheduling)장치의 이름은?

   답 연료조절기

2. 연료조절기의 조절레버(lever)는 어떤 이름으로 알려져 있나?

   답 파워레버(power lever) 또는 스로틀레버(throttle lever)

3. 터빈엔진의 연료조절에서 혼합기(mixture) 조절레버가 쓰이는가?

   답 아니다. 이것은 왕복엔진조절레버이다.

4. 가스터빈엔진을 흐르는 공기질유량을 재는 연료조절 입력신호의 이름은?

   답 연소실 압력

5. 물분사장치에서는 어떤 유체가 쓰이는가?

   답 비광물성 물 또는 증류수(간혹, 물과 알코올의 혼합액)

6. 어떤 파워세팅(power setting)에서 물분사가 사용되나?

   답 이륙

7. 성능시험 중 연료조절기의 아이들 속도와 최대출력조정을 하는 것을 무엇이라 하는가?

   답 트리밍(trimming)

8. 엔진트림점검(trim check)의 목적은?

   답 최대정격추력을 낼 수 있도록 하는 것이다.

9. 조종사에게 EPR 계기는 무엇을 지시하는가?

   답 엔진 추력

10. 트림을 위한 두 가지 가장 좋은 대기조건은 무엇인가?

    답 바람이 불지 않고 습도가 낮은 조건

11. 스퍼기어형과 원심형(centrifugal)의 두 가지 연료펌프 중 어느 것이 정배수형인가?

답 스퍼기어형

12. 연료계통의 결빙은 어디서 가장 많이 발생하는가?

답 여과기 망(filter screen)에서

13. 파일럿 연료(pilot fuel)는 어떤 엔진작동모드에서 쓰이나?

답 엔진 시동과 아이들 속도(idle speed)

14. 가압과 덤프밸브의 두 가지 목적은?

답 흐름분할기 역할을 하고 엔진 정지시 다기관으로부터 연료를 덤프시킨다.

15. 연소실 케이스 드레인은 무슨 힘으로 닫히는가?

답 연소실 가스압력

CHAPTER
08

압축기 실속방지계통
(Compressor Anti Stall Systems)

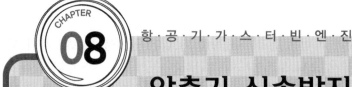

압축기 실속방지계통
(Compressor Anti Stall Systems)

항·공·기·가·스·터·빈·엔·진

Section 01 ── 가변각(angle)압축기 베인계통(대형 엔진)

가변베인 작동계통은 많은 가스터빈엔진에서 사용되는데, 특히 높은 압축비를 갖는 엔진이나, 저속 또는 중간속도에서 감속이나 가속을 하는 동안 압축기 실속이 문제되는 엔진에서 많이 사용된다.

가변베인계통은 압축기 가스통로의 기하학적인 형상(면적과 모양)을 자동적으로 변화시켜서 불필요한 공기를 배출시키고 압축기 속도와 전방압축기 단에서 공기흐름 사이의 적절한 관계를 유지시켜 준다. 압축기 속도가 낮은 경우에는 가변 스테이터 베인이 부분적으로 닫힌다.

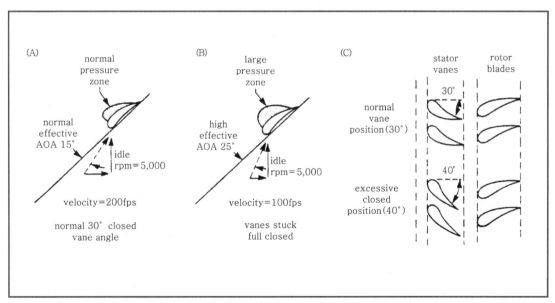

[그림 8-1A] Compressor blade with normal AOA
[그림 8-1B] Compressor blade with high AOA
[그림 8-1C] Stator vane positions

압축기 로터 속도가 증가함에 따라 베인은 압축기를 통해 더 많은 공기를 흐르게 하기 위해 열린다. 사실, 베인 각도를 바꿔서 로터 블레이드에 접근하는 공기흐름각과 로터 블레이드 앞전 사이의 받음각을 정확하게 해준다. 정확한 받음각은 완만하고 빠른 엔진 가속을 가능하게 해준다.

베인 각도를 바꿈으로써 생기는 공기흐름의 굴절은, 공기흐름이 로터 블레이드에 도달하기 전에 흐름의 축방향 속도를 감소시킨다. 이와 같이 로터 블레이드의 낮은 rpm과 공기흐름의 낮은 축방향 속도는 조화(match)된다.

예를 들어, 3장에서 설명한 바와 같이 우리가 압축기 블레이드의 받음각을 볼 수 있다면, 그림 8-1A, B와 같을 것이다.

그림 A는 그림 C의 30° 닫힌 위치로서 약 15° 유효받음각의 가변을 나타낸다. 그림 B는 그림 C의 40° 닫힌 위치로서 가변베인계통이 이상기능할 때를 보여준다. 이때 Idle 속도는 같을지라도 축방향 속도는 감소한다. 예를 들어 이 경우에는 입구 속도가 200fps에서 100fps로 줄어들고, 유효받음각은 15°에서 25°로 증가한다. 이러한 변화의 결과로 압축손실이 생기고 가속에서 Idle로 될 때 실속가능성을 일으킨다.

1 계통의 작동(General Electric CF-6 터보팬)

그림 8-2는 입구 안내익과 N_2 압축기의 6개의 스테이터단으로 모두 가변이며 움직일 수 있게 하기 위해 베인 양쪽 끝에 테플론(teflon)형 소켓(socket)으로 고정되어 있다. 나머지 베인단은 일반적인 고정베인으로 설치된다.

이 계통은 FCU 방출압력을 매개힘(motive force)으로 이용해서 압축기 케이스에 위치한 유압작동기(actuator)를 작동시킨다. 이 작동기들은 빔 배열(beam arrangement)에 의해 베인을 열도록 움직이며 빔은 가변 스테이터 베인에 연결되어 있는 베인 작동기 링에 부착되어 있다.

파워레버가 앞으로 움직임에 따라, 연료압력은 증가하여 작동기는 베인을 열리게 한다. FCU에 작용하는 역학적인 피드백 케이블 신호가 연료압력을 차단하고 정확한 각도에서 베인 위치가 안정되도록 한다.

그림에서 보여지는 T_{t2} 센서는 열에 민감하고 일정한 압력에서 연료신호를 받는 벌브(bulb)로서, 가스로 채워져 있다. 또한 이 센서는 엔진 흡입구의 온도마다 정해진 수치의 리턴(return)압력을 조절한다.

T_{t2} 센서는 이 일을 수행하기 위해 연료 미터링 오리피스를 가지고 있다. FCU는 리턴 신호를 받고, 연료작동라인의 로드엔드(rod end)와 헤드엔드(head end)를 통해 베인 위치를 조절하는 데 이것을 사용한다. 파워레버가 고정되어 있을 때는 T_{t2} 센서가 압축기 베인 각도를 제어하는 기능도 한다.

압축기 입구 온도(CIT) 센서(T_{t2})는 공기질유량에 영향을 주는 대기온도변화를 조화시키기 위해 베인-열림 스케줄을 재설정한다.

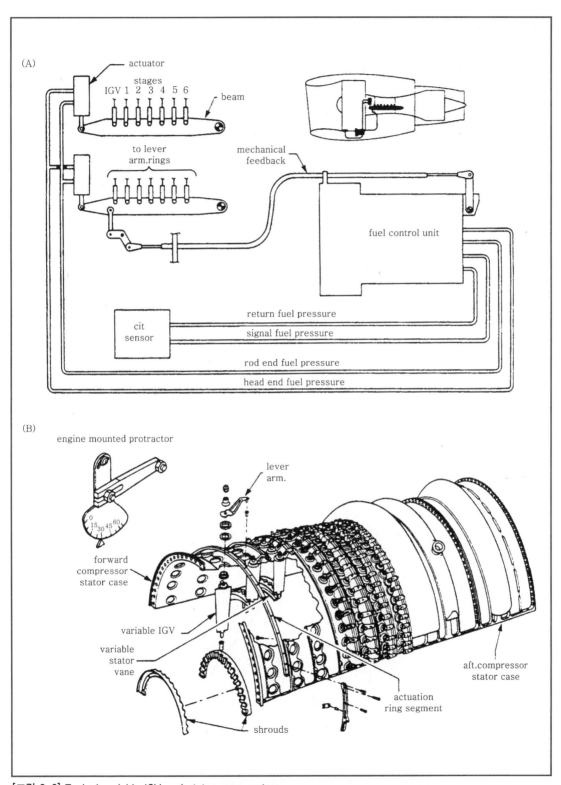

[그림 8-2] Typical variable IGV and stator vane system

T_{t2} 값이 낮은 경우 공기밀도는 증가할 것이고, 베인계통은 열리기 시작하여 더 낮은 압축기 속도에서 공기유량을 증가시킬 것이다. 냉각공기는 따뜻한 공기보다 천천히 움직이는 경향이 있기 때문에 이것은 필요하다. 이런 식으로, 공기 속도와 압축기 속도는 적절한 관계가 되어 정확한 받음각을 유지한다.

만약 압축기 입구 온도가 감소한다면 가변베인이 없는 경우 후방단의 압축은 증가하고 후방단의 부가적인 압축은 공기흐름 속도를 늦추게 된다.

T_{t2} 센서가 베인을 더 열도록 스케줄되어 있을 때, 증가된 공기흐름(질량과 속도)은 후방단에서 공기를 밀어 이전의 속도로 되돌아오는 현상을 전방단에서 일으킨다. 이것은 압축기 속도와 압축기 공기 속도 사이의 적절한 관계를 유지하게 하여 받음각을 유지시킨다.

만약 온도가 많이 떨어져서 가변베인을 완전히 열어, 더 이상 가변베인을 열 수 없게 된다면, FCU의 다른 센서들은 연료흐름과 압축기 속도를 강제로 줄이는 기능을 한다. 이렇게 함으로써 압축기 속도가 떨어져 공기 속도와 조화되게 한다.

2 가변베인 스케줄

가변계통의 작동측면은 그것의 작동 스케줄에서 가장 잘 나타낸다.

그림 8-3에서 보면, 정상 스케줄일 때, 베인은 65% N_2 속도까지 닫혀있고 이때부터 열리기 시작하여 95% N_2 속도까지 완전히 열린다.

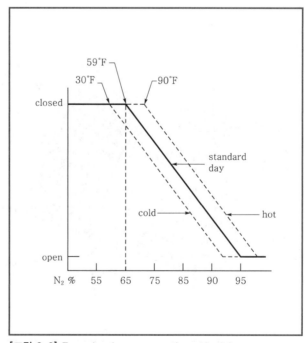

[그림 8-3] Example of vane operating schedule

표준대기상태에서 입구 온도가 증가하거나 감소하면, 베인 스케줄 역시 변화한다. 예를 들어, 대기온도가 30°F로 떨어지면 베인은 65%가 아닌 약 60% N_2 속도에서 열리기 시작하고 95%가 아닌 92% N_2 속도에서 완전히 열린다. 물론 이것은 온도상승과 받음각에 대해 이전에 설명한 바대로 같은 압축기와 공기 속도변화로 이루어진다. 만약 CIT 센서가 고장이거나 가변베인에 링키지가 잘못 조절되어 있으면, 정확한 베인 스케줄은 어려우며 압축기 실속이 일어날 것이다.

엔진에 장착된 각도기(mounted protractor)[그림 8-2B 참조]는 엔진이 작동하는 동안 표준곡선에 대한 베인의 작동 스케줄을 그리기 위해 베인 위치를 점검하는 수단이다.

3 가변베인이 고압축엔진에 필요한 이유

(1) 고정베인의 실속곡선-저압축엔진

가변베인의 기능에 대한 더 자세한 설명은 실속곡선을 이용해서 알아볼 수 있는데, 이것은 가변각 베인계통이 있는 경우와 없는 경우를 비교한다.

압축기는 주어진 공기유량(m_s)에 대해 어떤 압력비(C_r)가 존재하도록 설계된다.

그림 8-4에서, A-B선은 압축기 실속 없이 최대공기유량과 압축기 압력비 사이의 관계를 설정하기 위한 공장시험(factory testing)의 결과이다. 이 곡선은 압축기 속도(rpm)선을 제거하고 압축기 압력비와 공기유량의 두 가지 선으로 간략화한 것을 제외하고는 3장에서 설명한 실속여유곡선과 유사하다.

실속라인 A-B 위의 압력비는 공기유량에 대해 압력비가 너무 높아서 실속을 일으킨다는 것을 나타낸다.

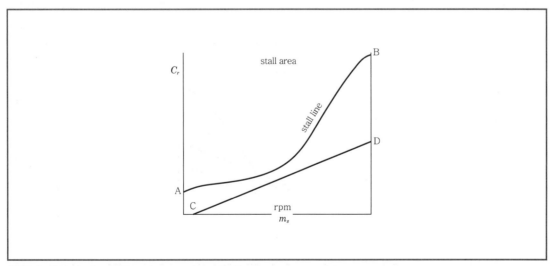

[그림 8-4] Typical stall line chart, engine with fixed compressor stator vanes

라인 C-D는 정상압력비와 공기유량과의 관계를 나타낸다. 그러나, 가속하는 동안 연료유량이 너무 많으면, 과도한 연소실 압력이 생겨서 공기흐름을 막게 되어 압력비를 상승시킨다. 이때 라인 A-B는 초과되어 압축기 실속을 일으킨다.

(2) 가변베인의 실속곡선-고압축엔진

가변베인은 가속과 감속 중에 압축기 압력비와 공기유량의 정확한 관계를 압축기에 주도록 압축기 압력비와 공기유량을 제어한다.

가변베인은 압축기 입구 온도(T_{t2})에 치우친 rpm 스케줄상에서 작동한다.

그림 8-5는 압축기 압력비와 rpm 사이의 관계를 보여준다. 이 곡선은 가변베인을 사용함으로써 실속라인이 위로 올라간 것을 보여준다. 이것은 엔진이 실속을 일으키지 않고 주어진 rpm에 대해 더 높은 압축기 압력비에서 작동할 수 있다는 것을 의미한다.

라인 C-D는 고정 스테이터 베인을 가진 엔진에서 정상압축기 압력비와 rpm의 관계를 나타낸다. 이 안전하게 낮은 라인의 위치에서 엔진의 최대압력비 역시 낮다. 가변베인이 장착된 경우, 압축은 올라가며 작동라인은 EF 위치로 안전하게 올라간다.

실속라인이 더 높아지는 이유는, 주어진 rpm에 대해 가변베인계통이 공기흐름을 조절함으로써 베인계통이 정확한 압축기 압력비와 공기유량을 자동적으로 스케줄하기 때문이다.

다시 말해 고정 스테이터 엔진의 실속라인이 공장시험에 의해 결정된다면, 가변베인 엔진에 대해 똑같은 방법으로 두 번째 실속라인이 결정된다.

가변베인계통의 기능은 정상감속과 가속 중에 실속을 막아야 하는 것이다.

이상의 설명에서, 고압축의 엔진을 설계할 경우 어떠한 형태의 공기조절시스템을 장착해야 한다는 것을 알 수 있다. 왜냐하면, 압축기가 공기흐름을 유지할 때 어떤 도움을 받지 못한다면 실속을 일으키기 때문이다.

입축기 스테이터 에어포일은 이러한 공기흐름의 유지를 위해 가변각을 갖도록 만들어진다.

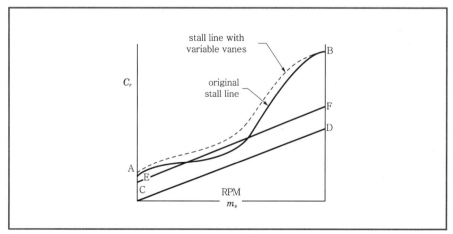

[그림 8-5] Typical stall line chart, engine with variable angle compressor stator vanes

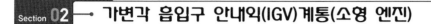
Section 02 — 가변각 흡입구 안내익(IGV)계통(소형 엔진)

그림 8-7의 계통은 많은 소형 가스터빈엔진 실속방지계통의 전형적인 형태이며, 여기서 IGV만이 가변각 능력을 가지고 있다. 압축기 스테이터 베인은 모두 고정각형태이다.

이 계통에서 IGV는 그림 8-6에서 보듯이 45°의 이동범위를 가지고 있으며, 낮은 N_2 속도에서는 51.5°부터, 높은 N_2 속도에서는 6.5°까지 닫힌다.

이 계통은 파워레버의 명령에 의한 연료압력으로 작동된다. 이것은 FCU로부터 연료 신호를 받아 작동 스케줄을 제어한다.

Idle 속도에서 베인은 51.5° 닫히도록 스케줄되고 엔진의 실속 없는 빠른 가속을 위해 엔진 속도가 증가함에 따라 6.5° 위치로 이동한다. 이러한 작동은 흡입구 공기흐름과 압축기 속도 사이의 정확한 받음각 관계를 유지해준다.

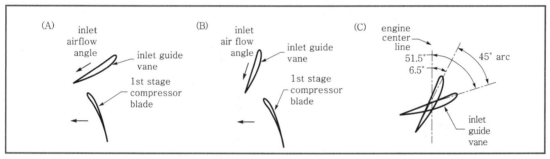

[그림 8-6A] Vane position at low rotor speed
[그림 8-6B] Vane position at high rotor speed
[그림 8-6C] Inlet guide vane angular range

Section 03 — 가변베인계통의 고장탐구

Problem/Possible Cause	Check For	Remedy
1. Compressor stall on acceleration or deceleration		
a. Variable vane system	Out of track condition or binding	Re-rig system
	Feedback cable out of adjustment or binding	Adjust or clean
b. Compressor inlet sensor(T_{t2})	Gas leak from sensor	Replace sensor
c. Fuel control	Correct fuel pressure to vane system	Replace control
2. Engine unable to attain full power(without exceeding EGT limit)		
Variable vane system	Vanes not fully open	Re-rig system

※ 일반적인 수리과정에 대해서는 6장을 참고하라.

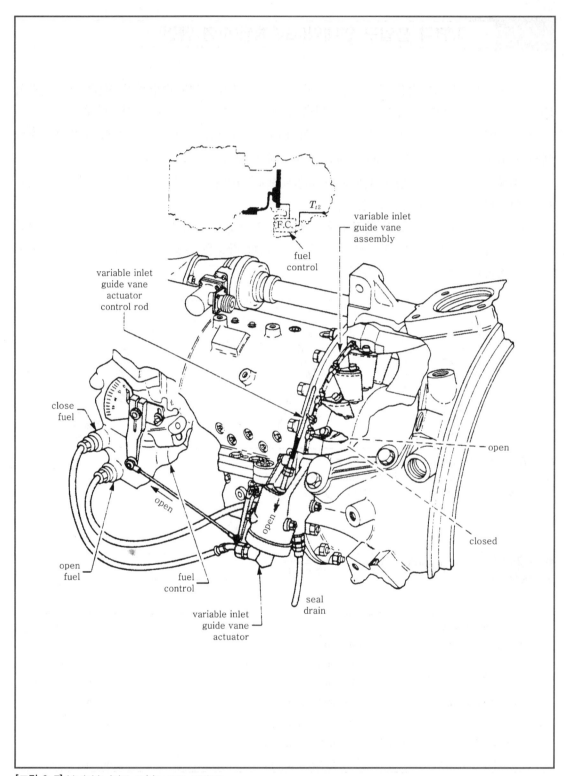

[그림 8-7] Variable inlet guide vane system

Section 04 → 압축기 실속방지 블리드계통

압축기 실속방지 블리드장치는 가변베인계통과 마찬가지로, 저속과 중간속도에서 압축기 감속과 가속시 실속문제를 최소화하기 위해 가스터빈엔진에 장착된다. 가변베인계통에서처럼 원치않는 공기를 차단시키기보다는 자동으로 덤프시킨다.

일부 압축기는 순항 rpm과 더 높은 rpm을 제외하고, 공기 블리드장치 없이는 엔진을 지나는 공기량을 통제할 수 없다. 예를 들어, 30 : 1의 압축기 압력비를 가지는 압축기의 경우, 시동하는 동안의 압력비는 약 2 : 1이며, 압축기 출구 면적은 공기흐름 속도를 떨어뜨리지 않기 위해 입구 면적의 80% 정도로 해야 한다. 압축기 블리드 공기계통을 사용하는 동안의 평균 압축기 출구는 약 25%이다.

다른 식으로 설명하면, 일부 엔진의 경우 저속과 중간속도에서 압축기 공기 일부가 블리드되지 못한다면 압축기로부터 rpm과 공기흐름 사이의 관계는 유입되는 공기흐름에 대해 정확한 유효받음각을 회전에어포일에 제공할 수 없다. 높은 회전속도에서, 압축기는 공기역학적인 방해 없이 최대공기흐름을 유지하도록 설계되므로 블리드장치는 닫히게 된다.

1 가변베인계통과 압축기 블리드계통의 비교

① 낮은 압축기 속도범위에서 가변베인장치는 보다 적은 양의 공기를 들여보낸다. 이것은 압축을 낮은 상태로 유지해서 후방단에 공기분자가 쌓이는 것을 방지하여 공기흐름을 막는 경향을 줄인다.

② 낮은 압축기 속도범위에서 압축기 블리드장치는 후방단에서 여분의 공기분자를 블리드시켜 똑같은 결과를 얻는다.

대형 엔진에서 압축기 외부케이스에 설치된 1개 이상의 블리드밸브는 원치않는 공기를 팬 덕트 속으로, 또는 대기 중으로 직접 덤프시키는 데 사용된다. 소형 엔진에서는 블리드포트(bleed port)를 덮지 않고 원치않는 공기를 블리드시키는 슬라이딩밴드(sliding band)를 사용하는 것이 편리하다.

대형 엔진에서 블리드밸브와 가변베인을 함께 사용하기도 하며 압력비가 높아질수록 실속여유를 제어하는 장치가 더욱 필요하다.

2 소형 엔진의 블리드밴드(band)계통

블리드밴드계통은 엔진의 실속 여유를 제어하기 위해 많은 소형 엔진에 장착된다. 밴드는 선택된 후방단에서 공기를 덤프시키기 위해 위치하는데, 그 결과 엔진의 최상작동상태가 된다.

그림 8-8에서 볼 수 있듯이 밴드는 축류-원심형 압축기를 갖는 엔진에서 마지막 축류단으로부터 공기를 블리드시킨다. 저속과 중간속도에서 밴드는 완전히 열린다. 순항에서 이륙출력범위까지도 밴드가 완전히 닫힌다. 이 계통은 블리드 공기를 측정하지 않고 단지 완전히 열리거나 완전히 닫힐 뿐이다.

그림 8-9에서 마지막 압축단으로부터 유입된 P_3 공기는 작동기 내부(actuator cavity)를 가압시켜 피스톤을 위로 올린다. 또, P_m 공기는 슬라이더(slider)에 의해 갇혀있고 P_m 다이어프램의 양쪽 끝에서 같은 압력으로 작동기 밸브가 닫히도록 설계되어 있다. 이러한 작동모드는 FCU가 미리 정해진 높은 출력맞춤(setting)에서 설정되었을 때와 엔진이 낮은 출력맞춤에서 실속 없는 가속을 한 후에 일어난다.

파워레버를 뒤로 움직이면, FCU는 제어밸브 슬라이더가 우측으로 움직이도록 해서, P_a 포트를 열고 P_m 제어공기를 대기로 블리드시킨다.

이것은 다이어프램의 P_m쪽에 압력강하를 일으키고 주유기(oilcanning) 형태의 이동이 위로 발생해서 작동기 밸브를 열게 된다. 이러한 작용은 P_3 공기를 작동 내부로부터 덤프시키고 열림-스프링(open-spring)이 피스톤을 아래로 밀도록 한다. 이것이 밴드를 느슨하게 해서 블리드 포트를 연다.

이 작동모드에서 블리드가 압축기 여압공기 일부를 대기 중으로 내보내, 전방단에서 받음각 조절을 위한 압축기 속도를 조화시키기 위하여 축류압축기 흐름속도를 증가시키는 원인이 된다. 느린 압축기 속도에서 후방단의 높은 압력비는 전방단의 공기흐름 속도를 느리게 하기 때문에, 이 계통은 많은 엔진에서 필요하다.

블리드밴드가 열리거나 닫히면, 엔진 압력비와 엔진 rpm은 약간 변화한다.

대기온도로 계통의 작동을 보정(bias)하기 위해, 슬라이더는 FCU의 센서방향에서 열리고 닫힌다. 좀 더 낮은 대기온도에서 슬라이더는 더 무겁고 느린 공기흐름의 속도를 전방압축기단에서 증가시키기 위해 더 늦게 닫힌다. 이것은 압축기 내에서 정확한 받음각관계를 유지시킨다.

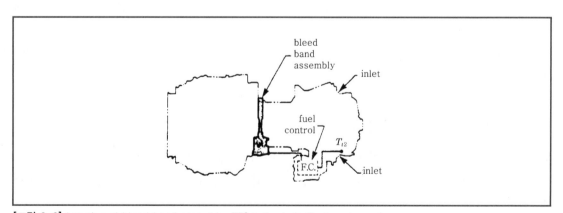

[그림 8-8] Location of bleed band assembly, T53 turboshaft, Textron-Lycoming

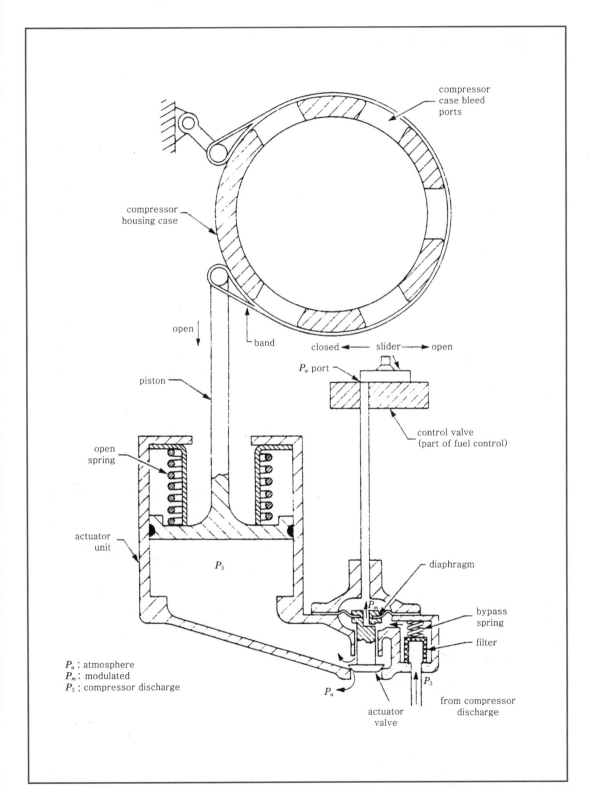

[그림 8-9] Bleed band system(band closed)

3 블리드밴드 스케줄(Bleed Band Schedule)

그림 8-10은 전형적인 서지(surge)방지 블리드밴드 스케줄을 나타낸다. 예를 들어 60°F에서 엔진이 Idle부터 고출력맞춤까지 가속된다면, 블리드밴드는 66% N_1 속도와 72% N_1 속도 사이에서 닫혀야 한다. 감속시에는 72% 이하 66% 이상에서 열려야 한다. 만약 블리드밴드가 가속 중에 69%에서 닫힌다면, 그것은 최소한 67%에서 열려야 하며 밴드 스케줄의 한계 내에 있어야 한다.

이 도표(chart)로부터 블리드밴드는 가속 중에 더 오래 열려있다는 것을 알 수 있고, 이것은 대기온도가 높아짐에 따라 N_1 속도가 빨라진다는 것을 의미한다. 대기온도가 증가하면, 공기흐름 속도는 증가하는 경향이 있다.

블리드는 더 오래 열려있어서 후방단에 분자가 쌓이는 것을 막는다. 블리드가 닫히는 속도에 이른 후에, 설계에 의해 압축기는 부가적인 공기흐름을 조절하고 압축기 실속 없이 정확한 받음각관계를 유지한다.

여기서, "압축기 블리드 공기"라는 단어는 엔진의 경우와 엔진이 아닌 경우 모두에 있어 몇 가지 공기 블리드장치를 설명하는 데 사용된다. 항공기 공기조화장치나 연료탱크 여압장치를 위한 압축기 공기 블리드 근원은 블리드밴드가 아니고 승객용(customer) 블리드 공기라고 하는 것이 더 적절하다.

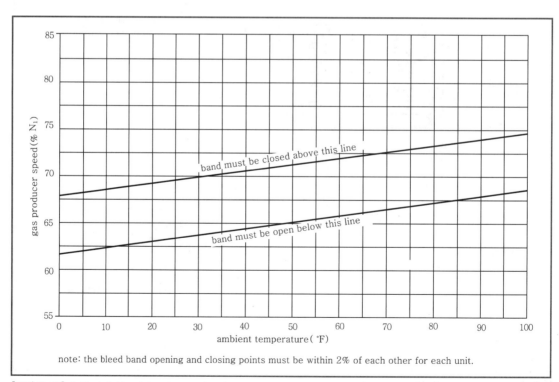

note: the bleed band opening and closing points must be within 2% of each other for each unit.

[그림 8-10] Anti-stall bleed band operational schedule

4 대형 엔진의 블리드밸브계통(P & W, JT8D 터보팬)

Pratt & Whitney JT8D 터보팬엔진은 압축기 블리드 조절계통으로 명명된 블리드밸브장치를 사용하여 압축기 실속방지를 한다.

이 장치는 3개의 블리드밸브로 구성되어 있는데, 이 중 2개는 마지막 압축단인 13번째 단에서 공기를 블리드시키고, 나머지 하나는 8번째 단에서 공기를 블리드시킨다. 이 계통에서는 블리드 공기를 미터링하지 않고 밸브는 완전히 열리거나 완전히 닫힌 위치에 있다.

이 계통은 밸브를 작동시키기 위해 엔진으로부터 다음의 3가지 공기압력을 이용한다.

① 저압압축기 방출 정압(P_{s3})

② 압축기 입구 전압(P_{t2})

③ 고압방출압력(P_{s4})

P_{s3}와 P_{t2}는 감지(sensing)압력이고 P_{s4}는 기계를 작동시키기 위한 조절(control)공기압력으로 사용된다.

이 계통은 또한 저압압축기를 지나는 압력비의 기능으로써 블리드밸브 작동을 스케줄하는데 3개의 블리드밸브는 엔진이 낮은 출력에서 작동할 때 열리도록 스케줄되어 있고 순항출력보다 약간 낮을 때 닫힌다.

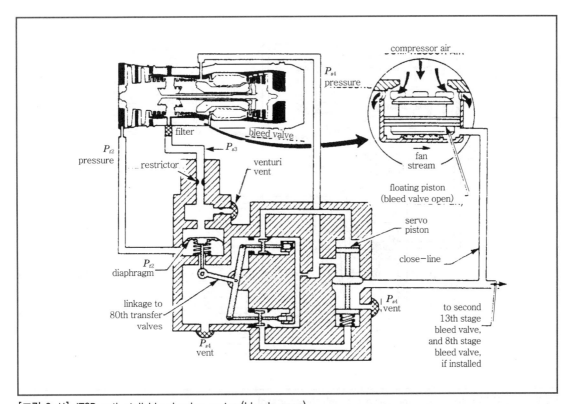

[그림 8-11] JT8D anti-stall bleed valve system(bleeds open)

엔진이 작동하지 않을 때 그림 8-11의 P_{t2} 다이어프램은 P_{t2} 압력과 스프링압력에 대한 반응으로 위쪽 위치로 간다. 이것은 두 개의 이송(transfer)밸브에 링키지를 정확히 위치시킨다.

엔진 시동 중에 P_{s3} 압력은 필터와 압력조절제한기(pressure control restrictor)를 통해 다이어프램 위쪽의 공간(cavity)으로 들어간다. 이것은 또한 벤추리피팅(fitting)을 통해 외부로 벤트되고 벤추리는 P_{s3}를 실제 P_{s3} 수치보다 작은 값으로 변화시킨다. 벤추리는 엔진이 Idle 속도에 도달함에 따라 초크될 것이며, P_{t2} 압력과 스프링압력에 맞서는 다이어프램의 정상배압(steady back pressure)을 제공한다. 이때 P_{t2} 압력과 스프링압력의 합은 P_{s3} 압력보다 크다.

엔진이 Idle 속도에서 밸브 닫힘속도가 되면 서보피스톤(servo piston)의 위쪽이 상부이송(top transfer)밸브와 P_{s4} 벤트(vent)에 의해 밖으로 벤트된다. 조절압력 P_{s4}는 서보피스톤 중심 부분에서 막히지만 아래쪽 이송밸브를 통해 밑부분으로 지나갈 수 있다. 이 압력과 스프링압력을 합하면 서보피스톤을 위쪽으로 올릴 수 있다. 이때 블리드밸브 닫힘선(close-line)은 외부로 벤트되고, 동시에 압축기 내의 압력은 블리드밸브를 열도록 한다.

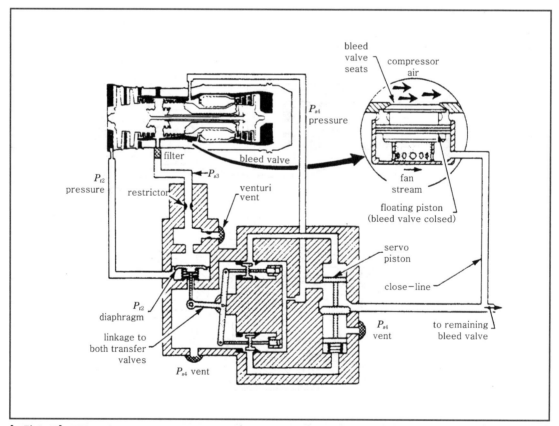

[그림 8-12] JT8D anti-surge bleed valve system(valves closed)

엔진 속도가 증가함에 따라, 변경된 P_{s3} 압력은 P_{t2} 압력과 스프링압력을 더한 값보다 커지고, 다이어프램[그림 8-12 참조]은 이송밸브의 위치를 바꿔 아래쪽으로 움직이게 한다.

이송밸브가 위치를 바꾸면 P_{s4}는 서지피스톤의 윗표면에 전해져서 아래방향 압력으로 작용한다. 또한 P_{s4}는 서보피스톤의 중심 표면에 전해지는데, 이것은 위 표면보다 더 큰 면적을 갖는다. 이 압력차이는 서보피스톤을 아래쪽으로 움직이게 한다.

서보피스톤이 내려가면, P_{s4}는 블리드밸브의 닫힘선으로 가게 되고 3개의 블리드밸브가 동시에 닫힌다. 왜냐하면 부자(floating)피스톤 아래의 면적이 압축기 케이스 닫힘(close-off)점의 콘(cone)모양 면적보다 크기 때문이다.

이 엔진이 블리드 공기계통을 가지고 있지 않다면, 연료스케줄은 고압압축기계통에서 더 낮아져 고압로터의 속도를 유지하기 위해 전방의 저압압축기는 더 무거워질 것이다. 또한 엔진의 가속스케줄은 저하될 것이다. 같은 식으로, 블리드밸브가 너무 일찍 닫힌다면 가속시간이 증가할 것이다.

감속 역시 압축기 블리드밸브에 의해 도움을 받는다. 순항속도의 바로 아래 위치에서 밸브가 열림으로써 공기흐름 일부를 덜어낼 수 있고 압축기가 더 빨리 감속된다.

5 가변 블리드밸브계통(General Electric, CFM-56 터보팬)

가변 블리드밸브계통은 JT8D 터보팬 블리드밸브계통의 기능과 유사한데, 이것은 고압압축기의 성능을 최적화한 것이다.

CFM-56 블리드장치에서 다른 점은 블리드밸브 위치가 변화할 수 있어서 엔진의 필요에 따라 요구되는 공기량을 블리드시킨다는 것이다.

JT8D와 오늘날의 대부분 엔진의 블리드밸브 위치는 두 가지 뿐이다. 즉 완전히 열리거나 완전히 닫힌다. CFM-56은 12개의 가변위치 블리드밸브를 가진 저압압축기 방출 블리드계통을 사용하며, 이 장치는 유압-기계식 조절장치에 의해 작동된다.

블리드밸브는 N_1 압축기 외부케이스에 위치해 있으며 N_1 방출공기압력을 팬덕트로 보낸다. 블리드밸브는 Idle 속도에서 완전히 열리고, 완전히 닫힐 때까지 FCU 내의 컴퓨터와 기계장치에 의한 스케줄상에서 천천히 닫히며 순항속도보다 약간 낮은 85~88% N_2 속도에서 완전히 닫힌다.

이 밸브는 기계적인 작동기와 연료구동모터에 의해 동력을 얻는 유연축기계장치(flexible shaft mechanism)에 의해 작동된다. 블리드밸브는 다음의 두 가지 방법으로 작동한다.

① 조종실 파워레버의 작용에 대한 반응으로 작동된다. 조종실의 파워레버를 앞으로 움직이면 닫히는 방향으로 이동한다.

② 파워레버를 뒤로 움직이면 열리는 방향으로 이동한다. 또한 블리드밸브는 FCU에서 받는 팬방출온도와 N_2 속도의 작동변수변화에 대한 반응으로 움직인다.

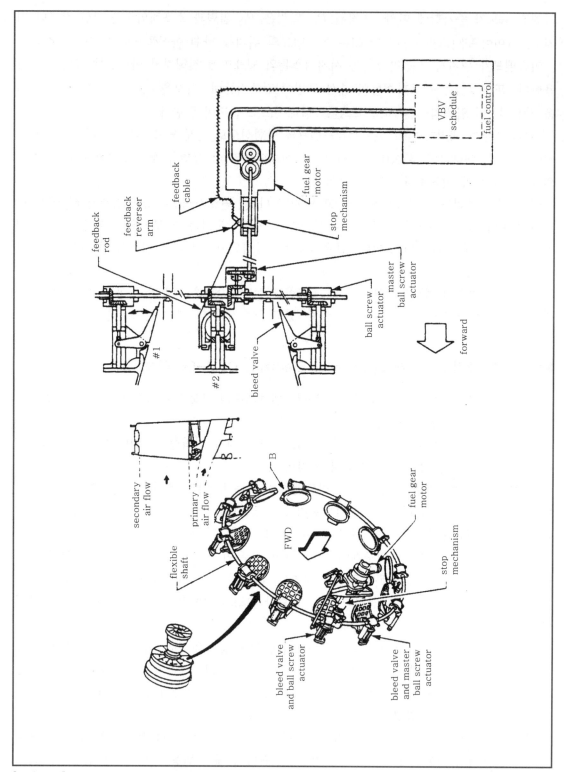

[그림 8-13] Variable bleed valve system

그림의 피드백 케이블은 블리드밸브 위치에 대한 속도와 온도의 자동신호와 비교될 수 있는 연속적인 기계적 신호를 FCU에 제공한다. 이 계통은 감속과 가속 중에 압축기 블레이드 받음각과 실속 여유에 대해 두 위치 계통보다 더 잘 조절할 수 있다. 또한 엔진의 연료소모율 저하에도 기여한다.

Section 05 — 압축기 블리드계통의 고장탐구

Problem/Possible Cause	Check For	Remedy
1. Compressor stall on acceleration from low or intermediate speeds		
Bleed systems	1. Early closing of bleed ports	Reset schedule or replace control device
	2. Binding mechanism	Adjust
2. Engine unable to attain full power(without exceeding EGT limit)		
Bleed system	Air bleed ports not fully closed or Binding mechanism	Re-rig system Adjust
3. Fluctuating rpm and EGT		
Bleed system	Modulating bleed	Adjust or replace as necessary

※ 일반적인 고장탐구절차는 6장을 참고하라.

○ 연습문제 ○

1. 왜 가변 스테이터 베인계통을 가스터빈엔진에 장착하는가?

   답 저속이나 중간속도에서 가속이나 감속시 엔진의 실속경향을 감소시키기 위하여

2. 1단(stage)에서 몇 개의 베인이 각도를 조정하는가?

   답 모든 베인

3. 받음각관계는 흡입구 공기흐름으로 인해 압축기 블레이드 앞전에서 발생한다. 엔진 내의 다른 요인(factor)은 무엇인가?

   답 rpm

4. 압축기 블리드장치는 이륙출력에서 닫히는가?

   답 그렇다.

5. 압축기 블리드계통의 블리드 공기는 어디로 가는가?

   답 밖으로(overboard)

6. 압축기 블리드계통을 장착한 엔진이 압축기 실속을 일으켰다면 이유는 무엇인가?

   답 계통의 이상조절(maladjustment)

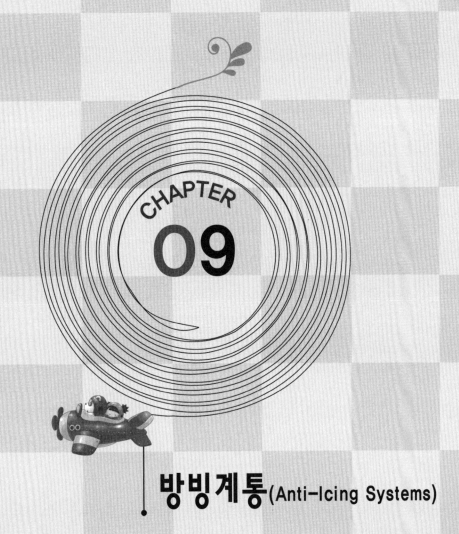

CHAPTER
09

방빙계통(Anti-Icing Systems)

방빙계통
(Anti-Icing Systems)

Section 01 — 개요

많은 항공기의 카울링(cowling), 압축기 입구 케이스, 흡입구 안내익, 노즈돔(nose dome) 그리고 노즈카울링(nose cowling)은 방빙을 위해 뜨거운 공기가 순환하도록 내부통로가 만들어져 있다.

일부 항공기에서는 얼음이 충분히 형성되지 않기 때문에 결빙이 문제되지 않아 엔진에 방빙장치를 설치할 필요가 없고 일부 터보프롭에서는 프로펠러 감속기어박스 내에 오일저장소가 위치해 있어 방빙능력을 어느 정도 제공하므로, 최소의 고온공기만이 흡입구 부분의 방빙에 필요하다.

흡입구의 얼음 형성을 막기 위해 방빙계통이 필요한 경우, 엔진 블리드 공기를 엔진 압축기나 디퓨저에서 뽑아내어 외부파이프와 조절밸브를 통해 흡입구 부분으로 보낸다. 이 공기는 지상작동과 비행작동 동안 엔진 필요에 맞게 정확한 압력과 온도를 제공하는 엔진 위치에서 뽑아낸다. 만일 카울의 방빙이 필요하다면, 전기열선(strip)을 종종 사용한다.

[그림 9-1] Fan icing tests showing ice formation on the fan spinner and fan blades

　방빙공기는 엔진 흡입구 케이스 내에서 반경방향으로 향하여 얼음이 형성되는 모든 표면을 가열한다. 날개 앞전과 프로펠러상의 제빙장치와는 달리, 이 장치는 얼음이 형성되지 않도록 한다. 만약 얼음 형성으로 인해 압축기 실속이 일어난 후 흡입구 부분을 제빙하기 위해 방빙장치가 잘못 사용된다면, 압축기 블레이드와 베인에 얼음의 충격력으로 심각한 엔진 손상을 일으킬 수 있고 심지어 엔진이 완전히 고장날 수도 있다.

　얼음 형성은 엔진이 지상에서 고속으로 작동할 때 가장 잘 발생한다. 엔진 흡입구의 높은 공기흐름 속도로 인한 냉각효과 때문에 비교적 건조한 공기는 40°F까지, 습기찬 공기는 45°F까지에서 얼음이 형성된다.[그림 9-1 참조]

　흡입구 초(super)냉각효과는 7장에서 40°F 이하에서 흡입구에 물분사 사용을 배울 때 설명되었다. 이때 역시 흡입구 결빙이 생긴다. 또 다른 비교는 기화기 내 벤투리에서의 결빙을 막기 위해 기화기 열을 사용하는 것이다. 분무된 연료의 큰 체적과 높은 속도의 조화로 70°F 까지 얼음을 형성하게 한다.

　가스터빈엔진의 흡입구에서 큰 흐름면적이 70°F 결빙상태를 만드는 것은 아니지만 얼음이 형성되는 똑같은 과정이 존재하며 그 과정은 다음과 같다.

　① 증가된 공기 속도가 압력을 강하시키고 공기의 냉각효과를 증가시킨다.

　② 저압에서 물의 증발은 냉각효과를 증가시킨다.

　③ 공기온도의 낮은 압력효과 때문에 공기 중에 응축된 수증기의 결빙이 생긴다.

　④ 공기 중의 물이 32°F 이하의 금속면과 접촉하게 된다.

　부록 8의 공식 7을 이용해 다음 예제를 생각해 보자.

● 예제

흡입구 속도가 음속의 0.5배이고 대기온도가 40°F일 때 온도강하는 얼마인가?

[풀이] $\dfrac{T_t}{T_s} = 1 + \left[\dfrac{\gamma - 1}{2}\right] M^2$

$\dfrac{500}{T_s} = 1 + \left[\dfrac{1.4 - 1}{2}\right] 0.5^2$

$\qquad = 1 + (0.2 \times 0.25)$

$\qquad = 1.05$

$T_s = 476°R (16°F)$

여기서, $\gamma = 1.4$(비열비)

$\qquad\quad 40°F = 500°R$

$\qquad\quad M$: 마하수

　이것은 흡입구의 온도가 16~40°F 사이라는 것을 나타낸다. 분자운동은 온도의 함수이다. 속도가 높아지면 압력은 낮아지고 압력이 낮아지면 분자운동이 느려지며 온도도 떨어진다.

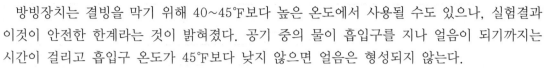

방빙장치는 결빙을 막기 위해 40~45℉보다 높은 온도에서 사용될 수도 있으나, 실험결과 이것이 안전한 한계라는 것이 밝혀졌다. 공기 중의 물이 흡입구를 지나 얼음이 되기까지는 시간이 걸리고 흡입구 온도가 45℉보다 낮지 않으면 얼음은 형성되지 않는다.

비행 중에 방빙계통은 결빙에 이르기 전에 작동된다. 방빙장치의 열은 눈에 보이는 습기가 구름을 형성하거나 강수현상이 생길 때와 흡입구에서의 실제 공기온도(대기온도-램효과)가 5~40℉ 사이에 있을 때 필요하다. 5℉ 이하에서는 공기가 건조해서 얼음이 거의 형성되지 않지만 조종사의 판단에 따라 방빙장치를 사용하기도 한다.

가스터빈엔진을 사용하는 항공기의 순항고도에서 대기온도는 5℉보다 상당히 낮다. 그리고 램압력 때문에 흡입구 온도를 어는점보다 높게 올릴 수 없다. 그러나 대부분의 비행은 구름(cloud level) 위에서 이뤄지므로 방빙장치는 필요 없다. 필요한 경우, 방빙을 시작하는 일반적인 방법은 한 엔진을 선택해서 엔진 변수가 안정되어 있는지를 살핀 후 나머지 엔진도 같은 식으로 선택하는 것이다.

이륙, 상승, 하강, 착륙시에 조종사는 주변 기상상태에 따라 방빙의 필요성을 판단해야 한다. 엔진의 고장이나 손상을 막기 위해 작동자는 지상에서 엔진 작동시에도 같은 판단을 해야 한다.

Section 02 ── 작동

그림 9-2의 계통에는 2개의 전기모터로 구동되는 공기차단밸브가 있는데, 이것은 조종실 스위치의 작동과 동시에 열린다. 이 밸브가 일단 열리면, 공기조절밸브 내에 있는 바이메탈 코일(bimetallic coil)이 공기의 온도에 따라 공기흐름양을 조절한다.

너무 뜨거운 공기는 흡입구 구성품의 재질강도에 영향을 주며, 방빙공기가 엔진 압축기로 들어가면 엔진 성능에도 영향을 미친다.

일부 엔진의 경우, 고출력맞춤에서 압축기 블리드 공기의 온도가 증가하면 엔진 성능에 나쁜 영향을 미치므로 흐름이 제한된다.

어떤 엔진에서는 온도 변화가 성능과 재질강도에 미치는 영향이 아주 적기 때문에 조절밸브가 필요 없다. 이 경우, 엔진들은 전기차단밸브만을 갖고 있다.

일부 대형 팬엔진에서는 흡입구만이 방빙되는데 이유는 IGV가 없기 때문이고 팬의 회전던짐(slinging)작용이 엔진 입구의 얼음 형성을 제거하기 때문이다.

방빙이 선택되면, 조종실의 지시등이 켜지고 배기가스온도가 약간(약 10℃) 상승하는데, 이것은 방빙장치가 정상 작동하고 있다는 것을 나타낸다. 엔진압력비와 타코미터지시기와 같은 엔진 장비도 연소실로 이동하는 압축의 순간적인 변화 때문에 약간 움직인다.

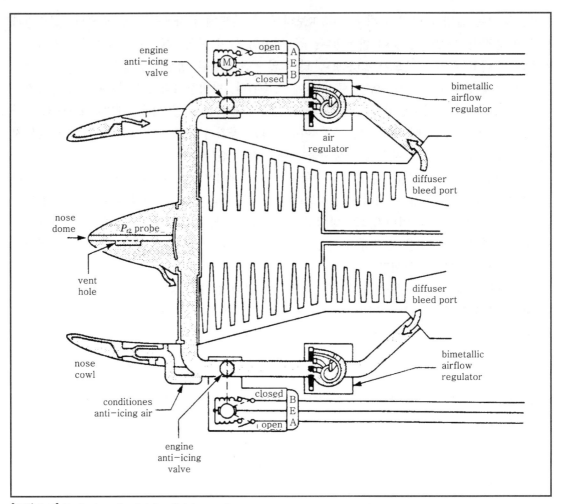

[그림 9-2] Typical engine inlet anti-icing system

P_{t2} 프로브(probe)의 벤트 구멍(vent hole)은 물을 배출시키는 작용을 하고 얼음 탐지의 기능도 한다. 만약 이 프로브가 노즈돔 구멍(nose dome opening)에서 얼어붙으면 램압력의 영향이 엔진압력비계통(EPR system)에 미치치 못해서 이 프로브가 P_{s2} 프로브처럼 작용하고 이것은 조종실의 EPR 지시기를 상승시킨다.

엔진이 전진할 때 P_{s2}는 P_{t2}보다 항상 작으므로, 이륙시 엔진압력비가 높게 나타나는 오류가 발생한다.

만약 방빙공기가 결빙시에 작동된다면, 방빙공기는 노즈돔(nose dome)과 EPR 계통으로 향한 벤트홀을 가압시켜 엔진압력비를 갑자기 떨어뜨린다. 이런 현상은 P_{t2}가 증가하면 EPR 계통의 엔진압력비가 낮게 나타나는 잘못 때문에 일어난다.

작동자는 P_{t2} 프로브의 얼음장애가 없어지면 엔진압력비가 정상으로 되돌아오는 것을 알 수 있다. EPR 계통은 12장에서 자세히 논의될 것이다.

Section 03 — 조절밸브(Regulator Valve)

그림 9-3에 나타난 조절밸브는 Idle 엔진 출력맞춤의 최대흐름위치에서 500°F의 공기를 자동으로 제공하도록 설정되어 있고 이륙출력의 최소흐름위치에서 650°F의 공기를 제공하도록 되어있다.

바이메탈(bimetallic)스프링이 냉각되면 밸브 디스크를 연 상태로 유지하고 계통으로 운반되는 공기의 유량과 온도가 엔진 출력증가와 더불어 증가함에 따라, 디스크는 정지점(stop)에 걸릴 때까지 앞으로 움직이며 닫힌다. 이러한 흐름의 제한은 엔진 출력손실, 압축기 실속, 입구 구조의 열손상을 일으키는 흡입구의 과열을 막아준다.

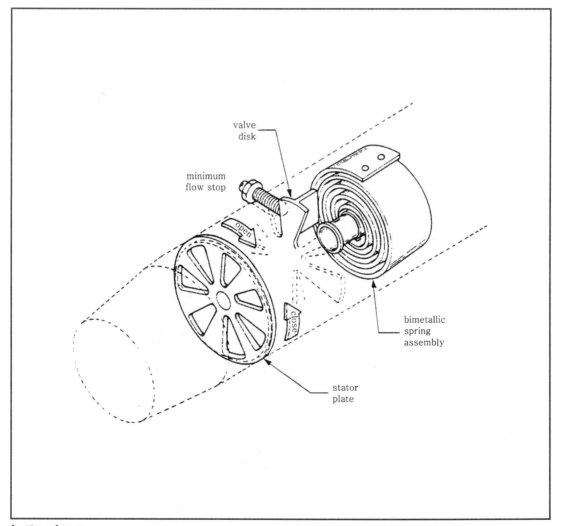

[그림 9-3] Anti-ice regulator valve

Section 04 — 조종실 조절과 방빙밸브 작동

다음은 방빙밸브와 조종실 On/Off 스위치에 따른 조종실 지시등의 작동을 보여준다.

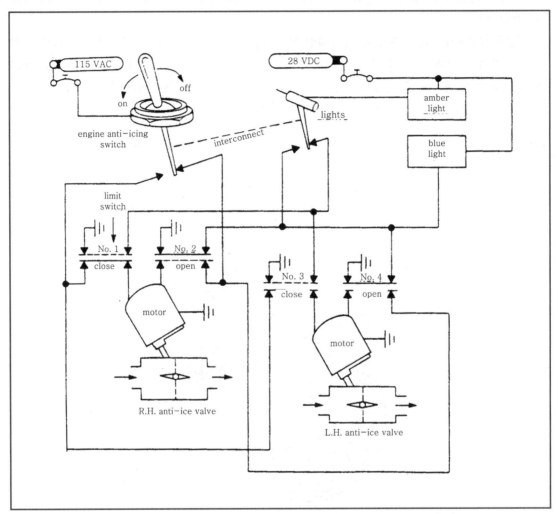

[그림 9-4] Cockpit switch, cockpit indicator lights and anti-ice valves shown in system "On"

1 방빙스위치-On

① 방빙스위치가 "On"되면 그림에서 보듯이 4개의 제한스위치가 반대위치에 있고 AC 전원이 2개의 모터를 작동시켜 No.2와 No.4 제한스위치를 통해 밸브가 열린다. 밸브가 Open 한계에 이르면, 제한스위치는 그들의 현위치로 이동된다. 제한스위치는 다음 명령, 즉 모터의 닫힘 작동에 대해 올바른 위치에 있게 된다.

② 제한스위치가 위치를 바꾸기 전에 No.1과 No.3 제한스위치를 통해 조종실에 있는 황색(amber) 등이 켜진다. 제한스위치가 그들의 현위치에 도달하면 황색 등은 꺼지고 푸른 등이 켜진다.

③ 만약 푸른 등이 켜지지 않는다면 모터가 완전히 작동하지 않아 공기흐름밸브가 완전히 열리지 않았다는 경고이다.

④ 모터 중 하나가 완전히 작동하지 않는다면 황색 등은 계속 켜져있고, 푸른 등이 고장을 지시해준다.

2 방빙스위치-Off

① 조종실 스위치를 "Off"로 하면, 푸른 등은 계속 켜져있고 황색 등이 다시 "On"된다.

② 이때 닫히는 위치가 되도록 115V AC 회로가 두 모터에 동력을 공급하고 4개의 제한스위치는 다음 "Open" 명령을 기다리기 위해 반대위치로 돌아간다.

③ 모터제한스위치가 "Open" 접점을 떠남에 따라, 양쪽 등은 모두 꺼진다.

Section 05 — 방빙계통 고장탐구

Problem/Possible Cause	Check For	Remedy
1. Ice forms in the inlet with the anti-icing system turned on.		
Anti-ice valves(not open)	1. Correct input voltage	Correct as necessary
	2. Proper operation of valves	Replace valve(s)
2. Compressor stalls at high power setting with anti-icing system off.		
Inlet-icing	Ambient conditions	Shut down and remove ice Continue run with anti-ice on
3. Engine unable to attain full power(without exceeding EGT limit)		
a. Anti-ice shut off valves (system off but valve(s) stuck open)	Carefully feel forward side of valve with hand for heating due to air leakage	Replace valve(s)
b. Air regulator(s) (system on)(stuck full open)	Malfunctioning bimetallic coil	Replace or bench check
4. Fluctuating EGT and rpm		
Anti-valves(system off)	Modulating valve motor	Adjust micro-switch or replace motor

⊙ 연습문제 ⊙

1. 방빙계통은 엔진 흡입구로의 얼음을 제거하도록 설계된 것인가?

   답 아니다. 얼음 형성을 막기 위한 것이다.

2. 방빙조절기(anti-icing regulator)는 전기적으로 조절되는가?

   답 아니다. 바이메탈(bimetallic)스프링으로 조절된다.

3. 흡입구의 얼음은 어떻게 압축기 실속을 일으키는가?

   답 공기흐름을 차단하거나, 압축기로의 공기흐름을 뒤틀리게 한다.

CHAPTER

10

시동계통

CHAPTER 10

시동계통

Section 01 — 개요

가스터빈엔진은 일반적으로 시동기 출력이 주보기 기어박스로 전해져 압축기를 회전시킴으로써 시동된다.[그림 10-1 참조]

2중압축기 가스터빈엔진에서 시동기는 고압압축기계통만 회전시킨다. 단일압축기를 가진 자유(free)터빈, 터보프롭, 터보축엔진에서 압축기만이 보기 기어박스를 통한 시동기에 의해 회전한다. 자유터빈은 시동기 구동과 연결되어 있지 않다.

[그림 10-1] CF6 starter installation on forward face of main accessory gear box

　　시동기에 의한 압축기 회전은 연소를 위해 충분한 공기를 엔진에 제공하며, 연소가 일어난 후 Idle 속도까지 자체 가속(self-accelerating)을 돕는다.

　　시동기나 터빈휠은 그 자체만으로 엔진의 정지에서 Idle 속도까지 낼 수 있는 충분한 출력을 갖고 있지 않지만 결합하여 사용하면 이 과정이 약 30초만에 완만하게 이뤄진다(일반적인 엔진에서).

　　시동기는 정상적으로 조종실 토글(toggle)스위치에 의해 작동되고 자체 가속도에 도달한 후 5~10% rpm에서 속도센서장치에 의해 자동으로 정지한다. 이 상태에서 터빈 출력만으로 충분히 Idle까지 올라간다.

　　엔진이 정확한 속도로 도움받지 못하면 헝(hung or stagnated)시동이 일어날 수도 있다. 즉, 엔진이 시동기 차단점이나 근처에서 머물러있다. 이런 상황을 고치려면, 엔진을 정지시키고 문제점을 조사해봐야 한다. 연료를 추가함으로써 가속을 시도하면 헝시동(hung start) 뿐 아니라 핫시동(hot start)의 결과가 생긴다. 왜냐하면 엔진이 연소를 지속하기 위해 불충분한 공기흐름으로 작동되기 때문이다.

　　터보프롭과 터보축엔진은 로터항력을 줄이고 속도와 공기흐름을 증가시키기 위해 저피치로 시동하거나 프로펠러를 구동하는 자유터빈의 구조를 갖는다. 이것은 압축기 로터계통만 시동기에 의해 작동되게 하므로 낮은 항력의 가속을 얻을 수 있다.

　　일반적인 시동절차는 시동기를 작동(energize)한 후 5~10% rpm에서 점화를 하고 연료레버를 연다. 정상 시동(light-off)은 20초 이내에 일어난다.

　　정해진 시간 내에 시동이 안 되면 시동기를 끄고 고장인지 점검해봐야 한다. 낮은 시동출력, 약한 점화 또는 연료라인의 공기와 같은 문제들은 시동과정을 방해하여 느리게 하거나 아예 시동이 안 되게 한다.

　　그림 10-2는 시간, 압축기 속도, 배기가스온도와의 관계에서 시동기-On, 점화-On, 연료-On의 일반적인 시동절차를 보여준다.

　　8장의 연료계통에서 설명한 바와 같이, 시동사이클을 위해 농후연료혼합이 스케줄되어 시동에서 Idle까지의 시간을 줄이고, Idle rpm에 이르면 연료조절조속기의 플라이웨이트가 바깥쪽으로 움직여 주미터링밸브를 닫는 방향으로 조금씩 움직이게 한다. 이것은 그림 10-2A에서 볼 수 있는데, 배기가스온도곡선과 rpm 곡선의 위에서 보면 곡선의 최고점에서 수평으로 바뀌기 시작해 안정된 압축기 속도와 엔진가스온도를 나타낸다.

　　그림 10-2B에서 시동사이클 동안 2중압축기의 N_1과 N_2의 속도관계를 볼 수 있다. N_2 압축기는 시동기에 의해 바로 동력을 얻기 때문에 시동기가 연결(engagement)된 후 즉시 회전하기 시작한다. 그리고 N_1 팬 속도는 엔진 내에 공기압력이 N_1 압축기를 회전시킬 수 있을 만큼 충분히 형성된 후에 회전하기 시작한다.

　　이 곡선은 고바이패스 팬엔진의 전형적인 예이다. 시동기가 약 4,800rpm에서 차단되는데, 이것은 48% N_2 속도를 나타낸다. 그리고 나서 엔진은 연료조절조속기 플라이웨이트가 연료스케줄을 조절하기 시작하면서 약간 오버슈트(over shoot)된 후에 58% N_2 속도(5,800rpm)

에서 안정된다. Idle에서 N_1 압축기와 팬은 28% N_1 속도에 있고, N_2 속도가 안정되면 속도 곡선도 안정된다.

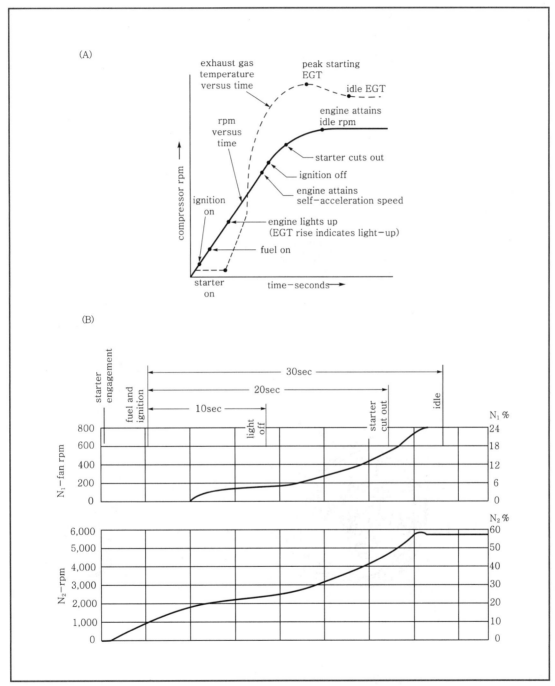

[그림 10-2A] rpm and EGT curves during start of a single compressor engine
[그림 10-2B] rpm and percent rpm curves during start of a dual compressor engine

Section 02 → **전기시동기**

전기시동기는 무겁기 때문에 항공기용 엔진에서는 널리 쓰이지 않고 시동기-발전기 결합으로 무게를 줄여서 소형 엔진에 더 적합하게 사용할 수 있다. 그러나 전기시동기는 APU와 GPU, 일부 소형 항공기 엔진에 널리 사용된다.

대부분의 전기시동기는 자동풀림 클러치(release clutch)장치가 있어 엔진 구동으로부터 시동기 구동을 분리시킨다.

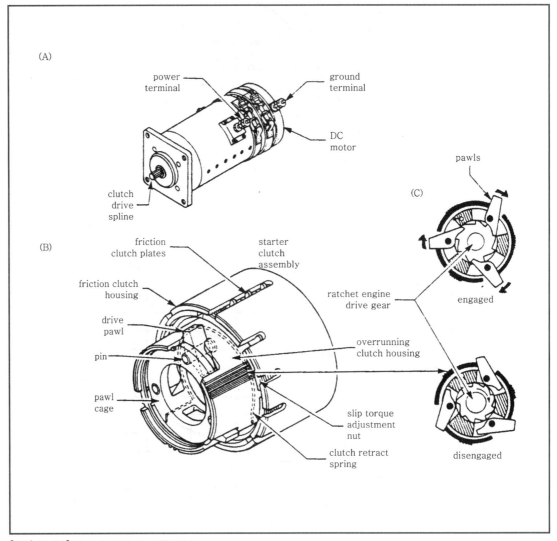

[그림 10-3A] Electrical Starter, 28V DC
[그림 10-3B] Starter clutch assembly
[그림 10-3C] Overrunning clutch

그림 10-3은 이러한 기능과 두 가지의 부가기능을 수행하는 클러치 어셈블리를 보여준다. 클러치 어셈블리의 두 번째 기능은 시동기가 엔진 구동에 지나친 토크를 주는 것을 막는 것이다.

약 130in.lb의 토크에서 클러치 하우징 슬립(clutch housing slip) 내의 소형 클러치판(clutch plates)이 마찰클러치로 작용한다. 이 세팅은 슬립토크 조절너트(slip torque adjustment nut)를 통해 조절 가능하다.

시동하는 동안 마찰클러치는 엔진 속도와 시동기 속도가 증가하여 슬립토크세팅보다 적을 때까지 슬립되도록 설계한다. 클러치 인장력이 정확해야 하는데 인장력이 너무 크게 설정되면 엔진구동지점(ratchet)이 손상을 입게 되고 인장력이 너무 낮게 설정되면, 엔진은 느린 시동이나 Hot start를 일으키게 된다.

클러치 어셈블리의 3번째 기능은 오버런(overrunning)클러치로 작용한다는 것이다. 이러한 폴(pawl)과 래칫(ratchet)형식의 장치는 분리위치(disengaged point)로 가도록 하중을 받는 스프링이 있는 3개의 폴을 포함하고 있다.[그림 10-3C 참조]

시동기가 회전하면, 관성이 폴을 안쪽으로 움직여서 래칫형 엔진 구동기어와 맞물리게 된다. 이것은 폴케이지(cage) 어셈블리가 오버런 클러치 하우징 내에서 부동(fleat)되어 전기자(armature)가 클러치 하우징 주위를 구동하기 시작할 때 정지한 채로 있게 하려고 하기 때문에 일어난다. 그러나 오버런 클러치 하우징은 범핑(bumping)작용에 의해 폴을 안쪽으로 움직이게 하고, 분리스프링 힘을 이겨낸다. 엔진 속도가 Idle에 이르면 엔진 속도는 시동기의 속도를 능가하고, 엔진 구동기어의 테이퍼진 슬롯 밖으로 폴이 벗어나게 되며 분리스프링의 힘을 이기게 된다. 이 오버런 특성은 엔진이 시동기를 제한(burst)속도로 구동하는 것을 막는다.

Section 03 — 시동기-발전기(Starter-Generator)

시동기-발전기의 결합은 보기류 두 개를 장착할 공간에 하나만 장착하여 무게를 절감시킬 수 있다는 특성 때문에 소형 제트항공기에 널리 사용되고 있다.

시동기-발전기의 이중목적 때문에 구동장치가 전기시동기와는 다르다. 시동기-발전기는 엔진과 영구적으로 연결되어 있는 구동 스플라인(spline)을 가지고 있다.

그림 10-4에서 다음 단계로 회로를 추적해 봄으로써 더 쉽게 분석할 수 있을 것이다.

① 마스터(master)스위치를 닫으면 축전지(battery) 동력이나 외부동력이 연료밸브 스로틀릴레이(throttle relay) 코일, 연료펌프 그리고 점화릴레이 접촉기(contactor)에 전해진다.

② 조종실의 시동스위치를 닫으면, 모선(bus)동력이 조종실 등을 켜게 하고, 점화릴레이와 모터(motor)릴레이를 닫는다. 이때 점화가 일어난다.

③ 모터릴레이가 닫혀 Undercurrent 릴레이가 닫히고 시동기가 작동한다.

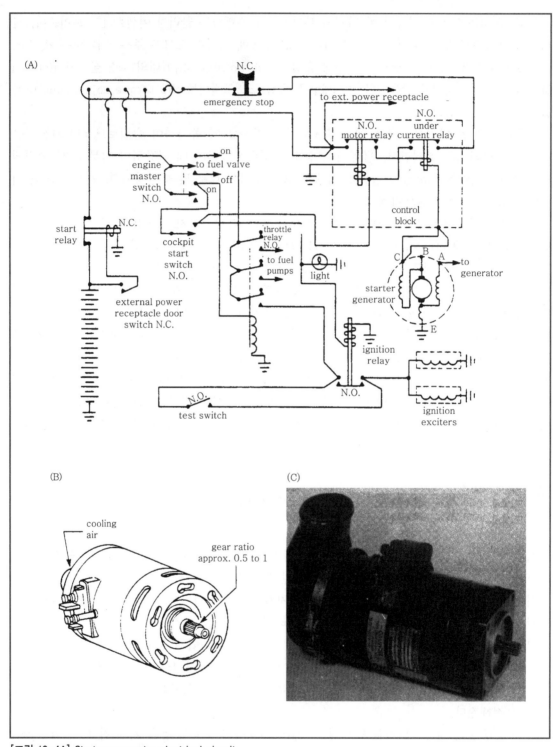

(A)

N.C.
emergency stop
to ext. power receptacle
N.O.
N.O. under
motor relay current relay

engine master switch N.O.
on
to fuel valve
off
on
control block

start relay
N.C.
cockpit start switch N.O.

throttle relay N.O.
to fuel pumps
light
C B A
to generator
starter generator
E

external power receptacle door switch N.C.

ignition relay

N.O.
test switch
N.O.
ignition exciters

(B)

cooling air
gear ratio approx. 0.5 to 1

(C)

[그림 10-4A] Starter-generator electrical circuit
[그림 10-4B] Starter-generator gear ratio
[그림 10-4C] Starter-generator unit

④ 조종실 시동스위치는 풀어지고, 전류는 비상정지스위치를 통해 릴레이로 계속 흐른다. 그러나 엔진 속도가 증가하고 전류가 200A(암페어) 미만이 되었을 때, Undercurrent 릴레이가 열려 시동기를 정지시키고 점화회로 작동도 중지시킨다.

⑤ 비상정지버튼을 누름으로써 Undercurrent 릴레이를 통해 점화회로가 열린다. 이 버튼은 고장이 일어나서 릴레이 접속기가 닫혀있거나 잘못된 시동으로 높은 전류의 흐름이 흘러 정상적인 정지를 방해할 경우 사용된다.

⑥ 외부동력의 콘센트 도어(receptacle door) 마이크로스위치는 외부동력과 축전지 동력이 동시에 모선(bus)에 공급되는 것을 방지한다.[그림 10-4 참조]

일부 항공기는 축전지 시동능력이 없거나, 비상시에만 축전지 시동을 사용하여 축전지 수명을 늘린다.

Section 04 — 공기식 시동기(Pneumatic or Air Turbine Starter)

1 개요

공기식(공기터빈) 시동기[그림 10-5 참조]는 저압공기모터형식이고 고출력 대 중량비 장치로 개발되었다. 이것은 전기시동기의 약 1/5의 중량을 갖고 거의 모든 대형 상업용 항공기에 사용되며 일부 소형 항공기에도 선택적으로 사용된다.

약 45psig이고 분당 50~100lb의 저압이며 큰 체적의 공기가 APU, 또는 GPU, 그리고 다른 작동 중인 엔진의 블리드 공기 원천(source)으로부터 이 시동기에 공급된다.

그림 10-6에서 공기는 시동기 입구로 들어가서 일련의 터빈 노즐 베인을 통해 압력이 속도로 바뀌어서 터빈 블레이드에 큰 운동에너지로 부딪히게 된다. 배기공기는 카울페어링(cowl fairing)을 통해 외부로 나간다.

일부 시동에서는 시동기 압력조절과 차단밸브에 연결된 조종실 토글스위치를 수동으로 움직여서 공기 공급을 차단시켜 정지시킨다.[그림 10-8 참조]

그림 10-6에서는 공기 공급이 입구 공기 공급 차단밸브를 닫는 원심형 차단(cutout)스위치에 의해 자동으로 정지된다. 이 시동기의 터빈은 60,000~80,000rpm으로 회전하고 높은 토크율을 얻기 위해 20~30 : 1로 기어 감속을 한다.

보잉 747 항공기와 같은 대형 기종에서는 30lb의 중량으로써 200hp를 만들어낸다. 소형 기종은 약 20hp까지도 유용하다.

시동기는 엔진에 사용되는 오일과 같은 오일공급장치를 갖는다.

소형 엔진에는 대략 4oz(ounce, 온스)의 오일이, 대형 엔진에는 12oz까지의 오일이 기어 트레인(train)을 윤활한다. 오일양과 마그네틱드레인 플러그(magnetic drain plug)는 자주 검사해야 한다.

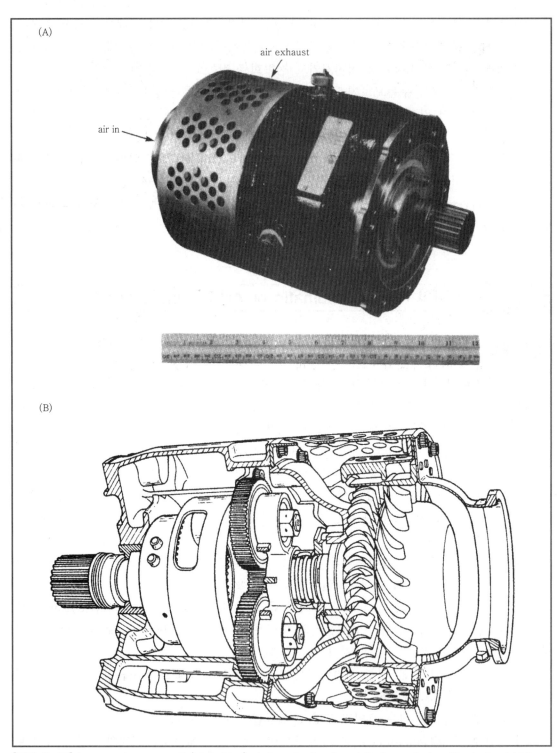

[그림 10-5A] Large engine pneumatic(air turbine) starter, showing its relatively small size. Physical weight is approximately 30lb

[그림 10-5B] Cutaway view of large engine pneumatic starter

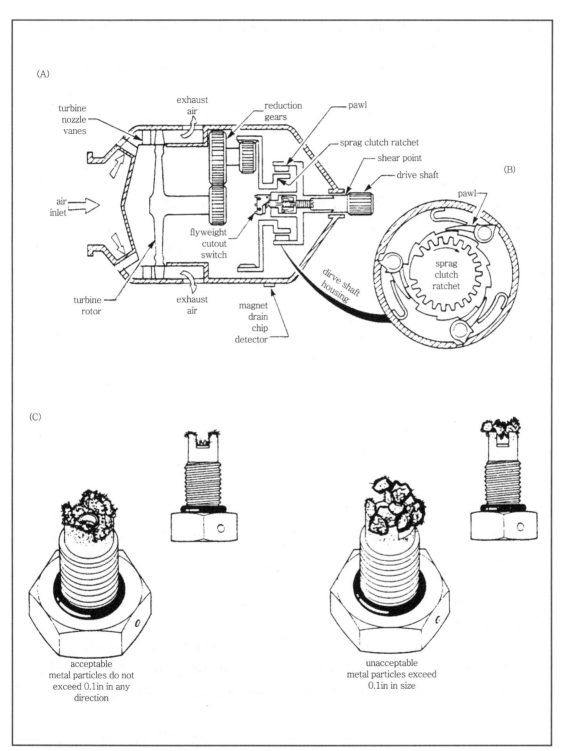

(A)

turbine nozzle vanes
exhaust air
reduction gears
pawl
sprag clutch ratchet
shear point
drive shaft
air inlet
flyweight cutout switch
turbine rotor
exhaust air
magnet drain chip detector
dirve shaft housing

(B)

pawl
sprag clutch ratchet

(C)

acceptable
metal particles do not exceed 0.1in in any direction

unacceptable
metal particles exceed 0.1in in size

[그림 10-6A] Pneumatic(air turbine) starter assembly, cutaway view
[그림 10-6B] Overrunning or sprag clutch
[그림 10-6C] Examples of magnetic chip detector contamination found during a special inspection

대략 20% 엔진 속도에서 정지하고 재시동이 필요할 때는 오버런 클러치폴이 다시 연결된다.[그림 10-6B 참조]

이 절차는 일부 시동기에 손상을 줄 수 있으므로 제작자의 권고한계 내에서만 수행되어야 한다. 회전하고 있는 엔진에 시동기를 연결시키는 경우는 다음과 같은 경우들이다.

① 지상에서 정지 중에 엔진 테일파이프 화재가 있을 때 엔진 가스통로의 연료증기를 제거할 때

② 윈드밀링 속도(windmilling speed)가 너무 작아서 재점화를 할 수 없는 비상시에 공기시동을 해야 할 때

이 시동기의 구동축에는 전단지점이 있어서 기어 트레인에서 유발되는 미리 정해진 토크에서 전단되어 엔진 손상을 막는다.

또 다른 안전장치는 시동기가 제한(burst)속도에 도달하는 것을 방지하는 것이다. 이러한 이상기능 중 어느 하나라도 발생한 후에는 마그네틱 칩검출기(magnetic drain chip detector)의 특별점검이 일반적으로 요구된다.[그림 10-6C 참조]

그림 10-6B는 오버런 클러치로서 스프레그 또는 스프레그 클러치 어셈블리(sprag or sprag clutch assembly)라고 부른다. 이것은 전에 언급한 전기식 시동기의 오버런 클러치와는 다른 형상이다. 이 클러치는 엔진 기어박스 구동축에 영구적으로 연결되는 구동축 하우징 내에 있다.

폴이 작은 리프(leaf)스프링에 의해 안쪽으로 힘을 받아서 스프레그 클러치 래칫(ratchet)과 연결된다. 정해진 엔진 속도에서 폴은 충분한 "G-force"를 받아서 바깥쪽으로 나오게 되어 스프레그 클러치래칫으로부터 구동축 어셈블리가 분리된다.

2 시동기 압력조절과 차단밸브[그림 10-7 참조]

시동기 공기밸브는 흡입구 공기라인에 장착된다. 이것은 조절 헤드(head)와 버터플라이밸브(butterfly valve)로 구성되어 있고 조종실 스위치를 통해 전기적으로 열린다.[그림 10-9 참조]

그림 10-8에서 솔레노이드는 조종실 시동스위치에 의해 윗방향으로 자화(energize)되고, 다음 순서에 따른다.

① 조절크랭크(control crank)는 반시계방향으로 회전하고 조절코드(rod)를 오른쪽으로 밀어 벨로(bellow)를 최대로 확장시킨다. 이때 버터플라이형 조절밸브는 닫혀있다.

② 조절크랭크는 또한 파이럿밸브 로드와 캡(cap)을 스프링장력에 대항에서 우측으로 가게 한다.

③ 여과되지 않은 입구라인 내에 차단되어 있던 공기는 캡을 지나 서보피스톤(servo piston)으로 흘러가 버터플라이밸브를 열게 한다.

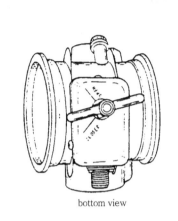

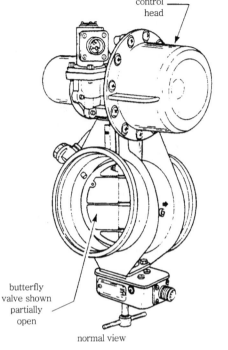

[그림 10-7] Starter air regulating and shut-off valve with manual override handle in partially open position

④ 공급라인 하류쪽에 압력이 커지면서 센싱라인(sensing line)이 공기를 보내서 부분적으로 벨로를 압축한다. 이것이 발생함에 따라서 파일럿밸브 로드가 자리를 뜨고(off seat) 일부의 서보피스톤 공기가 대기 중으로 벤트되어 버터플라이밸브가 약간 닫힌 채로 재설정된다.

⑤ 하류쪽 공기압력이 정해진 수치에 이르면, 제한기를 통해 서보피스톤으로 흐르는 공기의 양과 대기에 배출되는 공기의 양이 같아져서 계통은 평형상태가 된다. 입구 공기압력이 너무 높게 설정되었을 때 이것이 시동기를 보호한다.

⑥ 미리 정해진 시동기 구동속도에 이르면, 이 시동기의 원심차단 플라이웨이트스위치가 솔레노이드를 비자화시켜서 버터플라이를 닫히는 위치로 되돌아가게 한다.

⑦ 수동 오버라이드핸들(manual override handle)이 있어서 전기적 고장, 또는 부식이나 얼음이 계통 내에서 과다한 마찰을 유발할 때는 수동으로 버터플라이밸브를 작동할 수 있다. 그 후 움직임에 제한을 느끼지 않으면 밸브를 정상적으로 작동시키거나 또는 교체해야 한다.

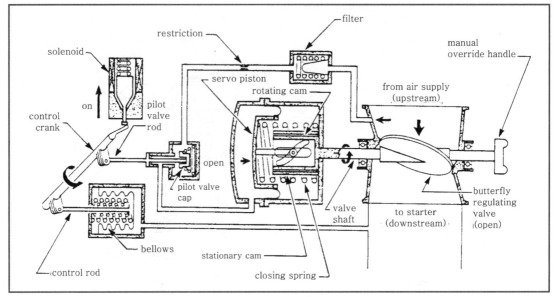

[그림 10-8] Pressure-regulating and shut-off valve in the "On" position

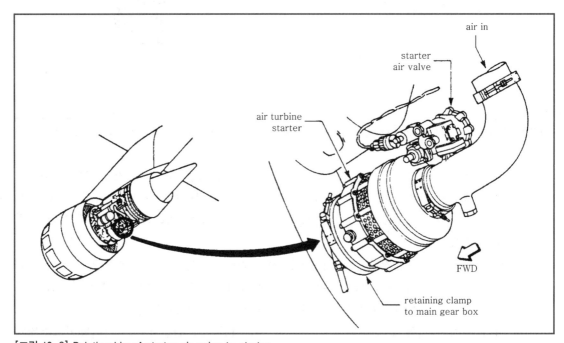

[그림 10-9] Relationship of starter air valve to starter

３ T-핸들(Handle)에 의한 수동작동

핸들은 갑자기 움직여서 손에 상처를 나게 할 수 있기 때문에 주의를 요하는 세 단계 절차가 있다. 또한 이것은 장갑을 사용하지 않는다면 손에 화상을 줄 정도로 뜨겁다.

542

전형적인 사용절차는 다음과 같다.

① 고리나 손잡이를 사용해서 T-핸들을 당겨라. 핸들이 빠르게 회전하므로 주의하라. 이 작용은 서보피스톤실을 벤트시킨다.

② T-핸들을 "Open"으로 돌리고 시동기간 내내 유지시켜라. 이것은 서보피스톤 내의 닫힘스프링을 이긴다.

③ 35% N_2 속도에서 T-핸들을 "Close"로 돌리고, 제자리에 고정될 때까지 핸들을 밀어라(40% N_2에서 시동기는 과속상태가 되므로 주의해야 함).

4 공기식 시동계통

APU는 일반적으로 항공기의 뒤쪽이나 낮은 동체부분에 창작되고 항공기 내부를 통하는 공기 매니폴드(air manifold)는 APU, GPU 연결부, 엔진 블리드 공기포트(air ports)와 시동기 입구를 상호연결한다. 이 계통은 GPU나 APU로 한 엔진을 먼저 시동하고, 작동 중인 엔진의 "Cross-bleed air source"로부터 나머지 엔진을 시동한다.

(1) 시동절차

전형적인 2중스풀엔진의 시동절차는 다음과 같다.[그림 10-10 참조]

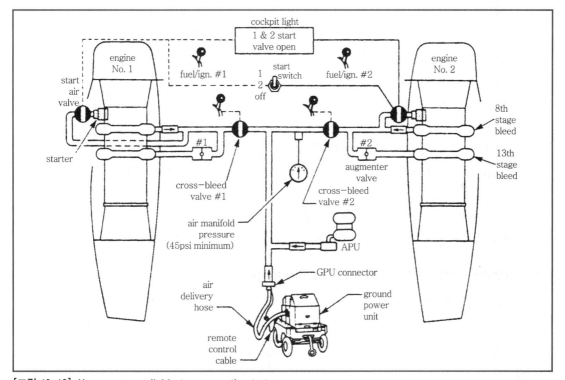

[그림 10-10] Air sources available to pneumatic starters

[그림 10-11] Ground power starting unit in vehicle

① APU[그림 10-11 참조]나 GPU를 시동하고, 조종실의 시동공기 매니폴드계기가 45psig를 지시할 때까지 기다린다.

② 크로스 블리드밸브(cross bleed valve) #2를 열어라.

③ 시동스위치를 No.2로 위치시켜라.

④ 시동기 공기 매니폴드 압력이 약간 떨어지는 것을 관찰하라.

⑤ 조종실 타코미터지시계에 N_2 속도가 증가하기 시작하는가를 보라.

⑥ 5~10초간 N_2 지시 도중 N_1 속도가 증가하기 시작하는가를 보라.

⑦ 시동연료/점화레버를 "On"시켜라.

⑧ EGT 상승과 오일압력을 관찰하라.

⑨ Idle 속도보다 약 10% 낮은 rpm에서 #2 시동공기밸브와 점화가 비자화됨에 따라 공기 매니폴드 압력이 약간 상승하고, 조종실등이 꺼지는가를 관찰하라.

⑩ 엔진이 Idle 속도까지 도달함에 따라서 모든 엔진계기를 관찰하라(크로스 브리드밸브 No.2를 닫아라).

⑪ APU나 GPU를 사용해서 나머지 엔진도 시동시켜라.

※ 이후 절차는 14장 엔진 작동을 참조하라.

(2) 크로스-블리드 시동(Cross-Bleed Starting)

한 엔진이 시동된 후 나머지 엔진들도 크로스-블리드 공기로 시동할 수 있다. 그러나 이것은 정상적인 상황에서는 바람직하지 않다. 이때 필요한 공기압력을 얻기 위해 대략 80% N_2 속도가 필요하고, 연료의 낭비뿐만 아니라 램프(ramp)에 소음과 제트 분사(blast)의 문제가 발생한다.

시동절차는 다음과 같다.

① 크로스 블리드 공기로 #1 엔진을 시동하기 위하여 크로스 블리드밸브 No.1과 No.2를 열어라.

② 더운 날에 공기 매니폴드 압력이 낮거나 승객용 블리드 공기(customer bleed air)를 사용한다면 #2 오그멘터(augmenter)밸브를 열어라.

③ 시동스위치를 No.1으로 위치시키고 나머지 절차는 No.2 엔진과 동일하다.

(3) 공기식 시동기 임무사이클(Duty Cycle)

공기시동기에는 다음과 같은 임무사이클이 있다.

① 엔진 시동 중에는 1분간 "On", 냉각을 위해 2분간 "Off"

② 모터오버 점검(moter over check) 중에는 2분간 "On", 냉각을 위해 5분간 "Off"

위와 같이 작동사이클 시간에 제한을 두는 이유는 이 장치가 링기어형식 감속계통으로써 아주 쉽게 마찰열이 발생하고 저용량의 스플래시형 습식 섬프계통(splash type wet sump oil system)이 기어부분에 있어서 냉각용량에 제한이 있기 때문이다.

Section 05 ─ 기타 시동계통

여러 가지 다른 시동계통은 과거에 군용이나 상업용 엔진을 위해 개발되었다. 이것들은 오늘날에는 범용이나 상업용 항공기에 공통적으로 사용되지 않는다.

1 고-저압 공기식 시동기(High-Low Pressure Pneumatic Starter)

보기 기어박스에 장착되는 시동기로서 통상적인 저압시동을 하거나 항공기에 장착된 저장용기로부터 3,000psi의 고압공기를 사용하는 공기터빈 시동기의 한 형식이다.[그림 10-12 참조]

고압공기 시동(보통 한 엔진에만 사용됨)은 APU나 GPU 도움 없이도 항공기 자체시동능력을 갖도록 한다.

2 카트리지-공기식 시동기(Cartridge-Pneumatic Starter)

보기 기어박스에 장착되는 시동기로서 폭발성 고체추진제를 사용하거나 공기식 시동기와 유사한 저압이며 큰 체적의 공기를 사용한다.

APU나 GPU 없이 항공기 자체적으로 시동할 수 있도록 추진제는 항공기 축전지(battery)로부터 전기적으로 점화된다.[그림 10-13 참조]

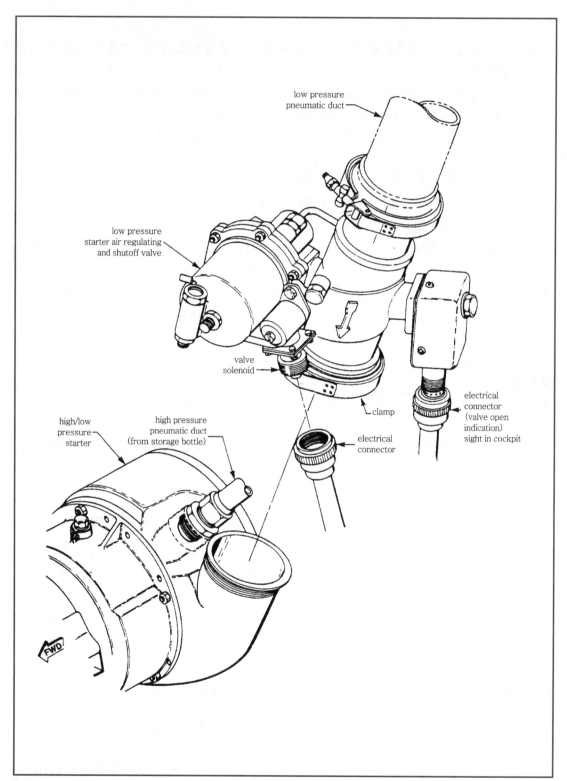

low pressure
pneumatic duct

low pressure
starter air regulating
and shutoff valve

valve
solenoid

high/low
pressure
starter

high pressure
pneumatic duct
(from storage bottle)

clamp

electrical
connector
(valve open
indication)
sight in cockpit

electrical
connector

FWD

[그림 10-12] High-low pressure pneumatic starter

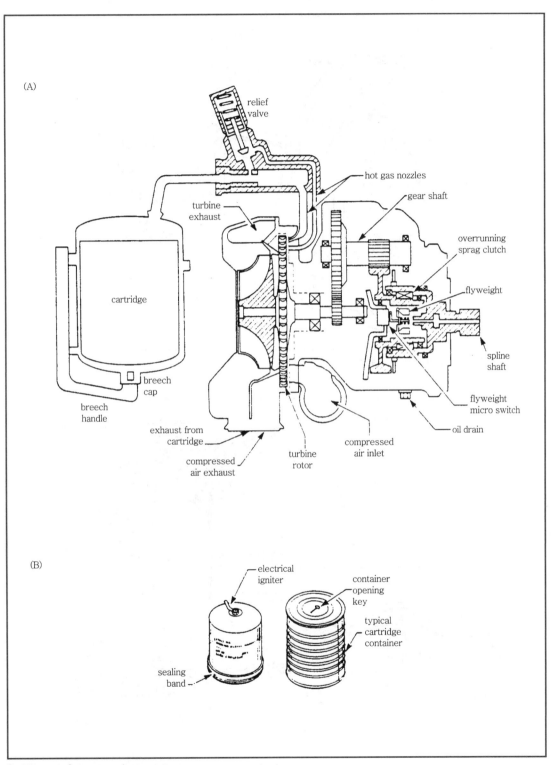

(A)

relief
valve

hot gas nozzles

gear shaft

turbine
exhaust

overrunning
sprag clutch

flyweight

cartridge

spline
shaft

breech
cap

flyweight
micro switch

breech
handle

oil drain

exhaust from
cartridge

compressed
air inlet

compressed
air exhaust

turbine
rotor

(B)

electrical
igniter

container
opening
key

typical
cartridge
container

sealing
band

[그림 10-13A] Cartridge/pneumatic starter cutaway view
[그림 10-13B] Solid propellant cartridge

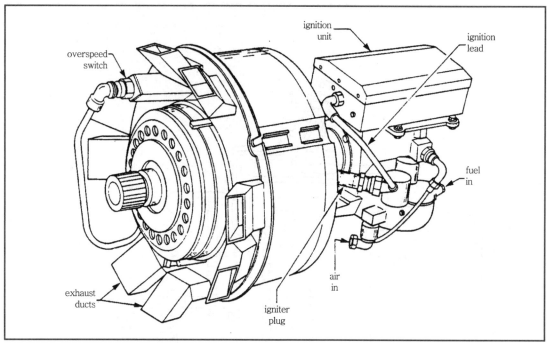

[그림 10-14] Fuel/air combustion starter

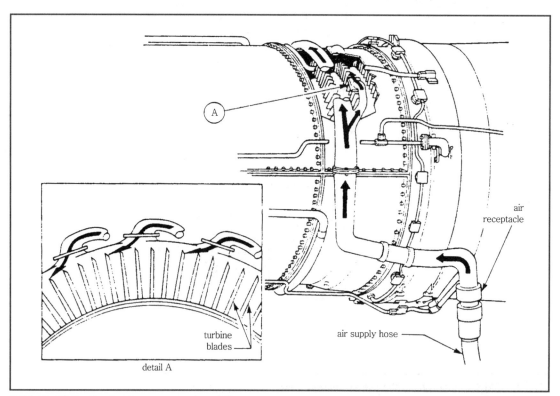

[그림 10-15] Turbine impingement starting airflow

▌3 연료-공기 연소시동기(Fuel-Air Combustion Starter)

보기 기어박스에 장착되는 시동기로서 3,000psi의 고압공기 공급원과 연소과정을 사용한다. 이것은 소형 가스터빈엔진과 매우 유사하다. 연소는 항공기 축전지로부터 전기적으로 점화됨으로써 항공기 자체 시동능력을 갖게 된다.[그림 10-14 참조]

▌4 터빈 구동 시동(Turbine Impingement Starting)

45psig의 저압이며 분당 200~300lb의 체적이 큰 공기가 엔진 터빈휠(wheel)로 향한다. 항공기 자체 가속도에 도달한 후 공기 공급은 차단된다. 이 계통에는 보기가 필요 없고 단지 입구 공기포트(port)만이 요구된다.[그림 10-15 참조]

▌5 유압식 시동기(Hydraulic Starter)

유압식 시동기 모터가 보기 기어박스에 장착된다. 이것은 APU에 장착된 유압펌프 또는 수동펌프와 축압기(accumulator)로부터의 유체에 의해 구동된다.

Section 06 ─ 시동기계통의 고장탐구

Problem/Possible Cause	Check For	Remedy
1. Srater-Generator		
a. Engine does not rotate when the starter switch is closed during a battery start.		
1) External power receptacle door	Door open or faulty microswitch	Close door or repair switch
2) Battery relay	Power at DC start bus	Repair as necessary
3) Motor relay	Proper closing	Repair or replace
4) Starter-generator	a) Correct input voltage	Change battery Replace starter
	b) Sheared shaft	
b. Engine does not rotate when the star switch is closed during external power start.		
1) External power source	Correct connection to aircraft	Male connection
2) a. 1), a. 2), a. 3), a. 4) above		
c. Starting terminates when start switch is released.		
1) Undercurrent Relay	Proper closing	Replace as necessary
d. Engine starts but will not self-accelerate(hung start).		
1) Power supply	Low voltage	Change or change battery
2) Starter-generator	Internal malfunction	Change unit

Problem/Possible Cause	Check For	Remedy

2. Air Turbine Starter

  a. Engine does not rotate when the start switch is closed.

1) APU or GPU	Presence of air in starting manifold (Look at cockpit gauge)	Correct as necessary
2) Starter air valve	a) Solenoid operation b) Ice or corrosion preventing valve operation	Repair or replace cycle with manual override or apply heat
3) Starter	Shaft sheared	Replace starter

  b. Starter does not rotate to normal cutoff speed.

1) APU or GPU	Low air supply	Repair or replace air unit
2) Starter	Centrifugal switch cutout setting	Adjust setting or replace starter
3) Starter air valve	Internal malfunction	Replace valve

  c. Starter does not cut off.

  b. 2) above (flyweight switch inoperative) or b. 3) above

  d. Metal particles on magnetic drain plug.

Internal starter malfunction	a) Small fuzzy particles b) Chips or slivers	Normal Replace starter

◉ 연습문제 ◉

1. 터빈엔진의 시동기는 보통 어디에 장착되는가?

    답 엔진 보기류 기어박스에 장착된다.

2. 시동기 클러치의 어떤 특징이 시동기가 제한속도(burst speed) 이상 구동되는 것으로부터 엔진을 보호하는가?

    답 오버런(overrun) 클러치 어셈블리

3. 어떤 형식의 시동기가 엔진 작동 중에 엔진에 연결(engage)된 채로 있는가?

    답 시동기-발전기(starter-generator)

4. 공기식 시동기로의 공기흐름을 조절하는 장치는?

    답 시동기 압력 조절과 차단밸브

5. 공기식 시동기에 공급되는 세 가지 공기공급원은?

    답 APU, GPU, 엔진 크로스 블리드 공기(cross bleed air)

CHAPTER

11

점화계통

CHAPTER 11

점화계통

현대의 가스터빈엔진 점화계통은 고강도 충전방출형(high intensity capacitor discharge type)으로 단속임무(intermittent duty)와 확장임무(extended duty)사이클 중 어느 하나를 사용한다.

단속임무형식은 장치에 과열손상을 초래할 정도의 높은 전류가 흐르므로 작동시간이 제한된 임무사이클을 두어 냉각시간을 주어야 한다.

확장임무형식은 긴 임무사이클을 갖거나 어떤 경우에는 시간제한이 전혀 없다. 정상 시동 후에 점화는 더 이상 필요하지 않아 점화계통은 작동되지 않으며 이때 연소실 내의 화염이 연속적인 연소를 위한 점화원(ignition source) 역할을 한다.

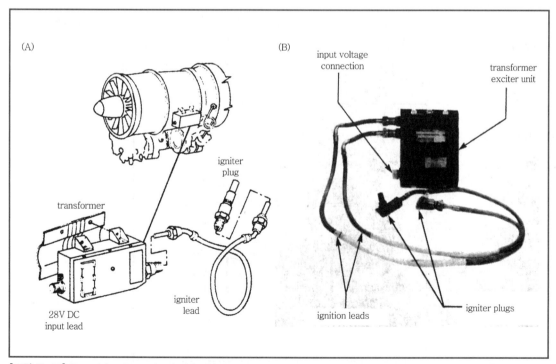

[그림 11-1A] One side of a main dual ignition system
[그림 11-1B] Dual main ignition system

고압계통과 저압계통, 어느 것이든 간에 2개의 점화플러그(igniter plug)가 엔진 연소실의 4시 방향과 8시 방향에 장착된다.

전형적인 계통은 두 개의 변압기(exciter) 장치와 두 개의 고압리드(high tension lead)가 점화플러그에 연결되어 있으며 두 개의 변압기는 한 장치로 되어있거나 분리되어 있다.

Section 01 ─ 주점화계통(Main Ignition System)

주점화계통은 주로 지상 시동시에 사용하고 그 후에는 꺼지게 된다.

이 계통의 부기능은 이륙, 착륙, 악천후에서의 작동 혹은 방빙 블리드 공기모드(mode)에서 작동시 일어날 수 있는 비행 중 불꽃정지(in-flight flameout)의 대비용(standby protection)으로 사용되는 것이다.

확장된 임무 주계통이 장착되었다면 조종사는 자신의 판단과 점화플러그의 수명을 고려하여 하나 혹은 두 개의 플러그를 선택해서 완전점화(full ignition)를 얻을 수 있다.

그림 11-2에서 보면 지상시동(Grd start) 위치는 엔진 점화가 양쪽 점화플러그에서 일어나도록 한다. 시동 후 스위치는 "Off" 위치로 돌려진다. 지상시동 위치는 또한 엔진 시동기에 동력을 공급하고 시동밸브등(light)에 의해 지시된다.

이·착륙과 다른 극한 비행시 화염 정지를 방지하기 위해 스위치는 일반적으로 좌측 혹은 우측에 둔다. 비행(flight) 위치는 주로 불꽃정지가 발행한 후에 사용된다. 이것은 두 개의 점화플러그에 완전점화를 제공하지만 엔진 시동기에는 전원을 공급하지 않는다.

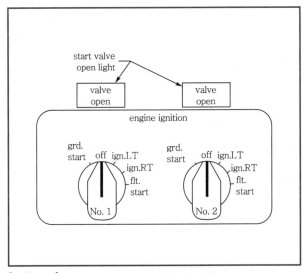

[그림 11-2] Cockpit start and ignition switch

시동을 위한 비행 중의 엔진 회전은 엔진 흡입구 내의 램공기에 의해 발생하는 엔진 윈드밀링(windmilling)에 의해 이루어진다.

만약 주점화계통이 구형 항공기에 쓰이는 단속적인 임무형이면 작동시간한계를 준수하여야 한다.

이것은 변압기 장치에 손상을 초래할 수 있는 열을 갖는 고압형식에서 더 자주 발생한다. 전형적인 시간제한은 2분간 "On", 3분간 "Off"이다. 만약 두 번째 2분간 "On"이 필요하다면 20분간의 냉각시간이 필요하다.

1 연속임무회로(Continuous Circuit)

주계통이 단속임무형일 때, 흔히 연속임무회로라 부르는 하나의 저압계통(a single low tension system)이 설치된다.

이것은 이·착륙시와 같은 극한 작동시에 불꽃정지를 보호하는 것으로써 주변압기 장치 중 하나에 설치되어 있다. 이 장치는 시간제한과 다른 점화플러그를 점화시키는 능력은 없고 단지 하나의 점화플러그만을 점화시킨다.

만약 비행 중에 재점화가 필요하면, 연속점화는 연소를 일으킬만한 충분한 점화를 만들지 못하므로, 시간제한 내에서 주점화계통을 사용한다.

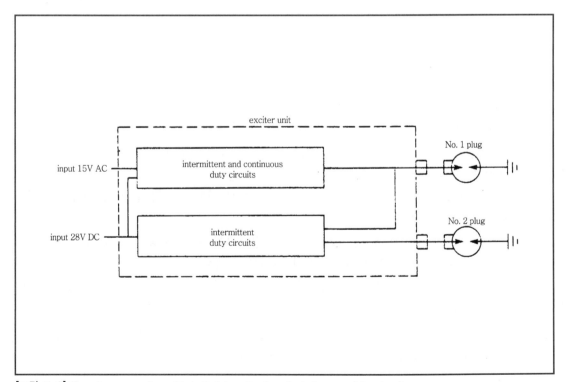

[그림 11-3] Transformer exciter with both intermittent and continuous duty circuits

2 자동점화(Auto-Ignition)

일부 항공기는 자동점화회로가 장착되어 있어, 흡입구 결빙으로 인해 출력을 잃기 시작하여 불꽃정지의 위험이 있을 때 즉각 점화되도록 하는 데 사용된다.

조종실에서 자동점화 아밍스위치(arming S/W)가 "On" 되어있을 때 엔진이 갑작스런 출력 감소가 있을 경우 엔진의 센서(sensor)에 전원이 공급되어 경고를 주게 된다.

토크 오일압력의 저하 혹은 압축기 방출압력의 저하시 두 가지 감지장치는 자동점화장치를 작동시키고 조종실 경고등을 켜지게 한다.

Section 02 ─ 취급시 주의사항

점화계통에서 고강도란 치명적인 전기량이 존재한다는 것으로서 제작사가 정한 특수 정비와 취급이 요구된다.

전형적인 절차는 다음과 같다.

① 계통을 정비하기 전에 점화스위치가 꺼졌는지 확인하라.

② 점화플러그를 장탈하기 위해, 변압기 입력선을 분리하고 제작사가 정한 시간만큼 (1~5분) 경과한 후 점화플러그 리드(lead)를 분리하여 엔진에 중심전극을 접촉해서 충전을 방전시킨 후 점화플러그를 장탈하라.

③ 밀폐부분이 손상된 변압기를 취급하는 데 주의하라.
   일부는 공기갭 튜브지점(air gap tube point)에 방사선물질(cesium-barium 137)을 갖고 있다. 이 물질은 정해진 전압으로 방출지점을 보정하는 데 사용된다.

④ 사용할 수 없는 점화플러그는 정해진 장소에 버린다.
   만약 알루미늄 산화물, 베릴리움 산화물(beryllium oxide), 독성 절연체가 함유되어 있으면 밀폐된 용기에 넣어 정해진 장소에 묻는다.

⑤ 점화플러그의 점화시험을 수행하기 전에, 연소실 내에 연료가 있는지, 화재나 폭발이 일어날 수 있는지 여부를 확인해야 한다.

⑥ 점화플러그가 장탈되어 있는 상태에서 고장탐구를 위해 계통을 작동(energize)시켜서는 안 된다. 이는 변압기에 심각한 과열을 초래한다.

⑦ 점화플러그가 바닥에 떨어졌다면 시험이나 검사에 의해 감지할 수 없는 내부손상이 발생하기 때문에 폐기해야 한다.

⑧ 점화플러그를 재장착할 때는 항상 새 개스킷(gasket)을 사용하라.
   개스킷은 반드시 접지에 양호한 전류통로를 만들어야 한다.

Section 03 — 줄 정격(Joule Ratings)

터빈점화계통은 줄 정격을 쓴다. 줄은 와트(watt)에 시간(time)을 곱한 것으로 정의되며 1joule/sec는 1W와 같다. 점화플러그 점화에 대한 시간계수(time factor)는 아주 짧아서 micro second 단위를 사용한다. 터빈점화계통이 치명적인 것으로 간주되는 이유에 대한 수학적인 설명은 다음과 같다.

> **● 예제**
>
> 4joule 정격, 이온화 전압(ionizing voltage)이 2,000V, 점화플러그 공기갭(air gap)의 점화시간(spark time)은 10micro second일 때 이 회로의 와트와 암페어(amperage)를 구하라.
>
> [풀이] $J = W \times T$
>
> $4 = W \times 0.00001$
>
> $W = 4 \div 0.00001$
>
> $\quad = 400,000$
>
> $400,000 = 2,000 \times \text{amps}$
>
> $\text{amps} = 400,000 \div 2,000$
>
> $\quad = 200$
>
> 여기서, J : 줄 정격
>
> $\quad\quad W$: 와트
>
> $\quad\quad T$: 스파크를 위해 갭을 뛰어넘는 시간

일부 고전압형의 점화계통은 20joule 정격, 200A 출력을 갖는다.

Section 04 — 점화계통의 형식

저전압과 고전압 점화계통이 일반적으로 사용되며, 직류 또는 교류가 입력전원으로 사용되도록 설계되었다.

직류계통은 배터리버스(battery bus)에서 전원을 공급받고, 교류계통은 항공기 교류버스로부터 전원을 공급받는다. 간혹 2~4joule 계통인 소형 엔진에서는 점화계통에 전원 공급을 위해 교류발전기(alternator)가 장착된 특수 엔진이 사용되기도 한다. 이것은 시동 중 낮은 크랭킹(cranking) 속도에서 충분한 전류를 공급하도록 설계되어 있다.

1 단속임무 저압점화계통−직류전압 입력(Intermittent Duty Low Tension Ignition System−with DC Voltage Input)

저전압 점화계통의 출력전압은 2~7kV이다.

그림 11-4는 저전압 직류입력계통을 보여준다. 이것은 전형적인 사업용 제트엔진의 4joule 정격계통이다. 이 회로에 의해서 단지 하나의 점화플러그가 점화된다. 그러므로 엔진은 하나의 변압기에 똑같은 2개의 회로를 갖고 있던지, 2개의 분리된 변압기를 갖고 있어 2개의 점화플러그에 출력을 공급한다.

그림 11-4 점화계통의 사양은 다음과 같다.

> Input Voltage — 24~28V DC
> Operational Limit — 14~30V
> Input Current — 0.2amps
> Stored Energy — 4.0joule
> Output Voltage — 2,000V
> Output Current — 200amps
> Spark Rate(sparks per second)
>   — 4per sec at 14V
>   — 8per sec at 30V
> Time for spark to Jump Gap — 0.00001sec
> Watts= $J \div T$ =400,000
> Amps= $W \div V$ =200

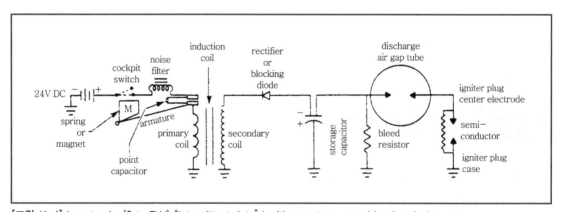

[그림 11-4] Low tension(2 to 7kV) "Intermittent duty" ignition system−one side of a dual system

작동순서는 다음과 같다.

 ① 조종실 스위치가 "Open"되면 영구자석이 아마추어(armature)를 잡아당기는 힘에 의해 접점(point)이 닫힌다.

② 스위치가 닫히면 배터리의 "－"쪽에서 전류가 흘러서 1차 코일을 지나 접점을 가로질러 배터리 "＋"터미널로 간다.

③ 전자기력(EMF)이 생김에 따라 접점이 당겨져 열리고 전류흐름이 정지되며 이 작용은 대략 초당 200번 반복된다. 접점이 열림에 따라 전류가 갭(gap)을 건너뛰려는 (jump) 경향이 생긴다.

접점을 가로지르는 축전기(capacitor)가 이 전류를 최소의 저항으로 흐르게 할 수 있는 통로를 제공함으로써 아킹(arcing)을 방지한다.

④ 전류가 닫힌 접점을 통해 1차 코일의 아래에서 위로 흐를 때, 2차 코일에 펄스(pulse)를 만든다. 이 펄스가 반대방향, 즉 접지인 2차 코일의 아래쪽에서 축전기를 지나 2차 코일의 위쪽으로 오게 된다. 그러나 정류기(rectifier)가 이 방향으로 전류흐름을 막는다. 이때 방전튜브(discharge tube)가 열려(open)있어서 이쪽으로의 전류통로도 막혀있다.

⑤ 접점이 열리면 두 번째의 강한 펄스가 생겨서 1차 자장(primary field)이 2차쪽으로 붕괴되어 상당히 증가된 전압을 만든다.

2차 전류는 반대방향, 즉 2차 코일의 위쪽에서 정류기를 통해 저장축전기(storage capacitor)의 상부판(top plate)에 전자를 저장할 수 있도록 하면서 흐른다.

축전기의 하부판에서 접지인 2차 코일의 아래쪽으로 자유전자가 흘러서 전류통로가 완성된다.

반파정류기 또는 차단다이오드(blocking diode)가 2차 코일에 유도된 AC를 맥류 (pulsating DC)로 바꿔준다.

⑥ 사이클을 반복한 후에 방전튜브의 갭을 극복하기에 충분하도록 저장축전지의 상부판에 전하(charge)가 모이게 된다.

초기의 전류서지(surge)가 공기갭을 이온화하여(전도체로 만듦) 축전기에서 점화플러그로 모두 방전하게 된다.

⑦ 저압계통에서 점화플러그는 자체 이온화(self-ionizing)형 또는 Shunted-gap형 플러그라고 부른다. 플러그의 끝에는 반도체 물질이 있어서 중앙전극과 접지전극(점화플러그 외부케이스) 사이의 갭을 연결함으로써 초기의 큰 전도성 통로를 제공한다.

전류가 저장축전기로부터 중앙전극, 반도체, 외부케이스를 통해 축전기의 하부 양극 (+)판으로 흐를 때 플러그 점화(fire)가 발생한다.

전류가 초기에 반도체를 통해 흐를 때 열이 생겨서 전류흐름의 저항을 크게 한다. 반도체가 백열상태(incandescent state)에 도달하면 공기갭이 이온화되기에 충분하게 가열되어 이온화되고, 이온화된 갭을 통해 축전기가 모두 방전되어 고에너지 용량 방전스파크(high energy capacitive discharge spark)를 만든다.

⑧ 회로 내의 블리드 저항(bleed resistor)은 다음 사항을 수행하는 안전장치 역할을 한다.

　㉠ 플러그 점화에 필요한 것 이외의 초과되는 전압을 방출한다.

플러그 점화는 최소의 필요전압으로 하고 나머지는 블리드 저항이 밖으로 보낸다.

ⓛ 마모된 플러그 점화에 필요한 전압이 유효전압보다 높다면 축전기 방전은 소멸된다.

ⓒ 점화플러그가 장착되지 않은 상태에서 계통을 켰을 때 축적되는 열을 방지한다.

ⓔ 계통을 껐을 때(de-energized) 축전기를 블리드시킨다.

❷ 확장임무 저압점화계통

대부분의 새로운 저압계통은 임무사이클 제한이 거의 없어서 점화플러그로 완전한 정격출력 공급이 가능하다. 트랜지스터(transistor)가 1차 회로의 기계적인 접점(point)을 대신하고, 새로운 낮은 열을 발생시키는 회로 설계로 임무사이클 시간을 변화시켰다. 확장임무장치는 최대 4joule의 출력을 시간제한 없이 사용할 수 있고, 최대 8joule은 30분 "On", 30분 "Off" 사이클로 사용할 수 있다.

이 계통에서 작동시간의 고려는 변압기 장치보다는 점화플러그의 수명을 증대시키기 위해 조종사에 의해 수행된다. 변압기 장치는 1,000시간의 사용수명을 갖고 있는 반면, 점화플러그는 100~200시간 정도이다.

일부 대형 항공기의 확장임무계통은 축전기에 16joule의 유효저장에너지를 갖는데, 점화플러그가 점화하기 위해 필요로 하는 에너지는 2joule 정도이기 때문에 이것들도 저압으로 간주한다. 그러나 만일 플러그가 마모되었다면 완전히 저장된 에너지가 변압기 용량이 초과할 때까지 플러그를 연속하여 점화시키는 데 쓰일 것이다. 확장임무계통은 DC나 AC 입력전압을 사용하며 반도체형의 점화플러그를 사용한다.

그림 11-5의 계통 내의 변압기 상자는 확장임무능력을 가진 고체상태 장치로 묘사된다. 이것은 시간제한 없이 작동되고 항공기 배터리나 발전기 버스(bus)로부터 28V DC 입력을 공급받는다.

접점장치가 없고 1차 회로에 트랜지스터가 있음을 유의하라.

그림 11-5의 계통은 점화플러그로 3,000V DC를 공급하고 다음과 같은 사양을 갖는다.

Input Voltage — 14~28V DC
Input Current — 2.2amps
No. of plugs fired — 1
Operating Altitude — 60,000ft
Ambient Operating
    Temperature Range — 65°F to 250°F
Spark Rate — 2.0 per second minimum at 14V
Stored Energy — 2.6joule
Duty Cycle — No time limit

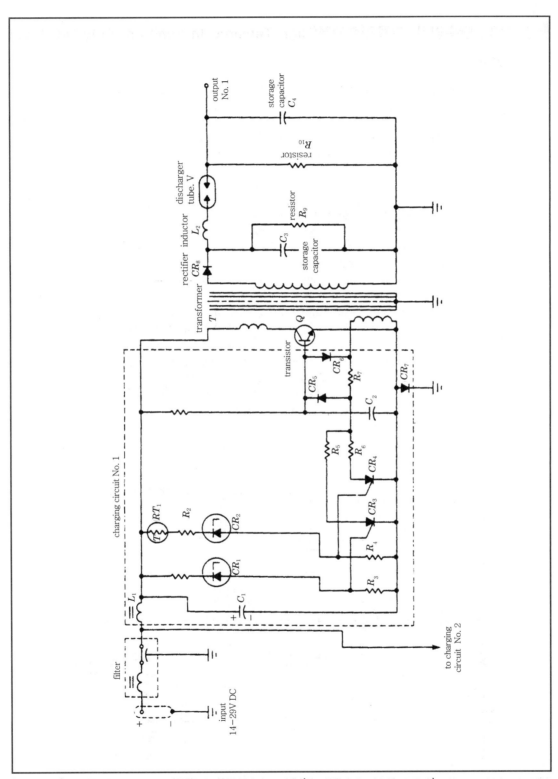

[그림 11-5] Low tension extended duty cycle ignition system(one side of a dual system)

3 고압, 단속임무, 교류입력계통(High Tension, Intermittent Duty, AC Input system)

그림 11-6의 전기회로는 일부 현대 대형 가스터빈엔진에서 쓰이는 것이다.

이것은 14~28kV의 고전압계통으로 교류입력전압을 사용한다. 일부 연소실은 점화플러그에 높고 강력한 플래시오버(flashover)가 필요한데 이 형식이 가장 적합하다.

그림 11-6 점화계통의 사양은 다음과 같다.

Input Voltages — 105 to 122V at
and Frequency — 380 to 420Hz
Input Power/Current — 0.65amps Max at 115V 400Hz
Stored Energy — 16.0joule
Output Voltage — 20kV(at lead output conductor)
Output Current — 2,000amps Peak min
Spark Rate(sparksper second) — 1.0 at 105V-380Hz
2.0+0.75 at 115V-400Hz
5.0 at 122V-420Hz
Time for Spark to Jump Gap — 0.0000004sec
$$\text{Watts} = J \div T = 40M(16+0.0000004)$$
$$\text{Amps} = W \div V$$
$$\text{Amps} = 40M+20kV = 2,000$$

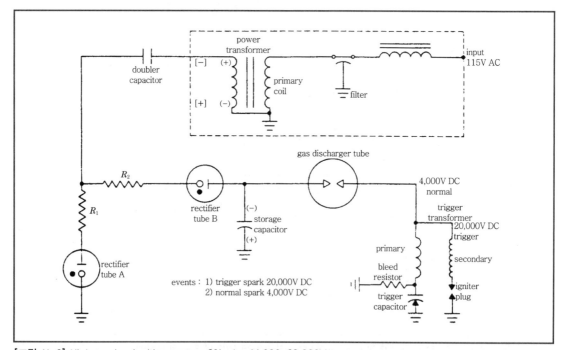

[그림 11-6] High tension ignition system 20joule, 14,000-28,000V system

작동순서는 다음과 같다.

① 115V AC, 400Hz가 출력변압기(power transformer)의 1차 코일에 공급된다. AC 입력계통에는 진동접점(vibrator point)장치가 필요 없다. 일부 DC 계통에서 접점은 고장의 원인이었으므로 이 문제를 해결하기 위해 교류계통이 개발되었다.

② 처음의 반파(half)사이클에서 1차 코일은 약 2,000V를 2차 코일에 생기게 하고 코일의 아래쪽(−) 접지로부터 전류가 흐른다.

전류가 정류관(rectifier tube) A의 접지로 흘러서 저항(R_1)을 지나 2중축전기(doubler capacitor)를 지나 2차 코일의 상부(+)쪽으로 간다. 이것이 2중축전기의 좌측에 2,000V를 충전시킨다.

정류관 B는 첫 반파사이클 동안 다른 전류통로를 막는다.

③ 두 번째 반파사이클에서 1차 코일은 2차 코일에 또 다른 2,000V를 만들어 코일의 상부쪽에서 이중축전기를 지나면서 4,000V가 되고 저항(R_2)과 정류관 B, 그리고 저장축전기를 지나 접지를 통해서 2차 코일의 하부(+)쪽으로 간다.

저항 R_1과 가스방전관이 있어서 최소저항의 전류통로인 2차 코일로 바로 간다. 또한, 정류관 A는 이중축전기와 R_1으로부터 저장축전기의 접지로의 전류흐름을 막는다.

④ 반복되는 펄스(pulses)는 저장축전기 상부(−)쪽을 4,000V로 충전해서 방전관(discharge tube)의 공기갭을 이온화한다.

이때 전류는 트리거변압기(trigger transformer) 1차 코일, 트리거축전기, 접지를 통해 저장축전기의 하부(+)쪽으로 흐른다. 이 작용이 트리거변압기의 2차 코일에 약 20,000V의 전압을 유기한다.

이것은 점화플러그 공기갭을 이온화하는 데 충분하고 저장축전기로의 통로를 완성한다. 트리거변압기와 축전기의 작용에 의해 발생하는 트리거스파크(trigger spark)는 낮은 저항통로를 만들어 트리거축전기와 저장축전기가 모두 점화플러그에서 완전히 방전해서 2차 고강도스파크(second high intensity spark)를 만든다.

이런 형식에 의해 방생하는 고강도스파크는 점화플러그 전극의 탄소침전물(carbon deposit)을 불어서 없애고, 불꽃부분(firing end)에서 연료방울을 증기화시켜 지상이나 비행 중 연소실의 공기−연료의 혼합이 점화되기에 충분하게 만든다.

■4 교류 대 직류 입력계통(AC versus DC Input Systems)

① AC 입력계통은 항공기 배터리로부터 공급받는 DC 입력계통보다 악천후에서 더 우수한 신뢰성을 갖는다. AC 계통은 항공기 APU로부터 동력을 공급받는다.

② 전형적인 단속임무사이클의 작동사이클은 AC 주계통(main system)이 10분 "On", 20분 "Off"(냉각을 위함)이다. DC 주계통은 더 빨리 가열되므로 전술한 AC 계통과 같은 줄 정격을 가질 경우 작동사이클은 2분 "On", 3분 "Off"이다.

※ 이 작동시간은 조종사가 악기상에서의 적절한 비행을 위해 일반적인 상황에서 적절한 것으로 고려된 것이다. 만약 작동시간을 초과하여 계통을 작동시켰다면 점화계통은 착륙 후에 수리되거나 교체되어야 한다.

③ 비행 중 AC나 DC 주계통은 한 점화플러그에서 다른 점화플러그로 전환할 수 있다. 이 절차는 비행 중 점화가 요구되는 동안 반복될 수 있다.

④ 만약 낮은 줄 AC 연속점화계통이 단속임무계통의 보조계통으로 장착되었다면 시간제한은 없다.

⑤ DC 계통을 많이 사용하는데 특히 APU가 장착되어 있지 않고 배터리 입력전압만이 시동을 위해 유용한 경우이다.

⑥ 대형 항공기에서 APU는 배터리 DC 입력 점화를 하며, 주엔진은 APU의 AC 출력을 AC 입력계통의 동력으로 사용한다.

5 고전압 대 저전압계통(High Tension versus Low Tension Systems)

① 일부 엔진에는 고전압계통이 점화플러그의 전극에 쌓이는 탄소를 제거하기 위해 필요하다. 또한 시동 중에 연료방울을 세게 부는 효과(high blast effect)에 의해 더 좋게 증기화시킨다. 이것은 특히 고고도에서 재점화시키는 능력이 뛰어나다.

② 저압계통은 트리거변압기와 축전기 회로가 없기 때문에 고압계통보다 변압기(exciter) 박스 수명이 길고 다루기에 덜 위험하다.

Section 05 ─ 점화플러그형식

1 스파크 이그나이터(Spark Igniter)

가스터빈엔진의 점화플러그(igniter plug)는 왕복엔진의 점화플러그(spark plug)와 상당히 다르다. 점화플러그팁(tip)의 갭이 훨씬 넓고, 훨씬 더 높은 강도의 스파크에 견딜 수 있게 설계되었다.

점화플러그는 플러그에서 점화가 일어날 때마다 탄소와 다른 침전물을 고에너지 스파크가 제거해 주기 때문에 파울링(fouling)이 덜하다.

재료는 니켈-크롬 합금을 써서 부식저항이 크고 낮은 열팽창계수를 갖고 있다. 또한 대부분의 나사산(thread)에는 고착을 방지하기 위하여 은도금이 되어있다. 이러한 이유로 값이 비싸다.[그림 11-7, 8 참조]

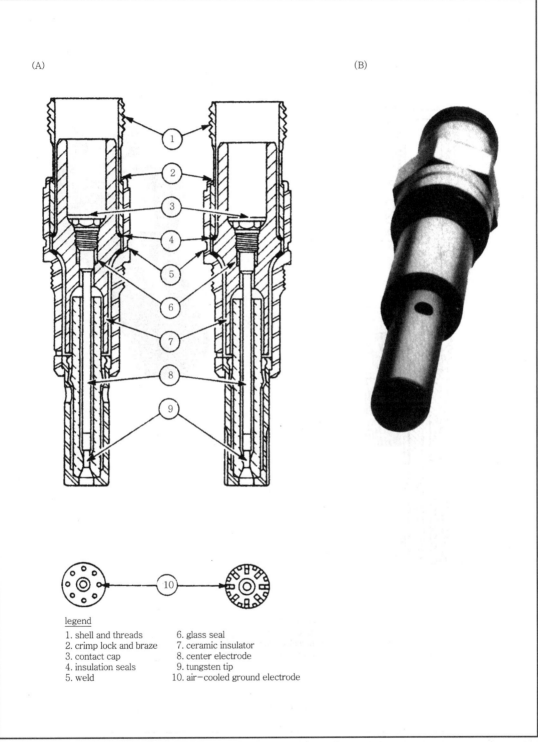

(A)

(B)

legend
1. shell and threads   6. glass seal
2. crimp lock and braze   7. ceramic insulator
3. contact cap   8. center electrode
4. insulation seals   9. tungsten tip
5. weld   10. air-cooled ground electrode

[그림 11-7A] High tension igniter plug-cutaway view
[그림 11-7B] Photo of high tension igniter

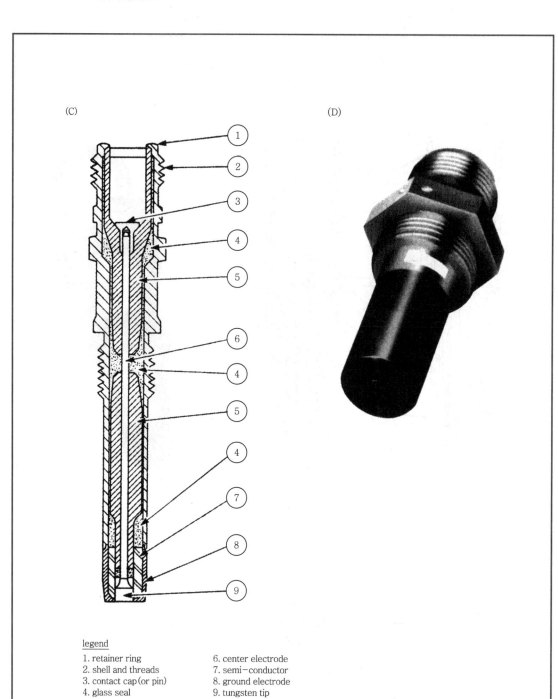

(C)

(D)

legend

1. retainer ring
2. shell and threads
3. contact cap(or pin)
4. glass seal
5. ceramic insulator

6. center electrode
7. semi-conductor
8. ground electrode
9. tungsten tip

[그림 11-7C] Low tension igniter plug-cutaway view
[그림 11-7D] Photo of low tension igniter

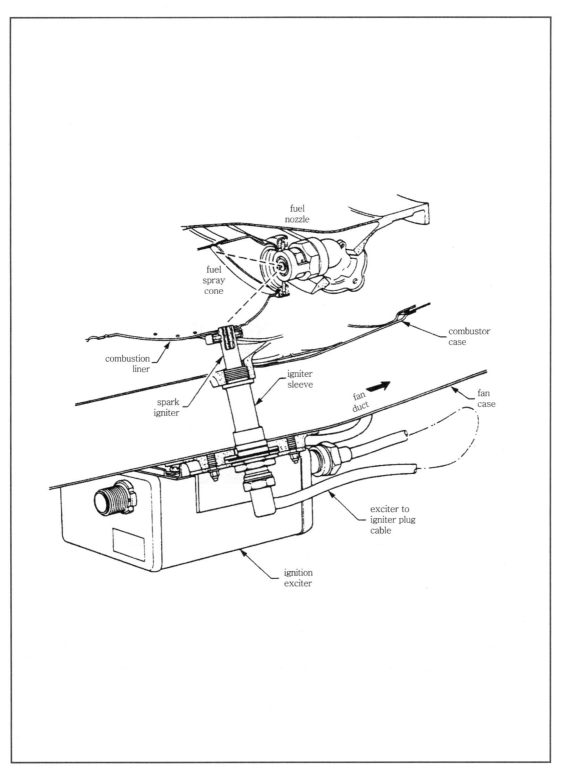

[그림 11-8A] Igniter plug installation on turbofan engine

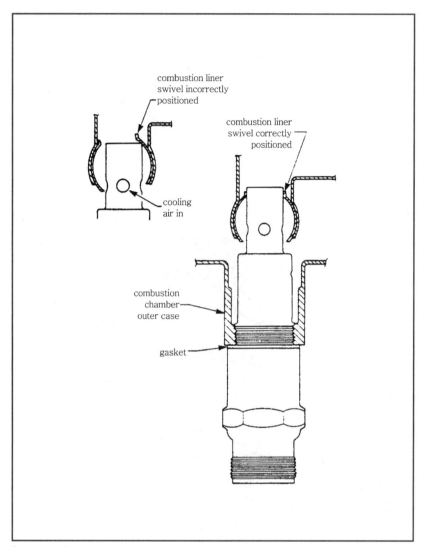

[그림 11-8B] Correct and incorrect installation of igniter into liner

점화플러그의 고온쪽 쉘(shell)은 일반적으로 공기가 냉각되어 주위 가스온도보다 500~600°F 만큼 더 낮은 온도를 유지한다.

이것은 고온부식과 고온침식을 방지해 준다. 냉각공기는 연소실 1차와 2차 공기흐름 사이에 존재하는 차압에 의해 냉각구멍을 통해서 내부로 들어간다.

다양한 점화플러그가 유용하지만 하나의 특정 엔진에 맞는 것은 하나의 점화플러그이다.

점화플러그팁(tip)은 연소실 내에 적당한 길이만큼 들어가야 한다. 특히 일부 완전덕트로 된(fully ducted) 팬엔진에서는 외부케이스에 장착되어 팬덕트를 통해 연소실 내로 들어갈 만큼 충분히 길어야 한다.

고압과 저압플러그는 서로 바꾸어 사용할 수 없다.

2 글로우플러그 이그나이터(Glow Plug Igniter)

일부 소형 엔진은 스파크 이그나이터보다 글로우플러그형 이그나이터를 사용한다. 글로우 플러그는 높은 열값의 저항코일이고 극히 낮은 저온시동을 위해 설계되었다. 그림 11-9는 P & W PT6 터보축엔진에 사용되는 전형적인 계통이다.

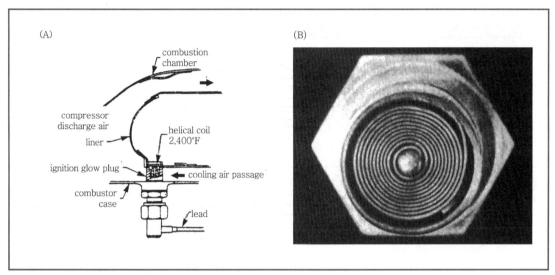

[그림 11-9A] Glow plug igniter installation
[그림 11-9B] Glow plug coil

글로우플러그는 28V DC, 10amps로 코일을 가열시켜서 노란 고온상태(yellow hot condition) 를 만든다.

코일은 자동차의 담배 라이터(lighter)와 매우 유사하다. 코일을 통해 들어오는 공기와 주 연료노즐에서 분무되는 연료가 혼합된다. 이것은 엔진 시동 중에 주노즐에서 낮은 흐름상태 로 방출되어 완전히 무화되지 않았을 때 사용하도록 설계되었다.

연료에 작용하는 공기흐름의 영향은 핫스트리크(hot streak)나 블로 토치형(blow torch type) 점화를 만들도록 작용한다. 전원 공급이 끊긴 후의 공기 원천(source)은 엔진이 작동 하는 동안 점화코일을 냉각하는 역할을 한다.

3 점화플러그의 세척과 검사

(1) 고압점화플러그 점검

그림 11-10의 고압점화플러그는 부드러운 브러시(brush)와 솔벤트로 깨끗이 닦고 세라믹 부분은 펠트스왑(felt swab)과 솔벤트로 닦는다.

검은 플래시오버마크(flash over mark)는 완전히 제거해서 실화(misfiring)의 원인을 없앤다. 리드(lead)와 커넥터(connector)도 검사하고 세척해서 플래시오버의 재발을 방지한다. 전극팁은 솔벤트와 부드러운 비금속브러시로 닦고 연마 세척(abrasive grit−blast cleaning)은 전극과 케이스 사이의 세라믹 절연체에 손상을 주기 때문에 절대로 해서는 안 된다.

세척 후 공기로 남아있는 솔벤트를 불어 없앤 다음 플러그는 검사에 들어간다.

Gap description	Typical firing end configuration	Clean firing end
high voltage air surface gap	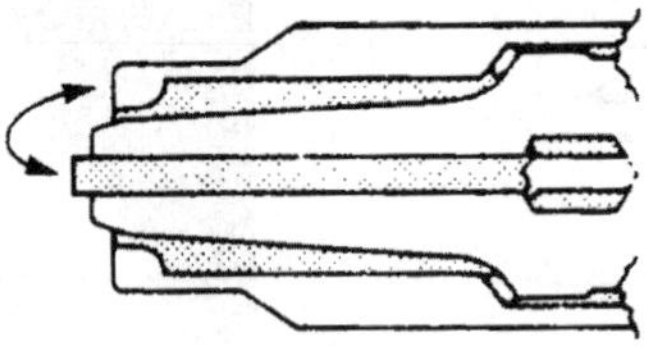	yes
high voltage surface gap	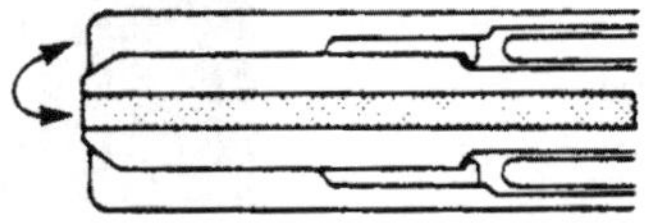	yes
high voltage recessed surface gap	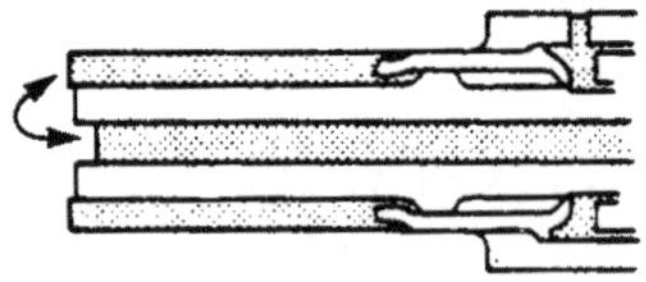	yes
low voltage shunted surface gap (self ionizing)	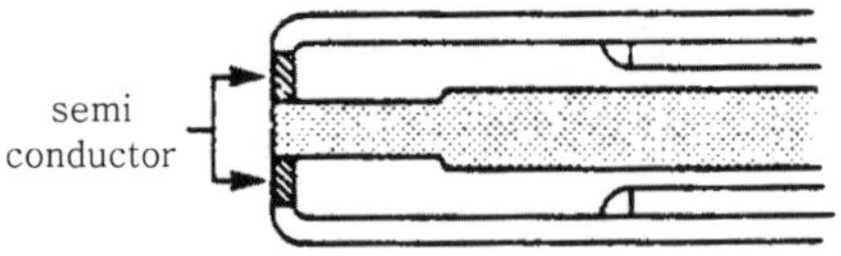 semi conductor	seldom
low voltage glow coil element		yes

[그림 11−10] Common types of ignition plug firing ends

① **검사** : 고압플러그의 점화플러그 검사는 육안검사와 측정검사로 행하며 자(scale)나 알맞은 깊이 마이크로미터(depth micrometer)를 이용한다.[그림 11-11 참조]

육안검사 후에는 작동점검을 한다. 전형적인 작동 점검은 플러그를 엔진 외부로 빼내어 회로선에 연결하여 점화시켜서 새 플러그의 점화강도와 비교한다. 이 점검을 하는 동안 중앙전극을 취급하기 전에 축전기 충전은 완전히 방전시켜야 한다.

장착된 점화플러그의 전형적인 점검은 조종실 스위치를 사용해서 한 번에 한 플러그를 점화시켜 정상점화와 관련된 날카롭게 딱딱 튀는 소리를 테일파이프 가까이에서 듣는 것이다. 또한 이 점검시 스파크 비율을 측정할 수 있다. 일반적인 스파크 비율은 매초당 0.5~2.0 스파크이다.

점검 중에 연소실 내에 존재하는 연료증기를 모두 없애야 한다. 그렇지 않으면 심각한 화재를 초래할 것이다.

② **점화플러그 교환** : 대부분의 운용자는 점화플러그 사용에 대한 분석을 하고 점화플러그의 알맞은 교환주기를 갖는다.

장거리를 비행하는 항공기에서 사용횟수가 많지 않은 점화플러그의 교환시간은 200 엔진 작동시간이고 같은 항공기로 단거리 운행시, 잦은 이착륙 때문에 점화플러그를 자주 쓴 경우의 점화플러그 교환시간은 100 엔진 작동시간이 된다.

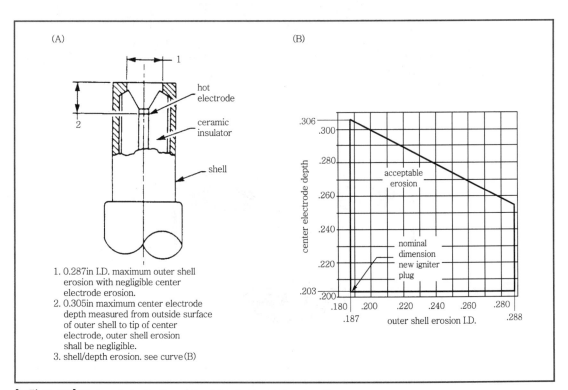

[그림 11-11A] High voltage igniter plug wear check measurements
[그림 11-11B] Typical high tension igniter plug wear check chart

(2) 저압점화플러그 점검

① **세척** : 자체 이온화(or shunted gap) 점화플러그는 단지 외부케이스만을 세척한다. 플러그 Firing end의 반도체 재료는 쉽게 손상을 입으므로 제작사는 탄소 축적에 관계없이 공장에서 작업할 때만 세척할 것을 권고하고 있다. 만약 세척이 허용되면 부드러운 브러시나 천 및 인가된 솔벤트를 이용한다.

② **측정점검** : 저압플러그의 Firing end는 세척할 수 없어 효과적으로 측정하기가 어렵기 때문에 측정점검을 수행하지 않는다.

일반적으로, 육안점검을 통해 제작사에서 제공한 그림과 비교하여 플러그의 상태를 판단한다. 작동점검은 고전압플러그 점검과 마찬가지로 한다.

③ **점화플러그 교환** : 저압점화플러그 교환은 고압점화플러그 교환방법과 마찬가지로 한다.

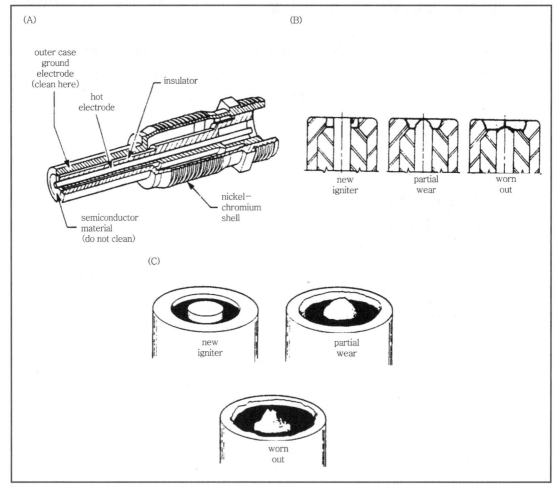

[그림 11-12A] Low voltage igniter plug, cutaway view
[그림 11-12B] Side view of erosion of firing end seen during visual inspection
[그림 11-12C] End view of firing end erosion

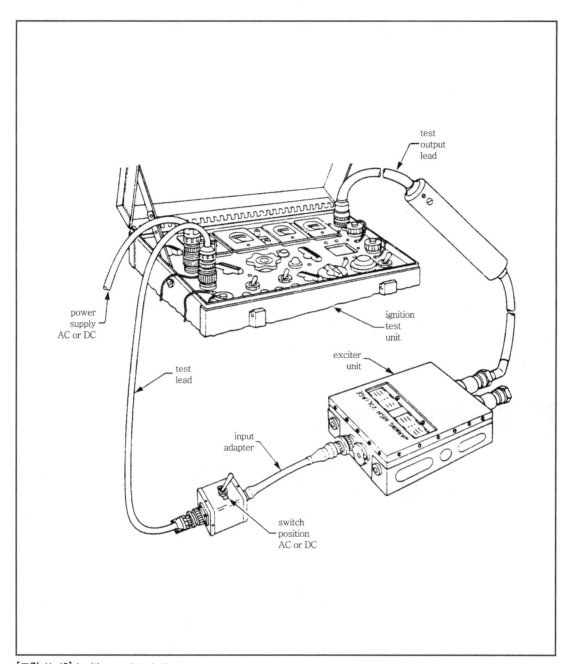

[그림 11-13] Ignition system tester

(3) 글로우플러그 점검(Glow Plug Check)

① 세척 : 만약 플러그 히터코일에 코일을 녹여 붙이는 탄소가 쌓이게 되면 탄소를 무르게 하기 위하여 탄소제거제에 코일 끝을 담근다.

느슨해진 탄소는 부드러운 나일론브러시나 화이버브러시로 제거한다(금속브러시는 코일 절연에 손상을 주므로 절대 사용해서는 안 된다). 마지막으로 코일을 따뜻한 물로 헹구고(rinse), 공기로 불어서 건조시킨다. 최대코일의 녹음(fusing) 허용치는 보통 한 코일에서 1/8in이다.

탄소가 쌓이는 이유는 다음과 같다.

㉠ 조종사가 코일이 정확한 온도로 가열되기 전에 연료를 흐르게 하는 경우

㉡ 코일로의 저전압은 정확한 온도로 가열되는 것을 막는다.

㉢ 느슨한 연결이 코일의 정확한 가열을 막는다.

② **검사** : 육안검사를 한 후 작동점검을 하는데 플러그를 엔진 점화리드에 연결하고 보통 20~30초의 정해진 시간 내에 밝은 노란색으로 가열되는지를 관찰하라.

(4) 특수시험장비

점화계통의 작동점검이 정상적으로 이뤄지지 않는다면, 일반적인 Volt-Ohmmeter로 열림(open)이나 단락(short)여부를 점검한다. 계통의 입력전압, 출력전압, 절연의 깨짐, 입력전류, 출력전류, 입력전압당 스파크 비율과 같은 시험을 수행할 수 있는 특수시험장비들이 있으며 그림 11-13은 이런 형식의 시험장비이다.

Section 06 ─ 점화계통의 고장탐구

Problem/Possible Cause	Check For	Remedy
1. No igniter spark with the system turned on.		
a. Ignition relay	Correct power input to transformer unit	Correct relay problems, refer to starter-generator circuit
b. Trans former unit	Correct power output	Test with special equipment observing system cautions
c. High tension lead	Continuity or high resistance shorts with ohmmeter and megger test unit	Replace lead
d. Igniter plug	1. Check indicator or damaged semi-conductor	Relpace plug
	2. Hot elector erosion	Replace plug
2. Long interval between sparks		
Power supply	Weak battery	Recharge battery
3. Weak(low intensity) spark		
Igniter plug	Cracked ceramic insulation	Replace plug

○ 연습문제 ○

1. 터빈 점화계통에 반파정류기(half-wave recitifilter)가 필요한 이유는?

   답 AC를 DC로 바꾸기 위하여

2. 왕복엔진과 터빈엔진 점화계통에서 스파크의 큰 차이점은 무엇인가?

   답 터빈은 훨씬 강한 세기의 스파크를 갖는다.

3. 터빈 점화계통에서 고전압을 갖는 것은 1차와 2차 회로 중 어디에서인가?

   답 2차 회로

4. 왕복엔진 점화플러그보다 터빈엔진 점화플러그가 비싼 이유는?

   답 니켈-크롬 합금을 사용하기 때문에

CHAPTER

12

엔진계기계통
(Engine Instrument Systems)

항·공·기·가·스·터·빈·엔·진

엔진계기계통
(Engine Instrument Systems)

CHAPTER 12

Section 01 — 개요

조종실(cockpit, 대형 항공기의 경우 flight deck)의 엔진계기는 다음의 두 가지의 부류로 구분할 수 있다.

① 성능지시계(performance indicators)
② 엔진상태지시계(engine condition indicators)

엔진압력비(Engine Pressure Ratio ; EPR), N_1 팬 속도(fan speed ; N_1)와 같은 엔진 추력을 나타내는 지시계는 성능지시계로 볼 수 있으며 배기가스온도(Exhaust Gas Temperature ; EGT), 연료유량(fuel flow), 압축기 속도, 오일압력, 온도계기는 엔진상태를 나타내는 계기가 된다.

엔진의 일부분이 비정상(working too hard)상태이면 상태지시계는 높은 배기온도, 고 rpm 상태 등을 표시하게 되며, 조종사는 출력을 줄이거나 엔진을 정지시키는 등의 항공기를 안전하게 운용하는 데에 필요한 조치를 취해주어야 한다.

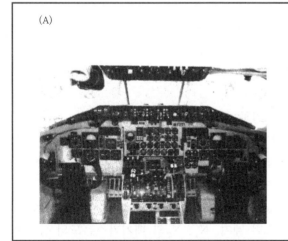
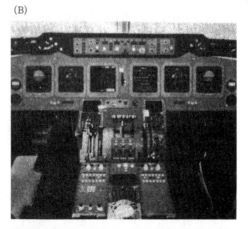

(A)

(B)

[그림 12-1A] Conventional flight deck of McDonnell Douglas MD-80 aircraft
[그림 12-1B] Newer "Glass cockpit", McDonnell MD-11 aircraft

그림 12-1의 사진은 기존 계기표시방식의 일반적인 계기판과 광전관(Cathode Raytube ; CRT), 발광다이오드(Light Emitting Diode ; LED)로 표시되는 새로운 형태의 "Glass cockpit"을 보여주고 있다. 새로운 조종석은 계기류(instrument packages) 및 엔진의 오작동을 막을 수 있는 더욱 다양한 정보를 표시할 수 있다.

다음은 그림 12-2에 포함되어 있는 계기들에 대한 개략적인 설명이다. 이들 대부분은 이번 장의 후반부에서 좀 더 자세히 다루게 될 것이다.

① 엔진 압력비(Engine Pressure Ratio ; EPR) : 엔진 흡입구 근처의 Station 2(P_{t2})와 저압터빈(Low Pressure Turbine ; LPT) 배기부 부근의 Station 5.4($P_{t5.4}$)에 위치한 압력원을 통해서 입력되는 정보를 받아들여 그 비율을 표시한다.
계기는 숫자형태와 바늘지시계형태로 표시된다.

② 오일압력(Oil Pressure) : 보기류 기어박스에 위치한 외부오일라인에서 압력이 측정된다.

③ 오일온도(Oil Temperature) : 보기류 기어박스에 위치한 외부오일라인에서 센서에 의해 측정된다.

④ 오일량(Oil Quantity) : 오일탱크에서 측정된다.

⑤ 연료압력(Fuel Pressure) : 연료조절 미터드(metered)압력라인에서 측정된다.

⑥ N_1 회전계(Tachometer ; Tach.) : 팬(혹은 저압압축기)과 저압터빈의 속도를 나타내는 팬케이스 전기발생장치(fan case electronic generation devicer)에서 나오는 신호는 받는다.
계기는 숫자형태와 바늘지시계형태 두 가지로 표시된다.

⑦ ITT 계기 : 고압터빈 배기공기흐름 속에 놓여진 열전대(thermocouple) 측정부에서 얻어진 평균온도로부터 전기적 신호를 받아 표시한다.
계기는 숫자형태와 바늘지시계형태 두 가지로 표시된다.

⑧ N_2 회전계 : 고압압축기와 고압터빈의 속도를 나타내는 보기류 기어박스의 전기회전발전기(accessory gear box electric tachometer generater)로부터 나온 신호를 받아 표시한다.
계기는 숫자형태와 바늘지시계형태 두 가지로 표시된다.

⑨ FF 계기 : 연료조절 미터드라인에 위치한 연료흐름 전달장치에서 나오는 신호를 받아 표시한다.
계기는 숫자형태와 바늘지시계형태 두 가지로 표시된다.

⑩ 엔진진동(Engine Vibration) : 팬과 터빈의 저압부와 N_2 압축기와 터빈 고압부의 네 군데의 진동수준(vibration level)을 mils(thousandths) of inch의 단위로 표시한다. 어느 위치에서든 4mils이 허용 가능한 진동수준이 된다.

⑪ 엔진지시계 최고치 재설정(engine indicator maximum pointer reset) : 작동되었을 때 최고치지시점을 재설정한다. 세 가지 중요한 계기, N_1, N_2와 배기가스온도의 상한치(overshoot)는 고정되는 2차 지시계(second indicator)로 되어 있다.

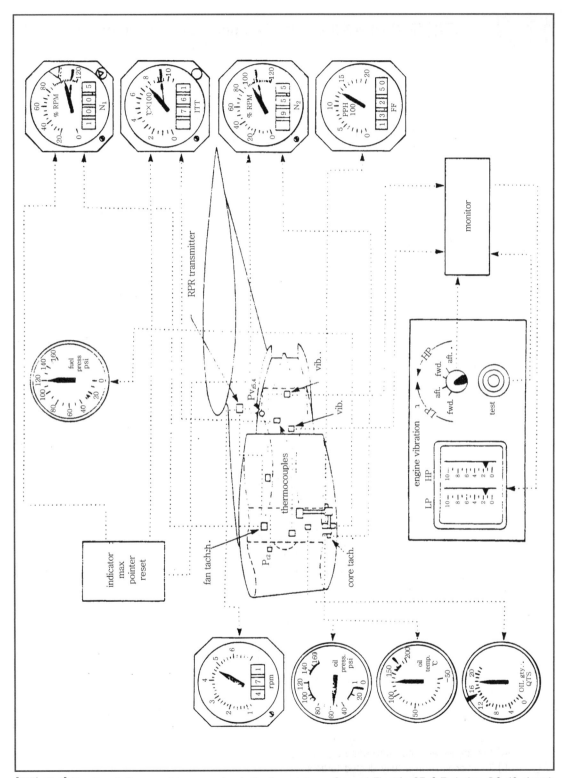

[그림 12-2] Functional diagram of large engine indicating systems—General Electric CF-6 Turbofan, DC-10 aircraft

Section 02 — 배기온도 지시계통(Exhaust Temperature Indicating Systems)

배기가스온도는 엔진 운용 중, 특히 과열현상에 의한 손상이 가장 흔히 발생하는 시동사이클(starting cycle) 중에는 항상 주의깊게 주시되어야 한다. 고온부의 온도는 엔진의 모든 운용 파라미터 중에서 가장 민감하게 다뤄져야 하는데 그 이유는 엔진이 한계치를 불과 수 초 동안 벗어난다 하여도 엔진의 감항성(airworthy)을 잃게 되기 때문이다.

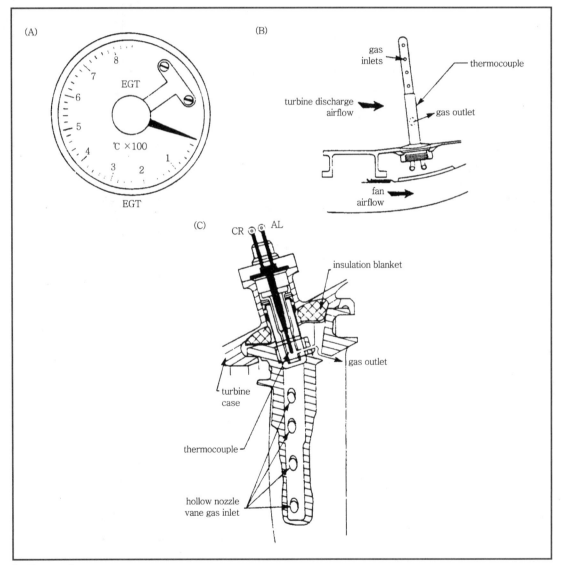

[그림 12-3A] Cockpit exhaust gas temperature gauge
[그림 12-3B] Thermocouple in a fully ducted turbofan
[그림 12-3C] ITT thermocouple located in a hollow turbine nozzle vane

조종석의 온도계기들 중에서 "터빈 입구온도(Turbine Inlet Temperature ; TIT)"라고 표기되어 있는 것은 터빈휠 앞부분의 온도를 표시하는 것이며, "터빈 중간단 온도(Interatage Turbine Temperature ; ITT)"라고 표시된 것은 다단 터빈 사이의 중간단(intermediate position)에서 측정된 온도를 나타내며 "배기가스온도(Exhaust Gas Temperature ; EGT)" 혹은 "터빈 출구온도(Turbine Outlet Temperature ; TOT)"라고 표시된 것은 터빈휠 뒷부분에서 측정된 온도를 나타낸다.

실제 측정위치에 관계없이 가장 중요한 고려대상이 되는 것은 터빈 노즐의 첫 번째 단 앞부분인 터빈 입구의 온도(TIT)이다. 그러나 이 지점의 온도가 매우 높기 때문에 온도 측정용 탐침(probe)이 수명(service life)을 다할 수 있으므로 항상 측정 가능한 것은 아니다.

제작자는 이를 고려해 TIT 온도와 실제 측정되는 엔진 내부의 다른 지점간의 온도 비교치를 제공해 주어야만 한다. 비록 이들 측정점에서의 측정수치가 낮은 값이지만 엔진의 내부 상태를 알 수 있는 꼭 필요한 정보를 제공해 준다.

몇 개의 전온도(total temperature) 측정용 탐침 또는 열전대는 한쪽 끝이 열접점(hot junction)이라 불리며 고온가스 유로를 관통하는데 엔진 Pads 둘레에 위치하게 된다. 전기회로와 병렬로 연결되며 계통은 설치된 모든 열전대의 온도의 평균치를 조종석계기에 표시하게 된다.[그림 12-3 참조]

이 계통은 다른 어떤 엔진계기계통들보다도 터빈 부품들의 상태를 완벽하게 나타내준다. 예를 들어 터빈 블레이드가 손상을 입거나 유실되면 이로인해 온도계기에 즉각적으로 고온이 표시되는데 이는 고온가스가 온도 측정용 탐침에 매우 빠르게 도달하기 때문이다.

이런 이유로 배기가스온도 측정계통이 세 가지 온도 측정계통 중에 가장 중요하게 취급된다. 또 다른 이유로 배기가스온도 측정용 열전대는 터빈 배기부에 위치하므로 수명이 더 길어진다.

1 구성품

그림 12-4에서는 8개의 열전대가 그에 부속된 크로멜(chromel)과 알루멜(alumel)선으로 구성된 전형적인 배기가스온도 측정용 회로를 보여주고 있다. 그 외의 구성품으로는 회로선, 가변보정저항과 지시계이다.

크로멜은 철을 함유하지 않는 크롬계 합금이며 비자성체이고 "＋"전기성질을 갖고 있으며 색코드(color code)는 흰색이다. 이의 최종 연결부(terminal connector)는 두 개 중 작은 것으로 size 8-32가 사용된다.

알루멜은 철분이 함유된 알루미늄계 합금이다. 이것은 자성체이고 "－"전기성질을 가지며 색코드는 녹색이다. 최종 연력부는 두 개 중 큰 것으로 size 10-32가 사용된다. 이 특성은 엔진 외부의 가열부분에 사용되어 구별을 위한 색이 사라졌을 때에도 서로 구별할 수 있게 해준다.

지시계는 d'Arsonval meter를 사용하며 회로 내에서 냉접점(cold junction)의 역할을 한다.

보정용 저항(calibrating resistor)은 저항값의 총합이 정해진 특정한 값이 되도록 보정해 주는 역할을 한다.

일반적으로 회로들은 8, 15, 22ohm의 저항을 갖게 되는데 어떤 값을 갖는가는 조종석의 지시계와 엔진에 있는 열전대장비와의 거리에 달려있다. 길이가 길어지면 저항값은 그만큼 커지게 된다. 저항값을 작게 하기 위해 직경이 더 큰 선을 사용해 주어야 하는데 이 경우에는 무게가 무거워지는 문제가 있다.

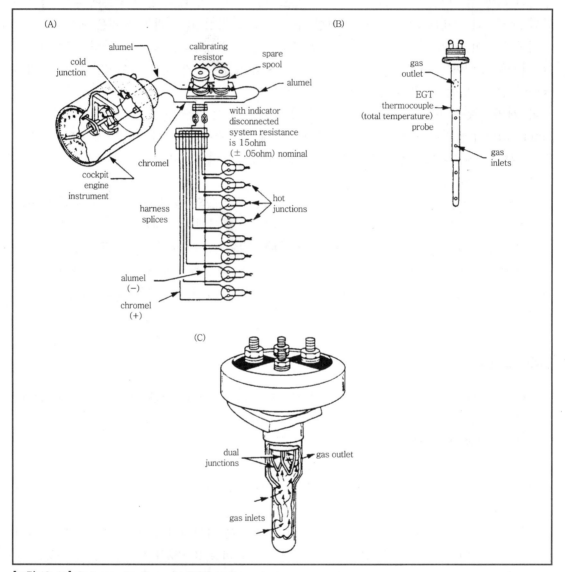

[그림 12-4A] Components of an ohm EGT system
[그림 12-4B] Single hot junction thermocouple probe
[그림 12-4C] Dual hot junction thermocouple probe

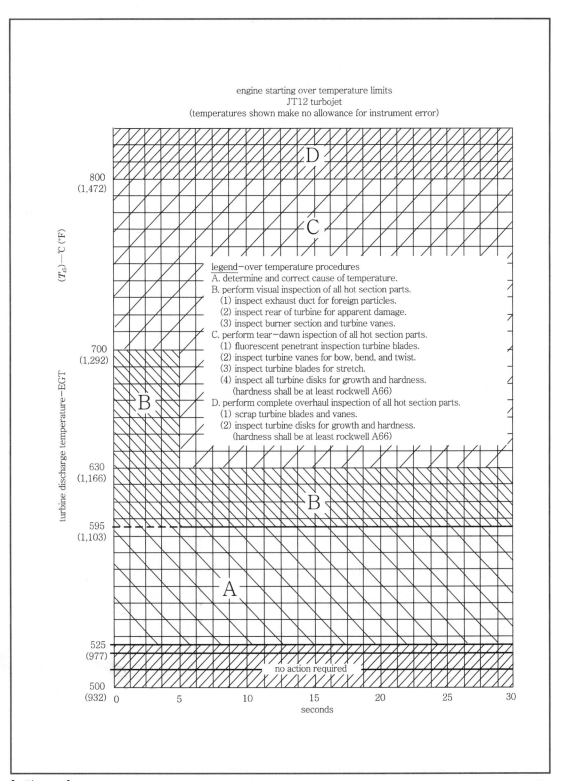

[그림 12-5A] Engine starting over temperature limits

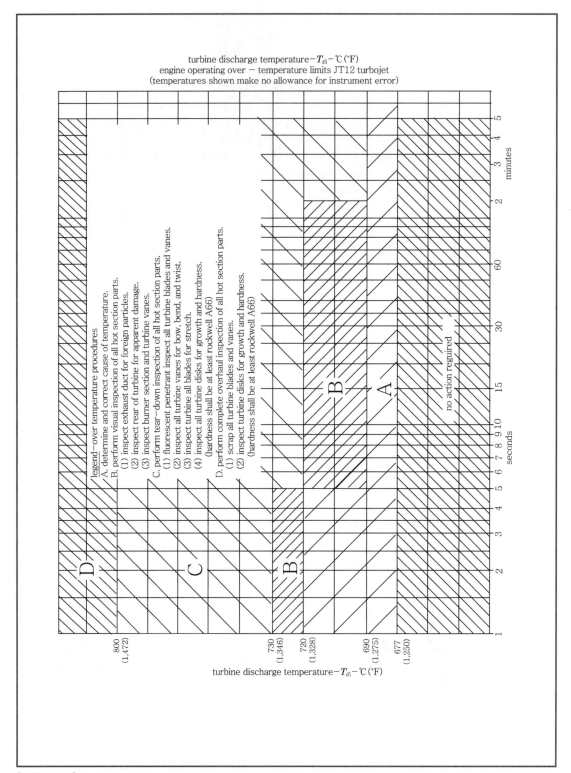

[그림 12-5B] Engine operating over temperature limits

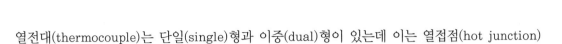

열전대(thermocouple)는 단일(single)형과 이중(dual)형이 있는데 이는 열접점(hot junction)의 숫자가 하나 또는 두 개라는 의미이다.

단일형[그림 12-4B 참조]은 오로지 온도지시계의 역할만을 한다. 이중형은 부가적인 열접점이 있어 전자식 연료조절장치의 연료조절(fuel scheduling)을 위한 신호를 주거나 배기가스온도 측정계통의 보정용 연결점(connection)으로 사용된다.

두 형식 모두 고온가스가 열전대 외부표면에 부딪힌 후 그 중 일부 가스가 흡입구 구멍(inlet bottle)으로 들어가는 형태는 같다. 이 경우 가스는 출구를 통해 원래의 가스 유로로 돌아가는 과정에 열접점을 통과하게 되며 이를 통해 배기가스의 전온도가 측정된다.

2 작동

각각의 열접점들은 한 쌍의 서로 다른 금속성의 도체(conductor)로 이루어져 마치 배터리와 비슷한 원리로 작은 전력원(power source)의 역할을 한다. 이것이 폐궤환계(closed loop) 병렬회로에 연결되면 도체들은 가해지는 열에 대해 정해진 비율로 저항값이 변하며 가해진 열량에 비례해서 평균 전류를 만들어낸다. 이때 크로멜선(lead)에는 자유전자(free electron)의 결핍이 생기며 알루멜선에는 자유전자가 과도하게 모이게 된다.

열이 가해지면 음극쪽의 자유전자는 열접점에서 냉접점쪽으로 이동하며 반대의 과정이 양극쪽의 열접점에서 발생한다.

흐르는 전류의 양에 의해 조종석의 계기에는 섭씨(celsius, ℃) 단위로 표시된다. 여기서 주의할 것은 정비나 접점시의 온도계산 수식에서 사용되는 온도 단위는 화씨(fahrenheit, ℉) 단위라는 것이다.

냉접점의 기능에 대해서는 전자이론을 사용하면 잘 설명할 수 있다. 동일한 열이 계기 끝단(gauge end, cold junction)과 열전대 끝단(thermocouple end, hot junction)에 가해지면 음극(negative alumel lead)에서는 계기 끝단과 같은 비율로 전자를 흘려보내려 할 것이다. 그런데 전자의 흐름은 가해진 열의 양에 비례하므로 서로 상쇄되어 없어진다. 따라서 계기에는 아무런 수치도 나타나지 않을 것이다.

엔진이 작동하지 않고 대기온도와 같은 온도로 냉각되어 있을 때 배기가스온도계기는 정상적으로 대기온도를 나타낸다. 이는 계기 내부에 대기온도를 나타내도록 보상용 코일(conpensating coil)이 내장되어 있기 때문이며 계기 조작자에게 배기가스온도계기의 수치를 정상대기온도에 맞게 수정할 수 있게 해준다.

다음 예제에서 열전대의 사용은 전온도 측정형식을 의미하게 되는데 그 이유는 램효과(ram effect)로 인해 정온도(static temperature)와 전온도(total temperature)가 같이 상승하기 때문이다. 이는 물론 엔진 내부의 실제 열하중(hot loading)을 나타내는 것이다.

램효과의 크기는 부록 8의 T_t/T_s 공식에 의해 계산할 수 있다.

> **● 예제**
>
> 만일 배기가스온도가 1,600°R이고 마하수가 0.9라면 T_t/T_s 비와 램효과에 의한 온도는 얼마인가?
>
> [풀이] $\dfrac{T_t}{T_s} = 1 + \left[\dfrac{\gamma-1}{2}M^2\right], \qquad \dfrac{T_t}{T_s} = \dfrac{1,600}{T_s}$
>
> $\dfrac{1,600}{T_s} = 1 + \left[\dfrac{1.4-1}{2} \times 0.9^2\right]$
>
> $= 1 + (0.2 \times 0.81)$
>
> $T_s = 1,600 + 1.162 = 1,379.9°R$
>
> 램효과의 크기는 다음과 같다.
>
> $1,600 - 1,376.9 = 223.1°R$

3 배기가스온도(EGT) 한계

모든 엔진은 엄격한 내부온도 한계치를 가지고 있다. 한계온도 수치를 표시하는 경우 계기 오차는 허용되지 않는다. 전형적인 EGT 한계치 세트가 그림 12-5A와 B에 나타나 있으며 다음과 같은 값을 갖는다.

시동시의 초과온도(Over Temperature Limits) 한계	필요한 조치(Action Required)
525℃까지(정상상태)	없음
526~630℃ 사이에서 5초 혹은 그 이내 머물렀을 때	검사 A
526~594℃ 사이에서 어느 정도(any length of time) 머물렀을 경우	검사 A
595~630℃ 사이에서 5초이상 머물렀을 경우	검사 B
631~700℃ 사이에 5초 혹은 그 이내로 머물렀을 경우	검사 B
631~700℃ 사이에 5초 이상 머물렀을 경우	검사 C
701~800℃ 사이에 어느 정도 머물렀을 경우	검사 C
801℃ 이상에 어느 정도 머물렀을 경우	검사 D
작동 중의 초과온도 한계(Operating Overtemperature Limits)	**필요한 조치(Action Required)**
677℃까지(정상상태)	없음
678~720℃ 사이에 5초 혹은 그 이내로 머물렀을 경우	검사 A
678~690℃ 사이에 어느 정도 머물렀을 경우	검사 A
721~730℃ 사이에 5초간 머물렀을 경우	검사 B
691~720℃ 사이에 5초 이상 2분 이하 머물렀을 경우	검사 B
690~720℃ 사이에 2분 이상 머물렀을 경우	검사 C
721~730℃ 사이에 5초 이상 머물렀을 경우	검사 C
731~800℃ 사이에 어느 정도 머물렀을 경우	검사 C
801℃ 이상에서 어느 정도 머물렀을 경우	검사 D

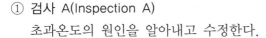

① 검사 A(Inspection A)

초과온도의 원인을 알아내고 수정한다.

② 검사 B

모든 고온부(section) 부품을 육안검사한다.

㉠ 배기덕트에 이물질이 있는지 여부를 검사한다.

㉡ 터빈 후방에 두드러진 손상이 있는지 여부를 검사한다.

㉢ 연소실 부분과 터빈 베인을 검사한다.

③ 검사 C

고온부 부품 모두를 분해하여 검사한다.

㉠ 터빈 블레이드에 형광침투검사를 한다.

㉡ 터빈 베인의 휨, 굽힘, 비틀림여부를 검사한다.

㉢ 터빈 블레이드가 늘어나지 않았는가 검사한다.

㉣ 터빈 디스크의 성장(growth)과 경도(Reckell A66을 사용)를 검사한다.

④ 검사 D

모든 고온부 부품의 완전한 오버홀 검사를 수행한다.

이상의 표에서 시동 중일 때와 작동 중일 때의 초과온도 한계치에 대해 알아보았다. 그 중 정상 작동 중의 온도 한계치가 시동 중의 온도 한계치보다 허용치가 크다. 최신의 엔진일수록 이 허용치가 더 크도록 하는 것이 설계방침이 된다. 왜냐하면 엔진 수명(service life)은 시동시의 고온으로 인해 감소되는 경향이 두드러지기 때문이며 새로운 엔진일수록 시동사이클 중에는 가능한 가장 낮은 온도를 유지하도록 설계된다.

많은 수의 구형 엔진에서는 냉각공기의 부족으로 인해 고온으로 인한 손상이 발생해 수명이 짧아지는 경향이 있다.

표에 수록된 수치 중 한계시간(time limit)이 매우 짧다는 점에 주목하기 바란다. 다시 말하지만 한계온도를 초과하는 시간이 길어질수록 고온부 부품의 수명이 짧아지게 되며 이는 비행시 안전성에 매우 심각한 영향을 미치게 된다.

■4 Jetcal 분석기(Jetcal Analyzer)

정비요원은 과열(over temperature)에 관한 검사를 수행하기 전에 먼저 조종석계기들이 정확한 수치를 나타내고 있는지를 확인해야만 한다. 배기온도 지시계통의 신뢰성(reliability) 검사를 위해 사용되는 기기 중 하나가 Jetcal 분석기이다.

그림 12-6A는 정비사가 테일파이프 내에 들어가서 Jetcal 히터를 열전대 위에 장착하는 것을 보여주고 있다. 이 장치는 열전대를 가열한다. 그리고 온도로 변환된 수치가 Jetcal 지시패널과 조종석 EGT 지시계에 나타난다. 이때 조종석의 지시계를 Jetcal 지시패널의 기준 수치와 비교할 수 있다.

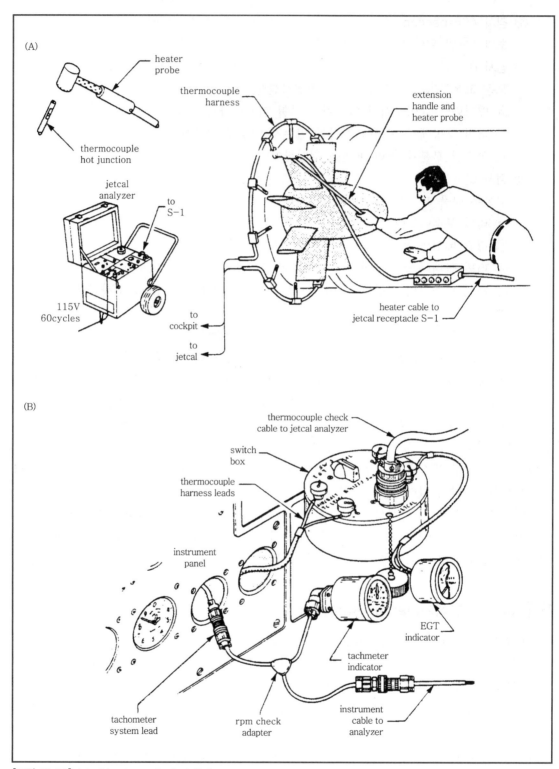

[그림 12-6A] Jetcal heater probe installation
[그림 12-6B] Switch box and rpm check adapter connections

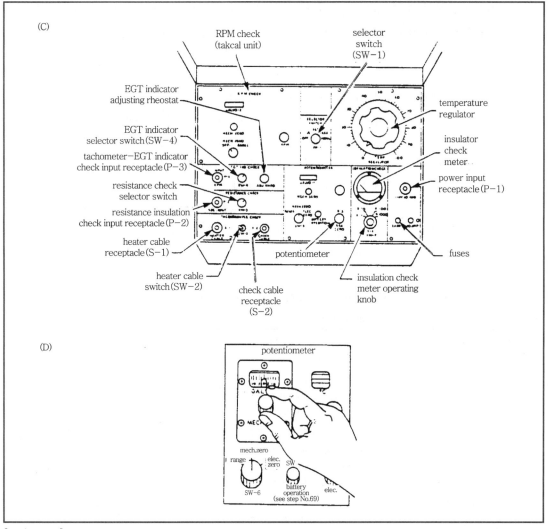

[그림 12-6C] Jetcal analyzer control panel
[그림 12-6D] Setting heater probe temperature

Jetcal은 다음에 열거한 기능을 갖는 EGT와 rpm 계통을 검사하는 장비의 상표명이다.

① 엔진을 작동하지 않고 항공기 EGT 계통을 점검한다.

② 엔진 작동(run up) 중에 항공기 EGT 계통을 점검한다.

③ 엔진 작동 중에 엔진의 % rpm 계통을 점검한다.

④ 엔진 정지상태 혹은 작동 중에 엔진에 부착된 각 열전대출력을 점검한다.

⑤ EGT 회로의 연속성(continuity)과 저항을 점검한다. 예를 들어 일반적인 EGT 회로의 저항은 8ohm이며 허용오차는 ±0.05ohm이다.

⑥ 기타 점검

　　열전대의 벌브(bulb)와 하니스(harness)가 제대로 동작하는지가 의심스럽지만 이를 검사할만한 특수한 장비가 갖춰지지 않았다면 양질의 멀티미터(multimeter)와 휘트스톤브리지(wheatstone bridge)를 이용해 다음의 사항들을 점검할 수 있다.

ⓐ 각각의 열전대 벌브의 저항을 측정해 제작자의 사양(specifications)과 비교한다. 일반적인 저항수치는 0.10±0.01ohm이다.

ⓑ 양호한 벌브와 의심스러운 벌브를 같이 오븐(bake oven)에 넣고 수치를 비교한다.

ⓒ 벌브와 하니스가 서로 분리되지 않을 때는 서로 연결된 상태의 저항값을 측정해 검사한다. 이 경우 일반적인 저항수치는 3.0±0.02ohm이다.

ⓓ 고온접점(hot junction)과 하니스 외부덮개 사이에 파손이 없는가를 점검한다. 일반적으로 저항의 최저치는 50,000ohm이다.

　TIT나 ITT와 같은 계통을 점검할 경우에도 특별한 시험장치(test units)를 사용하게 된다. 이러한 장치는 대개 엔진 제작사나 항공기 제작사에 의한 특수시험장비(special test equipmnent)로써 공급된다.

❚ Troubleshooting EGT/ITT Indicating System ❚

Note : Refer to chapter VI for general troubleshooting procedures.

Problem/Possible Cause	Check For	Remedy
1. False low EGT/ITT Indication at all power settings		
a. Thermocouple Leads	1. Shorting together outside the engine and averaging in a low reading	Relocate leads
	2. Broken thermocouple lead	Repair as necessary
b. Thermocouple	Hot junction burned off (open) causing total circuit resistance to increase	Replace thermocouple
c. Circuit Resistance(high)	1. High circuit resistance from corroded terminals	Clean or repair as necessary
	2. Added wire length during repair	Replace as necessary
	3. System calibration(Jetcal)	Adjust
2. False high ET/ITT reading at all power settings.		
Circuit resistance(low)	Shortened wire length during repair. Check resistance with an accurate ohmmeter, Wheatstone bridge, Jetcal or similar unit.	Re-calibrate circuit
3. Flucuating EGT/ITT		
a. Circuit Leads	Loose connections	Tighten
b. Indicator	Indicator malfunction(interchange indicator or slave in another indicator)	Replace indicator

| Troubleshooting The Engine With EGT/ITT Indicator |

Problem/Possible Cause	Check For	Remedy
High EFT/ITT throughout engine power range		
a. Turbine Wheel Distress	1. Turbine wheel distress. Check visually through tailpipe or with borescope	Possible engine teardown
b. Turbine Vanes	Same as (a)	
c. Compressor	Contamination or FOD-causing low cooling air	Field clean or repair as necessary
d. Engine Bleeds Open	1. Anti-stall, anti-ice, customer bleed air, etc. causing low-hotter cooling air.	Correct as necessary
e. Fuel System Sensors (in flight) {P.L. more forward than other engine(s)}	1. Loose connections at P_{t2} or P_b.	Tighten
Fuel System Sensors (on ground) (P.L. more forward than other engine(s).	2. Loose connections at P_b.	Tighten
f. Engine Trim	1. Overtrim condition.	Retrim engine
	2. EPR system out of calibration	Calibrate system

Section 03 — 회전속도계 지시계통

가스터빈엔진 회전속도는 압축기의 백분율(percent, %) rpm으로 표시된다.

일반적으로 압축기의 숫자는 조종석계기판의 백분율 rpm 지시계의 숫자와 일치하며 이 숫자는 FAR Part 33의 회전속도계 지시계통(tachometer indicating system)에 규정되어 있다.

N_1과 N_2가 같은 속도를 갖는 엔진이나 압축기는 있을 수 없기 때문에 조종석 계기에 표시되는 백분율 rpm의 표시는 단순하게 된다.

그림 12-7의 표는 실제 rpm과 N_2 압축기 % rpm과의 관계를 나타내고 있다.

Percent Engine Speed-rpm

Percent Speed(N_2)	rpm	Percent Speed(N_2)	rpm	Percent Speed(N_2)	rpm
110	8453.5	73	5610.1	36	2766.6
109	8376.6	72	5533.2	35	2689.7
108	8299.9	71	5456.3	34	2612.9
107	8223.0	70	5379.5	33	2536.1
106	8146.1	69	5302.6	32	2459.2
105	8069.2	68	5225.9	31	2382.3
104	7992.4	67	5149.0	30	2305.5
103	7915.6	66	6610.1	29	2228.6
102	7838.7	65	4995.2	28	2151.9
101	7761.8	64	4918.4	27	2075.0
100	7685.0	63	4841.6	26	1998.1
99	7608.2	62	4764.7	25	1921.2
98	7531.4	61	4687.8	24	1844.4
97	7531.4	60	4611.0	23	1767.6
96	7377.6	59	4534.1	22	1690.7
95	7300.8	58	4457.4	21	1613.8
94	7223.9	57	4380.5	20	1537.0
93	7147.0	56	4303.6	19	1460.1
92	7070.2	55	4226.7	18	1383.4
91	6993.4	54	4149.9	17	1306.5
90	6916.5	53	4073.1	16	1229.6
89	6840.6	52	3996.2	15	1152.7
88	6763.9	51	3919.3	14	1075.9
87	6687.0	50	3842.5	13	999.1
86	6610.1	49	3765.6	12	922.2
85	6533.2	48	3688.9	11	845.3
84	6456.4	47	3612.0	10	768.5
83	6379.6	46	3535.1	9	691.6
82	6302.7	45	3458.2	8	614.9
81	6225.8	44	3227.7	7	538.0
80	6149.0	43	3304.6	6	461.1
79	6071.1	42	3227.7	5	384.2
78	5994.4	41	3150.8	4	307.4
77	5917.5	40	3074.0	3	230.6
76	5840.6	39	2997.1	2	153.7
75	5763.7	38	2920.4	1	76.8
74	5686.9	37	2843.5		

[그림 12-7] Sample conversion table % rpm to rpm

1 백분율 rpm 지시계(Percent rpm Indicator)

백분율 rpm 지시계는 다음과 같은 목적으로 사용한다.

① 시동시의 rpm을 감시한다. 단일축엔진의 경우 N_1 속도가 되고 이중축엔진의 경우 N_2, 삼중축(triple spool)엔진의 경우 N_3 속도가 된다.

② rpm이 과속(over speeding)되는 경우를 감시한다.

③ 일부 단일축 축류형 엔진이나 원심형 엔진의 추력과 압축기 속도를 모두 지시한다. 이는 N_1 속도에 따른다.

④ 일부 터보팬엔진에서 압축기 속도와 추력을 지시하며 이는 N_1 팬 속도에 따른다.

⑤ 엔진보조계통 즉, 블리드밸브나 가변베인 등과 같은 계통의 동작스케줄(operating schedule)을 점검한다.

⑥ 비행 중 엔진 정지(in-flight shutdown)시와 풍차 비행(windmilling)시의 엔진 속도를 조절한다.

2 3상발전기, 백분율 rpm 계통(Three-Phase Generator, Percent rpm System)

회전속도계(tachometer)는 하나의 독립된 전기계통으로 엔진에 의해 구동되는 3상 AC 발전기와 동기모터(synchronous motor)로 구동되는 지시계로 구성되어 있다. 대부분의 제작사들은 압축기 속도대비 기어박스 회전속도계 구동비를 100% 압축기 속도에 대해 회전속도계 구동출력은 4,200rpm이 되도록 맞춰놓고 있다. 이는 엔진 상호간에 회전속도계 계통의 호환성을 염두해 둔 것이다.[그림 12-8 참조]

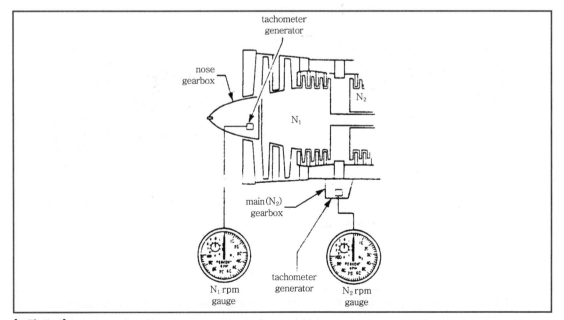

[그림 12-8] Locations of tachometer generators for low and high pressure compressors

그림 12-9에 의하면 회전속도계 발전기는 20V AC 내외의 비교적 저전압이 신호를 지시계의 동기모터필드(synchronous motor field)로 보낸다. 여기서 초당 사이클을 나타내는 주파수가 중요한 요소가 되면 전압은 중요치 않게 되는데 이는 모터의 자석이 발전기의 자석과 서로 동기화(synchronization)되도록 설계되었기 때문이다.

그리고 포인터요크(pointer yoke)와 플럭스커플러자석(flux coupler magnet) 사이에 서로 물리적인 접촉은 없다. 포인터요크는 유도와 전류(induced eddy curreut)에 의해 지시계다이얼의 지시침(pointer)을 돌려준다.

▣ Magnetic Pickup 백분율 rpm 계통

팬의 백분율 rpm을 측정하는 새로운 계통의 하나로 팬케이스 내부의 팬블레이드 회전통로 주위에 자석(magnet)으로 된 센서를 설치하는 형태를 가진다.

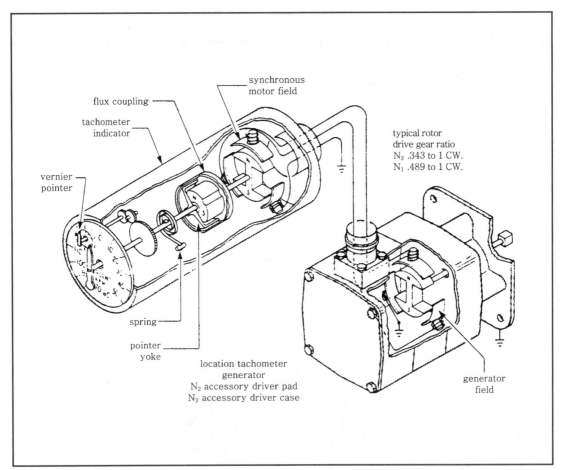

[그림 12-9] Engine tachometer indicating system for low pressure compressor(N_1) and high pressure compressor(N_2)

4 GE CF-6 엔진계통의 예

팬 끝부분(fan tip)이 센서 헤드(sensor head)에 의해 구성된 자장을 가르고 지나가면서 와
전류를 만들게 된다. Conditioner unit은 와전류에 의한 신호를 증폭하여 백분율 속도지시계
로 보낸다. 이들 일련의 장치들에 의해 팬은 추력과 직접적인 연관성을 갖게 되며 제작자는 N_1
회전속도를 주추력지시계(primary thrust indicator)로 선택하였다. 이 엔진은 또한 대비용 추
력지시계(backup thrust indicator)로 엔진압력비(EPR)계통을 사용한다.[그림 12-10A 참조]

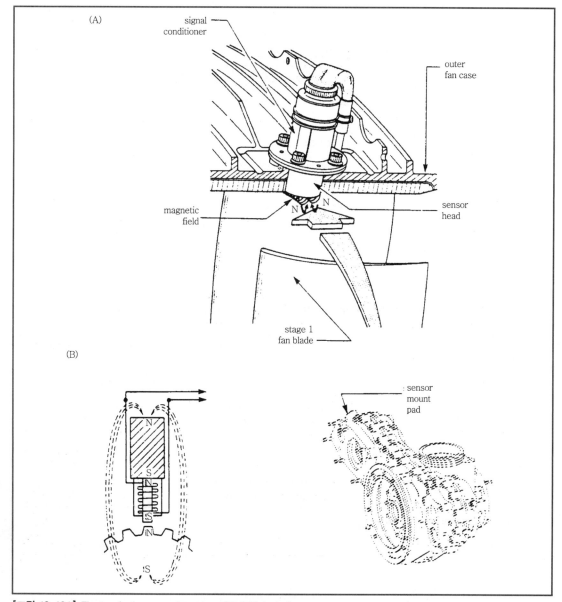

[그림 12-10A] Electronic fan speed sensor, GE CF6 turbofan
[그림 12-10B] Electronic gearbox mounted N_2 speed sensor

▌ rpm Limits ▐

Note : Sometimes a "Time limit" is also present to over-speed conditions.

Percent rpm Limits	Indicated Percent rpm	Action Required
1) 104.2 to 106.2%	105%	Special inspection ; Inspect compressor and turbine section for rubbing after shutdown
2) 106.3% and over	106.3%	Send engine to overhaul

▌ Troubleshooting The Tachometer Indicating System ▐

Problem/Possible Cause	Check For	Remedy
No percent rpm indication or fluctuating indication.		
a. Tach indicator	Proper operation by interchanging indicators	Replace indicator
b. Circuit wiring	Loose leads, connections, continuity.	Tighten or repair as necessary
c. Tach generator	Proper output voltage with meter or slave in another generator	Replace tach generator

▌ Troubleshooting The Engine With The Tachometer Indicator System ▐

Problem/Possible Cause	Check For	Remedy
1. No percent rpm indication on start		
a. Starter	Proper operation	Correct as necessary
b. Compressor	Compressor seizing. Turn by hand. Wait for cool down and check. Attempt a restart	Possible engine teardown
c. Accessories	Acessory seizing. Remove one at a time and turn engine over through the drive pad.	Repair as necessary
2. rpm at limit before target EPR is reached.		
Distress of gas path components		Possible engine teardown.

Section 04 — 엔진압력비계통(Engine Pressure Ratio Systems)

엔진압력비(EPR)계통은 항공기 조종석의 추력지시계통으로 가장 널리 사용되어 왔다. 연료계통을 설명할 때에 언급했듯이 엔진압력비는 많은 조종석(filght deck)에서 성능(추력)세팅(setting)용 계기로 사용하거나 N_1 속도를 성능표시계기로 사용하는 팬엔진의 상태감시용 계기(condition monitorning instrument)로 사용하고 있다.

1 EPR 공식

EPR은 엔진의 두 압력간의 비율을 말한다. 즉 터빈방출 전압력과 압축기 입구 전압력의 비이다. 각 제작자에 따라 엔진 스테이션 번호(station numbering)를 약간씩 다르게 사용한다. 엔진 스테이션 번호는 압력비 측정점(tap-off points)을 구분하는 수단으로 사용된다.

예를 들면, P & W 제작사는 스테이션(2)의 P_{t2}와 스테이션(5)의 P_{t5}를 단일축엔진의 엔진압력비 측정위치로 표시한다. 또한 스테이션(2)의 P_{t2}와 스테이션(7)의 P_{t7}을 이중축엔진의 압력비 측정위치로 표시한다.

> ● 예제
>
> 다음은 P & W JT 12엔진의 압력비이다. 터빈 방출압력은 28.52psia이고 압축기 입구압력은 14.7psia일 때 압력비는 얼마인가?
>
> [풀이] $EPR = \dfrac{P_{t5}}{P_{t2}}$
>
> $P_{t2} = 14.7\text{psia}, \quad P_{t5} = 28.52\text{psia}$
>
> $EPR = \dfrac{28.52}{14.7} = 1.94$

엔진압력비가 추력 측정에 사용되는 개념을 이해하기 위해서는 가스터빈엔진이 고압가스의 위치에너지를 증가시키고 이를 운동에너지로 전환시켜 고속의 가스를 분사하는 장치라는 점을 상기하여야 한다. 테일파이프를 통한 가스의 분사는 추력이라 불리는 반작용힘을 발생시킨다.

2장의 테일파이프의 전압력은 가스의 흐름을 완전히 정지시켰을 때 발생하는 힘으로 나타낸 것을 상기하면 테일파이프에서 가스의 높은 속도와 넓은 출구 흐름면적은 비교적 낮은 압력비(대기압의 1.94배)에서도 높은 추력수치를 가능하게 하는 요인이 된다.

2 조종식 EPR 계기

그림 12-11A를 보면 두 개의 표시는 작동자가 성능표(porformance chart)에 의해 결정한 이륙엔진압력비가 1.94이고 지시바늘은 현상태 수치를 보여준다. 그림 12-11B에서는 엔진이 시동된 후에 이륙을 위해 가속하여 엔진압력비가 1.94까지 상승한 것을 나타낸다. 디스플레이(display)는 상승비행 엔진압력비와 순항비행 엔진압력비를 재설정(reset)할 수 있으며 엔진 속도는 이에 따라 조정된다.

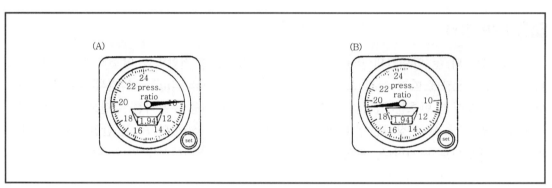

[그림 12-11A] Take-off EPR set at 1.94 engine not running
[그림 12-11B] Engine running at take-off power(1.94 EPR)

3 EPR 계통의 예(P & W 이중축엔진)

P_{t7} 탐침(probe), P_{t2} 탐침, 매니폴드(manifold), 자동동기송신기(autosyn transmitter), 조종석지시계로 구성된 EPR 지시계통이 그림 12-12에 나타나 있다.

하나의 P_{t2} 탐침은 압축기 흡입구 압력을 감지하는데, 지상상태 작동시 높은 압축기 속도로 인한 흡인(suction)이나 비행 중 대기압보다 높은 압력이 감지되면 자동동기송신기(autosyn transmitter)에 신호를 보낸다.

P_{t7} 탐침은 매니폴드를 통해 터빈방출압력에 관한 신호를 송신기(transmitter)로 보내준다. 이 두 가지 신호가 서로 합쳐져서 조종석에서 압력비를 나타내게 된다. 엔진압력비가 2.4를 지시한다함은 터빈방출압력(P_{t7})이 압축기 입구압력(P_{t2})보다 2.4배 더 큼을 의미한다.

엔진압력비의 한계수치는 엔진 배기온도 한계나 rpm 한계와는 달리 일정하게 정해진 수치가 없다. 이륙에 필요한 압력비의 목표수치(target take-off value)는 2.4인데, 일단 이 수치에 도달하면 비상시를 제외하고는 이 수치를 초과하지 않고 이로 인해 배기온도 한계나 rpm 한계가 지켜지게 된다.

엔진 출력의 조절에 관해서는 7장에서 자세히 다룬 바 있다.

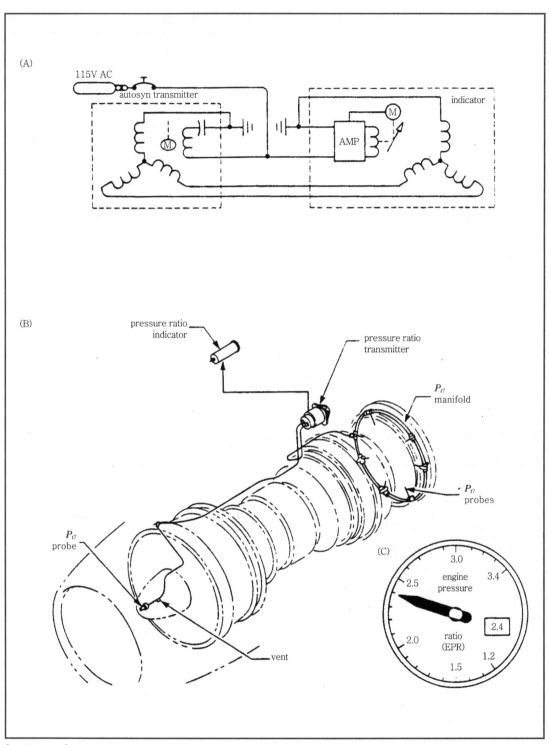

(A)

115V AC

autosyn transmitter

indicator

AMP

(B)

pressure ratio
indicator

pressure ratio
transmitter

P_{t7}
manifold

P_{t7}
probes

P_{t7}
probe

(C)

3.0

3.4

2.5

engine
pressure

2.4

2.0

ratio
(EPR)

1.2

1.5

vent

[그림 12-12A] Autosyn electrical circuit
[그림 12-12B] Typical EPR system arrangement
[그림 12-12C] Cockpit instrument displaying take-off EPR

❙ Troubleshooting The EPR Indicating System ❙

Problem/Possible Cause	Check For	Remedy
1. No EPR reading in the cockpit		
a. Circuit breaker(S)	Circuit breaker(s) tripped.	Reset
b. Circuit power	Voltage and continuity.	Repair as necessary
c. Indicator	Proper operation by interchanging instruments.	Replace indicator
d. Transmitter	Proper operation by slaving in another unit.	Replace transmitter
2. False low EPR at takeoff power lever setting(ground and flight)		
a. Turbine discharge pressure	Loose connections or obstructions to flow	Tighten or clean pressure line or probes.
b. Same as 1c or 1d		
c. Refer to fuel system troubleshooting.		
3. False high cockpit indication(flight)		
a. P_{t2} Probe or line	Loose connections or obstructions.	Tighten or clean
b. Indicator or Transmitter	Leakage or loose connections	Tighten
4. EPR normal but EGT, rpm, and W_f all high indications(ground and flight).		
Loose/Leaking Lines in EPR System	Loose turbine discharge pressure lines.	Tighten
5. EPR false high when EGT, rpm, W_f all low indications(flight).		
Icing in EPR System	Ice in inlet pressure lines	Deice

❙ Troubleshooting The Engine With The EPR System ❙

Problem/Possible Cause	Check For	Remedy
1. EPR normal at all power settings but EGT, W_f, rpm all high indications.		
Internal engine problems	1. Contaminated or damaged compressor	Clean or repair
	2. Damaged hot section parts	Repair
	3. Compression loss due to external leaks	Repair
	4. Air bleeds open. Anti-ice, bleed band, customer service air. etc/	
2. EPR high when power lever is aligned with another engine.		
a. Fuel control trim	Fuel control out of adjustment	Retrim
b. Rigging problem	Linkage out of rig	Rerig

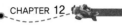

Problem/Possible Cause	Check For	Remedy
3. EPR low when power lever is aligned with another engine.		
a. Fuel control trim	Fuel control out of adjustment	Retrim
b. Rigging problem	Linkage out of rig	Rerig
4. EPR high or low when power lever is at part power stop.		
Engine out of trim. Fuel control out adjustment	Correct trim	Perform trim run
5. Unable to attain takeoff power(EPR) before EGT or rpm reaches its limit		
Same as 1. above		

Section 05 ─ 토크지시계통(Torque Indicating System)

FAR(Federal Aviation Regulations)에 의해 토크지시계통은 터보프롭이나 터보축엔진과 같은 토크발생형 엔진 모두에 요구된다. 이는 조종석의 주(primary)성능지시계기이다.

토크지시계는 엔진에 장착된 토크감지계통으로부터 입력을 받게 된다. 조종석의 지시계통에 표시된 토크수치들로 인해 작동자는 엔진의 출력을 마력(horse power) 표시로 계속해서 얻을 수 있다.

토크는 여러 가지 형태로 조종석계기에 표시된다. 가장 흔한 경우로 psi 단위의 토크오일압력과 ft.lb 단위의 토크오일압력, 백분율토크(torque percent) 그리고 때때로 직접 마력(horse power) 단위로 표시되기도 한다.

가장 널리 사용되는 두 가지 토크감지계통으로 엔진의 오일압력을 토크 신호로 전환해주는 "Balanced oil piston"의 수력학적(hydro-mechanical) 계통과 동력발생축의 비틀림을 토크 신호로 전환시키는 전기적 "Phase shift" 계통이 있다.

1 수력학적 토크지시계통(Hydro-mechanical Torque Indicating System)

그림 12-13에는 조종석계기, 전기적 송신기(electrical transmitter), 수력학적 감지장치(hydro-mechanical sensor mechanism) 주구동기어 및 비틀림 구동기어를 갖춘 토크감지계통을 보여주고 있다.

그림은 고정형 터빈(fixed turbine)과 자유터빈(free turbine) 두 가지 설계를 모두 포함하고 있다. 고정형 터빈은 터빈과 압축기가 서로 연결되어 하나의 장치처럼 회전하는 경우를 말하고 자유터빈은 압축기와 서로 분리되어 독립적으로 회전하는 것을 말한다.

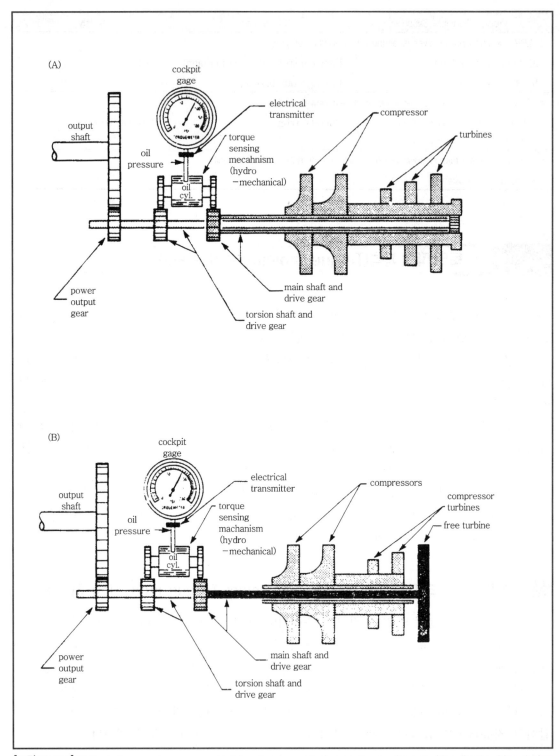

[그림 12-13A] Method of measuring power output in a torque producing engine configured with a fixed turbine design
[그림 12-13B] Method of measuring power output in a torque producing engine configured with a free power turbine design

   그림의 계통에서 주축과 비틀림축은 터빈과 같은 속도로 회전한다. 그러나 비틀림축만이 출력으로부터 터빈의 부하를 받는다. 주축은 기준점(reference point)으로 사용된다. 토크감지장치는 그림 12-14와 같은 수력학적 장치이다. 이는 0(zero) 토크상태에서 미세한 인장력을 받고 있는 파일럿밸브(pilot valve)를 내장하고 있다.

   이때 엔진의 오일압력이 양쪽 오일라인을 통해 차압계기(differential pressure gauge)에 동일한 힘을 가해줌으로써 서로 상쇄되어 계기에 0(zero) 수치가 표시된다.

   출력축이 비틀림기어에 하중을 가해주고 나선형 기어(helical gear)에 오른쪽 방향으로 힘이 가해지면 파일럿밸브 스프링에 인장력이 더해지고 이로 인해 케이스압력이 저하되어 토크압력계기의 지시수치가 상승한다.

   보정된 엔진오일압력과 케이스오일압력 사이의 압력저하(pressure drop)량은 가해진 토크부하에 비례한다. 계기에 전달되는 토크오일압력신호는 엔진에서 발생되는 토크의 양과 비례한다.

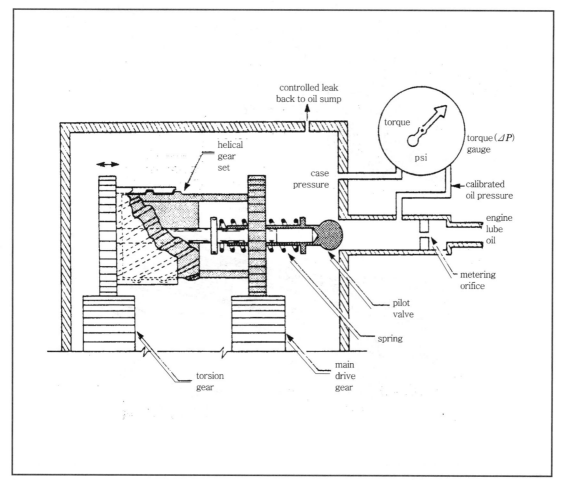

[그림 12-14] Hydromechanical torque sensor

2 전자식 지시계통(Electronical Torque Indicating System)

그림 12-15의 전자식 토크지시계통은 조종석지시계, 토크신호 송신기(torque signal transmitter) 혹은 픽업(pick up) 그리고 내부구동축과 외부구동축(inner and outer drive shaft)으로 구성되어 있다.

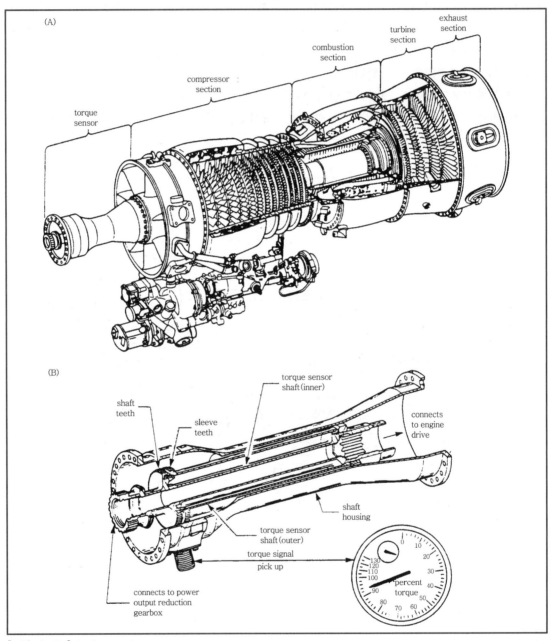

[그림 12-15A] Engine sections
[그림 12-15B] Torque sensor shaft

내부구동축과 외부구동축은 엔진의 터빈휠과 기계적으로 연결되어 같은 속도로 회전한다. 그러나 단지 내부구동축만이 출력으로부터 터빈 부하를 담당한다. 외부구동축은 기준점(reference point)역할을 한다.

두 축의 앞쪽 끝부분(front end)의 가공된 치차는 0(zero) 토크상태에서 일치(align)된다. 내부구동축에 부하가 가해지면 가공된 치차는 나란히 놓여진 외부축 치차로부터 밖으로 움직인다. 이러한 변형이나 비틀림이 토크감지회로에 전해지면 이 각변형(angular deflection)은 전압의 형태로 바뀌어 조종실계기의 동력원이 된다.

3 토크한계(Torque Limits)

출력감속기어박스에 가해지는 토크부하(load)는 제한되어야 하며 엔진 작동 중의 과다토크(over torque)는 작동자가 토크계기를 잘 주시하여 사전에 방지되어야 한다.

그림 12-16에서는 시간에 영향을 받는 토크한계를 보여주고 있다. 예를 들어 엔진이 5,900ft.lb의 토크가 가해진 상태로 15초간 운용해도 차후정비작업이 필요 없다. 만일 동일한 토크수치로 15초를 운용할 경우 엔진 출력 감속기어박스는 장탈하여 오버홀하여야 한다.

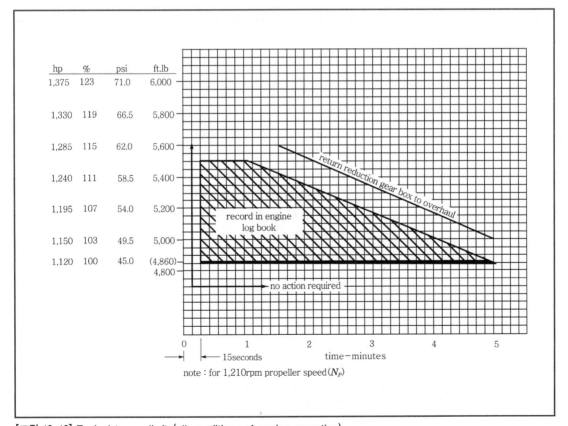

[그림 12-16] Typical torque limits(all conditions of engine operation)

▌Troubleshooting The EPR Indicating System ▌

Problem/Possible Cause	Check For	Remedy
1. No torque reading in the cockpit.		
a. Circuit breaker(s)	Circuit breaker(s) tripped	Reset
b. Circuit power	Voltage and continuity	Repair as necessary
c. Indicator	Proper operation by interchanging indicators	Replace indicator
d. Transmitter	Proper poeration by slaving in another unit	Replace transmitter
2. Low torque indication at all settings		
a. Indicator	Indicator malfunction, interchange indicators or slave in another indicator	Replace indicator
b. Transmitter	Transmitter malfunction by slaving in another unit	Replace transmitter
c. Torque Pressure Lines	Loose connections or obstructions to flow	Tighten or clean/flush

▌Troubleshooting The Engine With The Torque Indicating System ▌

Problem/Possible Cause	Check For	Remedy
1. Torque low or normal but EGT, rpm and W_f all high indications.		
a. Torque Sensing System	Correct torque output signal at engine	Repair as necessary
b. Fuel Control Linkage	Linkage out of adjustment to fuel control or fuel governor	Rerig as necessary
c. Fuel Control or Fuel Govemor	Refer to fuel system for troubleshooting	
d. Propoller or Rotor	Blade angle too low	Adjust angle
e. Engine Bleeds	Open bleeds, anti-stall, anti-ice, customer service air	Adjust or repair
f. Internal Engine	1. Contaminated or damaged compressor	Clean or repair
	2. Damaged hot section	Repair as necessary
2. Unable to attain take-off power before EGT or rpm reach their limits.		

Section 06 — 연료흐름 지시계통(Fuel Flow Indicating System)

터빈엔진의 연료흐름 지시계통은 연료소비량을 PPH(Pounds Per Hour) 단위로 측정한다. 일반적으로 이러한 지시계통은 전기식이고 26V AC나 115V AC인 항공기 전원을 사용한다.

1 베인형 유량계(Vane-type Flow Meter)계통

베인형 유량계는 흐름의 부피를 측정하도록 설계되었으며 비교적 오래된 계통이다. 이는 일반적으로 연소실에 연결된 유관(fuel line)에 위치한 유량계 송신기(flow meter transmitter)와 조종석에 위치한 지시계로 구성되어 있다.

그림 12-17에는 이것의 회로구성이 그려져 있다. 폐회로(loop circuit)는 서로 병렬로 연결된 송신기와 지시계 모두에 델타권선(delta winding)을 가지고 있다. 송신기와 지시계 자석(magnet)은 26V AC, 400사이클의 분리된 회로이다. 베인이 흐름에 의해 저지스프링(restraining spring)에 반하여 움직이게 되면 송신기의 자석은 베인을 따라 움직이게 된다.

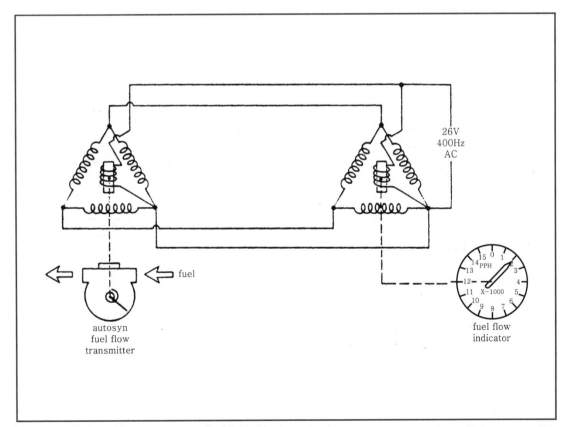

[그림 12-17] Vane type fuel flowmeter indicating system

지시계에는 지시계 자석에 연결된 포인터(pointer)가 있고 이는 송신기 자석의 움직임에 따라 트랙(track) 위를 움직이며 조종사에게 연료유량 수치를 알려준다. 계기에 표시되는 수치는 PPH 단위이다.

2 동기질량유량계(Synchronous Mass Flow Meter)계통

이 계통은 베인식에 비해서는 새로운 것으로 부피가 아닌 질유량을 측정하며 좀 더 높은 정확도를 갖는다. 이러한 방법으로 측정할 경우 연료온도에 의한 수치오차를 보상할 수 있다.

그림 12-18의 계통에서는 베인식과 마찬가지로 PPH 단위로 측정하며 각 구성품의 위치는 베인식과 비슷하다. 연료는 송신기 임펠러로 들어가며, 이 임펠러는 동기식 임펠러 모터(synchronous motor)에 의해 60rpm의 일정한 속도로 회전한다. 연료의 온도는 연료의 체적과 임펠러에 의해 발생되는 힘의 크기를 결정해준다. 터빈은 임펠러의 운동에 의해 생성되는 질량흐름힘(mass flow force)에 의해 저지스프링(restrain spring)에 반하여 뒤틀리게 된다. 질량흐름 전기식 송신기의 배치는 베인형 계통과 유사하다.

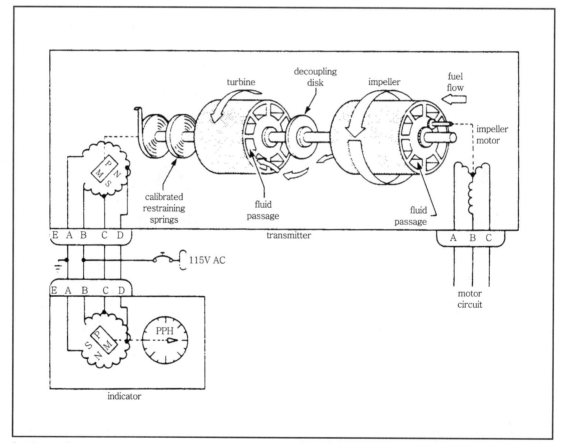

[그림 12-18] Synchronous mass flow type, fuel flow flowmeter system

3 모터 없는 질량유량계(Motorless Mass Flow Meter)계통

모터 없는 질량유량계는 전자식 연료측정계통으로 가장 최신계통이다. 크기가 작으며 연료 온도와 비중력(specific gravity)의 파라미터를 계측기 내에서 ±1%의 오차로 보상해준다. 로터구동식 계측기의 경우 보상오차는 약 2% 정도가 된다. 대부분의 대형 엔진 항공기에는 PPH 단위로 유량을 재는 모터 없는 질량유량계가 사용된다. 계기의 표시방법은 기존의 계기와 포인터보다는 디지털 표시(digital display)이다.

유량계 송신기는 유량비율(flow rate)을 계속적으로 두 가지 전자식 신호로 바꿔준다.

연료의 흐름에 의해 생성된 신호는 연속적으로 회전하고 있는 자석에 각변위(angular displacement)를 제공한다. 자석은 고정된 주위의 코일에 유도전자 임펄스(induce electronic impulse)를 생성시키며 이의 시간차(time difference)로 질량흐름비율(mass flow rate)을 측정한다.

그림 12-19에서는 연료가 구동부 끝단(drive end)으로 들어가서 자석 No.1을 내장한 드럼(drum)과 구동축을 돌리는 것을 보여준다. 자석 No.2를 내장한 임펠러와 구동축은 스프링으로 연결된다.

자석이 회전하면 픽오프(pick off)코일은 전류펄스(pulse)를 받게 되며 첫 번째 펄스가 픽오프코일 No.1에서 발생한다. 그러면 스프링은 연료유량에 비례하여 변형되고, No.2 자석이

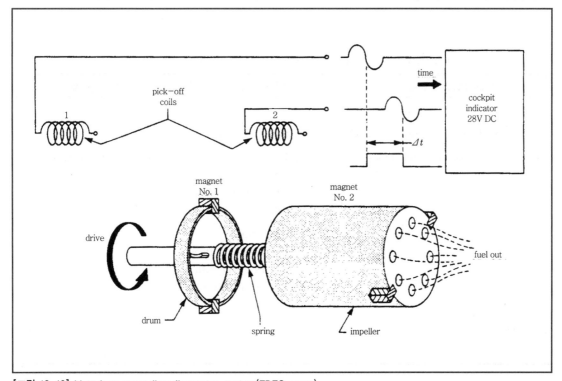

[그림 12-19] Motorless mass flow flowmeter system(EDEC corp.)

임펠러와 함께 회전하며 시간지연(time lag)을 가지고 픽오프코일 No.2에 전류 펄스를 유도시킨다.

연료질유량이 많아질수록 스프링 변형의 크기와 자석들 사이의 각변위차는 커진다. 이러한 형태의 모터 없는 송신기 설계에서 시간변위(time displacement)는 질량유량비율(mass flow rate)과 비례한다.

28V DC 조종석 지시계는 시간차이를 PPH 단위로 바꾸어 수치로 표시한다.

┃ Troubleshooting The Fuel Flow Meter System ┃

Problem/Possible Cause	Check For	Remedy
No fuel flow indication or fluctuating indication		
a. Circuit wiring	Loose connections and continuity	Tighten or repair as necessary
b. Fuel flow indicator	Proper indication by interchanging indicators	Replace indicator
c. Fuel flow Transmitter	Correct input voltage. Proper operation by slaving in another transmitter	Correct circuit problem or replace transmitter

┃ Troubleshooting The Engine With The Flow meter Indicator ┃

Problem/Possible Cause	Check For	Remedy
High fuel flow indication at power settings		
a. Fuel system malfunction : Refer to fuel system troubleshooting		
b. Turbine wheel or stator vanes	1. Damaged components using a borescope or visually through the tailpipe with a strong light	Possible engine teardown
	2. Other high cockpit indications—high fuel flow usually occurs along with other abnormal indicator readings.	
c. Compressor	1. FOD	Possible engine teardown
	2. Contamination	Field clean

Section 07 — 오일계통 지시계(Oil system Indicators)

오일계통 지시계는 일반적으로 오일온도, 오일압력, 오일량 지시계로 구성된다. 또한 필터 바이패스와 낮은 오일압력에 대한 경고등이 포함된다. 여기서는 단지 오일의 온도와 압력만을 다루기로 한다. 다른 오일계통 지시계에 대해서는 6장에서 자세히 다룬 바 있다.

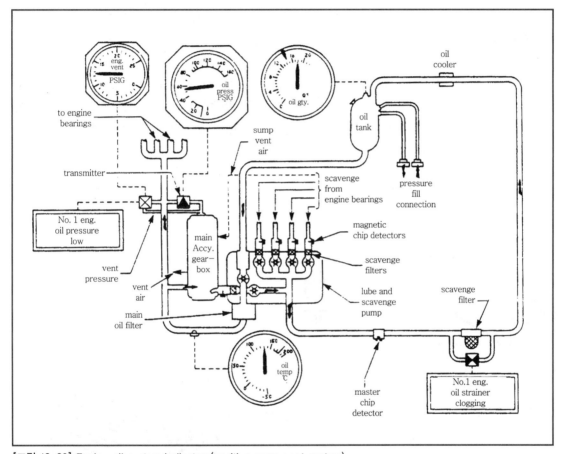

[그림 12-20] Engine oil system indicators(positive sump vent system)

1 오일온도 지시계통(Oil Temperature Indication Systems)

윤활계통의 온도감지기의 위치는 중요하지 않다. 제작자에 따라 압력계통이나 배기계통에 놓여질 수 있다. 가스터빈엔진오일계통은 높은 흐름비율(flow rate)을 가져서 분당 오일탱크 용적의 2~5배 정도의 비율로 엔진을 순환하며, 이로 인해 전체윤활계통의 온도는 전체적으로 빠르게 균일한 값을 갖게 한다. 이는 조종석에 빠르고 정확한 오일온도에 관한 정보를 제공해준다.

그러나 일부 제작자들은 배기계통에 감지기를 위치시키는 것이 베어링이나 기어의 파손부분에 발생하는 높은 마찰로 인한 온도상승을 조금 빠르게 감지하는 장점이 있어 유리하다고 한다. 두 가지 위치 중에서 좀 더 일반적인 위치는 압력계통으로 엔진에 유입되는 오일온도를 지시한다.

(1) 저항벌브(Resistance Bulb)

저항벌브 오일온도지시계통은 저항벌브와 28V DC 전원에 의한 지시계로 구성되어 있다. 벌브는 강으로 된 외부케이스 내에 운모코어(mica core) 둘레에 감긴 온도에 민감한 순수한 니켈와이어를 갖고 있다. 벌브는 벌브의 팁 부분이 오일의 흐름에 잠기도록 오일라인(oil line)에 설치된다.

그림 12-21은 휘스톤브리지형 회로(wheatstons bridge-type circuit) 내의 가변저항으로서 저항벌브를 보여준다. 벌브의 저항은 온도가 높아지면 커지게 되고 이로 인해 점점 더 많은 전류가 A에서 B로 흐르게 된다. 이 밀리암페어(milliampere)의 전류흐름은 조종석 오일온도지시계에 표시된다.

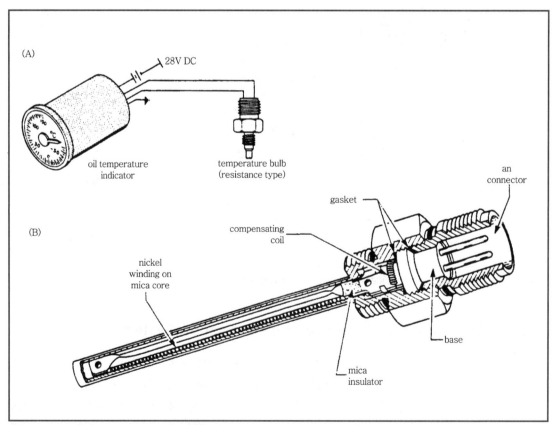

[그림 12-21A] Resistance bulb and gauge
[그림 12-21B] Cutaway view of resistance bulb

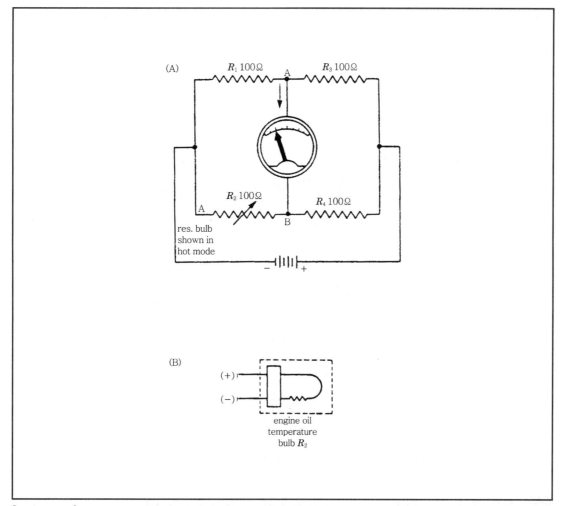

[그림 12-22A] Resistance bulb oil temperature indicating bridge circuit
[그림 12-22B] Resistance bulb shown as a variable resistor

(2) 열전대(Thermocouple)

열전대 오일온도 지시계통은 항공기 버스(aircraft bus)에 의해 전원을 공급받지 않는다. 이는 자가 축전(self-contained), 자가 발전(self-generating)계통이다.

이는 서로 다른 철과 콘스탄탄(constantan)으로 구성된, 열접점(hot junction)에 열이 가해지면 밀리볼트(millivoltage)의 전압이 발생하여 조종실 지시계로 전류흐름을 만든다. 이 회로는 배기온도 지시계통과 열접점의 위치만 배기가스 내부와 오일흐름 내부라는 것이 다를 뿐 거의 흡사하다.

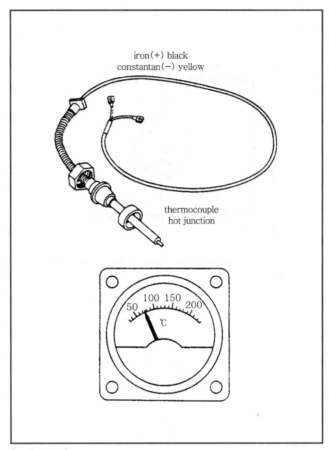

iron(+) black
constantan(−) yellow

thermocouple
hot junction

[그림 12-23] Temperature thermocouple and gauge

2 오일압력 지시계통(Oil Pressure Indicating System)

오일압력 지시계통은 항공기 버스(aircraft bus)의 AC 26V나 115V로 구동되는 자동동기 (autosyn) 설계로 되어있다.

그림 12-24 계통의 경우에는 송신기(transmitter)는 엔진 벤트계통과 엔진오일 압력계통 의 압력을 입력신호로 받는다. 입력된 신호는 코일에 둘러싸인 영구자석에 기계적으로 연결 된 한 쌍의 버든관(bourdon tube)에 압력을 가한다. 자석이 전기장(electrical field) 내에서 회전하게 되면 자시계의 자석 역시 회전하게 되는데 이는 지시계 자석 주위에도 송신기의 코 일과 병렬로 연결된 코일이 있기 때문이다.

이 두 개의 압력신호 입력을 이용하여 압력계통의 유체압력에서 벤트압력을 대수적 (algebraically)으로 빼줌으로써 조종석계기에 정확한 오일압력이 지시되도록 한다.

이는 엔진 내부를 흐르는 실제 오일흐름의 정확한 지시가 요구되는 많은 엔진에 사용한다. 오일제트(oil jet) 부근의 베어링 섬프에는 두 가지 서로 다른 조건이 존재할 수 있다. 일부 엔진에서 압력은 가스유로에서 베어링 실(seal)을 통해 유입되는 공기 블리드(air bleeding)

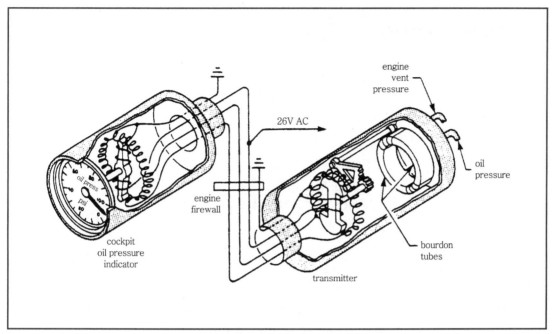

[그림 12-24] Oil pressure transmitter and gauge

에 의해 압력이 상승할 수 있다.

또 다른 일부 엔진의 경우 매우 밀착된 실링(sealing)이 소기펌프가 섬프에 부압(negative pressure)을 만들기도 한다. 양쪽 경우 모두 오일제트에서 벤트압력영향이 오일흐름을 변화시킨다.

정상압력보다 높은 압력이 발생할 경우 불충분한 윤활이 일어나는 곳으로 정상오일흐름을 지연시킬 수 있다. 같은 현상이 부섬프계통(negative sump system)에서도 발생할 수 있다. 부벤트압력(negative vent system)은 일반적으로 2~6psia의 범위를 갖게 되는데 이 수치는 순항시 대기압보다 조금 낮은 수치이다. 이러한 벤트압력은 오일펌핑계통(oil pumping system)과 맞물려 일정한 오일흐름을 가능하게 하기 위해 설계된 것이다.

만일 베어링 실의 틈새가 너무 커져 다량의 공기가 섬프로 유입되면, 압력의 부(negative) 정도가 낮아져 압력은 0(zero) 계기압력이나 대기압에 가깝게 된다. 이럴 경우 발생하는 역압력(back pressure)은 오일제트로부터의 정상적인 오일흐름을 방해한다.

부(negative)섬프계통은 계통의 일부를 대기압에 연결하거나 엔진으로부터의 블리드 공기를 이용하여 벤트 공기를 가압해 줌으로써 안정을 유지한다.

이러한 개념에 대해 부(negative)섬프압력과 정(postive)섬프압력의 예가 다음에 제시되어 있다. 소기펌프 흡인(scavenge pump suction)이 베어링 섬프에 유입되는 실 누설공기양보다 더 많을 때 부(negative)섬프압력이 일어난다.

〈정(postive)섬프의 예〉

80psig 오일압력

－(＋5)psig 벤트압력

75pisg 보정오일압력(조종석 지시계)

〈부(negative)섬프의 예〉

80psig 오일압력

－(－5)psig 벤트압력

85psig 보정오일압력(조종석 지시계)

정펌프의 예에서는 오일제트에서 5psig 역압력이 75psig의 실제 오일압력이 되게 한다.

부섬프의 예에서는 오일제트에 생기는 부(negative)상태에 의해 더 많은 오일이 흐를 수 있게 해준다. －5psig 압력을 대수적으로 빼면 85psig의 실제 오일이 된다. 이는 섬프에 정(positive)압력이 발생했을 때보다 더 많은 오일이 흐르도록 해준다.

정비사는 고장탐구시 이러한 현상이 존재함을 염두해 두어야 한다.

두 개의 계기가 정확한 오일압력을 계산하기 위해 오일압력과 벤트압력을 측정하는 데 사용된다. 예를 들어, 주베어링의 탄소실이 파손되어 높은 벤트압력이 발생하면 이는 조종석 오일압력지시계에 낮은 수치를 지시할 수 있다.

주의 깊은 고장탐구와 계통 설계에 관한 지식에 의해서만이 지시계통이나 오일압력계통의 고장이 아닌 엔진 내부고장에 의한 문제의 발견이 가능하다.

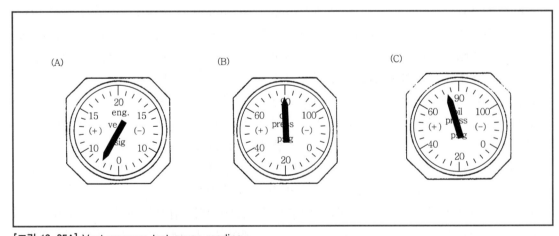

[그림 12-25A] Vent pressure test gauge reading
[그림 12-25B] Oil pressure test gauge reading
[그림 12-25C] Cockpit gauge reading in corrected units

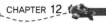
▌Troubleshooting The Oil System Indicator ▌

Problem/Possible Cause	Check For	Remedy
1. No oil temperature indication in the cockpit		
a. Resistance bulb		
1) Circuit breaker	Circuit breaker in	Reset
2) Continuity and power	Loose connections or open circuit	Tighten or repair as necessary
3) Indicator	Defective indicator by interchanging indicators.	Replace indicator
4) Resistance bulb	Defective bulb by slaving in another bulb.	Replace bulb
b. Thermocouple bulb circuit		
1) Continuity	Loose connections or open circuit with	Tighten or repair as necessary
2) Bulb	Defective bulb by slaving in another bulb.	Replace bulb
2. Oil temperature fluctuates in either the resistance bulb or the thermocouple bulb circuit		
a. Connecting points	Loose connections	Tighten
b. Indicator	Defective indicator by interchanging indicators.	Replace indicator
c. Bulb	Defective bulb by slaving in another bulb.	Replace bulb
3. High oil temperature indication		
Indicator	Same as item 2.b.	

▌Troubleshooting The Engine With Oil System Indicators ▌

Problem/Possible Cause	Check For	Remedy
1. High oil temperature indication		
a. Oil servicing	Low oil level	Add oil
b. Fuel−Oil cooler	Valve sticking open, by checking bypass valve pressure drop across the cooler with direct gages.	Replace cooler
c. Main Engine Bearing	Metal contamination at chip detectors and filters.	Possible engine teardown
2. Oil pressure high, low or fluctuating		
Refer to oil system troubleshooting		

Section 08 — 동력장치계기의 표식(Marking of Powerplant intruments)

다음의 FAA의 Circular AC20-88에 규정된 지침이다. 이는 가스터빈 동력장치계기의 다이얼면(dial face) 표식에 따른 방법도 포함된다.

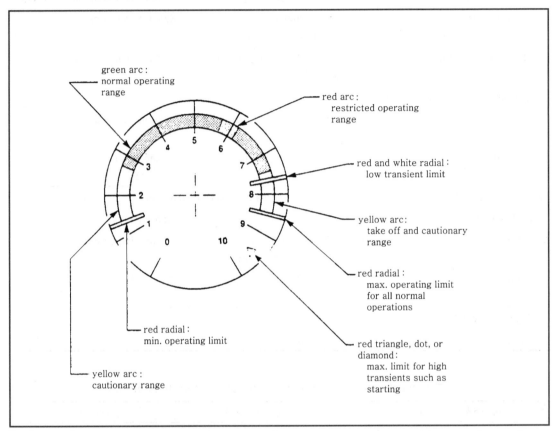

[그림 12-26A] Typical engine dial type instrument markings

1 연료압력(Fuel Pressure)

엔진 작동한계(operating limitation)인 최대 혹은 최저압력 허용범위는 적색 방사선(radial)으로 표시한다.

녹색 원호(green arc)는 정상작동범위를 나타낸다.

노란색/호박색(amber) 원호는 이상기능(malfunction)이나 결빙 등과 같은 연료계통 내의 잠재된 위험이 발생할 수 있는 주의영역(cautionary range)을 나타낸다.

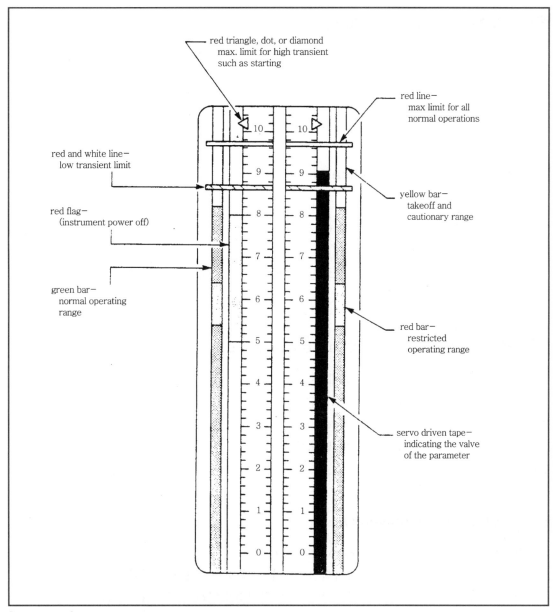

[그림 12-26B] Typical engine vertical type instrument markings

２ 오일압력(Oil Pressure)

엔진작동한계인 최대 혹은 최저압력 허용범위는 적색 방사선으로 표시한다.
녹색 원호는 정상작동범위를 나타낸다.
노란색/호박색 원호는 아이들(idle) 상태의 저압력, 저온시동시의 과압력현상 등에 기인하
는 잠재된 위험이 발생할 수 있는 주의영역을 나타낸다.

3 오일온도(Oil Temperature)

엔진작동한계인 최대 혹은 최저 온도허용범위는 적색 방사선으로 표시한다.

녹색 원호는 정상작동범위를 나타낸다.

노란색/호박색 원호는 과열, 저온에 의한 고점성(high viscosity) 등에 의한 잠재된 위험이 발생할 수 있는 주의영역을 나타낸다.

4 토크지시계(Torque Indicator)

적색 방사선은 건(dry)/습(wet) 작동시의 최대허용토크압력을 표시한다.

녹색 원호는 연속적인 작동에 필요한 최대토크압력에서 최저토크압력까지의 범위를 나타낸다.

노란색 원호는 연속적인 작동에 필요한 최대토크압력에서 최대허용 토크압력까지의 범위를 나타낸다.

5 배기가스온도(Exhaust Gas Temperature)

적색 방사선은 건/습 작동시의 최대허용가스온도를 표시한다.

녹색 원호는 엔진 제작자에 의해 제시된 최대허용온도에서 최저온도까지 연속적인 작동에 필요한 영역을 나타낸다.

노란색/호박색 원호는 연속작동에 필요한 최대온도에서 최대허용온도까지의 영역을 나타낸다.

6 회전속도계(Tachometer)

적색 방사선은 최대허용회전속도(rpm)를 표시한다.

녹색 원호는 연속작동을 위한 최대회전속도에서 최저속도까지의 범위를 나타낸다.

노란색/호박색 원호는 연속 작동을 위한 최대회전속도에서 최대허용속도까지의 영역을 나타낸다.

7 이중회전속도(Dual Tachometer, Helicopter)

이중회전속도계의 방사선은 최대허용 rpm을 표시한다.

녹색 원호는 연속작동을 위한 최대회전 rpm과 연속출력을 위한 최소 rpm 범위를 나타낸다.

노란색/호박색 원호는 고도한계와 같은 주의영역을 나타낸다.

8 가스발생기(N_1) 회전속도계(Gas Producer(N_1) Tachometer, Turboshaft Engine)

적색 방사선은 최대허용 rpm을 표시한다.

9 추력지시계(Thrust Indicator : Turbojet, Turbofan)

이 지시계에는 특별한 표식이 없는데 그 이유는 표시되는 수치가 온도나 고도와 같은 작동 조건에 따라 매우 민감하게 변화하기 때문이다. 계기상의 한계영역 표식은 이러한 조건에서 는 불가능하다. 이러한 경우에는 추력결정표(thrust setting charts ; EPR or P_{t7})에서 적절 한 수치를 선정할 필요가 있다.

10 FAA에 의해 제시된 동력장치계기 표식방법

저광도조건(low sight level condition)에서 28in 떨어진 거리의 표식을 선명하게 구분 가 능조건을 만족시키려면 가설(hyphothetical)계기다이얼과 수직테이프(vertical tape)계기를 사용한다. 이들 표식은 단순히 보조(guide)로만 사용한다. 일부 계기들은 이들을 필요로 하 나 이들의 사용은 극히 적다.

◉ 연습문제 ◉

1. 터빈휠의 전방에서 취한 온도는 무엇이라고 하는가?

   답 터빈 입구온도(TIT)

2. 터빈휠이 손상되었을 때 조종석계기 중 높은 수치를 표시하는 계기는 무엇인가?

   답 EGT 또는 ITT 지시계

3. 배기가스온도 분석장치 중 오늘날 가스터빈엔진에 가장 널리 사용되는 장치의 이름은 무엇인가?

   답 Jetcal 분석기

4. EPR 정격의 축류형 엔진에서 회전속도지시계의 두 가지 주기능은 무엇인가?

   답 시동 중 엔진 속도를 감시(monitor)하고 과속도(over speed)를 감시한다.

5. 만약 항공기가 자체 발생되는 전원을 잃으면 회전속도계통은 계속 기능을 할 수 있는가?

   답 그렇다. 이것은 독립된 전기계통이다.

6. 단일축 터보제트엔진에서 100% 엔진 속도의 지시는 100% 추력이 유용하다는 것을 의미하는가?

   답 아니다. 매우 더운 날은 추력이 100% 이하이다.

7. 일반적인 터빈엔진 항공기의 조종실에 EPR 지시계와 추력지시계가 동시에 있어야 하는가?

   답 아니다. EPR은 EPR 정격엔진에서의 추력지시계이다.

8. 속도 정격(speed rated)의 팬엔진은 주추력지시계로 EPR 계통을 사용하는가?

   답 아니다. 속도 정격 터보팬엔진에서는 회전속도계(tachometer indicator)가 추력지시계이다.

9. 연료흐름 지시계통은 항공기 버스 AC와 DC 중 어느 것으로부터 전원을 받는가?

   답 AC Bus

10. 터빈엔진 연료흐름의 측정단위는?

답 PPH(Pounds Per Hour)

11. 연료유량계 송신기(transmitter)가 흔히 위치하는 곳은?

답 연소실로 가는 엔진 연료라인 내에

12. 두 가지 오일온도 지시계통 중 독립적인 전기회로를 갖는 것은?

답 열전대(thermocouple)

13. 어느 오일계통 송신기(transmitter)가 엔진 기어박스로 벤트되는가?

답 오일압력 송신기

CHAPTER

13

화재/과열 감지 및 소화계통

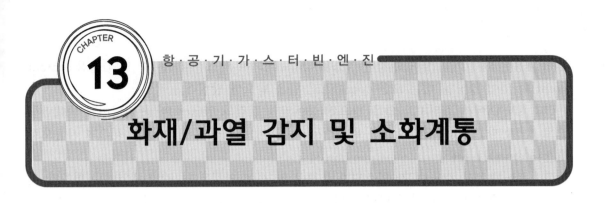

화재/과열 감지 및 소화계통

터빈엔진이나 엔진에 인접한 카울링은 화재감지장치가 있어서 화재나 심한 과열상태의 경우에 조종실에 경고등을 켜지게 한다.

대부분 엔진은 고온부와 저온부 화재영역으로 나뉘며 감지장치는 그 지역의 작동온도에 따라 설정된다. 저온부(cold section)는 200~300°F에서 경고되고 고온부(hot section)는 500~600°F의 높은 온도에서 경고된다.

여러 가지 다양한 화재감지장치가 화재감지에 유용하게 쓰이는데, 가장 많이 사용되는 형식은 단일선 열스위치(single wire thermal S/W), 이중선 열스위치(two wire thermal S/W), 연속루프(continuous loop), 공압루프(pneumatic loop)이다.

Section 01 ─ 단일선 열스위치

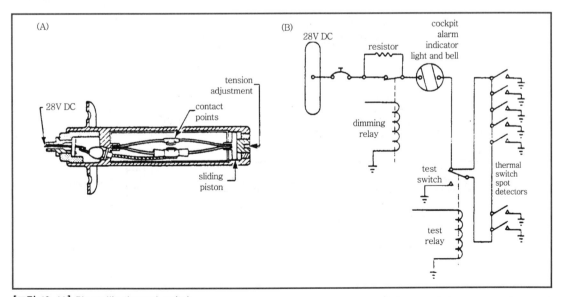

[그림 13-1A] Bimetallic thermal switch
[그림 13-1B] Single-wire, thermal switch fire(overheat) detector circuit

이 계통은 여러 개의 열에 민감한 열스위치로 구성되며 열스위치에는 한 쌍의 접점(contact point)이 있어 정상일 때는 오픈(open)되고, 열을 받으면 닫힌다.

그림 13-1A에서 스위치가 열을 받으면 붙어있던 접점의 암(arm)이 전기터미널 반대방향으로 팽창한다. 이것이 전기회로를 완성해서 조종실에 경고를 주며 이 열이 식으면 자동으로 원상태(reset)가 된다.

그림 13-1B에서 28V DC가 열스위치 루프의 양 선에 연결된다. 만약 과열이나 화재가 일어나면 스위치가 닫히게 되어 닫힌 스위치를 통해 완전한 회로를 구성하고 조종실에 경고를 주게 된다. 이 루프배열에서 하나의 개회로(open circuit)가 있을 경우, 계통은 이상 없이 제 기능을 발휘하게 한다. 시험(test)스위치는 전체 루프를 시험하고 루프의 파워입력선에 개회로가 있는지를 작동자에게 알려준다. 루프의 단락회로(short circuit)는 가짜 화재경고지시를 한다. 딤릴레이(dimming relay)는 야간작동을 위해 등에 저전압을 제공한다.

Section 02 — 이중선 열스위치

이중선 열스위치는 회로가 "Open"이나 "Short"가 되어도 계속 기능을 할 수 있게 한다. 그림 13-2의 회로에서 작동이나 시험 중에 다음의 절차를 따른다.

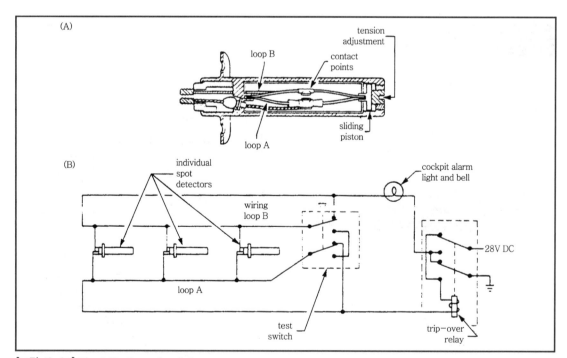

[그림 13-2A] Bimetallic thermal switch
[그림 13-2B] Two-wire, thermal switch (overheat) detector circuit

1 정상작동

정상위치에서 트립오버릴레이(trip-over relay)가 있어 28V DC가 양 끝에서 루프 A로 공급된다. 만약 과열/화재가 발생하거나 시험버튼을 누르면 전류는 루프 B를 통해 흘러서 경고등이 켜지게 한다.

트립오버릴레이는 정상작동모드에서의 저전류로 인해 이 위치에 그대로 있게 된다.

2 루프 A에 단락(Short)이 있을 때의 작동

이 루프가 단락되어 생기는 고전류는 트립오버릴레이를 작동시킨다.

릴레이케이스의 리셋버튼(reset button)이 튀어나오고 손으로 원위치(reset)시킬 때까지 그대로 있게 되며 이때 루프 B는 엔진을 보호하기 위하여 28V DC 전원을 받고 루프 A는 접지회로를 형성한다.

만약 심한 과열이나 화재가 있거나 시험버튼을 누르면 경고등이 켜진다.

루프 A의 단락은 리셋버튼이 튀어올라오는 것을 보고 알 수 있다.

3 루프 B에 단락이 있을 때의 작동

만약 과열이나 화재가 있거나, 시험버튼을 누르면 고전류가 흘러 트립오버(trip over)가 생긴다. 트립오버 후에 경고등이 켜지고 루프 B가 단락됐음을 나타낸다.

4 루프 A에 오픈(Open)이 있을 때의 작동

이 루프는 양 끝으로 전원을 받고 단일선계통과 유사하게 된다. 만약 루프에 오픈이 생겨도 전원은 각 열스위치에 유효하다.

시험버튼을 누르면 전류가 흘러 경고등이 켜지는데, 이것은 루프 전체가 안전함을 나타낸다.

이 루프의 오픈회로에서는 경고등이 켜지지 않는다.

5 루프 B에 오픈이 있을 때의 작동

이 루프에 오픈회로가 있어도 계속해서 화재보호를 한다. 시험버튼을 누르면 이 오픈회로를 나타내주는데, 즉 경고등이 켜지지 않는다.

단일선계통처럼 이 계통이 식은 후에 자동적으로 원위치가 되어 재사용을 위한 준비상태가 된다.

오늘날 전기적인 연속루프 화재/과열 감지계통은 다음의 두 가지 형식이 가장 많이 사용된다.
 ① 단일선계통
 ② 이중선계통
이 두 가지는 모두 대형 엔진에 사용하기 위해 설계되었다.

단일선계통에서 인코넬(inconel) 외부케이스는 접지로 이용되고 이중선계통에서는 두 번째 선(second wire)이 위의 기능을 한다. 각각의 고온선(hot lead)은 접지로부터 절연되어 있는데 일부는 공용 소금(eutectic salt)라 불리는 물질로 덮힌 세라믹비드(ceramic bead)를 사용하기도 하고, 또 다른 일부는 서미스터(thermistor)형식의 재료를 사용한다.

그림 13-3의 회로선도에서 경고릴레이 코일을 통해 고온선으로 28V DC가 공급된다. 차가울 때는 접지와 고온선 사이의 절연물질이 전류흐름을 막는다. 그러나 화재가 발생하면 소금이 가열되어 저항이 낮아져서 접지로의 통로를 형성한다. 릴레이 코일은 이 전류흐름에 의해 자화되어 경고등이 켜지게 한다. 이 계통은 열스위치계통과 같이 식은 후에 자동으로 원위치 (reset)된다.

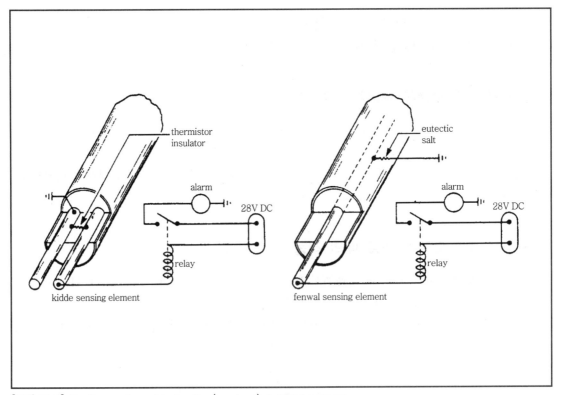

[그림 13-3] Continuous-loop detector fire (overheat) detector systems

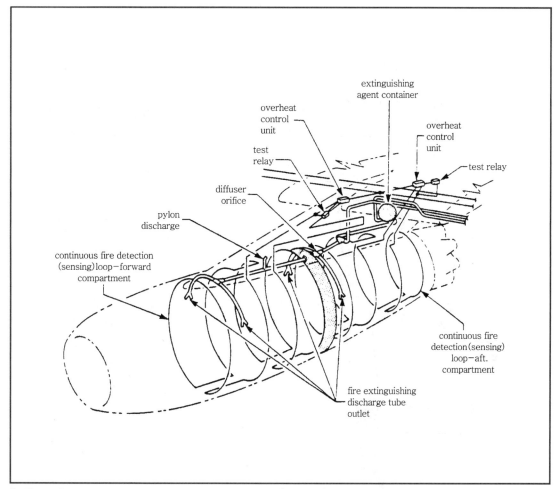

[그림 13-4] Typical pod and pylon continuous loop fire (overheat) detection installation

그림 13-4는 연속루프 장착을 보여주고 있다. 이것은 두 개의 분리된 루프를 사용하는데 하나는 저온부(cold section)를 위한 것이고 다른 하나는 고온부(hot section)를 위한 것이다. 또한 이것은 감지회로와는 완전히 독립적인 소화계통 구성품을 보여준다. 이 루프계통은 엔진 내의 작동열에 대해 자동으로 보정하는 조절회로(control circuit)를 갖는다.

그림 13-5는 연속루프 시험장치로, 제트칼 분석장치(jetcal analyzer unit)이다. 이 장치는 7장에서 배기가스온도계통을 보정하기 위해 설명된 바 있다.

히터탐침(probe)은 연속루프로 알려진 열수치를 적용하기 위해 사용되며 열수치는 제트칼 조절패널의 전위차계(potentiometer)에 표시된다.

경고온도에 도달하면 조종실 경고등이 켜진다. 만일 경고등이 정해진 온도에서보다 먼저 켜지면 루프의 전력공급선과 접지 사이의 정상간격을 감소시킬 수 있는 움푹 들어간 것(dent)이나 찌그러짐 등 다른 손상여부를 검사해야 한다.

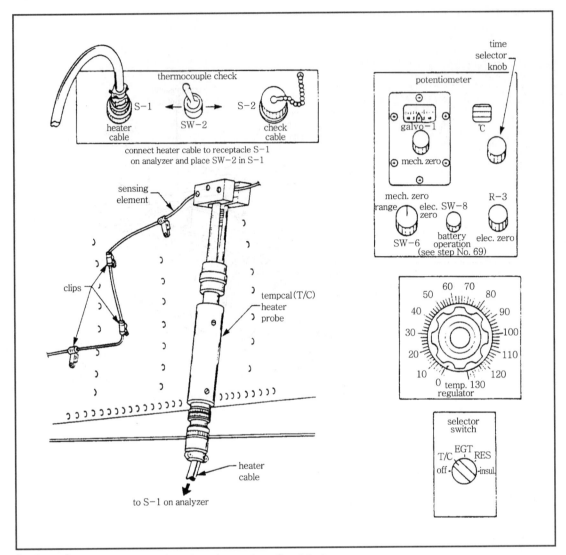

[그림 13-5] Jetcal analyzer testing of continuous loop fire detector

---

Section 04 ━ 공압계통(Pneumatic System)

공압화재 보호계통은 또 다른 형태의 화재/과열 감지계통이며 경고온도의 선택에 따라 다양한 감지튜브(sensor tube)가 있다.

튜브는 가열되었을 때 크게 팽창하는 가스를 갖고 있다. 트리거(trigger)온도에 도달하면 가스압력이 체크밸브(check valve)를 이길만큼 충분해져서 다이어프램 우측으로 가스를 흐르게 하고 이것은 다이어프램을 좌측으로 움직이게 하여 경고접촉점(alarm contact)을 접촉

636

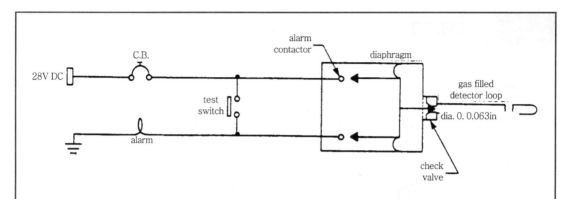

[그림 13-6] Pneumatic fire (overheat) system

시켜서 경고회로를 자화시킨다.[그림 13-6 참조]

체크밸브는 열원(heat source)이 없어진 후에 가스가 저압으로 되어 다이어프램이 가스를 튜브로 돌아가게 해서 다른 작동을 위한 준비상태가 되게 한다.

만약 고온부와 저온부가 분리된 계통을 갖고 있다면 저온부는 고온부보다 낮은 온도에서 트리거(trigger)되도록 설정된다. 만약 과열이 300°F에서 발생하면 이것은 저온부 경고를 작동시킨다. 그러나 고온부인 연소실에서 300°F 정도의 열은 정상적인 것이므로 경고온도는 약 500°F로 설정한다. 일반적으로 설정온도는 공장에서 행하며, 라인에서는 변경할 수 없다.

Section 05 — 기타 화재감지계통

과열감지기 없이 화재보호를 하는 것은 화염감지(flame detector)계통이다.

이것은 적외선감지기를 이용해서 화염이 있는 지역으로부터 직접적인 빛(ray)이나 반사된 빛을 받는다. 이 감지기는 엔진 나셀 내에 위치해 있으며 신호를 증폭기(amplifier)에 보내고, 조종실의 경고회로를 작동시킨다.

또 다른 유사한 회로는 연기감지기(smoke detector)이다. 이것은 광전지(photoelectric cells)를 사용한다. 만약 충분한 양의 연기가 있으면 기준 빔(beam)이 광전지로의 빛을 굴절시켜 경고가 작동된다.

과열감지기와 마찬가지로, 위의 두 회로는 대기상태(stand-by state)로 자체적으로 회복된다. 광전기 센서(sensor)는 터빈엔진에 광범위하게 사용되지 않는데, 이것은 고온공기 누출을 감지하지 못하기 때문이다. 이런 누출은 가스터빈엔진의 흔한 고장이어서 오일이나 연료라인쪽으로 고온공기가 가게 되면 화재를 일으킨다. 이 계통은 고온가스 누출로 인한 과열상태와 실제 화재를 구별할 수 있는 분별기능을 갖추고 있는 것도 있다.

1 화재소화방법

화재소화계통은 조종실 조절스위치, 소화기 컨테이너, 소화액 분배장치로 구성되어 있다. 그림 13-7은 소화제가 들어있는 전형적인 컨테이너를 보여주고 있다. 엔진은 하나의 용기(bottle)만으로 보호될 수 있고, 2개 이상의 용기에 크로스피드(crossfeed)장치로 보호될 수도 있다. 용기는 500~600psig로 소화제와 함께 채워져 있다.

계기는 정확한 충진을 지시한다. 릴리프밸브는 가용성 디스크(fusible disk)여서 용기가 과열되면 파열하게 되어있다. 조종실에서 용기를 방출시키기 위해서는 전류가 콘택터(contactor)에 전해져서 폭발카트리지(explosive cartridge)를 터지게 하고 이것이 용기 출구의 디스크를 깨뜨려서 소화제가 엔진으로 흐르게 한다.

그림 13-7B는 크로스피드가 있는 이중의 엔진소화계통이다.

No.1 엔진 화재는 No.1 용기와 No.2 용기를 사용해서 불을 끄고 No.2 엔진에 대해서도 똑같은 분배장치를 갖고 있다.

2 가스터빈엔진에 사용되는 일반적인 소화제(Extinguishing Agents)

① 이산화탄소(CO_2)
가장 오래된 형식의 항공용 소화제이다. 이것은 금속부품에 비부식성이지만 많은 양이 사용되면 엔진의 고온회전부품에 충격을 줄 수 있다.

② 메틸브로마이드(CH_3Br)
CO_2보다 가볍지만 더 독성이 있고, 비철 합금에 부식성이 크다. 이것이 접촉된 곳은 즉시 닦아야 한다.

③ 클로로브로모메탄(CH_2ClBr)
CH라고 부르며 CO_2나 CH_3Br보다 더 효과적이고 독성이 약하다. 철과 비철금속에 부식이 크고 이것이 접촉된 부품은 즉시 닦아야 한다.

④ 디브로모디플로로메탄(CBr_2F_2)
값이 비싸고 비독성이며 부식이 전혀 없고 엔진 화재에 매우 효과적이다.

⑤ 트리플로로브로모메탄(CF_2Br)
값이 비싸고 비독성이며 부식이 전혀 없고 엔진 화재에 매우 효과적이다.

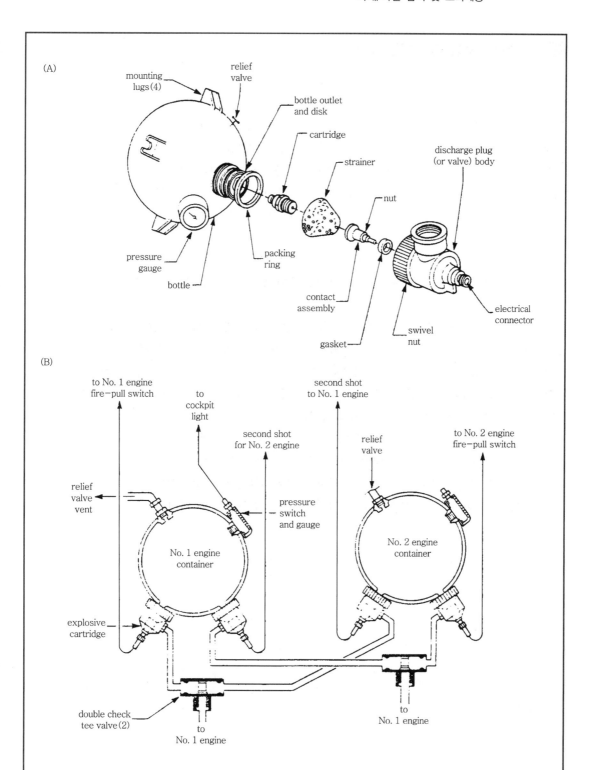

[그림 13-7A] Fire bottle components
[그림 13-7B] Fire extinguishing system for twin engine aircraft

▮3 소화제 사용 후 엔진 세척

가스터빈엔진 내의 화학적으로 부식성이 있는 소화제는 엔진에 유해하다.

부식성의 소화제가 엔진 가스통로로 들어갔을 때, 일반적으로 소화제는 엔진 압축기부와 터빈부품에 심각한 부식손상을 일으키고 엔진오일계통에 오염을 초래하기도 한다.

위와 같은 관점 때문에 건조한 화학소화제는 중화시키고 가능한 빨리 모든 엔진 부품으로부터 소화제를 완전히 제거시키는 것이 대단히 중요하다. 왜냐하면 대부분의 건조된 화학소화제분말에 중탄산나트륨이나 중탄산칼륨이 포함되어 있어 특히 대부분의 엔진 금속부품을 부식시키기 때문이다. 세척액은 일반적으로 물과 염화물의 혼합제로서 오염물질을 적절히 제거한다.

가스터빈엔진의 후방부에서 이러한 부식손상이 특히 심하게 된다. 내부 엔진부품이 500℃ 이상의 온도에서 중탄산나트륨이나 중탄산칼륨에 노출되면 부식은 수 시간 내에 발생할 수 있다.

화재가 시동시 일어나서 건조한 화학분말형태의 소화제가 사용되었다면 압축기는 시동기로 계속 돌게 하는데 이는 가능한 한 빨리 엔진가스온도를 500℃ 이하로 내리기 위함이다.

화재가 꺼지고 고온부 부품의 열충격을 감소시키기 위해 엔진이 충분히 냉각된 후의 첫 조치는 흡입구와 배기부를 통해서 세척액을 주입함으로써 엔진 가스통로를 세척하는 것이다. 이용할 수 있다면 뜨거운 물이 더 효과적이다.

그 후 즉시 아이들(idle) 속도의 작동이나 외부 열에 의해 엔진을 건조시킨다. 엔진이 모터(motor)되는 동안 가스통로로 방부제를 분무하는 것이 뒤따른다.

가능한 정상적인 공장(shop) 세척이 수행되어야 한다. 화학소화제에 노출된 모든 부품, 특히 보호막이 덮힌 부품의 부식여부를 검사하는 데 주의를 기울여야 한다.

◯ 연습문제 ◯

1. 화재감지회로 중 항공기 버스로부터의 전력공급이 필요한 것은 어느 것인가?

   답 모든 회로에 필요하다.

2. 엔진을 화재로부터 보호하기 위해서 루프의 하나가 단락되었을 때 전환회로(switching circuit)가 작동하게 하는 회로는 어느 것인가?

   답 이중선 열스위치

CHAPTER 14

엔진 작동

CHAPTER **14** 항·공·기·가·스·터·빈·엔·진

엔진 작동

Section 01 — 지상요원의 엔진 작동

조종사가 아닌 지상요원이 가스터빈엔진을 작동시켜야 할 필요가 있을 때가 많이 있다. 이들 중 일부는 다음과 같다.
　① 고장탐구를 위해 비행승무원이 제출한 문제점을 재현할 때
　② 정비 후 기본 엔진 또는 엔진계통을 점검(checkout)할 때
　③ 한 정비장소에서 다른 장소로 항공기를 옮기려 할 때
　④ 항공기계통의 유도-점검(taxi-check)을 위해

Section 02 — 안전예방조치(Safety Precautions)

엔진 운용자는 엔진트림(trim)시에 앞서 언급되었던 비행라인 안전예방조치들을 잘 알고 있어야 한다.

안전예방조치의 종류에는 청각보호를 위해 귀마개를 사용할 것, 정비사와 장비의 보호를 위해 흡입구, 배기구 주변의 위험을 인식할 것, 그리고 무시하면 안 되는 엔진 성능이나 엔진 손상을 초래할 날씨의 제한을 알고 있을 것 등이 있다.

정비사의 점검목록(checklist)과 정비지침서를 완전히 숙지하는 것은 안전과 정확한 성능시험에 필수적이다.

Section 03 — 터보제트와 터보팬엔진의 가동(Engine Runup)

각 특정 항공기는 제작회사에서 나온 특정한 점검목록을 가지고 있다. 터빈엔진 작동을 위한 일반적인 절차는 다음과 같다.

1 정상작동절차(Normal Operating Procedures)

(1) 엔진 작동을 위한 선행사항

① 흡입구와 배기구의 덮개(cover)를 벗기고 그 주위의 사람과 장비를 이동시킨 다음 엔진에 손상을 줄 이물질을 램프(ramp)에서 깨끗이 한다.

② 항공기의 엔진계통에 필요한 안전의 완전함을 위해 항공기 주위를 점검한다.

③ 가동하기 적절하게 연료와 오일이 공급되었는지 확인한다.

④ 필요하면 GPU(Ground Power Unit)를 항공기에 연결한다.

(2) 비행기 안으로 들어갔을 때의 우선 확인사항

① 엔진 마스터(master) 스위치-Off

② 랜딩기어 핸들(landing gear handle) 위치-Wheels down

③ 좌석과 브레이크 페달-Adjusted

④ 발전기 스위치-Off

⑤ 파워레버(power lever)-Off, 또는 연료조절차단(fuel control shutoff)-Off(역추진장치가 구비된 엔진은 분리된 차단조절의 사용이 요구된다)

⑥ 시동기(starter)와 점화-Off

⑦ 항공기계통 – Safe for engine operation

(3) 엔진 시동을 위한 확인사항

① 마스터 스위치-On

② 축전지(battery) 또는 외부동력(external power)-On

③ 연료밸브-On(항공기계통)

④ 연료승압(fuel boost)-On(항공기계통)

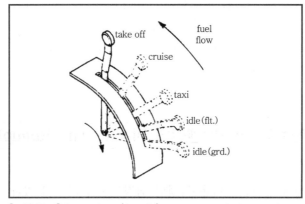

[그림 14-1] Power lever(throttle) connects to fuel control

⑤ 시동기-On(시동기, 점화, 연료는 대부분 연쇄적으로 작동된다)

⑥ 점화-On(보통 5~10% rpm에서)

⑦ 파워레버(power lever)-Open(대략 아이들 위치까지, 또는 연료차단-Open(10~20초 내에 점화가 꺼지고 시동이 중지된다)

⑧ 점화와 시동기-Off(아이들 이하에서)

⑨ 발전기-On(이 시기에 정상적으로)

(4) 시동시의 계기 점검

① 배기온도-한계(시동시 최고점과 안정점) 이내

② 엔진오일압력-한계 이내(within limits)

③ 이중압축기 엔진-N_1 속도가 20% N_2 속도를 가리키는지 확인

(5) 아이들상태에서 안정을 이룬 후의 계기 점검(Instrument Checks Stabilzed at Idle)

① 백분율 rpm(precent rpm)-일반적으로 40~60% 사이

② 배기온도(EGT, TIT, ITT)

③ 연료유량

④ 연료 매니폴드 압력(fuel manifold pressure)

⑤ 오일온도

⑥ 연료온도

⑦ 오일압력

⑧ 진동폭(대형 항공기)

(6) 전형적인 고출력 점검

① 엔진 트림 점검(EPR, 팬회전속도 또는 엔진 토크)

② 가속, 감속시간 점검

③ 압축기 블리드밸브와 가변베인 스케줄(variable vane schedule) 점검

(7) 유도절차(Taxi Procedure)

브레이크를 풀고 요구되는 rpm, 추력, 지상속도에 알맞게 파워레버를 전진시킨다. 유도(taxing)하기 전에 대부분 공항관제탑과 교신이 필요하다.

(8) 정상적인 정지(Shutdown)절차

① 엔진을 권고된 시간 동안 정해진 속도(보통 20~30초 동안 아이들이나 아이들보다 약간 높은 속도)로 작동한다. 이는 구성품 온도와 소기오일계통을 안정시키기 위함이다.

② 파워레버 And/Or 연료레버-Off

③ 연료승압-Off

④ 연료밸브-Off

⑤ 발전기, 배터리, 외부동력-Off

⑥ 마스터 스위치-Off

2 비상작동절차(Emergency Operating Procedure)

(1) 지상작동시 엔진 테일파이프 화재경우

① 파워레버 And/Or 연료레버-Off

② 시동기-화재를 불어서 끄기 위해 크랭크(crank)를 계속한다.

③ 소화기-On(필요하다면-항공기 또는 지상의 이산화탄소 소화기가 엔진 오염을 피하기 위해서는 더 좋다)

④ 마스터 스위치-Off, 다른 모든 스위치-Off

⑤ 원인 규명(고장탐구)

(2) 핫시동(Hot Start)경우

① 파워레버 And/Or 연료레버-Off(만약 일정한 시간 내에 엔진이 점화되지 못했을 경우, 보통 연료가 엔진에 들어간 후 10~20초 정도)

② 원인 규명(고장탐구)

※ 만약 부주의로 엔진의 연료가 없어 엔진 시동이 실패하였다면, 핫시동이 발생하기 때문에 연료레버를 다시 열지(reopen) 않는다. 또한 연소실에서 연료가 드레인되도록 30~60초를 둔다. 엔진 때의 연료증기를 없애기 위해 필요하다면 엔진정화절차를 수행한다.

(3) 엔진정화절차

① 동력-On

② 파워레버 And/Or, 연료레버-Off

③ 점화-Off(필요하다면 회로차단기를 당겨라)

④ 시동기-On(보통 15~20초)

(4) 비상정지(Shut Down)절차

만약 파워레버 또는 연료레버가 Off에 있을 때 엔진이 계속해서 작동한다면 연료승압(fuel boost)과 항공기 연료밸브를 잠근다. 엔진은 30~60초 이내에 연료부족으로 정지된다.

하지만 이것은 연료로 윤활되는 구성품에 윤활이 멈추게 되고 연료계통 수명이 단축되기 때문에 단지 비상절차일 뿐이다.

(5) 비행시 공기시동절차(Flight Air Starting Procedure)

비행 중 불꽃정지가 발생하였다면 시동기 스위치를 Air start 위치로 놓는다. 이것은 엔진 시동기를 우회하고 단기점화만 일어나게 한다.

엔진은 저속일 때를 제외하고는 엔진 흡입구로 들어오는 램공기로 인해 충분히 회전하므로 연료가 연소실로 재유입됐을 때 혼합기는 전기적으로 재점화된다.

Section 04 ─ 터보프롭엔진(Fixed Turbine Engine)의 가동(Runup)

1 조절레버

일반적으로 터보프롭엔진 항공기는 조종실에 적어도 두 개의 엔진 조절레버를 갖고 있으며 종류는 다음과 같다.

① 엔진 조절레버
② 프로펠러 조절레버

이들 조절레버의 기능이 하나로 통합되어 다양한 출력맞춤에서 프로펠러와 엔진연료 스케줄을 조절하기도 한다.

예를 들어, Hartzell 프로펠러를 장착한 Garrett TPE-331 엔진은 파워레버로 연료조절과 저속, 베타 범위(beta range)에서 프로펠러 피치를 조절한다.

컨디션레버(condition lever)로 불리우는 두 번째 레버는 고속, 알파 범위(alpha range)에서 프로펠러를 조절한다. 다음은 TPE-331 터보프롭엔진의 전형적인 작동절차이다.

2 지상작동 시동절차

① 시동 전 점검-Completed(터보제트/터보팬 점검과 유사)
② 항공기 전기동력-On
③ 항공기 연료밸브와 승압펌프-On
④ 파워레버-Start ground idle position(베타 범위)
⑤ 컨디션레버-Low rpm
⑥ 배터리 또는 외부동력-On
⑦ 시동기-On
⑧ 점화와 연료-10% rpm에서 자동적으로 On
⑨ 점화시동기-50% rpm에서 자동적으로 Off
⑩ 엔진계기 – 지침서에 따라 모니터(monitor)한다.

⑪ 아이들(idle) – 65% rpm까지 자동적으로 가속
⑫ 컨디션레버–High rpm(저속조속기를 재설정하기 위하여)

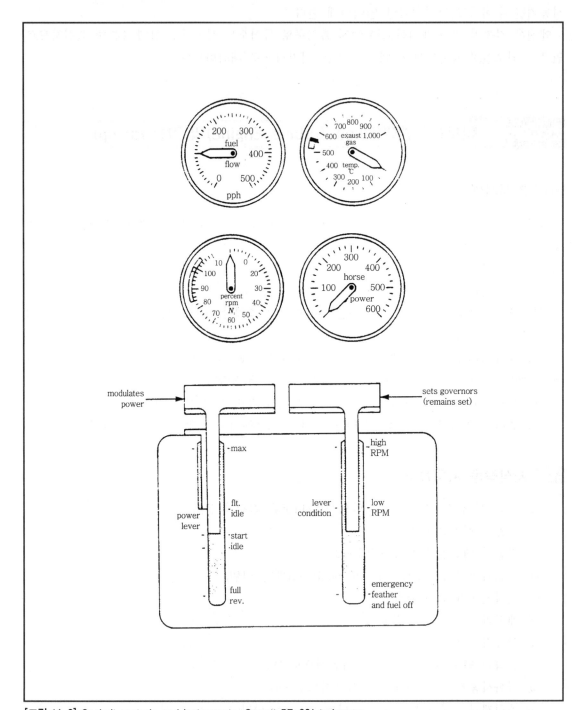

[그림 14-2] Cockpit controls and instruments, Garrett PE-331 turboprop

3 유도절차(Taxi Procedure)

① 컨디션레버-High rpm(저깃각 위치)
② 파워레버-Forward(요구되는 추력과 지상속도에 필요한 비행아이들 위치, 알파 범위를 향해, 또는 지나서)

※ 이륙과 비행을 위한 엔진 출력은 파워레버의 이동에 의해 미리 정해진 마력이나 토크치에 설정된다. 컨디션레버는 프로펠러 깃각(blade angle)을 변경시켜 엔진 속도를 설정한다. 비행시 이 레버는 보통 정속으로 엔진을 가동시키는 설정위치에 위치한다. 출력변화가 필요할 때는 파워레버 위치로 조절된다. 공압(공기터빈) 시동에 대한 절차는 10장에서 상세하게 다루었다.

Section 05 → PT6 엔진 작동(Free Turbine)

P & W PT6 터보프롭엔진은 자유터빈으로 설계되었고 조종석에 4개의 엔진 조절레버로 구성되어 있다. 조절레버와 엔진 작동은 다음과 같다.[그림 14-3 참조]

1 개요

① 파워 조절레버-연료조절기에 연결된다. 완전역추진과 아이들 속도로부터 이륙까지의 엔진 출력(토크)을 조절한다.
② 프러펠러 조절레버-요구되는 깃각과 rpm을 유지하기 위하여 프로펠러 조속기에 연결된다. 최대감속위치에서 프로펠러는 페더(feather)된다.
③ 시동조절레버-시동연료조절기에 연결된다. 이것은 Cut off, Run, High Idle의 세 위치가 있다.
④ 비상파워레버-연료조절기의 공압측이 고장일 때 엔진 출력을 직접 조절하는 데 사용한다.

2 지상작동

항공기 제작자는 특정 항공기에 가장 알맞은 방법으로 항공기 비행지침서(flight manual)에 작동절차를 적용시켜야 한다.

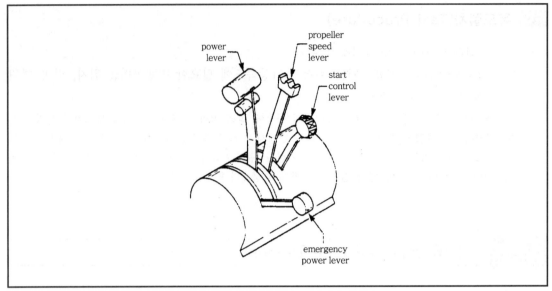

[그림 14-3] Engine controls pilot's pedestal, Pratt & Whitney PT6 Turboprop(free turbine)

다음의 절차는 고정익항공기의 전형적인 지상작동절차이다.

(1) 권고된 시동 전의 작동절차

① 파워 조절레버-Idle

② 프로펠러 조절레버-작동범위 내의 어느 곳이나

③ 시동 조절레버-Cut off

④ 엔진 마스터 스위치-On

⑤ 연료계통 차단(shut off)밸브-Open

⑥ 연료승압(boost) 펌프스위치-On

(2) 권고된(Recommended) 지상작동절차

① 엔진 점화 스위치, 엔진 시동 스위치-On(만족할만한 점화가 이루어지기 위한 최소속도는 4,500rpm(12%)이다)

② 가스발생기 속도가 안정된 후에 시동 조절레버를 Run 위치로 이동시킨다.

③ 엔진이 Idle rpm으로 정상적으로 가속되는지, 또는 최대허용 내부터빈 시동한계온도가 초과되지 않았는지를 관찰한다.

※ 주의 : 가스발생기가 시동 조절레버를 Run 위치로 이동한 후 10초 이내에 정상적으로 작동하지 못할 때는 연료, 시동기 점화를 중지시킨다. 재시동하기 전에 30초 동안 연료 드레인 시간과 뒤따른 15초 건조모터링(dry motoring) 시간이 필요하다. 만약 어떠한 이유든지 출발 시도가 중지되면 엔진은 완전히 정지시켜야 하고 그 이후에 건조모터링을 시켜야 한다. 시동기 한계를 관찰하면서 완전한 시동절차를 되풀이한다.

④ 엔진 시동기, 점화 스위치(엔진이 Idle rpm을 유지할 때)-Off

(3) 지상가동

지상가동을 행하기 전에 프로페러 조절계통이 파워 조절레버가 Idle 위치에서 프로펠러를 한두 번 페더링함으로써 퍼지(purge)되었음을 확인한다.

(4) 항공기 지상취급

파워 조절레버의 낮은 범위가 유도(taxing)에 사용된다.

(5) 건조모터링 작동

엔진 내부의 연료와 증기를 제거할 필요가 있을 때, 또는 엔진 내에 화재의 징후가 있을 때는 어느 때라도 엔진을 깨끗이 하기 위하여 엔진을 통해 지나가는 공기는 연료, 연소실의 증기와 불, 가스발생기 터빈, 동력터빈과 배기계통을 정화(purge)시킨다.

① 시동 조절레버-Cut off

② 점화 스위치-Off

③ 엔진 마스터 스위치-On(엔진 시동기 스위치에 전류를 공급하기 위하여)

④ 연료계통 차단밸브-Open

⑤ 연료승압펌프 스위치-On(엔진 구동펌핑요소에 윤활을 주기 위하여)

⑥ 엔진 시동기 스위치-On

※ 경고 : 터빈 내부온도가 지속되는 것으로 알 수 있는 화염이 지속된다면 연료계통 차단밸브를 이 시점에서 닫고 모터링을 계속한다.

⑦ 시동기 작동을 원하는 기간 동안 계속한다. 시동기 한계를 관찰한다.

⑧ 엔진 시동기 스위치-Off

⑨ 연료승압펌프 스위치-Off

⑩ 연료계통 차단밸브-Closed

⑪ 엔진 마스터 스위치-Off

⑫ 다음 시동절차를 시도하기 전에 시동기에 냉각시간이 요구된다.

(6) 엔진 정지(Shutdown)

다음 절차는 엔진을 정지하는 데 사용된다.

① 파워 조절레버-Idle

※ 최소 ITT를 얻기 위해 최소한 1분 동안 엔진을 안정시킨다.

② 프로펠러 조절레버-Feather

③ 시동 조절레버-Cut off

④ 연료승압펌프 스위치-Off

⑤ 연료계통 차단스위치-Closed

⑥ 엔진 마스터 스위치-Off

※ 정지하는 동안 압축기가 자유롭게 감속되는지 확인한다.

　경고 : 정지 후 엔진 내에 불꽃의 징후가 있다면 건조모터링 작동을 수행한다.

(7) 프로펠러 풍차(Windmilling)

항공기를 방치해두었을 때 0(zero) 오일압력에서 풍차가 되는 것을 방지하기 위하여 프로펠러를 고정시켜야 한다.

3 비행작동(Flight Operation)

(1) 이륙출력 설정(Setting)

① 이륙출력을 설정하기 전

　㉠ 올바른 O.A.T를 읽는다.

　㉡ 기압을 읽는다.

　㉢ 위의 수치를 이륙출력-설정 토크곡선(or torque computer)에 적용하여 요구되는 이륙토크값을 적는다.

　㉣ 엔진 가동시 퍼지(purge)가 수행되지 않았다면 프로펠러 조절계통을 퍼지한다.

② 이륙출력을 설정하기 위한 순서

　㉠ 프로펠러 조절레버를 적용할 rpm 위치로 이동시킨다.

　㉡ 요구되는 토크압력을 주기 위해서 파워 조절레버를 전진시킨다.

　㉢ 내부터빈온도 한계를 관찰한다.

　㉣ N_g와 N_p가 최대한계 이상 증가 하는지 주목한다.

※ 비행속도는 이륙하는 동안 증가하기 때문에 고정된 파워조절레버 위치에서 토크압력증가는 정상이고 주어진 토크한계압력을 넘지 않도록 유의해야 한다.

(2) 상승 설정(Climb Setting)

상승하는 동안 빠른 상태변화 때문에 지시(indicated) ITT에 의해서 설정된다. 더 낮은 토크를 사용하여 상승비행을 원한다면 출력은 더 낮은 ITT나 또는 토크설정방법에 의해 설정된다.

(3) 순항 설정(Cruise Setting)

순항출력의 설정은 항공기 성능과 엔진 작동조건 모두에 공통되는 유일한 변수인 토크지시장치의 사용을 통해서 이루어진다. 특정한 비행조건을 위해 요구되는 토크미터압력의 규칙적인 간격은 고장탐구계기에 도움을 주고 증대된 항공기 항력을 인식하는 데 사용된다.

4 비상(Emergencies)

(1) 지상엔진 화재

지상작동에서 다룬 건조모터링 작동을 본다.

(2) 비행 중 엔진 화재

비행 중 엔진 화재의 경우에는 다음 절차를 사용해야 한다.
  ① 프로펠러 조절레버-Feather
  ② 시동 조절레버-Cut off
  ③ 연료승압펌프 스위치-Off
  ④ 연료계통 차단밸브-Closed
  ⑤ 엔진 마스터 스위치-Off
  ⑥ 파워 조절레버-Idle
  ⑦ 엔진 공기 블리드에 의해 작동되는 모든 장비를 정지시킨다.
  ⑧ 항공기 비행지침서에 권고된 절차를 수행한다.

(3) 엔진 고장

다음 절차는 엔진 고장시 사용된다.
  ① 프로펠러 조절레버-Feather
  ② 시동 조절레버-Cut off
  ③ 연료승압펌프 스위치-Off
  ④ 연료계통 차단밸브-Closed
  ⑤ 엔진 마스터 스위치-Off
  ⑥ 파워 조절레버-Idle

※ 경고 : 엔진이 불필요하게 정지되는 것을 피하기 위해 이륙시나 착륙시 의심스런 엔진 고장에 주의를
  기울여야 한다. 엔진이 확실하게 고장났으면 엔진을 재시동하지 않는다.

(4) 엔진 불꽃정지(Flameout)

엔진 불꽃정지의 징후는 엔진 고장의 징후와 같다. 불꽃정지는 내부-터빈온도, 토크압력,
rpm의 저하에 의해 인지된다. 불꽃정지는 연료의 부족 또는 안정되지 않은 엔진 작동에 기인
한다. 연료의 공급 또는 불안정한 작동 원인을 제거하면 엔진은 다음의 공기 시동(air starts)
의 절차에 의해 재시동될 수 있다.

※ 주의 : N_g 회전속도계가 0을 지시하면 재점화를 시도하지 않는다.

(5) 공기 시동(Air Starts)

가장 좋은 공기 시동기술은 불꽃정지가 재점화를 시도하면 위험을 초래하는 어떤 고장에 의한 것이 아닐 때는 불꽃정지가 발행한 후 즉시 재점화(relight)하는 것이다.

성공적인 공기 시동은 정상적으로 비행하는 모든 고도와 비행속도에서 이루어진다. 그러나 14,000ft 이상, 또는 가스발생기 rpm이 10% 이하이면 시동온도는 높아질 수 있고 주의가 필요하다.

(6) 즉각적인 재점화(Immediate Relights)

점화기를 On 시키자마자 엔진이 성공적으로 점화되는 기회는 항상 있다. 비상시 가스발생기 속도가 50% 이하로 떨어지지 않았다면 불꽃정지 후 가능하면 바로 점화기를 On 시킨다. 이 상황에서는 연료를 차단하거나 프로펠러를 페더할 필요가 없다. 그러나 파워 조절레버는 Idle로 낮추어야 한다.

> ※ 프로펠러 페더링은 주위 상황과 조종사의 판단에 따른다. 그러나 프로펠러가 풍차(windmilling)된다면 최소오일압력이 15psig가 되어야 한다.

(7) 비상공기 시동(10% N_g 이하)

다음과 같은 비상공기 시동절차가 사용된다.
  ① 프로펠러 조절레버-작동범위 내의 어느 곳
  ② 파워 조절레버-Idle
  ③ 시동 조절레버-Cut off
  ④ 연료승압펌프 스위치-On
  ⑤ 점화 스위치-On
  ⑥ 시동 조절레버를 Run으로 전진시키고 ITT를 감시한다. 만약 과온도(over temperature) 경향에 직면한다면 Idle로 가속하는 동안 주기적으로 시동 조절레버를 Off 위치로 이동시킨다.
  ⑦ 파워 조절레버를 원하는 출력으로 전진시키기 전에 가스발생기 rpm이 50%가 되는지 확인한다.

(8) 정상적인 공기 시동(Normal Air Starts)

  ① 공기 시동 전 점검절차
      ㉠ 프로펠러 조절레버-작동범위 내의 어느 곳

> ※ 프로펠러 페더링은 주위 상황과 조종사의 판단에 따른다. 좋은 피치 선택은 시동기 고장의 경우에 비상시동을 위해 증가된 가스발생기 풍차속도(windmilling speed)를 준다.

      ㉡ 파워 조절레버-Idle
      ㉢ 엔진 마스터 스위치-On

　　② 연료계통 차단밸브-Open

　　⑩ 시동 조절레버-Cut off

　　㉺ 연료승압펌프 스위치-On

　　㉦ 연료 입구 압력지시계-5psig(min)

② 공기 시동절차

　　㉠ 엔진 점화 스위치와 엔진 시동기 스위치-On

　　　최소가스발생기 rpm은 4,500(12% N_g)이어야 한다.

　　㉡ 약 5초 후에 가스발생기 속도가 안정된 후 시동 조절레버를 Run으로 한다.

　　※ 정상적인 재점화는 10초 내에 이루어져야 하며 가스발생기 rpm의 상승으로 재점화를 처음으로 인지할 수 있다.

　　㉢ 엔진이 Idle rpm에 도달했을 때 엔진 시동기와 점화 스위치-Off(만약 자동으로 정지되는 장치가 없다면)

　　㉣ 프로펠러 조절레버-작동범위 내

　　㉤ 파워 조절레버-원하는 위치로 조정

　　㉥ 엔진 작동한계가 초과되지 않았는지 점검한다. 만약 만족할만한 시동이 이루어지지 않았다면 공기 시동을 중단한다. 시동준비가 갖추어지면 엔진 공기 시동절차를 되풀이한다.

Section 06 ── FAA 엔진추력정격(Engine Power Rating)

　　터보제트와 터보팬엔진압력비나 팬 속도의 관계로 추력 정격되며 터보축과 터보프롭엔진은 다음과 같은 분류로 shp 정격된다. 이륙, 최대연속, 최대상승, 최대순항, 아이들(idle) 면허를 받기 위해 제작자는 FAA에 엔진이 어떤 추력 또는 축마력으로 얼마 동안 작동하는지 그리고 감항성과 수명을 밝혀야 한다.

　　이러한 정격은 형식증명데이터시트(type certificate data sheet)에 나타나 있다.

　　정격은 다음과 같이 분류한다.

1 이륙 습(wet)추력/shp

이 정격은 물 분사시 유효한 최대출력을 나타내고 시간이 제한된다.

이것은 단지 이륙작동시에만 사용된다. 엔진은 이 정격으로 트림된다.

2 이륙 건(dry)추력/shp

이 정격의 제한은 이륙 습추력과 같으나 물 분사가 없다.
엔진은 이 정격으로 트림된다.

3 최대연속추력/shp

이 정격은 시간제한이 없다. 그러나 비상상황에서 조종사의 판단에 의해서만 사용된다. 예를 들면 순항작동시 한 엔진이 작동이 안 될 경우에 사용된다.

4 최대상승추력/shp

최대상승동력 설정은 시간제한이 없고 순항고도로 정상상승을 위해서, 또는 고도를 변경할 때 사용된다. 이 정격은 때때로 최대연속추력과 같다.

5 최대순항추력/shp

이 정격은 조종사 재량으로 정상순항하는 동안 어느 기간 동안 사용할 수 있게 설계되었다.

6 아이들(idle) 속도

이 출력 설정은 실제 출력 정격은 아니고 지상 또는 비행작동에서 사용할 수 있는 가장 낮은 추력 설정이다.

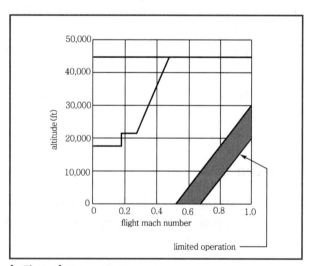

[그림 14-4] Airliner flight envelope

그림 14-4는 상승한계고도 45,000ft를 갖는 정기여객기 비행범위(envelope)를 보여준다. 이것은 또한 상승, 최대상승 또는 최대연속출력 정격 동안 조종사가 유지해야 하는 비행속도와 고도의 한계를 보여준다.

Section 07 — 모든 터빈엔진 항공기의 지상과 비행작동시 주의사항

1 시동

미숙한 시동기술이 엔진 고온부의 성능저하를 초래하는 것은 의심할 여지가 없다. 좋은 시동은 시동기에 적절한 동력공급과 엔진에 알맞은 연료주입을 필요로 한다.

동력원천(APU, GPU, 배터리 트럭, 항공기 배터리)이 잘 유지되고 출력이 항공기 지침서의 요구사항과 일치하는지 확인한다. 시동주기 동안 배기가스온도를 감시하고 배기가스온도의 급상승이 발행하면 파워레버 또는 차단레버를 늦춰서 연료흐름을 축소시킨다. 여기서 엔진의 가속시간을 줄이지 않고 배기가스온도 최고점을 최소화하는 데 목적이 있다. 시동주기 동안 너무 일찍 연료를 증가시키지 말고 Idle rpm이 안정될 때까지 유도(taxi)로 파워레버를 옮기지 않는다. 이것은 엔진 내의 열경사도를 최소로 유지시켜 준다.

2 이륙

이륙에 앞서 엔진 토크, 압력비(EPR) 또는 팬 속도의 정확한 이륙출력 설정을 확실하게 하기 위해 정확한 압력고도와 외부공기온도를 구한다. 스로틀을 이륙위치로 부드럽게 연다. 조건이 허락되면 이륙을 수행한다. 빠른 파워레버 움직임은 고온부 구성품의 성능저하를 가속시킨다.

건 또는 습이륙 사이의 선택이 유용할 때는 건이륙을 사용한다. 이것은 물 혼합물의 절약을 가져오고 장래에는 부품 교체에 더 적은 비용이 들게 할 것이다.

습 또는 건이륙 어느 것이든지 항공기 안전요구에 맞게 가능한 빨리 rpm을 상승설정으로 줄인다.

3 최대연속정격

이 정격은 엔진이 비행 중 고장났거나 비행 중 정지되었을 때 사용된다. 나머지 엔진(들)은 조종사의 재량으로 이 출력 설정으로 유지할 수 있다.

4 최대순항정격

이 정격은 상황이 정상상승과 순항출력보다 많거나 최대연속출력보다 적게 요구될 때 사용된다. 이 정격이 사용되는 경우는 다음과 같다.

① 정상비행고도에서 심한 난류가 존재할 때와 추가고도가 요구될 때
② 추가출력이 높은 지형을 피하기 위해 요구될 때
③ 엔진 고장 이후 최대연속출력의 사용이 요구되지 않을 때

5 상승과 순항

이륙 후 가능한 빨리 상승출력(EPR, 토크 또는 팬 속도)을 선택한다. 가능한 곳에서 상승을 위한 더 낮은 출력 설정을 사용한다. 상승하는 동안 배기가스온도를 감시하고 요구에 따라 파워레버를 조정하는 것이 필요하다.

대부분의 연료조절기들은 고도가 증가함에 따라 일정한 엔진가스온도를 유지하기 위해 연료흐름을 감소시키는 센서들로 설계되어 있다. 연료조절기 보정과 트림의 표준경과율과 간극의 변화는 작동자가 반응하여야 하는 배기가스온도의 변화를 일으킬 수 있다.

6 하강과 접근(Approach)

파워레버를 비행아이들(ground idle) 위치보다 더 낮게 설정해서는 안 된다.

7 착륙(Landing)

파워레버를 지상아이들(ground idle) 위치로 움직인다. 브레이크와 역추력은 활주로 조건에 따라, 정상적으로 75% N_2 최대, 비상시 100% N_2에서 작용해야 한다.

8 정지(Shut Down)

엔진을 정지시킬 때 파워레버를 제작자가 권고한 정지위치에 있는가 확인하고 rpm이 안정될 때까지 기다린 후 연료 차단을 닫힘위치로 이동시킨다. 이 절차를 따르지 않으면 엔진 고온부의 불균일한 냉각과 터빈실 마찰을 발생시킬 수 있다. 게다가, 급한 시동 정지는 부족한 소기로 인한 가변오일탱크수준(level) 때문에 부정확한 오일소모현상을 일으킬 수 있다.

부록

항공 관련 자료

DEPARTMENT OF TRANSPORTATION FEDERAL AVIATION ADMINISTRATION TYPE CERTIFICATE DATA SHEET NO. E1GL	Rolls–Royce Corporation　　　　　　E1GL Revision　　　　　　22 17 December 2004 250–C28

Engines of models described herein conforming with this data sheet (which is part of Type Certificate No. E1GL) and other approved data on file with the Federal Aviation Administration, meet the minimum standards for use in certificated aircraft in accordance with pertinent aircraft data sheets and applicable portions of the Federal Aviation Regulations provided they are installed, operated and maintained as prescribed by the FAA approved manufacturer's manuals and other FAA approved instructions.

Type certificate holder

> Rolls–Royce Corporation
> P.O. Box 420
> Indianapolis, Indiana 46206–0420

Type certificate holder record:
  E1GL originally issued to Detroit Diesel Allison, General Motors Corporation on 28 Apr 76
  E1GL reissued to Allison Gas Turbine Division, General Motors Corporation on 1 May 83
  E1GL reissued to Allison Engine Company on 1 Dec 93
  E1GL reissued to Rolls–Royce Corporation on 1 Sep 2000

	250–C28
Type	Free turbine turboshaft with single stage centrifugal flow compressor, 2-stage gas producer turbine, 2-stage power turbine and single combustion chamber with pre–chamber.
Shaft ratio	5.55 : 1
Ratings (see NOTE 4)	–
Maximum continuous :	
shp at sea level	478
Gas producer rpm (est.)	50193

Output shaft rpm	6016
Measured rated gas temp	1392°F(756°C)
Takeoff, 5minute :	
shp at sea level	500
Gas producer rpm	51005
Output shaft rpm	6016
Measured rated gas temp	1430°F(777°C)
30minute OEI :	
shp at sea level	500
Gas producer rpm	51005
Output shaft rpm	6016
Measured rated gas temp	1430°F(777°C)
2½minute OEI :	
shp at sea level	—
Gas producer rpm	—
Output shaft rpm	—
Measured rated gas temp	—
Output shaft	Internal spline
Control system :	
Gas producer fuel control	Honeywell DP-T1
Power turbine governor	Honeywell AL-AC1
Pneumatic accumulators and check valves or orifices	See NOTE 11
Electronic power turbine overspeed control system :	
Power turbine overspeed control	P/N 6893463
Power turbine overspeed solenoid valve	Valcor V5000-1250 or V5000-173
Power turbine speed pick-up	P/N 6894602
Gas producer turbine speed pick up	—
Fuel pump	Single element fuel pump, Sundstrand Model 5000950 Series or TRW Model 388100 Series
Fuel	MIL-T-5624, Grade JP-4 or JP-5; Aviation Turbine Fuels ASTM D1655, Jet A or A-1, or Jet B, MIL-T-83133, Grade JP-8; (For other fuel and limitations, see NOTE 10.)
Lubricating oil	MIL-L-23699 and subsequent revisions

Ignition system (See NOTE 12)	–
Exciter	Low tension capacitor discharge exciter. Simmonds Precision P/N 45754 or 49522 or Honeywell P/N 10-387150-1.
Igniter	Shunted surface gap spark igniter, Champion P/N CH34078 or AC P/N 8990157.
Principal dimensions :	
Length overall, in.	43.000
Width, in.	21.940
Height, in.	25.130
C.G. location, aft of side mount pad, centerline, in.	5.73
C.G. location, above side mount pad, centerline, in.	3.23
C.G. location, left or rights side of engine centerline looking forward, in.	0.02(left)
Weight(dry), lb. Includes basic engine, fuel pump, ignition, fuel, control systems and supervisory electronic fuel control, if applicable.	219

Certification Basis :
Part 33 of the Federal Aviation Regulations effective February 1, 1965 and Amendments 33-2, 33-3, 33-4 and Exemption No. 2087B from FAR 33.69, Regulatory Docket No. 13294 issued February 24, 1975 and amended December 10, 1991, (Docket No. 26072). Application for Type Certificate dated October 2, 1973.

Production Basis :
Production Certificate No. 310

Note 1. Maximum allowable temperatures

	250-C28
Measured gas temperature	
$2\frac{1}{2}$minute OEI	–
30minute OEI	1450°F(788℃)
Take off, 5minute	1450°F(788℃)
Maximum continuous	1430°F(777℃)
Maximum transient	1475°F(802℃) to 1600°F(871℃) (not to exceed 6seconds)
Starting(not to exceed 10seconds)	1475°F(802℃) to 1700°F(927℃)
Starting(momentary peak of one second maximum)	1700°F(927℃)
Oil inlet temperature	-65°F(-54℃) to 225°F(107℃)

Note 2. Fuel inlet and oil pressure limits

(a) Fuel inlet pressure(applicable to MIL-T-5624 and ASTM D1655 Jet A or A-1, or MIL-T-83833 JP-8 fuels):

Minimum pressure at fuel inlet connection to the engine					Maximum fuel inlet pressure
Sea level	6,000ft	10,000ft	15,000ft	20,000ft	
Ambient minus 9in Hg	Ambient minus 5.5in Hg	Ambient minus 3.5in Hg	Ambient minus 1.0in Hg	Ambient plus 1.5in Hg	25psig

(b) Operating oil gauge pressures:

Operating oil gauge pressure(psig)						Minimum oil pump inlet pressure
47,884rpm (94%) gas generator speed and above	40,234rpm (79.0%) gas generator speed to 47,884rpm	Below 40,234rpm (79.0%) gas generator speed	47,940rpm (94%) gas generator speed and above	40,290rpm (79.0%) gas generator speed to 47,940rpm	Below 40,290rpm (79.0%) gas generator speed	
115-130	90-130	50-130	-	-	-	5in Hg absolute

Note 3. The following accessory drive mounting provisions are available :

	Direction of rotation*	Speed ratio to turbine	Max shaft torque (in-lb)		Max accessory pad overhung moment (in-lb)
			Continuous	Static	
Driven by gas producer turbine:					
Tachometer	CC	0.0825	7	50	4
Starter-generator	C	0.2351	550**	1100	150
Driven by power turbine:					
Tachometer	CC	0.1257	7	50	4
Power take-off	C	0.180	5,868***	10,000	100
Spare	C	0.3600	79	395	150

* C - Clockwise viewing drive pad   CC - Counterclockwise

** The maximum generator load is 12 horsepower.

*** The sum of the torques extracted in any combination from the front and rear power output drives shall not exceed the torque values specified in NOTE 7. The value given in the above table represents the $2\frac{1}{2}$ minute limited maximum total torque.

Note 4.　The engine ratings, unless otherwise specified, are based on static sea level standard conditions. Compressor inlet air (dry) 59°F, 29.92in Hg. Compressor inlet bell attached to provide suitable air approach conditions. No external accessory loads and no bleed air offtake. Measured rated gas temperature is indicated by the average of the 4 gas temperature thermocouples.

Note 5. The maximum allowable torque as measured by the torquemeter for below standard inlet air temperature and/or ram conditions are as follows:

Maximum torque(lb·ft)									
For 2sec	For 10sec	For 16sec	At 30sec OEI power	At 2min OEI power	At 2½min OEI power	At 30min OEI/ Interm power	At Con OEI power	At Take off power	At Max con power
—	480	—	—	—	—	463	—	463	417

Note 6. Maximum and minimum turbine rotor speeds

	Output shaft speed				Output shaft speed	
	Max transient (up to 15sec)	Maximum sustained	Min transient (up to 15sec)	Minimum sustained	Max transient (up to 10sec)	Maximum sustained
100% output shaft speed=6,016rpm 100% gas producer speed=50,940rpm	Varies linearly from 115% at autorotation to 105% at take off	Varies linearly from 113% at autorotation to 103% at take off	—	—	105%	104%

Note 7. External air bleed may not exceed 4.5 percent

Note 8. emergency use of aviation gasoline MIL-G-5572, all grades, is limited to the amount of fuel required to operate the engine for not over 6 hours during any overhaul period. a mixture consisting of 1/3 by volume of aviation gasoline MIL-G-5572, grade 80/87 and 2/3 by volume MIL-T-5624, grade JP-5, or aviation turbine fuels ASTM D1655, Jet A or A-1, may be used for unrestricted periods of time. A mixture consisting of 1/3 by volume of aviation gasoline MIL-G-5572, grade 100/130 with a maximum of 2.0 ml./gal. lead content and 2/3 by volume of MIL-T-5624, grade JP-5, or aviation turbine fuels ASTM D1655, Jet A or A-1, may be used for not over 300 hours during any overhaul period. It is not necessary to purge the unused fuel from the system before refueling with different type fuels. No fuel control adjustment is required when switching these type fuels.

Fuels containing Tri-Cresyl-Phosphate additives shall not be used. Anti-icing additives conforming to MIL-I-27686 are approved for use in fuels in amounts not to exceed 0.15 percent by volume. Shell anti-static additive is approved for use at a concentration that will not exceed fuel conductivity of 300 pico-Ohms per meter.

Note 9. Pneumatic accumulator(s), double check valve(s) or other attenuating devices can be incorporated for compatibility with the rotor system of the particular model rotorcraft in which the engine is to be installed.

667

Note 10. Life limits established for critical rotating components are published in the corresponding Rolls-Royce Operation and Maintenance Manual. Distributor Information Letters (DIL) 190 and 202 establish acceptable crack limits suitable for return to service of first stage and second stage turbine wheels, respectively, in time continued (repair) engines.

Note 11. Engines produced under this type certificate are approved for operation with unprotected inlets having been tested in accordance with Group I and Group II Foreign Objects Ingestion criteria of FAA Advisory Circular AC 33-1B.

Note 12. A magnetic oil drain plug (chip detector) indicator lamp is an installation requirement.

Note 13. Fuel control maximum fuel flow stop settings

Maximum fuel flow stop setting(pph)	Available maximum fuel flow stop setting for field use(pph)
375	−

U.S. DEPARTMENT OF TRANSPORTATION FEDERAL AVIATION ADMINISTRATION TYPE CERTIFICATE DATA SHEET NO. E23EA Part B-CF6-Series	TCDS NUMBER E23EA REVISION: 18* DATE: SEPTEMBER 3, 1997 GENERAL ELECTRIC COMPANY MODELS: CF6-6D CF6-50C CF6-50E CF6-6D1 CF6-50CA CF6-50E1 CF6-6D1A CF6-50C1 CF6-50E2 CF6-50C2 CF6-50E2B CF6-6K CF6-50C2B CF6-6K2 CF6-50C2D CF6-45A CF6-45A2 CF6-50A

Engines of models described herein conforming with this data sheet (which is part of Type Certificate Number E23EA) and other approved data on file with the Federal Aviation Administration, meet the minimum standards for use in certificated aircraft in accordance with pertinent aircraft data sheets and applicable portions of the Federal Aviation Regulations, provided they are installed, operated, and maintained as prescribed by the approved manufacturer's manuals and other approved instructions.

Type Certificate (TC) Holder : General Electric Company
Aircraft Engine Group
One Neumann Way
Cincinnati, OH 45215

Legend : "- -" INDICATES "SAME AS PRECEDING MODEL" and "---" NOT APPLICABLE

Ⅱ. Models	CF6-50A	CF6-50C	CF6-50CA	CF6-50C1	CF6-50C2
Ttpe	High bypass turbofan: coaxial front fan driven by multi-stage low pressure turbine, multi-stage compressor with two stage turbine and annular combustor.				

Ratings Maximum continuous at sea level, static thrust, lb.	46,300	– –	– –	– –	– –
Takeoff (5min) at sea level, static thrust, lb.	48,400	50,400	– –	51,800	– –
Alternate takeoff (5min) at sealevel, static thrust, lb.	---	---	---	46,600	---
Flat rating ambient temperature Takeoff	87℉/31℃	86℉/30℃	– –	– –	– –
Takeoff	---	---	---	86℉/30℃	---
Alternate takeoff	86℉/30℃	– –	– –	– –	– –
Maximum continuous					
Fuel Control, Woodward GE P/N	9070M55	– –	– –	9070M55 or 9187M29	9070M55
Cit Sensor, Woodward GE P/N	9261M73 or 9261M74	– – – –	– – – –	– – – –	– – – –
Fuel Pump GE P/N Single element gear type pump	9015M46 or 9039M45	– – – –	– – – –	– – – –	– – – –
Fuel Conforming to GE Specification	D50TF2	– –	– –	– –	– –
Oil	Synthetic type conforming to GE Specification D50TF1, Classes A or B. GE Service Bulletin 79–1 lists approved brand oils.				

Ignition System
  Two ignition units
  GE P/N
	9101M52 or
	9238M66
		--
		--
			--
			--
				--
				--
					--
					--

Two ignitor plugs GE P/N	9101M37 or 1305M52	9101M37 or 9387M23	1305M52 or 9101M37	-- --	-- --

Starting
  Starter
  GE P/N
	9014M18 or
	9281M79
		--
		--
			--
			--
				--
				--
					--
					--

Starter Valve GE P/N	9033M46	--	--	--	--
Principal Dimensions					

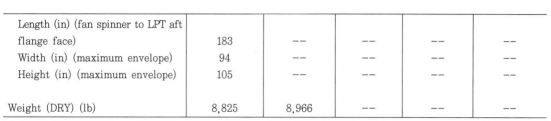
Length (in) (fan spinner to LPT aft flange face)	183	--	--	--	--
Width (in) (maximum envelope)	94	--	--	--	--
Height (in) (maximum envelope)	105	--	--	--	--
Weight (DRY) (lb)	8,825	8,966	--	--	--

Note: Weight includes basic engine accessories & optional equipment as listed in the manufacturer's engine specification, including condition monitoring instrumentation sensors per GE Specification GEK 9251.

Center Of GVTY Locations					
Station (in) (engine only)	224.0+2.0	--	--	--	--
Waterline (in) (engine only)	96.8+1.0	--	--	--	--

III. Models	CF6-50C2D	CF6-50E	CF6-50E1	CF6-50E2	CF6-50E2
Type	High bypass turbofan: coaxial front fan driven by multi-stage low pressure turbine, multi-stage compressor with two stage turbine and annular combustor.				
Ratings Maximum continuous at sea level, static thrust, lb.	46,300	--	--	--	--
Take off (5min) at sea level, static thrust, lb.	51,800	--	--	--	53,200
Alternate take off (5min) at sea level, static thrust, lb.	---	46,600	---	---	---
Flat rating ambient temperature Take off	79°F/26℃	78°F/26℃	86°F/30℃	--	79°F/26℃
Alternate takeoff	---	86°F/30℃	---	---	---
Maximum continuous	86°F/30℃		--	--	86°F/30℃
Fuel Control, Woodward GE P/N	9070M55	9187M29	--	--	9070M55
Cit Sensor, Woodward GE P/N	9261M73 or 9261M74	--	--	--	--
Fuel Pump GE P/N Single element gear type pump	9015M46 or 9039M45	--	--	--	--
Fuel Conforming to GE Specification	D50TF2	--	--	--	--

Oil	Synthetic type conforming to GE Specification　D50TF1, Classes A or B. GE Service Bulletin 79-1 lists approved brand oils.				
Ignition System					
Two ignition units					
GE P/N	9101M52 or	--	--	--	--
	9238M66	--	--	--	--
Two ignitor plugs					
GE P/N	1305M52 or	--	--	--	--
	9101M37	--	--	--	--
Starting					
Starter					
GE P/N	9014M18 or	9014M18	--	--	9014M18 or
	9281M79				9281M79
Starter Valve					
GE P/N	9033M46	--	--	--	--
Principal Dimensions					
Length (in) (fan spinner to LPT aft flange face)	183	--	--	--	--
Width (in) (maximum envelope)	94	--	--	--	--
Height (in) (maximum envelope)	105	--	--	--	--
Weight (DRY) (lb)	8,966	9,047	--	--	8,966

Note : Weight includes basic engine accessories & optional equipment as listed in the manufacturer's engine specification, including condition monitoring instrumentation sensors per GE Specification GEK 9251.

Center Of GVTY Locations					
Station (in) (engine only)	224.0+2.0	--	--	--	--
Waterline (in) (engine only)	96.8+1.0	--	--	--	--

Ⅳ. Models	CF6-50E2B
Type	High bypass turbofan: coaxial front fan driven by multi-stage low pressure turbine, multi-stage compressor with two stage turbine and annular combustor.
Ratings Maximum continuous at sea level, static thrust, lb.	46,300
Take off (5min) at sea level, static thrust, lb.	53,200
Alternate take off (5min) at sea level, static thrust, lb.	---
Flat rating ambient temperature	

Take off	86°F/30°C
Alternate takeoff	---
Maximum continuous	86°F/30°C
Fuel Control, Woodward	
GE P/N	9187M29
Cit Sensor, Woodward	
GE P/N	9261M73 or
	9261M74
Fuel Pump	
GE P/N	9015M46 or
Single element gear type pump	9039M45
Fuel	
Conforming to GE Specification	D50TF2
Oil	Synthetic type conforming to GE Specification D50TF1, Classes A or B. GE Service Bulletin 79-1 lists approved brand oils.
Ignition System	
Two ignition units	
GE P/N	9101M52 or
	9238M66
Two ignitor plugs	
GE P/N	1305M52 or
	9101M37
Starting	
Starter	
GE P/N	9014M18
Starter Valve	
GE P/N	9033M46
Principal Dimensions	
Length (in) (fan spinner to LPT aft flange face)	183
Width (in) (maximum envelope)	94
Height (in) (maximum envelope)	105
Weight (DRY) (lb)	9,047

Note: Weight includes basic engine accessories & optional equipment as listed in the manufacturer's engine specification, including condition monitoring instrumentation sensors per GE Specification GEK 9251.

Center Of GVTY Locations	
Station (in) (engine only)	224.0+2.0
Waterline (in) (engine only)	96.8+1.0

Certification Basis :

Federal Aviation Regulations Part 33 effective February 1, 1965, with Amendments 33-1 through 33-3 thereto, and Special Conditions 33-9-EA-4 for CF6-6 and CF6-50 series and 33-36-EA-9 for CF6-50 series. All CF6 series engines approved under Type Certificate No. E23EA comply with the February 1, 1974, fuel venting emissions and January 1, 1976, exhaust emissions requirements of Special Federal Aviation Regulation

No. 27 effective February 1, 1974, Section 15. CF6-50/-45 engines delivered after January 1, 1988, comply with Special Federal Aviation Regulation 27-5.

Models :	Date Of Application/ Amendedapplication	Date TC E23Ea Issued/Amended
CF6-50A	SEPT 05, 1969	MAR 23, 1972
CF6-50D	JUL 9, 1971	NOV 27, 1972*
CF6-50C	JUL 9, 1971	NOV 20, 1973
CF6-50E	APR 02, 1973	NOV 20, 1973
CF6-50H	AUG 21, 1973	SEPT 07, 1973*
CF6-50E1	MAY 21, 1975	AUG 12, 1975
CF6-50C1	JUN 03, 1976	JUL 22, 1976
CF6-50CA	JUN 03, 1977	JUN 08, 1977
CF6-50C2	JAN 05, 1978	AUG 11, 1978
CF6-50E2	JAN 05, 1978	DEC 07, 1978
CF6-50C2B	JUL 20, 1979	AUG 08, 1979
CF6-50E2B	JUL 20, 1979/JUL 28, 1982	AUG 08, 1979/MAR 18, 1983
CF6-50C2D	AUG 11, 1988	SEPT 22, 1988

* Engine models CF6-45B, CF6-45B2, and CF6-50D were deleted from Type Certificate E23EA on April 9, 1981. Engine model CF6-6H was deleted from Type Certificate E23EA on August 12, 1975. Engine model CF6-50H was deleted from Type Certificate E23EA on November 9, 1977. The above were deleted at the request of the type certificate holder. No engines of these models are in existence, nor is there intent to manufacture or convert to these models.

Production Basis :

Production Certificate No. 108 for engines produced by General Electric in the United States.

In addition, CF6-50 series engines and parts thereof produced in Europe are eligible in accordance with the following:

1. License agreement between General Electric and Societe National d'Etude et de Construction de Monteurs d'Aviation effective March 12, 1971, for complete engine and parts thereof.

2. License agreement between General Electric and Motoren and Turbinen Union, Munich GmbH effective February 9, 1971, for engine parts only.

Identification plates for engines manufactured by SNECMA shall contain the following information:

1. Manufacturer (SNECMA, France)

2. Model

3. Serial Number (Numbers 455---, 528--- are assigned to -50 engines manufactured by SNECMA)
4. Type Certificate Number E23EA
5. Established ratings
6. French certificate IM7

Each individually imported engine must be accompanied by an airworthiness approval tag, JAA Form 1, issued by SNECMA on behalf of the French Direction Generale de l'Aviation Civile (DGAC) under Production Certificate No. P03 or a "Certificat de Navigabilite pour Exportation" delivered by the DGAC (Ref. FAR 21.502).

For imported modules, assemblies or parts produced by SNECMA in France, an airworthiness approval tag, JAA Form 1, issued by SNECMA on behalf of the French DGAC under Production Certificate No. P03 or a Certificat de Navigabilite pour Exportation" delivered by the DGAC (Ref. FAR 21.502) shall be attached to each item or invoice covering a shipment of similar items.

For imported modules, assemblies or parts produced by MTU in the Federal Republic of Germany, a Luftfahrt-Bundersamt tag Muster Nr. 13/1 shall be attached to each item or invoice covering a shipment of similar items.

NOTES

Note 1. Maximum Permissible Engine Rotor Speeds

   CF6-50C1, CF6-50E, CF6-50A
   CF6-50E1, CF6-50C2, CF6-50C
   CF6-50E2, CF6-50C2B, CF6-50CA
   CF6-50E2B,CF6-50C2D

Low pressure rotor(N_1)   4,102(119.5%)
High pressure rotor(N_2)   10,761(109.5%)

Note 2. Maximum Permissible Indicated Temperatures
   Turbine exhaust gas temperature($T_{5.4}$) :
   Take off(5min.)
    1679°F(915℃)   (CF6-50A)
    1733°F(945℃)   (CF6-50C, CF6-50CA, CF6-50C1, CF6-50C2, CF6-50E,
             CF6-50E1, CF6-50E2, *CF6-50A
             CF6-50C2B, CF6-50E2B, CF6-50C2D)

   Maximum continuous
    1607°F(875℃)   (CF6-50A)
    1670°F(910℃)   (*CF6-50A, CF6-50C, CF6-50CA, CF6-50C1, CF6-50E,
             CF6-50E1, CF6-50E2, CF6-50C2, CF6-50C2B,
             CF6-50E2B, CF6-50C2D

Maximum for acceleration(2min.)

1706°F(930°C)　　　(CF6-50A)

1760°F(960°C)　　　(CF6-50C, CF6-50CA, CF6-50C1, CF6-50C2, CF6-50E,

CF6-50E1, CF6-50E2, *CF6-50A

CF6-50C2B, CF6-50E2B, CF6-50C2D)

Starting(max transient 40 secs) 1652°F(900°C)

Starting(max no time limit) 1382°F(750°C)

*CF6-50A engines must comply with Service Bulletin 72-471 to be eligible for these higher temperature limits.

Service Bulletin 77-25 is available to increase CF6-50/-45 series EGT margin by 10°C. This is accomplished by reducing indicated EGT by 10°C using a shunt device. SB 77-25 also defines required hot section hardware. Operating procedures and maintenance requirements shall be conducted per indicated EGT.

Fuel Pump Inlet　　　　　Refer to CF6 Installation Manual GEK 9286

Oil outlet / All models:

Continuous operation　　　　　　　　320°F(160°C)

Transient operation　　　　　　　　347°F(175°C)

(Transient operation is limited to 15 minutes)

Note 3. Fuel And Oil Pressure Limits

Fuel : Minimum at engine pump inlet; 3.5 psi. above absolute fuel vapor pressure, with maximum of 50 psi. above absolute ambient atmospheric pressure.

Oil : Limits vary − refer to Specific Operating Instruction GEK 9267 for CF6-6 series, and GEK 28467 for CF6-50/-45 series.

Note 4. Accessory Drive Provisions

Models: Drive Pad	Rotation	CF6-50 Gear Ratio To Core Speed	Torque (in. − lb.)		Static Overhung Moment (in. − lb.)
			Cont.	Static	
Starter	CC	0.956	10,800	19,200	400
CSD	CC	0.832	(250 H.P.)	17,400	900
Alternator*	C	------	------	------	1,000
Tachometer (core)**	C	0.409	7	540	3
Hydraulic pump***	CC	0.350	(85 H.P.)	7,400	500

C = Clockwise; CC = Counter-clockwise

* = Alternator Driven by CSD

** = Tachometer Mounted on and Driven through Main Lube & Scavenge Pump

*** = Either or both of two hydraulic pump drives

676

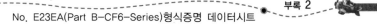
Note 5. Engine Ratings Are Based On Calibrated Stand Performance Under The Following Conditions::

Fan inlet air at 59°F and 29.92 in. hg.

GE bellmouth air inlet per GE Drawing 4013106-124, or 4013070-409(light weight)

No external air bleed or accessory drive power for aircraft accessories.

Fan nozzle configuration defined by GE drawing

Jet nozzle configuration defined by GE Drawing

Turbine temperature and engine rotor speed limits not exceeded.

Core engine acceptance test cowling defined by GE Drawing 4013124-021.

Pylon configuration acceptance test cowling defined by GE Drawing 4013070-716 and/or 4013124-091.

Stand thrust adjusted for scrubbing drag per Figure A-11 of CF6 Installation Manual GEK 9286.

Engine performance deck R71AEG135 is the prime source of engine performance data throughout the flight envelope.

Note 6. Maximum Permissible Air Bleed Extraction

Bleed Location	CF6-50
Stage 8, compressor airflow, normal	5.00%
Stage 8, compressor airflow, intermittent*	5.75%
Compressor discharge	
Steady state at take off rating	5.00%
Steady state between 80% N_2 and maximum continuous	10.00%
During acceleration above 80% N_2	7.00%
Operating at 80% N_2 or below	12.50%
Stage 10	2.00%
Stage 13	N/A

* The engine manufacturer is to be consulted regarding conditions, number of occurrences and duration of each occurrence within the limitations of: average of 2 x 10(-3) occurrences per engine operating hour and a maximum of 0.5 hour duration per occurrence(cumulative total of 50 hours). Intermittent operation is defined as "dispatch with a bleed system inoperative, or bleed system or engine failure in flight" and should be confined to the physical core speed(N_2) range of 81.5 to 98.5 r.p.m.

Note 7. Fuel

Approved fuel conforming to GE Specification D50TF2. The latest revision of specification will apply.

Note 8. Life limits established for critical rotating components are published in the CF6 Shop Manual.

Note 9. Power setting, power checks and control of engine thrust output in all operations is to be based on GE engine charts referring to Fan Speed(N_1). Speed sensors are included in the engine assembly for this purpose.

Note 10. The following thrust reverser models are approved in accordance with FAR 33.97 for incorporation on CF6 engine models:

	CF6-50A, -50C, -50CA, -50C1, -50C2, -50C2B, -50C2D	CF6-50E, -50E1, -50E2, -50E2B
Fan Reverser	FR-CF6G02	FR-CF6G04
Model No.	FR-CF6G03	TR-CF6-F6
FR-CF6G05		
TR-CF6-F3		
Turbine Reverser		
Model No.	TR-CF6-5*	TR-CF6-7*

* A fixed core exhaust nozzle , N-CF6-1, is eligible for use in lieu of the TR-CF6-5 or TR-CF6-7 turbine reverser. A short fixed core exhaust nozzle, N-CF6-3, is also eligible for use in lieu of the TR-CF6-5 turbine reverser.

Note 11. Refer to FAA New England Region or cognizant foreign airworthiness authority regarding foreign validation of FAA certification of CF6 series engines.

Note 12. The following models incorporate the following general characteristics:

CF6-50A	Basic CF6-50 series model. Differs primarily from CF6-6 series in the number of low pressure and high pressure compressor stages, number of low pressure turbine stages, rotor speeds and temperature limits.
CF6-50C	Same as CF6-50A except takeoff rating increased to 50,400 lbs, flat rated to 86°F ambient temperature sea level static and with improved engine parts.
CF6-50CA	A Same as CF6-50C except for variable stator vane reset actuator as used on CF6-50C1 for improved exhaust gas temperature operational characteristics.
CF6-50C1	Same as CF6-50C except the engine is operated at an increased takeoff thrust of 51,800 lbs. flat rated to 86°F ambient temperature SLS with an alternate takeoff rating of 46,600 lbs. flat rated ambient temperature SLS.
CF6-50E	Same as CF6-50C except the engine is operated to increased takeoff thrust of 51,800 lbs at a lower flat rated ambient temperature of 78°F SLS with an alternate takeoff rating of 46,600 lbs flat rated to 86°F ambient temperature SLS.
CF6-50E1	Same as CF6-50E except the takeoff flat rating ambient temperature is increased to 86°F sea level static with improved engine parts.
CF6-50C2	Same as CF6-50C1 except for new fan blade, Main Engine Control, and fan case stiffening ring.
CF6-50C2B	Same as CF6-50C2 except for increased takeoff thrust of 53,200 lbs at lower flat rated ambient temperature of 79°F.
CF6-50C2D	Same as CF6-50C2 except for lower flat rated ambient temperature of 79°F, SLS.
CF6-50E2	Same as CF6-50E1 except for new fan blade, Main Engine Control, and fan case stiffening ring.

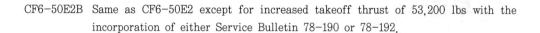

CF6-50E2B Same as CF6-50E2 except for increased takeoff thrust of 53,200 lbs with the incorporation of either Service Bulletin 78-190 or 78-192.

General Electric Service Bulletin (CF6-50) 72-350 outlines the conversions from one CF6-50 series model to another CF6-50 series model that have been FAA approved. A suffix may be added to the basic engine model number on the engine name plate to identify minor variations in the engine configuration, installation components or derated thrust peculiar to aircraft installation requirements. For example: CF6-50C2-XX. Engines that have suffix to the basic model number are identified in General Electric Service Bulletin No. (CF6-50/-45) 72-350, and are summarized below:

1. CF6-50C2-R - Same as -50C2 except reduced takeoff thrust rating (50,400 lbs. SLS).
     All hardware, limitations and other ratings are identical.
2. CF6-50C2-F - Same as -50C2 except reduced ratings
     (T.O. 45,600 lbs. SLS; MCT 43,250 lbs. SLS).
     All hardware, limitations and other ratings identical.

Note 14. The normal 5minute takeoff time limit may be extended to 10minutes for engine out contingency.

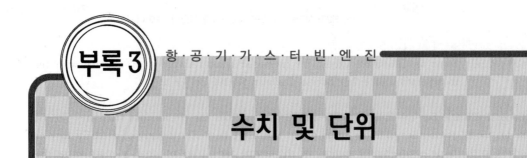

수치 및 단위

❙ Table 1 – Decimal Equivalents ❙

inch fraction	decimal	mm	inch fraction	decimal	mm	inch fraction	decimal	mm
1/64	0.0156	0.397	23/64	0.3594	9.128	45/64	0.7031	17.859
1/32	0.0312	0.794	3/8	0.3750	9.525	23/32	0.7187	18.256
3/64	0.0469	1.191	25/64	0.3906	9.922	47/64	0.7344	18.653
1/16	0.0625	1.587	13/32	0.4062	10.319	3/4	0.7500	19.050
5/64	0.0781	1.984	27/64	0.4219	10.716	49/64	0.7656	19.447
3/32	0.0937	2.381	7/16	0.4375	11.112	25/32	0.7812	19.844
7/64	0.1094	2.778	29/64	0.4531	11.509	51/64	0.7969	20.240
1/8	0.1250	3.175	15/32	0.4687	11.906	13/16	0.8125	20.637
9/64	0.1406	3.572	31/64	0.4844	12.303	53/64	0.8281	21.034
5/32	0.1562	3.969	1/2	0.5000	12.700	27/32	0.8437	21.431
11/64	0.1719	4.366	33/64	0.5156	13.097	55/64	0.8594	21.828
3/16	0.1875	4.762	17/32	0.5312	13.494	7/8	0.8750	22.225
13/64	0.2031	5.159	35/64	0.5469	13.891	57/64	0.8906	22.622
7/32	0.2187	5.556	9/16	0.5625	14.287	29/32	0.9062	23.019
15/64	0.2344	5.953	37/64	0.5781	14.684	59/64	0.9219	23.416
1/4	0.2500	6.350	19/32	0.5937	15.081	15/16	0.9375	23.812
17/64	0.2656	6.747	39/64	0.6094	15.478	61/64	0.9531	24.209
9/32	0.2812	7.144	5/8	0.6250	15.875	31/32	0.9687	24.606
19/64	0.2969	7.540	41/64	0.6406	16.272	63/64	0.9844	25.003
5/16	0.3125	7.937	21/32	0.6562	16.669	1	1	25.400
21/64	0.3281	8.334	43/64	0.6719	17.066			
11/32	0.3438	8.731	11/16	0.6875	17.462			

▌Table 2 – Drill Sizes/Decimal Equivalents ▌

Drill No.	Dia. in.	Drill No.	Dia. in.	Drill No.	Dia. in.	Drill No.	Dia. in.	Drill No.	Dia. in.
A	0.234	G	0.261	L	0.290	Q	0.332	V	0.377
B	0.238	H	0.266	M	0.295	R	0.339	W	0.386
C	0.242	I	0.272	N	0.302	S	0.348	X	0.397
D	0.246	J	0.277	O	0.316	T	0.358	Y	0.404
E	0.250	K	0.281	P	0.323	U	0.368	Z	0.413
F	0.257								

Drill No.	Dia. in.	Drill No.	Dia. in.	Drill No.	Dia. in.	Drill No.	Dia. in.	Drill No.	Dia. in.
1	0.2280	17	0.1730	33	0.1130	49	0.0730	65	0.0350
2	0.2210	18	0.1695	34	0.1110	50	0.0700	66	0.0330
3	0.2130	19	0.1660	35	0.1100	51	0.0670	67	0.0320
4	0.2090	20	0.1610	36	0.1065	52	0.0635	68	0.0310
5	0.2055	21	0.1590	37	0.1040	53	0.0595	69	0.0292
6	0.2040	22	0.1570	38	0.1015	54	0.0550	70	0.0280
7	0.2010	23	0.1540	39	0.0995	55	0.0520	71	0.0260
8	0.1990	24	0.1520	40	0.0980	56	0.0465	72	0.0250
9	0.1960	25	0.1495	41	0.0960	57	0.0430	73	0.0240
10	0.1935	26	0.1470	42	0.0935	58	0.0420	74	0.0225
11	0.1910	27	0.1440	43	0.0890	59	0.0410	75	0.0210
12	0.1890	28	0.1405	44	0.0860	60	0.0400	76	0.0200
13	0.1850	29	0.1360	45	0.0820	61	0.0390	77	0.0180
14	0.1820	30	0.1285	46	0.0810	62	0.0380	78	0.0160
15	0.1800	31	0.1200	47	0.0785	63	0.0370	79	0.0145
16	0.1770	32	0.1160	48	0.0760	64	0.0360	80	0.0135

❚ Table 3 – Temperature Conversions–Centigrade to Fahrenheit ❚

°C	°F	°C	°F	°C	°F	°C	°F	°C	°F	°C	°F	°C	°F
−40	−40	−10	14	20	68	50	122	80	176	110	230	140	284
−39	−38.2	−9	15.8	21	69.8	51	123.8	81	177.8	111	231.8	141	285.8
−38	−36.4	−8	17.6	22	71.6	52	125.6	82	179.6	112	233.6	142	287.6
−37	−34.6	−7	19.4	23	73.4	53	127.4	83	181.4	113	235.4	143	289.4
−36	−32.8	−6	21.2	24	75.2	54	129.2	84	183.2	114	237.2	144	291.2
−35	−31	−5	23	25	77	55	131	85	185	115	239	145	293
−34	29.2	−4	24.8	26	78.8	56	132.8	86	186.8	116	240.8	146	294.8
−33	−27.4	−3	26.6	27	80.6	57	134.6	87	188.6	117	242.6	147	296.6
−32	−25.6	−2	28.4	28	82.4	58	136.4	88	190.4	118	244.4	148	298.4
−31	−23.8	−1	30.2	29	84.2	59	138.2	89	192.2	119	246.2	149	300.2
−30	−22	0	32	30	86	60	140	90	194	120	248	150	302
−29	−20.2	1	33.8	31	87.8	61	141.8	91	195.8	121	249.8	151	303.8
−28	−18.4	2	35.6	32	89.6	62	143.6	92	197.6	122	251.6	152	305.6
−27	−16.6	3	37.4	33	91.4	63	145.4	93	199.4	123	253.4	153	307.4
−26	−14.8	4	39.2	34	93.2	64	147.2	94	201.2	124	255.2	154	309.2
−25	−13	5	41	35	95	65	149	95	203	125	257	155	311
−24	−11.2	6	42.8	36	96.8	66	150.8	96	204.8	126	258.8	156	312.8
−23	−9.4	7	44.6	37	98.6	67	152.6	97	206.6	127	260.6	157	314.6
−22	−7.6	8	46.4	38	100.4	68	154.4	98	208.4	128	262.4	158	316.4
−21	−5.8	9	48.2	39	102.2	69	156.2	99	210.2	129	264.2	159	318.2
−20	−4	10	50	40	104	70	158	100	212	130	266	160	320
−19	−2.2	11	51.8	41	105.8	71	159.8	101	213.8	131	267.8	161	321.8
−18	−0.4	12	53.6	42	107.6	72	161.6	102	215.6	132	269.6	162	323.6
−17	1.4	13	55.4	43	109.4	73	163.4	103	217.4	133	271.4	163	325.4
−16	3.2	14	57.2	44	111.2	74	165.2	104	219.2	134	273.2	164	327.2
−15	5	15	59	45	113	75	167	105	221	135	275	165	329
−14	6.8	16	60.8	46	114.8	76	168.8	106	222.8	136	276.8	166	330.8
−13	8.6	17	62.6	47	116.6	77	170.6	107	224.6	137	278.6	167	332.6
−12	10.4	18	64.4	48	118.4	78	172.4	108	226.4	138	280.4	168	334.4
−11	12.2	19	66.2	49	120.2	79	174.2	109	228.2	139	282.2	169	336.2

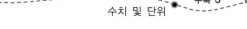

▍Table 4 – Conversion Factors ▍

Multiply	By	To Obtain	Multiply	By	To Obtain
Acres	43,560	Square feet	Ergs.	1	Dyne-centimeters
Acres	1.562×10^{-3}	Square miles	Ergs.	7.37×10^{-6}	Foot-pounds
Acre-Feet	43,560	Cubic feet	Ergs.	10^{-7}	Joules
Amperes per sq.cm.	6.452	Amperes per sq.in.	Farads.	106	Microfarads
Amperes per sq.in.	0.1550	Amperes per sq.cm.	Fathoms	6	Feet
Ampere-Turns	1.257	Gilberts	Feet	30.48	Centimeters
Ampere-Turns per cm.	2.540	Ampere-turns per in.	Feet of water	08826	Inches of mercury
Ampere-Turns per in.	0.3937	Ampere-turns per cm.	Feet of water	304.8	Kg. per square meter
Atmospheres	76.0	Cm. of mercury	Feet of water	62.43	Pounds per square ft.
Atmospheres	29.92	Inches of mercury	Feet of water	0.4335	Pounds per square in.
Atmospheres	33.90	Feet of water	Foot-pounds	1.285×10^{-2}	British thermal units
Atmospheres	14.70	Pounds per sq.in.	Foot-pounds	5.050×10^{-7}	Horsepower-hours
British thermal units	252.0	Calories	Foot-pounds	1.356	Joules
British thermal units	778.2	Foot-pounds	Foot-pounds	0.1383	Kilogram-meters
British thermal units	3.960×10^{-4}	Horsepower-hours	Foot-pounds	3.766×10^{-7}	Kilowatt-hours
British thermal units	0.2520	Kilogram-calories	Gallons	0.1337	Cubic feet
British thermal units	107.6	Kilogram-meters	Gallons	231	Cubic inches
British thermal units	2.931×10^{-4}	Kilowatt-hours	Gallons	3.785×10^{-3}	Cubic meters
British thermal units	1,055	Watt-seconds	Gallons	3.785	Liters
Btu per hour	2.931×10^{-4}	Kilowatts	Gallons per minute	2.228×10^{-3}	Cubic feet per sec.
Btu per minute	2.359×10^{-2}	Horsepower	Gausses	6.452	Lines per square in.
Btu per minute	1.759×10^{-2}	Kilowatts	Gilberts	0.7958	Ampere-turns
Bushels.	1.244	Cubic feet	Henries	103	Millihenries
Centimeters	0.3937	Inches	Horsepower	42.41	Btu per min.
Circular mils	5.067×10^{-6}	Square centimeters	Horsepower	2,544	Btu per hour
Circular mils	0.7854×10^{-6}	Square inches	Horsepower	550	Foot-pounds per sec.
Circular mils	0.7854	Square mils	Horsepower	33,000	Foot-pounds per min.
Cords	128	Cubic feet	Horsepower	1.014	Horsepower (metric)
Cubic centimeters	6.102×10^{-6}	Cubic inches	Horsepower	10.70	Kg. calories per min.
Cubic feet	0.02832	Cubic meters	Horsepower	0.7457	Kilowatts
Cubic feet	7.481	Gallons	Horsepower (boiler)	33,520	Btu per hour

Multiply	By	To Obtain	Multiply	By	To Obtain
Cubic feet	28.32	Liters	Horsepower-hours	2,544	British thermal units
Cubic inches	16.39	Cubic centimeters	Horsepower-hours	1.98×10^6	Foot-pounds
Cubic meters	35.31	Cubic feet	Horsepower-hours	2.737×10^5	Kilogram-meters
Cubic meters	1.308	Cubic yards	Horsepower-hours	0.7457	Kilowatt-hours
Cubic yards	0.7646	Cubic meters	Inches	2.540	Centimeters
Degrees (angle)	0.01745	Radians	Inches of mercury	1.133	Feet of water
Dynes	2.248×10^{-6}	Pounds	Inches of mercury	70.73	Pounds per square ft.
Inches of mercury	0.4912	Pounds per square in.	Microhms	10^{-6}	Ohms
Inches of water	25.40	Kg. per square meter	Microhms per cm. cube	0.3937	Microhms per in. cube
Inches of water	0.5781	Ounces per square in.	Microhms per cm. cube	6.015	Ohms per mil. foot
Inches of water	5.204	Pounds per square ft	Miles	5,280	Feet
Joules	9.478×10^{-4}	British thermal units	Miles	1.609	Kilometers
Joules	0.2388	Calories	Miner's inches	1.5	Cubic feet per min.
Joules	107	Ergs	Ohms	10^{-6}	Megohms
Joules	0.7376	Foot-pounds	Ohms	106	Microhms
Joules	2.778×10^{-7}	Kilowatt-hours	Ohms per mil foot	0.1662	Microhms per cm. cube
Joules	0.1020	Kilogram-meters	Ohms per mil foot	0.06524	Microhms per in. cube
Joules	1	Watt-seconds	Poundals	0.03108	Pounds
Kilograms	2.205	Pounds	Pounds	32.17	Poundals
Kilogram-calories	3.968	British thermal units	Pound-feet	0.1383	Meter-Kilograms
Kilogram meters	7.233	Foot-pounds	Pounds of water	0.01602	Cubic feet
Kg per square meter	3.281×10^{-3}	Feet of water	Pounds of water	0.1198	Gallons
Kg per square meter	0.2048	Pounds per square ft.	Pounds per cubic foot	16.02	Kg. per cubic meter
Kg per square meter	1.422×10^{-3}	Pounds per square in.	Pounds per cubic foot	5.787×10^{-4}	Pounds per cubic in.
Kilolines	103	Maxwells	Pounds per cubic inch	27.68	Grams per cubic cm.
Kilometers	3.281	Feet	Pounds per cubic inch	2.768×10^{-4}	Kg. per cubic meter
Kilometers	0.6214	Miles	Pounds per cubic inch	1.728	Pounds per cubic ft.
Kilowatts	56.87	Btu per min.	Pounds per square foot	0.01602	Feet of water
Kilowatts	737.6	Foot-pounds per sec.	Pounds per square foot	4.882	Kg. per square meter
Kilowatts	1.341	Horsepower	Pounds per square foot	6.944×10^{-3}	Pounds per sq. in.
Kilowatts-hours	3409.5	British thermal units	Pounds per square inch	2.307	Feet of water
Kilowatts-hours	2.655×10^6	Foot-pounds	Pounds per square inch	2.036	Inches of mercury

Multiply	By	To Obtain	Multiply	By	To Obtain
Knots	1.152	Miles	Pounds per square inch	703.1	Kg. per square meter
Liters	0.03531	Cubic feet	Radians	57.30	Degrees
Liters	61.02	Cubic inches	Square centimeters	1.973×10^5	Circular mils
Liters	0.2642	Gallons	Square Feet	2.296×10^{-5}	Acres
Log Ne or in N	0.4343	Log10 N	Square Feet	0.09290	Square meters
Log N	2.303	Loge N or in N	Square inches	1.273×10^6	Circular mils
Lumens per square ft.	1	Footcandles	Square inches	6.452	Square centimeters
Maxwells	10^{-3}	Kilolines	Square Kilometers	0.3861	Square miles
Megalines	106	Maxwells	Square meters	10.76	Square feet
Megaohms	106	Ohms	Square miles	640	Acres
Meters	3.281	Feet	Square miles	2.590	Square kilometers
Meters	39.37	Inches	Square Millimeters	1.973×10^3	Circular mils
Meter-kilograms	7.233	Pound-feet	Square mils	1.273	Circular mils
Microfarads	10^{-6}	Farads	Tons (long)	2,240	Pounds
Tons (metric)	2,205	Pounds	Watts-hours	3.412	British thermal units
Tons (short)	2,000	Pounds	Watts-hours	2,655	Footpounds
Watts	0.05686	Btu per minute	Watts-hours	1.341×10^{-3}	Horsepower-hours
Watts	. 107	Ergs per sec.	Watts-hours	0.8605	Kilogram-calories
Watts	44.26	Foot-pounds per min.	Watts-hours	376.1	Kilogram-meters
Watts	1.341×10^{-3}	Horsepower	Webers	108	Maxwells
Watts	14.34	Calories per min.			

부록4 항·공·기·가·스·터·빈·엔·진

가스터빈엔진 로케이터

Key to Engine Type		Key to Abbreviations
First Two Letters of Three : A-Axial Flow 　　　　　　　　　　　　　C-Centrifugal Flow Last or Third Latter : J-Turbojet 　　　　　　　　　　T-Turboprop 　　　　　　　　　　S-Turboshaft 　　　　　　　　　　F-Turbofan		shp-Shaft Horse Power ESHP-Equivalent Horse Power LB$_t$-Pound of Thrust SL-Sea Lavel

Manufacturer	Designation	Type	Maximum Power at SL	Aircraft Application
Untied Technologies Pratt & Whitney of Hartford, Conn.	JT3C, Series	AJ	12,000/13,000lb$_t$	DC-8, Boeing 707 and 720
	JT3D, Series	AF	19,999lb$_t$	DC-8, Boeing 707 and 720
	JT12A	AJ	3,300lb$_t$	Jetstar, Sabreliner
	JTFD12	AS	4,500shp	Sikorsky S-64
	JT8D, Series	AF	14,000/20,000lb$_t$	DC-9, Boeing 727 and 737
	JT9D, Series	AF	45,000/54,000lb$_t$	DC-10, Boeing 747
	PWA-2037	AF	37,000lb$_t$	Boeing 767
Untied Technologies Pratt & Whitney of Canada	JT15D-1	ACF	2,500lb$_t$	Cessna, Citation, Aerospatiale Corvette
	PT6, Series	ACT	580/1,175eshpc	Fairchild Porter, Beech King Air, B99, DeHavilland DHC-7F
	PT66, Series	ACS	550/1,800shp	Bell 212, Sikorsky S-58
	PWA-117, Sries (formerty PT7, Series)	CT	1,500/2,500shp	EMB-10, DeHavilland DHC-8
	T-400	ACS	1,800	Bell AH-1
Rolls Royce Canada, U.K	Dart, Series	CT	2,000/3,000eshp	Viscount, Argosy 650, Gulfstream-1, Fairchild F27
	RB-211	AF	42,000/50,000lb$_t$	Lockheed L-1011, Bering 747
	M45H-01	AF	16,000lb$_t$	Folker 614
	Spey, Series	AF	9,000/15,000lb$_t$	Gulfstream-2, Fairchild F28

Manufacturer	Designation	Type	Maximum Power at SL	Aircraft Application
Rolls Royce/SNECMA	Olympus 593	AJ	37,290lb$_t$	Concorde SST
Textron Lycoming	T-53, Series	ACS	1,400/2,000shp	Bell UH-1, 204, 205
	T-53, Series	ACT	1,400/2,000eshp	Grumman OV-1
	T-55, Series	ACS	2,000/3,700shp	Bell 214, Boeing Ch-47C
	ALF 502L	ACF	7,500lb$_t$	Canadair CL-600
	LTS101	ACS	600shp	Aerospatiale AS-350
Garrett Corp. AIResearch Div.	TPE-331, Series	CT	715/1,040shp	Aero Commander, MU-2, Cessna 441
	TSE-331 Series	CS	800shp	Sikorsky S-55T
	TFE-731 Series	ACF	3,700/4,000lb$_t$	Jestar 2, Faicon 50, Sabrellner 65, Lear 35, Cessna Citation
	ATF3-6	ACF	5,050lb$_t$	Falcon 20G
General Electric Corp.	CF-6, Series	AF	41,000/55,000lb$_t$	DC-10, A300, 7747
	CF-700	AF	4,500lb$_t$	Falcon 20D, Sabre 75
	CJ-610, Series	AJ	2,800/3,100lb$_t$	Learjet, Hansa, Westwind
	CT-7	CS	1,700eshp	SAAB-Fairchild 340
	CT-64	AT	2,970eshp	DeHavilland DHC-5B
	CFM-56	AF	22,000lb$_t$	DC-8, B-737 Modification, Airbus A-310
General Motors Corp. Allison Div.	250-B15	ACT	400eshp	General Aviation, Hello Currier
	250, Series	ACS	420/650shp	Bell 206, Fairchild 1100, Hughes 500
	501-D	AT	4,680eshp	Lockheed L100

항공기 수신호

▌Common Hand Signals ▌

Emergency signals

Personnel in danger(for any reason)
Reducethrust and shut down engine(s)

(A) Draw right forefinger across throat. When necessary for multi-engine aircraft, use a numerical finger signal (or point) with the left hand to designate which engine should be shut down.
(B) As soon as the signal is observed cross both arms high above the face. The sequance of signals may be reversed, if more expedient.

Fire in tail pipe
Turn engine over with starter

(A) With fingers of both hands curied and both thumbs extended up. Make a gesture pointing upward
(B) As soon as the signal is observed. Use circular motion with right hand and arm extended over the hand (as for an engine start). When necessary for multi-engine aircraft, use a numerical finger signal (or point) with the left hand to designate the affected engine.

Fire in accessory section
Shut down engine and evacuate aircraft

(A) Draw right forefinger across throat. When necessary for mult.-engine aircraft, use a numerical finger signal (or point) with the left hand to designate which engine should be shut down.
(B) As soon as the signal is observed extend both thumbs upward then out. Repeat if necessary.

Gneneral Signals

Affirmative
Condition satisfactory
OK. Trim good. ETC.

Hold up thumb and forefinger. Touching at the tips to form the letter "O"

Negative
condition unsatisfactory
No good. ETC.

With the finger curied and thumb extended. Point thumb downward toward the ground.

Adjust up
(higher)

With the fingers extended and plam lacing up. Move hand up (and down) vertically as if coaxing upward.

Adjust down (lower)

With the fingers extended and plam facing down, move hand down (and up), vertically, as if coaxing downward.

Slight adjustment

Hold up thumb and forefinger slightly apart (either simultaneously) with the other hand when calling for an up or down adjustment, or with the same hand immediately following the adjustment signal.

Shorten adjustment (as when adjusting linkage)

Hold up thumb and forefinger somewhat apart (other fingers curide), then bring thumb and forefinger ring together in a slow closing motion.

Lengthen adjustment (as when adjusting a linkage)

Hold up thumb and forefinger pressed together (other fingers curied), then separate thumb and forefinger in a slow, opening motion.

Numberical reading (of any instrument or to report a numberical value of any type)

Hold up appropriate number of fingers of either one or both hands, as necessary, in numberical sequence (i. e ..5. then 7=57)

Engine Operating Signals

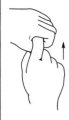

Connect external power source

Insert extended forefinger of right hand into cupped fist of left hand.

Disconnect external power source

Withdraw extended forefinger of right hand from cupped fist of left hand.

Start engine

Circular motion with right hand and arm extended over the hand. When necessary for multi-engine aircraft, use a numerical finger signal (or point) with the left hand to designate which engine should be started.

* Note

To use as an "All clear to start" signal, plot, or engine operator initiates the signal from the aircraft cockpit. Ground crewman rapeats the signal to indicate "Aall clear to start engine"

음속차트

∥ Local Speed of Sound(C_s) Chart ∥

°F	200	180	160	140	120	100	80	60	40	20	0	−20	−40	−60	−80	−100
ft/sec	1,260	1,240	1,220	1,200	1,180	1,160	1,140	1,120	1,100	1,075	1,051	1,028	1,004	980	955	930
MPH	860	845	830	818	804	790	776	762	747	732	716	700	684	668	650	635

1. C_s =the terminal velocity °F sound waves in air at a specified temperature.

2. C_s =1,116.8fps at sea level, standard temperature 59°F, with a change of 1.1fps for each degree fahrenheit increase.

3. C_s =49.022 $\sqrt{°R}$ and °R=°F+460

4. mach No.=velocity(FPS)+C_s(FPS)

미국 표준대기

| U.S. Standard Atmosphere, 1962(Geopotential Altitude) |

Altitude feet	Temperature			British Units Pressure		Sonic Velocity		ft³/lb	lb/ft³
	°F	°R	℃	psia	in.Hg	ft/sec	kts		
−2,000	66.1	525.8	19.0	15.79	32.15	1124.0	666.0		
−1,000	62.5	522.2	17.0	15.23	31.02	1120.2	663.7		
0	59.0	518.7	15.0	14.70	29.92	1116.8	661.5	13.1	.076474
1,000	55.4	515.1	13.0	14.17	28.86	1112.6	659.2		
2,000	51.9	511.6	11.0	13.66	27.82	1108.7	656.9		
3,000	48.3	508.0	9.1	13.17	26.82	1104.9	654.6		
4,000	44.7	504.4	7.1	12.69	25.84	1101.0	652.3		
5,000	41.2	500.9	5.1	12.23	24.90	1097.1	650.0	15.2	.065896
6,000	37.6	497.3	3.1	11.78	23.98	1093.2	647.7		
7,000	34.0	493.7	1.1	11.34	23.09	1089.2	645.4		
8,000	30.5	490.2	−0.8	10.92	22.23	1085.3	643.0		
9,000	26.9	486.6	−2.8	10.50	21.39	1081.3	640.7		
10,000	23.3	483.0	−4.8	10.11	20.58	1077.4	638.3	17.7	.056475
11,000	19.8	479.5	−6.8	9.720	19.79	1073.4	636.0		
12,000	16.2	475.9	−8.8	9.346	19.03	1069.4	633.6		
13,000	12.6	472.3	−10.7	8.984	18.29	1065.4	631.2		
14,000	91.0	468.8	−12.7	8.633	17.58	1061.3	628.8		
15,000	5.5	465.2	−14.7	8.294	16.89	1057.3	626.4	20.8	.048117
16,000	1.9	461.6	−16.7	7.965	16.22	1053.2	624.0		
17,000	−1.6	458.1	−18.7	7.647	15.57	1049.2	621.6		
18,000	−5.2	454.5	−20.7	7.339	14.94	1045.1	619.2		
19,000	−8.8	450.9	−22.6	7.041	14.34	1041.0	616.7		
20,000	−12.3	447.4	−24.6	6.754	13.75	1036.8	614.3	24.5	.040745
21,000	−15.9	443.8	−26.6	6.475	13.18	1032.7	611.9		
22,000	−19.5	440.2	−28.6	6.207	12.64	1028.5	609.4		
23,000	−23.0	436.7	−30.6	5.947	12.11	1024.4	606.9		

Altitude feet	Temperature			British Units Pressure		Sonic Velocity		ft³/lb	lb/ft³
	°F	°R	℃	psia	in.Hg	ft/sec	kts		
24,000	−26.6	433.1	−32.5	5.696	11.60	1020.2	604.4		
25,000	−30.2	429.5	−34.5	5.454	11.10	1016.0	601.9	29.2	.034267
26,000	−33.7	426.0	−36.5	5.220	10.63	1011.7	599.4		
27,000	−37.3	422.4	−38.5	4.994	10.17	1007.5	596.9		
28,000	−40.9	418.8	−40.5	4.777	9.725	1003.2	594.4		
29,000	−44.4	415.3	−42.4	4.567	9.298	988.9	591.9		
30,000	−48.0	411.7	−44.4	4.364	8.886	994.6	589.3	35.0	.028608
31,000	−51.6	408.1	−46.4	4.169	8.489	990.3	586.8		
32,000	−55.1	404.6	−48.4	3.981	8.106	986.0	584.2		
33,000	−58.7	401.0	−50.4	3.800	7.737	981.6	581.6		
34,000	−62.3	397.4	−52.4	3.626	7.383	977.3	579.0		
35,000	−65.8	393.9	−54.3	3.458	7.041	972.9	576.4	42.2	.023699
36,000	−69.7	390.3	−56.3	3.297	6.712	968.5	573.8		
*36,089	−69.7	390.0	−56.5	3.282	6.683	968.1	573.6	44.0	.022798
37,000	−69.7	390.0	−56.5	3.142	6.397	968.1	573.6		
38,000	−69.7	390.0	−56.5	2.994	6.097	968.1	573.6		
39,000	−69.7	390.0	−56.5	2.854	5.811	968.1	573.6	50.7	.019735
40,000	−69.7	390.0	−56.5	2.720	5.538	968.1	573.6		
41,000	−69.7	390.0	−56.5	2.592	5.278	968.1	573.6		
42,000	−69.7	390.0	−56.5	2.471	5.030	968.1	573.6		
43,000	−69.7	390.0	−56.5	2.335	4.794	968.1	573.6		
44,000	−69.7	390.0	−56.5	2.244	4.569	968.1	573.6	64.4	.015531
45,000	−69.7	390.0	−56.5	2.139	4.335	968.1	573.6		
46,000	−69.7	390.0	−56.5	2.039	4.151	968.1	573.6		
47,000	−69.7	390.0	−56.5	1.943	3.956	968.1	573.6		
48,000	−69.7	390.0	−56.5	1.852	3.770	968.1	573.6		
49,000	−69.7	390.0	−56.5	1.75	3.953	968.1	573.6	81.8	.012213
50,000	−67.9	390.0	−56.5	1.682	3.425	968.1	573.6		
51,000	−69.7	390.0	−56.5	1.603	3.264	968.1	573.6		
52,000	−69.7	390.0	−56.5	1.528	3.111	968.1	573.6		
53,000	−69.7	390.0	−56.5	1.456	2.965	968.1	573.6		
54,000	−69.7	390.0	−56.5	1.388	2.826	968.1	573.6	104.1	.009605
55,000	−69.7	390.0	−56.5	1.323	2.693	968.1	573.6		
56,000	−69.7	390.0	−56.5	1.261	2.567	968.1	573.6		
57,000	−69.7	390.0	−56.5	1.201	2.446	968.1	573.6		
58,000	−69.7	390.0	−56.5	1.145	2.321	968.1	573.6		
59,000	−69.7	390.0	−56.5	1.091	2.222	968.1	573.6	132.4	.007553

Altitude feet	Temperature			British Units Pressure		Sonic Velocity		ft³/lb	lb/ft³
	°F	°R	°C	psia	in.Hg	ft/sec	kts		
60,000	−69.7	390.0	−56.5	1.040	2.118	968.1	573.6		
61,000	−69.7	390.0	−56.5	.9913	2.018	968.1	573.6		
62,000	−69.7	390.0	−56.5	.9448	1.924	968.1	573.6		
63,000	−69.7	390.0	−56.5	.9005	1.833	968.1	573.6		
64,000	−69.7	390.0	−56.5	.8582	1.747	968.1	573.6		
65,000	−69.7	390.0	−56.5	.8179	1.665	968.1	573.6	176.7	.005660
*65,617	−69.7	390.0	−56.5	.7941	1.617	968.1	573.6		
70,000	−67.3	392.4	−55.2	.6437	1.311	971.0	575.3		
75,000	−64.6	395.1	−53.6	.5073	1.0333	974.4	577.3		
80,000	−61.8	397.9	−52.1	.4005	.8155	977.8	579.3		
85,000	−59.1	400.6	−50.6	.3167	.6449	981.2	581.3		
90,000	−56.3	403.4	−49.1	.2509	.5108	984.5	583.3		
95,000	−53.6	406.1	−47.5	.1990	.4052	987.9	585.3		
100,000	−50.8	408.9	−46.0	.1581	.3220	991.2	587.3		
*104,987	−48.1	411.6	−44.5	.1259	.2563	994.5	589.2		
150,000	21.0	480.7	−6.1	.01893	.03854	1074.8	636.8		
*154,199	27.5	487.2	−2.5	.01609	.03275	1082.0	641.1		
*170,604	27.5	487.2	−2.5	.00557	.01742	1082.0	641.1		
200,000	−5.1	454.9	−20.4	.02655	.005406	1045.5	619.5		
*200,131	−5.2	454.8	−20.5	.02641	.005377	1045.4	619.4		

* Boundary between atmosphere layers of constant thermal gradient.

Note : The ICAO atmosphere is identical to the U.S. Standard Atmosphere for altitudes below 65,617ft.

Adiabatic Lapse Rates : 1. Temperature 3.57°F per 1,000ft
　　　　　　　　　　　　　2. Pressure 0.934in.Hg. per 1,000ft

공 식

❚ Other Useful Formulae And Standard Information ❚

1. Specific heat at Constant Volume $C_v = 0.1715\,\text{Btu/lb}\,°\text{F}$

2. Specific heat at Constant pressure $C_p = 0.24\,\text{Btu/lb}\,°\text{F}$

3. $1\text{Btu} = 778\text{ft.lb}$

4. Ratio of specific heat $(C_p/C_v)\gamma = 1.4$

5. $778 \times (C_p - C) = 53.3\text{ft.lb}$

6. F_g Afterburning vs. Non-afterburning $= \sqrt{T_a}$

   Where : Temperature Ratio$(T_a) = \dfrac{°\text{R with A/B}}{°\text{R without A/B}}$

7. To calculate T_s if T_t and M are known : $T_t/T_s = 1 + \left[\dfrac{\gamma - 1}{2}\right] \times M^2$

   Where : $T = °\text{R}$

   $M = \text{Mach number}$

8. $C_s(\text{mph}) = 33.42\sqrt{°\text{R}}$

9. $C_s(\text{kts}) = 29.04\sqrt{°\text{R}}$

10. $\text{ESHP(flt)} = \text{shp} + \dfrac{F_n \times V_I(\text{fps})}{550 \times \text{propellr eff.}(\%)}$

11. Horsepower to drive the compressor

$$\text{hp} = \frac{24 \times T_t \times m_s \times 778}{550}$$

   Where : T_t : Temperature rise above ambient at compressor discharge($°\text{F}$)

   m_s : lb/sec mass airflow

   $24 = C_p(\text{Btu/lb}°\text{F})$

   $550 = \text{conversion to hp}$

12. Weight of air at $59°\text{F} = 0.07474\text{lb/ft}^3$

   $\text{or} = 13.1\text{ft}^3/\text{lb}$

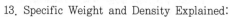
13. Specific Weight and Density Explained:

Specific Weight : lb/ft^3

Density : lb/ft^3/g or lb.sec^2/ft^4

14. To calculate Total Pressure if Density and Velocity are know:

$$P_t = \left(\frac{1}{2}\rho V^2\right) + P$$

$$P_t = \text{lb.sec}^2/\text{ft}^4 \times \text{ft}^2/\text{ft}^3$$

Where : P_t : Kinetic+Static

ρ : Density

P : Static Pressure

15. To calculate Ram Pressure if P_t and M are known:

$$\frac{Q}{P_t} = \frac{1}{2}\gamma M^2 \left[1 + \frac{\gamma-1}{2} \times M^2\right]^{\frac{\gamma}{1-\gamma}}$$

Where : Q : Ram pressure

P_t : Total pressure

M : Any Subsonic Velocity

16. To calculate Total Pressure(P_t) or Static Pressure(P_s) if Mach number(M) is known:

$$\frac{P_t}{P_s} = 1 + \left[\frac{\gamma-1}{2} \times M^2\right]^{\frac{\gamma}{\gamma-1}}$$

항·공·기·가·스·터·빈·엔·진

압력 및 온도 보정계수

‖ Table 1 － Pressure Correction Factors ‖

$$\text{DELTA}(\delta)\,\frac{P}{P_o} = \frac{P}{29.92}$$

P iN. Hg. ABS	δ	P iN. Hg. ABS	δ	P iN. Hg. ABS	δ	P iN. Hg. ABS	δ
39.9	1.334	37.5	1.253	35.1	1.173	32.7	1.093
39.8	1.330	37.4	1.250	35.0	1.170	32.6	1.090
39.7	1.327	37.3	1.247	34.9	1.166	32.5	1.086
39.6	1.324	37.2	1.243	34.8	1.163	32.4	1.083
39.5	1.320	37.1	1.240	34.7	1.160	32.3	1.080
39.4	1.317	37.0	1.237	34.6	1.156	32.2	1.076
39.3	1.313	36.9	1.233	34.5	1.153	32.1	1.073
39.2	1.310	36.8	1.230	34.4	1.150	32.0	1.070
39.1	1.307	36.7	1.227	34.3	1.146	31.9	1.066
39.0	1.303	36.6	1.223	34.2	1.143	31.8	1.063
38.9	1.300	36.5	1.220	34.1	1.140	31.7	1.059
38.8	1.297	36.4	1.217	34.0	1.136	31.6	1.056
38.7	1.293	36.3	1.213	33.9	1.133	31.5	1.053
38.6	1.290	36.2	1.210	33.8	1.130	31.4	1.049
38.5	1.287	36.1	1.207	33.7	1.126	31.3	1.046
38.4	1.283	36.0	1.203	33.6	1.123	31.2	1.043
38.3	1.280	35.9	1.200	33.5	1.120	31.1	1.039
38.2	1.277	35.8	1.196	33.4	1.116	31.0	1.036
38.1	1.273	35.7	1.193	33.3	1.113	30.9	1.033
38.0	1.270	35.6	1.190	33.2	1.110	30.8	1.029
37.9	1.267	35.5	1.186	33.1	1.106	30.7	1.026
37.8	1.263	35.4	1.183	33.0	1.103	30.6	1.023
37.7	1.260	35.3	1.180	32.9	1.100	30.5	1.019
37.6	1.257	35.2	1.176	32.8	1.096	30.4	1.016

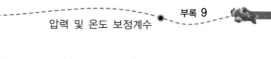

P iN. Hg. ABS	δ	P iN. Hg. ABS	δ	P iN. Hg. ABS	δ	P iN. Hg. ABS	δ
30.3	1.013	26.6	0.8890	22.9	0.7654	19.2	0.6417
30.2	1.009	26.5	0.8857	22.8	0.7620	19.1	0.6384
30.1	1.006	26.4	0.8823	22.7	0.7587	19.0	0.6350
30.0	1.003	26.3	0.8790	22.6	0.7553	18.9	0.6317
29.9	0.9993	26.2	0.8757	22.5	0.7520	18.8	0.6283
29.8	0.9960	26.1	0.8723	22.4	0.7487	18.7	0.6250
29.7	0.9926	26.0	0.8690	22.3	0.7453	18.6	0.6216
29.6	0.9893	25.9	0.8656	22.2	0.7420	18.5	0.6183
29.5	0.9859	25.8	0.8623	22.1	0.7386	18.4	0.6150
29.4	0.9826	25.7	0.8586	22.0	0.7353	18.3	0.6116
29.3	0.9793	25.6	0.8556	21.9	0.7319	18.2	0.6083
29.2	0.9759	25.5	0.8523	21.8	0.7286	18.1	0.6050
29.1	0.9726	25.4	0.8489	21.7	0.7253	18.0	0.6016
29.0	0.9692	25.3	0.8456	21.6	0.7219	17.9	0.5983
28.9	0.9659	25.2	0.8422	21.5	0.7186	17.8	0.5949
28.8	0.9626	25.1	0.8389	21.4	0.7152	17.7	0.5916
28.7	0.9592	25.0	0.8356	21.3	0.7119	17.6	0.5882
28.6	0.9559	24.9	0.8322	21.2	0.7085	17.5	0.5849
28.5	0.9525	24.8	0.8289	21.1	0.7052	17.4	0.5815
28.4	0.9492	24.7	0.8255	21.0	0.7019	17.3	0.5782
28.3	0.9458	24.6	0.8222	20.9	0.6985	17.2	0.5749
28.2	0.9425	24.5	0.8188	20.8	0.6952	17.1	0.5715
28.1	0.9392	24.4	0.8155	20.7	0.6918	17.0	0.5682
28.0	0.9358	24.3	0.8122	20.6	0.6885	16.9	0.5648
27.9	0.9325	24.2	0.8088	20.5	0.6852	16.8	0.5615
27.8	0.9291	24.1	0.8055	20.4	0.6818	16.7	0.5581
27.7	0.9258	24.0	0.8021	20.3	0.6785	16.6	0.5548
27.6	0.9224	23.9	0.7988	20.2	0.6751	16.5	0.5515
27.5	0.9191	23.8	0.7954	20.1	0.6718	16.4	0.5481
27.4	0.9158	23.7	0.7921	20.0	0.6684	16.3	0.5448
27.3	0.9124	23.6	0.7888	19.9	0.6651	16.2	0.5415
27.2	0.9091	23.5	0.7854	19.8	0.6618	16.1	0.5381
27.1	0.9057	23.4	0.7821	19.7	0.6584	16.0	0.5348
27.0	0.9024	23.3	0.7787	19.6	0.6551	15.9	0.5314
26.9	0.8990	23.2	0.7754	19.5	0.6517	15.8	0.5281
26.8	0.8957	23.1	0.7720	19.4	0.64684	15.7	0.5147
26.7	0.8924	23.0	0.7687	19.3	0.6450	15.6	0.5214

P iN. Hg. ABS	δ	P iN. Hg. ABS	δ	P iN. Hg. ABS	δ	P iN. Hg. ABS	δ
15.5	0.5180	14.6	0.4880	13.7	0.4579	12.8	0.4278
15.4	0.5147	14.5	0.4846	13.6	0.4545	12.7	0.4245
15.3	0.5114	14.4	0.4813	13.5	0.4512	12.6	0.4211
15.2	0.5080	14.3	0.4779	13.4	0.4479	12.5	0.4178
15.1	0.5047	14.2	0.4746	13.3	0.4445	12.4	0.4144
15.0	0.5013	14.1	0.4713	13.2	0.4412	12.3	0.4111
14.9	0.4780	14.0	0.4679	13.1	0.4378	12.2	0.4077
14.8	0.4946	13.9	0.4646	13.0	0.4345	12.1	0.4044
14.7	0.4913	13.8	0.4612	12.9	0.4311	12.0	0.4011

‖ Table 2 − Temperature Correction Factors ‖

$$°F = \frac{9}{5}(°C + 32)$$

$$°F = °R = 460$$

$$°C = \frac{5}{9}(°F - 32)$$

$$THETA(\theta) = \frac{T}{T_o} = \frac{T}{519}$$

For interpolation, $1°C = 1.8°F$

T (°F)	θ	$\sqrt{\theta}$	T (°F)	θ	$\sqrt{\theta}$	T (°F)	θ	$\sqrt{\theta}$	T (°F)	θ	$\sqrt{\theta}$
200	1.272	1.128	172	1.218	1.104	144	1.164	1.079	116	1.110	1.054
199	1.270	1.127	171	1.216	1.103	143	1.162	1.078	115	1.108	1.053
198	1.269	1.126	170	1.214	1.102	142	1.160	1.077	114	1.106	1.052
197	1.267	1.125	169	1.212	1.101	141	1.158	1.076	113	1.104	1.051
196	1.265	1.124	168	1.210	1.100	140	1.156	1.075	112	1.102	1.050
195	1.263	1.123	167	1.208	1.099	139	1.154	1.074	111	1.100	1.049
194	1.261	1.123	166	1.206	1.098	138	1.152	1.073	110	1.098	1.048
193	1.259	1.122	165	1.204	1.097	137	1.150	1.073	109	1.096	1.047
192	1.257	1.121	164	1.202	1.096	136	1.149	1.072	108	1.095	1.046
191	1.255	1.120	163	1.200	1.095	135	1.147	1.071	107	1.093	1.045
190	1.253	1.119	162	1.199	1.095	134	1.145	1.070	106	1.091	1.044
189	1.251	1.118	161	1.197	1.094	133	1.143	1.069	105	1.089	1.043
188	1.249	1.117	160	1.195	1.093	132	1.141	1.068	104	1.087	1.042
187	1.247	1.117	159	1.193	1.092	131	1.139	1.067	103	1.085	1.041
186	1.245	1.116	158	1.191	1.091	130	1.137	1.066	102	1.083	1.041
185	1.243	1.115	157	1.189	1.090	129	1.135	1.065	101	1.082	1.040
184	1.242	1.114	156	1.187	1.089	128	1.133	1.064	100	1.080	1.039
183	1.240	1.113	155	1.185	1.089	127	1.131	1.064	99	1.078	1.038
182	1.238	1.112	154	1.183	1.088	126	1.129	1.063	98	1.076	1.037
181	1.236	1.111	153	1.181	1.087	125	1.127	1.062	97	1.074	1.036
180	1.234	1.111	152	1.179	1.086	124	1.125	1.061	96	1.072	1.035
179	1.232	1.110	151	1.177	1.085	123	1.123	1.060	95	1.070	1.034
178	1.230	1.109	150	1.176	1.084	122	1.122	1.059	94	1.068	1.033
177	1.228	1.108	149	1.174	1.083	121	1.120	1.058	93	1.066	1.032
176	1.226	1.107	148	1.172	1.082	120	1.118	1.057	92	1.064	1.031
175	1.224	1.106	147	1.170	1.082	119	1.116	1.056	91	1.062	1.030
174	1.222	1.105	146	1.168	1.081	118	1.114	1.055	90	1.060	1.029
173	1.220	1.104	145	1.166	1.080	117	1.112	1.054	89	1.058	1.029

T (°F)	θ	$\sqrt{\theta}$	T (°F)	θ	$\sqrt{\theta}$	T (°F)	θ	$\sqrt{\theta}$	T (°F)	θ	$\sqrt{\theta}$
88	1.056	1.028	52	0.988	0.993	16	0.918	0.958	−20	0.848	0.921
87	1.055	1.027	51	0.986	0.992	15	0.916	0.957	−21	0.846	0.920
86	1.053	1.026	50	0.984	0.991	14	0.914	0.956	−22	0.844	0.919
85	1.051	1.025	49	0.982	0.990	13	0.912	0.955	−23	0.842	0.918
84	1.049	1.024	48	0.980	0.989	12	0.910	0.954	−24	0.840	0.917
83	1.047	1.023	47	0.978	0.988	11	0.908	0.953	−25	0.838	0.916
82	1.045	1.022	46	0.976	0.987	10	0.907	0.952	−26	0.836	0.914
81	1.043	1.020	45	0.974	0.986	9	0.905	0.951	−27	0.834	0.913
80	1.041	1.020	44	0.972	0.985	8	0.903	0.950	−28	0.832	0.912
79	1.039	1.019	43	0.970	0.984	7	0.901	0.949	−29	0.831	0.911
78	1.037	1.018	42	0.968	0.984	6	0.899	0.948	−30	0.829	0.910
77	1.035	1.017	41	0.966	0.983	5	0.897	0.947	−31	0.827	0.909
76	1.033	1.016	40	0.964	0.982	4	0.895	0.946	−32	0.825	0.908
75	1.031	1.015	39	0.962	0.981	3	0.893	0.945	−33	0.823	0.907
74	1.029	1.014	38	0.960	0.980	2	0.891	0.944	−34	0.821	0.906
73	1.028	1.013	37	0.959	0.979	1	0.889	0.943	−35	0.819	0.905
72	1.026	1.012	36	0.957	0.978	0	0.887	0.942	−36	0.817	0.904
71	1.024	1.012	35	0.955	0.977	−1	0.884	0.940	−37	0.815	0.903
70	1.022	1.011	34	0.953	0.976	−2	0.883	0.939	−38	0.813	0.902
69	1.020	1.010	33	0.951	0.975	−3	0.881	0.938	−39	0.811	0.901
68	1.018	1.009	32	0.949	0.974	−4	0.879	0.937	−40	0.809	0.900
67	1.016	1.008	31	0.947	0.973	−5	0.877	0.936	−41	0.807	0.899
66	1.014	1.007	30	0.945	0.972	−6	0.875	0.935	−42	0.805	0.897
65	1.012	1.006	29	0.943	0.971	−7	0.873	0.934	−43	0.804	0.896
64	1.010	1.005	28	0.941	0.970	−8	0.871	0.933	−44	0.802	0.895
63	1.008	1.004	27	0.939	0.969	−9	0.869	0.932	−45	0.800	0.894
62	1.006	1.003	26	0.937	0.968	−10	0.867	0.931	−46	0.798	0.893
61	1.004	1.002	25	0.935	0.967	−11	0.865	0.930	−47	0.896	0.892
60	1.002	1.001	24	0.934	0.966	−12	0.863	0.929	−48	0.794	0.891
59	1.000	1.000	23	0.932	0.965	−13	0.861	0.928	−49	0.792	0.890
58	0.999	0.999	22	0.930	0.964	−14	0.859	0.927	−50	0.790	0.889
57	0.997	0.998	21	0.928	0.963	−15	0.857	0.926	−51	0.788	0.888
56	0.995	0.997	20	0.926	0.962	−16	0.856	0.925	−52	0.786	0.887
55	0.993	0.996	19	0.924	0.961	−17	0.854	0.924	−53	0.784	0.886
54	0.991	0.995	18	0.922	0.960	−18	0.852	0.923	−54	0.782	0.885
53	0.989	0.994	17	0.920	0.959	−19	0.850	0.922	−55	0.780	0.883

T(°F)	θ	$\sqrt{\theta}$	T(°F)	θ	$\sqrt{\theta}$	T(°F)	θ	$\sqrt{\theta}$	T(°F)	θ	$\sqrt{\theta}$
−56	0.778	0.882	−62	0.767	0.876	−68	0.755	0.869	−74	0.744	0.862
−57	0.777	0.881	−63	0.765	0.875	−69	0.753	0.868	−75	0.742	0.861
−58	0.775	0.880	−64	0.763	0.874	−70	0.751	0.867	−76	0.740	0.860
−59	0.773	0.879	−65	0.761	0.872	−71	0.750	0.866	−77	0.738	0.859
−60	0.771	0.878	−66	0.759	0.871	−72	0.748	0.865	−78	0.736	0.858
−61	0.769	0.877	−67	0.757	0.870	−73	0.746	0.864	−79	0.734	0.857

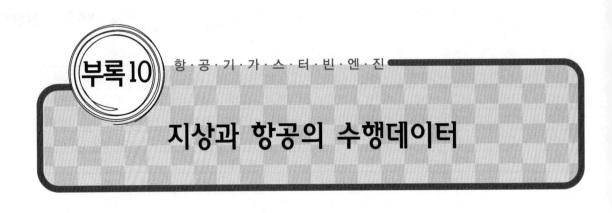

▌Ground vs. Flight Performance Data▐

	Operation at Sea Level	Operation at Mach 0.8 at 36,089ft	Data Source
1. Ambient Pressure (P_{am})	30.0in.Hg	6.7in.Hg	measured
2. Ambient Temperature (T_{am})	535°R	390°R	measured
3. Ram Pressure Ratio $\left(\dfrac{P_{t2}}{P_{am}}\right)$	1.0	1.524	measured
4. Ram Temperature Ratio $\left(\dfrac{T_{t2}}{T_{am}}\right)$	1.0	1.135	measured
5. Engine Inlet Total Pressure (P_{t2})	30.0in.Hg	10.2in.Hg	1×3
6. Engine Inlet Total Temperature (T_{t2})	535°R	443°R	2×4
7. Pressure Correction Factor (δ_{t2})	1.003	0.341	$\dfrac{5}{29.92}$
8. Temperature Correction Factor (θ_{t2})	1.031	0.854	$\dfrac{6}{519}$
9. Square Root of θ_{t2}	1.015	0.924	$\sqrt{8}$
10. Net Thrust (F_n)	7,000lb	3,000lb	measured
11. Corrected Net Thrust $\left(\dfrac{F_n}{\delta_{t2}}\right)$	6,979lb	8,798lb	$\dfrac{10}{7}$
12. Fuel Flow (W_t)	4,600pph	3,100pph	measured
13. Corrected Fuel Flow $\left(\dfrac{W_t}{\delta_{t1}}\sqrt{\theta_{t2}{}^{0.5}}\right)$	4,569pph	9,272pph	$\dfrac{12}{7\times9}$
14. Exhaust Gas Temperature (T_{t5})	1,400°R	1,500°R	measured
15. Corrected EGT $\left(\dfrac{T_{t5}}{\theta_{t2}}\right)$	1,358°R	1,756°R	$\dfrac{14}{8}$
16. Compressor Speed (rpm)	9,000	9,100	measured
17. Corrected Compressor Speed $\left(\dfrac{\text{rpm}}{\sqrt{\theta_{t2}}}\right)$	8,867	9,848	$\dfrac{16}{9}$

가스터빈동력 항공기의 이해

The following aircraft have been selected because they are considered most familiar on the scene of commercial and general aviation

In many aircraft a choice of powerplants evolves over time. In this listing only the currently used engines are shown.

A. Airliners(Large & Small)

Aircraft Manufacturer	Engine Maunfacturer	Designation	No. Of Engines
Boeing Corporation			
707(turbojet) early models	Pratt & Whitney	JT3C & JT4C	(4)
707(turbofan)	Pratt & Whitney	JT3D	(4)
720(turbofan)	Pratt & Whitney	JT3D	(4)
727(turbofan)	Pratt & Whitney	JT8D	(3)
737-200(turbofan)	Pratt & Whitney	JT8D	(2)
737-300(turbofan)	CFM International	CFM-56	(2)
747(turbofan)	Pratt & Whitney	JT9D	(4)
		or	
		PW 4000 series	
	or		
	General Electric	CF6	
	or		
	Rolls-Royce	RB-211	
757(turbofan)	Pratt & Whitney	PW-2037	(2)
	or		
	Rolls-Royce	RB-211	
767(turbofan)	Pratt & Whitney	JT9D	(2)
	or		
	General Electric	CF6-80	
Multi-national Engines			
Airbus A-300(turbofan)	General Electric	CF6-50	(2)
Airbus A-310(turbofan)	General Electric	CF6-80	(2)
	or		
	Pratt & Whitney	PW-4000 series	
Airbus A-320(turbofan)	CFM International	CFM-56	(2)

Aircraft Manufacturer	Engine Maunfacturer	Designation	No. Of Engines
	or		
	International Aero Engines	V 2500	
Airbus A-340(turbofan)	Pratt & Whitney	PW-4000	(4)
ATR-42(turboprop)	Pratt & Whitney	PWC-120	(2)
ATR-72	Pratt & Whitney	PWC-124	(2)
Concorde(turbojet)	Rolls-Royce	Olympus 593	(4)
British Aerospace Corporation			
Vicount(turboprop)	Rolls-Royce	Dart	(2)
BAC-111(turboprop)	Rolls-Royce	Spey	(2)
BAe-ATP(turbofan)	Pratt & Whitney	PWC-124/125	(2)
BAe-125(turbofan)	Garrett	TFE-731	(2)
BAe-146(turbofan)	Lycoming	ALF-502	(4)
Canadair Corporation(Canada)			
Challenger CL-600(turbofan)	Lycoming	ALF-502	(2)
Challenger CL-601(turbofan)	General Electric	CF-34	(2)
Convair Corporation			
Convair 540(turboprop)	Allison(GM)	501D	(2)
Convair 990(turbofan)	General Electric	CJ-805	(4)
DeHavilland-Canada			
DHC-6(turboprop)	Pratt & Whitney(Canada)	PT6	(2)
DHC-7(turboprop)	Pratt & Whitney(Canada)	PT6	(4)
DHC-8(turbofan)	Pratt & Whitney(Canada)	PWC-120 series	(4)
Fairchild Industries			
FH-227(turboprop)	Rolls-Royce	Dart	(2)
Lockheed Corporation			
Tristar L1011(turbofan)	Rolls-Royce	RB-211	(3)
Electra L-188(turboprop)	Allison(GM)	501D	(4)
Hercules L-100 or C-130(turboprop)	Allison(GM)	T-56	(4)
McDonald-Douglas Corporation			
DC-8(turbofan)	Pratt & Whitney	JT3D	(4)
	or		
	CFM International	CFM-56	
DC-9(turbofan)	Pratt & Whitney	JT8D	(2)
DC-10(turbofan)	General Electric	CF-6	(3)
	or		
	Pratt & Whitney	JT9D	
MD-80 to MD-88(turbofan)	Pratt & Whitney	JT8D	(2)
MD-11(turbofan)	Pratt & Whitney	PW-4360	(3)
	or		
	General Electric	CF6-80	
MD-91(UDF)	General Electric	GE-36	(2)

B. Commuter/Business Jets

Aircraft Manufacturer	Engine Maunfacturer	Designation	No. Of Engines
Beechcraft Corporation			
KingAir C-90 to F-90(turboprop)	Pratt & Whitney(Canada)	PT6	(2)
KingAir B-200(turboprop)	Pratt & Whitney(Canada)	PT6	(2)
KingAir B-200(turboprop)	Garrett	TPE-331	(2)
Super King 300(turboprop)	Pratt & Whitney(Canada)	PT6	(2)
B-99(turboprop)	Pratt & Whitney(Canada)	PT6	(2)
Starship-1(turboprop)	Pratt & Whitney(Canada)	PT6	(2)
Cessna Corporation			
Citation I, II, and IV(turbofan)	Pratt & Whitney(Canada)	JT15D	(2)
Citation III(turbofan)	Garrett	TFE-731	(2)
Conquest(turboprop)	Garrett	TPE-331	(2)
Corsair(turboprop)	Pratt & Whitney(Canada)	PT6	(2)
Caravan(turboprop)	Pratt & Whitney(Canada)	PT6	(2)
Dassault Corporation			
Falcon 10(turbofan)	Garrett	TFE-731	(2)
Falcon 20F(turbofan)	General Electric	CF-700	(2)
Falcon 50(turbofan)	Garrett	TFE-731	(2)
Falcon 200(turbofan)	Garrett	ATF-3	(2)
Falcon 900(turbofan)	Garrett	TFE-731	(3)
Fairchid Aircraft Corporation			
SA-227(turboprop)	Garrett	TFE-331	(2)
Merlin(turboprop)	Garrett	TFE-331	(2)
Fokker Corporation			
F-27(turboprop)	Allison(GM)	250	(2)
F-28(turbofan)	Rolls-Royce	Spey	(2)
Fokker(turbofan)	Pratt & Whitney	PWC-124	(2)
Fokker 100(turbofan)	Rolls-Royce	TAY	(2)
Gates Corporation			
Learjet 24-29(turbojet)	General Electric	CJ-610	(2)
Learjet 35-56(turbofan)	Garrett	TFE-731	(2)
Gates Piaggio Gribo(turboprop)	Pratt & Whitney(Canada)	PT6	(2)
Learfan 2100(turboprop)	Pratt & Whitney(Canada)	PT6(twin pac)	(2)
Gulfstream American Corporation			
Gulfstream 1(turboprop)	General Electric	CT7	(2)
Gulfstream 2 & 3(turbofan)	Rolls-Royce	Spey	(2)
Gulfstream 4(turbofan)	Rolls-Royce	TAY	(3)
Lockheed Corporation			
Jetstream(turbofan)	Pratt & Whitney(Canada)	JT12	(4)
Jetstar II(turbofan)	Garrett	TFE-731	(4)
Mitsubishi Corporation			
MU-2(turboprop)	Garrett	TPE-331	(2)
OMAC Inc.			
Model 1(turboprop)	Garrett	TPE-331	(1)

Aircraft Manufacturer	Engine Maunfacturer	Designation	No. Of Engines
Piper Corporation			
Cheyenne 3(turboprop)	Pratt & Whitney(Canada)	PT6	(2)
Cheyenne 400(turboprop)	Garrett	TPE-331	(2)
Rockwell Corporation			
Sabreliner 40-60(turbojet)	Pratt & Whitney	JT12	(2)
Sabreliner 65(turbofan)	Garrett	TFE-731	(2)
Sabreliner 75(turbofan)	General Electric	CF-700	(2)
Commander 690(turboprop)	Garrett	TPE-331	(2)
Aero Commander(turboprop)	General Electric	CJ-610	(2)

C. Rotorcraft(Turboshaft Engines)

Aircraft Manufacturer	Engine Maunfacturer	Designation	No. Of Engines
Bell Corporation			
Bell 205	Lycoming	T53	(1)
Bell 206	Allison(GM)	250	(1)
Bell 209	Pratt & Whitney(Canada)	T-400	(2)
Bell 212 & 214	Pratt & Whitney(Canada)	ST6(twin pac)	(2)
Bell 222	Lycoming	LTS-101	(2)
V-22(Bell/Boeing)	Allison(GM)	T-406	(2)
Boeing			
CH-46	General Electric	T-58	(2)
CH-47	Lycoming	T-55	(2)
McDonald Douglas Helicopter Co.			
MD 500	Allison(GM)	250	(1)
MD 77	General Electric	T-700	(2)
Sikorsky			
S-58	Pratt & Whitney(Canada)	ST6(twin pac)	(2)
S-61	General Electric	CT-58(twin pac)	(2)
S-64	Pratt & Whitney	JTFD-12	(2)
S-65(CH-53)	General Electric	T-64	(2)
S-69(ABC, XH-59A)	Pratt & Whitney(Canada)	PT6 and J-60	(2)+(2)
S-70	General Electric	T-700	(2)
S-76	Allison(GM)	250	(2)

D. International Rotorcraft

Aircraft Manufacturer	Engine Maunfacturer	Designation	No. Of Engines
Aerospatiale Corporation(France)			
SA 332(Super Puma)	Turbomeca	Makila	(2)
SA 355 E Cureuil	Allison(GM)	250	(2)
SA 365 Dauphin	Turbomeca	Arriel	(2)
Augusta(Italy)			
A 109	Allison(GM)	250	(2)
AB 205	Lycoming	T-53	(1)
AB 206	Allison(GM)	250	(1)
AB 212	Pratt & Whitney(Canada)	PT6(twin pac)	(2)
ASH-3H	General Electric	T-58	(2)
AS 61	General Electric	T-58	(2)
Messerschmitt-Boelkow-Blohm(MBB)			
(West Germany)			
BO 105	Allison(GM)	250	(2)
BO 117	Lycoming	LTS-101	(2)
Westland Helicopters LTD(Great Britain)			
W30	Rolls-Royce	GEM	(2)
W30-200 & 300	General Electric	CT7	(2)

This glossary is provided as a ready reference of terms as used in this text. These definitions may differ from those of standard dictionaries, but are more common in reference to the gas turbine engine.

Acceleration due to gravity   The acceleration of a freely falling body due to the attraction of gravity, expressed as the rate of increase of velocity per unit of time. In a vacuum the rate is 32.2 feet per second near sea level.

Absolute pressure   Pressure above zero pressure as read on a barometer type instrument. e.g. Standard Day, 14.7psia.

Afterburner   A tubular combustion chamber with a variable-size exhaust outlet attached to the rear of a gas turbine engine into which fuel is injected through a set of spray bars. An example is the Concorde SST aircraft. Burning of fuel in the exhaust supplements the normal thrust of the engine by increasing the acceleration of the air mass through an additional temperature rise.

Airfoil   Any surface designed to obtain a useful reaction upon its surfaces from the air through which it moves. Velocity increases over the cambered side producing lift on the underside.

Air, ambient   The atmospheric air surrounding all sides of the aircraft or engine. Expressed in units of lb/sq inch or in.Hg.

Annularcombustor   A cylindrical one piece combustion chamber, sometimes referred to as a single basket type combustor.

Auxiliary power unit   A type of gas turbine, usually located in the aircraft fuselage, whose purpose is to provide either electrical power, ari pressure for starting main engines, or both. Similar in design to ground power units.

Axial   Motion along a real or imaginary straight line on which an object supposedly or actually rotates. The engine centerline.

Axial flow compressor   Compressor with airflow parallel to the axis of the engine. The numerous compressor stages raise pressure of air but essentially make no change in direction of airflow.

Bernoulli's Theorem   Principle which states pressure and velocity of a gas or fluid passing through a duct(at constant subsonic flow rate) are inversely proportional.

Blade   A rotating airfoil utilized in a compressor as a means of compressing air or in a turbine for extracting energy from the flowing gases.

Brayton Cycle   A thermodynamic cycle of operation that may be used to explain the operating principles of the gas turbine engine. It is sometimes referred to as the continuous combustion, or constant pressure cycle.

British Thermal Unit(btu)   A unit of heat. One BTU equals the heat energy required to raise one pound of water one degree Fahrenheit (e.g. one pound of jet fuel contains approximately 18,600btu).

Bucket   Accepted jargon for turbine blade.

Can-annular combustor   A set, generally of 6 to 10 liners within one outer annulus(combustor outer case).

Centrifugal flow compressor   An impeller shaped device which receives air at its center and slings air outward at high velocity into a diffuser to increase pressure. Sometimes referred to as a radial outflow compressor.

Choked airflow   An airflow condition from a convergent shaped nozzle, where the gas is traveling at the speed of sound and cannot be further accelerated. Any increase in internal pressure will pass out the nozzle in the form of pressure.

Combustor   The section of the engine into which fuel is injected and burned to create expansion of the gases.

Compressor   An impeller or a multi-bladed rotor assembly. A component which is driven by a turbine rotor for the purpose of compressing incoming air.

Compressor pressure ratio   The result of compressor discharge pressure divided by compressor inlet pressure. e.g. a large turbofan may have a compressor pressure ratio of 25 : 1

Compressor stage   A roter blade set followed by a stator vane set. Simply stated the rotating airfoils create air velocity which then changes to pressure in the numerous diverging ducts formed by the stator vanes.

Compressor stall   A condition in an axial-flow compressor in which one or more stages of rotor blades fail to pass air smoothly to the succeeding stages. A stall condition is caused by a pressure ratio that is incompatible with the engine rpm. Compressor stall will be indicated by a rise in exhaust temperature or rpm fluctuation, and if allowed to continue, may result in flameout and physical damage to the engine.

Convergent duct   A cone-shaped passage or channel in which gas may be made to flow from its largest area to its smallest area, resulting in an increase in velocity and a decrease in pressure. Referred to as nozzle shaped. An inverse proportion is present if the weight of airflow remains constant.

Diffuser   The divergent section of the engine which is used to convert the velocity energy in the compressor discharge air to pressure energy. Aircraft inlet ducts and compressor stator vanes are also described as diffusers due to their effect on air in raising pressure.

Divergent duct   A cone-shaped passage or channel in which a gas may be made to flow from its smallest to its largest area resulting in an increase in pressure and a decrease in velocity. An inverse proportion is present if the weight of airflow remains constant, e.g. the engine diffuser.

Energy   Inherent power or the capacity for performing work. When a portion of matter is stationary, it often has energy due to its position in relation to oter portions of matter. This is called potential energy. If the matter is moving, it is said to have kinetic energy, or energy due to motion.

Engine cycle   Cycles are recorded as one take off and landing, and are used to compute time between overhaul of engines and components where operating hours are not used.

Engine pressure ratio(EPR)　The ratio of turbine discharge pressure divided by compressor inlet pressure. Displayed in the cockpit as an indication of engine thrust.

Engine stations　Numbered locations along the engine length, or along the gas path used for the purpose of identifying pressure and temperature points, component locations and the like.

Exhaust gas temperature(EGT)　Temperature taken at the turbine exit. Often referred to as T_{t7}

Exhaust nozzle　Also referred to as the jet nozzle, this is the rear-most part of the engine.

Flame out　An unintentional extinction of combustion due to a blowout (too much fuel) or die-out (too little fuel).

Foreign object damage(FOD)　Compressor damage from ingestion of foreign objects into the engine inlet.

Fuel control unit　The main fuel scheduling device which receives a mechanical input signal from the power lever and various oter signals, such as P_{t2}, T_{t2}, etc. These signals provide for automatic scheduling of fuel at all ambient conditions of ground and flight operation.

Fuel flow　Rate at which fuel is consumed by the engine in pounds per four(pph).

Gas generator turbine　High pressure turbine wheel(s) which drive the compressor of a turboshaft or turboprop engine.

Gas turbine　Engine consisting of a compressor, combustor and turbine, using a gaseous fluid as a working medium and producing either shaft horsepower, jet thrust, or both.

Ground power unit　A type of small gas turbine whose purpose is to provide either electrical power, air pressure for starting aircraft engines, or both. A ground unit is connected to the aircraft when needed. Similar to an aircraft installed auxiliary power unit.

Horsepower　Unit of power equal to 33,000 foot pounds of work per minute, 550 foot pounds per second, or 375 mile pounds per hour.

Hot start　A start which occurs with normal engine rotation, but exhaust temperature exceeds prescribed limits. This is usally caused by an excessively rich mixture in the combustor. The fuel to the engine must be terminated immediately to prevent engine damage.

Hung start　A condition of normal lightoff but with rpm remaining at some low value rather than increasing to the normal idle rpm. This is often the result of insufficient power to the engine from the starter. In the event of a hung start, the engine should be shut down.

Idle　A percent rpm setting, the value of which changes from engine to engine. It is the lowest engine operating speed authorized.

Igniter plug　An electrical sparking device used to start the burning of the fuel-air mixture in a combustor.

Impeller　Name given to the centrifugal flow compressor rotor.

Inlet duct　The ambient air entrance duct which directs air into the engine.

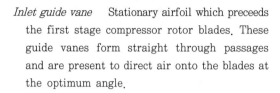

Inlet guide vane   Stationary airfoil which preceeds the first stage compressor rotor blades. These guide vanes form straight through passages and are present to direct air onto the blades at the optimum angle.

Jet engine   A reaction engine which derives its thrust from the acceleration of an air mass through an orifice. There are four common types : rocket, ramjet, pulsejet, and turbojet.

Kinetic energy   Energy due to motion.

Mach number   The ratio of the speed of the airplane to the speed of sound (at the temperature in which the airplane is operating.)

Mass   A basic property of matter. Mass is referred to as weight when in the field of gravity such as that of the earth.

Overtemperature   Any time exhaust gas temperature exceeds the maximum allowable limits.

Potential energy   Energy due to position.

Power lever   The cockpit lever which connects to the fuel control unit for scheduling fuel flow to the combustor. Also called power control lever or throttle.

Power turbine   A turbine rotor connected to an output reduction gearbox. Also referred to as free power turbine.

Pressure, static   The pressure measured in a duct containing air, a gas or a liquid in which no velocity (ram) pressure is allowed to enter the measuring device. Symbol(P_s)

Pressure, total   Static pressure plus ram pressure. Total pressure can be measured by use of a specially shaped probe which stops a small portion of the gas or liquid flowing in a duct thereby changing velocity (ram) energy to pressure energy. Symbol(P_t)

Probe   A sensing device that extends into the airstream or gastream for measuring pressure, velocity or temperature. In the case of pressure, it is used to measure total pressure. For temperature it measures total temperature.

Propulsive efficiency   External efficiency of an engine expressed as a percentage.

Ram pressure rise   Pressure rise in the inlet due to the forward speed of the aircraft, e.g. at $M = .85$ a pressure of 1.6 times above ambient will typically occur.

Rotor   Either compressor or turbine. A rotating disk or drum to which a series of blades are attached.

S.A.E.   Society of Automotive Engineers.

Shock stall   Turbulent airflow on an airfoil which occurs when the speed of sound is reached. The shock wave distorts the aerodynamic airflow, causing a stall and loss of lift.

Shroud   A cover or housing used to aid in confining an air or gas flow to a desired path.

Speed of sound   The terminal velocity of sound waves in air at a specific air temperature. Referred to as Machone. Symbol(M).

Symbols

A	—	Acceleration
A_j	—	area of jet nozzle
C_p	—	specific heat
C_s	—	local speed of sound
F_g	—	static or gross thrust
F_n	—	net thrust
G	—	gravity

K_E — Kinetic energy

m — mass airflow

M — mach number

N_C — speed, single compressor

N_1 — speed, low pressure compressor

N_2 — speed, high pressure compressor

N_f — speed, free turbine

N_g — speed, gas producer turbine

P_{am} — pressure, ambient

P_b — pressure, burner

P_j — pressure at jet nozzle

P_s — pressure, static

P_t — pressure, total

T_t — temperature, total

V_1 — velocity of aircraft

V_2 — velocity, jet nozzle

W_f — weight of fuel

γ — Gamma, ratio of specific heats(C_p/C_v)

η — Eta, efficiency

ρ — Rho, density

Thermal efficiency Internal engine efficiency or fuel energy available versus work produced, expressed as a percentage.

Thrust A pushing force exerted by one mass against another, which tends to produce motion in the masses. In jet propulsion, thrust is the forward force in the direction of motion caused by the pressure forces acting on the inner surfaces of the engine. Or, in other words, it is the reaction to the exhaust gases exiting the nozzle. Thrust force is generally measured in pounds or kilograms.

Thrust, gross The force which the engine exerts against its mounts while it is operating but not moving. Also called static thrust. Symbol (F_g)

Thrust, net The effective thrust developed by the engine during flight, taking into consideration the initial momentum of the air mass prior to

entering the influence of the engine. Symbol (F_n).

Thrust specific fuel consumption(TSFC) An equation : TSFC= W_f/F_n where : W_f is fuel flow in pounds per hour, and F_n is net thrust in pounds; used to calculate fuel consumed and as a means of comparison between engines.

Time between overhaul(TBO) The time in hours or engine cycles the manufacturer recommends as the engine, or engine component, service life from nes to overhaul, or from one overhaul to the next.

Torque A force multiplied by its lever arm, acting at right angles to an axis.

Torquemeter indecator A turboprop or turboshaft cockpit instrument used to indicate engine power output. The propeller or rotor inputs a twisting force to an electronic or oil operated torquemeter which sends a signal to the indicator.

Turbine stage A stage consists of a turbine stator vane set followed by a turbine rotor blade set.

Turbine wheel A rotating device actuated by either reaction, impulse or a combination of both, and used to transform some of the kinetic energy of the exhaust gases into shaft horsepower to drive the compressor(s) and accessories.

Vector A line which, by scaled length, indicates magnitude, and whose arrow point represents direction of action.

Velocity The actual change of distance with respect to time. The average velocity is equal to total distance divided by total time. Usually expressed in MPH or FPS.

특별
부록

항공산업기사 기출 문제

01 가스터빈기관의 공압시동기(pneumatic starer)에 공급되는 고압공기 동력원이 아닌 것은?

① 다른 기관의 배기가스(exhaust gas)

② 다른 기관의 블리드 공기(bleed air)

③ 지상동력장치(GPU ; Ground Power Unit)

④ 보조동력장치(APU ; Auxiliary Power Unit)

02 다음 중 터보팬기관에서 터빈노즐가이드베인(turbine nozzle guide vane)의 냉각에 주로 사용되는 것은?

① 저압 압축기 배출공기

② 고압 압축기 배출공기

③ 팬 배기 공기(fan discharge air)

④ 연소실의 냉각구멍을 통해 들어온 공기

03 다음 중 고공에서 극초음속으로 비행하는 데 성능이 가장 좋은 기관은?

① 터보팬기관 ② 램제트기관

③ 펄스제트기관 ④ 터보제트기관

04 다음과 같은 가스터빈기관의 기본구성도와 브레이턴사이클(Brayton cycle)에서 연소기의 가열량을 옳게 나타낸 것은?

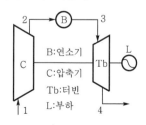

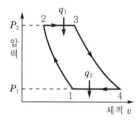

① $C_p(T_2 - T_1)$

② $C_p(T_3 - T_2)$

③ $C_p(T_3 - T_4)$

④ $C_p(T_1 - T_4)$

05 다음 중 터보제트기관에서 배기노즐(exhaust nozzle)의 주목적은?

① 배기가스를 균일하게 정류만 하기 위하여

② 배기가스의 온도를 높게 조절하기 위하여

③ 배기가스의 고온에너지를 압력에너지로 바꾸어 추력을 얻기 위하여

④ 배기가스의 압력에너지를 속도에너지로 바꾸어 추력을 얻기 위하여

06 다음 중 가스터빈기관에서 터빈 블레이드의 진동을 축소시키고 공기흐름 특성을 개선시키는 것은?

① 충동형 블레이드(impulse blade)

② 슈라우드 블레이드(shrouded blade)

③ 전나무형 블레이드(fir tree blade)

④ 도브테일형 블레이드(dovetail blade)

07 가스터빈기관 연료의 성질로 가장 옳은 것은?

① 발열량은 연료를 구성하는 탄화수소와 그 외 화합물의 함유물에 의해서 결정된다.

② 연료 노즐에서의 분출량은 연료의 점도에는 영향을 받으나, 노즐의 형상에는 영향을 받지 않는다.

③ 유황분이 많으면 공해문제를 일으키지만 기관 고온 부품의 수명을 연장시킨다.

④ 가스터빈기관 연료는 왕복기관보다 인화점이 낮으므로 안전하다.

08 가스터빈기관의 점화계통에 대한 설명 중 틀린 것은?

① 유도형과 용량형이 있다.

② 점화시기 조절장치가 없다.

③ 기관 작동 중에 항상 점화한다.

④ 높은 에너지의 전기 스파크를 이용한다.

01 기관정격(engine rating)은 정해진 조건 하에서 기관을 운전할 경우 보증되고 있는 기관의 성능 값을 말하는데 다음 중 이에 속하지 않는 것은?

① 이륙출력
② 최대연속출력
③ 최대하강출력
④ 사용가능연료 및 오일의 등급

02 가스터빈기관용 원심식 압축기에 대한 설명으로 틀린 것은?

① 시동출력이 낮다.
② 단당 압축비가 높다.
③ 회전속도 범위가 넓다.
④ 대형기관과 주동력장치에 주로 사용한다.

03 가스터빈기관을 통해 지나는 공기흐름량이 322lb/s 이고, 흡입구 속도가 600ft/s, 출구 속도가 800ft/s 이면 발생하는 추력은 약 몇 lb인가?

① 2,000
② 4,000
③ 8,000
④ 12,000

04 민간 대형 여객기에 적합한 터보팬기관의 특징으로 옳은 것은?

① 초고속비행에 적합하며, 터보제트기관에 비해 추진효율은 나쁘다.
② 저속비행에 적합하며, 터보제트기관에 비해 추진효율이 우수하다.
③ 고속비행에 적합하며, 터보제트기관에 비해 추진효율이 우수하다.

④ 저속비행에 적합하며, 터보제트기관에 비해 추진효율은 나쁘다.

05 가변스테이터구조의 목적으로 옳은 것은?

① 동익의 회전속도를 일정하게 한다.
② 유입공기의 절대속도를 일정하게 한다.
③ 동익에 대한 유입공기의 받음각을 일정하게 한다.
④ 동익에 대한 유입공기의 상대속도를 일정하게 한다.

06 가스터빈 연소실의 공기흡입구에 있는 선회베인(swirl vane)에 대한 설명으로 옳은 것은?

① 캔형 연소실에는 없다.
② 연소 영역을 길게 한다.
③ 1차 공기에 선회를 준다.
④ 연료노즐 부근의 공기속도를 빠르게 한다.

07 일반적으로 장거리를 순항하는 가스터빈기관 항공기의 가장 효율적인 고도를 36,000ft로 정한 이유는?

① 36,000ft가 가스터빈기관 항공기의 비행에 알맞은 제트기류를 이루고 있기 때문이다.
② 36,000ft 이상부터는 기온이 일정해지고 기압이 강하하기 때문이다.
③ 36,000ft 이상부터는 기압과 기온이 급격히 강하하기 때문이다.
④ 36,000ft 이상부터는 기압이 일정해지고 기온이 강하하기 때문이다.

08 가스터빈기관의 연료조절장치의 수감 부분에서
수감하는 주요작동변수가 아닌 것은?

① 기관의 회전수

② 압축기 입구의 온도

③ 연료펌프의 출구압력

④ 동력레버의 위치

01 다음 중 일반적으로 라인정비(line maintenance)에서 할 수 없는 작업은?

① 배기노즐 장탈
② 기관 압축기 분해
③ 보기장치의 교환
④ 연료제어장치 교환

02 가스터빈관의 열효율을 향상시키는 방법으로 가장 거리가 먼 내용은?

① 터빈냉각방법을 개선한다.
② 배기가스온도를 증가시킨다.
③ 기관의 내부 손실을 방지한다.
④ 고온에서 견디는 터빈 재질을 사용한다.

03 가스터빈기관의 이론 사이클에서 흡열반응은 어떤 시기에 이루어지는가?

① 정압상태
② 정적상태
③ 단열팽창
④ 단열압축

04 그림과 같은 브레이턴사이클(Brayton cycle)에서 2-3 과정은?

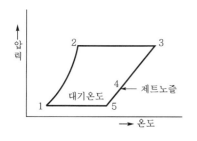

① 압축과정
② 연소과정
③ 팽창과정
④ 방출과정

05 가스터빈기관의 역추력장치에 관한 설명으로 틀린 것은?

① 정상착륙시 제동능력 및 방향전환능력을 도우며, 제동장치의 수명을 연장시켜 준다.
② 공기역학적 차단장치인 cancade reverser와 기계적 차단장치인 clamshell reverser가 있다.
③ 항공기의 속도가 느린 시기에 효과가 있으며 속도가 빠른 경우에는 배기가스가 기관에 재흡입되어 실속을 일으킬 수 있다.
④ 터빈 리버서는 전체 역추력의 20~30% 정도에 지나지 않고, 고장의 발생률이 높아 팬 리버서만을 사용하기도 한다.

06 축류형 압축기에서 1단(stage)의 의미를 옳게 설명한 것은?

① 저압압축기(low compressor)를 말한다.
② 고압압축기(high compressor)를 말한다.
③ 1열의 로터(rotor)와 1열의 스테이터(stator)를 말한다.
④ 저압압축기(low compressor)와 고압압축기(high compressor)를 합하여 일컫는 말이다.

07 아음속항공기에 사용되는 기관의 공기흡입덕트는 일반적으로 어떤 형태인가?

① 확산형 덕트(divergent duct)
② 수축형 덕트(convergent duct)
③ 수축-확산형 덕트(convergent-divergent duct)
④ 가변공기흡입 덕트(variable ceometry air inlet duct)

08 다음 중 후기 연소기가 없는 터보제트기관에서 전압력이 가장 높은 곳은?

① 공기 흡입구　　② 압축기 입구
③ 압축기 출구　　④ 터빈 출구

09 터보팬 제트기관의 1차 공기량이 50kgf/s, 2차 공기량 60kgf/s, 1차 공기 배기속도 170m/s, 2차 공기 배기속도 100m/s라면 이 기관의 바이패스비(bypass ratio)는 얼마인가?

① 0.59　　　　② 0.83
③ 1.2　　　　④ 1.7

10 기관의 공기 흡입구에 얼음이 생기는 것을 방지하기 위한 기관 방빙방법으로 옳은 것은?

① 더운물을 기관 인렛(inlet) 속으로 분사한다.
② 배기가스를 인렛스트러트(inlet strut)에 보낸다.
③ 압축기 통과 전의 청정한 공기를 입구(inlet) 쪽으로 순환시킨다.
④ 압축기의 고온 브리드 공기를 흡입구(intake), 인렛가이드베인(inlet guide vane)으로 보낸다.

01 다음 중 추진시 공기를 흡입하지 않고 기관 자체 내의 고체 또는 액체의 산화제와 연료를 사용하는 비공기 흡입기관은?

① 로켓 ② 펄스제트

③ 램제트 ④ 터보프롭

02 대형 터보팬기관에서 역추력장치를 작동시키는 방법은?

① 플랩 작동시 함께 작동한다.

② 항공기의 자중에 따라 고정된다.

③ 제동장치가 작동될 때 함께 작동한다.

④ 스로틀 또는 파워레버에 의해서 작동한다.

03 다음 중 민간 항공기용 가스터빈기관에 사용되는 연료는?

① Jet A-1 ② Jet B-5

③ JP-4 ④ JP-8

04 배기노즐에서 온도 310℃인 가스가 등엔트로피 과정으로 분사 팽창하여 온도가 298℃가 되었다면 배기가스의 분출속도는 약 몇 m/s인가? (단, 공기의 정압비열은 0.249kcal/kg · ℃이다)

① 50.5 ② 111.8

③ 151 ④ 158.1

05 압축기 입구에서 공기의 압력과 온도가 각각 1기압, 15℃이고, 출구에서 압력과 온도가 각각 7기압, 300℃일 때, 압축기의 단열효율은 몇 %인가? (단, 공기의 비열비는 1.40이다)

① 70 ② 75

③ 80 ④ 85

06 터보팬기관의 추력에 비례하며 트리밍(triming) 작업의 기준이 되는 것은?

① 연료유량 ② 기관압력비(EPR)

③ 대기온도 ④ 터빈입구온도(TIT)

07 다음 중 축류압축기의 실속을 방지하기 위한 방법이 아닌 것은?

① 확산형 배기덕트를 장착한다.

② 다축기관의 구조를 사용한다.

③ 가변 스테이터(stator)를 장착한다.

④ 블리드밸브(bleed valve)를 장착한다.

08 가스터빈기관의 공기흡입덕트(duct)에서 발생하는 램 회복점을 옳게 설명한 것은?

① 램 압력상승이 최대가 되는 항공기의 속도

② 마찰압력손실이 최소가 되는 항공기의 속도

③ 마찰압력손실이 최대가 되는 항공기의 속도

④ 흡입구 내부의 압력이 대기압력으로 돌아오는 점

09 항공기에 장착되어 있는 터보제트기관을 시동하기 전에 점검해야 할 사항이 아닌 것은?

① 추력측정 ② 엔진의 흡입구

③ 엔진의 배기구 ④ 연결 부분 결합상태

01 가스터빈기관의 역추력장치 작동에 대한 설명으로 옳은 것은?

① 항공기의 지상접지 후 또는 지상후진시 작동한다.

② 작동하기 시작한 후 항공기가 완전히 정지할 때까지 사용하여야 한다.

③ 항공기의 지상속도가 일정속도 이하가 되면 작동을 멈춰야 한다.

④ 반드시 항공기의 지상접지 전 작동하며 접지와 동시에 멈춘다.

02 가스터빈기관의 흡입구에 형성된 얼음이 압축기 실속을 일으키는 이유는?

① 공기흐름을 방해하므로

② 공기압력을 증가시키므로

③ 공기속도를 증가시키므로

④ 공기 전압력을 일정하게 하므로

03 일반적인 가스터빈기관의 시동시 시간에 따른 기관 회전수 및 배기가스온도를 나타낸 그래프에서 시동기가 꺼진 곳은?

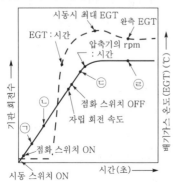

① ㉠   ② ㉡

③ ㉢   ④ ㉣

04 가스터빈기관 시동시 우선적으로 관찰하여야 하는 계기가 아닌 것은?

① 배기가스온도(EGT)

② 연료유량

③ 엔진 rpm(N_1 and N_2)

④ 엔진오일 압력

05 다음 중 가스터빈기관의 가스발생기(gas generator)에 포함되지 않는 것은?

① 터빈

② 연소실

③ 후기 연소기

④ 압축기

06 다음 중 추진체에 의해 발생되는 최종 기체가 다른 것은?

① 왕복기관

② 램제트기관

③ 터보팬기관

④ 터보제트기관

07 가스터빈기관 추력에 영향을 미치는 요소가 아닌 것은?

① 엔진 rpm   ② 비행속도

③ 비행고도   ④ 비행반경

08 가스터빈의 윤활계통에 대한 설명으로 옳은 것은?

① 윤활유 펌프는 피스톤(piston)식이 주로 쓰인다.

② 윤활유의 양을 측정 및 점검하는 것은 drip stick이다.

③ 배유 윤활유에 함유된 공기를 분리시키는 것은 드웰 챔버(Dwell chamber)이다.

④ 냉각기의 바이패스 밸브는 입구의 압력이 낮아지면 바이패스시킨다.

01 다음 그래프는 가스터빈기관의 각 부분에 대한 내부가스 흐름의 어떤 특성을 나타낸 것인가?

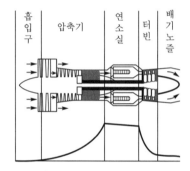

① 온도
② 속도
③ 체적
④ 압력

02 항공기기관에서 소기펌프(scavenger pump)의 용량을 압력펌프(pressure pump)보다 크게 하는 이유는?

① 소기펌프의 진동이 더욱 심하기 때문
② 압력펌프보다 소기펌프의 압력이 낮기 때문
③ 윤활유가 저온이 되어 밀도가 증가하기 때문
④ 소기되는 윤활유는 거품과 열에 의한 팽창으로 체적이 증가하기 때문

03 브레이턴사이클(Brayton cycle)은 어떤 기관의 이상적인 기본사이클인가?

① 디젤기관
② 가솔린기관
③ 가스터빈기관
④ 스털링기관

04 가스터빈기관의 시동계통에서 자립회전속도(self accelerating speed)의 의미로 옳은 것은 어느 것인가?

① 시동기를 켤 때의 가스터빈 회전속도
② 기관에 점화가 일어나서 배기가스온도가 증가되기 시작하는 상태에서의 가스터빈 회전속도
③ 기관이 아이들(idle) 상태에 진입하기 시작했을 때의 가스터빈 회전속도
④ 터빈에서 발생되는 동력이 압축기를 스스로 회전시킬 수 있는 상태에서의 가스터빈 회전속도

05 수축형 배기노즐의 초크(choke)현상에 대한 설명으로 틀린 것은?

① 마하 1에서 가스의 흐름은 안정된다.
② 기관압력비(EPR) 계기가 1.89 이상을 지시할 때 배기노즐은 초크상태이다.
③ 가스가 초크된 오리피스를 빠져나갈 때는 반경방향이 아닌 축방향으로 가속된다.
④ 마하 1이 되면 가스흐름은 대기로 열린 배기노즐에서 초크된다.

06 가스터빈기관의 연료가열기작동검사에 대한 설명으로 틀린 것은?

① 연료가열기 작동 중 기관 압력비는 미세하게 떨어진다.

② 연료가열기에 의하여 연료온도가 상승함에 따라 오일온도도 미세하게 상승한다.

③ 필터 바이패스등(filter bypass light)이 켜지면 연료가열장치는 작동이 정지된다.

④ 계기판의 기관압력비, 오일온도, 연료필터 상태로 확인 가능하다.

07 가스터빈기관 작동시 윤활계통에서 윤활유 압력이 규정값 이상으로 높게 지시되었다면 그 원인으로 볼 수 없는 것은?

① 윤활유 공급관에 오물이 끼었다.

② 윤활유 공급관이 베어링레이스와 접촉되었다.

③ 윤활유펌프의 릴리프 밸브 스프링이 파손되었다.

④ 베어링 쪽에 공급하는 윤활유제트가 오므라들었다.

08 가스터빈기관에 사용되는 윤활유의 구비조건으로 틀린 것은?

① 인화점이 높을 것

② 부식성이 클 것

③ 유동점이 낮을 것

④ 산화 안정성이 클 것

09 원심식 압축기(centrifugal flow compressor)의 장점이 아닌 것은?

① 시동파워가 낮다.

② 단당 큰 압력상승이 가능하다.

③ 축류식과 비교하여 구조가 간단하다.

④ 단 사이의 에너지 손실이 적어 다축연결이 유용하다.

10 다음 중 공기흡입기관이 아닌 제트기관은?

① 로켓

② 램제트

③ 터보제트기관

④ 펄스제트

01 가스터빈기관의 윤활계통에서 저온탱크계통(cold tank type)에 대한 설명으로 옳은 것은?

① 냉각기에서 냉각된 윤활유는 오일노즐을 거치면서 가열되며 오일탱크로 이동한다.

② 윤활유탱크의 윤활유는 연료가열기에 의하여 가열된다.

③ 윤활유는 배유펌프에서 윤활유탱크로 곧바로 이동한다.

④ 냉각기가 배유펌프와 탱크 사이에 위치하여 냉각된 윤활유가 탱크로 유입된다.

02 가스터빈기관에서 터빈을 통과하는 가스의 압력과 속도는 변하지 않고 흐름방향만 바뀌는 터빈은?

① 충동터빈　　　② 구동터빈

③ 반동터빈　　　④ 이차터빈

03 일반적인 초음속기의 배기노즐 형태로 적절한 것은?

① 수축형　　　② 수축-확산형

③ 확산형　　　④ 확산-수축형

04 쌍발 항공기에 장착된 가스터빈기관의 공압시동기(pneumatic starter)에 필요한 고압공기로 사용이 불가능한 것은?

① 램 공기(ram air)

② 보조동력장치에 의한 고압공기

③ 지상동력장비에 의한 고압공기

④ 시동된 타기관의 압축기 블리드 공기

05 터보제트기관에서 비행속도 V_a[ft/s], 진추력 F_n[lbf]을 이용하여 추력마력(HP)을 옳게 나타낸 것은?

① $\dfrac{F_n \times V_a}{75}$　　　② $\dfrac{F_n \times V_a}{550}$

③ $\dfrac{F_n}{75 \times V_a}$　　　④ $\dfrac{F_n}{550 \times V_a}$

06 아음속에서 연료소비율과 소음이 작기 때문에 민간 여객기에 널리 이용되는 가스터빈기관 형식은?

① 펄스제트기관　　　② 램제트기관

③ 터보제트기관　　　④ 터보팬기관

07 항공기기관 점검시 작동시간과 비행사이클의 수에 따라 결정되는 검사는?

① 일제검사　　　② 주기검사

③ 순간검사　　　④ 부정기검사

08 가스터빈기관의 연료조정장치에 대한 설명으로 옳은 것은?

① 수감요소 중 기관회전수가 증가하면 연료를 증가시킨다.

② 스로틀레버 급가속시 혼합비의 과희박으로 압축기 실속을 일으킬 수 있다.

③ 연료조정장치는 유압기계식과 압력식이 주로 쓰인다.

④ 수감요소 중 압축기 출구압력이 증가하면 연료를 증가시킨다.

2012년 1회(2012.3.4) 항공산업기사
항공기 가스터빈엔진 문제

01 기관부품에 대한 비파괴검사 중 강자성체 금속으로만 제작된 부품의 표면결함을 검사할 수 있는 방법은?

① 형광침투검사   ② 방사선시험
③ 자분탐상검사   ④ 와전류탐상검사

02 터보제트엔진기관의 추력 비연료소비율(TSFC)에 대한 설명으로 틀린 것은?

① 추력 비연료소비율이 작을수록 경제성이 좋다.
② 추력 비연료소비율이 작을수록 기관의 효율이 좋다.
③ 추력 비연료소비율이 작을수록 기관의 성능이 우수하다.
④ 1kgf의 추력을 발생하기 위하여 1초 동안 기관이 소비하는 연료의 체적을 말한다.

03 제트기관의 점화장치를 왕복기관에 비하여 고전압, 고에너지 점화장치로 사용하는 주된 이유는?

① 열손실이 크기 때문에
② 사용연료의 휘발성이 낮아서
③ 왕복기관에 비하여 부피가 크므로
④ 점화기 특성 규격에 맞추어야 하므로

04 가스터빈기관의 연료조정장치(FCU) 기능이 아닌 것은?

① 연료흐름에 따른 연료필터의 사용 여부를 조정한다.
② 출력레버 위치에 맞게 대기상태의 변화에 관계없이 자동적으로 연료량을 조절한다.
③ 출력레버 위치에 해당하는 터빈입구온도를 유지한다.
④ 파워레버의 작동이나 위치에 맞게 기관에 공급되는 연료량을 적절히 조절한다.

05 제트기관에서 고온고압의 강력한 전기불꽃을 일으키기 위해 저전압을 고전압으로 바꾸어 주는 것은?

① 연료노즐(fuel nozzle)
② 점화플러그(ignition plug)
③ 점화익사이터(ignition exciter)
④ 하이텐션 리드 라인(high-tension lead line)

06 가스터빈기관의 용량형 점화장치에서 Igniter가 장착되지 않은 상태로 작동할 때, 열이 축적되는 것을 방지하는 것은?

① 블리드저항(bleed resister)
② 저장축전기(stroage capacitor)
③ 더블러축전기(doubler capacitor)
④ 고압변압기(high tension transformer)

07 가스터빈기관의 고온부 구성품에 수리해야 할 부분을 표시할 때 사용하지 않아야 하는 것은?

① chalk
② layout dye
③ felt-up applicator
④ lead pencil

08 가스터빈기관 내부에서 가스의 속도가 가장 빠른 곳은?

① 연소실   ② 터빈노즐
③ 압축기 부분   ④ 터빈로터

01 다음 그림과 같은 여과기의 형식은?

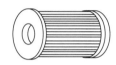

① 디스크형(disk type)

② 스크린형(screen type)

③ 카트리지형(cartridge type)

④ 스크린-디스크형(screen-disk type)

02 다음 중 터빈형식기관에 해당되는 것은?

① 로켓   ② 램제트

③ 펄스제트   ④ 터보팬

03 가스터빈기관에서 터빈노즐(turbine nozzle)의 주된 목적은?

① 터빈의 냉각을 돕기 위해서

② 연소가스의 속도를 증가시키기 위해서

③ 연소가스의 온도를 증가시키기 위해서

④ 연소가스의 압력을 증가시키기 위해서

04 축류형 압축기의 반동도를 옳게 나타낸 것은?

① $\dfrac{\text{로터에 의한 압력상승}}{\text{단당 압력상승}} \times 100$

② $\dfrac{\text{압축기에 의한 압력상승}}{\text{터빈에 의한 압력상승}} \times 100$

③ $\dfrac{\text{저압압축기에 의한 압력상승}}{\text{고압압축기에 의한 압력상승}} \times 100$

④ $\dfrac{\text{스테이터에 의한 압력상승}}{\text{단당 압력상승}} \times 100$

05 가스터빈기관을 시동하여 공회전(idle)에 도달했을 때, 기관의 정상 여부를 판단하는 중요한 변수와 가장 관계가 먼 것은?

① 진동   ② 오일압력

③ 추력   ④ 배기가스온도

06 기관 흡입구의 장치 중 동일목적으로 사용되어지는 것으로 짝지어진 것은?

① 움직이는 쐐기형(movable wedge) - 와류분산기(vortex dissipator)

② 움직이는 스파이크(movable spike) - 움직이는 베인(movable vane)

③ 움직이는 베인(movable vane) - 움직이는 쐐기형(movable wedge)

④ 와류분산기(vortex dissipator) - 움직이는 베인(movable vane)

07 다음 중 가스터빈기관의 트림(trim) 작업시 조절하는 것이 아닌 것은?

① 연료제어장치

② 가변정익베인

③ 터빈블레이드 각도

④ 사용연료의 비중

08 다음 중 민간항공기용 가스터빈기관에 사용되는 연료는?

① Jet A-1   ② Jet B-5

③ JP-4   ④ JP-B

09 터보팬기관의 역추력장치 부품 중 팬을 지난
공기를 막아주는 역할을 하는 것은?

① 블로커 도어(blocker door)

② 공기모터(pneumatic motor)

③ 캐스케이드 베인(cascade vane)

④ 트랜슬레이팅 슬리브(translating sleeve)

01 가스터빈기관의 교류 고전압 축전기 방전 점화계통(A.C capacitor discharge ignition system)에서 고전압 펄스(pulse)를 형성하는 곳은?

① 접점(breaker)

② 정류기(rectifier)

③ 멀티로브 캠(multilobe cam)

④ 트리거 변압기(trigger transformer)

02 터보제트기관에서 비추력을 증가시키기 위하여 가장 중요한 것은?

① 고회전 압축기의 개발

② 고열에 견딜 수 있는 압축기의 개발

③ 고열에 견딜 수 있는 터빈재료의 개발

④ 고열에 견딜 수 있는 배기노즐의 개발

03 가스터빈기관의 연료부품 중 연료소비율을 알려주는 것은?

① 연료 매니폴드(fuel manifold)

② 연료오일냉각기(fuel oil cooler)

③ 연료조절장치(fuel control unit)

④ 연료흐름 트랜스미터(fuel flow transmitter)

04 가스터빈기관의 핫 섹션(hot section)에 대한 설명으로 틀린 것은?

① 큰 열응력을 받는다.

② 가변 스테이터 베인이 붙어 있다.

③ 직접 연소가스에 노출되는 부분이다.

④ 재료는 니켈, 코발트 등의 내열합금이 사용된다.

05 가스터빈기관에서 사용하는 합성오일은 오래 사용할수록 어두운 색깔로 변색되는데 이것은 오일 속의 어떤 첨가제가 산소와 접촉되면서 나타나는 현상인가?

① 점도지수 향상제 ② 부식방지제

③ 산화방지제 ④ 청정분산제

06 가스터빈기관에서 배기가스의 온도측정시 저압 터빈 입구에서 사용하는 온도감지센서는?

① 열전대(thermocouple)

② 서모스탯(thermostat)

③ 서미스터(thermistor)

④ 라디오미터(radiometer)

07 터보제트기관과 왕복기관의 오일소비량을 옳게 나타낸 것은?

① 터보제트기관 ≡ 왕복기관

② 터보제트기관 ≥ 왕복기관

③ 터보제트기관 ≫ 왕복기관

④ 터보제트기관 ≪ 왕복기관

항·공·기·가·스·터·빈·엔·진

2013년 2회(2013.6.2) 항공산업기사
항공기 가스터빈엔진 문제

01 가스터빈기관에서 rpm의 변화가 심할 때 그 원인이 아닌 것은?

① 주연료장치 고장
② 연료라인의 결빙
③ 가변 정기베인 리깅 불량
④ 연료부스터 압력의 불안정

02 가스터빈기관에서 주로 사용하는 윤활계통의 형식은?

① dry sump, jet and spray
② dry sump, dip and splash
③ wet sump, spray and splash
④ wet sump, dip and pressure

03 가스터빈기관에서 연료계통의 여압 및 드레인 밸브(P&D valve)의 기능이 아닌 것은?

① 일정압력까지 연료흐름을 차단한다.
② 1차 연료와 2차 연료 흐름으로 분리한다.
③ 연료압력이 규정치 이상 넘지 않도록 조절한다.
④ 기관정지시 노즐에 남은 연료를 외부로 방출한다.

04 가스터빈기관의 추력에 영향을 미치는 요소가 아닌 것은?

① 옥탄가   ② 고도
③ 기관 rpm   ④ 비행속도

05 축류식 압축기의 1단당 압력비가 1.6이고, 회전자 깃에 의한 압력상승비가 1.3일 때 압축기의 반동도는?

① 0.2
② 0.3
③ 0.5
④ 0.6

06 독립된 소형 가스터빈기관으로 외부의 동력 없이 기관을 시동시키는 시동계통은?

① 전동기식 시동계통
② 공기터빈식 시동계통
③ 가스터빈식 시동계통
④ 시동-발전기식 시동계통

07 윤활계통 중 오일탱크의 오일을 베어링까지 공급해주는 것은?

① 드레인계통(drain system)
② 가압계통(pressure system)
③ 브리더계통(breather system)
④ 스캐빈저계통(scavenger system)

08 다음 중 공기 흡입기관이 아닌 제트기관은?

① 로켓
② 램제트
③ 펄스제트
④ 터보팬

09 브레이턴사이클(Brayton cycle)의 이상적인 기본사이클 과정으로 옳은 것은?

① 단열압축 → 등적가열 → 단열팽창 → 등적방열

② 단열압축 → 등압가열 → 단열팽창 → 등적방열

③ 단열압축 → 등적가열 → 등압가열 → 단열팽창

④ 단열압축 → 등압가열 → 단열팽창 → 등압방열

01 제트기관 항공기가 정지상태에서 단위면적(m²)당 40kg/s 질량을 속도 500m/s로 방출할 때 팽창압력은 대기압이며 노즐 단면적은 0.2m²라면 추력은 몇 kN인가?

① 4
② 8
③ 10
④ 20

02 가스터빈기관이 정해진 회전수에서 정격출력을 낼 수 있도록 연료조절장치와 각종 기구를 조정하는 작업을 무엇이라 하는가?

① 모터링(motoring)
② 트리밍(trimming)
③ 크랭킹(cranking)
④ 고장탐구(trouble shooting)

03 그림과 같은 단순 가스터빈기관 사이클의 P-V선도에서 압축기가 공기를 압축하기 위하여 소비한 일은 선도의 어떤 면적과 같은가?

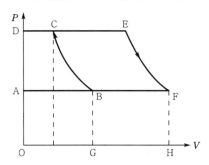

① 도형 ABCDA
② 도형 BCEFB

③ 도형 OGBCDO
④ 도형 AFEDA

04 가스터빈기관의 압축효율이 가장 좋은 압축기 입구에서 공기속도는?

① 마하 0.1 정도
② 마하 0.2 정도
③ 마하 0.4 정도
④ 마하 0.5 정도

05 다음 중 역추력장치를 사용하는 가장 큰 목적은?

① 이륙시 추력 증가
② 기관의 실속 방지
③ 재흡입 실속 방지
④ 착륙 후 비행기 제동

06 건식 윤활유계통 내의 배유펌프의 용량이 압력펌프의 용량보다 큰 이유로 옳은 것은?

① 기관 부품에 윤활이 적절하게 될 수 있도록 윤활유의 최대 압력을 제한하고 조절하기 위해
② 윤활유에 거품이 생기고 열로 인해 팽창되어 배유되는 윤활유의 양이 많아지기 때문
③ 기관이 마모되고 갭(gap)이 발생하면 윤활유 요구량이 커지기 때문
④ 윤활유를 기관을 통하여 순환시켜 예열이 신속히 이루어지게 하기 위해서

07 가스터빈기관의 윤활계통에 대한 설명으로 틀린 것은?

① 가스터빈은 고회전하므로 윤활유 소모량이 많기 때문에 윤활유탱크의 용량이 크다.

② 주 윤활 부분은 압축기축과 터빈축의 베어링부와 액세서리 구동기어의 베어링부이다.

③ 건식 섬프형은 탱크가 기관 외부에 장착되고 윤활유의 공급과 배유는 펌프로 강압하여 이송한다.

④ 가스터빈 윤활계통은 주로 건식 섬프형이고 습식 섬프형은 저출력 왕복기관에 쓰인다.

08 케로신 연료를 주로 사용하는 제트기관의 연료와 공기 혼합비(공연비)에 대한 설명으로 틀린 것은?

① 연소에 필요한 최적의 이론적인 공연비는 약 15 : 1이다.

② 연소실로 유입되는 공기 중 1차 공기만이 연소에 사용된다.

③ 연소실에서는 연소효율을 높이기 위해 공연비를 14 : 1에서 18 : 1 정도로 제한한다.

④ 스월 가이드 베인(swirl guide vane)은 연소실에서 공기유입량을 조절해주는 역할을 한다.

09 일반적으로 가스터빈기관에서 프리터빈(free turbine)이 부착된 기관은?

① 터보제트

② 램제트

③ 터보프롭

④ 터보팬

10 가스터빈기관의 연료분사방법에 대한 설명으로 옳은 것은?

① 1차 연료는 균등한 연소를 얻을 수 있도록 비교적 좁은 각도로 분사된다.

② 1차 연료는 물분사와 함께 이루어지며 비교적 좁은 각도로 분사된다.

③ 2차 연료는 연소실 벽면 보호와 균등한 연소를 위해 비교적 좁은 각도로 분사된다.

④ 2차 연료는 시동을 용이하게 하기 위해 비교적 넓은 각도로 분사된다.

01 그림과 같은 브레이턴사이클선도의 각 단계와 가스터빈기관의 작동 부위를 옳게 짝지은 것은?

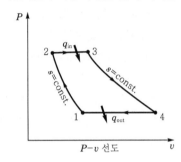

$P-v$ 선도

① 1→2 : 디퓨저
② 2→3 : 연소기
③ 3→4 : 배기구
④ 4→1 : 압축기

02 원심형 압축기 단점으로 옳은 것은?

① 단당압력비가 작다.
② 무게가 무겁고 시동출력이 낮다.
③ 동일 추력에 대하여 전면면적이 크다.
④ 축류형 압축기와 비교해 제작이 어렵고 가격이 비싸다.

03 다음 중 터보제트기관의 회전수가 일정할 때 밀도만 고려 시 추력이 가장 큰 경우는?

① 고도 10,000ft에서 비행할 때
② 고도 20,000ft에서 비행할 때
③ 대기온도 15°C인 해면에서 작동할 때
④ 대기온도 25°C인 지상에서 작동할 때

04 항공기용 가스터빈기관 연료계통에서 연료매니폴드로 가는 1차연료와 2차연료를 분배하는 역할을 하는 부품은?

① P&D 밸브   ② 체크밸브
③ 스로틀밸브   ④ 파워레버

05 항공기관의 후기 연소기에 대한 설명으로 틀린 것은?

① 전면면적의 증가 없이 추력을 증가시킨다.
② 연료의 소비량 증가 없이 추력을 증가시킨다.
③ 총추력의 약 50%까지 추력의 증가가 가능하다.
④ 고속 비행하는 전투기에 사용 시 추력이 증가된다.

06 판재로 제작된 기관부품에 발생하는 결함으로서 움푹 눌린 자국을 무엇이라고 하는가?

① nick   ② dent
③ tear   ④ wear

07 제트기관 시동 시 EGT가 규정한계치 이상으로 증가하는 과열 시동의 원인이 아닌 것은?

① 연료의 과다 공급
② 연료조정장치의 고장
③ 시동기 공급 동력의 불충분
④ 압축기 입구부에서 공기 흐름의 제한

08 일반적인 아음속기의 공기흡입구 형상으로 옳은 것은?

① 확산(divergent)형 덕트

② 수축(convergent)형 덕트

③ 수축-확산(convergent-divergent)형 덕트

④ 확산-수축(divergent-convergent)형 덕트

01 대형 터보팬기관에서 역추력장치를 작동시키는 방법은?

① 플랩 작동 시 함께 작동한다.
② 항공기의 자중에 따라 고정된다.
③ 제동장치가 작동될 때 함께 작동한다.
④ 스로틀 또는 파워레버에 의해서 작동한다.

02 그림과 같은 브레이턴(Brayton) 사이클의 $P-v$ 선도에 대한 설명으로 옳은 것은?

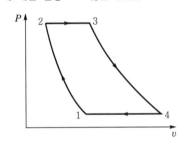

① 1-2 과정 중 온도는 일정하다.
② 2-3 과정 중 온도는 일정하다.
③ 3-4 과정 중 엔트로피는 일정하다.
④ 4-1 과정 중 엔트로피는 일정하다.

03 가스터빈기관에서 연료/오일 냉각기의 목적에 대한 설명으로 옳은 것은?

① 연료와 오일을 함께 냉각한다.
② 연료는 가열하고 오일은 냉각한다.
③ 연료는 냉각하고 오일 속의 이물질을 가려낸다.
④ 연료 속의 이물질을 가려내고 오일은 냉각한다.

04 다음 중 프로펠러를 회전시켜 추진력을 얻는 가스터빈기관은?

① 램제트 기관
② 펄스제트기관
③ 터보제트 기관
④ 터보프롭기관

05 가스터빈기관의 연료계통에서 연료필터(또는 연료여과기)는 일반적으로 어느 곳에 위치하는가?

① 항공기 연료탱크 위에 위치한다.
② 기관연료펌프의 앞뒤에 위치한다.
③ 기관연료계통의 가장 낮은 곳에 위치한다.
④ 항공기 연료계통에서 화염원과 먼 곳에 위치한다.

06 속도 1,080km/h로 비행하는 항공기에 장착된 터보 제트기관이 294kg/s로 공기를 흡입하여 400m/s로 배기시킬 때 비추력은 약 얼마인가?

① 8.2 　　　② 10.2
③ 12.2 　　　④ 14.2

07 터빈 깃의 냉각방법 중 깃 내부를 중공으로 하여 차가운 공기가 터빈 깃을 통하여 스며 나오게 함으로써 터빈 깃을 냉각시키는 것은?

① 대류 냉각
② 충돌 냉각
③ 공기막 냉각
④ 증발 냉각

08 가스터빈기관의 정상 시동 시에 일반적인 시동 절차로 옳은 것은?

① starter "ON"→ignition "ON"→fuel "ON"→ignition "OFF"→starter "Cut – OFF"

② starter "ON"→fuel "ON"→ignition "ON"→ignition "OFF"→starter "Cut – OFF"

③ starter "ON"→ignition "ON"→fuel "ON"→starter "Cut – OFF"→ignition "OFF"

④ starter "ON"→fuel "ON"→ignition "ON"→starter "Cut – OFF"→ignition "OFF"

09 초음속 항공기의 기관에 사용하는 배기 노즐로 초음속 제트를 효율적으로 얻기 위한 노즐은?

① 수축노즐

② 확산노즐

③ 수축확산노즐

④ 동축노즐

01 다음 중 가스터빈 기관에서 사용되는 시동기의 종류가 아닌 것은?

① 전기식 시동기(electric starter)

② 마그네토 시동기(magneto starter)

③ 시동 발전기(starter generator)

④ 공기식 시동기(pneumatic starter)

02 가스터빈기관의 공기흡입 덕트(duct)에서 발생하는 램회복점을 옳게 설명한 것은?

① 램 압력상승이 최대가 되는 항공기의 속도

② 마찰압력 손실이 최소가 되는 항공기의 속도

③ 마찰압력 손실이 최대가 되는 항공기의 속도

④ 흡입구 내부의 압력이 대기 압력으로 돌아오는 점

03 그림과 같은 형식의 가스터빈기관을 무엇이라고 하는가?

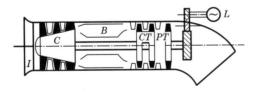

① 터보팬기관

② 터보제트기관

③ 터보축기관

④ 터보프롭기관

04 터빈기관을 사용하는 도중 배기가스온도(EGT)가 높게 나타났다면 다음 중 주된 원인은?

① 연료필터 막힘

② 과도한 연료 흐름

③ 오일압력의 상승

④ 과도한 바이패스비

05 가스터빈기관의 오일필터를 손상시키는 힘이 아닌 것은?

① 고주파수로 인한 피로 힘

② 흐름 체적으로 인한 압력 힘

③ 오일이 뜨거운 상태에서 발생하는 압력 힘

④ 열순환(thermal cycling)으로 인한 피로 힘

06 가스터빈기관에서 가변정익(variable stator vane)의 목적을 설명한 것으로 옳은 것은?

① 로터의 회전속도를 일정하게 한다.

② 유입공기의 절대속도를 일정하게 한다.

③ 로터에 대한 유입공기의 받음각을 일정하게 한다.

④ 로터에 대한 유입공기의 상대속도를 일정하게 한다.

07 가스터빈기관에서 축류 압축기의 1단당 압력비가 1.8일 때 압축기가 3단 이라면 압력비는 약 얼마인가?

① 4.4   ② 5.8

③ 6.5   ④ 7.8

01 가스터빈기관의 시동계통에서 자립회전속도(self-accelerating speed)의 의미로 옳은 것은?

① 시동기를 켤 때의 회전속도
② 점화가 일어나서 배기가스 온도가 증가되기 시작하는 상태에서의 회전속도
③ 아이들(idle) 상태에 진입하기 시작했을 때의 회전속도
④ 시동기의 도움 없이 스스로 회전하기 시작하는 상태에서의 회전속도

02 [보기]에서 왕복기관과 비교했을 때 가스터빈기관의 장점만을 나열한 것은?

```
[보기]
(A) 중량당 출력이 크다.
(B) 진동이 작다.
(C) 소음이 작다.
(D) 높은 회전수를 얻을 수 있다.
(E) 윤활유의 소모량이 적다.
(F) 연료소모량이 적다.
```

① (A), (B), (D), (E)
② (A), (C), (D), (F)
③ (B), (C), (E), (F)
④ (A), (D), (E), (F)

03 가스터빈기관의 연소실에 부착된 부품이 아닌 것은?

① 연료노즐　　　② 선회깃
③ 가변정익　　　④ 점화플러그

04 가스터빈기관에서 압축기 실속(compressor stall)의 원인이 아닌 것은?

① 압축기의 손상
② 터빈의 변형 또는 손상
③ 설계 rpm 이하에서의 기관 작동
④ 기관 시동용 블리드 공기의 낮은 압력

05 다음 중 민간 항공기용 가스터빈기관에 주로 사용되는 연료는?

① JP-4　　　　② Jet A-1
③ JP-8　　　　④ Jet B-5

06 윤활유 여과기에 대한 설명으로 옳은 것은?

① 카트리지형은 세척하여 재사용이 가능하다.
② 여과능력은 여과기를 통과할 수 있는 입자의 크기인 미크론(micron)으로 나타낸다.
③ 바이패스밸브는 기관 정지 시 윤활유의 역류를 방지하는 역할을 한다.
④ 바이패스밸브는 필터 출구압력이 입구압력보다 높을 때 열린다.

07 가스터빈기관의 효율이 높을수록 얻을 수 있는 장점이 아닌 것은?

① 연료 소비율이 작아진다.
② 활공거리를 길게 할 수 있다.
③ 같은 적재연료에서 항속거리를 길게 할 수 있다.
④ 필요한 적재연료의 감소분만큼 유상하중을 증가시킬 수 있다.

08 팬 블레이드의 미드 스팬 슈라우드(mid span shroud)에 대한 설명으로 틀린 것은?

① 유입되는 공기의 흐름을 원활하게 하여 공기역학적인 항력을 감소시킨다.

② 팬 블레이드 중간에 원형 링을 형성하게 설치되어 있다.

③ 상호 마찰로 인한 마모현상을 줄이기 위해 주기적으로 코팅을 한다.

④ 공기흐름에 의한 블레이드의 굽힘현상을 방지하는 기능을 한다.

01 터보팬기관의 추력에 비례하며 트리밍(trimming) 작업의 기준이 되는 것은?

① 기관압력비(EPR)

② 연료유량

③ 터빈입구온도(TIT)

④ 대기온도

02 가스터빈기관의 흡입구에 형성된 얼음이 압축기 실속을 일으키는 이유는?

① 공기압력을 증가시키기 때문에

② 공기속도를 증가시키기 때문에

③ 공기 전압력을 일정하게 하기 때문에

④ 공기통로의 면적을 작게 만들기 때문에

03 항공기용 가스터빈기관 오일계통에 사용되는 기어펌프의 작동에 대한 설명으로 옳은 것은?

① 아이들기어(idle gear)는 동력을 전달받아 회전하고 구동기어(drive gear)는 아이들기어에 맞물려 자연스럽게 회전한다.

② 구동기어(drive gear)는 동력을 전달받아 회전하고 아이들기어(idle gear)는 구동기어에 맞물려 자연스럽게 회전한다.

③ 구동기어(drive gear)와 아이들기어(idle gear) 모두 오일 압력에 의해 자연적으로 회전한다.

④ 구동기어(drive gear)와 아이들기어(idle gear) 모두 동력을 전달받아 회전한다.

04 추진 시 공기를 흡입하지 않고 기관 자체 내의 고체 또는 액체의 산화제와 연료를 사용하는 기관은?

① 로켓

② 펄스제트

③ 램제트

④ 터보프롭

05 가스터빈기관의 교류 고전압 축전기 방전 점화계통(A.C capacitor discharge ignition)에서 고전압 펄스가 유도되는 곳은?

① 접점(breaker)

② 정류기(rectifier)

③ 멀티로브 캠(multilobe cam)

④ 트리거 변압기(trigger transformer)

06 가스터빈기관의 연소실 효율이란?

① 공급에너지와 기관의 추력비이다.

② 연소실 입구와 출구 사이의 온도비이다.

③ 연소실 입구와 출구 사이의 전압력비이다.

④ 공기의 엔탈피 증가와 공급열량과의 비이다.

07 가스터빈기관에서 길이가 짧으며 구조가 간단하고 연소효율이 좋은 연소실은?

① 캔형   ② 터뷸러형

③ 애뉼러형   ④ 실린더형

08 가스터빈기관의 연료가열기(fuel heater)에 대한 설명으로 틀린 것은?

① 연료의 결빙을 방지한다.
② 오일의 온도를 상승시킨다.
③ 압축기 블리드공기를 사용한다.
④ 연료의 온도를 빙점(freezing point) 이상으로 유지한다.

01 [보기]와 같은 특성을 가진 기관의 명칭은?

> [보기]
> • 비행속도가 빠를수록 추진효율이 좋다.
> • 초음속 비행이 가능하다.
> • 배기소음이 심하다.

① 터보프롭기관
② 터보팬기관
③ 터보제트기관
④ 터보축기관

02 가스터빈기관 내의 가스의 특성변화에 대한 설명으로 옳은 것은?

① 항공기 속도가 느릴 때 공기는 대기압보다 낮은 압력으로 압축기 입구로 들어간다.
② 연소실의 온도보다 이를 통과한 터빈의 가스 온도가 더 높다.
③ 항공기 속도가 증가하면 압축기 입구압력은 대기압보다 낮아진다.
④ 터빈노즐의 수축 통로에서 압력이 감소되면서 배기가스의 속도가 급격히 감소된다.

03 장탈과 장착이 가장 편리한 가스터빈기관 연소실 형식은?

① 가변정익형
② 캔형
③ 캔-애뉼러형
④ 애뉼러형

04 항공기용 가스터빈기관에서 터빈깃 끝단의 슈라우드(shrouded)구조의 특징이 아닌 것은?

① 깃을 가볍게 할 수 있다.
② 터빈깃의 진동억제특성이 우수하다.
③ 깃 팁(tip)에서 가스 누설 손실이 적다.
④ 깃 팁(tip)에서 공기역학적 성능이 우수하다.

05 아음속 항공기의 수축형 배기노즐의 역할로 옳은 것은?

① 속도를 감소시키고 압력을 증가시킨다.
② 속도를 감소시키고 압력을 감소시킨다.
③ 속도를 증가시키고 압력을 증가시킨다.
④ 속도를 증가시키고 압력을 감소시킨다.

06 가스터빈기관에 사용되고 있는 윤활계통의 구성품이 아닌 것은?

① 압력펌프
② 조속기
③ 소기펌프
④ 여과기

07 가스터빈기관의 점화계통에 사용되는 부품이 아닌 것은?

① 익사이터(exciter)
② 마그네토(magneto)
③ 리드라인(lead line)
④ 점화플러그(igniter plug)

08 가스터빈기관 연료계통의 고장탐구에 관한 설명으로 틀린 것은?

① 시동 시 연료 흐름량이 낮을 때 부스터 펌프의 결함을 예상할 수 있다.

② 시동 시 연료가 흐르지 않을 때 연료조정 장치의 차단밸브 결함을 예상할 수 있다.

③ 시동 시 결핍시동(hung start)이 발생하였다면 연료조정장치의 결함을 예상할 수 있다.

④ 시동 시 배기가스온도가 높을 때 연료조정장치의 고장으로 부족한 연료 흐름이 원인임을 예상할 수 있다.

01 시운전 중인 가스터빈 엔진에서 축류형 압축기의 rpm이 일정하게 유지된다면 가변 스테이터 깃(vane)의 받음각은 무엇에 의하여 변하는가?

① 압력비의 감소
② 압력비의 증가
③ 압축기 직경의 변화
④ 공기흐름 속도의 변화

02 다음 중 아음속 항공기의 흡입구에 관한 설명으로 옳은 것은?

① 수축형 도관의 형태이다.
② 수축-확산형 도관의 형태이다.
③ 흡입공기 속도를 낮추고 압력을 높여준다.
④ 음속으로 인한 충격파가 일어나지 않도록 속도를 감속시켜 준다.

03 가스터빈기관에 사용되는 오일의 구비조건이 아닌 것은?

① 유동점이 낮을 것
② 인화점이 높을 것
③ 화학 안전성이 좋을 것
④ 공기와 오일의 혼합성이 좋을 것

04 제트엔진의 추력을 나타내는 이론과 관계 있는 것은?

① 파스칼의 원리
② 뉴턴의 제1법칙
③ 베르누이의 원리
④ 뉴턴의 제2법칙

05 가스터빈엔진의 복식(duplex) 연료 노즐에 대한 설명으로 틀린 것은?

① 1차 연료는 아이들 회전속도 이상이 되면 더 이상 분사되지 않는다.
② 2차 연료는 고속 회전 작동 시 비교적 좁은 각도로 멀리 분사된다.
③ 연료 노즐에 압축 공기를 공급하여 연료가 더욱 미세하게 분사되는 것을 도와준다.
④ 1차 연료는 시동할 때 이그나이터에 가깝게 넓은 각도로 연료를 분무하여 점화를 쉽게 한다.

06 흡입덕트의 결빙방지를 위해 공급하는 방빙원(anti-icing source)은?

① 압축기의 블리드 공기
② 연소실의 뜨거운 공기
③ 연료펌프의 연료 이용
④ 오일탱크의 오일 이용

07 가스터빈엔진의 추력비 연료 소비율(thrust specific fuel consumption)이란?

① 1시간 동안 소비하는 연료의 중량
② 단위추력의 추력을 발생하는 데 소비되는 연료의 중량
③ 단위추력의 추력을 발생하기 위하여 1시간 동안 소비하는 연료의 중량
④ 1,000km를 순항비행할 때 시간당 소비하는 연료의 중량

08 다음과 같은 이론공기 사이클을 갖는 엔진은? (단, Q는 열의 출입, W는 일의 출입을 표시한다.)

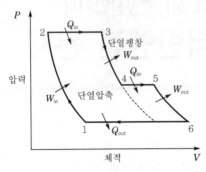

① 2단압축 브레이턴 사이클
② 과급기를 장착한 디젤사이클
③ 과급기를 장착한 오토사이클
④ 후연소기를 장착한 가스터빈사이클

09 항공기용 엔진 중 터빈식 회전엔진이 아닌 것은?

① 램제트엔진
② 터보프롭엔진
③ 가스터빈엔진
④ 터보제트엔진

10 터보팬엔진에 대한 설명으로 틀린 것은?

① 터보제트와 터보프롭의 혼합적인 성능을 갖는다.
② 단거리 이착륙 성능은 터보프롭과 유사하다.
③ 확산형 배기노즐을 통해 빠른 속도로 공기를 가속시킨다.
④ 터빈에 의해 구동되는 여러 개의 깃을 갖는 일종의 프로펠러기관이다.

01 고열의 엔진 배기구 부분에 표시(marking)를 할 때 납(lead)이나 탄소(carbon) 성분이 있는 필기구를 사용하면 안 되는 가장 큰 이유는?

① 고열에 의해 열응력이 집중되어 균열을 발생시킨다.

② 배기부분의 재질과 화학반응을 일으켜 재질을 부식시킬 수 있다.

③ 납이나 탄소 성분이 있는 필기구는 한 번 쓰면 지워지지 않는다.

④ 배기부분의 용접부위에 사용하면 화학 반응을 일으켜 접합 성능이 떨어진다.

02 그림과 같은 브레이턴 사이클(Brayton cycle)에서 2-3 과정에 해당하는 것은?

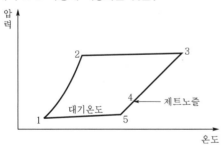

① 압축과정　　② 팽창과정

③ 방출과정　　④ 연소과정

03 가스터빈엔진용 연료의 첨가제가 아닌 것은?

① 청정제

② 빙결 방지제

③ 미생물 살균제

④ 정전기 방지제

04 가스터빈엔진의 점화장치를 왕복엔진과 비교하여 고전압, 고에너지 점화장치로 사용하는 주된 이유는?

① 열손실이 크기 때문에

② 사용연료의 기화성이 낮아서

③ 왕복엔진에 비하여 부피가 크므로

④ 점화기 특성 규격에 맞추어야 하므로

05 항공기가 400mph의 속도로 비행하는 동안 가스터빈엔진의 2,340lbf의 진추력을 낼 때, 발생되는 추력마력은 약 몇 HP인가?

① 1,702

② 1,896

③ 2,356

④ 2,496

06 가스터빈엔진의 윤활장치에 대한 설명으로 틀린 것은?

① 재사용하는 순환을 반복한다.

② 윤활유의 누설방지장치가 없다.

③ 고압의 윤활유를 베어링에 분무한다.

④ 연료 또는 공기로 윤활유를 냉각한다.

07 아음속 고정익 비행기에 사용되는 공기 흡입 덕트(inlet duct)의 형태로 옳은 것은?

① 벨마우스 덕트

② 수축형 덕트

③ 수축확산형 덕트

④ 확산형 덕트

08 가스터빈엔진이 정해진 회전수에서 정격출력을 낼 수 있도록 연료조절장치와 각종 기구를 조정하는 작업을 무엇이라 하는가?

① 리깅(rigging)

② 모터링(motoring)

③ 크랭킹(cranking)

④ 트리밍(trimming)

09 가스터빈엔진 중 저속비행 시 추진 효율이 낮은 것에서 높은 순으로 나열된 것은?

① 터보제트 - 터보팬 - 터보프롭

② 터보프롭 - 터보제트 - 터보팬

③ 터보프롭 - 터보팬 - 터보제트

④ 터보팬 - 터보프롭 - 터보제트

10 축류식 압축기의 1단당 압력비가 1.6이고, 회전자 깃에 의한 압력 상승비가 1.3일 때 압축기의 반동도는?

① 0.2 　　② 0.3

③ 0.5 　　④ 0.6

11 내연기관이 아닌 것은?

① 가스터빈엔진

② 디젤엔진

③ 증기터빈엔진

④ 가솔린엔진

01 마하 0.85로 순항하는 비행기의 가스터빈엔진 흡입구에서 유속이 감속되는 원리에 대한 설명으로 옳은 것은?

① 압축기에 의하여 감속한다.

② 유동 일에 대하여 감속한다.

③ 단면적 확산으로 감속한다.

④ 충격파를 발생시켜 감속한다.

02 가스터빈에서 방빙장치가 필요 없는 곳은?

① 터빈 노즐

② 압축기 전방

③ 흡입덕트 입구

④ 압축기의 입구 안내 깃

03 항공기 가스터빈엔진의 성능평가에 사용되는 추력이 아닌 것은?

① 진추력

② 총추력

③ 비추력

④ 열추력

04 민간용 가스터빈 엔진의 공압 시동기에 대한 설명으로 틀린 것은?

① 시동완료 후 발전기로써 작동한다.

② APU, GTC에서의 고압 공기를 사용한다.

③ 약 20% 전후 엔진 rpm 속도에서 분리된다.

④ 엔진에 사용되는 같은 종류의 오일로 윤활된다.

05 가스터빈엔진의 연료조정장치(FCU) 기능이 아닌 것은?

① 파워레버의 위치에 따른 연료량을 적절히 조절한다.

② 연료 흐름에 따른 연료필터의 계속 사용 여부를 조정한다.

③ 압축기 출구압력 변화에 따라 연료량을 적절히 조절한다.

④ 압축기 입구압력 변화에 따라 연료량을 적절히 조절한다.

06 민간 항공기용 연료로서 ASTM에서 규정된 성질을 갖고 있는 가스터빈기관용 연료는?

① JP-2   ② JP-3

③ JP-8   ④ Jet-A

07 가스터빈엔진의 추력감소 요인이 아닌 것은?

① 대기 밀도 증가

② 연료조절장치 불량

③ 터빈블레이드 파손

④ 이물질에 의한 압축기 로터 블레이드 오염

08 가스터빈엔진의 엔진압력비(EPR, Engine Pressure Ratio)를 나타낸 식으로 옳은 것은?

① 터빈 출구압력 / 압축기 입구압력

② 압축기 입구압력 / 터빈 출구압력

③ 압축기 입구압력 / 압축기 출구압력

④ 압축기 출구압력 / 압축기 입구압력

09 그림과 같은 브레이턴 사이클(Brayton cycle)의 $P-V$ 선도에 대한 설명으로 틀린 것은?

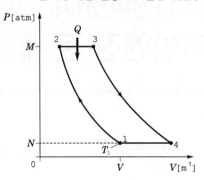

① 넓이 1-2-M-N-1은 압축일이다.
② 1개씩의 정압과정과 단열과정이 있다.
③ 넓이 1-2-3-4-1은 사이클의 참일이다.
④ 넓이 3-4-N-M-3은 팽창일이다.

10 흡입공기를 사용하지 않는 제트엔진은?

① 로켓
② 램제트
③ 펄스제트
④ 터보팬

연삭기 활용 매뉴얼

툴엔지니어 편집부 편저 / 남기준 역 / 4·6배판 / 224쪽 / 25,000원

최신 연삭 기술을 중심으로 가공의 기본에서부터 트러블에 대한 대책에 이르기까지 상세히 해설하였습니다.
- 제1장 연삭 가공의 기본
- 제2장 연삭 숫돌
- 제3장 숫돌의 수정
- 제4장 연삭 가공의 실제
- 제5장 트러블과 대책

공구 재종의 선택법·사용법

툴엔지니어 편집부 편저 / 이종선 역 / 4·6배판 / 216쪽 / 25,000원

제1편 절삭 공구와 공구 재종의 기본에서는 고속도 강의 의미와 고속도 공구강의 변천, 공구 재종의 발달사 등에 대해 설명하였으며, 제2편 공구 재종의 특징과 선택 기준에서는 각 공구 재종의 선택 기준과 사용 조건의 선정 방법을 소개하였습니다. 또, 제3편 가공 실례와 적응 재종에서는 메이커가 권장하는 절삭 조건과 여러 가지 문제점에 대한 해결 방법을 소개하였습니다.

머시닝 센터 활용 매뉴얼

툴엔지니어 편집부 편저 / 심증수 역 / 4·6배판 / 240쪽 / 25,000원

이 책은 MC의 생산과 사용 상황, 수직 수평형 머시닝 센터의 특징과 구조 등 머시닝 센터의 기초적 이론을 설명하고 프로그래밍과 가공 실례, 툴 홀더와 시스템 제작, 툴링 기술, 준비 작업과 고정구 등 실제 이론을 상세히 기술하였습니다.

금형설계

이하성 저 / 4·6배판 / 292쪽 / 23,000원

우리 나라 금형 공업 분야의 실태를 감안하여 기초적인 이론과 설계 순서에 따른 문제점 분석 및 응용과제 순으로 집필하여 금형을 처음 대하는 사람이라도 쉽게 응용할 수 있도록 하였습니다. 부록에는 도해식 프레스 용어 해설을 수록하였습니다.

머시닝센타 프로그램과 가공

배종외 저 / 윤종학 감수 / 4·6배판 / 432쪽 / 24,000원

이 책은 NC를 정확하게 이해할 수 있는 하나의 방법으로 프로그램은 물론이고 기계구조와 전자장치의 시스템을 이해할 수 있도록 저자가 경험을 통하여 확인된 내용들을 응용하여 기록하였습니다. 현장실무 경험을 통하여 정리한 이론들이 NC를 배우고자 하는 독자에게 도움을 줄 것입니다.

CNC 선반 프로그램과 가공

배종외 저 / 윤종학 감수 / 4·6배판 / 392쪽 / 22,000원

이 책은 저자가 NC 교육을 담당하면서 현장실무 교재의 필요성을 절감하고 NC를 처음 배우는 분들을 위하여 국제기능올림픽대회 훈련과정과 후배선수 지도과정에서 터득한 노하우를 바탕으로 독자들이 쉽게 익힐 수 있도록 강의식으로 정리하였습니다. 이 책의 특징은 NC를 정확하게 이해할 수 있는 프로그램은 물론이고 기계구조와 전자장치의 시스템을 이해할 수 있도록 경험을 통하여 확인된 내용들을 응용하여 기록하였다는 것입니다.

BM (주)도서출판 성안당 04032 서울시 마포구 양화로 127 첨단빌딩 3층(출판기획 R&D센터) TEL_02.3142.0036
10881 경기도 파주시 문발로 112 파주 출판 문화도시(제작 및 물류) TEL_도서:031.950.6300 ㅣ 동영상:031.950.6332

항공기 가스터빈엔진

1995. 3. 2. 초 판 1쇄 발행
2013. 2. 8. 초 판 18쇄 발행
2023. 9. 6. 개정증보 1판 11쇄 발행

지은이 | 노명수
펴낸이 | 이종춘
펴낸곳 | **BM** (주)도서출판 **성안당**

주소 | 04032 서울시 마포구 양화로 127 첨단빌딩 3층(출판기획 R&D 센터)
　　　 10881 경기도 파주시 문발로 112 파주 출판 문화도시(제작 및 물류)

전화 | 02) 3142-0036
　　　 031) 950-6300

팩스 | 031) 955-0510
등록 | 1973. 2. 1. 제406-2005-000046호
출판사 홈페이지 | **www.cyber.co.kr**
ISBN | 978-89-315-3216-6 (93550)
정가 | 30,000원

이 책을 만든 사람들

기획 | 최옥현
진행 | 이희영
교정·교열 | 문 황
전산편집 | 이다혜
표지 디자인 | 박원석
홍보 | 김계향, 유미나, 정단비, 김주승
국제부 | 이선민, 조혜란
마케팅 | 구본철, 차정욱, 오영일, 나진호, 강호묵
마케팅 지원 | 장상범
제작 | 김유석